# ISNM

INTERNATIONAL SERIES OF NUMERICAL MATHEMATICS

INTERNATIONALE SCHRIFTENREIHE ZUR NUMERISCHEN MATHEMATIK

SÉRIE INTERNATIONALE D'ANALYSE NUMÉRIQUE



VOL. 11

# Moderne mathematische Methoden in der Technik

Band 2

STEFAN FENYÖ

Professor der Mathematik an der Technischen Universität Budapest,
zur Zeit an der Universität Rostock

1971

BIRKHÄUSER VERLAG BASEL
UND STUTTGART

ISBN 3 7643 0529 0

# Vorwort

Der vorliegende zweite Band der „Modernen Mathematischen Methoden in der Technik" hat im wesentlichen einheitlichen Inhalt. Man kann sagen, er enthält – im Gegensatz zum ersten Band – finite Methoden der angewandten Mathematik.

Das Buch gliedert sich in drei Abschnitte. Im ersten wird die Theorie der Matrizen behandelt. Es wurden auch einige neuere Resultate der Theorie aufgenommen, die in Monographien noch nicht behandelt worden sind. Da an allen technischen Hochschulen über Determinanten gelesen wird, wurde die Kentnis der Hauptergebnisse dieser Disziplin vorausgesetzt und diese nur zitiert.

Der zweite abschnitt ist der linearen und konvexen Optimierung gewidmet. Diese neuen Gebiete der Mathematik finden ihre Anwendungen hauptsächlich in der Ökonomie. Ich glaube aber, daß die Kenntnisse der linearen und nichtlinearen Optimierung auch für den Techniker von Nutzen sind, da zahlreiche, rein technische Aufgaben mit Hilfe dieser Methoden behandelbar sind.

Die ersten zwei Abschnitte lassen offensichtlich auch die ausführliche Behandlung von numerischen Methoden erwünschenswert escheinen. Das hatte ich absichtlich nicht gemacht. Das hätte weit über den Ramen des Buches geführt, das Ziel des Buches war in erster Linie die Grundideen, das Wesen und die mathematischen Grundlagen möglichst einfach darzustellen (genau so wie im ersten Band). Wer einmal das mathematische Wesen verstanden hat, dem wird es nicht schwer fallen, numerische Verfahren in aller Kürze aus der vorhandenen, sehr reichen Fachliteratur zu erlernen.

Der dritte Abschnitt behandelt die Grundlagen der Theorie der endlichen Graphen. Dieser Stoff wurde gebracht, da seine wichtigkeit bezüglich der Anwendungen von Tag zu Tag größer wird.

Auch im vorliegenden zweiten Band hatte ich das Bestreben jeden Abschnitt so zu schreiben, daß er unabhängig von den übrigen lesbar sei. Aus der Natur des Stoffes folgt, daß ich mich an einzelnen Stellen auf vorangehenden Tatsachen beziehen mußte, diese Stellen bilden jedoch seltene Ausnahmen.

Das Literaturverzeichnis erhebt keinen Anspruch auf Vollständigkeit. Es geht nur darum, einige Bücher zum Weiterstudium, oder Ergänzung und Vertiefung des vorgetragenen Stoffes zu empfehlen.

Schließlich möchte ich auch an dieser Stelle meinen Mitarbeitern und Schülern die beim Schreiben nicht nur sprachliche, sodern auch fachliche

Beiträge zur Verbesserung des Textes geleistet haben, meine Dankbarkeit zum Ausdruck bringen. So gilt mein Dank den Herrn Dr. M. Tasche, B. Buchholz, Dr. J. Leskin, Frau Chr. Dassow. Ich bin auch dem Birkhäuser Verlag für die sorgfältige technische Arbeit und Unterstützung zu Dank verpflichtet.

*Rostock, September 1970* St. Fenyö

# Inhaltsverzeichnis


1 Lineare Algebra . . . . . . . . . . . . . . . . . . . . . . . . . . 11

101 Matrizenrechnung . . . . . . . . . . . . . . . . . . . . . . . . 11

101.01 Lineare Abbildungen . . . . . . . . . . . . . . . . 11

101.02 Matrizen . . . . . . . . . . . . . . . . . . . . . . . 16

101.03 Grundoperationen mit Matrizen . . . . . . . . . . 19

101.04 Hypermatrizen . . . . . . . . . . . . . . . . . . . 27

101.05 Linear unabhängige Vektoren . . . . . . . . . . . 31

101.06 Orthogonale und biorthogonale Vektorsysteme . . . 37

101.07 Die Inverse einer Matrix . . . . . . . . . . . . . 42

101.08 Dyadische Zerlegung von Matrizen. . . . . . . . . 51

101.09 Rang eines Vektorsystems. . . . . . . . . . . . . 56

101.10 Rang einer Matrix . . . . . . . . . . . . . . . . 59

101.11 Die Minimalzerlegung einer Matrix. . . . . . . . . 61

101.12 Einige Sätze über Produkte von Matrizen . . . . . . 66

101.13 Dyadischer Zerlegung wichtiger Matrizen . . . . . . 69

101.14 Eigenwerte und Eigenvektoren von Matrizen . . . . 73

101.15 Symmetrische und heritesche Matrizen . . . . . . . 84

101.16 Matrizenpolynome . . . . . . . . . . . . . . . . . 86

101.17 Das Charakteristische Polynom einer Matrix. Der Caylay-Hamiltonsche Satz . . . . . . . . . . . 90

101.18 Minimalpolynom einer Matrix. . . . . . . . . . . 92

101.19 Die biorthogonale Minimalzerlegung einer quadratischen Matrix . . . . . . . . . . . . . . . . . 95

102 Matrixanalysis . . . . . . . . . . . . . . . . . . . . . . . . 97

102.01 Folgen, Reihen, Stetigkeit, Ableitung und Integral von Matrizen . . . . . . . . . . . . . . . . . . 97

102.02 Potenzreihen von Matrizen . . . . . . . . . . . . 102

102.03 Analytische Matrizenfunktionen . . . . . . . . . . 108

102.04 Die Zerlegung von rationalen Matrizen . . . . . . . 112

103 Einige Anwendungen der Matrizenrechnung. . . . . . . . . 131

103.01 Theorie der Linearen Gleichungssysteme . . . . . . 131

103.02 Lineare Integralgleichungen . . . . . . . . . . . . 139

103.03 Lineare Differentialgleichungssysteme. . . . . . . . 147

103.04 Die Bewegung eines Massenpunktes . . . . . . . . 162

103.05 Stabilität im Fall linearer Systeme . . . . . . . . . 164

103.06 Biegung des gestützten Balkens . . . . . . . . . . 168

103.07 Anwendungen der Matrizenrechnung auf lineare elektrische Netzwerke . . . 173
2 Theorie der Optimierung . . . 185
201 Lineare Optimierung . . . 185
201.01 Problemstellung . . . 185
201.02 Geometrische Hilfsmittel . . . 190
201.03 Minimalvektoren einer Optimierungsaufgabe . . . 197
201.04 Lösung der linearen Optimierungsaufgabe . . . 199
201.041 Eckenaustausch . . . 200
201.042 Das Simplexverfahren . . . 205
201.05 Duale lineare Optimierungsaufgaben . . . 207
201.051 Hilfssätze über lineare Gleichungs- und Ungleichungssysteme . . . 209
201.052 Sätze über duale Optimierungsaufgaben . . . 215
201.053 Bestimmung einer Ausgangsecke für das Simplexverfahren . . . 218
201.06 Transportaufgaben und ihre Lösung duch die „Ungarische Methode" . . . 219
201.061 Der König-Egerváryschе Satz . . . 220
201.062 Lösungsverfahren für die Transportaufgabe 223
202 Konvexe Optimierung . . . 227
202.01 Problemstellung . . . 227
202.02 Definitionen und Hilfsätze . . . 228
202.03 Der Satz von Kuhn und Tucker . . . 238
202.04 Konvexe Optimierung mit differntierebaren Funktionen 243
3 Elemente der Graphentheorie . . . 249
301.01 Einleitung . . . 249
301.02 Begriff des Graphen . . . 249
301.03 Teilgraph, vollständiger Graph, Komplementärgraph 256
301.04 Kantenfolge, Wege, Kreise . . . 260
301.05 Komponenten und Glieder eines Graphen . . . 266
301.06 Bäume und Gerüste . . . 270
301.061 Eine Anwendung . . . 275
301.07 Fundamentalkreissysteme und Kantenschnitte . . . 278
301.08 Graphen auf Flächen . . . 282
301.09 Die Dualität . . . 286
301.10 Boolsche Algebra . . . 293
301.101 Inzidenzmatrizen . . . 294
301.102 Kreismatrizen . . . 298
301.103 Kantenschnittmatrizen . . . 301
301.104 Durch Graphen erzeugte Vektorräume . . . 304
301.11 Gerichtete Graphen . . . 306

301.111 Gerichteten Graphen zugeordnete Matrizen und Vektorräume . . . . . . . . . . . . . 310
301.12 Anwendung der Graphentheorie auf die elektrischen Kreisnetze . . . . . . . . . . . . . . . . . . 315
301.13 Der Ford-Fulkersonsche Satz . . . . . . . . . . . 325
Literaturverzeichnis . . . . . . . . . . . . . . . . . . . . . . . . . 334
Sachverzeichnis . . . . . . . . . . . . . . . . . . . . . . . . . . 335

# 1 Lineare Algebra

## 101 Matrizenrechnung

### 101.01 *Lineare Abbildungen*

Es seien zwei euklidische Raume $R^m$ und $R^n$ gegeben.*) $\mathfrak{A}$ wird eine *Abbildung* von $R^m$ in $R^n$ genannt, falls zu jedem Vektor $\boldsymbol{x}$ aus $R^m$ ein Vektor $\boldsymbol{y}$ aus $R^n$ durch eine bestimmte Vorschrift zugeordnet wird. Eine solche Abbildung werden wir durch das Symbol

$$\boldsymbol{y} = \mathfrak{A}(\boldsymbol{x}) = \mathfrak{A}\boldsymbol{x}$$

bezeichnet.

Von besonders großer Bedeutung sind die *linearen Abbildungen* oder *linearen Transformationen.*

Eine Abbildung $\mathfrak{A}$ heißt *additiv* falls sie die Summe von zwei Vektoren in die Summe der entsprechenden Vektoren überführt, d.h. wenn

$$\mathfrak{A}(\boldsymbol{x}_1 + \boldsymbol{x}_2) = \mathfrak{A}\boldsymbol{x}_1 + \mathfrak{A}\boldsymbol{x}_2$$

für alle Vektoren aus $R^m$ gilt.

Eine Abbildung $\mathfrak{A}$ ist definitionsgemäß *homogen,* wenn sie folgende Eigenschaft hat:

$$\mathfrak{A}(\lambda\boldsymbol{x}) = \lambda\mathfrak{A}(\boldsymbol{x}),$$

für jeden Vektor $\boldsymbol{x}$ aus $R^m$ und für jede Zahl $\lambda$.

**Definition:** *Eine Abbildung* $\mathfrak{A}$, *die zugleich additiv und homogen ist, wird linear genannt.*

Aus der Linearität der Abbildung $\mathfrak{A}$ folgt, daß sie jede Linearkombination

$$\lambda_1\boldsymbol{x}_1 + \lambda_2\boldsymbol{x}_2$$

in die entsprechende Linearkombination überführt:

$$\mathfrak{A}(\lambda_1\boldsymbol{x}_1 + \lambda_2\boldsymbol{x}_2) = \lambda_1\mathfrak{A}\boldsymbol{x}_1 + \lambda_2\mathfrak{A}\boldsymbol{x}_2, \tag{1.001}$$

wobei $\boldsymbol{x}_1$, $\boldsymbol{x}_2$ Vektoren aus $R^m$ und $\lambda_1$, $\lambda_2$ beliebige Zahlenwerte sind. Man sieht sofort, daß aus (1.001) die Additivität und Homogenität folgt. Deshalb können wir die Linearität einer Abbildung $\mathfrak{A}$ auch wie folgt definieren:

---

*) Die Definition der $n$-dimensionalen Räume s. im I. Band dieses Buches. S. 18–19.

*Eine Abbildung des Raumes $R^m$ in den Raum $R^n$ ist linear, falls sie jede Linearkombination zweier beliebigen Vektoren in die entsprechende Linearkombination überführt.* Diese Definition ist mit der ursprünglich gegebenen äquivalent. Aus (1.001) folgt durch vollständige Induktion: Wenn die Abbildung $\mathfrak{A}$ linear ist, dann gilt

$$\mathfrak{A}(\lambda_1 \boldsymbol{x}_1 + \lambda_2 \boldsymbol{x}_2 + \cdots + \lambda_p \boldsymbol{x}_p) = \lambda_1 \mathfrak{A} \boldsymbol{x}_1 + \lambda_2 \mathfrak{A} \boldsymbol{x}_2 + \cdots + \lambda_p \mathfrak{A} \boldsymbol{x}_p, \tag{1.002}$$

wobei $\boldsymbol{x}_1, \boldsymbol{x}_2, \dots, \boldsymbol{x}_p$ Vektoren (von beliebiger Anzahl $p$) und $\lambda_i$ $(i=1, 2, \dots, p)$ Zahlenwerte sind.

Solche lineare Abbildungen treten in den verschiedensten Gebieten häufig auf. Wir wollen einige einfache, doch charakteristische Beispiele aufführen:

*Beispiel. Die Spiegelung an einer Achse.* Sei $R^m = R^n = R^2$ und die Abbildungsvorschrift bestehe in der Spiegelung eines Vektors an einer festgehaltenen Gerade. (Fig. 1.) Es ist klar, daß diese Abbildung von $R^2$ in sich linear ist.

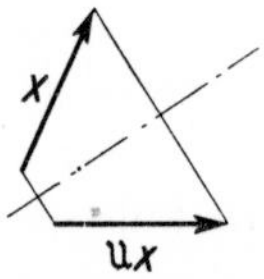


Fig. 1

*Beispiel. Drehung um einen Punkt.* Es sei wiederum $R^m = R^n = R^2$, und jedem Vektor $\boldsymbol{x}$ wird derjenige Vektor $\boldsymbol{y}$ zugeordnet, der durch eine Drehung um den festgehaltenen Punkt 0 mit dem ebenfalls festgehaltenen Winkel entsteht (Fig. 2.). Man überzeuge sich, daß diese Abbildung tatsächlich linear ist.

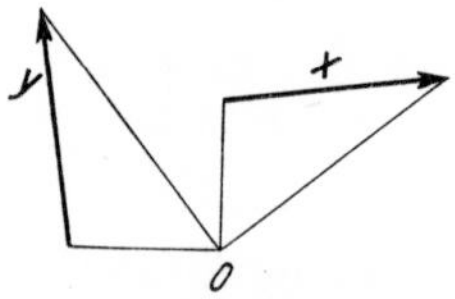


Fig. 2

*Beispiel. Projektion.* Jetzt sei $R^m = R^3$ und $R^n = R^2$, es sei jeder Vektor von $R^3$ auf eine feste Ebene projiziert (Fig. 3.). Man sieht leicht ein, daß auch diese Abbildung linear ist.

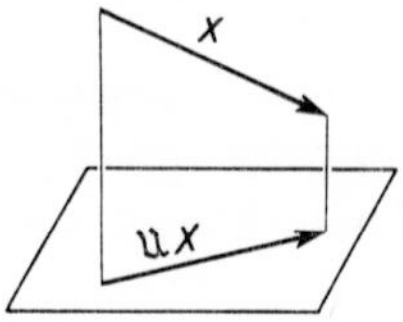


Fig. 3

Die Projektion wird in folgender Art auf Räume beliebiger Dimensionszahl verallgemeinert. $\boldsymbol{x}=(x_1, x_2, \ldots, x_m)$ sei ein Vektor. Ihm ordnen wir denjenigen Vektor $\boldsymbol{y}$ aus $R^n$ $(n<m)$ zu, dessen erste $n$ Koordinaten mit denen von $\boldsymbol{x}$ übereinstimmen:

$$\boldsymbol{y} = (x_1, x_2, \ldots, x_n).$$

Es ist leicht einzusehen, daß diese Zuordnung linear ist.

Schließlich möchten wir noch eine *nichtlineare* Abbildung erwähnen. Wir ordnen jedem Vektor $\boldsymbol{x}=(x_1, x_2, \ldots, x_m)$ aus $R^m$ seinen absoluten Betrag zu (das ist eine Abbildung von $R^m$ in $R^1$), d.h.

$$y = (x_1^2 + x_2^2 + \cdots + x_m^2)^{1/2}.$$

Diese Abbildung ist nur für positive Werte von $\lambda$ homogen, denn zu $\lambda \boldsymbol{x} = (\lambda x_1, \lambda x_2, \ldots, \lambda x_n)$ wird die Zahl (eindimensionaler Vektor!)

$$|\lambda \boldsymbol{x}| = |\lambda| \, (x_1^2 + x_2^2 + \cdots + x_n^2)^{1/2} = |\lambda| \, |\boldsymbol{x}|$$

zugeordnet. Sie ist wegen der Deiechsungleichung*) nicht additiv.

Nun stellen wir folgende Frage: Was ist die allgemeinste Gestalt einer linearen Abbildung von $R^m$ in $R^n$!

Um diese wichtige Frage beantworten zu können, betrachten wir einen beliebigen Vektor

$$\boldsymbol{x} = (x_1, x_2, \ldots, x_m)$$

aus $R^m$. Er kann nach der Vektoraddition zerlegt werden:

$$\begin{aligned} \boldsymbol{x} &= (x_1, x_2, \ldots, x_m) = \\ &= (x_1, 0, 0, \ldots, 0) + (0, x_2, 0, \ldots, 0) + \cdots + (0, 0, \ldots, x_m) = \\ &= x_1 (1, 0, 0, \ldots, 0) + x_2 (0, 1, 0, \ldots, 0) + \cdots + x_m (0, 0, \ldots, 1) = \\ &= x_1 \boldsymbol{e}_1 + x_2 \boldsymbol{e}_2 + \cdots + x_m \boldsymbol{e}_m \end{aligned}$$

wobei

$$\begin{aligned} \boldsymbol{e}_1 &= (1, 0, 0, \ldots, 0) \\ \boldsymbol{e}_2 &= (0, 1, 0, \ldots, 0) \\ &\ldots\ldots\ldots\ldots\ldots \\ \boldsymbol{e}_m &= (0, 0, 0, \ldots, 1) \end{aligned}$$

die Koordinatenvektoren des $m$-dimensionalen Raumes $R^m$ sind.

Nun sei $\mathfrak{A}$ eine lineare Abbildung von $R^m$ in $R^n$. Dann ist wegen (1.002)

$$\begin{aligned} \boldsymbol{y} = \mathfrak{A} \boldsymbol{x} = \mathfrak{A}(x_1 \boldsymbol{e}_1 + x_2 \boldsymbol{e}_2 + \cdots + x_m \boldsymbol{e}_m) = x_1 \mathfrak{A} \boldsymbol{e}_1 + x_2 \mathfrak{A} \boldsymbol{e}_2 + \\ + \cdots + x_m \mathfrak{A} \boldsymbol{e}_m = x_1 \boldsymbol{a}_1 + x_2 \boldsymbol{a}_2 + \cdots + x_m \boldsymbol{a}_m \end{aligned}$$

wobei $\boldsymbol{a}_1, \boldsymbol{a}_2, \ldots, \boldsymbol{a}_m$ die durch die Abbildung $\mathfrak{A}$ den Koordinatenvektoren entsprechenden Vektoren im $R^n$ sind. Es gilt also

$$\boldsymbol{y} = \mathfrak{A} \boldsymbol{x} = x_1 \boldsymbol{a}_1 + x_2 \boldsymbol{a}_2 + \cdots + x_m \boldsymbol{a}_m \tag{1.003}$$

*) Bd. I. S. 19.

und damit haben wir unser Problem gelöst. Die Zuordnung (1.003) stellt offenbar eine lineare Abbildung dar. Mit anderen Worten die Vektoren

$$\boldsymbol{a}_1 = \mathfrak{A}\boldsymbol{e}_1, \quad \boldsymbol{a}_2 = \mathfrak{A}\boldsymbol{e}_2, \ldots, \quad \boldsymbol{a}_m = \mathfrak{A}\boldsymbol{e}_m$$

charakterisieren eine lineare Transformation (Abbildung) eindeutig.

Um das gewonnene Resultat übersichtlicher und anschaulicher zu machen, führen wir einige Bezeichnungen und Begriffe ein.

Wir werden in der Zukunft die Koordinaten eines Vektors des $n$-dimensionalen Raumes untereinander in eine Spalte schreiben:

$$\boldsymbol{x} = \begin{pmatrix} x_1 \\ x_2 \\ \vdots \\ x_n \end{pmatrix}$$

und werden für Vektor auch den Ausdruck *Spaltenvektor* verwenden.

Eine lineare Abbildung ist also durch $m$ Vektoren eindeutig bestimmt. Wir schreiben ihre Koordinaten nach obiger Vereinbarung auf:

$$\boldsymbol{a}_1 = \begin{pmatrix} a_{11} \\ a_{21} \\ \vdots \\ a_{n1} \end{pmatrix}, \quad \boldsymbol{a}_2 = \begin{pmatrix} a_{12} \\ a_{22} \\ \vdots \\ a_{n2} \end{pmatrix}, \ldots, \quad \boldsymbol{a}_m = \begin{pmatrix} a_{1m} \\ a_{2m} \\ \vdots \\ a_{nm} \end{pmatrix}$$

(der erste Index ist die Reihenzahl der Koordinate, die Zweite die Nummer des Vektors). Wenn wir also sämtliche Koordinaten $a_{in}$ kennen, so ist die lineare Abbildung eindeutig gegeben. Diese Koordinaten möchten wir in folgender Tabelle anordnen:

$$\boldsymbol{A} = \begin{pmatrix} a_{11} & a_{12} \cdots a_{1m} \\ a_{21} & a_{22} \cdots a_{2m} \\ \vdots & \\ a_{n1} & a_{n2} \cdots a_{nm} \end{pmatrix}. \tag{1.004}$$

Eine solche Tabelle wird eine *Matrix* genannt.

Wir können also behaupten: Eine lineare Abbildung von $R^m$ in $R^n$ ist durch eine Matrix gegeben, die aus $n$ Zeilen und $m$ Spalten besteht.

Der Bildvektor kann aus (1.003) auch explizit angeben werden, inden wir folgendes schreiben:

$$\begin{pmatrix} y_1 \\ y_2 \\ \vdots \\ y_n \end{pmatrix} = x_1 \begin{pmatrix} a_{11} \\ a_{21} \\ \vdots \\ a_{n1} \end{pmatrix} + x_2 \begin{pmatrix} a_{12} \\ a_{22} \\ \vdots \\ a_{n2} \end{pmatrix} + \cdots + x_m \begin{pmatrix} a_{1m} \\ a_{2m} \\ \vdots \\ a_{nm} \end{pmatrix}, \tag{1.005}$$

ausführlicher geschrieben ist (1.005) mit den folgenden Gleichungen gleichbedeutend

$$\begin{aligned} y_1 &= a_{11}x_1 + a_{12}x_2 + \cdots + a_{1m}x_m \\ y_2 &= a_{21}x_1 + a_{22}x_2 + \cdots + a_{2m}x_m \\ &\vdots \\ y_n &= a_{n1}x_1 + a_{n2}x_2 + \cdots + a_{nm}x_m. \end{aligned} \tag{1.006}$$

Wir schließen mit einigen Beispielen.

*Beispiel.* Die Spiegelung an der $X_1$-Achse (Fig. 4.). Bei dieser werden die Einheitsvektoren

$$\boldsymbol{e}_1 = \begin{pmatrix} 1 \\ 0 \end{pmatrix}, \quad \boldsymbol{e}_2 = \begin{pmatrix} 0 \\ 1 \end{pmatrix},$$

wie das aus Fig. 4. zu sehen ist, in die Vektoren

$$\boldsymbol{a}_1 = \begin{pmatrix} 1 \\ 0 \end{pmatrix} \quad \text{und} \quad \boldsymbol{a}_2 = \begin{pmatrix} 0 \\ -1 \end{pmatrix}$$

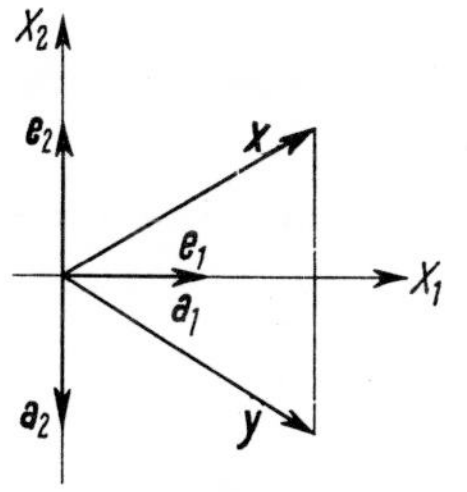

Fig. 4

transformiert. Die Matrix dieser Abbildung hat also folgende Gestalt:

$$\boldsymbol{A} = \begin{pmatrix} 1 & 0 \\ 0 & -1 \end{pmatrix}.$$

Auf Grund von (1.006) wird der Vektor

$$\boldsymbol{x} = \begin{pmatrix} x_1 \\ x_2 \end{pmatrix}$$

in den Vektor

$$\boldsymbol{y} = \begin{pmatrix} y_1 \\ y_2 \end{pmatrix} = \begin{pmatrix} x_1 \\ -x_2 \end{pmatrix}$$

gespiegelt.

*Beispiel.* Die Projektion eines Vektors

$$\boldsymbol{x} = \begin{pmatrix} x_1 \\ x_2 \\ x_3 \end{pmatrix}$$

auf die $[X_1\ X_2]$-Ebene soll durch eine Matrix charakterisiert werden.

Wie wir es bei der Behandlung der Projektion gesehen haben, wird durch diese Abbildung dem Vektor

$$\boldsymbol{x} = \begin{pmatrix} x_1 \\ x_2 \\ x_3 \end{pmatrix}$$

der Vektor

$$\boldsymbol{y} = \begin{pmatrix} x_1 \\ x_2 \end{pmatrix}$$

zugeordnet. Aus dieser Zuordnungsvorschrift folgt, daß den Einheitsvektoren

$$\boldsymbol{e}_1 = \begin{pmatrix} 1 \\ 0 \\ 0 \end{pmatrix}, \quad \boldsymbol{e}_2 = \begin{pmatrix} 0 \\ 1 \\ 0 \end{pmatrix}, \quad \boldsymbol{e}_3 = \begin{pmatrix} 0 \\ 0 \\ 1 \end{pmatrix}$$

die Vektoren

$$\boldsymbol{a}_1 = \begin{pmatrix} 1 \\ 0 \end{pmatrix}, \quad \boldsymbol{a}_2 = \begin{pmatrix} 0 \\ 1 \end{pmatrix}, \quad \boldsymbol{a}_3 = \begin{pmatrix} 0 \\ 0 \end{pmatrix}$$

entsprechen. Daher ist die Matrix dieser Transformation

$$\boldsymbol{P} = \begin{pmatrix} 1 & 0 & 0 \\ 0 & 1 & 0 \end{pmatrix}.$$

*Beispiel.* Bezeichne

$$\boldsymbol{h} = \begin{pmatrix} h_1 \\ h_2 \\ h_3 \end{pmatrix}$$

einen festgehaltenen Vektor im dreidimensionalen Raum. Wir betrachten folgende lineare Transformation

$$\boldsymbol{y} = \mathfrak{A}\boldsymbol{x} = \boldsymbol{h} \times \boldsymbol{x}$$

wobei $\times$ das vektorielle Produkt bezeichnet. Die Transformation $\mathfrak{A}$ ordnet jedem Vektor aus $R^3$ einen Vektor aus $R^3$ zu. Um die $\mathfrak{A}$ entsprechende Matrix $A$ herleiten zu können bilden wir folgende vektorielle Produkte:

$$\begin{aligned} \boldsymbol{a}_1 &= \boldsymbol{h} \times \boldsymbol{e}_1 = \quad h_3 \boldsymbol{e}_2 - h_2 \boldsymbol{e}_3 \\ \boldsymbol{a}_2 &= \boldsymbol{h} \times \boldsymbol{e}_2 = - h_3 \boldsymbol{e}_1 + h_1 \boldsymbol{e}_3 \\ \boldsymbol{a}_3 &= \boldsymbol{h} \times \boldsymbol{e}_3 = \quad h_2 \boldsymbol{e}_1 - h_1 \boldsymbol{e}_2 . \end{aligned}$$

Die gesuchte Matrix ist somit

$$\boldsymbol{A} = \begin{pmatrix} 0 & -h_3 & h_2 \\ h_3 & 0 & -h_1 \\ -h_2 & h_1 & 0 \end{pmatrix}.$$

## 101.02 *Matrizen*

Wir haben im vorigen Abschnitt den Begriff der Matrix in Verbindung mit der linearen Abbildung zweier Räume kennengelernt. Jetzt möchten wir diesen Begriff unabhängig von der linearen Transformation betrachten und auch verallgemeinern.

**Definition:** *Unter einer Matrix verstehen wir eine endliche Menge von reellen oder komplexen Zahlen* (manchmal auch Funktionen), *die in einem rechteckigen Schema angeordnet sind. Dabei nennen wir das Glied in der k-ten Zeile und l-ten Spalte das Element $a_{kl}$ der Matrix. Wir sagen, daß die Elemente $a_{kk}$ in der Hauptdiagonale der Matrix stehen.*

Zur Bezeichnung der Matrizen benutzen wir in Zukunft große fettgedruckte Buchstaben $\boldsymbol{A}, \boldsymbol{B}, \ldots$.

$$\boldsymbol{A} = \begin{pmatrix} a_{11} & a_{12} \ldots a_{1m} \\ a_{21} & a_{22} \ldots a_{2m} \\ \ldots & \ldots \\ a_{n1} & a_{n2} \ldots a_{nm} \end{pmatrix} \tag{1.007}$$

besitzt also $n$ Zeilen und $m$ Spalten. Sie wird eine *Matrix vom Typus* $n \times m$ genannt und mit $\underset{n \times m}{\boldsymbol{A}}$ bezeichnet (Falls die Gefahr eines Mißverständnisses nicht vorhanden ist, werden wir einfach $\boldsymbol{A}$ schreiben).

Wir werden manchmal auch folgende abgekürzte Schreibweise für die Matrizen verwenden:

$$\underset{n \times m}{\boldsymbol{A}} = (a_{ik}).$$

**Definition:** *Zwei Matrizen werden genau dann als gleich angesehen, wenn sie vom gleichen Typus sind und die an den entsprechenden Stellen stehenden Elemente einander gleich sind.*

Für zwei einander gleiche Matrizen $\boldsymbol{A}$ und $\boldsymbol{B}$ verwenden wir das Gleichheitszeichen indem wir

$$\boldsymbol{A} = \boldsymbol{B}$$

schreiben.

Wir werden nun einige Haupttypen von Matrizen, die in den Anwendungen eine Rolle spielen, definieren.

Ist in (1.007) $m = n$, so wird $\boldsymbol{A}$ eine *quadratische Matrix*, deren Typus $n \times n$ wir kurz durch $\underset{n}{\boldsymbol{A}}$ kennzeichnen werden. Wir nennen dann $\boldsymbol{A}$ auch eine (quadratische) *Matrix von der Ordnung n.*

Wie aus dem vorigen Abschnitt hervorgeht, ist die Matrix einer linearen Abbildung eines $n$-dimensionalen Raumes in sich selbst immer quadratisch von der Ordnung $n$.

Wir können die Determinante aus den Elementen einer quadratischen Matrix bilden. Diesen Zahlenwert werden wir durch $|\boldsymbol{A}|$ bezeichnen. Wenn also

$$\boldsymbol{A} = \begin{pmatrix} a_{11} \ldots a_{1n} \\ \vdots \quad\quad \vdots \\ a_{n1} \ldots a_{nn} \end{pmatrix}$$

ist, so wird ihr folgender Zahlenwert zugeordnet

$$|A| = \begin{vmatrix} a_{11} \dots a_{1n} \\ \vdots \quad\quad \vdots \\ a_{n1} \quad\; a_{nn} \end{vmatrix}.$$

Eine Matrix deren sämtliche Elemente gleich Null sind, heißt *Nullmatrix* und wird durch $\mathbf{0}$ (ausführlicher durch $\underset{n \times m}{\mathbf{0}}$) bezeichnet. Nach unserer Gleichheitsdefinition ist

$$A = \begin{pmatrix} a_{11} \dots a_{1m} \\ \vdots \quad\quad \vdots \\ a_{n1} \dots a_{nm} \end{pmatrix} = \mathbf{0}$$

genau dann, wenn

$$a_{kl} = 0 \qquad (k = 1, 2, \dots, n;\, l = 1, 2, \dots, m)$$

gilt.

Man kann leicht einsehen, daß die lineare Abbildung, die jedem Vektor aus $R^m$ den Nullvektor von $R^n$ zuordnet, durch die Matrix $\underset{n \times m}{\mathbf{0}}$ charakterisiert werden kann. In der Tat überführt diese Abbildung alle Koordinatenvektoren von $R^m$ in den Nullvektor von $R^n$, daher ist jedes Element einer jeden Spalte der Transformationsmatrix, gleich Null.

Wichtig sind ferner die *Einheitsmatrizen*, die wir in Zukunft mit $\boldsymbol{E}$ bezeichnen werden, Sie sind quadratische Matrizen, in denen sämtliche in der Hauptdiagonale stehenden Elemente gleich Eins und alle übrigen Null sind, d.h.

$$\boldsymbol{E} = \begin{pmatrix} 1 & 0 \dots 0 \\ 0 & 1 \dots 0 \\ \dots & \dots \\ 0 & 0 \dots 1 \end{pmatrix}.$$

Die identische Transformation eines Raumes (d.h. diejenige, bei der jeder Vektor in sich selbst abgebildet wird) besitzt als Matrix die Einheitsmatrix, wie das unmittelbar zu sehen ist.

Eine Verallgemeinerung der Einheitsmatrizen sind die *Diagonalmatrizen*. Bei ihnen sind alle Elemente, die nicht in der Hauptdiagonale stehen, gleich Null:

$$\begin{pmatrix} a_1 & 0 & \dots 0 \\ 0 & a_2 & \dots 0 \\ \dots & \dots & \dots \\ 0 & 0 & \dots a_n \end{pmatrix}.$$

Eine solche quadratische Matrix ist durch ihre Hauptdiagonalelemente eindeutig bestimmt. Deshalb ist die folgende Schreibweise berechtigt:

$$\begin{pmatrix} a_1 & 0 \ldots 0 \\ 0 & a_2 \ldots 0 \\ \ldots & \ldots \\ 0 & 0 \ldots a_n \end{pmatrix} = \langle a_1, a_2, \ldots, a_n \rangle .$$

Man sieht, daß die Spaltenvektoren des $n$-dimensionalen Raumes spezielle Matrizen, und zwar Matrizen vom Typus $n \times 1$ sind. Wir bezeichnen sie, wie auch bisher, durch kleine, fettgedruckte Buchstaben: $\boldsymbol{a}, \boldsymbol{b}, \ldots, \boldsymbol{x}, \boldsymbol{y}, \ldots$.

Wir werden für gewisse Matrizen auch eine Ungleichungsrelation definieren.

**Definition:** *Die Matrizen $\boldsymbol{A}$ und $\boldsymbol{B}$ seien vom gleichen Typus. Die Ungleichungen*

$$\boldsymbol{A} \leqq \boldsymbol{B} \quad \text{bzw.} \quad \boldsymbol{A} < \boldsymbol{B}$$

*bedeuten daß*

$$a_{ik} \leqq b_{ik} \quad \text{bzw.} \quad a_{ik} < b_{ik} \quad \begin{array}{l} i = 1, 2, \ldots, n, \\ k = 1, 2, \ldots, m \end{array}$$

*gilt.* ($a_{ik}$ und $b_{ik}$ sind die Elemente der Matrizen $\boldsymbol{A}$ und $\boldsymbol{B}$).

Aus dieser Definition folgt, daß

$$\boldsymbol{A} \geqq \boldsymbol{0}$$

genau dann gilt, wenn

$$a_{ik} \geqq 0 \quad \begin{pmatrix} i = 1, 2, \ldots, n \\ k = 1, 2, \ldots, m \end{pmatrix}$$

ist.

Es soll betont werden, daß *nicht* alle Paare von Matrizen (vom selben Typus) einer der folgenden Relationen genügen: $\boldsymbol{A} < \boldsymbol{B}$, $\boldsymbol{A} = \boldsymbol{B}$, $\boldsymbol{A} > \boldsymbol{B}$, im Gegensatz zu den reellen Zahlen.

### 101.03 *Grundoperationen mit Matrizen*

Wir werden einige Operationen für Matrizen definieren, die in den Anwendungen häufig auftreten. Dabei wird einer oder mehreren Matrizen eine weitere Matrix zugeordnet. Eine solche Zuordnung nennt man eine Operation.

Betrachten wir nun die Matrix

$$\boldsymbol{A} = \begin{pmatrix} a_{11} & a_{12} \ldots a_{1m} \\ a_{21} & a_{22} \ldots a_{2m} \\ \ldots & \ldots \\ a_{n1} & a_{n2} \ldots a_{nm} \end{pmatrix}. \tag{1.008}$$

Aus dieser können wir eine neue Matrix bilden, indem wir die Zeilen mit den Spalten vertauschen. Auf diese Art erhalten wir die *transponierte Matrix*

$A^*$, die also folgende Gestalt hat

$$A^* = \begin{pmatrix} a_{11} & a_{21} \dots a_{n\,1} \\ a_{12} & a_{22} \dots a_{n\,2} \\ \dots & \dots \\ a_{1\,m} & a_{2\,m} \dots a_{n\,m} \end{pmatrix}.$$

Die Beziehung

$$(A^*)^* = A^{**} = A \tag{1.009}$$

ist evident.

Wenn wir die Operation des Überganges auf die transponierte Matrix auf einen Spaltenvektor

$$\boldsymbol{x} = \begin{pmatrix} x_1 \\ x_2 \\ \vdots \\ x_n \end{pmatrix}$$

anwenden, ergibt sich eine Matrix vom Typus $1 \times n$, die wir als *Zeilenvektor* (oder auch Zeilenmatrix) bezeichnen:

$$\boldsymbol{x}^* = (x_1, x_2, \dots, x_n).$$

Ersetzen wir in der Matrix (1.008) jedes Element durch sein konjugiert komplexes, so erhalten wir die *konjugiert komplexe Matrix* $\bar{A}$:

$$\bar{A} = \begin{pmatrix} \bar{a}_{11} & \bar{a}_{12} \dots \bar{a}_{1\,m} \\ \bar{a}_{21} & \bar{a}_{22} \dots \bar{a}_{2\,m} \\ \dots & \dots \\ \bar{a}_{n\,1} & \bar{a}_{n\,2} \dots \bar{a}_{n\,m} \end{pmatrix}.$$

Laut Definition der Gleichheit zweier Matrizen (101.02) gilt $A = \bar{A}$ genau dann, wenn jedes Element von $A$ reell ist.

Die *Summe* $A+B$ zweier Matrizen $A$ und $B$ werden wir nur dann definieren, wenn beide Summanden vom gleichen Typus sind. Es soll dann gelten*):

$$A + B = \begin{pmatrix} a_{11} \dots a_{1\,m} \\ a_{21} \dots a_{2\,m} \\ \dots \\ a_{n\,1} \dots a_{n\,m} \end{pmatrix} + \begin{pmatrix} b_{11} \dots b_{1\,m} \\ b_{21} \dots b_{2\,m} \\ \dots \\ b_{n\,1} \dots b_{n\,m} \end{pmatrix} \overset{\text{Def.}}{=}$$

$$\overset{\text{Def.}}{=} \begin{pmatrix} a_{11} + b_{11} \dots a_{1\,m} + b_{1\,m} \\ a_{21} + b_{21} \dots a_{2\,m} + b_{2\,m} \\ \dots \\ a_{n\,1} + b_{n\,1} \dots a_{n\,m} + b_{n\,m} \end{pmatrix},$$

*) Das Zeichen DEF. bedeutet, daß das Gleichheitszeichen laut Definition gilt.

oder mit Hilfe der abgekürzten Schreibweise

$$\underset{n\times m}{A} + \underset{n\times m}{B} = (a_{ik}) + (b_{ik}) \overset{\text{Def.}}{=} (a_{ik} + b_{ik}).$$

Es ist klar, daß die Matrizenaddition kommutativ und assoziativ ist, d.h.

$$A + B = B + A$$

$$A + (B + C) = (A + B) + C \overset{\text{Def.}}{=} A + B + C.$$

Das Nullelement der Matrizenaddition ist die Nullmatrix:

$$\underset{n\times m}{A} + \underset{n\times m}{0} = \underset{n\times m}{0} + \underset{n\times m}{A} = \underset{n\times m}{A}.$$

Das *Produkt* einer beliebigen Matrix $A$ *mit einer* reellen oder komplexen *Zahl* $\lambda$ wird folgendermaßen erklärt:

$$\lambda A = A\lambda \overset{\text{Def}}{=} \begin{pmatrix} \lambda a_{11} & \lambda a_{12} \ldots \lambda a_{1m} \\ \lambda a_{21} & \lambda a_{22} \ldots \lambda a_{2m} \\ \multicolumn{2}{c}{\dotfill} \\ \lambda a_{n1} & \lambda a_{n2} \ldots \lambda a_{nm} \end{pmatrix}.$$

Man sieht unmittelbar ein, daß

$$(\lambda + \mu) A = \lambda A + \mu A$$

$$\lambda (A + B) = \lambda A + \lambda B$$

$$0 A = 0$$

$$\lambda 0 = 0$$

ist.

Das Produkt von $\lambda = -1$ mit einer beliebigen Matrix $A$ werden wir mit $-A$ bezeichnen. Die Substraktion von zwei Matrizen deuten wir wie folgt:

$$A - B \overset{\text{Def.}}{=} A + (-1) B.$$

Es ist klar, daß zwei Matrizen genau dann einander gleich sind, wenn ihre Differenz gleich der Nullmatrix ist.

Das *Produkt* $AB$ von zwei Matrizen wird nur dann definiert, wenn die Anzahl der Spalten von $A$ gleich der der Zeilen von $B$ ist, d.h. wenn $A$ vom Typus $n \times m$ und $B$ vom Typus $m \times k$ ist. In diesem Fall soll das Produkt $AB = C$ vom Typus $n \times k$ sein. Die Definition des Produktes ist:

$$C = AB = \begin{pmatrix} a_{11} & a_{12} \ldots a_{1m} \\ a_{21} & a_{22} \ldots a_{2m} \\ \multicolumn{2}{c}{\dotfill} \\ a_{n1} & a_{n2} \ldots a_{nm} \end{pmatrix} \begin{pmatrix} b_{11} & b_{12} \ldots b_{1k} \\ b_{21} & b_{22} \ldots b_{2k} \\ \multicolumn{2}{c}{\dotfill} \\ b_{m1} & b_{m2} \ldots b_{mk} \end{pmatrix} \overset{\text{Def.}}{=}$$

$$= \begin{pmatrix} \sum_{r=1}^{m} a_{1r} b_{r1} & \sum_{r=1}^{m} a_{1r} b_{r2} \ldots \sum_{r=1}^{m} a_{1r} b_{rk} \\ \sum_{r=1}^{m} a_{2r} b_{r1} & \sum_{r=1}^{m} a_{2r} b_{r2} \ldots \sum_{r=1}^{m} a_{2r} b_{rk} \\ \multicolumn{2}{c}{\dotfill} \\ \sum_{r=1}^{m} a_{nr} b_{r1} & \sum_{r=1}^{m} a_{nr} b_{r2} \ldots \sum_{r=1}^{m} a_{nr} b_{rk} \end{pmatrix}, \tag{1.010}$$

Es gilt also

$$\underset{n\times m}{A}\ \underset{m\times k}{B} = \underset{n\times k}{C}\,.$$

Es ist wichtig, zu bemerken, daß das eben definierte Matrizenprodukt in der Theorie der linearen Abbildungen eine Rolle spielt. Wir betrachten zunächst zwei lineare Transformationen $\mathfrak{A}$ und $\mathfrak{B}$. $\mathfrak{A}$ bilde den Raum $R^m$ in den Raum $R^n$, $\mathfrak{B}$ $R^k$ in den Raum $R^m$ ab. Nun fragen wir: Was ist diejenige lineare Transformation, die sich ergibt, wenn wir zuerst $\mathfrak{B}$ und nachher $\mathfrak{A}$ ausüben? Es ist klar, daß diese Transformation $R^k$ in den Raum $R^n$ abbildet.

$\boldsymbol{x}$ sei ein Vektor aus $R^k$:

$$\boldsymbol{x} = \begin{pmatrix} x_1 \\ x_2 \\ \vdots \\ x_k \end{pmatrix}.$$

Die zur Abbildung $\mathfrak{B}$ gehörende Matrix sei

$$\boldsymbol{B} = \begin{pmatrix} b_{11} & b_{12} \dots b_{1k} \\ \dots & \dots \\ b_{m1} & b_{m2} \dots b_{mk} \end{pmatrix}.$$

$\boldsymbol{x}$ wird durch $\mathfrak{B}$ in den folgenden Vektor $\boldsymbol{y}$ überführt nach (1.006):

$$\boldsymbol{y} = \begin{pmatrix} y_1 \\ y_2 \\ \cdot \\ y_m \end{pmatrix} = \begin{pmatrix} b_{11}x_1 + b_{12}x_2 + \dots + b_{1k}x_k \\ b_{21}x_1 + b_{22}x_2 + \dots + b_{2k}x_k \\ \dots\dots\dots \\ b_{m1}x_1 + b_{m2}x_2 + \dots + b_{mk}x_k \end{pmatrix}.$$

Wir wenden jetzt die lineare Transformation $\mathfrak{A}$ auf $\boldsymbol{y}$ an. Die Matrix der Abbildung $\mathfrak{A}$ sei

$$\boldsymbol{A} = \begin{pmatrix} a_{11} \dots a_{1m} \\ \vdots \quad\quad \vdots \\ a_{n1} \dots a_{nm} \end{pmatrix}.$$

Laut Formel (1.006) ergibt sich das Bild $\boldsymbol{z}$ von $\boldsymbol{y}$ wie folgt

$$\boldsymbol{z} = \begin{pmatrix} z_1 \\ z_2 \\ \vdots \\ z_n \end{pmatrix} = \begin{pmatrix} a_{11}y_1 + a_{12}y_2 + \dots + a_{1m}y_m \\ a_{21}y_1 + a_{22}y_2 + \dots + a_{2m}y_m \\ \dots\dots\dots \\ a_{n1}y_1 + a_{n2}y_2 + \dots + a_{nm}y_m \end{pmatrix}.$$

Wir setzen in diesen Ausdruck die Werte der $y_i$ Koordinaten ($i=1, 2, \dots, m$), so ergibt sich für $z_l$:

$$\begin{aligned} z_l &= a_{l1}y_1 + a_{l2}y_2 + \dots + a_{lm}y_m = \\ &= a_{l1}(b_{11}x_1 + b_{12}x_2 + \dots + b_{1k}x_k) + \end{aligned}$$

$$
\begin{aligned}
&+a_{l2}(b_{21}x_1+b_{22}x_2+\cdots+b_{2k}x_k)+\cdots+\\
&+a_{lm}(b_{m1}x_1+b_{m2}x_2+\cdots+b_{mk}x_k)=\\
&=(a_{l1}b_{11}+a_{l2}b_{21}+\cdots+a_{lm}b_{m1})\,x_1+\\
&+(a_{l1}b_{12}+a_{l2}b_{22}+\cdots+a_{lm}b_{m2})\,x_2+\\
&\dots\dots\dots\dots\dots\dots\dots\dots\dots\dots+\\
&+(a_{l1}b_{1k}+a_{l2}b_{2k}+\cdots+a_{lm}b_{mk})\,x_k=\\
&=\left(\sum_{r=1}^{m}a_{lr}b_{r1}\right)x_1+\left(\sum_{r=1}^{m}a_{lr}b_{r2}\right)x_2+\cdots+\\
&\qquad\qquad+\left(\sum_{r=1}^{m}a_{lr}b_{rk}\right)x_k,\qquad (l=1,2,\ldots,n).
\end{aligned}
$$

*Das bedeutet der linearen Abbildung $z=\mathfrak{A}\,\mathfrak{B}\boldsymbol{x}$ entspricht die Matrix*

$$
\begin{pmatrix}
\sum_{r=1}^{m}a_{1r}b_{r1} & \sum_{r=1}^{m}a_{1r}b_{r2}\cdots & \sum_{r=1}^{m}a_{1r}b_{rk}\\
\dots\dots & \dots\dots & \dots\dots\\
\sum_{r=1}^{m}a_{nr}b_{r1} & \sum_{r=1}^{m}a_{nr}b_{r2}\cdots & \sum_{r=1}^{m}a_{nr}b_{rk}
\end{pmatrix}=\boldsymbol{A}\boldsymbol{B}.
$$

Mit Hilfe des Matrizenproduktes können wir auch die allgemeinen linearen Transformationsformeln (1.006) einfacher und anschaulicher ausdrücken. Es gilt nämlich:

$$
\boldsymbol{y}=\begin{pmatrix}y_1\\y_2\\\vdots\\y_n\end{pmatrix}=\begin{pmatrix}a_{11}x_1+\cdots+a_{1m}x_m\\a_{21}x_1+\cdots+a_{2m}x_m\\\dots\dots\dots\dots\\a_{n1}x_1+\cdots+a_{nm}x_m\end{pmatrix}=
$$

$$
=\begin{pmatrix}a_{11} & a_{12}\cdots a_{1m}\\a_{21} & a_{22}\cdots a_{2m}\\\dots & \dots\dots\\a_{n1} & a_{n2}\cdots a_{nm}\end{pmatrix}\begin{pmatrix}x_1\\x_2\\\vdots\\x_m\end{pmatrix}=\boldsymbol{A}\boldsymbol{x}
$$

wobei unter $\boldsymbol{A}\boldsymbol{x}$ das Matrizenprodukt der Matrix $\underset{n\times m}{\boldsymbol{A}}$ mit dem Vektor $\underset{m\times 1}{\boldsymbol{x}}$, betrachtet als Matrix, zu verstehen ist.

Wir haben also folgendes bewiesen:

**Satz 1.01.** *Die allgemeinste Form einer linearen Abbildung von $R^m$ in $R^n$ ist von der Gestalt*

$$\boldsymbol{y}=\boldsymbol{A}\boldsymbol{x},$$

*wobei $\boldsymbol{A}$ die Matrix der Abbildung ist.*

Wenn $\boldsymbol{A}\boldsymbol{B}$ definiert ist, so hat $\boldsymbol{B}\boldsymbol{A}$ im allgemeinen keinen Sinn. Auf Grund der Definition des Matrizenproduktes kann $\underset{n\times m}{\boldsymbol{A}}$ genau dann mit $\boldsymbol{B}$ von links und von rechts multipliziert werden, wenn $\boldsymbol{B}$ vom Typus $m\times n$ ist. Die Matrizen $\boldsymbol{A}\boldsymbol{B}$ und $\boldsymbol{B}\boldsymbol{A}$ sind dann quadratisch von der Ordnung $n$ bzw. $m$.

Auch wenn die Produkte $\boldsymbol{A}\boldsymbol{B}$ und $\boldsymbol{B}\boldsymbol{A}$ existieren, sind beide im allgemeinen verschieden. Sind jedoch $\boldsymbol{A}$ und $\boldsymbol{B}$ so beschaffen, daß $\boldsymbol{A}\boldsymbol{B}=\boldsymbol{B}\boldsymbol{A}$ gilt, so nennen wir sie *vertauschbar*. Man kann leicht nachprüfen, daß jede quadratische Matrix $\boldsymbol{A}$ mit den Matrizen $\underset{n}{\boldsymbol{0}}$ und $\underset{m}{\boldsymbol{E}}$ vertauschbar ist. Dabei gilt

$$\boldsymbol{A}\,\boldsymbol{0} = \boldsymbol{0}\,\boldsymbol{A} = \boldsymbol{0}\,, \qquad \boldsymbol{A}\,\boldsymbol{E} = \boldsymbol{E}\,\boldsymbol{A} = \boldsymbol{A}\,,$$

d.h. $\underset{n}{\boldsymbol{E}}$ ist das Einselement der Multiplikation von quadratischen Matrizen.

Jede quadratische Matrix $\underset{n}{\boldsymbol{A}}$ ist mit jeder Diagonalmatrix (von der Ordnung $n$) $<\lambda, \lambda, \ldots, \lambda>$ vertauschbar:

$$\langle\lambda, \lambda, \ldots, \lambda\rangle\, \boldsymbol{A} = \lambda \langle 1, 1, \ldots, 1\rangle\, \boldsymbol{A} = (\lambda\,\boldsymbol{E})\,\boldsymbol{A} =$$
$$= \lambda(\boldsymbol{E}\,\boldsymbol{A}) = \lambda(\boldsymbol{A}\,\boldsymbol{E}) = (\boldsymbol{A}\,\boldsymbol{E})\,\lambda = \boldsymbol{A}\,\langle\lambda, \lambda, \ldots, \lambda\rangle = \lambda\,\boldsymbol{A}\,.$$

Das *Matrixprodukt ist assoziativ und distributiv:*

$$(\boldsymbol{A}\,\boldsymbol{B})\,\boldsymbol{C} = \boldsymbol{A}\,(\boldsymbol{B}\,\boldsymbol{C}) \overset{\text{Def.}}{=} \boldsymbol{A}\,\boldsymbol{B}\,\boldsymbol{C}$$
$$\boldsymbol{A}\,(\boldsymbol{B} + \boldsymbol{C}) = \boldsymbol{A}\,\boldsymbol{B} + \boldsymbol{A}\,\boldsymbol{C}$$

vorausgesetzt natürlich daß diese Produkte sinvoll sind. Den Beweis dieser Eigenschaften überlassen wir dem Leser.

Es ist weiterhin klar, daß jede quadratische Matrix $\boldsymbol{A}$ mit sich selbst multipliziert werden kann:

$$\boldsymbol{A}\,\boldsymbol{A} = \boldsymbol{A}^2\,.$$

Die Matrix $\boldsymbol{A}^2$ das *Quadrat* (oder zweite *Iterierte*) von $\boldsymbol{A}$ ist auch eine quadratische Matrix und zwar von der Ordnung $n$, wenn die Matrix $\boldsymbol{A}$ von der Ordnung $n$ war. Deshalb hat das Produkt

$$\boldsymbol{A}\,\boldsymbol{A}^2 = \boldsymbol{A}^3\,,$$

die *dritte Potenz* (dritte Iterierte) von $\boldsymbol{A}$ wieder einen Sinn. $\boldsymbol{A}^3$ ist natürlich auch eine quadratische Matrix von der Ordnung $n$. So können wir durch Rekursion alle Potenzen (oder Iterierte) von nichtnegativen ganzen Exponenten definieren, indem wir

$$\boldsymbol{A}^k = \boldsymbol{A}\,\boldsymbol{A}^{k-1}\,, \qquad \boldsymbol{A}^1 = \boldsymbol{A} \quad \text{und} \quad \boldsymbol{A}^0 = \boldsymbol{E} \qquad (k = 1, 2, \ldots)$$

setzen.

Es läßt sich leicht nachweisen

**Satz 1.02:** *Für alle nichtnegativen, ganzen Zahlen $k$ und $l$ sind die Matrizen $\boldsymbol{A}^k$ und $\boldsymbol{A}^l$ miteinander vertauschbar, und es gilt*

$$\boldsymbol{A}^k\,\boldsymbol{A}^l = \boldsymbol{A}^l\,\boldsymbol{A}^k = \boldsymbol{A}^{k+l}\,.$$

*Beweis.* Wir zeigen zuerst daß $\boldsymbol{A}^k$ ($k=0, 1, 2, \ldots$) mit $\boldsymbol{A}$ vertauschbar ist. Der Beweis dieser Behauptung verläuft durch vollstendige Induktion. Für $k=1$ ist die Behauptung klar. Nehmen wir an daß $\boldsymbol{A}$ mit $\boldsymbol{A}^{k-1}$ vertauschbar ist, d.h.

es gilt

$$A^k = A \cdot A^{k-1} = A^{k-1} \cdot A\,.$$

Multiplizieren wir diese Gleichung von links mit $A$, dann ist laut Definition der Iterierten und der Assoziativität der Matrizenmultiplikation

$$A \cdot A^k = A \cdot A^{k-1} \cdot A$$

oder

$$A \cdot A^k = A^k \cdot A = A^{k+1}\,.$$

Nach dieser Regel, unter Berücksichtigung der Assoziativität, gilt für ein beliebiges natürliches $n>2$

$$\begin{aligned} A^n &= A^{n-1} \cdot A = A^{n-2} A \cdot A = A^{n-2} A^2 = A^{n-3} \cdot A \cdot A^2 = \\ &= A^{n-3} \cdot A^3 = \cdots = A^{n-l} \cdot A^l = A^k \cdot A^l \end{aligned} \qquad (1.011)$$

wobei $k=n-l$ ist. Andererseits, auf Grund der Definition der Potenzen von $A$, gilt folgendes:

$$\begin{aligned} A^n &= A \cdot A^{n-1} = A \cdot A \cdot A^{n-2} = A^2 \cdot A^{n-2} = A^2 \cdot A \cdot A^{n-3} = \cdots = \\ &= A^l A^{n-l} = A^l \cdot A^k \end{aligned} \qquad (1.012)$$

(1.011) und (1.012) ergibt die Behauptung.

Wir wollen nun zwei quadratische Matrizen von derselben Ordnung

$$A = \begin{pmatrix} a_{11} \dots a_{1n} \\ \vdots \quad\quad \vdots \\ a_{n1} \dots a_{nn} \end{pmatrix}, \qquad B = \begin{pmatrix} b_{11} \dots b_{1n} \\ \vdots \quad\quad \vdots \\ b_{n1} \dots b_{nn} \end{pmatrix}$$

betrachten. Ihr Produkt ist

$$AB = \begin{pmatrix} \sum_{r=1}^{n} a_{1r} b_{r1} \dots \sum_{r=1}^{n} a_{1r} b_{rn} \\ \dots\dots\dots\dots\dots\dots\dots \\ \sum_{r=1}^{n} a_{nr} b_{r1} \dots \sum_{r=1}^{n} a_{nr} b_{rn} \end{pmatrix}.$$

Nach der Regel für die Multiplikation zweier Determinanten*) gilt folgende wichtige Beziehung:

$$|AB| = |A|\,|B|\,. \qquad (1.013)$$

In Worten:

**Satz 1.03.** *Die Determinante des Produktes zweier quadratischen Matrizen ist gleich dem Produkt der Determinanten der beiden Matrizen.*

Jetzt wollen wir zwei wichtige Spezialfälle des Matrizenproduktes betrachten, die oft Anwendung finden.

---

*) z.B.: W. Schmeidler: *Vorträge über Determinanten und Matrizen mit Anwendungen in Physik und Technik* (Berlin 1949), S. 22.

Wir nehmen zwei Vektoren

$$\boldsymbol{x} = \begin{pmatrix} x_1 \\ x_2 \\ \vdots \\ x_n \end{pmatrix}, \quad \boldsymbol{y} = \begin{pmatrix} y_1 \\ y_2 \\ \vdots \\ y_n \end{pmatrix}$$

des $n$-dimensionalen Raumes und bilden das Matrizenprodukt $\boldsymbol{x}^* \boldsymbol{y}$:

$$\boldsymbol{x}^* \boldsymbol{y} = (x_1, x_2, \ldots, x_n) \begin{pmatrix} y_1 \\ y_2 \\ \vdots \\ y_n \end{pmatrix} = x_1 y_1 + x_2 y_2 + \cdots + x_n y_n. \quad (1.014)$$

Das Ergebnis ist also das übliche *Skalarprodukt* der zwei Vektoren. Es ist zu erwähnen, daß sich dasselbe Resultat ergibt, wenn wir $\boldsymbol{y}^*$ mit dem Spaltenvektor $x$ multiplizieren:

$$\boldsymbol{x}^* \boldsymbol{y} = \boldsymbol{y}^* \boldsymbol{x}.$$

Genau genommen müßten wir auf die rechte Seite von (1.014) eigentlich eine Matrix, die aus einem einzigen Element besteht, schreiben, d.h. wir müßten das Skalarprodukt $x_1 y_1 + \cdots + x_n y_n$ in Klammern setzen und als eine (eingliedrige) Matrix auffassen. Da aber die Bedeutung dieser Beziehung eindeutig und die Gefahr eines Mißverständnisses nicht vorhanden ist, werden wir die Klammer weglassen und die Schreibweise (1.014) benutzen.

Wenn wir das Produkt des Spaltenvektors $\boldsymbol{x}$ mit dem Zeilenvektor $\boldsymbol{y}^*$ bilden ergibt sich folgende Matrix:

$$\boldsymbol{x} \boldsymbol{y}^* = \begin{pmatrix} x_1 \\ x_2 \\ \vdots \\ x_n \end{pmatrix} (y_1, y_2, \ldots, y_n) = \begin{pmatrix} x_1 y_1 & x_1 y_2 \ldots x_1 y_n \\ x_2 y_1 & x_2 y_2 \ldots x_2 y_n \\ \ldots & \ldots \\ x_n y_1 & x_n y_2 \ldots x_n y_n \end{pmatrix}.$$

Diese Matrix heißt das *dyadische Produkt* der Vektoren $x$ und $y$.

Man sieht aus der Definition des dyadischen Produktes, daß dieses auch dann einen Sinn hat, wenn $x$ und $y$ aus Räumen verschiedener Dimensionszahl sind. Es sei

$$\boldsymbol{x} = \begin{pmatrix} x_1 \\ x_2 \\ \vdots \\ x_m \end{pmatrix}, \quad \boldsymbol{y} = \begin{pmatrix} y_1 \\ y_2 \\ \vdots \\ y_n \end{pmatrix}$$

dann ist ihr dyadisches Produkt:

$$\boldsymbol{x} \boldsymbol{y}^* = \begin{pmatrix} x_1 \\ x_2 \\ \vdots \\ x_m \end{pmatrix} (y_1, y_2, \ldots, y_n) = \begin{pmatrix} x_1 y_1 & x_1 y_2 \ldots x_1 y_n \\ x_2 y_1 & x_2 y_2 \ldots x_2 y_n \\ \ldots & \ldots \\ x_m y_1 & x_m y_2 \ldots x_m y_n \end{pmatrix}. \quad (1.015)$$

Es ist zu bemerken, daß die dyadischen Produkte von $\boldsymbol{x}$ und $\boldsymbol{y}$ bzw. von $\boldsymbol{y}$ und $\boldsymbol{x}$ im allgemeinen verschieden sind.

Wir schließen diesen Abschnitt mit folgender Bemerkung. Existiert das Produkt $\boldsymbol{A}\boldsymbol{B}$, so gilt

$$(\boldsymbol{A}\boldsymbol{B})^* = \boldsymbol{B}^* \boldsymbol{A}^* . \tag{1.016}$$

Diese Regel kann unmittelbar durch Berechnen der beiden Seiten nachgewiesen werden.

## 101.04 *Hypermatrizen*

Wir können eine Matrix $\boldsymbol{A}$ mit Hilfe horizontaler und vertikaler Geraden in Blöcke aufteilen:

$$\boldsymbol{A} = \left(\begin{array}{c|c|c|c}
a_{11} \cdots a_{1\,k_1} & a_{1,k_1+1} \cdots a_{1\,k_2} & & a_{1,k_p+1} \cdots a_{1\,m} \\
\cdots\cdots\cdots\cdots & \cdots\cdots\cdots\cdots & \cdots & \cdots\cdots\cdots\cdots \\
a_{l_1\,1} \cdots a_{l_1\,k_1} & a_{l_1,k_1+1} \cdots a_{l_1\,k_2} & & l_{1},k_p+1 \cdots a_{l_1\,m} \\
\hline
a_{l_1+1,1} \cdots a_{l_1,k_1} & a_{l_1+1,k_1+1} \cdots a_{l_1+1,k_2} & \cdots & a_{l_1+1,k_p+1} \cdots a_{l_1+1,m} \\
\cdots\cdots\cdots\cdots & \cdots\cdots\cdots\cdots & \cdots & \cdots\cdots\cdots\cdots{}_t \\
\cdots\cdots\cdots\cdots & \cdots\cdots\cdots\cdots & \cdots & \cdots\cdots\cdots\cdots{}_t \\
\hline
a_{l_q+1,1} \cdots a_{l_q+1,k_1} & a_{l_q+1,k_1+1} \cdots a_{l_q+1,k_2} & \cdots & a_{l_q+1,k_p+1} \cdots a_{l_q+1,m} \\
\cdots\cdots\cdots\cdots & \cdots\cdots\cdots\cdots & \cdots & \cdots\cdots\cdots\cdots{}_t \\
a_{n\,1} \cdots a_{n\,k_1} & a_{n,k_1+1} \cdots a_{n,k_2} & \cdots & a_{n,k_p+1} \cdots a_{n\,m}
\end{array}\right).$$

Jeder Block

$$\begin{pmatrix}
a_{l_u+1,k_v+1} \cdots a_{l_u+1,k_{v+1}} \\
\cdots\cdots\cdots\cdots\cdots \\
a_{l_{u+1},k_v+1} \cdots a_{l_{u+1},k_{v+1}}
\end{pmatrix}$$

ist selbst eine Matrix (eine sogenannte *Untermatrix* oder *Minormatrix* von $\boldsymbol{A}$), die wir durch $\boldsymbol{A}_{uv}$ bezeichnen. Offenbar können wir unsere Matrix mit Hilfe dieser Minormatrizen in folgender Gestalt schrieben:

$$\boldsymbol{A} = \begin{pmatrix}
\boldsymbol{A}_{00} & \boldsymbol{A}_{01} \cdots \boldsymbol{A}_{0\,p} \\
\boldsymbol{A}_{10} & \boldsymbol{A}_{11} \cdots \boldsymbol{A}_{1\,p} \\
\cdots\cdots & \cdots\cdots\cdots \\
\boldsymbol{A}_{q0} & \boldsymbol{A}_{q\,1} \cdots \boldsymbol{A}_{q\,p}
\end{pmatrix}. \tag{1.017}$$

Es wurde somit unsere Matrix $\boldsymbol{A}$ in Form einer solchen Matrix dargestellt deren Elemente selbst Matrizen sind.

**Definiiton:** *Eine Matrix deren Elemente selbst Matrizen sind, wird eine Hypermatrix genannt.*

Jede Matrix kann durch Aufteilung in Blöcke als eine Hypermatrix aufgefaßt werden.

Es ist in der Praxis oft zweckmäßig die Matrizen zu Hypermatrizen umwandeln, denn die Hypermatrizen besitzen i.a weniger Zeilen und Spalten wie die ursprüngliche Matrix, deshalb sind die Operationen mit diesen einfacher durchführbar.

In den Anwendungen spielen besonders zwei Typen von Zerlegungen eine Rolle.

Man kann nämlich jede Matrix durch vertikale Geraden in Blöcke vom Typus $n \times 1$ zerlegen:

$$A = \left(\begin{array}{c|c|c|c} a_{11} & a_{12} & \cdots & a_{1m} \\ a_{21} & a_{22} & \cdots & a_{2m} \\ \cdots & \cdots & \cdots & \cdots \\ a_{n1} & a_{n2} & \cdots & a_{nm} \end{array}\right).$$

Jeder Block ist eigentlich ein Spaltenvektor, wenn wir diese mit $\boldsymbol{a}_1, \boldsymbol{a}_2, \cdots, \boldsymbol{a}_m$ bezeichnen, so können wir $A$ als eine Hypermatrix vom Typus $1 \times m$ auffassen deren Elemente $n$-dimensionale Vektoren sind, d.h. wir können schreiben

$$A = (\boldsymbol{a}_1, \boldsymbol{a}_2, \ldots, \boldsymbol{a}_m) = \begin{pmatrix} \boldsymbol{a}_1 \\ \boldsymbol{a}_2 \\ \vdots \\ \boldsymbol{a}_m \end{pmatrix}^* . \tag{1.018}$$

$A$ erscheint also in Form eines Zeilenvektors, dessen Koordinaten selbst Spaltenvektoren sind.

Wir können aber die Matrix $A$ auch mit Hilfe von horizontalen Geraden zwischen je zwei Zeilen in Zeilenvektoren zerlegen:

$$A = \left\{\begin{array}{c} a_{11} \quad a_{12} \cdots a_{1m} \\ \hline a_{21} \quad a_{22} \cdots a_{2m} \\ \hline \cdots\cdots\cdots\cdots \\ \hline a_{n1} \quad a_{n2} \cdots a_{nm} \end{array}\right\}$$

Durch Einführung der Bezeichnung

$$\boldsymbol{c}_k^* = (a_{k1}, a_{k2}, \ldots, a_{km}) \qquad k = 1, 2, \ldots, n$$

läßt sich $A$ in der Gestalt eines Spaltenvektors schreiben, wobei die „Koordinaten" die Zeilenvektoren $\boldsymbol{c}_k^*$ sind:

$$A = \begin{pmatrix} \boldsymbol{c}_1^* \\ \boldsymbol{c}_2^* \\ \vdots \\ \boldsymbol{c}_n^* \end{pmatrix}. \tag{1.019}$$

Mit Hilfe der Darstellung (1.018) kann man die Transformationsformel

$$\boldsymbol{y} = A\,\boldsymbol{x}$$

einer linearen Abbildung in einer einfachen Gestalt erhalten. Wir schreiben nämlich

$$\boldsymbol{y} = \boldsymbol{A}\,\boldsymbol{x} = (\boldsymbol{a}_1, \boldsymbol{a}_2, \ldots, \boldsymbol{a}_m)\begin{pmatrix} x_1 \\ x_2 \\ \vdots \\ x_m \end{pmatrix} = x_1\,\boldsymbol{a}_1 + x_2\,\boldsymbol{a}_2 + \cdots + x_m\,\boldsymbol{a}_m$$

und erkennen sofort, daß das mit der Formel (1.005) identisch ist. Noch allgemeiner: die Darstellungen (1.018) und (1.019) gestatten das Produkt von zwei Matrizen in einer neuen Form zu erhalten. Es soll das Produkt von $\boldsymbol{A}$ und $\boldsymbol{B}$ gebildet werden (vorausgesetzt, daß es einen Sinn hat) und für $\boldsymbol{A}$ betrachten wir die Darstellung (1.019). Dann sieht man sofort, daß

$$\boldsymbol{A}\,\boldsymbol{B} = \begin{pmatrix} \boldsymbol{c}_1^* \\ \boldsymbol{c}_2^* \\ \vdots \\ \boldsymbol{c}_n^* \end{pmatrix} \boldsymbol{B} = \begin{pmatrix} \boldsymbol{c}_1^*\,\boldsymbol{B} \\ \boldsymbol{c}_2^*\,\boldsymbol{B} \\ \vdots \\ \boldsymbol{c}_n\,\boldsymbol{B} \end{pmatrix} \tag{1.020}$$

gilt.

Wir berechnen $\boldsymbol{c}_k^*\boldsymbol{B}$ $(k=1, 2, \ldots, n)$:

$$\boldsymbol{c}_k^*\,\boldsymbol{B} = (a_{k\,1}, a_{k\,2}, \ldots, a_{k\,m})\begin{pmatrix} b_{11} & b_{12} \ldots b_{1\,p} \\ b_{21} & b_{22} \ldots b_{2\,p} \\ \multicolumn{2}{c}{\ldots\ldots\ldots\ldots\ldots} \\ b_{m\,1} & b_{m\,2} \ldots b_{m\,p} \end{pmatrix} =$$

$$= \left(\sum_{r=1}^{m} a_{k\,r}\,b_{r\,1},\ \sum_{r=1}^{m} a_{k\,r}\,b_{r\,2}, \ldots, \sum_{r=1}^{m} a_{k\,r}\,b_{r\,p}\right),$$

daher ergibt sich laut Definition des Matrizenproduktes

$$\begin{pmatrix} \boldsymbol{c}_1^*\,\boldsymbol{B} \\ \boldsymbol{c}_2^*\,\boldsymbol{B} \\ \ldots \\ \boldsymbol{c}_n^*\,\boldsymbol{B} \end{pmatrix} = \begin{pmatrix} \sum\limits_{r=1}^{m} a_{1\,r}\,b_{r\,1} & \sum\limits_{r=1}^{m} a_{1\,r}\,b_{r\,2} \ldots & \sum\limits_{r=1}^{m} a_{1\,r}\,b_{r\,p} \\ \multicolumn{3}{c}{\ldots\ldots\ldots\ldots\ldots\ldots\ldots\ldots} \\ \sum\limits_{r=1}^{m} a_{n\,r}\,b_{r\,1} & \sum\limits_{r=1}^{m} a_{n\,r}\,b_{r\,2} \ldots & \sum\limits_{r=1}^{m} a_{n\,r}\,b_{r\,p} \end{pmatrix} = \boldsymbol{A}\,\boldsymbol{B}.$$

Die Beziehung (1.020) läßt sich noch weiter umformen. Dazu machen wir Gebrauch von der Darstellung (1.018) für die Matrix $\boldsymbol{B}$:

$$\boldsymbol{B} = (\boldsymbol{b}_1, \boldsymbol{b}_2, \ldots, \boldsymbol{b}_p)$$

wobei

$$\boldsymbol{b}_s = \begin{pmatrix} b_{1\,s} \\ b_{2\,s} \\ \vdots \\ b_{m\,s} \end{pmatrix} \qquad (s = 1, 2, \ldots, p)$$

ist. Offenbar gilt

$$\begin{aligned} \boldsymbol{c}_k^* \boldsymbol{B} &= \boldsymbol{c}_k^* (\boldsymbol{b}_1, \boldsymbol{b}_2, \dots, \boldsymbol{b}_p) = \\ &= (\boldsymbol{c}_k^* \boldsymbol{b}_1, \boldsymbol{c}_k^* \boldsymbol{b}_2, \dots, \boldsymbol{c}_k^* \boldsymbol{b}_p), \end{aligned}$$

wie eine unmittelbare Berechnung der linken und rechten Seite zeigt. Daher ist also:

$$\begin{aligned} \boldsymbol{A}\boldsymbol{B} &= \begin{pmatrix} \boldsymbol{c}_1^* \\ \boldsymbol{c}_2^* \\ \vdots \\ \boldsymbol{c}_n^* \end{pmatrix} (\boldsymbol{b}_1, \boldsymbol{b}_2, \dots, \boldsymbol{b}_p) = \\ &= \begin{pmatrix} \boldsymbol{c}_1^* \boldsymbol{b}_1 & \boldsymbol{c}_1^* \boldsymbol{b}_2 \dots \boldsymbol{c}_1^* \boldsymbol{b}_p \\ \boldsymbol{c}_2^* \boldsymbol{b}_1 & \boldsymbol{c}_2^* \boldsymbol{b}_2 \dots \boldsymbol{c}_2^* \boldsymbol{b}_p \\ \dots\dots & \dots\dots\dots \\ \boldsymbol{c}_n^* \boldsymbol{b}_1 & \boldsymbol{c}_n^* \boldsymbol{b}_2 \dots \boldsymbol{c}_n^* \boldsymbol{b}_p \end{pmatrix}. \end{aligned} \tag{1.021}$$

Wir können aber auch von der Darstellung (1.018) für $\boldsymbol{A}$ und von (1.019) für $\boldsymbol{B}$ ausgehen. Deshalb schreiben wir

$$\boldsymbol{B} = \begin{pmatrix} \boldsymbol{d}_1^* \\ \boldsymbol{d}_2^* \\ \vdots \\ \boldsymbol{d}_m^* \end{pmatrix}$$

wobei

$$\boldsymbol{d}_l^* = (b_{l\,1}, b_{l\,2}, \dots, b_{l\,p}) \qquad (l = 1, 2, \dots, m)$$

ist. Es ergibt sich

$$\boldsymbol{A}\boldsymbol{B} = (\boldsymbol{a}_1, \boldsymbol{a}_2, \dots, \boldsymbol{a}_m) \begin{pmatrix} \boldsymbol{d}_1^* \\ \boldsymbol{d}_2^* \\ \vdots \\ \boldsymbol{d}_m^* \end{pmatrix} = \boldsymbol{a}_1 \boldsymbol{d}_1^* + \boldsymbol{a}_2 \boldsymbol{d}_2^* + \dots + \boldsymbol{a}_m \boldsymbol{d}_m^*. \tag{1.022}$$

Man überzeugt sich unmittelbar von der Gültigkeit von (1.022), indem man die Glieder $\boldsymbol{a}_k \boldsymbol{d}_l^*$ berechnet.

Es soll betont werden, daß die Formeln (1.020), (1.021) und (1.022) in der numerischen (auch maschinellen) Berechnung des Matrizenproduktes eine wichtige Rolle spielen.

Ein weiterer Typus der Zerlegung einer Matrix in Blöcke besteht darin, daß man sie in vier Minormatrizen nach dem unteren Schema aufspaltet:

$$\boldsymbol{A} = \left(\begin{array}{cc|cc} a_{11} & \dots a_{1} & a_{1,k+1} & \dots a_{1\,m} \\ \dots\dots & \dots\dots & \dots\dots & \dots\dots \\ a_{l1} & \dots a_{lk} & a_{l,k+1} & \dots a_{lm} \\ \hline a_{l+1,\,1} & \dots a_{l+1,\,k} & a_{l+1,\,k+1} & \dots a_{l+1,\,m} \\ \dots\dots & \dots\dots & \dots\dots & \dots\dots \\ a_{n\,1} & \dots a_{n\,k} & a_{n,\,k+1} & \dots a_{n\,m} \end{array}\right) = \begin{pmatrix} \boldsymbol{A}_{11} & \boldsymbol{A}_{12} \\ \boldsymbol{A}_{21} & \boldsymbol{A}_{22} \end{pmatrix}.$$

Wenn eine weitere Matrix $\boldsymbol{B}$ auch als eine Hypermatrix vom Typus $2\times 2$ dargestellt wird:

$$\boldsymbol{B}=\begin{pmatrix}\boldsymbol{B}_{11} & \boldsymbol{B}_{12}\\ \boldsymbol{B}_{21} & \boldsymbol{B}_{22}\end{pmatrix}$$

dann kann ihr Produkt (falls es existiert) folgendermaßen berechnet werden:

$$\boldsymbol{A}\boldsymbol{B}=\begin{pmatrix}\boldsymbol{A}_{11} & \boldsymbol{A}_{12}\\ \boldsymbol{A}_{21} & \boldsymbol{A}_{22}\end{pmatrix}\begin{pmatrix}\boldsymbol{B}_{11} & \boldsymbol{B}_{12}\\ \boldsymbol{B}_{21} & \boldsymbol{B}_{22}\end{pmatrix}=\begin{pmatrix}\boldsymbol{A}_{11}\boldsymbol{B}_{11}+\boldsymbol{A}_{12}\boldsymbol{B}_{21} & \boldsymbol{A}_{11}\boldsymbol{B}_{12}+\boldsymbol{A}_{12}\boldsymbol{B}_{22}\\ \boldsymbol{A}_{21}\boldsymbol{B}_{11}+\boldsymbol{A}_{22}\boldsymbol{B}_{21} & \boldsymbol{A}_{21}\boldsymbol{B}_{12}+\boldsymbol{A}_{22}\boldsymbol{B}_{22}\end{pmatrix}. \tag{1.023}$$

Man muß selbstverständlich darauf achten, die Blöcke $\boldsymbol{A}_{ik}$ und $\boldsymbol{B}_{ik}$ so zu bestimmen, daß die an der rechten Seite von (1.023) stehenden Matrizenprodukte existieren. Das wird sicherlich durch die Aufteilung nach der folgenden Figur erreicht:

$$\underset{n\times m}{\boldsymbol{A}}=\begin{pmatrix}\overbrace{\boldsymbol{A}_{11}}^{u} & \overbrace{\boldsymbol{A}_{12}}^{m-u}\\ \boldsymbol{A}_{21} & \boldsymbol{A}_{22}\end{pmatrix}\begin{matrix}\}\,v\\ \}\,n-v\end{matrix}\qquad \underset{m\times p}{\boldsymbol{B}}=\begin{pmatrix}\overbrace{\boldsymbol{B}_{11}}^{s} & \overbrace{\boldsymbol{B}_{12}}^{p-s}\\ \boldsymbol{B}_{21} & \boldsymbol{B}_{22}\end{pmatrix}\begin{matrix}\}\,u\\ \}\,m-u\end{matrix}$$

Das Produkt $\boldsymbol{A}\boldsymbol{B}$ ergibt sich in Form einer Hypermatrix. Auch die Formel (1.023) ist in der numerischen Berechnung des Matrixproduktes von großer Bedeutung.

### 101.05 *Linear unabhängige Vektoren*

Wenn zwei Vektoren $\boldsymbol{a}_1$ und $\boldsymbol{a}_2$ ($\neq \boldsymbol{0}$) im dreidimensionalen Raum einander parallel sind, dann besteht zwischen ihnen die Beziehung

$$\boldsymbol{a}_1=\mu\,\boldsymbol{a}_2, \tag{1.024}$$

wobei $\mu$ ein Skalar ist. Diese Relation kann selbstverständlich auch in folgender Form dargestellt werden:

$$\lambda_1\boldsymbol{a}_1+\lambda_2\boldsymbol{a}_2=\boldsymbol{0}, \tag{1.025}$$

$\lambda_1$ und $\lambda_2$ zwei nichtverschwindene Skalare ($\mu=-\lambda_2/\lambda_1$) sind. Zwei Vektoren, die der Gleichung (1.024) bzw. (1.025) genügen, werden als nicht wesentlich verschieden, oder als *linear abhängig* betrachtet. Wir werden den anschaulichen Begriff der linearen Abhängigkeit, der in (1.025) zum Ausdruck kommt, auf eine beliebige Anzahl von Vektoren eines euklidischen Raumes beliebiger Dimensionszahl verallgemeineren.

**Definition.** *Wir sagen, die Vektoren* (eines Raumes $R^n$)

$$\boldsymbol{a}_1, \boldsymbol{a}_2, \ldots, \boldsymbol{a}_m \tag{1.026}$$

*sind linear abhängig, falls es m Skalare* $\lambda_1, \lambda_2, \ldots, \lambda_m$ *gibt, die nicht alle verschwinden und für die die Beziehung*

$$\lambda_1\boldsymbol{a}_1+\lambda_2\boldsymbol{a}_2+\cdots+\lambda_m\boldsymbol{a}_m=\boldsymbol{0} \tag{1.027}$$

*gilt. Andernfalls heißen die Vektoren* (1.026) *linear unabhängig.*

Läßt sich ein Vektor $\boldsymbol{b}$ mit Hilfe der Vektoren $\boldsymbol{a}_k$ $(k=1, 2, \ldots, m)$ in Form einer Linearkombination

$$\boldsymbol{b} = \mu_1 \boldsymbol{a}_1 + \mu_2 \boldsymbol{a}_2 + \cdots + \mu_m \boldsymbol{a}_m$$

darstellen, dann sind die Vektoren $\boldsymbol{a}_1, \boldsymbol{a}_2, \ldots, \boldsymbol{a}_m, \boldsymbol{b}$ offenbar linear abhängig.

Die lineare Unabhängigkeit der Vektoren (1.026) ist damit gleichbedeutend, daß aus der Gültigkeit einer Beziehung von der Gestalt

$$\lambda_1 \boldsymbol{a}_1 + \lambda_2 \boldsymbol{a}_2 + \cdots + \lambda_m \boldsymbol{a}_m = \boldsymbol{0},$$

$\lambda_1 = \lambda_2 = \cdots = \lambda_m = 0$ folgt.

Wir suchen nach Kriterien für die Unabhängigkeit bzw. Abhängigkeit eines Vektorsystems. Nehmen wir an, daß die Anzahl der Vektoren $m \leqq n$ ist.

Falls die Vektoren $\boldsymbol{a}_1, \boldsymbol{a}_2, \ldots, \boldsymbol{a}_m$ linear abhängig sind, dann gilt die Beziehung (1.027) mit nicht lauter verschwindenden Koeffizienten $\lambda_i$ $(i=1, 2, \ldots, m)$. Wenn wir

$$\boldsymbol{a}_k = \begin{pmatrix} a_{1k} \\ a_{2k} \\ \vdots \\ a_{nk} \end{pmatrix} \quad (k = 1, 2, \ldots, m) \tag{1.028}$$

setzen, dann ist (1.027) mit folgendem Gleichungssystem äquivalent:

$$\left.\begin{array}{l} a_{11}\lambda_1 + a_{12}\lambda_2 + \cdots + a_{1m}\lambda_m = 0 \\ a_{21}\lambda_1 + a_{22}\lambda_2 + \cdots + a_{2m}\lambda_m = 0 \\ \cdots\cdots\cdots\cdots\cdots\cdots\cdots\cdots \\ a_{n1}\lambda_1 + a_{n2}\lambda_2 + \cdots + a_{nm}\lambda_m = 0 \end{array}\right\} \tag{1.029}$$

Da bei linearer Abhängigkeit die $\lambda_1, \lambda_2, \ldots, \lambda_m$ nicht alle verschwinden, können wir sagen, daß die Vektoren $\boldsymbol{a}_1, \ldots, \boldsymbol{a}_m$ *genau dann linear abhängig sind, wenn das lineare Gleichungssystem* (1.029) *eine nichtverschwindende Lösung* $\lambda_1, \lambda_2, \ldots, \lambda_m$ *hat.* Wir wählen uns aus den $n$ Gleichungen (1.029) mit $m$ Unbekannten $m$ Gleichungen nach Belieben aus:

$$\left.\begin{array}{l} a_{i_1 1}\lambda_1 + a_{i_1 2}\lambda_2 + \cdots + a_{i_1 m}\lambda_m = 0 \\ a_{i_2 1}\lambda_1 + a_{i_2 2}\lambda_2 + \cdots + a_{i_2 m}\lambda_m = 0 \\ \cdots\cdots\cdots\cdots\cdots\cdots\cdots\cdots \\ a_{i_m 1}\lambda_1 + a_{i_m 2}\lambda_2 + \cdots + a_{i_m m}\lambda_m = 0 \end{array}\right\}. \tag{1.030}$$

Wenn das Gleichungssystem (1.030) ein Lösungssystem hat, das nicht aus lauter Nullen besteht, dann verschwindet auf Grund eines bekannten Satzes*)

*) z.B.: W. SCHMEIDLER: *Vorträge über Determinanten und Matrizen mit Anwendungen in Physik und Technik* (Berlin 1949), S. 10.

die Determinante

$$\begin{vmatrix} a_{i_1 1} \dots a_{i_1 m} \\ \vdots \qquad \vdots \\ a_{i_m 1} \dots a_{i_m m} \end{vmatrix}. \tag{1.031}$$

Diese Feststellung gilt für jedes homogenes Gleichungssystem von der Gestalt (1.030), wobei $i_1, i_2, \dots, i_m$ eine beliebige Kombination (der Klasse $m$) der Zahlen $1, 2, \dots, n$ ist. Das bedeutet, daß *alle* Determinanten von der Gestalt (1.031) verschwinden. Daraus folgt: Wenn die Vektoren (1.028) linear abhängig sind, dann verschwindet die Determinante jeder quadratischen Minormatrix von

$$A = \begin{pmatrix} a_{11} & a_{12} \dots a_{1m} \\ a_{21} & a_{22} \dots a_{2m} \\ \dots & \dots \\ a_{n1} & a_{n2} \dots a_{nm} \end{pmatrix}. \tag{1.032}$$

deren Ordnung $m$ ist.

Wir können das Resultat unseren Gedankenganges im folgenden Satz zusammenfassen:

**Satz 1.04.** *Notwendig für die lineare Abhängigkeit der $n$-dimensionalen Vektoren $\boldsymbol{a}_1, \boldsymbol{a}_2, \dots, \boldsymbol{a}_m$ $(m \leqq n)$ ist, daß die Determinante einer jeden quadratische Minormatrix von $(\boldsymbol{a}_1, \boldsymbol{a}_2, \dots, \boldsymbol{a}_m)$ von der Ordnung $m$ verschwinde.*

Im Sonderfall $n=m$ ist $A=(\boldsymbol{a}_1, \boldsymbol{a}_2, \dots, \boldsymbol{a}_n)$ quadratisch und man kann aus dieser nur eine einzige quadratische „Minormatrix" von der Ordnung $n$ auswählen. Diese ist selbstverständlich mit $A$ gleich. Wenn die Spaltenvektoren einer quadratischen Matrix $A$ linear abhängig sind, dann verschwindet die Determinante $|A|$.

Im betrachteten Sonderfall ist das Verschwinden von $A$ *nicht nur notwendig* sondern zugleich *auch hinreichend* für die lineare Abhängigkeit ihrer Spaltenvektoren. Denn die Beziehung $\lambda_1 \boldsymbol{a}_1 + \dots + \lambda_m \boldsymbol{a}_m = \boldsymbol{0}$ mit nicht lauter verschwindenden Koeffizienten ist mit dem homogenen Gleichungssystem

$$\begin{gathered} a_{11}\lambda_1 + \dots + a_{1m}\lambda_m = 0 \\ \dots\dots\dots\dots \\ a_{m1}\lambda_1 + \dots + a_{mm}\lambda_m = 0 \end{gathered}$$

gleichwertig. Dieses System enthält $m$ Gleichungen und $m$ Unbekannte. Das Verschwinden von $|A|$ ist notwendig und hinreichend dafür, daß es nichttriviale Lösungen besitzt. Somit gilt der

**Satz 1.04a.** *$m$ Vektoren $\boldsymbol{a}_1, \dots, \boldsymbol{a}_m$ im $m$-dimensionalen Raum sind genau dann linear abhängig, wenn die Determinante $|(\boldsymbol{a}_1, \dots, \boldsymbol{a}_m)|$ verschwindet.*

Wir können unserem Satz auch eine geometrische Interprelaiotn geben. Wenn die Vektoren (1.028) linear abhängig sind, dann gilt

$$\lambda_1 \boldsymbol{a}_1 + \lambda_2 \boldsymbol{a}_2 + \dots + \lambda_m \boldsymbol{a}_m = \boldsymbol{0} \tag{1.027}$$

wobei nicht alle Werte $\lambda_i$ $(i=1, 2, \ldots, m)$ gleich Null sind. Wenn wir

$$h = \begin{pmatrix} \lambda_1 \\ \lambda_2 \\ \vdots \\ \lambda_m \end{pmatrix}$$

setzen, dann ist dieser Vektor vom Nullvektor verschieden. Nun betrachten wir diejenige lineare Abbildung $\mathfrak{A}$ von $R^m$ in $R^n$ die die Koordinatenvektoren des Raumes $R^m$ in die Vektoren $\boldsymbol{a}_1, \boldsymbol{a}_2, \ldots, \boldsymbol{a}_m$ transformiert. Die Matrix dieser Abbildung ist (1.032). Wenn wir für diese Abbildung die Transformationsformel (1.005) anwenden, dann besagt (1.027), daß die Transformation $\mathfrak{A}$ einen von Null verschiedenen Vektor $\boldsymbol{h}$ des Raumes $R^m$ in den Nullvektor des Raumes $R^n$ abbildet. Daher ergibt sich der

**Satz 1.05.** *Das System von Vektoren* (1.028) *ist genau dann linear abhängig, wenn die durch diese Vektoren erzeugte lineare Transformation einen gewissen von Null verschiedenen Vektor in den Nullvektor abbildet.*

Jetzt wollen wir auf die Untersuchung der linearen Unabhängigkeit übergeben.

Die lineare Unabhängigkeit der Vektoren $\boldsymbol{a}_1, \ldots, \boldsymbol{a}_m$ hat zur Folge, daß die Gleichung

$$\lambda_1 \boldsymbol{a}_1 + \lambda_2 \boldsymbol{a}_2 + \cdots + \lambda_m \boldsymbol{a}_m = \boldsymbol{0},$$

keine andere Lösung als $\lambda_1=0$, $\lambda_2=0, \ldots, \lambda_m=0$ hat. Wenn wir veraussetzen, daß z.B. die Determinante

$$\begin{vmatrix} a_{i_1 1} \cdots a_{i_1 m} \\ \vdots \qquad \vdots \\ a_{i_m 1} \cdots a_{i_m m} \end{vmatrix}$$

nicht verschwindet, dann besitzt das homogene Gleichungssystem

$$\begin{gathered} a_{i_1 1} \lambda_1 + \cdots + a_{i_1 m} \lambda_m = 0 \\ \cdots\cdots\cdots\cdots\cdots\cdots \\ a_{i_m 1} \lambda_1 + \cdots + a_{i_m m} \lambda_m = 0 \end{gathered}$$

und damit auch (1.027) keine andere Lösung die die des aus lauter Nullen besteht, d.h. die Vektoren sind linear unabhängig. Unsere Bedingung ist also hinreichend.

**Satz 1.06.** *Wenn die Matrix* $(\boldsymbol{a}_1, \ldots, \boldsymbol{a}_m)$ *mindestens eine quadratische Minormatrix der Ordnung m mit nichtverschwindender Determinante enthält, dann sind die Vektoren* $\boldsymbol{a}_1, \boldsymbol{a}_2, \ldots, \boldsymbol{a}_m$ *linear unabhängig.*

Analog beweist man den

**Satz 1.06a.** *Hinreichend für die lineare Abhängigkeit der Zeilenvektoren*

$b_1^*, \ldots, b_n^*$ *im m-dimensionalen Raum* ($n \leqq m$) *ist, daß die Matrix*

$$\begin{pmatrix} b_1^* \\ \vdots \\ b_n^* \end{pmatrix}$$

*mindestens eine n-reihige quadratische Minormatrix besitzt, deren Determinante von Null verschieden ist.*

Es sei wieder der Sonderfall $n = m$ betrachtet. Die Besonderheit liegt darin, daß die in den Sätzen 1.06 und 1.06a formulierten Kriterien nicht nur hinreichend, sondern auch notwendig sind, denn ein mit (1.027) gleichwertiges homogenes Gleichungssystem hat genau soviel Gleichungen wie Unbekannte. Für solche Gleichungssysteme ist das Nichtverschwinden der Determinante notwendig und hinreichend dafür, daß $\lambda_1 = \lambda_2 = \cdots = \lambda_m = 0$ gilt. Deswegen gilt der

**Satz 1.06b.** *n Vektoren in einem n-dimensionalen Vektorraum sind genau dann linear unabhängig, wenn die aus ihren Komponenten gebildete Determinante von Null verschieden ist.*

Falls die Vektoren $a_1, a_2, \ldots, a_m$ linear unabhängig sind, dann ist die durch die Matrix $(a_1, a_2, \ldots, a_m)$ definierte lineare Abbildung so beschaffen, daß einem jeden von Null verschieden Vektor

$$h = \begin{pmatrix} \lambda_1 \\ \lambda_2 \\ \vdots \\ \lambda_m \end{pmatrix}$$

ein von $\mathbf{0}$ verschiedener Vektor entspricht. Denn würde $h$ in den Nullvektor transformiert, d.h. wäre

$$(a_1, a_2, \ldots, a_m) \begin{pmatrix} \lambda_1 \\ \lambda_2 \\ \vdots \\ \lambda_m \end{pmatrix} = \lambda_1 a_1 + \lambda_2 a_2 + \cdots + \lambda_m a_m = \mathbf{0}$$

dann würden die Vektoren $a_i$ ($i = 1, 2, \ldots, m$) linear abhängig sein, im Gegensatz zur Voraussetzung. Offenbar gilt auch die Umkehrung dieses Gedankenganges: Falls die durch $(a_1, \ldots, a_m)$ dargestellte lineare Abbildung jeden von Null verschiedenen Vektor in einen von Null verschiedenen Vektor transformiert, dann sind die Vektoren $a_1, a_2, \ldots, a_m$ linear unabhängig. Wir können also folgenden Satz formulieren:

**Satz 1.07.** *Die Vektoren* $a_1, a_2, \ldots, a_m$ *sind genau dann linear unabhängig, wenn die durch die Matrix* $(a_1, a_2, \ldots, a_m)$ *definierte lineare Transformation die Nullvektoren beider Räume gegenseitig einander eindeutig zuordnet.* Wir zeigen folgenden grundlegenden

**Satz 1.08.** *Die Maximalzahl der linear unabhängigen Vektoren im n-dimensionalen Vektorraum ist n.*

Anders: *In einem n-dimensionalen Raum gibt es n linear unabhängige Vektoren; je $(n+1)$-Vektoren sind linear abhängig.*

*Beweis.* Es ist leicht nachzuweisen, daß $n$ linear unabhängige Vektoren existeren. Man hat nur die Vektoren

$$\boldsymbol{e}_1 = \begin{pmatrix} 1 \\ 0 \\ \vdots \\ 0 \end{pmatrix}, \quad \boldsymbol{e}_2 = \begin{pmatrix} 0 \\ 1 \\ 0 \\ \vdots \\ 0 \end{pmatrix}, \ldots, \quad \boldsymbol{e}_n = \begin{pmatrix} 0 \\ 0 \\ \vdots \\ 1 \end{pmatrix}$$

zu betrachten. Auf Grund des Satzes 1.06 sehen wir unmittelbar die lineare Unabhängigkeit dieser Vektoren ein, da wir feststellen können, daß die aus den Koordinaten gebildete Determinante nicht verschwindet:

$$|(\boldsymbol{e}_1, \boldsymbol{e}_2, \ldots, \boldsymbol{e}_n)| = \begin{vmatrix} 1 & 0 \ldots 0 \\ 0 & 1 \ldots 0 \\ \ldots & \ldots \\ 0 & 0 \ldots 1 \end{vmatrix} = 1 \neq 0 .$$

Wir wollen jetzt nachweisen, daß $n+1$ Vektoren: $\boldsymbol{a}_1, \boldsymbol{a}_2, \ldots, \boldsymbol{a}_{n+1}$ im $n$-dimensionalen Raum immer linear abhängig sind.

Wenn zwischen den gegebenen $n+1$ Vektoren $n$ Vektoren, z.B. die Vektoren $\boldsymbol{a}_1, \boldsymbol{a}_2, \ldots, \boldsymbol{a}_n$, linear abhängig sind, dann ist nichts zu beweisen. Denn in diesem Fall existieren $n$ Zahlen $\lambda_1, \lambda_2, \ldots, \lambda_n$ die nicht alle verschwinden, für welche

$$\lambda_1 \boldsymbol{a}_1 + \lambda_2 \boldsymbol{a}_2 + \cdots + \lambda_n \boldsymbol{a}_n = \boldsymbol{0}$$

gilt. Dann aber gilt auch

$$\lambda_1 \boldsymbol{a}_1 + \lambda_2 \boldsymbol{a}_2 + \cdots + \lambda_n \boldsymbol{a}_n + 0\, \boldsymbol{a}_{n+1} = \boldsymbol{0}$$

d.h. es existiert eine Linearkombination der gegebenen Vektoren, mit *nicht lauter* verschwindenden Koeffizienten, die den Nullvektor erzeugt, d.h. die betrachteten Vektoren sind linear abhängig.

Wenn aber die Vektoren

$$\boldsymbol{a}_1, \boldsymbol{a}_2, \ldots, \boldsymbol{a}_n$$

linear unabhängig sind, dann ist (Satz 1.06b)

$$|(\boldsymbol{a}_1, \boldsymbol{a}_2, \ldots, \boldsymbol{a}_n)| \neq 0 .$$

Daher hat das inhomogene Gleichungssystem

$$\begin{aligned} a_{11}\lambda_1 + a_{12}\lambda_2 + \cdots + a_{1n}\lambda_n &= -a_{1,n+1}\lambda_{n+1} \\ a_{21}\lambda_1 + a_{22}\lambda_2 + \cdots + a_{2n}\lambda_n &= -a_{2,n+1}\lambda_{n+1} \\ \cdots\cdots\cdots\cdots\cdots\cdots\cdots\cdots\cdots\cdots \\ a_{n1}\lambda_1 + a_{n2}\lambda_2 + \cdots + a_{nn}\lambda_n &= -a_{n,n+1}\lambda_{n+1} \end{aligned} \tag{1.033}$$

nach dem Cramerschen Satz*) für jeden Wert $\lambda_{n+1} \neq 0$ eine eindeutige Lösung. Das Gleichungssystem (1.033) ist aber mit

$$\lambda_1 \boldsymbol{a}_1 + \lambda_2 \boldsymbol{a}_2 + \cdots + \lambda_n \boldsymbol{a}_n + \lambda_{n+1} \boldsymbol{a}_{n+1} = \boldsymbol{0}$$

gleichbedeutend und da laut Voraussetzung $\lambda_{n+1} \neq 0$ ist, sind die beliebigen Vektoren $\boldsymbol{a}_1, \boldsymbol{a}_2, \ldots, \boldsymbol{a}_n, \boldsymbol{a}_{n+1}$ linear abhängig.

Damit haben wir den Satz bewiesen.

### 101.06 *Orthogonale und biorthogonale Vektorsysteme*

Zwei Vektoren $\boldsymbol{a}_1$ und $\boldsymbol{a}_2$ heißen zueinander *orthogonal*, wenn ihr Skalarprodukt verschwindet:

$$\boldsymbol{a}_1^* \boldsymbol{a}_2 = 0 .$$

Beispielweise sind die Vektoren

$$\boldsymbol{e}_1 = \begin{pmatrix} 1 \\ 0 \\ 0 \\ \vdots \\ 0 \end{pmatrix}, \quad \boldsymbol{e}_2 = \begin{pmatrix} 0 \\ 1 \\ 0 \\ \vdots \\ 0 \end{pmatrix}$$

offensichtlich orthogonal.

Wir beschränken uns auf den Fall, daß der betrachtete Vektorraum reell ist, d.h. als Koordinaten eines Vektors werden nur reelle Zahlen betrachtet.

Die Größe

$$|\boldsymbol{a}| \overset{\text{Def.}}{=} \sqrt{\boldsymbol{a}^* \boldsymbol{a}} = \sqrt{a_1^2 + a_2^2 + \cdots + a_n^2}$$

heißt die *Norm* des Vektors $\boldsymbol{a}$. Man sieht sofort ein, daß $|\boldsymbol{a}| = 0$ genau dann ist, wenn $\boldsymbol{a} = \boldsymbol{0}$ gilt.

Für $\boldsymbol{a} = \boldsymbol{0}$ gilt offenbar $|\boldsymbol{a}| = 0$. Falls umgekehrt $|\boldsymbol{a}| = 0$ ist, so ist $|\boldsymbol{a}|^2 = \boldsymbol{a}^* \boldsymbol{a} = a_1^2 + a_2^2 + \cdots + a_n^2 = 0$. Da alle Komponenten $a_i$ $(i = 1, 2, \ldots, n)$ von $\boldsymbol{a}$ als reell vorausgesetzt wurden, müssen sämtliche verschwinden, d.h. $\boldsymbol{a} = \boldsymbol{0}$ ist.

Wenn $\boldsymbol{a} \neq \boldsymbol{0}$ gilt, so können wir den Vektor

$$\boldsymbol{a}^0 = \frac{\boldsymbol{a}}{|\boldsymbol{a}|}$$

---

*) W. Schmeidler: l. cit.

bilden. Offenbar ist $|\boldsymbol{a}^0|=1$. Durch die Multiplikation von $\boldsymbol{a}$ mit dem Skalar $1/|\boldsymbol{a}|$ haben wir den Vektor $\boldsymbol{a}$ auf 1 *normiert.*

Nun wollen wir $k$ Vektoren

$$\boldsymbol{a}_1, \boldsymbol{a}_2, \ldots, \boldsymbol{a}_k, \tag{1.034}$$

die paarweise zueinander orthogonal sind, betrachten, und setzen voraus, daß unter diesen der Nullvektor nicht vorhanden ist. Es gilt also folgendes

$$\boldsymbol{a}_p^* \boldsymbol{a}_q = \begin{cases} 0 & \text{für} \quad p \neq q \\ \neq 0 & \text{für} \quad p = q \end{cases}. \tag{1.035}$$

Ein System von Vektoren dieser Eigenschaft heißt ein *orthogonales Vektorsystem.*

Wir werden jetzt zeigen, *daß die Vektoren eines orthogonalen Vektorsystems voneinander linear unabhängig sind.*

Dazu betrachten wir folgende Linearkombination der Vektoren (1.034):

$$\boldsymbol{x} = \lambda_1 \boldsymbol{a}_1 + \lambda_2 \boldsymbol{a}_2 + \cdots + \lambda_k \boldsymbol{a}_k.$$

Wären, im Gegensatz zur Behauptung, die Vektoren (1.034) linear abhängig, so würden gewisse Skalare $\lambda_i$ $(i=1, 2, \ldots, k)$ die nicht lauter Null sind existieren, so daß $\boldsymbol{x}=\boldsymbol{0}$ wäre. Wenn wir voraussetzten, daß z.B. $\lambda_p \neq 0$ ist $(1 \leqq p \leqq k)$, dann multiplizieren wir $\boldsymbol{x}$ von links mit $\boldsymbol{a}_p^*$ und erhalten unter Beachtung von (1.035):

$$\boldsymbol{a}_p^* \boldsymbol{x} = \boldsymbol{a}_p^* \boldsymbol{0} = 0 = \lambda_p \boldsymbol{a}_p^* \boldsymbol{a}_p.$$

Da aber $\boldsymbol{a}_p^* \boldsymbol{a}_p \neq 0$ gilt, müßte $\lambda_p=0$ sein, was aber nicht der Fall ist. Daher folgt, daß die Annahme, die Vektoren $\boldsymbol{a}_i$ $(i=1, 2, \ldots, k)$ seien linear abhängig, falsch ist.

Auf Grund vom Satz 1.08 kann ein orthogonales Vektorsystem in einem $n$-dimensionalen Raum das den Nullvektor nicht enthält höchstens $n$ Vektoren enthalten.

Nun wollen wir $k$ linear unabhängige Vektoren

$$\boldsymbol{x}_1, \boldsymbol{x}_2, \ldots, \boldsymbol{x}_k \tag{1.036}$$

eines $n$-dimensionalen Vektorraumes betrachten. Es ist klar, daß keiner dieser Vektoren $\boldsymbol{0}$ sein kann, da dann lineare Abhängigkeit vorliegen würde. Die lineare Unabhängigkeit hat zur Folge, daß jede beliebige Anzahl von Vektoren aus dem gegebenen System linear unabhängig sind.

Wir behaupten:

**Satz 1.09.** *Durch geeignete Linearkombinationen der gegebenen linear unabhängigen Vektoren kann ein orthogonales Vektorsystem gebildet werden.*

Den Satz werden wir *beweisen,* indem wir ein konkretes Verfahren zur Bildung eines Vektorsystems mit den gewünschten Eigenschaften angeben.

Wir werden sogar durch geeignete Linearkombinationen aus den Vektoren

(1.036) ein weiteres Vektorensystem

$$\boldsymbol{a}_1, \boldsymbol{a}_2, \ldots, \boldsymbol{a}_k$$

erhalten, welches nicht nur orthogonal, sondern auch auf 1 normiert ist, d.h. die Eigenschaft

$$\boldsymbol{a}_p^* \boldsymbol{a}_q = \begin{cases} 0 & \text{für} \quad p \neq q \\ 1 & \text{für} \quad p = q \end{cases} \qquad (p, q = 1, 2, \ldots, k) \tag{1.037}$$

hat. Ein solches System von Vektoren wird *orthonormiert* genannt. Mit dieser Terminologie kann die Behauptung von Satz 1.09 dahin verschärft werden, daß durch geeignete Linearkombinationen aus einem linear unabhängigen Vektorsystem (1.036) ein orthonormiertes System erhalten werden kann.

Wir setzen

$$\boldsymbol{a}_1 = \frac{\boldsymbol{x}_1}{|\boldsymbol{x}_1|}.$$

Um $\boldsymbol{a}_2$ zu bestimmen, betrachten wir zuerst den Vektor

$$\boldsymbol{u}_2 = \boldsymbol{x}_2 - \lambda_{21} \boldsymbol{a}_1 \tag{1.038}$$

wobei $\lambda_{21}$ eine, vorläufig noch unbekannte Konstante ist, die wir derart bestimmen wollen, daß $\boldsymbol{u}_2^* \boldsymbol{a}_1 = 0$ ist. Es gilt

$$\boldsymbol{u}_2^* \boldsymbol{a}_1 = \boldsymbol{x}_2^* \boldsymbol{a}_1 - \lambda_{21} \boldsymbol{a}_1^* \boldsymbol{a}_1 = \boldsymbol{x}_2^* \boldsymbol{a}_1 - \lambda_{21} |\boldsymbol{a}_1|^2 = \boldsymbol{x}_2^* \boldsymbol{a}_1 - \lambda_{21}$$

und daher wählen wir

$$\lambda_{21} = \boldsymbol{x}_2^* \boldsymbol{a}_1 . \tag{1.039}$$

Dadurch erreichen wir, daß $\boldsymbol{u}_2^* \boldsymbol{a}_1 = 0$ wird. Setzen wir nun die so gewonnene Konstante (1.039) in den Ausdruck (1.038) ein, erhalten wir einen Vektor $\boldsymbol{u}_2 \neq \boldsymbol{0}$, da $\boldsymbol{u}_2$ eine Linearkombination der linear unabhängigen Vektoren $\boldsymbol{x}_1$ und $\boldsymbol{x}_2$ ist. Folglich können wir $\boldsymbol{u}_2$ auf 1 normieren. Es sei

$$\boldsymbol{a}_2 = \frac{\boldsymbol{u}_2}{|\boldsymbol{u}_2|}.$$

Nun gehen wir zur Konstruktion von $\boldsymbol{a}_3$ über. Dazu betrachten wir einen Vektor $\boldsymbol{u}_3$ von folgenden Gestalt

$$\boldsymbol{u}_3 = \boldsymbol{x}_3 - \lambda_{31} \boldsymbol{a}_1 - \lambda_{32} \boldsymbol{a}_2$$

wobei die Zahlenwerte $\lambda_{31}$ und $\lambda_{32}$ so bestimmt werden sollen, daß

$$\boldsymbol{u}_3^* \boldsymbol{a}_1 = 0, \qquad \boldsymbol{u}_3^* \boldsymbol{a}_2 = 0$$

erfüllt ist. Diese Bedingungen liefern die Gleichungen

$$\boldsymbol{u}_3^* \boldsymbol{a}_1 = \boldsymbol{x}_3^* \boldsymbol{a}_1 - \lambda_{31} \boldsymbol{a}_1^* \boldsymbol{a}_1 - \lambda_{32} \boldsymbol{a}_2^* \boldsymbol{a}_1 = \boldsymbol{x}_3^* \boldsymbol{a}_1 - \lambda_{31} = 0$$
$$\boldsymbol{u}_3^* \boldsymbol{a}_2 = \boldsymbol{x}_3^* \boldsymbol{a}_2 - \lambda_{31} \boldsymbol{a}_1^* \boldsymbol{a}_2 - \lambda_{32} \boldsymbol{a}_2^* \boldsymbol{a}_2 = \boldsymbol{x}_3^* \boldsymbol{a}_2 - \lambda_{32} = 0 .$$

Aus ihnen ergeben sich

$$\lambda_{31} = \boldsymbol{x}_3^* \boldsymbol{a}_1, \qquad \lambda_{32} = \boldsymbol{x}_3^* \boldsymbol{a}_2.$$

Man erkennt sogleich, daß $\boldsymbol{u}_3$ eine Linearkombination mit nichtverschwindenen Koeffizienten von $\boldsymbol{x}_1, \boldsymbol{x}_2$ und $\boldsymbol{x}_3$ ist. Der Vektor $\boldsymbol{u}_3$ kann nicht der Nullvektor sein, da $\boldsymbol{x}_1$, $\boldsymbol{x}_2$, $\boldsymbol{x}_3$ linear unabhängig sind. Wir setzen

$$\boldsymbol{a}_3 = \frac{\boldsymbol{u}_3}{|\boldsymbol{u}_3|}.$$

In ähnlicher Weise fahren wir fort, so daß wir in $k$ Schritten unser ortohormiertes System $\boldsymbol{a}_1, \boldsymbol{a}_2, \ldots, \boldsymbol{a}_k$ erhalten haben.

Das beschriebene Verfahren heißt das *Schmidtsche Ortogonalisierungsverfahren**).

Unser Ergebnis kann auch wie folgt formuliert werden: Vom System linear unabhängiger Vektoren $\boldsymbol{x}_1, \boldsymbol{x}_2, \ldots, \boldsymbol{x}_k$ kann man durch Linearkombinationen der Form

$$\begin{aligned} \boldsymbol{a}_1 &= \gamma_{11} \boldsymbol{x}_1 \\ \boldsymbol{a}_2 &= \gamma_{21} \boldsymbol{x}_1 + \gamma_{22} \boldsymbol{x}_2 \\ &\ldots\ldots\ldots\ldots\ldots\ldots \\ \boldsymbol{a}_k &= \gamma_{k1} \boldsymbol{x}_1 + \gamma_{k2} \boldsymbol{x}_2 + \cdots + \gamma_{kk} \boldsymbol{x}_k \end{aligned} \tag{1.040}$$

zu einem orthonormierten System übergehen wobei die Koeffizienten $\gamma_{ik}$ wie oben bestimmt wurden. Setzen wir

$$\boldsymbol{\Gamma} = \begin{pmatrix} \gamma_{11} & 0 & \ldots 0 \\ \gamma_{21} & \gamma_{22} & \ldots 0 \\ \ldots & \ldots & \ldots \\ \gamma_{k1} & \gamma_{k2} & \cdots \gamma_{kk} \end{pmatrix} \tag{1.041}$$

dann kann die Beziehung (1.040) zwischen dem Ausgangssystem $\boldsymbol{x}_1, \boldsymbol{x}_2, \ldots, \boldsymbol{x}_k$ und dem Orthonormalsystem $\boldsymbol{a}_1, \boldsymbol{a}_2, \ldots, \boldsymbol{a}_k$ durch

$$\begin{pmatrix} \boldsymbol{a}_1^* \\ \boldsymbol{a}_2^* \\ \vdots \\ \boldsymbol{a}_k^* \end{pmatrix} = \boldsymbol{\Gamma} \begin{pmatrix} \boldsymbol{x}_1^* \\ \boldsymbol{x}_2^* \\ \vdots \\ \boldsymbol{x}_k^* \end{pmatrix}$$

dargestelt werden, oder durch Einführung der Bezeichnungen

$$\boldsymbol{A} = \begin{pmatrix} \boldsymbol{a}_1^* \\ \boldsymbol{a}_2^* \\ \vdots \\ \boldsymbol{a}_k^* \end{pmatrix}, \qquad \boldsymbol{X} = \begin{pmatrix} \boldsymbol{x}_1^* \\ \boldsymbol{x}_2^* \\ \vdots \\ \boldsymbol{x}_k^* \end{pmatrix}$$

---

*) nach Erhardt Schmidt.

ergibt sich der Zusammenhang

$$A = \boldsymbol{\Gamma} X. \tag{1.042}$$

Bemerkenswert ist, daß in der quadratischen Matrix $\boldsymbol{\Gamma}$ (1.041) alle Elemente oberhalb der Hauptdiagonale verschwinden. Eine solche Matrix heißt eine *Dreiecksmatrix.*

Mit Hilfe dieser Bemerkung können wir den Satz 1.09 wie folgt umformulieren:

**Satz 1.09a.** *Wenn in einer Matrix* $\boldsymbol{X}$ *die Zeilen unabhängige Vektoren sind, dann gibt es eine Dreiecksmatrix, so daß die Zeilen des Matrizenproduktes* $\boldsymbol{X}$ *ein orthonrmiertes System bilden.*

Es wurde überhaupt nicht behauptet, daß $\boldsymbol{\Gamma}$ die einzige Dreiecksmatrix ist, die das unabhängige Vektorensystem $\{\boldsymbol{x}_i\}$ $(i=1, 2, \ldots, k)$ nach der Vorschrift (1.040) in ein orthonormiertes transformiert. Es gibt unendlichviele Matrizen, die eine Transformation mit obigen Eigenschaft verwirklichen.

Zum Schluß wollen wir noch einen Fachausdruck einführen. Wenn in einer Matrix $\boldsymbol{A}$ die Zeilen oder die Spalten linear unabhängige Vektoren (im Sinne des Anfanges dies Abschnittes) bilden, dann sagen wir $\boldsymbol{A}$ ist (bezüglich der Zeilen oder der Spalten) eine *unabhängige Matrix.* Wenn die Zeilen oder die Spalten ein orthogonales (bzw. orthonormiertes) Vektorsystem bilden dann heißt $\boldsymbol{A}$ *eine orthogonale* (bzw. orthonormierte) *Matrix.*

Wir haben also bewiesen, daß *jede unabhängige Matrix durch Multiplizieren mit einer geeigneten Dreiecksmatrix in eine orthonormierte Matrix überführbar ist.*

Eine Verallgemeinerung des Begriffes des orthogonalen Vektorsystems ist die Biorthogonalität von zwei Vektorsystemen

$$\{\boldsymbol{u}_1, \boldsymbol{u}_2, \ldots, \boldsymbol{u}_k\}; \qquad \{\boldsymbol{v}_1, \boldsymbol{v}_2, \ldots, \boldsymbol{v}_k\}.$$

Diese werden biorthogonal genannt falls $\boldsymbol{u}_p^* \boldsymbol{v}_q = 0$ für $p \neq q$ und $\boldsymbol{u}_p^* \boldsymbol{v}_p = 1$ $(p, q = 1, 2, \ldots, k)$ gelten. Man kann leicht zeigen, wenn $\{\boldsymbol{u}_p\}$ und $\{\boldsymbol{v}_p\}$ ein biorthogonales Vektorsystem ist dann sind die Vektoren $\boldsymbol{u}_p$ und $\boldsymbol{v}_p$ linear unabhängig. Denn wäre das nicht der Fall, so würde eine Beziehung von der Form

$$\lambda_1 \boldsymbol{u}_1 + \lambda_2 \boldsymbol{u}_2 + \cdots + \lambda_k \boldsymbol{u}_k = \boldsymbol{0}$$

gelten, wobei nicht alle Koeffizienten $\lambda_i$ verschwinden. Setzten wir voraus daß z.B. $\lambda_1 \neq 0$ ist, und wir bilden das Skalarprodukt voriger Linearkombination mit $\boldsymbol{v}_1$, wodurch sich unter Beachtung der Biorthogonalität $\lambda_1 = 0$ sich ergibt, was im Wiederspruch mit der Annahme ist. Somit ist die Behauptung richtig.

Wenn zwei linear unabhängige Vektorsysteme $\{\boldsymbol{u}_p\}$ vorliegen, für welche $\boldsymbol{u}_p^* \boldsymbol{v}_p \neq 0$ gilt $(p=1, 2, \ldots, k)$, so können wir durch Bildung geeigneter Linearkombinationen zu einem biorthogonalen Vektorsystem übergehen. Wir können offenbar in vorhin annehmen daß $\boldsymbol{u}_1^* \boldsymbol{v}_1 = 1$ ist, denn das ist durch dividieren durch geeigneter Zahlen immer erreichbar.

Es sei

$$a_1 = u_1, \quad b_1 = v_1$$

und wir setzen

$$a_2 = u_2 - \lambda_{21} a_1, \quad b_2 = v_2 - \mu_{21} b_1$$

wobei $\lambda_{21}$ und $\mu_{21}$ so zu bestimmen sind, daß

$$a_1^* b_1 = 1, \quad a_2^* b_1 = a_1^* b_2 = 0$$

sei. Deswegen bilden wird die folgende Skalarprodukte

$$a_2^* b_1 = u_2^* b_1 - \lambda_{21} a_1^* b_1 = u_2^* b_1 - \lambda_{21} = 0.$$
$$a_1^* b_2 = a_1^* v_2 - \mu_{21} a_1^* b_1 = a_1^* v_2 - \mu_{21} = 0.$$

Aus diesen Gleichungen kann man $\lambda_{21}$ und $\mu_{21}$ eindeutig berechnen. Die so gewonnen Vektoren sollen mit geeigneten Konstanten multipliziert werden so daß auch die Beziehung $a_2^* b_2 = 1$ gelte. Die weitern Schritte des Biorthogonalisierungsverfahren sind zu den Gleichungen des Schmidtschen Orthogonalisierungsverfahren analog deswegen verzichten wir ihrer Wiederholung.

### 101.07 *Die Inverse einer Matrix*

Wir betrachten die lineare Abbildung $\mathfrak{A}$ von $R^m$ in $R^n$ die durch die Matrix $A$ dargestellt ist. Diese Abbildung ist offenbar eindeutig: jedem Vektor aus $R^m$ entspricht genau ein Vektor aus $R^n$. Wir werden ferner voraussetzen, daß $\mathfrak{A}$ jedem vom Nullvektor verschiedenen Vektor einen nichtverschwindenden Vektor aus $R^n$ zugeordnet, d.h. falls $x \neq 0$ dann ist $A x = y \neq 0$. Falls diese Annahme erfüllt ist, dann sagen wir, die Abbildung $\mathfrak{A}$ besitzt die Eigenschaft $\mathscr{E}$. Die Bildmenge von $R^m$ soll mit $P$ bezeichnet werden, d.h.*)

$$P = \{y : y = A x, x \in R^m\}.$$

$P$ ist offenbar eine Teilmenge von $R^n$. Die lineare Abbildung $\mathfrak{A}$ bildet also den Raum $R^m$ *auf* die Menge $P$ ab. Nun, behaupten wir, daß *unter unsern Voraussetzungen die Abbildung* $\mathfrak{A}$ *ein-eindeutig ist.* Wir haben auf Grund der vorigen Bemerkung nur noch nachzuweisen, daß verschiedene Vektoren aus $R^m$ in verschiedene Vektoren aus $P$ abgebildet werden.

Wäre das nämlich nicht der Fall, würden also zwei verschiedene Vektoren, etwa $x_1$ und $x_2$ existieren, denen derselbe Vektor $y$ aus $P$ entspricht, so würde somit

$$y = A x_1 \quad \text{und} \quad y = A x_2$$

gelten. Aus diesen Gleichungen folgt durch Substrachieren daß

$$0 = A(x_1 - x_2) \tag{1.043}$$

*) Über das hier gebrauchte Symbol vgl. Bd. I. S. 12.

ist. Wenn $\boldsymbol{x}_1$ und $\boldsymbol{x}_2$ verschieden sind dann ist $\boldsymbol{x}_1 - \boldsymbol{x}_2 \neq \boldsymbol{0}$ und die Gleichung (1.043) ist im Widerspruch zu der Voraussetzung, wonach $\mathfrak{A}$ die Eigenschaft $\mathscr{E}$ besitzt. Dieser Widerspruch beweist die Behauptung.

Das bedeutet, wenn die Abbildung $\mathfrak{A}$ die Eigenschaft $\mathscr{E}$ hat, dann wird durch $\mathfrak{A}$ gleichzeitig eine eindeutige Abbildung von $P$ auf den Raum $R^m$ erzeugt, denn jedem Vektor $\boldsymbol{y}$ aus $P$ entspricht genau ein Vektor $\boldsymbol{x}$ aus $R^m$. Dabei ist diese Zuordnung linear: Wenn $\boldsymbol{y}_1$ und $\boldsymbol{y}_2$ die Bildvektoren von $\boldsymbol{x}_1$ und $\boldsymbol{x}_2$ sind, dann gilt

$$\boldsymbol{y}_1 = \boldsymbol{A}\boldsymbol{x}_1, \qquad \boldsymbol{y}_2 = \boldsymbol{A}\boldsymbol{x}_2$$

daher

$$\boldsymbol{y}_1 + \boldsymbol{y}_2 = \boldsymbol{A}(\boldsymbol{x}_1 + \boldsymbol{x}_2).$$

Dem Vektor $\boldsymbol{y}_1 + \boldsymbol{y}_2$ entspricht somit $\boldsymbol{x}_1 + \boldsymbol{x}_2$. Weiterhin, wenn $\boldsymbol{y}$ das Bild von $\boldsymbol{x}$ ist und $\lambda$ ein Skalar, dann folgt aus $\boldsymbol{y} = \boldsymbol{A}\boldsymbol{x}$ die Beziehung $\lambda\boldsymbol{y} = \boldsymbol{A}(\lambda\boldsymbol{x})$, mit andern Worten, dem Vektor $\lambda\boldsymbol{y}$ entspricht $\lambda\boldsymbol{x}$.

Die eben definierte lineare Abbildung von $P$ in $R^m$ wollen wir durch $\mathfrak{B}$ bezeichnen:

$$\boldsymbol{x} = \mathfrak{B}\boldsymbol{y}. \tag{1.044}$$

Setzen wir in die Formel

$$\boldsymbol{y} = \mathfrak{A}\boldsymbol{x}$$

den Ausdruck (1.044) von $\boldsymbol{x}$ ein, so erhalten wir folgendes

$$\boldsymbol{y} = \mathfrak{A}\mathfrak{B}\boldsymbol{y}.$$

Diese Beziehung gilt für jeden Vektor $\boldsymbol{y}$ aus $P$, die lineare Abbildung $\mathfrak{A}\mathfrak{B}$ ist also die identische Abbildung von $P$ in sich selbst.

Die Abbildung $\mathfrak{B}$ ist, wie wir es gezeigt haben, eine lineare, kann also durch eine Matrix $\boldsymbol{B}$ dargestelt werden. Im Abschnitt 101.03 haben wir gezeigt, daß die Matrix der Abbildung $\mathfrak{A}\,\mathfrak{B}$ das Produkt der Matrizen $\boldsymbol{A}$ und $\boldsymbol{B}$ ist.

Andererseits ist die Abbildung $\mathfrak{A}\,\mathfrak{B}$ die Identitätsabbildung, ihr entspricht die Einheitsmatrix $\boldsymbol{E}$, und da $P$ in eine Teilmenge vom Raum $R^n$ ist, ist $\boldsymbol{E}$ vom Typus $n \times n$, d.h. es gilt zwischen $\boldsymbol{A}$ ung $\boldsymbol{B}$ folgende grundlegende Beziehung:

$$\boldsymbol{A}\boldsymbol{B} = \underset{n}{\boldsymbol{E}}.$$

Da $\boldsymbol{A}$ vom Typus $n \times m$ ist, ist $\boldsymbol{B}$ vom Typus $m \times n$. Somit gelanten wit zur folgenden

**Definition:** *Die Abbildung $\mathfrak{B}$ ist die zur linearen Transformation $\mathfrak{A}$ inverse Abbildung. Die Matrix $\boldsymbol{B}$, für die $\boldsymbol{A}\boldsymbol{B} = \boldsymbol{E}$ gilt, ist die zu $\boldsymbol{A}$ (rechtsseitige) inverse Matrix.*

Wir erkennen sofort, wenn die ursprüngliche Abbildung $\mathfrak{A}$ die Eigenschaft $\mathscr{E}$ hat, dann ist die zu ihr inverse Abbildung $\mathfrak{B}$ eindeutig bestimmt. Denn wären zwei vorhanden, etwa $\mathfrak{B}_1$ und $\mathfrak{B}_2$, dann wäre für ein beliebiges Element $\boldsymbol{y}$ aus $P$

$$\boldsymbol{x}_1 = \mathfrak{B}_1 \boldsymbol{y} \quad \text{und} \quad \boldsymbol{x}_2 = \mathfrak{B}_2 \boldsymbol{y},$$

woraus

$$\boldsymbol{y} = \mathfrak{A} \boldsymbol{x}_1 \quad \text{und} \quad \boldsymbol{y} = \mathfrak{A} \boldsymbol{x}_2$$

folgt, das ist, aber auf Grund der Eigenschaft $\mathscr{E}$ nur dann möglich wenn $\boldsymbol{x}_1 = \boldsymbol{x}_2$ gilt, d.h. die Abbildungen $\mathfrak{B}_1$ und $\mathfrak{B}_2$ sind einander gleich.

Aus der Eindeutigkeit von $\mathfrak{B}$ folgt, daß die zu $\boldsymbol{A}$ inverse Matrix $\boldsymbol{B}$ (falls die Eigenschaft $\mathscr{E}$ vorhanden ist) eindeutig bestimmt ist.

Die zu $\mathfrak{A}$ inverse Abbildung $\mathfrak{B}$ transformiert den *ganzen* Raum $R^n$ in $R^m$ ab, daher folgt: $P$ ist keine echte Teilmenge von $R^n$, sondern sie ist mit $R^n$ identisch. Wir haben also folgendes Ergebnis: *Wenn für eine lineare Abbildung $\mathfrak{A}$ die Eigenschaft $\mathscr{E}$ erfüllt ist, dann bildet $\mathfrak{A}$ den Raum $R^m$ auf den Raum $R^n$ ab.*

Wir sehen also, daß bei der Existenz der inversen Abbildung bzw. beim Vorhandensein der inversen Matrix die Eigenschaft $\mathscr{E}$ eine entscheidende Rolle spielt. In diesen Zusammenhang können wir auf Grund des Satzes 1.07 folgende Sätze formulieren:

**Satz 1.10.** *Die lineare Abbildung $\mathfrak{A}$ hat genau dann eine eindeutige Inverse, wenn sie die Koordinatenvektoren in linear unabhängige Vektoren transformiert.*

**Satz 1.11.** *Die Matrix $(\boldsymbol{a}_1, \boldsymbol{a}_2, \ldots, \boldsymbol{a}_m)$ hat genau dann eine eindeutige rechtseitige Inverse, wenn die Spaltenvektoren $\boldsymbol{a}_1, \boldsymbol{a}_2, \ldots, \boldsymbol{a}_m$ linear unabhängig sind.*

Nehmen wir an, daß die Matrix $\boldsymbol{A}$ eine (rechtseitige) Inverse $\boldsymbol{B}$ hat, d.h. es gilt

$$\boldsymbol{A}\boldsymbol{B} = \boldsymbol{E}.$$

Wenn wir zu den transponierten Matrizen auf Grund der Formel (1.016) übergeben, erhalten wir

$$\boldsymbol{B}^* \boldsymbol{A}^* = \boldsymbol{E}^* = \boldsymbol{E}. \tag{1.045}$$

Das bedeutet, daß $\boldsymbol{A}^*$ für $\boldsymbol{B}^*$ invers ist, oder $\boldsymbol{B}^*$ die linksseitige Inverse von $\boldsymbol{A}^*$ ist. Daraus folgt der

**Satz 1.12.** *Eine Matrix*

$$\begin{pmatrix} \boldsymbol{b}_1^* \\ \boldsymbol{b}_1^* \\ \vdots \\ \boldsymbol{b}_n^* \end{pmatrix}$$

*hat genau dann eine eindeutige linksseitige Inverse, wenn ihre Zeilenvektoren linear unabhängig sind.*

Ein besonders wichtiger Fall, bei dem auch die numerische Bestimmung der Inversen leicht ist, liegt vor, wenn die Matrix $\boldsymbol{A}$ quadratisch ist. Wenn wir auf quadratischen Matrizen den Satz 1.11 anwenden, dann ergibt sich unter Beachtung des Satzes 1.06b der

**Satz 1.11a.** *Notwendig und hinreichend dafür, daß die quadratische Matrix $\boldsymbol{A}$*

*eine rechtseitige Inverse* $\boldsymbol{B}$ *besitzt, ist* $|\boldsymbol{A}|\neq 0$. Wenn aber $|\boldsymbol{A}|\neq 0$ ist, dann sind auch die Zeilenvektoren von $A$ linear unabhängig (da $|\boldsymbol{A}^*|=|\boldsymbol{A}|$) und auf Grund des Satzes 1.12. *existiert auch eine linksseitige Inverse.* Wir werden beweisen, daß die *links- und rechtsseitige Inversen mit einander gleich sind.*

Zum Beweis werden wir folgenden Begriff einführen.

Die zum Element $a_{ik}$ gehörige Unterdeterminante von $|\boldsymbol{A}|$ wollen wir mit $D_{ik}$ bezeichnen und wir setzen $A_{ik}=(-1)^{i+k}\,D_{ik}$. Die Matrix

$$\begin{pmatrix} A_{11} & A_{21}\dots A_{n1} \\ A_{12} & A_{22}\dots A_{2n} \\ \dots & \dots \\ A_{1n} & A_{2n}\dots A_{nn} \end{pmatrix} \tag{1.046}$$

heißt die zu $\boldsymbol{A}$ *adjungierte Matrix* und wird mit adj $\boldsymbol{A}$ bezeichnet.

Nun zeigen wir, daß

$$(\text{adj}\,\boldsymbol{A})\,\boldsymbol{A} = |\boldsymbol{A}|\,\boldsymbol{E} \tag{1.047}$$

ist.

Wir bilden das auf der linketn Seite von (1.047) stehende Produkt:

$$(\text{adj}\,\boldsymbol{A})\,\boldsymbol{A} = \begin{pmatrix} A_{11} & A_{21}\dots A_{n1} \\ A_{12} & A_{22}\dots A_{n2} \\ \dots & \dots \\ A_{1n} & A_{2n}\dots A_{nn} \end{pmatrix}\begin{pmatrix} a_{11} & a_{12}\dots a_{1n} \\ a_{21} & a_{22}\dots a_{2n} \\ \dots & \dots \\ a_{n1} & a_{2n}\dots a_{nn} \end{pmatrix} =$$

$$= \begin{pmatrix} \sum\limits_{r=1}^{n} A_{r1}a_{r1} & \sum\limits_{r=1}^{n} A_{r1}a_{r2}\dots & \sum\limits_{r=1}^{n} A_{r1}a_{rn} \\ \sum\limits_{r=1}^{n} A_{r2}a_{r1} & \sum\limits_{r=1}^{n} A_{r2}a_{r2}\dots & \sum\limits_{r=1}^{n} A_{r2}a_{rn} \\ \dots & \dots & \dots \\ \sum\limits_{r=1}^{n} A_{rn}a_{r1} & \sum\limits_{r=1}^{n} A_{rn}a_{r2}\dots & \sum\limits_{r=1}^{n} A_{rn}a_{rn} \end{pmatrix} =$$

$$= \begin{pmatrix} |\boldsymbol{A}| & 0\,\dots\,0 \\ 0 & |\boldsymbol{A}|\dots\,0 \\ \dots & \dots \\ 0 & 0\,\dots|\boldsymbol{A}| \end{pmatrix} = |\boldsymbol{A}|\begin{pmatrix} 1 & 0\dots 0 \\ 0 & 1\dots 0 \\ \dots & \dots \\ 0 & 0\dots 1 \end{pmatrix} = |\boldsymbol{A}|\,\boldsymbol{E},$$

womit unsere Behauptung bewiesen ist. Hier haben wir Gebrauch gemacht von einem bekannten Satz der Determinantentheorie, wonach

$$\sum_{r=1}^{n} A_{rp}a_{rq} = \begin{cases} |\boldsymbol{A}| & \text{für}\quad p=q \\ 0 & \text{für}\quad p\neq q \end{cases}$$

gilt.*)

*) Vgl. W. Schmeidler. l. cit. S. 10.

Da vorausgesetzt wurde, daß $|\boldsymbol{A}| \neq 0$ ist, ergibt sich aus (1.047) folgendes

$$\frac{\operatorname{adj} \boldsymbol{A}}{|\boldsymbol{A}|} \boldsymbol{A} = \boldsymbol{E}.$$

Das bedeutet aber daß die Matrix

$$\frac{\operatorname{adj} \boldsymbol{A}}{|\boldsymbol{A}|} = \begin{pmatrix} \frac{A_{11}}{|\boldsymbol{A}|} & \frac{A_{21}}{|\boldsymbol{A}|} \cdots \frac{A_{n1}}{|\boldsymbol{A}|} \\ \frac{A_{12}}{|\boldsymbol{A}|} & \frac{A_{22}}{|\boldsymbol{A}|} \cdots \frac{A_{n2}}{|\boldsymbol{A}|} \\ \cdots & \cdots \\ \frac{A_{1n}}{|\boldsymbol{A}|} & \frac{A_{2n}}{|\boldsymbol{A}|} \cdots \frac{A_{nn}}{|\boldsymbol{A}|} \end{pmatrix} \tag{1.048}$$

zu $\boldsymbol{A}$ von links invers ist. Auf Grund des Satzes 1.12, gibt es unter der Voraussetzung $|\boldsymbol{A}| \neq 0$ genau eine linksseitige Inverse*), d.h. die Matrix (1.048) ist die zu $\boldsymbol{A}$ von links inverse Matrix.

Nun wollen wir beweisen, daß (1.048) auch von rechts Invers zu $\boldsymbol{A}$ ist. Es gilt nämlich (wieder auf Grund der eben zitierten Tatsache der Determinantentheorie):

$$\boldsymbol{A} \frac{\operatorname{adj} \boldsymbol{A}}{|\boldsymbol{A}|} = \frac{1}{|\boldsymbol{A}|} \boldsymbol{A} (\operatorname{adj} \boldsymbol{A}) =$$

$$= \frac{1}{|\boldsymbol{A}|} \begin{pmatrix} a_{11} & a_{12} \dots a_{1n} \\ a_{21} & a_{22} \dots a_{2n} \\ \cdots & \cdots \\ a_{n1} & a_{n2} \dots a_{nn} \end{pmatrix} \begin{pmatrix} A_{11} & A_{21} \dots A_{n1} \\ A_{12} & A_{22} \dots A_{n2} \\ \cdots & \cdots \\ A_{1n} & A_{2n} \dots A_{nn} \end{pmatrix} =$$

$$= \frac{1}{|\boldsymbol{A}|} \begin{pmatrix} \sum_{r=1}^{n} a_{1r} A_{1r} & \sum_{r=1}^{n} a_{1r} A_{2r} \dots \sum_{r=1}^{n} a_{1r} A_{nr} \\ \sum_{r=1}^{n} a_{2r} A_{1r} & \sum_{r=1}^{n} a_{2r} A_{2r} \dots \sum_{r=1}^{n} a_{2r} A_{nr} \\ \cdots & \cdots \\ \sum_{r=1}^{n} a_{nr} A_{1r} & \sum_{r=1}^{n} a_{nr} A_{2r} \dots \sum_{r=1}^{n} a_{nr} A_{nr} \end{pmatrix} =$$

$$= \frac{1}{|\boldsymbol{A}|} \begin{pmatrix} |\boldsymbol{A}| & 0 \dots 0 \\ 0 & |\boldsymbol{A}| \dots 0 \\ \cdots & \cdots \\ 0 & 0 \dots |\boldsymbol{A}| \end{pmatrix} = \boldsymbol{E}.$$

Das bedeutet, daß $\frac{1}{|\boldsymbol{A}|}$ $(\operatorname{adj} \boldsymbol{A})$ auch eine rechtseitige Inverse zu $\boldsymbol{A}$ ist und

*) Denn die Bedingung $|\boldsymbol{A}| \neq 0$ hat zur Folge, daß die Zeilenvektoren von $\boldsymbol{A}$ linear unabhängig sind.

eine weitere existiert nach Satz 1.11 nicht. Daraus folgt zugleich, daß adj $A$ und $A$ vertauschbare Matrizen sind, deshalb gilt außer (1.047) auch die Beziehung

$$A \cdot (\operatorname{adj} A) = |A|\, E. \tag{1.049}$$

Wir haben also folgenden grundlegenden Satz bewiesen:

**Satz 1.13.** *Die quadratische Matrix $A$ hat genau dann eine eindeutige links- und rechtsseitige Inverse, wenn $|A| \neq 0$ gilt. Die beiden Inversen sind einander gleich und ihr gemeinsamer Wert ist*

$$\frac{\operatorname{adj} A}{|A|}.$$

Wenn für die quadratische Matrix $A$ die Beziehung $|A| \neq 0$ gilt, dann sagen wir $A$ ist eine *reguläre Matrix,* und falls $|A| = 0$ erfüllt ist, dann heißt $A$ *singulär.*

Auf Grund des Satzes 1.13 ist es gerechtfertigt von *der* Inversen einer regulären Matrix $A$ zu sprechen, die wir mit $A^{-1}$ bezeichnen werden. Für diese gilt also laut Definition

$$A\,A^{-1} = A^{-1}A = E \tag{1.050}$$

und der Satz 1.13 behauptet, daß

$$A^{-1} = \frac{\operatorname{adj} A}{|A|} \tag{1.051}$$

gilt.

Wenn wir den Satz 1.03 (oder die Formel (1.013)) auf (1.050) anwenden, ergilt sich

$$|A^{-1}|\,|A| = 1$$

woraus

$$|A^{-1}| = \frac{1}{|A|} = |A|^{-1} \tag{1.052}$$

folgt. Auf Grund dieser Tatsache ergibt sich nach (1.051) folgendes

$$|A^{-1}| = \frac{\operatorname{adj} A}{|A|} = \frac{1}{|A|},$$

daher

$$|\operatorname{adj} A| = 1$$

ist. Auch das ist wohlbekannt aus der Theorie der Determinanten.

Wir haben schon im Abschnitt 101.03 die nichtnegativen ganzen Potenzen einer quadratischen Matrix definiert. Jetzt sind wir in der Lage, auch die negativen Potenzen einer regulären Matrix $A$ zu definieren.

Die $(-1)$-te Potenz von $A$ wurde als die Inverse von $A$ definiert. Wir führen folgende Definition ein:

$$A^{-2} = A^{-1}A^{-1};\ A^{-3} = A^{-1}A^{-2};\ldots;\ A^{-n} = A^{-1}A^{-n+1} \qquad (n = 1, 2, 3, \ldots).$$

Man sieht sofort ein, daß

$$A^{-2}A^2 = A^{-1}A^{-1}A \cdot A = A^{-1}EA = A^{-1}A = E,$$

$$A^{-3}A^3 = A^{-1}A^{-2}A^2 \cdot A = A^{-1}EA = A^{-1}A = E$$

und allgemein

$$A^{-n}A^n = A^{-1}A^{-n+1}A^{n-1}A = A^{-1}EA = E \qquad (n = 1, 2, 3, \ldots) \quad (1.053)$$

gilt.

Auf Grund von (1.013) ist es klar, daß wenn $A$ regulär ist, alle positiven Potenzen von $A$ ebenfalls regulär sind. Die zu $A^n$ inverse Matrix ist $A^{-n}$.

Man kann den Satz 1.02 leicht auf beliebige ganze Exponenten verallgemeinern. Wir werden zeigen, daß *für jede ganze Zahlen k und l*

$$A^k A^l = A^l A^k = A^{k+l}$$

*gilt.*

Für $k, l \geqq 0$ wurde die Behauptung im Satz 1.02 festgelegt. Wenn $k+l=0$ ist, dann gilt der Satz auf Grund (1.053).

Sind $k, l \leqq 0$, dann setzen wir $k = -n$, $l = -m$ $(n, m = \geqq 0)$ und betrachten das Produkt

$$A^{-n}A^{-m} = B.$$

Daraus ergibt sich

$$A^{-n} = BA^m,$$

weiterhin

$$E = BA^mA^n = BA^{m+n}$$

woraus

$$A^{-(m+n)} = B = A^{-m-n} = A^{-n}A^{-m}$$

folgt.

Wenn $k > 0$ und $l < 0$ ist, dann gilt

$$A^k A^l = A^{k+l}A^{-l}A^l = A^{k+l}$$

und damit haben wir alles, was behauptet wurde, bewiesen.

Eine einfache, doch sehr wichtige Tatsache ist die Folgende:

**Satz 1.14.** *A und B seien zwei reguläre quadratische Matrizen vom selben Typus. Dann gilt*

$$(AB)^{-1} = B^{-1}A^{-1}. \quad (1.054)$$

*Beweis:*

$$(B^{-1}A^{-1})(AB) = B^{-1}(A^{-1}A)B = B^{-1}EB = B^{-1}B = E.$$

w.z.b.w.

Wir wollen noch darauf hinweisen, daß *die Inverse der regulären Matrix A*

$$A^{-1} = \frac{\operatorname{adj} A}{|A|}$$

*ist.* Diese Formel ist mit der aus der Determinantentheorie wohlbekannten *Cramerschen Regel* *) äquivalent.

Wenn nämlich $A$ regulär ist, dann hat die lineare Transformation

$$y = A x$$

von $R^n$ auf $R^n$ eine eindeutige Inverse. Der Übergang zur inversen Abbildung bedeutet, daß zu einem beliebigen Vektor $y$ der Vektor $x$ bestimmt werden muß. Die betrachtete lineare Transformation ist bezüglich der Koordinaten von $x$ ein lineares Gleichungssystem von $n$ Gleichungen für die $n$ unbekannten Koordinaten. Ein solches Gleichungssystem hat, wie bekannt, genau dann eine eindeutige Lösung, wenn ihre Determinante – also die Determinante $|A|$ – von Null verschieden ist.

Die zu $y = A x$ inverse lineare Abbildung ist die folgende:

$$x = B y$$

wobei $B$ die zu $A$ inverse Matrix ist, d.h.:

$$x = \frac{\operatorname{adj} A}{|A|} y = \frac{1}{|A|} \begin{pmatrix} A_{11} & A_{21} \dots A_{n1} \\ A_{12} & A_{22} \dots A_{n2} \\ \dots & \dots \\ A_{1n} & A_{2n} \dots A_{nn} \end{pmatrix} \begin{pmatrix} y_1 \\ y_2 \\ \vdots \\ y_n \end{pmatrix} =$$

$$= \frac{1}{|A|} \begin{pmatrix} A_{11} y_1 + A_{21} y_2 + \dots + A_{n1} y_n \\ A_{12} y_1 + A_{22} y_2 + \dots + A_{n2} y_n \\ \dots \\ A_{1n} y_1 + A_{2n} y_2 + \dots + A_{nn} y_n \end{pmatrix}.$$

Andererseits gilt

$$A_{11} y_1 + A_{21} y_2 + \dots + A_{n1} y_n = \begin{vmatrix} y_1 & a_{12} & a_{13} \dots a_{1n} \\ y_2 & a_{22} & a_{23} \dots a_{2n} \\ \vdots & \dots & \dots \\ y_n & a_{n2} & a_{n3} \dots a_{nn} \end{vmatrix}$$

$$A_{12} y_1 + A_{22} y_2 + \dots + A_{n2} y_n = \begin{vmatrix} a_{11} & y_1 & a_{13} \dots a_{1n} \\ a_{21} & y_2 & a_{23} \dots a_{2n} \\ \vdots & \dots & \dots \\ a_{n1} & y_n & a_{n3} \dots a_{nn} \end{vmatrix}$$

. . . . . . . . . . . . . . . .

deswegen ergeben sich folgende Andrücke für die Koordinaten von $x$:

$$x_1 = \frac{1}{|A|} \begin{vmatrix} y_1 & a_{12} \dots a_{1n} \\ y_2 & a_{22} \dots a_{2n} \\ \vdots & \vdots \quad \vdots \\ y_n & a_{n2} \dots a_{nn} \end{vmatrix},$$

*) Vergl. W. Schmeidler: l. cit. S. 9.

$$x_2 = \frac{1}{|A|} \begin{vmatrix} a_{11} & y_1 \cdots a_{1n} \\ a_{21} & y_2 \cdots a_{2n} \\ \cdots & \cdots \\ a_{n1} & y_n \cdots a_{nn} \end{vmatrix},$$

$$\cdots\cdots\cdots\cdots\cdots\cdots$$

$$x_n = \frac{1}{|A|} \begin{vmatrix} a_{11} & a_{12} \cdots y_1 \\ a_{21} & a_{22} \cdots y_2 \\ \cdots & \cdots \\ a_{n1} & a_{n2} \cdots y_n \end{vmatrix}.$$

Das sind eben die durch die Cramersche Regel gelieferte Werte der Unbekannten eines linearen Gleichungssystem von $n$ Gleichungen mit $n$ Unbekannten.

Da der vorige Gedankengang von Schritt zu Schritt umkehrbar ist, ist unsere Behauptung bewiesen.

Wir setzen voraus daß die quadratische Matrix $A$ eine Inverse $A^{-1}$ besitzt für welche

$$A A^{-1} = E$$

gilt. Wenden wir auf diese die Formel (1.045) an, so ergibt sich

$$(A^{-1})^* A^* = E^* = E,$$

d.h. die zu $A^*$ inverse Matrix ist mit der Transponierten der Inversen von $A$ gleich:

$$(A^{-1})^* = (A^*)^{-1}. \tag{1.055}$$

Wir werden unsere bisherigen Überlegungen mit folgender Bemerkung abschließen.

Aus der Beziehung

$$A B = 0 \qquad (A \neq 0)$$

muß, im Gegensatz zur Multiplikationsregel der Zahlen, überhaupt nicht das Verschwinden von $B$ folgen. So z.B. ist

$$\begin{pmatrix} -4 & 2 \\ 2 & -1 \end{pmatrix} \begin{pmatrix} 3 & 4 \\ 6 & 8 \end{pmatrix} = 0,$$

obwohl keiner der Faktoren eine Nullmatrix ist.

Wenn aber $A$ eine reguläre quadratische Matrix ist, dann folgt aus $AB=0$ das Verschwinden von $B$. Aus der Voraussetzung über $A$ folgt nämlich die Existenz von $A^{-1}$. Wenn wir also die Gleichung $AB=0$ mit $A^{-1}$ (von links) multiplizieren, so ergibt sich $B=0$.

Ahnlich läßt sich leicht zeigen, daß aus der Beziehung $AB=AC$ zwischen quadratischen Matrizen $B=C$ folgt, falls $|A| \neq 0$ ist.

Mit Hilfe des Begriffes der inversen Matrix kann man die wichtige Definition der Ähnlichkeit von Matrizen aufstellen.

**Definition:** *Zwei quadratische Matrizen* (vom selben Typus) $\boldsymbol{A}$ *und* $\boldsymbol{B}$ *heißen ähnlich, wenn es eine reguläre quadratische Matrix* (wieder von demselben Typus) $\boldsymbol{C}$ *gibt, so daß*

$$\boldsymbol{A} = \boldsymbol{C}\boldsymbol{B}\boldsymbol{C}^{-1}$$

*ist.*

Die Ahnlichkeit von $\boldsymbol{A}$ und $\boldsymbol{B}$ wird mit dem Symbol

$$\boldsymbol{A} \sim \boldsymbol{B} \tag{1.056}$$

bezeichnet.

Wenn wir $\boldsymbol{C}$ festhalten, dann können wir zu jeder quadratischen Matrix $\boldsymbol{B}$ die zu ihr ähnlichen durch die Transformation $\boldsymbol{C}\boldsymbol{B}\boldsymbol{C}^{-1}$ konstruieren.

Die Ahnlichkeitstransformation läßt die Summe und Produkt unverändert, d.h. wenn $\boldsymbol{A}_1 \sim \boldsymbol{B}_1$ und $\boldsymbol{A}_2 \sim \boldsymbol{B}_2$, dann ist $\boldsymbol{A}_1 + \boldsymbol{A}_2 \sim \boldsymbol{B}_1 + \boldsymbol{B}_2$ und $\boldsymbol{A}_1\boldsymbol{A}_2 \sim \boldsymbol{B}_1\boldsymbol{B}_2$. Diese Behauptungen lassen sich einfach beweisen. Die Beweise werden dem Leser überlassen. Insbesondere folgt aus $\boldsymbol{A} \sim \boldsymbol{B}$ die Beziehung $\boldsymbol{A}^n \sim \boldsymbol{B}^n$ für alle ganzzahlige Exponenten.

### 101.08 *Dyadische Zerlegung von Matrizen*

Wir werden zeigen, daß *jede von der Nullmatrix verschiedene Matrix als Summe von dyadischen Produkten zerlegbar ist.* Diese Zerlegung kann sowohl zu wichtigen theoretischen Folgerungen, wie auch zu nützlichen numerischen Verfahren führen.

Wir betrachten nun die beliebige Matrix

$$\boldsymbol{A} = \begin{pmatrix} a_{11} & a_{12} \dots a_{1m} \\ a_{21} & a_{22} \dots a_{2m} \\ \dots & \dots \\ a_{n1} & a_{n2} \dots a_{nm} \end{pmatrix} \neq \boldsymbol{0}$$

$\boldsymbol{A}$ enthält somit mindestens ein Element, z.B. $a_{i_1 k_1}$, das von Null verschieden ist. Die in der $i_1$-ten Zeile stehenden Elemente bilden einen, mit $\boldsymbol{b}_{i_1}^*$ bezeichneten Zeilen-Vektor und die sich in der $k_1$-ten Spalte befindenden Elemente einen Spalten-Vektor $\boldsymbol{a}_{k_1}$. Wir können nun folgende Matrizendifferenz bilden:

$$\boldsymbol{A}_1 \overset{\text{Def.}}{=} \boldsymbol{A} - \frac{1}{a_{i_1 k_1}} \boldsymbol{a}_{k_1} \boldsymbol{b}_{i_1}^* =$$

$$= \begin{pmatrix} a_{11} \dots a_{1k_1} \dots a_{1m} \\ \dots\dots\dots \\ a_{i_1 1} \dots a_{i_1 k_1} \dots a_{i_1 m} \\ \dots\dots\dots \\ a_{n1} \dots a_{nk_1} \dots a_{nm} \end{pmatrix} -$$

$$- \frac{1}{a_{i_1 k_1}} \begin{pmatrix} a_{1 k_1} \\ \vdots \\ a_{i_1 k_1} \\ \vdots \\ a_{n k_1} \end{pmatrix} (a_{i_1 1} \ldots a_{i_1 k_1} \ldots a_{i_1 m}) =$$

$$= \begin{pmatrix} a_{11} & \ldots a_{1 k_1} & \ldots a_{1 m} \\ \ldots & \ldots & \ldots \\ a_{i_1 1} & \ldots a_{i_1 k_1} & \ldots a_{i_1 m} \\ \ldots & \ldots & \ldots \\ a_{n 1} & \ldots a_{n k_1} & \ldots a_{n m} \end{pmatrix} -$$

$$- \begin{pmatrix} a_{1 k_1} \\ \vdots \\ a_{i_1 k_1} \\ \vdots \\ a_{n k_1} \end{pmatrix} \left( \frac{a_{i_1 1}}{a_{i_1 k_1}}, \ldots, 1, \ldots, \frac{a_{i_1 m}}{a_{i_1 k_1}} \right) =$$

$$= \begin{pmatrix} \ldots & a_{1 k_1} & \ldots \\ \ldots & \ldots & \ldots \\ a_{i_1 1} \ldots & a_{i_1 k_1} & \ldots a_{i_1 m} \\ \ldots & \ldots & \ldots \\ \ldots & a_{n k_1} & \ldots \end{pmatrix} - \begin{pmatrix} \ldots & a_{1 k_1} & \ldots \\ \ldots & \ldots & \ldots \\ a_{i_1 1} \ldots & a_{i_1 k_1} & \ldots a_{i_1 m} \\ \ldots & \ldots & \ldots \\ \ldots & a_{n k_1} & \ldots \end{pmatrix}$$

Man sieht sofort, daß in $\boldsymbol{A}_1$ die $i_1$-te Zeile und $k_1$-te Spalte nur Nullen enthält. Wenn $\boldsymbol{A}_1$ keine von Null verschiedenen Elemente enthält, also $\boldsymbol{A}_1 = \boldsymbol{0}$ ist, dann gilt

$$\boldsymbol{A}_1 = \boldsymbol{0} = \boldsymbol{A} - \frac{1}{a_{i_1 k_1}} \boldsymbol{a}_{k_1} \boldsymbol{b}_{i_1}^*$$

daher

$$\boldsymbol{A} = \frac{1}{a_{i_1 k_1}} \boldsymbol{a}_{k_1} \boldsymbol{b}_{i_1}^*$$

d.h. $\boldsymbol{A}$ ist selbst ein dyadisches Produkt. Wenn aber $\boldsymbol{A}_1 \neq \boldsymbol{0}$ ist, dann verfahren wir mit $\boldsymbol{A}_1$ ähnlich wie mit $\boldsymbol{A}$: Wir wählen aus $\boldsymbol{A}_1$ ein von Null verschiedenes Element, z.B. $a_{i_2 k_2}^{(1)}$ und bilden die Matrix

$$\boldsymbol{A}_2 \overset{\text{Def.}}{=} \boldsymbol{A}_1 - \frac{1}{a_{i_2 k_2}^{(1)}} \boldsymbol{a}_{k_2}^{(1)} \boldsymbol{b}_{i_2}^{(1)*} = \boldsymbol{A} - \frac{1}{a_{i_1 k_1}} \boldsymbol{a}_{k_1} \boldsymbol{b}_{i_1}^* - \frac{1}{a_{i_2 k_2}^{(1)}} \boldsymbol{a}_{k_2}^{(1)} \boldsymbol{b}_{i_2}^{(1)*}$$

wobei $\boldsymbol{a}_{k_2}^{(1)}$ und $\boldsymbol{b}_{i_2}^{(1)*}$ ähnliche Bedeutung haben wie $\boldsymbol{a}_{k_1}$, $\boldsymbol{b}_{i_1}^*$. Daraus ergibt sich, daß in $\boldsymbol{A}_2$ die $i_2$-te Zeile und $k_2$-te Spalte nur Nullen enthalten. Wenn wir weiterhin feststellen, daß

$$a_{k_2}^{(1)} = \begin{pmatrix} a_{1\,k_2} - \dfrac{a_{1\,k_1} a_{i_1\,k_2}}{a_{i_1\,k_1}} \\ a_{2\,k_2} - \dfrac{a_{2\,k_1} a_{i_1\,k_2}}{a_{i_1\,k_1}} \\ \cdots\cdots\cdots\cdots \\ a_{i_1\,k_2} - \dfrac{a_{i_1\,k_1} a_{i_1\,k_2}}{a_{i_1\,k_1}} = 0 \\ \cdots\cdots\cdots\cdots \\ \cdots\cdots\cdots\cdots \end{pmatrix}$$

ist, dann erkennen wir, daß in $A_2$ außerdem noch die $i_1$-te Zeite keine von Null verschiedenen Elemente hat. Analog sieht man ein, daß auch in der $k_1$-ten Spalte nur Nullen sind. $A_2$ hat also folgende Struktur

$$A_2 = \begin{matrix} \\ \\ (i_1) \\ \\ (i_2) \\ \\ \end{matrix} \begin{pmatrix} & (k_2) & & (k_1) & \\ \ldots & 0 & \ldots & 0 & \ldots \\ & \vdots & & \vdots & \\ 0\ldots & 0 & \ldots & 0 & \ldots 0 \\ & \vdots & & \vdots & \\ 0\ldots & 0 & \ldots & 0 & \ldots 0 \\ & \vdots & & \vdots & \end{pmatrix}.$$

Wenn $A_2 = 0$ ist, dann gilt die Zerlegung

$$A = \frac{1}{a_{i_1 k_1}} a_{k_1} b_{i_1}^* + \frac{1}{a_{i_2 k_2}^{(1)}} a_{k_2}^{(1)} b_{i_2}^{(1)*}.$$

Andernfalls verfahren wir genau so wie bisher.

Es ist klar, daß dieser Prozess nach endlich vielen, etwa $r$ Schritten abbricht, das heißt mit $A_{r+1}$ sind wir zur Nullmatrix gelangt. Dadurch erhalten wir die Zerlegung

$$A = \frac{1}{a_{i_1 k_1}} a_{k_1} b_{i_1}^* + \frac{1}{a_{i_2 k_2}^{(1)}} a_{k_2}^{(1)} b_{i_2}^{(1)*} + \cdots + \frac{1}{a_{i_r k_r}^{(r-1)}} a_{k_r}^{(r-1)} b_{i_r}^{(r-1)*}.$$

Sie wird die *dyadische Zerlegung* der Matrix $A$ genannt. Damit haben wir den

**Satz 1.15.** *Zu jeder von Null verschiedenen Matrix $A$ gibt es $r$ Paare $(r>0)$ von Vektoren $u_1, u_2, \ldots, u_r$ und $v_1, v_2, \ldots, v_r$, so daß die dyadische Zerlegung*

$$A = u_1 v_1^* + u_2 v_2^* + \cdots + u_r v_r^* \tag{1.057}$$

*gilt.*

Wir werden zur Erläuterung des Verfahrens ein numerisches Beispiel betrachten:

*Beispiel:*

$$A = \begin{pmatrix} 3 & 3 & 6 & 5 & 5 \\ 7 & 4 & 7 & 2 & 0 \\ -1 & -2 & -3 & -4 & -5 \\ -1 & -3 & -8 & -9 & -10 \end{pmatrix}.$$

Wir greifen z.B. das Element $a_{35}=-5\neq 0$ heraus und bilden die Matrix $\boldsymbol{A}_1$ nach folgender Art:

$$\boldsymbol{A}_1=\boldsymbol{A}-\frac{1}{-5}\begin{pmatrix}5\\0\\-5\\-10\end{pmatrix}(-1,-2,-3,-4,-5)=$$

$$=\begin{pmatrix}3&3&6&5&5\\7&4&7&2&0\\-1&-2&-3&-4&-5\\-1&-3&-8&-9&-10\end{pmatrix}-\begin{pmatrix}1&2&3&4&5\\0&0&0&0&0\\-1&-2&-3&-4&-5\\-2&-4&-6&-8&-10\end{pmatrix}=$$

$$=\begin{pmatrix}2&1&3&1&0\\7&4&7&2&0\\0&0&0&0&0\\1&1&-2&-1&0\end{pmatrix}.$$

Diese Matrix verschwindet nicht. Greifen wir z.B. das Element $a_{14}^{(1)}=1\neq 0$ heraus, so ergibt sich

$$\boldsymbol{A}_2=\boldsymbol{A}_1-\begin{pmatrix}1\\2\\0\\-1\end{pmatrix}(2\quad 1\quad 3\quad 10)=$$

$$=\begin{pmatrix}2&1&3&1&0\\7&4&7&2&0\\0&0&0&0&0\\1&1&-2&-1&0\end{pmatrix}-\begin{pmatrix}2&1&3&1&0\\4&2&6&2&0\\0&0&0&0&0\\-2&-1&-3&-1&0\end{pmatrix}=$$

$$=\begin{pmatrix}0&0&0&0&0\\3&2&1&0&0\\0&0&0&0&0\\3&2&1&0&0\end{pmatrix}.$$

Wir betrachten jetzt das Element $a_{23}^{(2)}=1\neq 0$ und bilden

$$\boldsymbol{A}_3=\boldsymbol{A}_2-\begin{pmatrix}0\\1\\0\\1\end{pmatrix}(3\quad 2\quad 1\quad 0\quad 0)=$$

$$=\begin{pmatrix}0&0&0&0&0\\3&2&1&0&0\\0&0&0&0&0\\3&2&1&0&0\end{pmatrix}-\begin{pmatrix}0&0&0&0&0\\3&2&1&0&0\\0&0&0&0&0\\3&2&1&0&0\end{pmatrix}=\mathbf{0}.$$

Die dyadische Zerlegung von $A$ hat also folgende Gestalt:

$$\begin{pmatrix} 3 & 3 & 6 & 5 & 5 \\ 7 & 4 & 7 & 2 & 0 \\ -1 & -2 & -3 & -4 & -5 \\ -1 & -3 & -8 & -9 & -10 \end{pmatrix} = \begin{pmatrix} 1 \\ 0 \\ -1 \\ -2 \end{pmatrix} (1 \quad 2 \quad 3 \quad 4 \quad 5) +$$

$$+ \begin{pmatrix} 1 \\ 2 \\ 0 \\ 1 \end{pmatrix} (2 \quad 1 \quad 3 \quad 1 \quad 0) + \begin{pmatrix} 0 \\ 1 \\ 0 \\ 1 \end{pmatrix} (3 \quad 2 \quad 1 \quad 0 \quad 0).$$

Ein weiteres Beispiel findet der Leser in 103.01.

Unser Satz kann auch noch anders interpretiert werden.

Wir zerlegen die gegebene Matrix $A$ nach (1.057) und führen folgende Bezeichungen ein:

$$U = (\boldsymbol{u}_1, \boldsymbol{u}_2, \ldots, \boldsymbol{u}_r), \quad V = \begin{pmatrix} \boldsymbol{v}_1^* \\ \boldsymbol{v}_2^* \\ \vdots \\ \boldsymbol{v}_r^* \end{pmatrix}$$

dann kann anstatt (1.057) offenbar auch

$$A = (\boldsymbol{u}_1, \boldsymbol{u}_2, \ldots, \boldsymbol{u}_r) \begin{pmatrix} \boldsymbol{v}_1^* \\ \boldsymbol{v}_2^* \\ \vdots \\ \boldsymbol{v}_r^* \end{pmatrix} = U V \tag{1.058}$$

gesetzt werden, wir haben also $A$ in das Produkt von Faktoren zerlegt. Die Zerlegung (1.058) ist sowohl vom theoretischen als vom praktischen und numerischen Standpunkt besonders wichtig wie das aus den späteren Darstellungen erkennbar wird.

Die dyadische Zerlegung ist überhaupt nicht eindeutig, man kann eine Matrix auf verschiedene Weisen in Summen dyadischer Produkte zerlegen. Eine von der bisherigen verschiedene Zerlegungsart von $A$ ist die Folgende. Wir werden mit $\boldsymbol{e}_1, \boldsymbol{e}_2, \ldots, \boldsymbol{e}_n$ die Einheitsvektoren bezeichnen

$$\boldsymbol{e}_i = \begin{bmatrix} 0 \\ \vdots \\ 0 \\ 1 \\ 0 \\ \vdots \\ 0 \end{bmatrix} (i) \qquad (i = 1, 2, \ldots, n)$$

und setzen

$$A = (\boldsymbol{b}_1, \boldsymbol{b}_2, \ldots, \boldsymbol{b}_m).$$

Dann können wir offenbar schreiben

$$A = b_1 e_1^* + b_2 e_2^* + \dots + b_m e_m^* = AR \tag{1.059}$$

ist, wobei

$$R = \begin{pmatrix} e_1^* \\ e_2^* \\ \vdots \\ e_m^* \end{pmatrix}$$

gilt. Diese Zerlegung ist offenbar nur dann möglich, wenn $n=m$ ist.

Eine dyadische Zerlegung erhält man, wenn wir

$$A = \begin{pmatrix} a_1^* \\ a_2^* \\ \vdots \\ a_n^* \end{pmatrix}$$

setzen, dann gilt

$$A = e_1 a_1^* + e_2 a_2^* + \cdots + e_n a_n^* = LA \tag{1.060}$$

wobei

$$L = (e_1, e_2, \dots, e_n)$$

ist.

Wir werden diesen Abschnitt mit einer Bemerkung über die Zerlegung (1.058) schließen, die in der Zukunft von Nutzen sein wird.

Die Matrix $A_1$ hat mindestens eine Zeile und eine Spalte, die aus Nullen besteht, nämlich die $i_1$-te Zeile und $k_1$-te Spalte. Daraus folgt, daß mindestens eine der Koordinaten von $a_{k_2}^{(1)}$ und $b_{i_2}^{(1)}$ gleich Null ist; die Matrix $A_2$ hat schon zwei Zeilen und zwei Spalten die nur Nullen enthalten (die $i_1$ und $i_2$-te Zeile, und die $k_1$ und $k_2$-te Spalte), daher sind unter den Koordinaten von $a_{k_3}^{(2)}$ und $b_{k_3}^{(2)}$ mindestens zwei gleich Null; allgemein: *unter den Koordinaten der Vektoren* $a_{k_p}^{(p-1)}$ *und* $b_{i_p}^{(p-1)}$ *gibt es mindestens* $(p-1)$, *die gleich Null sind.* Diese einfache Bemerkung hat bei der Bildung der inversen Matrix mit Hilfe der dyadischen Zerlegung eine große Bedeutung.

### 101.09 *Rang eines Vektorsystems*

Wir wollen ein System von Vektoren $a_1, a_2, \dots, a_p$ in $R^n$ betrachten. Wir wissen, daß in diesem System mehr als $n$ linear unabhängige Vektoren nicht existieren (vgl. Satz 1.08), weniger als $n$ können natürlich linear unabhängig sein. In diesem Zusammenhang stellen wir folgende Definition auf:

**Definition:** *Die Maximalzahl der im Vektorsystem* $\{a_i\}$ *enthaltenen linear unabhängigen Vektoren heißt der Rang des Vektorsystems.*

Falls $a_i \in R^n$ $(i=1, 2, \dots, n)$ und der Rang des Vektorsystems $\rho$ ist, dann gilt offenbar

$$\rho \leqq n.$$

Es gilt folgender einfacher

**Satz 1.16.** *Jeder Vektor des Vektorsystems läßt sich als Linearkombination beliebiger, linear unabhängiger Vektoren von der Anzahl ρ eindeutig darstellen.*

*Beweis.* Greifen wir $\rho$ unabhängige Vektoren aus dem System $\{\boldsymbol{a}_i\}$ heraus: z.B. $\boldsymbol{a}_1, \boldsymbol{a}_2, \ldots, \boldsymbol{a}_\rho$. Wenn $\boldsymbol{a}$ ein beliebiger Vektor des betrachteten Systems ist, dann können zwei Fälle auftreten:

a). $\boldsymbol{a}$ ist mit einem der Vektoren $\boldsymbol{a}_1, \boldsymbol{a}_2, \ldots, \boldsymbol{a}_\rho$, z.B. mit $\boldsymbol{a}_k$ gleich, dann gilt

$$\boldsymbol{a} = \boldsymbol{a}_k = 0\,\boldsymbol{a}_1 + \cdots + 0\,\boldsymbol{a}_{k-1} + a_k + 0\,\boldsymbol{a}_{k+1} + \cdots + 0\,\boldsymbol{a}_\rho$$

und das ist die gewünschte Darstellung.

b). $\boldsymbol{a}$ ist mit keinem der Vektoren $\boldsymbol{a}_1, \boldsymbol{a}_2, \ldots, \boldsymbol{a}_\rho$ gleich, dann sind die Vektoren

$$\boldsymbol{a}_1, \boldsymbol{a}_2, \ldots, \boldsymbol{a}_\rho, \boldsymbol{a}$$

sicher nicht linear unabhängig, denn $\rho$ ist die *Maximalzahl* der linearen unabhängigen Vektoren im System $\{\boldsymbol{a}_i\}$, $\rho+1$ Vektoren sind also immer linear abhängig. Daraus folgt daß es Skalare $\mu_1, \mu_2, \ldots, \mu_\rho, \mu$ gibt die nicht alle verschwinden und für welche

$$\mu_1 \boldsymbol{a}_1 + \mu_2 \boldsymbol{a}_2 + \cdots + \mu_\rho \boldsymbol{a}_\rho + \mu\,\boldsymbol{a} = \boldsymbol{0}$$

gilt. Dabei ist es wichtig zu bemerken, daß $\mu \neq 0$ ist. Wäre nämlich $\mu = 0$, so wären die Vektoren $\boldsymbol{a}_1, \ldots, \boldsymbol{a}_\rho$ linear abhängig im Gegensatz zur Voraussetzung. Daraus folgt

$$\boldsymbol{a} = -\frac{\mu_1}{\mu}\boldsymbol{a}_1 - \frac{\mu_2}{\mu}\boldsymbol{a}_2 - \cdots - \frac{\mu_\rho}{\mu}\boldsymbol{a}_\rho = \lambda_1 \boldsymbol{a}_1 + \lambda_2 \boldsymbol{a}_2 + \cdots + \lambda_\rho \boldsymbol{a}_\rho$$

$$\left(\lambda_k = -\frac{\mu_k}{\mu};\quad k = 1, 2, \ldots, \rho\right),$$

damit haben wir auch in diesem Fall die gewünschte Darstellung erhalten.

Es bleibt noch übrig zu zeigen, daß die Darstellung von $\boldsymbol{a}$ als Linearkombination der Vektoren $\boldsymbol{a}_1, \ldots, \boldsymbol{a}_\rho$ eindeutig ist. Wären zwei *verschiedene* Darstellungen vorhanden

$$\boldsymbol{a} = \lambda_1 \boldsymbol{a}_1 + \lambda_2 \boldsymbol{a}_2 + \cdots + \lambda_\rho \boldsymbol{a}_\rho$$

$$\boldsymbol{a} = \nu_1 \boldsymbol{a}_1 + \nu_2 \boldsymbol{a}_2 + \cdots + \nu_\rho \boldsymbol{a}_\rho$$

so würde daraus die Beziehung

$$(\lambda_1 - \nu_1)\,\boldsymbol{a}_1 + (\lambda_2 - \nu_2)\,\boldsymbol{a}_2 + \cdots + (\lambda_\rho - \nu_\rho)\,\boldsymbol{a}_\rho = \boldsymbol{0}$$

folgen. Und da nach Voraussetzung nicht alle Koeffizienten $\lambda_k - \nu_k$ verschwinden, würden die Vektoren $\boldsymbol{a}_1, \boldsymbol{a}_2, \ldots, \boldsymbol{a}_\rho$ linear abhängig sein. Dieser Wiederspruch beweist die Behauptung.

**Satz 1.17.** *Wenn wir aus einem System von Vektoren* $\{\boldsymbol{a}_i\}$ *einen Vektor* *streichen, der als Linearkombination der übrigen darstellbar ist, dann ist der Rang des so entstandenen Vektorsystems dem Rang des ursprünglichen Systems gleich.*

*Beweis.* Wir nehmen an, daß der Rang des Systems $\{\boldsymbol{a}_i\}$ gleich $\rho$ ist und daß

$$\boldsymbol{a}_k = \lambda_1 \boldsymbol{a}_1 + \lambda_2 \boldsymbol{a}_2 + \cdots + \lambda_{k-1} \boldsymbol{a}_{k-1} \tag{1.061}$$

gilt. Wir streichen den Vektor $\boldsymbol{a}_k$ und betrachten das System der Vektoren

$$\boldsymbol{a}_1, \boldsymbol{a}_2, \ldots, \boldsymbol{a}_{k-1}. \tag{1.062}$$

Wenn $\rho'$ der Rang des Systems (1.062) ist, dann gilt offenbar $\rho' \leqq \rho$ (denn der Fall $\rho' > \rho$ ist auf Grund der Definition des Ranges ausgeschlossen). $\rho'$ kann aber nicht kleiner sein als $\rho - 1$, denn wäre $\rho' = \rho - p$ $(p > 1)$, dann würde der Rang des Vektorsystems

$$\boldsymbol{a}_1, \boldsymbol{a}_2, \ldots, \boldsymbol{a}_{k-1}, \boldsymbol{a}_k$$

kleiner sein als $\rho$, was nicht der Fall ist. Es sind dementsprechend nur zwei Möglichkeiten vorhanden: entweder ist $\rho' = \rho$, oder aber $\rho' = \rho - 1$. Wäre der zweite Fall vorhanden, dann könnte man aus dem System der Vektoren (1.062) höchstens $\rho - 1$ linear unabhängige, z.B. $\boldsymbol{a}_1, \boldsymbol{a}_2, \ldots, \boldsymbol{a}_{\rho-1}$ auswählen und nach dem Satz 1.16 wären alle Vektoren des Systems (1.062) eindeutig als Linearkombination der Vektoren $\boldsymbol{a}_1, \boldsymbol{a}_2, \ldots, \boldsymbol{a}_{\rho-1}$ darstellbar. Dann aber könnte man auf Grund von (1.061) auch $\boldsymbol{a}_k$ als Linearkombination von $\boldsymbol{a}_1, \ldots, \boldsymbol{a}_{\rho-1}$ darstellen. Das bedeutet, daß alle Vektoren des ursprünglichen Systems mit Hilfe der Vektoren $\boldsymbol{a}_1 \ldots, \boldsymbol{a}_{\rho-1}$ darstellbar sind, woher folgt (nach dem Satz 1.16), daß das Aufgangssystem den Rang $\rho - 1$ hat im Widerspruch zur Voraussetzung. Der Fall $\rho' = \rho - 1$ kann dementsprechend nicht gelten womit alles bewiesen ist.

**Satz 1.17a.** *Wenn wir einem System von vektoren einen Vektor, der als Linearkombination der Vektoren des Systems darstellbar ist hinzufügen, so ändert sich der Rang des erweiterten System nicht.*

Das ist eine unmittelbare Folge des vorangehenden Satzes.

Schließlich wollen wir einen weiteren Satz beweisen, den wir in Zukunft anwenden werden.

**Satz 1.18.** *Wenn die Vektoren $\boldsymbol{a}_1, \boldsymbol{a}_2, \ldots, \boldsymbol{a}_k$ alle als Linearkombinationen der Vektoren $\boldsymbol{b}_1, \boldsymbol{b}_2, \ldots, \boldsymbol{b}_p$ darstellbar sind, dann ist der Rang des Systems $\{\boldsymbol{a}_1, \ldots, \boldsymbol{a}_k\}$ höchstens $p$.*

*Beweis.* Der Rang von $\{\boldsymbol{b}_1, \boldsymbol{b}_2, \ldots, \boldsymbol{b}_p\}$ ist gewiß $\leqq p$. Auf Grund von Satz 1.17a ändert sich dieser Rang durch die Hinzufügung der Vektoren $\boldsymbol{a}_1, \boldsymbol{a}_2, \ldots$ $\ldots, \boldsymbol{a}_k$ nicht, daraus folgt, daß der Rang von

$$\{\boldsymbol{a}_1, \boldsymbol{a}_2, \ldots, \boldsymbol{a}_k; \boldsymbol{b}_1, \boldsymbol{b}_2, \ldots, \boldsymbol{b}_p\}$$

nicht größer als $p$ ist. Der Rang einer Teilmenge dieses Vektorsystems kann also $p$ nicht überschreiten, daher ergibt sich daß der Rang der Teilmenge $\{\boldsymbol{a}_1, \boldsymbol{a}_2, \ldots, \boldsymbol{a}_k\}$ höchstens $p$ ist.

### 101.10 *Rang einer Matrix*

Wir wollen eine Matrix vom Typus $n \times m$ betrachten

$$A = \begin{pmatrix} a_{11} & a_{12} \ldots a_{1m} \\ a_{21} & a_{22} \ldots a_{2m} \\ \ldots & \ldots \\ a_{n1} & a_{n2} \ldots a_{nm} \end{pmatrix} = (\boldsymbol{a}_1, \boldsymbol{a}_2, \ldots, \boldsymbol{a}_m)$$

wobei $\boldsymbol{a}_i$ $(i=1, 2, \ldots, m)$ die in $\boldsymbol{A}$ enthaltenen Spaltenvektoren sind. Bezeichnen wir den Rang des Vektorsystems $\{\boldsymbol{a}_1, \boldsymbol{a}_2, \ldots, \boldsymbol{a}_m\}$ mit $\rho_1$, d.h. man kann aus diesen Vektoren linear unabhängige Vektoren von der Anzahl $\rho_1$ so auswählen, daß alle Vektoren eindeutig als Linearkombinationen dieser Vektoren darstellbar sind. Die Allgemeinheit wird nicht eingeschränkt, wenn wir voraussetzen, daß diese Vektoren $\boldsymbol{a}_1, \boldsymbol{a}_2, \ldots, \boldsymbol{a}_{\rho_1}$ sind. Wir setzen

$$\boldsymbol{C} = (\boldsymbol{a}_1, \boldsymbol{a}_2, \ldots, \boldsymbol{a}_{\rho_1})$$

das ist eine Matrix vom Typus $n \times \rho_1$. Es gelten nach Definition von $\boldsymbol{a}_1, \ldots, \boldsymbol{a}_{\rho_1}$ folgende eindeutige Darstellungen:

$$\boldsymbol{a}_i = x_{1i}\boldsymbol{a}_1 + x_{2i}\boldsymbol{a}_2 + \cdots + x_{\rho_1 i}\boldsymbol{a}_{\rho_1} \qquad (i = 1, 2, \ldots, m)$$

die man nach Einführung der Bezeichnung

$$\boldsymbol{x}_i = \begin{pmatrix} x_{1i} \\ x_{2i} \\ \vdots \\ x_{\rho_1 i} \end{pmatrix} \qquad (i = 1, 2, \ldots, m)$$

in die Gestalt

$$\boldsymbol{a}_i = (\boldsymbol{a}_1, \boldsymbol{a}_2, \ldots, \boldsymbol{a}_{\rho_1})\, \boldsymbol{x}_i = \boldsymbol{C}\, \boldsymbol{x}_i \qquad (i = 1, 2, \ldots, m)$$

setzen kann. Daraus ergibt sich

$$\begin{aligned} A &= (\boldsymbol{a}_1, \boldsymbol{a}_2, \ldots, \boldsymbol{a}_m) = (\boldsymbol{C}\boldsymbol{x}_1, \boldsymbol{C}\boldsymbol{x}_2, \ldots, \boldsymbol{C}\boldsymbol{x}_m) = \\ &= \boldsymbol{C}(\boldsymbol{x}_1, \boldsymbol{x}_2, \ldots, \boldsymbol{x}_m) = \boldsymbol{C}\boldsymbol{X}, \end{aligned} \qquad (1.063)$$

wobei

$$\boldsymbol{X} = (\boldsymbol{x}_1, \boldsymbol{x}_2, \ldots, \boldsymbol{x}_m)$$

vom Typus $\rho_1 \times m$ ist.

Die Darstellung (1.063) kann aber auf Grund der Definition des Matrizenproduktes auch derart gedeutet werden, daß die Reihenvektoren von $\boldsymbol{A}$ als Linearkombinationen der Reihenvektoren von $\boldsymbol{X}$ darstellbar sind. Wenn wir die Zeilenvektoren von $\boldsymbol{A}$ mit $\boldsymbol{b}_1^*, \boldsymbol{b}_2^*, \ldots, \boldsymbol{b}_n^*$: die der Matrix $\boldsymbol{X}$ mit $\xi_1^*, \xi_2^*, \ldots, \xi_{\rho_1}^*$ bezeichnen, dann sind auch die Vektoren $\boldsymbol{b}_i^*$ $(i=1, 2, \ldots, n)$ als Linearkombinationen der Vektoren $\xi_k^*$ $(k=1, 2, \ldots, \rho_1)$ darstellbar. Wenn wir nun den Satz 1.18 auf diese zwei Vektorensysteme anwenden, dann können wir feststellen, daß der Rang $\rho_2$ des Vektorsystems $\{\boldsymbol{b}_1^*, \boldsymbol{b}_2^*, \ldots, \boldsymbol{b}_n^*\}$ höchstens $\rho_1$ ist, d.h. es gilt

$$\rho_2 \leqq \rho_1 . \tag{1.064}$$

Aus dem Vorigen ergibt sich, daß das Vektorsystem $\{\boldsymbol{b}_i^*\}$ genau $\rho_2$ linear unabhängige Vektoren, z.B. die Vektoren

$$\boldsymbol{b}_1^*, \boldsymbol{b}_2^*, \ldots, \boldsymbol{b}_{\rho_2}^*$$

enthält und daß jeder Zeilenvektor von $\boldsymbol{A}$ eindeutig als Linearkombination dieser darstellbar ist:

$$\boldsymbol{b}_i^* = a_{i\,1}\,\boldsymbol{b}_1^* + y_{i\,2}\,\boldsymbol{b}_2^* + \cdots + y_{i\,\rho_2}\boldsymbol{b}_{\rho_2}^* \qquad (i = 1, 2, \ldots, n). \tag{1.065}$$

Wir führen die Bezeichnungen

$$\boldsymbol{y}_i^* = (y_{i\,1}, y_{i\,2}, \ldots, y_{i\,\rho_2}) \qquad (i = 1, 2, \ldots, n)$$

$$\boldsymbol{Y} = \begin{pmatrix} \boldsymbol{y}_1^* \\ \boldsymbol{y}_2^* \\ \vdots \\ \boldsymbol{y}_n^* \end{pmatrix}, \qquad \boldsymbol{D} = \begin{pmatrix} \boldsymbol{b}_1^* \\ \boldsymbol{b}_2^* \\ \vdots \\ \boldsymbol{b}_{\rho_2}^* \end{pmatrix}$$

ein, dann ergibt sich nach (1.065)

$$\boldsymbol{b}_i^* = \boldsymbol{y}_i^* \begin{pmatrix} \boldsymbol{b}_1^* \\ \boldsymbol{b}_2^* \\ \vdots \\ \boldsymbol{b}_{\rho_2}^* \end{pmatrix} = \boldsymbol{y}_i^* \boldsymbol{D}, \qquad (i = 1, 2, \ldots, n)$$

daher gilt

$$\boldsymbol{A} = \begin{pmatrix} \boldsymbol{b}_1^* \\ \boldsymbol{b}_2^* \\ \vdots \\ \boldsymbol{b}_n^* \end{pmatrix} = \begin{pmatrix} \boldsymbol{y}_1^* \boldsymbol{D} \\ \boldsymbol{y}_2^* \boldsymbol{D} \\ \vdots \\ \boldsymbol{y}_n^* \boldsymbol{D} \end{pmatrix} = \begin{pmatrix} \boldsymbol{y}_1^* \\ \boldsymbol{y}_2^* \\ \vdots \\ \boldsymbol{y}_n^* \end{pmatrix} \boldsymbol{D} = \boldsymbol{Y}\boldsymbol{D} . \tag{1.066}$$

Es ist wesentlich zu bemerken, daß $\boldsymbol{Y}$ vom Typus $n \times \rho_2$ ist. Die Beziehung (1.066) kann genau wie oben interpretiert werden: Die Spaltenvektoren von $\boldsymbol{A}$, d.h. die Vektoren des Systems $\{\boldsymbol{a}_1, \boldsymbol{a}_2, \ldots, \boldsymbol{a}_m\}$ als Linearkombination der Spaltenvektoren von $\boldsymbol{Y}$ darstellbar sind. $\boldsymbol{Y}$ hat aber genau $\rho_2$ Spaltenvektoren, deshalb ist der Rang $\rho_1$ des Vektorensystems $\{\boldsymbol{a}_1, \ldots, \boldsymbol{a}_m\}$ auf Grund des Satzes 1.18 nicht größer als $\rho_2$, es gilt also

$$\rho_1 \leqq \rho_2 .$$

Daraus folgt durch Beachtung von (1.064) die wichtige Feststellung $\rho_1 = \rho_2$. Damit haben wir einen sehr wichtigen Satz bewiesen:

**Satz 1.19.** *Die Ränge der Zeilen- und Spaltenvektorsysteme einer Matrix sind einander gleich.*

Dieser Satz gibt Anlaß zur folgenden

**Definition:** *Der Rang des Zeilen- (bzw. Spalten-) vektorensystems einer Matrix $\boldsymbol{A}$ heißt der Rang der Matrix und wird durch $\rho(\boldsymbol{A})$ bezeichnet.*

Die Bedeutung dieser Definition: Die Maximalzahl der aus den Zeilen- und Spaltenvektoren auswählbaren linear unabhängigen Vektoren ist genau $\rho(\boldsymbol{A})$. Wenn wir den Satz 1.06 beachten, dann ergibt sich der

**Satz 1.20.** *Sei der Rang der Matrix $\boldsymbol{A}$ gleich $\rho(\boldsymbol{A})=\rho$, dann gibt es mindestens eine reguläre Minormatrix von der Ordnung $\rho$ doch jede quadratische Minormatrix der Ordnung größer als $\rho$ ist singulär. Wenn in einer Matrix die maximale quadratische reguläre Minormatrix von der Ordnung $\rho$ ist, dann ist $\rho$ der Rang der Matrix.*

Aus der Definition des Ranges ergibt sich unmittelbar daß

$$\rho(\boldsymbol{A}) = \rho(\boldsymbol{A}^*) \tag{1.067}$$

gilt.

Wir können die Sätze 1.04 und 1.06 mit Hilfe des Begriffes des Ranges viel einfacher formulieren. Man sieht sofort ein:

**Satz 1.04'.** *Eine notwendige Bedingung für die lineare Abhängigkeit der Vektoren $\boldsymbol{a},\ldots,\boldsymbol{a}_m$ im n-dimensionalen Raum $(m \leqq n)$ ist, daß der Rang der Matrix $(\boldsymbol{a}_1,\ldots,\boldsymbol{a}_m)$ kleiner als m ist.*

**Satz 1.06'.** *Wenn der Rang der Matrix $(\boldsymbol{a}_1,\ldots,\boldsymbol{a}_m)$ gleich m ist, dann sind die Vektoren $\boldsymbol{a}_1,\ldots,\boldsymbol{a}_m$ linear unabhängig.*

## 101.11 *Die Minimalzerlegung einer Matrix*

Wir wollen zur Frage der dyadischen Zerlegung einer Matrix zurückkehren (vgl. Abschn. 101.08). Es wurde gezeigt, daß eine Matrix auf verscheidene Weisen in Summen dyadischer Produkte zerlegbar ist. Nun stellen wir die Frage: Welche unter den verschiedenen dyadischen Zerlegungen ist die „kürzeste"? Unter der „kürzesten" Zerlegung verstehen wir diejenige, in welcher die Anzahl der dyadischen Produkte am kleinsten ist. Man nennt sie die *Minimalzerlegung* der Matrix.

Der Bestimmung der Minimalzerlegung schicken wir einige Bemerkungen und Bezeichnungen voraus.

Wenn in einer Matrix unterhalb oder oberhalb der Hauptdiagonale lauter Nullen stehen, dann heißt sie eine *Trapezmatrix*. Folgende Matrizen sind z.B. Trapezmatrizen

$$\begin{pmatrix} 3 & 7 & 2 & 8 & 7 \\ 0 & 1 & -3 & 5 & 3 \\ 0 & 0 & 2 & -1 & -2 \\ 0 & 0 & 0 & 4 & -7 \end{pmatrix}, \qquad \begin{pmatrix} 1 & 0 & 0 & 0 \\ 3 & -2 & 0 & 0 \\ -6 & 7 & 8 & 0 \\ 9 & 3 & 4 & 7 \\ 5 & 5 & -1 & -3 \end{pmatrix}$$

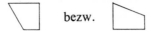

Die Trapezmatrizen werden wie folgt symbolisiert:

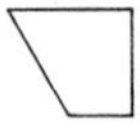 bezw. 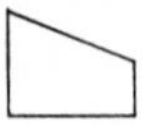

und haben folgende allgemeine Gestalt:

$$\begin{pmatrix} a_{11} & a_{12} \dots a_{1m} \\ 0 & a_{22} \dots a_{2m} \\ \dots & \dots\dots\dots\dots \\ 0 & 0 \dots a_{nn} \dots a_{nm} \end{pmatrix} \qquad (m \geqq n)$$

bzw.

$$\begin{pmatrix} a_{11} & 0 & \dots 0 \\ a_{21} & a_{22} & \dots 0 \\ \dots & \dots & \dots \\ a_{m1} & a_{m2} & \dots a_{mm} \\ a_{n1} & a_{n2} & \dots a_{nm} \end{pmatrix} \qquad (n \geqq m).$$

Eine quadratische Trapezmatrix ist eine *Dreiecksmatrix.*

Wenn eine Matrix durch geeignete Vertauschungen der Zeilen bzw. Spalten in eine Trapezmatrix überführt werden kann, dann heißt sie eine *verallgemeinerte Trapezmatrix.*

Wir wollen jetzt aus der Einheitsmatrix $\boldsymbol{E}$ eine Matrix $\underset{(m)}{\boldsymbol{E}_{ik}}$ bilden, indem wir in $\boldsymbol{E}$ die $i$-te und $k$-te Zeile vertauschen $(i<k)$. Diese hat folgende Struktur

$$\begin{array}{r} \\ \\ (i) \\ \boldsymbol{E}_{ik} = (k) \\ \\ \\ \end{array} \begin{array}{c} \begin{array}{ccccccc} \phantom{1} & \phantom{\dots} & (i) & \phantom{\dots} & (k) & \phantom{\dots} & \phantom{0} \end{array} \\ \begin{pmatrix} 1 & \dots & 0 & \dots & 0 & \dots & 0 \\ \vdots & \dots & 0 & \dots & 1 & \dots & 0 \\ 0 & \dots & 1 & \dots & 0 & \dots & 0 \\ \vdots & & & & & & \\ 0 & \dots & 0 & \dots & 0 & \dots & 1 \end{pmatrix} \end{array}.$$

Wenn wir eine beliebige Matrix $\underset{n \times m}{\boldsymbol{A}}$ rechts mit $\boldsymbol{E}_{ik}$ multiplizieren, ergibt sich eine mit $\boldsymbol{A}_{ik}$ bezeichnete Matrix, die aus $\boldsymbol{A}$ entsteht, indem man die $i$-te und $k$-te Spalte von $\boldsymbol{A}$ vertauscht:

$$\boldsymbol{A}\,\boldsymbol{E}_{ik} = \begin{pmatrix} a_{11} \dots a_{1i} \dots a_{1k} \dots a_{1m} \\ \dots\dots\dots\dots\dots\dots \\ a_{i1} \dots a_{ii} \dots a_{ik} \dots a_{im} \\ \dots\dots\dots\dots\dots\dots \\ a_{k1} \dots a_{ki} \dots a_{kk} \dots a_{km} \\ \dots\dots\dots\dots\dots\dots \\ a_{n1} \dots a_{ni} \dots a_{nk} \dots a_{nm} \end{pmatrix} \begin{pmatrix} 1 \dots 0 \dots 0 \dots 0 \\ \dots\dots\dots\dots \\ 0 \dots 0 \dots 1 \dots 0 \\ \dots\dots\dots\dots \\ 0 \dots 1 \dots 0 \dots 0 \\ \dots\dots\dots\dots \\ 0 \dots 0 \dots 0 \dots 1 \end{pmatrix} =$$

$$= \begin{pmatrix} a_{11} \dots a_{1k} \dots a_{1i} \dots a_{1m} \\ \dots\dots\dots\dots\dots\dots \\ a_{i1} \dots a_{ik} \dots a_{ii} \dots a_{im} \\ \dots\dots\dots\dots\dots\dots \\ a_{k1} \dots a_{kk} \dots a_{ki} \dots a_{km} \\ \dots\dots\dots\dots\dots\dots \\ a_{n1} \dots a_{nk} \dots a_{ni} \dots a_{nm} \end{pmatrix} = \boldsymbol{A}_{ik}$$

Jetzt kehren wir zur dyadischen Zerlegung in der Form (1.058) der Matrix $\boldsymbol{A}$ zurück:

$$\boldsymbol{A} = \boldsymbol{U}\,\boldsymbol{V}.$$

Wenn wir beide Seiten dieser Formel rechts mit $\boldsymbol{E}_{ik}$ multiplizieren, ergibt sich:

$$\boldsymbol{A}_{ik} = \boldsymbol{A}\,\boldsymbol{E}_{ik} = (\boldsymbol{U}\,\boldsymbol{V})\,\boldsymbol{E}_{ik} = \boldsymbol{U}(\boldsymbol{V}\boldsymbol{E}_{ik}) = \boldsymbol{U}\,\boldsymbol{V}_{ik}, \qquad (1.068)$$

wobei $\boldsymbol{V}_{ik}$ durch Vertauschen der $i$-ten und $k$-ten Spalte aus $\boldsymbol{E}$ entsteht. Das bedeutet, wenn wir in $\boldsymbol{V}$ zwei Spalten vertauschen, vertauschen sich auch in $\boldsymbol{A}$ die entsprechenden Spalten.

Es ist auf Grund vom Satz 1.20 klar, daß der Rang einer Matrix unverändert bleibt, wenn in ihr zwei Spalten (oder Zeilen) vertauscht werden, weil die Determinanten der quadratischen Minormatrizen bei dieser Vertauschung nur das Vorzeichen ändern. Das bedeutet: *durch Multiplizieren mit* $\boldsymbol{E}_{ik}$ *ändert sich der Rang nicht.*

Wir können eine zu $\boldsymbol{E}_{ik}$ analoge Matrix $\tilde{\boldsymbol{E}}_{ik}$ definieren: Sie entsteht aus $\underset{(n)}{\boldsymbol{E}}$, indem man die $i$-te und $k$-te Spalte vertauscht. Ganz ähnlich wie oben kann man zeigen, wenn wir in $\boldsymbol{A}$ die $i$-te und $k$-te Zeile vertauschen, erhalten wir eine Matrix die mit dem Produkt $\tilde{\boldsymbol{E}}_{ik}\boldsymbol{A}$ gleich ist und dementsprechend ist der Rang von $\tilde{\boldsymbol{E}}_{ik}\boldsymbol{A}$ gleich dem Rang von $\boldsymbol{A}$.

Das erste, im Abschnitt 101.08 beschriebene Verfahren zur dyadischen Zerlegung der Matrix $\boldsymbol{A} \neq \boldsymbol{0}$ führte zum folgenden Resultat:

$$\boldsymbol{A} = \frac{1}{a_{i_1 k_1}}\,\boldsymbol{a}_{k_1}\boldsymbol{b}^*_{i_1} + \frac{1}{a^{(1)}_{i_2 k_2}}\,\boldsymbol{a}^{(1)}_{k_2}\boldsymbol{b}^{(1)*}_{i_2} + \dots + \frac{1}{a^{(r-1)}_{i_r k_r}}\,\boldsymbol{a}^{(r-1)}_{k_r}\boldsymbol{b}^{(r-1)*}_{i_r} = \boldsymbol{U}\,\boldsymbol{V}.$$

Wir haben festgelegt, daß mindestens einer der Koordinaten von $\boldsymbol{a}^{(1)}_{k_2}, \boldsymbol{b}^{(1)}_{i_2}$ gleich Null ist, zwischen den Koordinaten $\boldsymbol{a}^{(2)}_{k_3}$, $\boldsymbol{b}^{(2)}_{i_3}$ mindestens zwei verschwinden u.s.w. Das bedeutet, daß in dieser Zerlegung die Matrizen $\boldsymbol{U}$ und $\boldsymbol{V}$ verallgemeinerte Trapezmatrizen sind, die wir durch geeignete Vertauschung der Zeilen bzw. Spalten auf Trapezenmatrizen bringen können. Dadurch kommen wir von der Matrix $\boldsymbol{A}$ zu einer andern Matrix $\boldsymbol{A}'$, die sich durch Vertauschung gewisser Zeilen und Spalten von $\boldsymbol{A}$ ergibt. Die Ränge von $\boldsymbol{A}$ und $\boldsymbol{A}'$ sind auf Grund voriger Bemerkung einander gleich.

Daraus folgt, die Allgemeinheit wird nicht dadurch eingeschränkt, wenn wir annehmen, daß $U$ und $V$ Trapezmatrizen sind und zwar folgender Gestalt

$$A = \boldsymbol{u}_1 \boldsymbol{v}_1^* + \cdots + \boldsymbol{u}_r \boldsymbol{v}_r^* = U\,V = \quad (1.069)$$

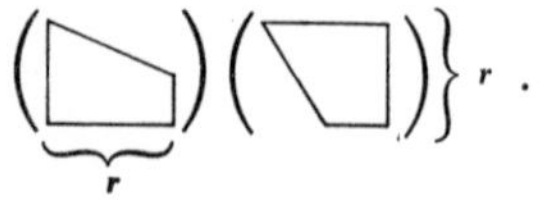

Mit Hilfe dieser Bemerkungen werden wir folgenden Satz beweisen:

**Satz 1.21.** *Die Minimalzerlegung der Matrix $A$ enthält $\rho = \rho(A)$ dyadische Produkte.*

*Beweis:* Wir bilden die dyadische Zerlegung von $A$ nach der ersten in 101.08 beschriebenen Methode und bezeichnen die Anzahl der dyadischen Produkte mit $r$. Diese Zerlegung hat die Gestalt (1.069) und man kann, wie bemerkt wurde, annehmen daß die Matrizen $U$ und $V$ Trapezmatrizen von der Form wie in (1.069) sind. Aus der Tatsache daß (1.069) die Minimalzerlegung von $A$ ist, folgt daß die Vektoren $\{\boldsymbol{u}_1, \boldsymbol{u}_2, \ldots, \boldsymbol{u}_r\}$ sowie $\{\boldsymbol{v}_1, \boldsymbol{v}_2, \ldots, \boldsymbol{v}_r\}$ linear unabhängig sind. Wäre das nicht der Fall, so könnten wir z.B. $\boldsymbol{u}_r$ mit Hilfe von $\boldsymbol{u}_1, \ldots, \boldsymbol{u}_{r-1}$ in folgender Gestalt

$$\boldsymbol{u}_r = \alpha_1 \boldsymbol{u}_1 + \cdots + \alpha_{r-1} \boldsymbol{u}_{r-1}$$

ausdrücken. Wenn wir diesen Ausdruck in die Formel

$$A = \boldsymbol{u}_1 \boldsymbol{v}_1^* + \cdots + \boldsymbol{u}_r \boldsymbol{v}_r^*$$

einsetzen, ergibt sich:

$$A = \boldsymbol{u}_1 (\alpha_1 \boldsymbol{v}_r^* + \boldsymbol{v}_1^*) + \cdots + \boldsymbol{u}_{r-1} (\alpha_{r-1} \boldsymbol{v}_r^* + \boldsymbol{v}_{r-1}^*),$$

diese ist aber kürzer als die ursprüngliche Darstellung (1.069). Es ist auch klar, daß durch Bildung von Linearkombinationen der Gestalt $\alpha \boldsymbol{v}_i^* + \boldsymbol{v}_k^*$ der Trapezmatrizencharakter von $U$ und $V$ unverändert bleibt.

Wir nehmen also an, daß die dyadische Zerlegung (1.069) die kürzeste ist und deshalb die Vektoren $\boldsymbol{u}_i$ und $\boldsymbol{v}_i$ $(i = 1, 2, \ldots, r)$ linear unabhängig sind. Daraus folgt auf Grund vom Satz 1.06, daß die Determinante einer $r$-reihigen Minormatrix von $U$, also z.B. die derjenigen die aus den ersten $r$-Reihen besteht, von Null verschieden ist. Ebenso ergibt sich (vgl. Satz 1.06a), daß eine $r$-reihige quadratische Minormatrix, also z.B. diejenige, die die ersten $r$ Spalten aus $V$ enthält, eine nichtverschwindende Determinante hat. Wenn wir die zwei Minormatrizen, die wir oben erwähnt haben, multiplizieren, dann erhalten wir offenbar eine $r$-reihige quadratische Minormatrix von $A$ die auf Grund (1.013) regulär ist. Das heißt, $A$ hat mindestens eine reguläre $r$-reihige quadratische Minormatrix, daher gilt

$$\rho(A) \geqq r. \quad (1.070)$$

Nun werden wir beweisen, daß $r$ gleichzeitig auch eine obere Schranke für $\rho(A)$ ist.

Zu diesem Zweck bemerken wir, daß

$$\rho(\boldsymbol{a}\,\boldsymbol{b}^*) \leqq 1 \tag{1.071}$$

ist, wobei $\boldsymbol{a}$ und $\boldsymbol{b}$ zwei beliebige Vektoren sind. Wenn wir nämlich aus dem dyadischem Produkt

$$\boldsymbol{a}\,\boldsymbol{b}^* = \begin{pmatrix} a_1 \\ a_2 \\ \vdots \\ a_n \end{pmatrix} (b_1, b_2, \ldots, b_n) = \begin{pmatrix} a_1 b_1 & a_1 b_2 \ldots a_1 b_n \\ a_2 b_1 & a_2 b_2 \ldots a_2 b_n \\ \ldots & \ldots \\ a_n b_1 & a_n b_2 \ldots a_n b_n \end{pmatrix}$$

nach belieben eine zweireihige quadratische Minormatrix auswählen, dann ist ihre Determinante:

$$\begin{vmatrix} a_i b_k & a_i b_l \\ a_j b_k & a_j b_l \end{vmatrix} = a_i a_j b_k b - a_i a_j b_k b = 0,$$

woraus das Verschwinden aller Determinanten von höherer Ordnung in $\boldsymbol{a}\,\boldsymbol{b}^*$ auch folgt. Somit ergibt sich (1.071).

Jetzt werden wir beweisen, daß

$$\rho(\boldsymbol{a}_1 \boldsymbol{b}_1^* + \cdots + \boldsymbol{a}_p \boldsymbol{b}_p^*) \leqq p$$

ist, wobei $\boldsymbol{a}_1, \ldots, \boldsymbol{a}_p$ und $\boldsymbol{b}_1, \ldots, \boldsymbol{b}_p$ beliebige Vektoren (desselben Raumes) sind. Den Beweis führen wir durch vollständige Induktion. Es wird also angenommen, daß für ein $k$

$$\rho(\boldsymbol{a}_1 \boldsymbol{b}_1^* + \cdots + \boldsymbol{a}_k \boldsymbol{b}_k^*) \leqq k$$

ist. Wir führen folgende Bezeichnungen ein:

$$\boldsymbol{a}_1 \boldsymbol{b}_1^* + \cdots + \boldsymbol{a}_k \boldsymbol{b}_k^* = \boldsymbol{R}, \qquad \boldsymbol{R} + \boldsymbol{a}_{k+1} \boldsymbol{b}_{k+1}^* = \boldsymbol{S}.$$

Jetzt werden wir die Determinanten $(k+2)$-ter Ordnung der quadratischen Minormatrizen von $\boldsymbol{S}$ betrachten. Wenn wir die Elemente von $\boldsymbol{R}$ mit $r_{pq}$ bezeichnen, dann hat das allgemeine Glied $s_{pq}$ von $\boldsymbol{S}$ folgende Gestalt

$$s_{pq} = r_{p,q} + a_{p,k+1}\, b_{q,k+1}$$

wobei $a_{p,k+1}$, $b_{q,k+1}$ die Koordinaten von $\boldsymbol{a}_{k+1}$ bzw. von $\boldsymbol{b}_{k+1}$ sind. Nun wollen wir die Determinante einer quadratischen Minormatrix der Ordnung $(k+2)$ von $\boldsymbol{S}$ betrachten.

Wie bekannt, kann eine Determinante, deren Elemente Summen sind, in die Summe von Determinanten zerlegt werden. In dieser Zerlegung werden folgende Arten von Determinanten auftreten:

*Erstens* solche, bei denen keine der Spalten die Elemente des dyadischen Produktes $\boldsymbol{a}_{k+1} \boldsymbol{b}_{k+1}^*$ enthalten. Das sind aber die Determinanten vom Grad $k+2$ quadratischer Minormatrizen von $\boldsymbol{R}$; und da aber $\boldsymbol{R}$ auf Grund der Voraussetzung den Rang $\leqq k$ hat, verschwinden diese.

*Zweitens* gibt es solche Determinanten, in denen genau eine Spalte die Elemente des dyadischen Produktes $\boldsymbol{a}_{k+1}\boldsymbol{b}_{k+1}^*$ enthält. Wir werden eine solche Determinante nach den Unterdeterminanten dieser Spalte entwickeln; dann sind alle diese Unterdeterminanten $(k+1)$-gradige Determinanten der quadratischen Minormatrizen von $\boldsymbol{R}$. Diese verschwinden alle, denn der Grad von $\boldsymbol{R}$ ist $\leqq k$. Das bedeutet, daß auch die in diese Kategorie gehörenden Determinanten verschwinden.

*Drittens* gibt es solche, in denen mindestens zwei Spalten Elemente von $\boldsymbol{a}_{k+1}\boldsymbol{b}_{k+1}^*$ enthalten. Diese Determinanten verschwinden sicher, denn die in Frage kommenden Spalten haben die Gestalt:

$$\begin{matrix} a_{1,k+1}\,b_{p,k+1} \\ a_{2,k+1}\,b_{p,k+1} \\ \vdots \end{matrix} \quad \text{und} \quad \begin{matrix} a_{1,k+1}\,b_{q,k+1} \\ a_{2,k+1}\,b_{q,k+1} \\ \vdots \end{matrix}$$

sie sind also einander proportional. Wenn aber in einer Determinanten zwei Spalten einander proportional sind, dann ist die betreffende Determinante gleich Null.

Damit haben wir also bewiesen, daß die Determinante einer jeden quadratischen Minormatrix von $\boldsymbol{S}$ vom Grad $(k+2)$ verschwindet, deshalb ist der Rang von $\boldsymbol{S}$ nicht größer als $(k+1)$.

Wir wenden jetzt dieses Ergebnis auf die dyadische Zerlegung (1.069) an. Dann gilt

$$\rho(\boldsymbol{A}) = \rho(\boldsymbol{u}_1\boldsymbol{v}_1^* + \cdots + \boldsymbol{u}_r\boldsymbol{v}_r^*) \leqq r .$$

Wenn wir das mit der Ungleichung (1.070) zusammennehmen, ergibt sich

$$\rho(\boldsymbol{A}) = r ,$$

womit wir den Beweis beendigt haben.

Mit Hilfe des Satzes 1.21 können wir folgende Behauptung beweisen:

Sind $\boldsymbol{A}$ und $\boldsymbol{B}$ beliebige Matrizen, für welche die Matrizenaddition definiert ist, dann gilt

$$\rho(\boldsymbol{A} + \boldsymbol{B}) \leqq \rho(\boldsymbol{A}) + \rho(\boldsymbol{B}). \tag{1.072}$$

Wir setzen $\rho(\boldsymbol{A}) = a$ und $\rho(\boldsymbol{B}) = b$. Die Matrizen $\boldsymbol{A}$ und $\boldsymbol{B}$ können wir nach Satz 1.21 in eine Summe von $a$ bzw. $b$ dyadischen Produkten zerlegen. Folglich können wir für $\boldsymbol{A}+\boldsymbol{B}$ eine dyadische Zerlegung mit $(a+b)$ Produkten erhalten. Nach dem zitierten Satz ist der Rang $\boldsymbol{A}+\boldsymbol{B}$ nicht größer als $a+b$, d.h. es gilt die Ungleichung (1.072).

### 101.12 *Einige Sätze über Produkte von Matrizen*

Wie bekannt, verschwindet das Produkt von zwei Zahlen genau dann, wenn mindestens einer der Faktoren gleich Null ist. Diese Eigenschaft hat die

Matrizenmultiplikation nicht: Ein Produkt von zwei Matrizen, wie wir es schon gezeigt haben (vgl. S. 59), kann die Nullmatrix ergeben, ohne daß einer der Faktoren gleich **0** ist. Es gilt aber folgender, sehr interessanter

**Satz 1.22.** *Wenn das Matrizenprodukt*

$$\underset{n\times m}{A}\;\underset{m\times p}{B}\;\underset{p\times q}{C} = \underset{n\times q}{0} \tag{1.073}$$

*ist und es gilt*

$$\rho(\underset{n\times m}{A}) = m, \qquad \rho(\underset{p\times q}{C}) = p \tag{1.074}$$

*dann ist **B** eine Nullmatrix.*

*Beweis.* Aus (1.074) folgt, daß $A$ und $C$ je eine reguläre quadratische Minormatrix $\tilde{A}$ bzw. $\tilde{C}$ der Ordnung $m$ bzw. $p$ enthalten. Aus (1.073) ergibt sich aber, daß jede Minormatrix von $ABC$, also auch diejenige die den Matrizen $\tilde{A}$ und $\tilde{C}$ entspricht, gleich **0** ist:

$$\underset{(m)}{\tilde{A}}\;\underset{m\times p}{B}\;\underset{(p)}{\tilde{C}} = \underset{m\times p}{0} \tag{1.075}$$

Da $\tilde{A}$ und $\tilde{C}$ reguläre Matrizen sind, existieren ihre Inversen $\tilde{A}^{-1}$ und $\tilde{C}^{-1}$. Wenn wir nun (1.075) von links mit $\tilde{A}^{-1}$ und von rechts mit $\tilde{C}^{-1}$ multiplizieren ergibt sich $B=0$.

Wir wollen jetzt das Produkt $AB$ der quadratischen Matrizen $A$ und $B$ von der Ordnung $n$ betrachten und führen folgende Bezeichnungen ein:

$$\rho(A) = a, \qquad \rho(B) = b.$$

Es gilt der

**Satz 1.23a.** *Eine notwendige Bedingung für das Verschwinden von $AB$ ist $\rho(A)+\rho(B)\leqq n$, wobei $A$ und $B$ quadratische Matrizen der Ordnung $n$ sind.*

*Beweis.* Wir betrachten eine dyadische Minimalzerlegung von $A$ und $B$:

$$A = \sum_{k=1}^{a} u_k v_k^*; \qquad B = \sum_{k=1}^{b} w_k z_k^*.$$

Dann ist auf Grund der Vorasusetzung

$$AB = \left[\sum_{k=1}^{a} u_k v_k^*\right]\left[\sum_{k=1}^{b} w_k z_k^*\right] =$$

$$= (u_1, \ldots, u_a)\begin{pmatrix} v_1^* \\ \vdots \\ v_a^* \end{pmatrix}(w_1, \ldots, w_b)\begin{pmatrix} z_1^* \\ \vdots \\ z_b^* \end{pmatrix} =$$

$$= (u_1, \ldots, u_a)\begin{pmatrix} v_1^* w_1 & \ldots & v_1^* w_b \\ \vdots & & \vdots \\ v_a^* w_1 & \ldots & v_a^* w_b \end{pmatrix}\begin{pmatrix} z_1^* \\ \vdots \\ z_b^* \end{pmatrix} = 0.$$

Das letzte Matrizenprodukt erfüllt gerade die Bedingungen des Satzes 1.22.

Folglich muß die mittlere Matrix eine Nullmatrix sein, d.h. sämtliche Skalarprodukte $\boldsymbol{v}_i^* \boldsymbol{w}_j$ ($i=1, 2, \ldots, a; j=1, 2, \ldots, b$) verschwinden. Es ist dann klar, daß die Gleichung

$$(x_1 \boldsymbol{v}_1^* + \cdots + x_a \boldsymbol{v}_a^*)(y_1 \boldsymbol{w}_1^* + \cdots + y_b \boldsymbol{w}_b^*) = 0 \qquad (1.076)$$

für beliebige Zahlen $x_i$ und $y_j$ ($i=1, 2, \ldots, a$: $j=1, 2, \ldots, b$) gilt.

Nehmen wir nun an, daß in Gegensatz zur Behauptung $a+b>n$ gelte. Dann ist die Anzahl der Vektoren $\boldsymbol{v}_i$ und $\boldsymbol{w}_j$ ($i=1, 2, \ldots, a; j=1, 2, \ldots, b$) größer als die Dimensionszahl $n$ der Vektoren. Deshalb sind diese Vektoren linear abhängig. Es gibt also ein System von Zahlen, in dem wenigstens eine von Null verschieden ist, $x_1, x_2, \ldots, x_a; y_1, y_2, \ldots, y_b$; für welches

$$x_1 \boldsymbol{v}_1 + \cdots + x_a \boldsymbol{v}_a = y_1 \boldsymbol{w}_1 + \cdots + y_b \boldsymbol{w}_b$$

gilt. Daraus ergibt sich (auf Grund von (1.076))

$$(x_1 \boldsymbol{v}_1 + \cdots + x_a \boldsymbol{v}_a)^* (x_1 \boldsymbol{v}_1 + \cdots + x_a \boldsymbol{v}_a) = 0,$$

d.h.

$$x_1 \boldsymbol{v}_1 + \cdots + x_a \boldsymbol{v}_a = \boldsymbol{0}$$

ist. Folglich würde es eine Zerlegung von $\boldsymbol{A}$ in weniger als $a$ dyadische Produkte geben. Dies widerspricht jedoch der Tatsache daß die betrachtete Zerlegung eine Minimalzerlegung ist. Damit haben wir die Behauptung bewiesen.

Auf das Produkt bezieht sich folgender

**Satz 1.23b.** *Der Rang des Produktes zweier Matrizen überschreitet den kleineren Rang der Faktorenmatrizen nicht, d.h.*

$$\rho(\boldsymbol{A}\boldsymbol{B}) \leqq \min\{\rho(\boldsymbol{A}), \rho(\boldsymbol{B})\}.$$

*Beweis.* Wir setzen $\rho(\boldsymbol{A})=a$, $\rho(\boldsymbol{B})=b$ und betrachten eine dyadische Minimalzerlegung von $\boldsymbol{A}$ und $\boldsymbol{B}$

$$\boldsymbol{A} = \sum_{k=1}^{a} \boldsymbol{u}_k \boldsymbol{v}_k^*; \qquad \boldsymbol{B} = \sum_{i=1}^{b} \boldsymbol{w}_i \boldsymbol{z}_i^*.$$

Setzen wir voraus daß $a \leqq b$ gilt. Dann können wir schreiben

$$\begin{aligned}\boldsymbol{A}\boldsymbol{B} &= \boldsymbol{u}_1 \{(\boldsymbol{v}_1^* \boldsymbol{w}_1) \boldsymbol{z}_1^* + \cdots + (\boldsymbol{v}_1^* \boldsymbol{w}_b) \boldsymbol{z}_b^*\} + \cdots + \\ &+ \boldsymbol{u}_a \{(\boldsymbol{v}_a^* \boldsymbol{w}_1) \boldsymbol{z}_1^* + \cdots + (\boldsymbol{v}_a^* \boldsymbol{w}_b) \boldsymbol{z}_b^*\} = \boldsymbol{u}_1 \boldsymbol{h}_1^* + \cdots + \boldsymbol{u}_a \boldsymbol{h}_a^*,\end{aligned}$$

wobei

$$\boldsymbol{h}_j^* = (\boldsymbol{v}_j^* \boldsymbol{w}_1) \boldsymbol{z}_1^* + \cdots + (\boldsymbol{v}_j^* \boldsymbol{w}_b) \boldsymbol{z}_b^* \qquad (j = 1, 2, \ldots, a)$$

ist. Daraus folgt, daß

$$\rho(\boldsymbol{A}\boldsymbol{B}) \leqq a = \min(a, b) = \min\{\rho(\boldsymbol{A}), \rho(\boldsymbol{B})\}$$

ist.

Wenn aber $b \leqq a$ ist, dann können wir in ähnlicher Weise das Produkt $\boldsymbol{A}\boldsymbol{B}$

wie folgt zerlegen

$$\begin{aligned} \boldsymbol{A}\boldsymbol{B} &= [\boldsymbol{u}_1(\boldsymbol{v}_1^* \boldsymbol{w}_1) + \boldsymbol{u}_2(\boldsymbol{v}_2^* \boldsymbol{w}_1) + \cdots + \boldsymbol{u}_a(\boldsymbol{v}_a^* \boldsymbol{w}_1)]\, \boldsymbol{z}_1^* + \\ &+ \cdots + [\boldsymbol{u}_1(\boldsymbol{v}_1^* \boldsymbol{w}_b) + \boldsymbol{u}_2(\boldsymbol{v}_2^* \boldsymbol{w}_b) + \cdots + \boldsymbol{u}_a(\boldsymbol{v}_a^* \boldsymbol{w}_b)]\, \boldsymbol{z}_b^* = \\ &= \boldsymbol{k}_1 \boldsymbol{z}_1^* + \boldsymbol{k}_2 \boldsymbol{z}_2^* + \cdots + \boldsymbol{k}_b \boldsymbol{z}_b^*, \end{aligned}$$

wobei

$$\boldsymbol{k}_j = \boldsymbol{u}_1(\boldsymbol{v}_1^* \boldsymbol{w}_j) + \cdots + \boldsymbol{u}_a(\boldsymbol{v}_a^* \boldsymbol{w}_j) \qquad (j = 1, 2, \ldots, b)$$

ist. Aus dieser dyadischen Zerlegung erkennt man sofort daß

$$\rho(\boldsymbol{A}\boldsymbol{B}) \leqq b = \min(a, b) = \min\{\rho(\boldsymbol{A}), \rho(\boldsymbol{B})\}$$

gilt.

### 101.13 *Dyadische Zerlegung wichtiger Matrizen*

a.) *Zerlegung der Projektionsmatrix.* Unter einer *Projektionsmatrix* verstehen wir eine quadratische Matrix $\boldsymbol{P}$, die die Eigenschaft

$$\boldsymbol{P}^2 = \boldsymbol{P} \tag{1.077}$$

hat, d.h. sie ist idempotent.

Aus der Definition folgt unmittelbar, daß alle positiven Potenzen von $\boldsymbol{P}$ einander gleich sind.

Die einfachsten Beispiele für Projektionsmatrizen sind die Nullmatrix $\boldsymbol{0}$ und die Einheitsmatrix $\boldsymbol{E}$.

Es gibt natürlich auch von $\boldsymbol{0}$ und $\boldsymbol{E}$ verschiedene Projektionsmatrizen, so z.B. ist die Matrix

$$\begin{pmatrix} \frac{1}{3} & \frac{1}{3} & \frac{1}{3} \\ \frac{1}{3} & \frac{1}{3} & \frac{1}{3} \\ \frac{1}{3} & \frac{1}{3} & \frac{1}{3} \end{pmatrix}$$

eine Projektionsmatrix, wie man durch einfaches Rechnen nachweisen kann.

Es gilt folgender

**Satz 1.24.** *Jede Minimalzerlegung*

$$\boldsymbol{P} = \sum_{k=1}^{\rho} \boldsymbol{u}_k \boldsymbol{v}_k^*$$

*einer Projektionsmatrix* $\boldsymbol{P}$ *vom Rang* $\rho$ *hat die Eigenschaft*

$$\boldsymbol{v}_k^* \boldsymbol{u}_l = \delta_{kl} = \begin{cases} 0 & \text{für} \quad k \neq l \\ 1 & \text{für} \quad k = l, \end{cases}$$

*d.h. die Vektorsysteme* $\{\boldsymbol{u}_1, \ldots, \boldsymbol{u}_\rho\}$; $\{\boldsymbol{v}_1, \boldsymbol{v}_2, \ldots, \boldsymbol{v}_\rho\}$ *sind biorthogonal.*

*Beweis.* Wir betrachten eine Minimalzerlegung von $\boldsymbol{P}$:

$$\boldsymbol{P} = \sum_{k=1}^{\rho} \boldsymbol{u}_k \boldsymbol{v}_k^*$$

und setzen diese in die Gleichung (1.077) ein:

$$(\boldsymbol{u}_1, \ldots, \boldsymbol{u}_\rho) \begin{pmatrix} \boldsymbol{v}_1^* \\ \vdots \\ \boldsymbol{v}_\rho^* \end{pmatrix} (\boldsymbol{u}_1, \ldots, \boldsymbol{u}_\rho) \begin{pmatrix} \boldsymbol{v}_1^* \\ \vdots \\ \boldsymbol{v}_\rho^* \end{pmatrix} - (\boldsymbol{u}_1, \ldots, \boldsymbol{u}_\rho) \begin{pmatrix} \boldsymbol{v}_1^* \\ \vdots \\ \boldsymbol{v}_\rho^* \end{pmatrix} = \mathbf{0}.$$

Nach geeigneter Umformung erhalten wir

$$(\boldsymbol{u}_1, \ldots, \boldsymbol{u}_\rho) \left\{ \begin{pmatrix} \boldsymbol{v}_1^* \\ \vdots \\ \boldsymbol{v}_\rho^* \end{pmatrix} (\boldsymbol{u}_1, \ldots, \boldsymbol{u}_\rho) - \underset{\rho}{\boldsymbol{E}} \right\} \begin{pmatrix} \boldsymbol{v}_1^* \\ \vdots \\ \boldsymbol{v}_\rho^* \end{pmatrix} = \mathbf{0}.$$

Da die Vektoren $\boldsymbol{u}_r$ bzw. $\boldsymbol{v}_s$ eine Minimalzerlegung von $\boldsymbol{P}$ darstellen, sind sie linear unabhängig. Die Matrizen

$$(\boldsymbol{u}_1, \ldots, \boldsymbol{u}_\rho) \quad \text{und} \quad \begin{pmatrix} \boldsymbol{v}_1^* \\ \vdots \\ \boldsymbol{v}_\rho^* \end{pmatrix}$$

haben also den Rang $\rho$. Deshalb muß nach Satz 1.22 die mittlere Matrix gleich $\mathbf{0}$ sein:

$$\begin{pmatrix} \boldsymbol{v}_1^* \\ \vdots \\ \boldsymbol{v}_\rho^* \end{pmatrix} (\boldsymbol{u}_1, \ldots, \boldsymbol{u}_\rho) - \underset{\rho}{\boldsymbol{E}} = \underset{\rho}{\mathbf{0}},$$

oder dasselbe anders geschrieben

$$\boldsymbol{v}_k^* \boldsymbol{u}_l - \delta_{kl} = 0 \qquad (k, l = 1, 2, \ldots, \rho).$$

Damit ist die Behauptung bewiesen.

Schließlich sei noch als eine interessante Tatsache erwähnt, daß es unter den Minimalzerlegungen einer beliebigen quadratischen Matrix – wie wir das zeigen werden – eine solche gibt, in der die Zeilen-, bzw. Spaltenvektoren ein Biorthogonales System bilden. Wenn aber die betrachtete quadratische Matrix eine Projektionsmatrix ist, so hat *jede* ihrer dyadischen Minimalzerlegungen die obige Eigenschaft.

Jetzt wollen wir noch einen besonders wichtigen Sonderfall betrachten, nämlich den, wenn die Projektionsmatrix hermitesch ist.

**Definition:** *Unter einer hermiteschen Matrix $\boldsymbol{A}$ verstehen wir eine quadratische Matrix, deren Elemente der Bedingung*

$$a_{ik} = \bar{a}_{ki} \qquad (i, k = 1, 2, \ldots, n)$$

*genügen* (wobei $\bar{a}_{ki}$ die konjugiert komplexe Zahl von $\bar{a}_{ki}$ ist), *oder* anders: *$\boldsymbol{A}$ ist hermitesch, wenn*

$$\boldsymbol{A} = \bar{\boldsymbol{A}}^*$$

*gilt.*

Wenn die Elemente von $\boldsymbol{A}$ reelle Zahlen sind, dann ist $\bar{a}_{ki} = a_{ki}$, also haben wir die Beziehungen $a_{ik}=a_{ki}$, d.h.

$$A = A^* .$$

In diesem Fall heißt $A$ eine *symmetrische Matrix.*

Die Diagonalelemente einer hermiteschen Matrix sind reell, denn es gilt

$$a_{kk} = \bar{a}_{kk} .$$

Eine hermitesche Projektionsmatrix $\boldsymbol{P}$ hat also gleichzeitig folgende Eigenschaften

$$\boldsymbol{P} = \boldsymbol{P}^* \quad \text{und} \quad \boldsymbol{P}^2 = \boldsymbol{P} . \tag{1.078}$$

Wir setzen

$$\boldsymbol{P} = (a_{ik})$$

dann ist offenbar

$$\boldsymbol{P}^2 = \left( \sum_{r=1}^{n} a_{ir} a_{rk} \right)$$

und auf Grund der Beziehungen (1.078) gilt

$$\sum_{k=1}^{n} a_{kk} = \sum_{k=1}^{n} \sum_{r=1}^{n} a_{kr} a_{rk} = \sum_{k=1}^{n} \sum_{r=1}^{n} a_{kr} \bar{a}_{kr} = \sum_{k=1}^{n} \sum_{r=1}^{n} |a_{kr}|^2 > 0$$

vorausgesetzt, daß $\boldsymbol{P} \neq \boldsymbol{0}$ ist. Da aber die Diagonalelemente $a_{kk}$ alle reell sind, muß mindestens eine der Zahlen $a_{kk}$ positiv sein. Wir nehmen an, daß z.B. $a_{11} > 0$ ist und betrachten die Vektoren

$$\boldsymbol{a}_1 = \frac{1}{\sqrt{a_{11}}} \begin{pmatrix} a_{11} \\ \vdots \\ a_{n1} \end{pmatrix} \quad \text{und} \quad \bar{\boldsymbol{a}}_1 = \frac{1}{\sqrt{a_{11}}} \begin{pmatrix} \bar{a}_{11} \\ \vdots \\ \bar{a}_{n1} \end{pmatrix} = \frac{1}{\sqrt{a_{11}}} \begin{pmatrix} a_{11} \\ a_{12} \\ \vdots \\ a_{1n} \end{pmatrix} .$$

Nun zeigen wir, daß $\boldsymbol{P} - \boldsymbol{a}_1 \boldsymbol{a}_1^*$ auch eine Hermitesche Projektionsmatrix ist. Daß sie hermitesch ist, sieht man sofort ein. Es bleibt nur nachzuweisen, daß sie idempotent ist. Das läßt sich leicht zeigen, denn es gilt

$$\begin{aligned} \{\boldsymbol{P} - \boldsymbol{a}_1 \bar{\boldsymbol{a}}_1^*\}^2 &= \boldsymbol{P}^2 - \boldsymbol{P}(\boldsymbol{a}_1 \bar{\boldsymbol{a}}_1^*) - (\boldsymbol{a}_1 \bar{\boldsymbol{a}}_1^*) \boldsymbol{P} + (\boldsymbol{a}_1 \bar{\boldsymbol{a}}_1^*)(\boldsymbol{a}_1 \bar{\boldsymbol{a}}_1^*) = \\ &= \boldsymbol{P}^2 - (\boldsymbol{P} \boldsymbol{a}_1) \boldsymbol{a}_1^* - \boldsymbol{a}_1 (\boldsymbol{a}_1^* \boldsymbol{P}) + \boldsymbol{a}_1 (\bar{\boldsymbol{a}}_1^* \boldsymbol{a}_1) \bar{\boldsymbol{a}}_1^* . \end{aligned}$$

Da aber $\boldsymbol{P}^2 = \boldsymbol{P} = \bar{\boldsymbol{P}}^*$ ist, gilt

$$\boldsymbol{P} \boldsymbol{a}_1 = \boldsymbol{a}_1 ; \quad \bar{\boldsymbol{a}}_1^* \boldsymbol{P} = \bar{\boldsymbol{a}}_1^* , \quad \bar{\boldsymbol{a}}_1^* \boldsymbol{a}_1 = \frac{\sum_{r=1}^{n} a_{1r} a_{r1}}{a_{11}} = \frac{a_{11}}{a_{11}} = 1$$

daher

$$\{\boldsymbol{P} - \boldsymbol{a}_1 \boldsymbol{a}_1^*\}^2 = \boldsymbol{P} - \boldsymbol{a}_1 \bar{\boldsymbol{a}}_1^* ,$$

d.h. $\boldsymbol{P} - \boldsymbol{a}_1 \boldsymbol{a}_1^*$ ist tatsächlich eine Projektionsmatrix.

Von der Projektionsmatrix $\boldsymbol{P} - \boldsymbol{a}_1 \boldsymbol{a}_1^*$ läßt sich mit Hilfe des vorigen Verfahrens ein weiteres Dyadenprodukt abspalten, vorausgesetzt, daß $\rho(\boldsymbol{P})>1$ ist. Wenn wir $\rho(\boldsymbol{P})=\rho$ setzen, dann ergibt sich nach $\rho$ Schritten die Nullmatrix. Es gilt dann die Zerlegung

$$\boldsymbol{P} = \boldsymbol{a}_1 \bar{\boldsymbol{a}}_1^* + \boldsymbol{a}_2 \bar{\boldsymbol{a}}_2^* + \cdots + \boldsymbol{a}_\rho \bar{\boldsymbol{a}}_\rho^*$$

und auf Grund des Satz 1.24 ist

$$\bar{\boldsymbol{a}}_i^* \boldsymbol{a}_k = \delta_{ik} = \begin{cases} 0 & \text{für} \quad i \neq k \\ 1 & \text{für} \quad i = k \end{cases}.$$

Im speziellen Fall einer reellen symmetrischen Projektionsmatrix $\boldsymbol{P}$ gilt, da $\bar{\boldsymbol{a}}_k = \boldsymbol{a}_k$ ist,

$$\boldsymbol{P} = \boldsymbol{a}_1 \boldsymbol{a}_1^* + \cdots + \boldsymbol{a}_\rho \boldsymbol{a}_\rho^*,$$

wobei noch

$$\boldsymbol{a}_i^* \boldsymbol{a}_k = \delta_{ik}$$

ist.

b.) *Dyadische Zerlegung einer beliebigen quadratischen Matrix.*

Wir haben schon erwähnt, daß jede quadratische Matrix eine Minimalzerlegung hat, in welcher die Zeilen- und Spaltenvektoren ein biorthogonales System bilden, d.h. es gibt eine Zerlegung von der Form

$$\boldsymbol{A} = \lambda_1 \boldsymbol{u}_1 \boldsymbol{v}_1^* + \lambda_2 \boldsymbol{u}_2 \boldsymbol{v}_2^* + \cdots + \lambda_\rho \boldsymbol{u}_\rho \boldsymbol{v}_\rho^* \tag{1.079}$$

wobei $\boldsymbol{A}$ eine quadratische Matrix ist und $\lambda_1, \lambda_2, \ldots, \lambda_\rho$ gewisse Zahlenwerte sind. Das System der Vektoren $\{\boldsymbol{u}_k\}$ und $\{\boldsymbol{v}_l\}$ ist biorthogonal.

Diese wichtige Behauptung werden wir im Laufe der späteren Ausführungen beweisen, jetzt beschränken wir uns nur auf eine Erläuterung dieses Satzes.

Wir nehmen also vorläufig die Existenz der Zerlegung (1.079) an und multiplizieren beide Seiten von rechts mit $\boldsymbol{u}_k$. Dann erhalten wir unter Beachtung der Biorthogonalität

$$\boldsymbol{A} \boldsymbol{u}_k = \lambda_k \boldsymbol{u}_k \quad (k = 1, 2, \ldots, \rho). \tag{1.080}$$

Wenn wir (1.079) von links mit $\boldsymbol{v}_k^*$ multiplizieren, ergibt sich (wieder wegen der Biorthogonalität):

$$\boldsymbol{v}_k^* \boldsymbol{A} = \lambda_k \boldsymbol{v}_k^* \quad (k = 1, 2, \ldots, \rho). \tag{1.081}$$

Die Beziehungen (1.080) und (1.081) bedeuten, daß die Vektoren $\boldsymbol{u}_k$ bzw. $\boldsymbol{v}_k$ bis auf den skalaren Faktor $\lambda_k$ bei der links,- bzw. rechtseitiger Multiplikation mit $\boldsymbol{A}$ unverändert bleiben. Die Vektoren mit dieser Eigenschaft heißen die *Eigenvektoren* und die Faktoren $\lambda_k$ sind die *Eigenwerte* von $\boldsymbol{A}$.

Wenn wir also eine biorthogonale Minimlazerlegung der Matrix $\boldsymbol{A}$ haben, dann haben wir auch schon ihre Eigenwerte und Eigenvektoren bestimmt und auch umgekehrt bestimmen die Eigenwerte und Eigenvektoren eine biorthogonale Minimalzerlegung. Die Eigenwerte und Eigenvektoren spielen in den Anwendungen der Matrizenrechnung eine große Rolle, wie das aus den folgenden Ausführungen entnommen werden kann.

Die Bestimmung der biorthogonalen Minimlazerlegung ist auch vom numerischen Standpunkt wichtig. Die numerische Berechnung der Potenzen einer quadratischen Matrix ist eine ziemlich mühsame Aufgabe. Sie wird erleichtert wenn die biorthogonale Minimalzerlegung vorliegt. Wenn wir (1.080) bzw. (1.081) mit $A$ von links bzw. rechts multiplizieren und wieder (1.080) bzw. (1.081) beachten, so erhalten wir

$$\boldsymbol{A}^2 \boldsymbol{u}_k = \lambda_k^2 \boldsymbol{u}_k; \quad \boldsymbol{v}_k^* \boldsymbol{A}^2 = \lambda_k^2 \boldsymbol{v}_k^* \quad (k = 1, 2, \ldots, \rho).$$

Nach wiederholter Multiplikation von links bzw. von rechts mit $A$ ergibt sich nach (1.080) bzw. (1.081)

$$\boldsymbol{A}^3 \boldsymbol{u}_k = \lambda_k^3 \boldsymbol{u}_k; \quad \boldsymbol{v}_k^* \boldsymbol{A}^3 = \lambda_k^3 \boldsymbol{v}_k^* \quad (k = 1, 2, \ldots, \rho)$$

u.s.w. Allgemein gilt

$$\boldsymbol{A}^r \boldsymbol{u}_k = \lambda_k^r \boldsymbol{u}_k; \quad \boldsymbol{v}_k^* \boldsymbol{A}^r = \lambda_k^r \boldsymbol{v}_k^* \quad \begin{pmatrix} k = 1, 2, \ldots, \\ r = 1, 2, \ldots \ \rho \end{pmatrix}. \tag{1.082}$$

Eine biorthogonale Minimalzerlegung von $\boldsymbol{A}^r$ lautet also wie folgt

$$\boldsymbol{A}^r = \lambda_1^r \boldsymbol{u}_1 \boldsymbol{v}_1^* + \lambda_2^r \boldsymbol{u}_2 \boldsymbol{v}_2^* + \cdots + \lambda_\rho^r \boldsymbol{u}_\rho \boldsymbol{v}_\rho^* \tag{1.083}$$

womit $\boldsymbol{A}^r$ schon berechnet ist.

Aus dem Gesagten entnimmt man sofort, daß $\boldsymbol{A}$ mindestens $\rho$ rechts- und linksseitige linear unabhängige Eigenvektoren hat, wenn $\rho$ der Rang der quadratischen Matrix $\boldsymbol{A}$ ist. Aus (1.082) ergibt sich, daß $\boldsymbol{A}^r$ dieselben rechts- und linksseitigen Eigenvektoren hat wie $\boldsymbol{A}$ und auf Grund von (1.083) der Rang von $\boldsymbol{A}^r$ mit dem Rang von $\boldsymbol{A}$ gleich ist.

### 101.14 *Eigenwerte und Eigenvektoren von Matrizen*

Die quadratische Matrix $A$ definiert eine lineare Abbildung die den Raum $R^n$ in sich selbst überführt. Im Abschnitt 101.13 haben wir schon auf die Wichtigkeit derjenigen Vektoren hingewiesen, die durch die lineare Transformation in dazu kollineare (parallele) Vektoren überführt werden. Da die mit dem Vektor $\boldsymbol{x}$ parallelen Vektoren alle die Gestalt $\lambda \boldsymbol{x}$ haben ($\lambda$ ist ein Skalar), gilt für einen solchen Vektor die Beziehung

$$\boldsymbol{A x} = \lambda \boldsymbol{x}. \tag{1.084}$$

Der Vektor $\boldsymbol{x}=\boldsymbol{0}$ hat gewiß diese Eigenschaft. Wenn $\boldsymbol{x} \neq \boldsymbol{0}$ einer Gleichung von der Gestalt (1.084) genügt, dann befriedigt sie auch jeder Vektor $c\boldsymbol{x}$, wobei $c$ ein beliebiger Zahlenwert ist. Wir können $c$ so wählen daß $|\boldsymbol{x}|=1$ wird, d.h. durch geeignete Wahl von $c$ können wir $\boldsymbol{x}$ auf 1 normieren (dazu haben wir nur $c=1/|\boldsymbol{x}|$ zu wählen). Einen auf 1 normierten Vektor, der der Gleichung (1.084) genügt, nennen wir einen *rechtsseitigen Eigenvektor* der Matrix $\boldsymbol{A}$. Die Zahl $\lambda$, für die (1.084) gilt, ist ein (rechtsseitiger) *Eigenwert* der betrachteten

Matrix. Diese Definitionen der Eigenwerte und Eigenvektoren stimmen mit den in 101.13 gegebenen Definitionen überein.

Die Gliechung (1.084) läßt sich auch in folgende Gestalt schreiben:

$$\boldsymbol{A}\boldsymbol{x} - \lambda \boldsymbol{x} = \boldsymbol{0}$$

oder

$$(\underset{n}{\boldsymbol{A}} - \lambda \underset{n}{\boldsymbol{E}})\,\boldsymbol{x} = \boldsymbol{0}. \tag{1.085}$$

Wir wollen betonen, daß $\lambda=0$ auch ein Eigenwert sein kann. Der zum Eigenwert $\lambda=0$ gehörende (rechtsseitige) Eigenvektor befriedigt laut voriger Definition die Gleichung

$$\boldsymbol{A}\boldsymbol{x} = \boldsymbol{0} \qquad |\boldsymbol{x}| = 1. \tag{1.085'}$$

Die Gleichung (1.085) besagt, daß der zum Eigenwert $\lambda$ gehörige Eigenvektor $\boldsymbol{x}$ durch die (von $\lambda$ abhängige) Matrix $\boldsymbol{A}-\lambda\boldsymbol{E}$ in den Nullvektor übertragen wird. In diesem Zusammenhang können zwei Fälle auftreten:

(i) Die durch $\boldsymbol{A}-\lambda\boldsymbol{E}$ erzeugte lineare Transformation ordnet nur dem Nullvektor den Nullvektor zu, d.h. aus (1.085) folgt $\boldsymbol{x}=\boldsymbol{0}$, das ist aber kein Eigenvektor. Wenn dieser Fall auftritt, dann ist $\lambda$ kein Eigenwert. Auf Grund der Sätze 1.07 und 1.06 (vgl. die Folgerung zu diesem Satz auf Seite 36) tritt dieser Fall genau dann ein, wenn die Determinante $|\boldsymbol{A}-\lambda\boldsymbol{E}|$ von Null verschieden ist. Wir können also feststellen: *Wenn für einen Wert von $\lambda$ die Determinante $|\boldsymbol{A}-\lambda\boldsymbol{E}|\neq 0$ ist, dann ist $\lambda$ kein Eigenwert.* Diese Feststellung bezieht sich auch auf den Wert $\lambda=0$. *Wenn also $|\boldsymbol{A}|\neq 0$ gilt, dann ist $\lambda=0$ kein Eigenwert von $\boldsymbol{A}$.*

(ii) Die durch die Matrix $\boldsymbol{A}-\lambda\boldsymbol{E}$ definierte lineare Abbildung ordnet gewissen, von Null verschiedenen Vektoren den Nullvektor zu. Für diesen Fall ist es notwendig und hinreichend, daß $|\boldsymbol{A}-\lambda\boldsymbol{E}|=0$ ist. Das folgt unmittelbar aus dem Satz 1.04. Die Bedingung $|\boldsymbol{A}-\lambda\boldsymbol{E}|=0$ ist somit notwendig und hinreichend dafür, daß $\lambda$ ein Eigenwert ist. Für den speziellen Fall $\lambda=0$ ergibt sich, daß 0 genau dann ein Eigenwert ist, wenn die Matrix $\boldsymbol{A}$ singulär ist.

Die Determinante $D(\lambda)=|\boldsymbol{A}-\lambda\boldsymbol{E}|$ ist offenbar ein Polynom in $\lambda$. Sie heißt die *charakteristische Determinante* der Matrix $\boldsymbol{A}$.

Wir haben also folgende Feststellung bewiesen:

*Jeder Eigenwert von $\boldsymbol{A}$ ist eine Wurzel der charakteristischen Determinante.*

Die Gleichung $D(\lambda)=0$ heißt die *charakteristische Gleichung* von $\boldsymbol{A}$. Ist $D(\lambda)=0$, dann hat das Gleichungssystem (1.085) eine nichttriviale Lösung.

**Satz 1.25.** *Die Zahl $\lambda$ ist genau dann ein Eigenwert der Matrix $\boldsymbol{A}$, wenn sie mit einer der Wurzeln der charakteristischen Gleichung übereinstimmt.* Da die charakteristische Gleichung eine algebraische Gleichung $n$-ten Grades ist hat sie $n$ (nicht notwendig verschiedene) im allgemeinen komplexe Wurzeln. *Folglich besitzt jede Matrix mindestens einen Eigenvektor. Die Anzahl des Eigenwertes ist höchstens der Ordnung der Matrix gleich.*

Die bisherigen Betrachtungen haben sich auf die rechtsseitigen Eigenvektoren und Eigenwerte bezogen. Es ist von vornherein überhaupt nicht selbstverständlich, daß das bisher über die rechtsseitigen Eigenwerte Gesagte sich ebenfalls auf die linksseitigen Eigenwerte bezieht.

Unter einem linksseitigen Eigenwert $\mu$ von $\boldsymbol{A}$ haben wir einen (reellen oder komplexen) Zahlenwert verstanden, zu welchem mindestens ein auf Eins normierten Vektor $\boldsymbol{y}$ gehört, der die Gleichung

$$\boldsymbol{y}^* \boldsymbol{A} = \mu \boldsymbol{y}^* \quad \text{oder} \quad \boldsymbol{y}^*(\boldsymbol{A} - \lambda \boldsymbol{E}) = \boldsymbol{0} \tag{1.086}$$

erfüllt. Auf Grund von (1.016) (Seite 27) ist dies mit

$$(\boldsymbol{A} - \mu \boldsymbol{E})^* \boldsymbol{y} = \boldsymbol{0}^* = \boldsymbol{0} \tag{1.087}$$

identisch. Wenn wir den früheren Gedankengang auf die eben abgeleitete Gleichung (1.087) anwenden, so ergibt sich, daß (1.087) und damit (1.086) genau dann eine von Null verschiedene Lösung $\boldsymbol{y}$ besitzt, denn die Determinante

$$D^*(\mu) = |(\boldsymbol{A} - \mu \boldsymbol{E})^*| = |\boldsymbol{A}^* - \mu \boldsymbol{E}^*| = |\boldsymbol{A}^* - \mu \boldsymbol{E}|$$

verschwindet. Da, wie bekannt, eine Determinante ihren Wert nicht ändert, wenn wir in ihr die Zeilen mit den Spalten vertauschen, ist $D(\lambda) \equiv D^*(\lambda)$. Daher folgt, daß (1.087) und deswegen auch (1.086) genau dann eine auf Eins normierte Lösung hat, wenn $\mu$ mit einer der Wurzeln der charakteristischen Gleichung von $\boldsymbol{A}$ übereinstimmt. *Somit sind die rechts- und linksseitigen Eigenwerte einer Matrix einander gleich, sie werden die Eigenwerte der betrachteten Matrix genannt.*

Die Gleichungen (1.085) und (1.086) (bzw. (1.087)) sind natürlich voneinander (im allgemeinen) verschieden, deswegen haben sie auch i.a. verschiedene Lösungen $\boldsymbol{x}$ bzw. $\boldsymbol{y}^*$. Somit sind die Bezeichnungen „rechts-“ und „linksseitige“ Eigenvektoren gerechtfertigt.

Einfachheitshalber werden wir vorläufig nur rechtsseitige Eigenvektoren betrachten und sie kurz Eigenvektoren nennen.

Wenn zum Eigenwert $\lambda$ die Eigenvektoren $\boldsymbol{x}_1, \boldsymbol{x}_2, \ldots, \boldsymbol{x}_p$ gehören, so liefert auch eine beliebige von Null verschiedene Linearkombination $c_1 \boldsymbol{x}_1 + \cdots + c_p \boldsymbol{x}_p$ eine Lösung von (1.085) die zum Eigenwert $\lambda$ gehört. Denn, laut Voraussetzung, gelten die Gleichungen

$$(\boldsymbol{A} - \lambda \boldsymbol{E})\, \boldsymbol{x}_i = \boldsymbol{0} \qquad (i = 1, 2, \ldots, p).$$

Wenn wir diese der Reihe nach mit $c_1, c_2, \ldots, c_p$ multiplizieren und addieren, ergibt sich

$$(\boldsymbol{A} - \lambda \boldsymbol{E})(c_1 \boldsymbol{x}_1 + c_2 \boldsymbol{x}_2 + \cdots + c_p \boldsymbol{x}_p) = \boldsymbol{0},$$

womit die Behauptung bewiesen ist. Ist die Linearkombination $c_1 \boldsymbol{x}_1 + \cdots + c_p \boldsymbol{x}_p$ von Null verschieden, so kann sie auf Eins normiert werden, wodurch wir einen weiteren, zu $\lambda$ gehörigen Eigenvektor erhalten. Es können also zu einem Eigenwert unendlich viele Eigenvektoren gehören.

Es erhebt sich die Frage: Wie groß ist die maximale Anzahl $d$ der linear unabhängigen Eigenvektoren, die zu einem gegebenen Eigenwert $\lambda$ gehören?

Wir werden den Rang von $\boldsymbol{A}-\lambda\boldsymbol{E}$ mit $\rho_\lambda$ bezeichnen, wobei $\lambda$ ein Eigenwert von $\boldsymbol{A}$ ist. Die zu $\lambda$ gehörigen linear unabhängigen (rechtsseitigen) Eigenvektoren werden durch $\boldsymbol{x}_1, \boldsymbol{x}_2, \ldots, \boldsymbol{x}_d$ bezeichnet, d.h. es gelten die Gleichungen:

$$(\boldsymbol{A}-\lambda\boldsymbol{E})\,\boldsymbol{x}_i=\boldsymbol{0} \qquad (i=1,2,\ldots,d), \tag{1.088}$$

daraus folgt

$$(\boldsymbol{A}-\lambda\boldsymbol{E})(\boldsymbol{x}_1,\boldsymbol{x}_2,\ldots,\boldsymbol{x}_d)=\boldsymbol{0}.$$

Auf Grund von Satz 1.08 ist $d \leqq n$ da die Vektoren laut Voraussetzung linear unabhängig sind. Daher hat die Matrix

$$\boldsymbol{X} \overset{\text{Def.}}{=} (\boldsymbol{x}_1,\boldsymbol{x}_2,\ldots,\boldsymbol{x}_d)$$

den Rang $d$. (Vgl. Satz 1.06 bzw. Satz 1.06′). Nach Satz 1.23 gilt, wegen des Verschwindens von $(\boldsymbol{A}-\lambda\boldsymbol{E})\,\boldsymbol{X}$:

$$\rho_\lambda + d \leqq n$$

d.h. es gilt

$$d \leqq n-\rho_\lambda. \tag{1.089}$$

Wir werden jetzt nachweisen, daß zu $\lambda$ mindestens $n-\rho_\lambda$ linear unabhängige Eigenvektoren gehören.

Wir können ohne Einschränkung der Allgemeinheit voraussetzen, daß die aus den ersten $\rho_\lambda$ Zeilen und Spalten gebildete Minormatrix von $\boldsymbol{A}$ regulär ist und führen die Bezeichnungen

$$\begin{aligned}\boldsymbol{x}_i^* &= (x_1^{(i)}, x_2^{(i)},\ldots,x_n^{(i)}) &\quad (i=1,2,\ldots,p=n-\rho_\lambda)\\ a_{kl}-\lambda\delta_{kl} &= c_{kl} &\quad (k,l=1,2,\ldots,n)\end{aligned}$$

ein. Dann können wir die ersten $\rho_\lambda$ Gleichungen des mit (1.088) äquivalenten Gleichungssystem aufschreiben

$$\begin{aligned}
&c_{11}x_1^{(i)}+c_{12}x_2^{(i)}+\cdots+c_{1\rho_\lambda}x_{\rho_\lambda}^{(i)}=-c_{1,\rho_\lambda+1}x_{\rho_\lambda+1}^{(i)}-\cdots-c_{1n}x_n^{(i)}\\
&c_{21}x_1^{(i)}+c_{22}x_2^{(i)}+\cdots+c_{2\rho_\lambda}x_{\rho_\lambda}^{(i)}=-c_{2,\rho_\lambda+1}x^{(i)}-\cdots-c_{2n}x_n^{(i)} \qquad (i=1,2,\ldots,p)\\
&\cdots\cdots\cdots\cdots\cdots\cdots\cdots\cdots\cdots\cdots\cdots\cdots\cdots\cdots\cdots\cdots\cdots\cdots\\
&c_{\rho_\lambda,1}x_1^{(i)}+c_{\rho_\lambda,2}x_2^{(i)}+\cdots+c_{\rho_\lambda,\rho_\lambda}x_{\rho_\lambda+1}^{(i)}=-c_{\rho_\lambda,\rho_\lambda+1}x_{\rho_\lambda+1}^{(i)}-\cdots-c_{\rho_\lambda,n}x_n^{(i)}
\end{aligned} \tag{1.090}$$

Die übriggebliebenen $n-\rho_\lambda$ Gleichungen können wir unterdrücken, da jede Lösung des Gleichungssystem (1.090) auch diese befriedigen.

Wir setzen in (1.090) für $i=1$, $x_{\rho_\lambda+1}^{(1)}=1$, $x_{\rho_\lambda+2}^{(1)}=0,\ldots,x_n^{(1)}=0$. Dadurch ergibt (1.090) für $x_1^{(1)},\ldots,x_{\rho_\lambda}^{(1)}$ ein inhomogenes Gleichungssystem mit nichtverschwindender Determinante welches deshalb eindeutig lösbar ist. In dieser

Weise erhalten wir den Vektor

$$x_1 = \begin{pmatrix} x_1^{(1)} \\ \vdots \\ x_{\rho_\lambda+1}^{(1)} \\ 1 \\ 0 \\ \vdots \\ 0 \end{pmatrix}.$$

Nachher setzen wir für $i=2$, $x_{\rho_\lambda+1}^{(2)}=0$; $x_{\rho_\lambda+2}^{(2)}=1,\ldots, x_n^{(2)}=0$ und bestimmen ähnlich wie oben die Koordinaten $x_1^{(2)}, x_2^{(2)},\ldots, x_{\rho_\lambda}^{(2)}$ wodurch sich der Vektor

$$x_2 = \begin{pmatrix} x_1^{(2)} \\ \vdots \\ x_{\rho_\lambda}^{(2)} \\ 0 \\ 1 \\ \vdots \\ 0 \end{pmatrix}$$

ergibt. Ähnlich bestimmen wir die Vektoren $x_3,\ldots, x_p$. Jeder dieser Vektoren genügt der Gleichung (1.088), ist also ein zu $\lambda$ gehörender Eigenvektor. Es wird behauptet, daß die so erhaltene Eigenvektoren $x_1, x_2,\ldots, x_p$ linear unabhängig sind.

Das ergibt sich daraus, daß der Rang der Matrix

$$X = (x_1,\ldots, x_p) = \begin{pmatrix} x_1^{(1)} & x_1^{(2)} \ldots & x_1^{(p)} \\ x_2^{(1)} & x_2^{(2)} & x_2^{(p)} \\ \vdots & \vdots & \vdots \\ x_{\rho_\lambda}^{(1)} & x_{\rho_\lambda}^{(2)} & x_{\rho_\lambda}^{(p)} \\ 1 & 0 & 0 \\ 0 & 1 & 0 \\ \vdots & \vdots & \vdots \\ 0 & 0 & 1 \end{pmatrix}$$

gleich $p=n-\rho_\lambda$ ist. Die maximale Ordnung der quadratischen Minormatrizen von $X$ ist $p$ denn es existiert eine Minormatrix der Ordnung $p$, nämlich die Matrix

$$\begin{pmatrix} 1 & 0 \ldots 0 \\ 0 & 1 \ldots 0 \\ \ldots & \ldots \\ 0 & 0 \ldots 1 \end{pmatrix} = \underset{p}{E}$$

deren Determinante von Null verschieden ist. Auf Grund von Satz 1.06 bzw. Satz 1.06′ sind somit die Vektoren $x_1,\ldots, x_p$ linear unabhängig. Das heißt, die

Anzahl der linear unabhängigen Vektoren $d$ ist mindestens $n-\rho_\lambda$:

$$d \geqq n - \rho_\lambda .$$

Das ergibt mit (1.089)

$$d = n - \rho_\lambda .$$

Damit haben wir folgenden wichtigen Satz bewiesen:

**Satz 1.26.** *Ist $\lambda$ ein Eigenwert von $\boldsymbol{A}$ und der Rang der Matrix $\boldsymbol{A}-\lambda\boldsymbol{E}$ ist $\rho_\lambda$, dann ist die maximale Anzahl der zu $\lambda$ gehörigen linear unabhängige Eigenvektoren, gleich $n-\rho_\lambda$.*

Ist $\boldsymbol{A}$ eine singuläre Matrix vom Rang $\rho_0$, dann gehören zum Eigenwert $\lambda=0$ $n-\rho_0$ linear unabhängige Eigenvektoren. Falls $\boldsymbol{A}$ nichtsingulär, d.h. $\rho_0=n$, wird die Anzahl der zu $\lambda=0$ gehörenden linear unabhängigen Eigenvektoren $n-n=0$, d.h. $\lambda=0$ ist kein Eigenwert von $\boldsymbol{A}$. Diese Tatsache stimmt mit unsern früheren Feststellungen überein.

Die Differenz zwischen der Ordnung und dem Rang einer quadratischer Matrix nennen wir den *Defekt* der Matrix. Somit ist $n-\rho_\lambda$ der Defekt der Matrix $\boldsymbol{A}-\lambda\boldsymbol{E}$.

Mit Hilfe des Defektes können wir den Satz 1.26 auch so formulieren:

**Satz 1.26a.** *Die Anzahl der maximal linear unabhängigen Eigenvektoren, die zum Eigenwert $\lambda$ gehören, ist mit dem Defekt der Matrix $\boldsymbol{A}-\lambda\boldsymbol{E}$ gleich.*

*Bemerkung.* Zur Herleitung der Ungleichung (1.089) haben wir vom Satz 1.23 Gebrauch gemacht. Man könnte diesen Schritt beanstanden, weil der Satz 1.23 sich auf das Produkt von quadratischen Matrizen bezieht und die Matrix $\boldsymbol{X}$ im allgemeinem diese Bedingung nicht erfüllt. Trotzdem ist dieser Schritt legal, denn wir können die Matrix $\boldsymbol{X}$ mit $n-d$ Spalten, die lauter Nullen enthalten, zu einer quadratischen Matrix $\boldsymbol{X}'$ ergänzen:

$$\boldsymbol{X}' = (x_1, \ldots, x_d, 0, \ldots, 0) .$$

Offenbar haben die Matrizen $\boldsymbol{X}$ und $\boldsymbol{X}'$ den gleichen Rang, ausserdem folgt aus $(\boldsymbol{A}-\lambda\boldsymbol{E})\boldsymbol{X}=\boldsymbol{0}$ die Beziehung $(\boldsymbol{A}-\lambda\boldsymbol{E})\,\boldsymbol{X}'=\boldsymbol{0}$.

Die bisherigen Betrachtungen haben sich auf die rechtsseitigen Eigenvektoren bezogen. Für einen linksseitigen Eigenvektor $\boldsymbol{y}$, der gleichfalls zum Eigenwert $\lambda$ gehört, gilt laut (1.087):

$$(\boldsymbol{A} - \lambda\, \boldsymbol{E})^* \boldsymbol{y} = \boldsymbol{0}^* = \boldsymbol{0} .$$

Aus dieser Gleichung folgt, daß wir sämtliche obigen Überlegungen auf die Matrix $(\boldsymbol{A}-\lambda\boldsymbol{E})^*$ anwenden müssen. Im Satz über die maximale Zahl der zu einem Eigenwert gehörigen Eigenvektoren spielt nur der Defekt der Matrix $\boldsymbol{A}-\lambda\boldsymbol{E}$ eine Rolle. Da aber die Ordnung und der Rang, also auch der Defekt beider Matrizen $\boldsymbol{A}-\lambda\boldsymbol{E}$ und $(\boldsymbol{A}-\lambda\boldsymbol{E})^*$ einander gleich sind, folgt daß *der Satz* 1.26 (bzw. 1.26a) *auch für die linksseitigen Eigenvektoren gilt.*

Bezeichne $\lambda$ wieder einen Eigenwert von $\boldsymbol{A}$. Ferner bezeichnen wir mit $m$

die Vielfachheit, mit der $\lambda$ als Wurzel der charakteristischen Gleichung $D(\lambda)=0$ auftritt. Dann gilt die Ungleichung

$$d \leqq m. \tag{1.091}$$

Setzt man nämlich

$$\boldsymbol{B} = \boldsymbol{A} - \lambda \boldsymbol{E}, \qquad \nu = \mu - \lambda$$

so erhält man

$$D(\mu) = |\boldsymbol{A} - \mu \boldsymbol{E}| = |\boldsymbol{A} - (\mu - \lambda + \lambda)\boldsymbol{E}| = |(\boldsymbol{A} - \lambda \boldsymbol{E}) - \nu \boldsymbol{E}| =$$

$$= |\boldsymbol{B} - \nu \boldsymbol{E}| = \begin{vmatrix} b_{11} - \nu & b_{12} & \dots b_{1n} \\ b_{21} & b_{22} - \nu \dots & b_{2n} \\ \dots & \dots & \dots \\ b_{n1} & b_{n2} & \dots b_{nn} - \nu \end{vmatrix} =$$

$$= M_n - \nu M_{n-1} + \nu^2 M_{n-2} \mp \dots + (-\nu)^{n-1} M_1 + (-\nu)^n,$$

wobei $b_{ik}$ die Elemente von $\boldsymbol{B}$ und die $M_k$ die Summen aller Hauptunterdeterminanten*) $k$-ter Ordnung der Matrix $\boldsymbol{B}$ sind ($k=1, 2, \dots, n$). Da die Matrix $\boldsymbol{B}$ aber den Rang $\rho_\lambda = n-d$ hat, ist

$$M_n = M_{n-1} = \dots = M_{n-d+1} = 0$$

und folglich

$$D(\lambda) = (-\nu)^d M_{n-d} + \dots + (-\nu)^n =$$
$$= \nu^d [(-1)^d M_{n-d} + \dots] = (\mu - \lambda)^d [(-1)^d M_{n-d} + \dots].$$

Es ist also die Vielfachheit $m$ der Wurzel $\lambda$ mindestens gleich $d$. In der Praxis hat man es hauptsächlich mit solchen Matrizen zu tun, für die $d=m$ ist. Damit der Leser aber nicht von dem Vorurteil befangen wird, daß stets $d=m$ ist, geben wir ein Gegenbeispiel an.

*Beispiel:* Es sei

$$\boldsymbol{A} = \begin{pmatrix} \lambda & 1 & 0 \dots 0 \\ 0 & \lambda & 1 \dots 0 \\ 0 & 0 & \dots 0 \\ \dots & \dots & \dots \\ 0 & 0 & 0 \dots 1 \\ 0 & 0 & 0 \dots \lambda \end{pmatrix}.$$

Dann ist

$$D(\mu) = |\boldsymbol{A} - \mu \boldsymbol{E}| = \begin{vmatrix} \lambda - \mu & 1 & 0 \dots & 0 \\ 0 & \lambda - \mu & 1 \dots & 0 \\ 0 & 0 & 0 \dots & 0 \\ \dots & \dots & \dots & \dots \\ 0 & 0 & 0 \dots & \lambda - \mu \end{vmatrix} = (\lambda - \mu)^n.$$

*) Unter Hauptunterdeterminanten verstehen wir solche Unterdeterminanten deren sämtliche Hauptdiagonalelemente auch Elemente der Hauptdiagonale der ursprünglichen Determinante ist, d.h. die Hauptdiagonalelemente der Hauptunterdeterminante sind von der Gestalt $a_{ss}$.

Im vorliegenden Fall ist also $m=n$. Andererseits hat die Matrix

$$A - \lambda E = \begin{pmatrix} 0 & 1 & 0 \ldots 0 \\ 0 & 0 & 1 \ldots 0 \\ \ldots & \ldots & \ldots \\ 0 & 0 & \ldots 0 \end{pmatrix}$$

den Rang $\rho_\lambda = n-1$, somit ist $d=1$.

$A$ sei eine beliebige Matrix. Wir zeigen:

**Satz 1.27.** *Beliebig gewählte Eigenvektoren $\boldsymbol{x}_1, \ldots, \boldsymbol{x}_k$, die zu paarweise verschiedenen Eigenwerten $\lambda_1, \lambda_2, \ldots, \lambda_k$ gehören, sind stets linear unabhängig.*

*Beweis.* Es sei

$$c_1 \boldsymbol{x}_1 + c_2 \boldsymbol{x}_2 + \cdots + c_k \boldsymbol{x}_k = \boldsymbol{0}; \tag{1.092}$$

wir zeigen, daß in dieser Gleichung jeder Koeffizient gleich Null ist. Zum Beweis multiplizieren wir den an der linken Seite von (1.092) stehenden Vektor (von links) mit $\boldsymbol{A}$:

$$\begin{aligned} \boldsymbol{A}(c_1 \boldsymbol{x}_1 + \cdots + c_k \boldsymbol{x}_k) &= c_1 \boldsymbol{A} \boldsymbol{x}_1 + \cdots + c_k \boldsymbol{A} \boldsymbol{x}_k = \\ &= c_1 \lambda_1 \boldsymbol{x}_1 + c_2 \lambda_2 \boldsymbol{x}_2 + \cdots + c_k \lambda_k \boldsymbol{x}_k = \boldsymbol{0}. \end{aligned} \tag{1.093}$$

Durch Elimination von $\boldsymbol{x}_1$ aus (1.092) und (1.093) (in dem wir (1.092) mit $\lambda_1$ multiplizieren und (1.093) substrahieren) finden wir

$$(\lambda_1 - \lambda_2) c_2 \boldsymbol{x}_2 + (\lambda_1 - \lambda_3) c_3 \boldsymbol{x}_3 + \cdots + (\lambda_1 - \lambda_k) c_k \boldsymbol{x}_k = \boldsymbol{0}. \tag{1.094}$$

Diese Gleichung soll wieder (von links) mit $\boldsymbol{A}$ multipliziert werden so ergibt sich

$$\begin{aligned} &(\lambda_1 - \lambda_2) \lambda_2 c_2 \boldsymbol{x}_2 + (\lambda_1 - \lambda_3) \lambda_3 \boldsymbol{x}_3 + \cdots + \\ &\qquad + (\lambda_1 - \lambda_k) \lambda_k c_k \boldsymbol{x}_k = \boldsymbol{0}. \end{aligned} \tag{1.095}$$

Eliminiert man ebenso wie oben $\boldsymbol{x}_2$ aus (1.094) und (1.095) gelangt man zur folgender Gleichung:

$$(\lambda_1 - \lambda_3)(\lambda_2 - \lambda_3) c_3 \boldsymbol{x}_3 + \cdots + (\lambda_1 - \lambda_k)(\lambda_2 - \lambda_k) c_k \boldsymbol{x}_k = \boldsymbol{0}.$$

Wenn wir dieses Eliminationsverfahren für $\boldsymbol{x}_3, \ldots, \boldsymbol{x}_{k-1}$ wiederholen, gelangen wir schließlich zur Beziehung

$$(\lambda_1 - \lambda_k)(\lambda_2 - \lambda_k) \ldots (\lambda_{k-1} - \lambda_k) c_k \boldsymbol{x}_k = \boldsymbol{0}. \tag{1.096}$$

Da aber $\boldsymbol{x}_k \neq \boldsymbol{0}$ und laut Voraussetzung $\lambda_i - \lambda_k \neq 0$ $(i=1, 2, \ldots, k-1)$ ist folgt aus (1.096) $c_k=0$. Ebenso läßt sich zeigen, daß auch die übrigen Koeffizienten $c_i$ verschwinden.

Jetzt seien

$$\lambda_1, \lambda_2, \ldots, \lambda_k$$

alle voneinander verschiedenen Eigenwerte der Matrix $\boldsymbol{A}$ und $d_1, d_2, \ldots, d_k$

seien die Defekte der Matrizen $A-\lambda_1 E$, $A-\lambda_2 E, \ldots, A-\lambda_k E$, ferner sei

$$\{x_1^{(1)}, \ldots, x_{d_1}^{(1)}; x_1^{(2)}, \ldots, x_{d_2}^{(2)}; \ldots; x_1^{(k)}, \ldots, x_{d_k}^{(k)}\} \tag{1.097}$$

ein System von Eigenvektoren den Matrix $A$, bestehend aus $d_1$ linear unabhängigen Vektoren die zum Eigenwert $\lambda_1$ gehören, aus $d_2$ linear unabhängigen Vektoren, die zum Eigenwert $\lambda_2$ gehören, usw. Da wir bereits wissen (Satz 1.27), daß Eigenvektoren, die zu verschiedenen Eigenwerten gehören, nicht voneinander linear abhängig sind, so erkennt man leicht, daß sämtliche Vektoren des Systems (1.097) linear unabhängig sind. Wir nennen ein derartiges System von Vektoren (1.097) ein *vollständiges System von Eigenvektoren* der Matrix $A$.

Wir sagen, daß die Matrix $A$ eine *einfache Struktur* hat, wenn ein vollständiges System von Eigenvektoren $n$ Glieder enthält (wobei $n$ die Ordnung der quadratischen Matrix $A$ ist). Da nun $d_i \leqq m_i$ $(i=1, 2, \ldots, k)$ laut (1.091) gilt, wobei $m_i$ die Vielfachheit des zugehörigen Eigenwertes ist, und da ferner $\sum_{i=1}^{k} m_i = n$ ist, so besitzt die Matrix $A$ dann und nur dann einfache Struktur, wenn

$$d_i = m_i \quad (i = 1, 2, \ldots, k)$$

ist, da in diesem und nur in diesem Fall das vollständige System der Eigenvektoren (1.097) aus $n$ Vektoren besteht.

Die Matrix $A$ habe eine einfache Struktur. Wir numerieren die Eigenvektoren des vollständigen Systems (1.097) in der Reihenfolge in der sie stehen:

$$x_1, x_2, \ldots, x_n.$$

Die zu diesen Vektoren gehörenden Eigenwerte bezeichnen wir

$$\lambda_1, \lambda_2, \ldots, \lambda_n.$$

In dieser Folge wiederholt sich offenbar jeder Eigenwert so oft, wie seine Vielfachheit beträgt; folglich ist

$$D(\lambda) = (-1)^n (\lambda - \lambda_1)(\lambda - \lambda_2) \ldots (\lambda - \lambda_n).$$

Die Matrix

$$X = (x_1, x_2, \ldots, x_n)$$

nennen wir eine *Fundamentalmatrix* von $A$. Sie ist eine quadratische Matrix der Ordnung $n$. Da die Spaltenvektoren linear unabhängig sind, ist auf Grund von Satz 1.06b

$$|X| \neq 0. \tag{1.098}$$

Aus der Gleichung

$$A x_i = \lambda_i x_i \quad (i = 1, 2, \ldots, n)$$

folgt

$$A X = (\lambda_1 x_1, \lambda_2 x_2, \ldots, \lambda_n x_n)$$

oder anders

$$A X = X \begin{pmatrix} \lambda_1 & 0 \dots 0 \\ 0 & \lambda_2 . \\ \vdots & \quad \ddots \\ 0 & \quad \dots \lambda_n \end{pmatrix}.$$

Da auf Grund von (1.098) $X^{-1}$ existiert (Satz 1.11a) ergibt sich durch rechtsseitige Multiplikation mit $X^{-1}$:

$$A = X \begin{pmatrix} \lambda_1 & 0 & \dots & 0 \\ 0 & \lambda_2 & & \vdots \\ \vdots & & \ddots & \vdots \\ 0 & \dots & & \lambda_n \end{pmatrix} X^{-1}. \tag{1.099}$$

Alle unsere Überlegungen sind schrittweise umkehrbar, deswegen können wir folgenden Satz behaupten:

**Satz 1.28.** *Wenn wir für eine Matrix* **A** *die Darstellung* (1.099) *haben, wobei* **X** *irgendeine reguläre quadratische Matrix ist und* $\lambda_1, \lambda_2, \dots, \lambda_n$ *irgendwelche komplexe Zahlen sind, so ist* **X** *eine Fundamentalmatrix für* **A**, *und* $\lambda_1, \lambda_2, \dots, \lambda_n$ *sind die entsprechend angeordneten Eigenwerte. Die Darstellung* (1.099) *charakterisiert also die Matrizen mit einfacher Struktur.*

Wenn wir die Definition der Ähnlichkeit (in 101.07) heranziehen, dann erkennen wir gleich, daß $A$ mit der Diagonalmatrix

$$\begin{pmatrix} \lambda_1 & 0 \dots 0 \\ 0 & \lambda_2 \dots 0 \\ \dots & \dots \\ 0 & 0 \dots \lambda_n \end{pmatrix}$$

ähnlich ist. Somit ist die Beziehung

$$A \sim \begin{pmatrix} \lambda_1 & 0 \dots 0 \\ 0 & \lambda_2 \dots 0 \\ \dots & \dots \\ 0 & 0 \dots \lambda_n \end{pmatrix}$$

notwendig und hinreichend dafür, daß **A** von einfacher Struktur ist.

Wir definieren die Matrix **Y** durch die Gleichung

$$Y \overset{\text{Def.}}{=} (X^{-1})^* \tag{1.100}$$

und gehen in der Beziehung (1.099) zu den transponierten Matrizen über. Wegen der Eigenschaften (1.016) und (1.055) erhalten wir

$$A^* = Y \begin{bmatrix} \lambda_1 & 0 & 0 \dots 0 \\ 0 & \lambda_2 & 0 \dots 0 \\ 0 & 0 & \lambda_3 \dots 0 \\ \dots & \dots & \dots \\ 0 & 0 & 0 \dots \lambda_n \end{bmatrix} Y^{-1}. \tag{1.101}$$

Daraus schließt man, daß die Matrix $\boldsymbol{Y}$ eine Fundamentalmatrix für die transponierte Matrix $A^*$ ist. Somit bilden die Spaltenvektoren $\boldsymbol{y}_1, \boldsymbol{y}_2, \ldots, \boldsymbol{y}_n$ von $\boldsymbol{Y}$ ein vollständiges System von Eigenvektoren der Matrix $\boldsymbol{A}$; dabei ist

$$A^* \boldsymbol{y}_i = \lambda_i \boldsymbol{y}_i \quad (i = 1, 2, \ldots, n)$$

und wenn wir zu den transponierten Matrizen übergehen, dann ergibt sich auf Grund von (1.016)

$$\boldsymbol{y}_i^* A = \lambda_i \boldsymbol{y}_i^* \quad (i = 1, 2, \ldots, n).$$

Daraus folgt, daß $\boldsymbol{Y}^*$ eine Fundamentalmatrix für $A$ bezüglich der linksseitigen Eigenvektoren ist.

Wir kehren jetzt zu den allgemeinen Eigenschaften der Eigenvektoren zurück und zeigen: *Die zu verschiedenen Eigenwerten gehörenden rechts- bzw. linksseitigen Eigenvektoren sind zueinander orthogonal.*

Zum Beweis bezeichnen wir mit $\lambda_1$ und $\lambda_2$ zwei *verschiedene* Eigenwerte ($\lambda_1 \neq \lambda_2$).

Zu $\lambda_1$ gehöre $\boldsymbol{u}$ als rechtsseitiger-, und zu $\lambda_2$ $\boldsymbol{v}$ als linksseitiger Eigenvektor, d.h.

$$\boldsymbol{A}\boldsymbol{u} = \lambda_1 \boldsymbol{u} \quad \text{und} \quad \boldsymbol{v}^* \boldsymbol{A} = \lambda_2 \boldsymbol{v}^*. \tag{1.102}$$

Behauptet wird also, daß $\boldsymbol{v}^* \boldsymbol{u} = 0$ ist. Wir multiplizieren die erste Gleichung in (1.102) von links mit $\boldsymbol{v}$, die zweite von rechts mit $\boldsymbol{u}$ und substrahieren die so gewonnenen Gleichungen:

$$(\lambda_1 - \lambda_2)\, \boldsymbol{v}^* \boldsymbol{u} = \boldsymbol{v}^* \boldsymbol{A} \boldsymbol{u} - \boldsymbol{v}^* \boldsymbol{A} \boldsymbol{u} = 0.$$

Da laut Voraussetzung $\lambda_1 - \lambda_2 \neq 0$ ist, gilt

$$\boldsymbol{v}^* \boldsymbol{u} = 0.$$

Wir betrachten nun die zum Eigenwert $\lambda$ gehörenden rechts- und linksseitigen linear unabhängigen Eigenvektoren

$$\boldsymbol{x}_1, \boldsymbol{x}_2, \ldots, \boldsymbol{x}_d \quad \text{bzw.} \quad \boldsymbol{y}_1, \boldsymbol{y}_2, \ldots, \boldsymbol{y}_d. \tag{1.103}$$

Wir können diese mit dem Schmidtschen Orthogonalisierungsverfahren biorthogonalisieren (vgl. 101.06), mit anderen Worten Linearkombinationen der $\boldsymbol{x}_i$ und $\boldsymbol{y}_j$ herstellen, die wir mit $\tilde{\boldsymbol{x}}_i$ bzw. $\tilde{\boldsymbol{y}}_j$ bezeichnen ($i, j = 1, 2, \ldots, d$) und für die die Beziehungen

$$\tilde{\boldsymbol{y}}_j^* \tilde{\boldsymbol{x}}_i = 0 \quad (i \neq j;\ i, j = 1, 2, \ldots, n)$$

gelten. Deswegen werden wir annehmen, daß die Vektorsysteme (1.103) schon von vornherein ein biorthogonales System bilden. Wenn wir so verfahren, dann können wir folgenden Satz behaupten:

**Satz 1.29.** *Die vollständigen Systeme von rechts- und linksseitigen Eigenvektoren einer Matrix bilden ein biorthogonales System.*

### 101.15 *Symmetrische und hermitesche Matrizen*

$A$ sei irgendeine quadratische Matrix. Dann gilt für je zwei Vektoren

$$x = \begin{pmatrix} x_1 \\ \vdots \\ x_n \end{pmatrix} \quad \text{und} \quad y = \begin{pmatrix} y_1 \\ \vdots \\ y_n \end{pmatrix}.$$

$$(A\,x)^*\,y = x^*\,A^*\,y = \sum_{k=1}^{n} \sum_{i=1}^{n} a_{ik}\,x_k\,y_i = x^*(A^*\,y),$$

wobei $a_{ik}$ die Elemente der Matrix $A$ bezeichnen. Da für symmetrische Matrizen $A = A^*$ ist, gilt somit die wichtige Beziehung

$$(A\,x)^*\,y = x^*(A\,y). \tag{1.104}$$

Jetzt zeigen wir: *alle Eigenwerte einer reellen symmetrischen Matrix sind reell.*

Sei nämlich

$$A\,x = \lambda\,x \tag{1.105}$$

wobei $\lambda$ ein Eigenwert von $A$ und $x$ ein zu $\lambda$ gehörender Eigenvektor ist. Wäre $\lambda$ nicht reell, so ist auch $x$ nicht reell. Multiplizieren wir beide Seiten von (1.105) skalar mit $x$ wobei der Querstrich den Übergang zum konjugiert Komplexen bedeutet, so findet man

$$\lambda\,\bar{x}^*\,x = \lambda \sum |x_i|^2 = \bar{x}^*\,A\,x = \sum_{k=1}^{n} \sum_{i=1}^{n} a_{ik}\,x_k\,\bar{x}_t =$$
$$= \sum_{i=1}^{n} a_{ii}\,|x_i|^2 + \sum_{i<k} a_{ik}(x_i\,\bar{x}_k + x_k\,\bar{x}_i).$$

Der letzte Ausdruck ist reell und da auch der Koeffizient von $\lambda$ reell ist, ist auch $\lambda$ reell.

Es gilt weiterhin: *Die Eigenvektoren einer reellen symmetrischen Matrix, die zu verschiedenen Eigenwerte gehören, sind zueinander orthogonal.*

Diese Behauptung ist eine unmittelbare Folge des Satzes 1.29. Die rechts- und linksseitigen Eigenvektoren einer quadratischen Matrix sind nämlich einander gleich, d.h. anstatt der Biorthogonalität gilt die Orthogonalität.

*Zu jedem Eigenwert $\lambda$ einer reellen symmetrischen Matrix gehören so viele linear unabhängige Eigenvektoren, wie seine Vielfachheit beträgt.*

Wir werden den Beweis dieser Behauptung hier nicht bringen, denn er benötigt ziemlich viele Vorkenntnisse aus der Determinantentheorie. Wir bemerken nur, daß diese Aussage die Tatsahe zum Ausdruck bringt, daß *eine reelle symmetrische Matrix immer eine einfache Struktur hat,* mit anderen Worten daß ihr vollständiges System von Eigenvektoren aus $n$ Vektoren besteht, wobei $n$ die Ordnung der Matrix ist. Weil alle Eigenwerte dabei reell sind, kann man auch die Eigenvektoren in diesem vollständigen System reell wählen.

Etwas verschieden ist der Sachverhalt bei den hermiteschen Matrizen.

*Falls $\lambda$ ein Eigenwert einer hermiteschen Matrix $A$ ist, dann ist auch $\bar{\lambda}$ ein Eigenwert von $A$ und wenn zu $\lambda$ der rechtsseitige Eigenvektor $u$ gehört, dann ist $\bar{u}^*$ ein zu $\bar{\lambda}$ gehörender linksseitiger Eigenvektor der Matrix.* Es gilt nämlich

$$A\,u = \lambda\,u$$

und wenn wir die komplexe Transponierte beider Seiten bilden, ergibt sich

$$\overline{u^* A^*} = \bar{u}^* \bar{A}^* = \bar{u}^* A = \overline{\lambda u^*} = \bar{\lambda}\,\bar{u}^*,$$

d.h.

$$\bar{u}^* A = \bar{\lambda}\,\bar{u}^*,$$

womit die Behauptung bewiesen wurde.

Wichtig ist zu bemerken, daß *sämtliche Eigenwerte einer hermiteschen Matrix reell sind.*

Hätte nämlich die hermitesche Matrix $A$ einen nichtreellen Eigenwert $\lambda$, so wäre laut voriger Bemerkung auch $\bar{\lambda}$ ein Eigenwert von $A$ und zwar ein, von $\lambda$ *verschiedener* Eigenwert. Ist nun $u$ ein zu $\lambda$ gehörender rechtsseitiger Eigenvektor, dann ist $\bar{u}^*$ ein zu $\bar{\lambda}$ gehörender linksseitiger Eigenvektor. Daher müssen auf Grund von Satz 1.29 $u$ und $\bar{u}^*$ zueinander orthogonal sein. Das Skalarprodukt von $\bar{u}$ und $u$ ist aber

$$\bar{u}^* u = (\bar{u}_1, \bar{u}_2, \ldots, \bar{u}_n)\begin{pmatrix} u_1 \\ u_2 \\ \vdots \\ u_n \end{pmatrix} = |u_1|^2 + |u_2|^2 + \cdots + |u_n|^2$$

und das besteht aus nichtnegativen Gliedern. Das kann nur so verschwinden, wenn $u_1 = u_2 = \cdots = u_n = 0$ ist, d.h. wenn $u = 0$ gilt. Das ist aber ein Widerspruch dazu, daß $u$ ein Eigenvektor ist.

Aus dieser Tatsache ergibt sich wieder, daß sämtliche Eigenwerte einer reellen symmetrischen Matrix reell sind, da ja eine reelle symmetrische Matrix ein Sonderfall der hermiteschen Matrix ist.

Wichtig ist folgender Begriff der auch in den spätern Ausführungen und in den Anwendungen eine Rolle spielt:

**Definition:** *Eine quadratische Matrix $A$ heißt positiv definit bzw. positiv semidefinit wenn für jeden Vektor $x$*

$$\bar{x}^* A\,x > 0 \quad bzw. \quad \bar{x}^* A\,x \geqq 0$$

*gilt. Analog werden die negativ definiten bzw. negativ semidefiniten Matrizen definiert.*

*Jeder Eigenwert einer positiv definiten hermiteschen Matrix ist positiv.*

Daß der Eigenwert reell ist das wurde stets bewiesen. Ist nun $\lambda$ ein Eigenwert von $A$ zu dem der Eigenvektor $x$ gehört, dann gilt

$$Ax = \lambda x,$$

daraus ergibt sich (wenn $x$ auf 1 normiert ist)

$$\lambda = x^* A x > 0$$

womit wir unsere Behauptung bewiesen haben.

Auch *eine hermitesche Matrix hat immer eine einfache Struktur* wie dieses genau so wie bei symmetrische Matrizen einzusehen ist.

### 101.16 *Matrizenpolynome*

Ein Ausdruck von der Form

$$P(\lambda) \overset{\text{Def.}}{=} C_0 \lambda^k + C_1 \lambda^{k-1} + \cdots + C_k \quad (C_0 \neq 0) \tag{1.106}$$

wobei $C_0, C_1, \ldots, C_k$ quadratische Matrizen von der Ordnung $n$ sind, heißt ein *Matrizenpolinom von Grad k und von der Ordnung n.* $\lambda$ ist eine skalare Variable. Offenbar kann $P(\lambda)$ auch in die Form

$$P(\lambda) = \lambda^k C_0 + \lambda^{k-1} C_1 + \cdots + C_k \tag{1.106'}$$

gesetzt werden.

Man kann an Stelle des skalaren Arguments eine quadratische Matrix $A$ der Ordnung $n$ in (1.106) und in (1.106′) setzen wodurch man zu folgenden Ergebnissen gelangt:

$$P(A) = C_0 A^k + C_1 A^{k-1} + \cdots + C_k$$
$$\tilde{P}(A) = A^k C_0 + A^{k-1} C_1 + \cdots + C_k.$$

Diese Ausdrücke sind im allgemeinem verschieden da ja die Potenzen von $A$ nicht mit den Koeffizienten $C_i$ $(i = 1, 2, \ldots, k)$ vertauschbar zu sein brauchen. Wir nennen $P(A)$ den *rechten*, $\tilde{P}(A)$ den *linken Wert* des Polynoms $P(\lambda)$ der beim Ersetzen von $\lambda$ durch $A$ entsteht. Es soll der Spezialfall erwähnt werden, bei welchen in (1.106) die Koeffizienten Skalare sind, d.h. wenn sich (1.106) auf ein gewöhnliches Polynomen reduziert. In diesem Fall ist der rechte und linke Wert des Polynoms $P(\lambda)$ mit einander gleich.*)

Es seien zwei Matrizenpolynome gleicher Ordnung $n$ vorgegeben:

$$P(\lambda) = C_0 \lambda^k + C_1 \lambda^{k-1} + \cdots + C_k$$
$$Q(\lambda) = D_0 \lambda^k + D_1 \lambda^{k-1} + \cdots + D_k.$$

*) Wenn wir ganz streng vorgehen dann müssen wir sagen, daß die Matrizen $C_i (i = 1, 2, \ldots, n)$ sich auf Diagonalmatrizen

$$C_i = \begin{pmatrix} c_i & 0 & \ldots & 0 \\ 0 & c_i & & \\ \vdots & & \ddots & \\ 0 & & & c_i \end{pmatrix}$$

reduzieren.

Die *Summe* dieser wird wie folgt definiert:

$$P(\lambda) + Q(\lambda) = (C_0 + D_0)\,\lambda^k + (C_1 + D_1)\,\lambda^{k-1} + \cdots + (C_k + D_k).$$

In einer natürlichen Art kann man das Produkt von $P(\lambda)$ mit einer beliebigen Zahl $\mu$ deuten.

Das Produkt von $P(\lambda)$ und $Q(\lambda)$ ist: ($P$ sei vom Grad $k$, $Q$ vom Grad $l$)

$$P(\lambda)\,Q(\lambda) = C_0 D_0\,\lambda^{k+l} + (C_0 D_1 + C_1 D_0)\,\lambda^{k+l-1} + \cdots + C_k D_l.$$

In allgemeinen ist das Produkt $P(\lambda)\,Q(\lambda)$ vom Produkt $Q(\lambda)\,P(\lambda)$ verschieden.

Es ist wichtig für die folgenden Ausführungen zu bemerken, daß im Gegensatz zu dem Produkt skalarer Polynome ist es möglich daß der Grad des Produktes $P(\lambda)\,Q(\lambda)$ kleiner als die Summe der Grade seiner Faktoren ist. In $P(\lambda)\,Q(\lambda)$ kann nämlich das Produkt $C_0 D_0$ die Nullmatrix sein obwohl $C_0 \neq 0$ und $D_0 \neq 0$ ist. Ist jedoch eine der Matrizen $C_0$ und $D_0$ regulär, so folgt, aus $C_0 \neq 0$ und $D_0 \neq 0$, daß $C_0\,D_0 \neq 0$ ist.

Es seien wieder zwei Matrizenpolynome $P(\lambda)$ und $Q(\lambda)$ der Ordnung $n$ und von Grad $k$ bzw. $l$ vorgegeben:

$$P(\lambda) = A_0\lambda^k + A_1\lambda^{k-1} + \cdots + A_k \qquad (A_0 \neq 0)$$
$$Q(\lambda) = B_0\lambda^l + B_1\lambda^{l-1} + \cdots + B_l \qquad (B_0 \neq 0).$$

Ist

$$P(\lambda) = M(\lambda)\,Q(\lambda) + R(\lambda) \tag{1.107}$$

und hat $R(\lambda)$ einen kleineren Grad als $Q(\lambda)$, so nennen wir das Matrizenpolynom $Q(\lambda)$ den *rechten Quotienten* und das Matrizenpolinom $R(\lambda)$ den *rechten Rest* bei der Division von $P(\lambda)$ durch $Q(\lambda)$.

Analog werden wir die Polynome $\tilde{M}(\lambda)$ bzw. $\tilde{R}(\lambda)$ als *linken Quotienten* bzw. *linken Rest* bei der Division von $P(\lambda)$ durch $Q(\lambda)$ bezeichnen, wenn

$$P(\lambda) = Q(\lambda)\,\tilde{M}(\lambda) + \tilde{R}(\lambda) \tag{1.107'}$$

gilt und $\tilde{R}(\lambda)$ einen kleineren Grad als $Q(\lambda)$ hat.

Wir machen den Leser darauf aufmerksam, daß in (1.107) der rechte Quotient mit dem Divisor, dagegen in (1.107′) der Divisor mit dem Divisor multipliziert wird. *Sowohl die rechte als auch die linke Division von Matrizenpolynomen gleicher Ordnung ist stets ausführbar und eindeutig, wenn der Divisor ein eigentliches Polynom ist.*

Beim Beweis dieser Behauptung beschränken wir uns auf die Betrachtung der rechten Division von $P(\lambda)$ durch $Q(\lambda)$.

Ist $k < l$, so kann man $M(\lambda) = 0$ und $R(\lambda) = P(\lambda)$ setzen. Ist $k \geqq l$, so benutzen wir zur Berechnung des Quotienten $M(\lambda)$ und des Restes $R(\lambda)$ das übliche Divisionsschema für Polynome. Wir dividieren formal das höchste Glied des Dividenden $A_0\lambda^k$ durch das höchste Glied des Divisors, also durch $B_0\lambda^l$ und erhalten das höchste Glied des Quotienten $(\boldsymbol{A}_0\boldsymbol{B}_0{}^{-1}\lambda^{k-l})$. Multiplizieren wir dieses Glied von Rechts mit $\boldsymbol{Q}(\lambda)$ und substrahieren das erhaltene Produkt von $\boldsymbol{P}(\lambda)$, so erhalten wir den Rest $\boldsymbol{R}_1(\lambda)$:

$$\boldsymbol{P}(\lambda)=\boldsymbol{A}_0\boldsymbol{B}_0^{-1}\lambda^{k-l}\boldsymbol{Q}(\lambda)+\boldsymbol{R}_1(\lambda).$$

Der Grad $k_1$ von $\boldsymbol{R}_1$ ist kleiner als $k$. Ist $k_1\geqq l$, so ergibt sich, wenn wir diesen Prozess fortsetzen

$$\boldsymbol{R}_1(\lambda)=\boldsymbol{A}_0^{(1)}\boldsymbol{B}_0^{-1}\lambda^{k_1-l}\boldsymbol{Q}(\lambda)+\boldsymbol{R}_2(\lambda),$$

wobei der Grad $k_2$ von $\boldsymbol{R}_2$ kleiner als $k_1$ ist. u.s.w. Da der Grad der Polynome $\boldsymbol{P}(\lambda)$, $\boldsymbol{R}_1(\lambda)$, $\boldsymbol{R}_2(\lambda)$, ... abnimmt, erhalten wir nach endlich vielen Schritten einen Rest $\boldsymbol{R}(\lambda)$ dessen Grad kleiner als $l$ ist. Es gilt

$$\boldsymbol{P}(\lambda)=\boldsymbol{M}(\lambda)\,\boldsymbol{Q}(\lambda)+\boldsymbol{R}(\lambda)$$

mit

$$\boldsymbol{M}(\lambda)=\boldsymbol{A}_0\boldsymbol{B}_0^{-1}\lambda^{k-l}+\boldsymbol{A}_0^{(1)}\boldsymbol{B}_0^{-1}\lambda^{k_1-l}+\cdots.$$

Wir beweisen nun die *Eindeutigkeit* der rechten Division.

Sei

$$\boldsymbol{P}(\lambda)=\boldsymbol{M}(\lambda)\,\boldsymbol{Q}(\lambda)+\boldsymbol{R}(\lambda) \tag{1.108}$$

und

$$\boldsymbol{P}(\lambda)=\boldsymbol{M}^*(\lambda)\,\boldsymbol{Q}(\lambda)+\boldsymbol{R}^*(\lambda) \tag{1.109}$$

und der Grad der Polynome $\boldsymbol{R}(\lambda)$ und $\boldsymbol{R}^*(\lambda)$ kleiner als $l$ ist. Substrahieren wir Gleichung (1.108) von Gleichung (1.109), so ergibt sich

$$[\boldsymbol{M}(\lambda)-\boldsymbol{M}^*(\lambda)]\,\boldsymbol{Q}(\lambda)=\boldsymbol{R}^*(\lambda)-\boldsymbol{R}(\lambda).$$

Da $|\boldsymbol{B}_0|\neq 0$ ist, ist der Grad von $[\boldsymbol{M}(\lambda)-\boldsymbol{M}^*(\lambda)]\,\boldsymbol{Q}(\lambda)$ gleich der Summe der Grade $\boldsymbol{B}(\lambda)$ und $\boldsymbol{M}(\lambda)-\boldsymbol{M}^*(\lambda)$, d.h. mindestens $l$ falls $\boldsymbol{M}(\lambda)-\boldsymbol{M}^*(\lambda)\neq\boldsymbol{0}$. Das ist aber nicht möglich da der Grad von $\boldsymbol{R}^*(\lambda)-\boldsymbol{R}(\lambda)$ kleiner als $l$ ist. Somit ist $\boldsymbol{M}(\lambda)-\boldsymbol{M}^*(\lambda)\equiv\boldsymbol{0}$, daraus folgt $\boldsymbol{R}(\lambda)=\boldsymbol{R}^*(\lambda)$. Damit ist die Behauptung bewiesen.

Völlig analog lassen sich Existenz und Eindeutigkeit des linken Quotienten und des linken Restes zeigen.

Wir wollen ein numerisches Beispiel aufführen.

*Beispiel.*

$$\boldsymbol{P}(\lambda)=\begin{pmatrix}1 & 2\\ -1 & 3\end{pmatrix}\lambda^3+\begin{pmatrix}0 & 1\\ -2 & 0\end{pmatrix}\lambda^2+\begin{pmatrix}1 & 0\\ 0 & 1\end{pmatrix}\lambda+\begin{pmatrix}0 & 0\\ 1 & 0\end{pmatrix}=$$
$$=\begin{pmatrix}\lambda^3+\lambda & 2\lambda^3+\lambda^2\\ -\lambda^3-2\lambda^2+1 & 3\lambda^2+\lambda\end{pmatrix};$$

$$\boldsymbol{Q}(\lambda)=\begin{pmatrix}2 & -1\\ -1 & 1\end{pmatrix}\lambda^2+\begin{pmatrix}3 & 1\\ -1 & 2\end{pmatrix}=\begin{pmatrix}2\lambda^2+3 & -\lambda^2+1\\ -\lambda^2-1 & \lambda^2+2\end{pmatrix}.$$

Hier ist

$$A_0 = \begin{pmatrix} 1 & 2 \\ -1 & 3 \end{pmatrix}, \quad B_0 = \begin{pmatrix} 2 & -1 \\ -1 & 1 \end{pmatrix}, \quad k = 3, l = 2.$$

$$|B_0| = \begin{vmatrix} 2 & -1 \\ -1 & 1 \end{vmatrix} = 1, \quad B_0^{-1} = \begin{pmatrix} 1 & 1 \\ 1 & 2 \end{pmatrix}, \quad A_0 B_0^{-1} = \begin{pmatrix} 3 & 5 \\ 2 & 5 \end{pmatrix}.$$

$$A_0 B_0^{-1} Q(\lambda) = \begin{pmatrix} \lambda^2 + 4 & 2\lambda^2 + 13 \\ -\lambda^2 + 1 & 3\lambda^2 + 12 \end{pmatrix}$$

$$R_1(\lambda) = \begin{pmatrix} \lambda^3 + \lambda & 2\lambda^3 + \lambda^2 \\ -\lambda^3 - 2\lambda^2 + 1 & 2\lambda^3 + \lambda \end{pmatrix} - \begin{pmatrix} \lambda^3 + 4\lambda & 2\lambda^3 + 13\lambda \\ -\lambda^3 + \lambda & 3\lambda^3 + 12\lambda \end{pmatrix} =$$

$$= \begin{pmatrix} -3\lambda & \lambda^2 - 13\lambda \\ -2\lambda^2 - \lambda + 1 & -11\lambda \end{pmatrix} =$$

$$= \begin{pmatrix} 0 & 1 \\ -2 & 0 \end{pmatrix} \lambda^2 + \begin{pmatrix} -3 & -13 \\ -1 & -11 \end{pmatrix} \lambda + \begin{pmatrix} 0 & 0 \\ 1 & 0 \end{pmatrix}.$$

Hier ist

$$A_0^{(1)} = \begin{pmatrix} 0 & 1 \\ -2 & 0 \end{pmatrix},$$

somit ist

$$A_0^{(1)} B_0^{-1} = \begin{pmatrix} 0 & 1 \\ -2 & 0 \end{pmatrix} \begin{pmatrix} 1 & 1 \\ 1 & 2 \end{pmatrix} = \begin{pmatrix} 1 & 2 \\ -2 & -2 \end{pmatrix},$$

$$A_0^1 B_0^{-1} Q(\lambda) = \begin{pmatrix} 1 & 2 \\ -2 & -2 \end{pmatrix} \begin{pmatrix} 2\lambda^2 + 3 & -\lambda^2 + 1 \\ -\lambda^2 - 1 & \lambda^2 + 2 \end{pmatrix} =$$

$$= \begin{pmatrix} 1 & \lambda^2 + 5 \\ -2\lambda^2 - 4 & -6 \end{pmatrix}.$$

$$R(\lambda) = R_1(\lambda) - A_0^{(1)} B_0^{-1} Q(\lambda) =$$

$$= \begin{pmatrix} -3\lambda & \lambda^2 - 13\lambda \\ -2\lambda^2 - \lambda + 1 & -11\lambda \end{pmatrix} - \begin{pmatrix} 1 & \lambda^2 + 5 \\ -2\lambda^2 - 4 & -6 \end{pmatrix} =$$

$$= \begin{pmatrix} -3\lambda - 1 & -13\lambda - 5 \\ -\lambda + 5 & -11\lambda + 6 \end{pmatrix},$$

$$M(\lambda) = A_0 B_0^{-1} \lambda + A_0^{(1)} B_0^{-1} = \begin{pmatrix} 3 & 5 \\ 2 & 5 \end{pmatrix} \lambda + \begin{pmatrix} 1 & 2 \\ -2 & -2 \end{pmatrix} =$$

$$= \begin{pmatrix} 3\lambda + 1 & 5\lambda + 2 \\ 2\lambda - 2 & 5\lambda - 2 \end{pmatrix}.$$

Der Leser kann sich leicht überzeugen, daß

$$P(\lambda) = M(\lambda)\, Q(\lambda) + R(\lambda)$$

gilt.

### 101.17 *Das charakteristische Polynom einer Matrix. Der Cayley-Hamiltonsche Satz*

Wir betrachten ein beliebiges Matrizenpolynom $n$-ter Ordnung:

$$\boldsymbol{P}(\lambda) = \boldsymbol{C}_0 \lambda^m + \boldsymbol{C}_1 \lambda^{m-1} + \cdots + \boldsymbol{C}_m \qquad (\boldsymbol{C}_0 \neq \boldsymbol{0}).$$

Dividieren wir $\boldsymbol{P}(\lambda)$ durch das Binom $\lambda \boldsymbol{E} - \boldsymbol{A}$, wobei $\boldsymbol{A}$ eine quadratische Matrix $n$-ter Ordnung ist, so ist in diesem Fall sowohl der rechte Rest $\boldsymbol{R}$ als auch der linke Rest $\tilde{\boldsymbol{R}}$ von $\lambda$ unabhängig. Zur Bestimmung des rechten Restes betrachten wir das übliche Divisionsschema:

$$\begin{aligned}
\boldsymbol{P}(\lambda) &= \boldsymbol{C}_0 \lambda^m + \boldsymbol{C}_1 \lambda^{m-1} + \cdots + \boldsymbol{C}_m = \\
&= \boldsymbol{C}_0 \lambda^{m-1} (\lambda \boldsymbol{E} - \boldsymbol{A}) + (\boldsymbol{C}_0 \boldsymbol{A} + \boldsymbol{C}_1) \lambda^{m-1} + \boldsymbol{C}_2 \lambda^{m-2} + \cdots = \\
&= [\boldsymbol{C}_0 \lambda^{m-1} + (\boldsymbol{C}_0 \boldsymbol{A} + \boldsymbol{C}_1) \lambda^{m-2}] (\lambda \boldsymbol{E} - \boldsymbol{A}) + \\
&\qquad + (\boldsymbol{C}_0 \boldsymbol{A}^2 + \boldsymbol{C}_1 \boldsymbol{A} + \boldsymbol{C}_2) \lambda^{m-2} + \boldsymbol{C}_3 \lambda^{m-3} + \cdots = \\
&= [\boldsymbol{C}_0 \lambda^{m-1} + (\boldsymbol{C}_0 \boldsymbol{A} + \boldsymbol{C}_1) \lambda^{m-2} + \cdots + (\boldsymbol{C}_0 \boldsymbol{A}^{m-1} + \boldsymbol{C}_1 \boldsymbol{A}^{m-2} + \\
&\qquad + \cdots + \boldsymbol{C}_{m-1})] (\lambda \boldsymbol{E} - \boldsymbol{A}) + \boldsymbol{C}_0 \boldsymbol{A}^m + \boldsymbol{C}_1 \boldsymbol{A}^{m-1} + \cdots + \boldsymbol{C}_m .
\end{aligned}$$

Wir haben also gefunden

$$\boldsymbol{R} = \boldsymbol{C}_0 \boldsymbol{A}^m + \boldsymbol{C}_1 \boldsymbol{A}^{m-1} + \cdots + \boldsymbol{C}_m = \boldsymbol{P}(\boldsymbol{A}). \tag{1.110}$$

Analog ergibt sich

$$\tilde{\boldsymbol{R}} = \tilde{\boldsymbol{P}}(\boldsymbol{A}). \tag{1.110'}$$

Damit haben wir folgenden, *verallgemeinerten Bézoutschen Satz* bewiesen:

**Satz 1.30.** *Wird das Matrizenpolynom $\boldsymbol{P}(\lambda)$ von rechts (bzw. von links) durch das Binom $\lambda \boldsymbol{E} - \boldsymbol{A}$ dividiert, so erhält man als Rest $\boldsymbol{P}(\boldsymbol{A})$ (bzw. $\tilde{\boldsymbol{P}}(\boldsymbol{A})$).*

Aus diesem Satz folgt unmittelbar: *Das Binom $\lambda \boldsymbol{E} - \boldsymbol{A}$ teilt das Polynom $\boldsymbol{P}(\lambda)$ genau dann von rechts (bzw. von links) ohne Rest wenn $\boldsymbol{P}(\boldsymbol{A}) = \boldsymbol{0}$ (bzw. $\tilde{\boldsymbol{P}}(\boldsymbol{A}) = \boldsymbol{0}$) ist.*

*Beispiel.* Sei $\boldsymbol{A} = (a_{ik})$ eine quadratische Matrix und $f(\lambda)$ ein Polynom in $\lambda$. Dann wird

$$\boldsymbol{P}(\lambda) = f(\lambda)\, \boldsymbol{E} - f(\boldsymbol{A})$$

ohne Rest durch $\lambda \boldsymbol{E} - \boldsymbol{A}$ geteilt. Das folgt unmittelbar aus dem Satz 1.130, da im gegebenen Fall $\boldsymbol{P}(\boldsymbol{A}) = f(\boldsymbol{A})\, \boldsymbol{E} - f(\boldsymbol{A}) = f(\boldsymbol{A}) - f(\boldsymbol{A}) = \boldsymbol{0}$ (und ebenso $\tilde{\boldsymbol{P}}(\boldsymbol{A}) = \boldsymbol{0}$) ist.

Grundlegend wichtig ist folgender *Cayley-Hamiltonscher Satz*:

**Satz 1.31.** *Jede quadratische Matrix $\boldsymbol{A}$ genügt ihrer eigenen charakteristischen Gleichung, d.h.*

$$D(\boldsymbol{A}) = \boldsymbol{0}.$$

*Beweis*: Nach den Beziehungen (1.047) und (1.049) gilt

$$(A - \lambda E)\,\mathrm{adj}(A - \lambda E) = E\,|A - \lambda E| = D(\lambda)\,E\,, \tag{1.111}$$

$$\mathrm{adj}(A - \lambda E)\cdot(A - \lambda E) = D(\lambda)\,E\,. \tag{1.111'}$$

Die rechten Seiten dieser Identitäten können als Polynome mit Matrizenkoeffizienten aufgefaßt werden (jeder dieser Koeffizienten ist das Produkt eines Skalars mit der Einheitsmatrix $E$). Die Polynommatrix $\mathrm{adj}(A - \lambda E)$ kann ebenfalls als Polynom bezüglich $\lambda$ dargestellt werden. Die obigen Identitäten zeigen dann, daß $D(\lambda)E$ von links und von rechts ohne Rest durch $A - \lambda E$ dividiert werden kann. Aus dem verallgemeinerten Bézontschen Satz (Satz 1.130) folgt, daß dann der Rest $D(A)\,E = D(A)$ die Nullmatrix sein muß. Somit haben wir unsern Satz bewiesen.

*Beispiel*

$$A = \begin{pmatrix} 2 & 1 \\ -1 & 3 \end{pmatrix}$$

$$D(\lambda) = \begin{vmatrix} 2-\lambda & 1 \\ -1 & 3-\lambda \end{vmatrix} = -\lambda^2 + 5\lambda - 7$$

$$D(A) = -A^2 + 5A - 7E = \begin{pmatrix} -3 & -5 \\ 5 & -8 \end{pmatrix} + 5\begin{pmatrix} 2 & 1 \\ -1 & 3 \end{pmatrix} - 7\begin{pmatrix} 1 & 0 \\ 0 & 1 \end{pmatrix} =$$

$$= \begin{pmatrix} 0 & 0 \\ 0 & 0 \end{pmatrix} = \mathbf{0}$$

Sind $\lambda_1, \lambda_2, \ldots, \lambda_n$ die Wurzeln von $D(\lambda)$, d.h. die Eigenwerte von $A$, so ist

$$D(\lambda) = |A - \lambda E| = (-1)^n (\lambda - \lambda_1)(\lambda - \lambda_2)\ldots(\lambda - \lambda_n)\,.$$

Es sei ein beliebiges gewöhnliches Polynom $g(\mu)$ vorgegeben. Gesucht werden die Wurzeln der charakteristischen Gleichung von $g(A)$. Dazu zerlegen wir $g(\mu)$ in Linearfaktoren,

$$g(\mu) = a_0(\mu - \mu_1)(\mu - \mu_2)\ldots(\mu - \mu_r)\,, \qquad (a_0 \neq 0)$$

und setzen auf beiden Seiten dieser Identität an Stelle von $\mu$ die Matrix $A$ ein:

$$g(A) = a_0^n\,|A - \mu_1 E|\,|A - \mu_2 E|\ldots|A - \mu_r E|\,.$$

Gehen wir auf beiden Seiten von dieser letzten Gleichung zur Determinante über und benutzen die obigen Zerlegungen von $D(\lambda)$ und $g(\mu)$, so ergibt sich unter Berücksichtigung von (1.013)

$$\begin{aligned} g(A) &= a_0^n\,|A - \mu_1 E|\,|A - \mu_2 E|\ldots|A - \mu_r E| = \\ &= a_0^n D(\mu_1)\,D(\mu_2)\ldots D(\mu_r) = (-1)^{nr} a_0^n [(\mu_1 - \lambda_1)\ldots \\ &\ldots(\mu_1 - \lambda_n)]\,[(\mu_2 - \lambda_1)\ldots(\mu_2 - \lambda_n)]\ldots = \\ &= (-1)^{nr} a_0^n [(\mu_1 - \lambda_1)\ldots(\mu_1 - \lambda_n)]\,[(\mu_2 - \lambda_1)\ldots(\mu_2 - \lambda_n)]\ldots \end{aligned}$$

$$\ldots[(\mu_r-\lambda_1)\ldots(\mu_r-\lambda_n)] =$$
$$= (-1)^{2rn}[a_0(\lambda_1-\mu_1)(\lambda_1-\mu_2)\ldots(\lambda_1-\mu_r)]\,[a_0(\lambda_2-\mu_1)(\lambda_2-\mu_2)\ldots$$
$$\ldots(\lambda_2-\mu_r)]\ldots[a_0(\lambda_n-\mu_1)\ldots(\lambda_n-\mu_r)] =$$
$$= g(\lambda_1)\,g(\lambda_2)\ldots g(\lambda_n).^{*)}$$

Es gilt also

$$|g(\boldsymbol{A})| = g(\lambda_1)\ldots g(\lambda_n).$$

Ersetzt man in dieser Formel das Polynom $g(\mu)$ durch $g(\mu)-\lambda$ ($\lambda$ ist eine Unbestimmte), so ergibt sich

$$|g(\boldsymbol{A})-\lambda\boldsymbol{E}| = [g(\lambda_1)-\lambda]\ldots[g(\lambda_n)-\lambda].$$

Daraus folgt:

**Satz 1.32.** *Sind $\lambda_1,\ldots,\lambda_n$ die Eigenwerte der Matrix $\boldsymbol{A}$ (unter Berücksichtigung ihrer Vielfachheit) und ist $g(\mu)$ ein gewöhnliches Polynom, so sind $g(\lambda_1)$, $g(\lambda_2),\ldots,g(\lambda_n)$ die Eigenwerte der Matrix $g(\boldsymbol{A})$. Insbesondere gilt: $\lambda_1^p, \lambda_2^p,\ldots,\lambda_n^p$ sind die Eigenwerte von $\boldsymbol{A}_p$ ($p=0, 1, 2,\ldots$).*

## 101.18 *Das Minimalpolynom einer Matrix*

Im vorigen Abschnitt haben wir gezeigt, daß zu jeder quadratischen Matrix $A$ gibt es ein Polynom $P(\lambda)$ mit skalaren Koeffizienten, so daß $P(\boldsymbol{A})=\boldsymbol{0}$ ist. Ein solches Polynom ist $D(\lambda)=|\boldsymbol{A}-\lambda\boldsymbol{E}|$ nach dem Cayley-Hamiltonschen Satz.

Ein Polynom $P(\lambda)$ mit skalaren Koeffizienten heißt ein *annulierendes Polynom* der quadratischen Matrix $\boldsymbol{A}$, wenn

$$P(\boldsymbol{A}) = \boldsymbol{0}$$

gilt. Das charakteristische Polynom $D(\lambda)$ ist somit ein annulierendes Polynom.

Ein annulierendes Polynom, dessen Grad minimal und dessen Koeffizient der höchsten Potenz Eins ist, heißt *Minimalpolynom* von $\boldsymbol{A}$.

Obwohl das charakteristische Polynom einer quadratischen Matrix $A$ ein annulierendes Polynom dieser Matrix ist, jedoch ist es, wie wir später beweisen werden, im allgemeinen nicht minimal.

Sei $P(\lambda)$ ein beliebiges annulierendes Polynom und $Q(\lambda)$ ein Minimalpolynom der Matrix $\boldsymbol{A}$. Wir dividieren $P(\lambda)$ durch $Q(\lambda)$:

$$P(\lambda) = M(\lambda)\,Q(\lambda) + R(\lambda),$$

wobei der Rest $R(\lambda)$ einen kleinern Grad als $Q(\lambda)$ hat. Hieraus folgt

$$P(\boldsymbol{A}) = M(\boldsymbol{A})\,Q(\boldsymbol{A}) + R(\boldsymbol{A}).$$

---

*) Die Potenz $n$ für $a_0$ ergibt sich daraus, daß die Multiplikation einer Matrix mit $a_0$ so zu bilden ist, daß *jedes* Element der Matrix mit $a_0$ multipliziert wird. Wenn wir zur Determinante übergehen, dann ergibt das Herausgeben von $a_0$ den Faktor $a_0{}^n$.

Da $P(A)=\mathbf{0}$ und $Q(A)=\mathbf{0}$ ist, ist auch $R(A)=\mathbf{0}$. Nun hat aber $R(\lambda)$ einen kleineren Grad als das Minimalpolynom $Q(\lambda)$. Folglich ist $R(\lambda)\equiv 0$, andernfalls würde ein annulierendes Polynom existieren, dessen Grad kleiner als der Grad eines Minimalpolynoms ist. Somit gilt: *Ein Minimalpolynom einer quadratischen Matrix teilt jedes annulierende Polynom dieser Matrix ohne Rest.*

Sind $Q(\lambda)$ und $S(\lambda)$ zwei Minimalpolynome derselben Matrix, so ist jedes von ihnen ohne Rest durch das andere Teilbar, d.h. die beiden Polynome unterschieden sich nur um einen konstanten Faktor. Diese Konstante ist Eins da der Koeffizient der höchsten Potenz von $Q(\lambda)$ und $S(\lambda)$ gleich Eins ist. Damit haben wir die *Eindeutigkeit des Minimalpolynoms* einer gegebenen Matrix bewiesen.

Es wird eine Formel für den Zusammenhang zwischen dem charakteristischen und dem Minimalpolynom gesucht. Wir bezeichnen den größten gemeinsamen Teiler aller Minormatrizen $(n-1)$-ter Ordnung der charakteristischen Matrix $\boldsymbol{A}-\lambda\boldsymbol{E}$, d.h. den größten gemeinsamen Teiler aller Elemente der adjungierten Matrix $\operatorname{adj}(\boldsymbol{A}-\lambda\boldsymbol{E})$ mit $\vartheta(\lambda)$. Dann ist

$$\operatorname{adj}(\boldsymbol{A}-\lambda\boldsymbol{E})=\vartheta(\lambda)\,\boldsymbol{C}(\lambda),$$

wobei $\boldsymbol{C}(\lambda)$ eine Polynommatrix ist. Die Beziehung (1.111) ergibt*)

$$D(\lambda)\,\boldsymbol{E}=(\boldsymbol{A}-\lambda\boldsymbol{E})\,\boldsymbol{C}(\lambda)\,\vartheta(\lambda) \tag{1.112}$$

d.h. $D(\lambda)$ ist ohne Rest durch $\vartheta(\lambda)$ teilbar:

$$\frac{D(\lambda)}{\vartheta(\lambda)}=\psi(\lambda).$$

Somit folgt aus (1.112)

$$\psi(\lambda)\,\boldsymbol{E}=(\boldsymbol{A}-\lambda\boldsymbol{E})\,\boldsymbol{C}(\lambda). \tag{1.113}$$

Da $\psi(\lambda)\,\boldsymbol{E}$ ohne Rest von links durch $\boldsymbol{A}-\lambda\boldsymbol{E}$ teilbar ist, folgt aus dem Satz 1.30

$$\psi(\boldsymbol{A})=\mathbf{0}.$$

$\psi(\lambda)$ ist ein annulierendes Polynom der Matrix $\boldsymbol{A}$. *Wir beweisen jetzt, daß es ein Minimalpolynom ist.*

Ist nämlich $Q(\lambda)$ das Minimalpolynom, so teilen wir $\psi(\lambda)$ ohne Rest durch $Q(\lambda)$:

$$\psi(\lambda)=Q(\lambda)\,M(\lambda).$$

Da $Q(\boldsymbol{A})=\mathbf{0}$ ist, folgt aus dem Satz 1.30, daß $\boldsymbol{A}-\lambda\boldsymbol{E}$ das Matrizenpolynom $Q(\lambda)\,\boldsymbol{E}$ von links ohne Rest teilt:

$$Q(\lambda)\,\boldsymbol{E}=(\boldsymbol{A}-\lambda\boldsymbol{E})\,\boldsymbol{U}(\lambda).$$

Daraus folgt

$$\psi(\lambda)\,\boldsymbol{E}=(\boldsymbol{A}-\lambda\boldsymbol{E})\,\boldsymbol{U}(\lambda)\,M(\lambda).$$

*) $\vartheta(\lambda)$ ist ein gewöhnliches Polynom, somit ist es mit $\boldsymbol{C}(\lambda)$ vertauschbar.

Ein Vergleich dieser Gleichung mit (1.113) daß sowohl $\boldsymbol{C}(\lambda)$ als auch $\boldsymbol{U}(\lambda)\ M(\lambda)$ linker Divisor bei der Division von $\psi(\lambda)\,\boldsymbol{E}$ durch $\boldsymbol{A}-\lambda\boldsymbol{E}$ ist. Da die Division eindeutig ist, erhalten wir

$$\boldsymbol{C}(\lambda)=\boldsymbol{U}(\lambda)\,M(\lambda).$$

Hieraus folgt, daß $M(\lambda)$ ein gemeinsamer Teiler aller Elemente der Polynommatrix $\boldsymbol{C}(\lambda)$ ist. Andererseits ist der größte gemeinsame Teiler aller Elemente von $\boldsymbol{C}(\lambda)$ gleich Eins, denn diese Matrix wurde dadurch gewonnen, daß wir $\operatorname{adj}(\boldsymbol{A}-\lambda\boldsymbol{E})$ durch $\vartheta(\lambda)$ dividierten. Also ist $M(\lambda)$ eine Konstante. Da der Koeffizient der höchsten Potenz in $\psi(\lambda)$ und $Q(\lambda)$ gleich Eins ist, ist $M(\lambda)\equiv 1$, d.h. $\psi(\lambda)=Q(\lambda)$, wie behauptet.

Wir haben somit folgende Beziehung für das Minimalpolynom gewonnen:

$$\psi(\lambda)=\frac{D(\lambda)}{\vartheta(\lambda)}$$

und es ist

$$(\boldsymbol{A}-\lambda\boldsymbol{E})\,\boldsymbol{C}(\lambda)=\psi(\lambda)\,\boldsymbol{E}.$$

Gehen wir auf beiden Seiten zur Determinante über, so erhalten wir

$$D(\lambda)\,|\boldsymbol{C}(\lambda)|=[\psi(\lambda)]^n.$$

Das heißt aber, $\psi(\lambda)$ teilt $D(\lambda)$ ohne Rest und $[\psi(\lambda)]^n$ ist ohne Rest durch $D(\lambda)$ teilbar. Das bedeutet daß die Polynome $D(\lambda)$ und $\psi(\lambda)$ haben, wenn man von ihrer Vielfachheit absieht, dieselben Wurzeln. Man erhält schließlich den

**Satz 1.33.** *Die Wurzeln des Minimalpolynoms $\psi(\lambda)$ stimmen, abgesehen von ihrer Vielfachheit, mit den Eigenwerten der Matrix $\boldsymbol{A}$ überein.*

Ist

$$D(\lambda)=(-1)^n(\lambda-\lambda_1)^{\alpha_1}(\lambda-\lambda_2)^{\alpha_2}\dots(\lambda-\lambda_s)^{\alpha_s},\qquad(\lambda_i\neq\lambda_j,\ i\neq j)$$

so ist

$$\psi(\lambda)=(-1)^p(\lambda-\lambda_1)^{\beta_1}(\lambda-\lambda_2)^{\beta_2}\dots(\lambda-\lambda_s)^{\beta_s},$$

wobei $p=\beta_1+\beta_2+\dots+\beta_s\leqq n$; $0<\beta_i\leqq\alpha_i$ $(i=1,2,\dots,s)$ ist. Schließlich noch eine Bemerkung: Ist $\lambda_0$ ein Eigenwert von $\boldsymbol{A}$, also $D(\lambda_0)=0$ und somit auch $\psi(\lambda_0)=0$, so folgt

$$(\boldsymbol{A}-\lambda_0\,\boldsymbol{E})\,\boldsymbol{C}(\lambda_0)=\boldsymbol{0}.$$

Hier ist stets $\boldsymbol{C}(\lambda_0)\neq\boldsymbol{0}$. Sonst wären nämlich alle Elemente von $\boldsymbol{C}(\lambda)$ ohne Rest durch $\lambda-\lambda_0$ teilbar, das ist aber nicht möglich.

Ist $\boldsymbol{c}$ eine beliebige Spalte der Matrix $\boldsymbol{C}(\lambda_0)$ (und $\boldsymbol{c}\neq\boldsymbol{0}$), so folgt aus voriger Gleichung

$$(\boldsymbol{A}-\lambda_0\,\boldsymbol{E})\,\boldsymbol{c}=\boldsymbol{0}$$

d.h.

$$\boldsymbol{A}\,\boldsymbol{c}=\lambda_0\,\boldsymbol{c}.$$

*Jede von der Nullspalte verschiedene Spalte der Matrix* $\boldsymbol{C}(\lambda_0)$ (und eine solche

Spalte ist stets vorhanden) *ist ein Eigenvektor für* $\lambda=\lambda_0$.

*Beispiel*

$$A=\begin{pmatrix} 3 & -3 & 2\\ -1 & 5 & -2\\ -1 & 3 & 0\end{pmatrix}$$

$$D(\lambda)=\begin{vmatrix} 3-\lambda & -3 & 2\\ -1 & 5-\lambda & -2\\ -1 & 3 & -\lambda\end{vmatrix}=-(\lambda-2)^2(\lambda-4);$$

$$\operatorname{adj}(A-\lambda E)=\begin{pmatrix} -\lambda^2+5\lambda-6 & 3\lambda-6 & -2\lambda+4\\ \lambda-2 & -\lambda^2+3\lambda-2 & 2\lambda-4\\ \lambda-2 & -3\lambda+6 & -\lambda^2+8\lambda-2\end{pmatrix}.$$

Alle Elemente von $\operatorname{adj}(A-\lambda E)$ sind durch $\lambda-2$ teilbar. Kürzen wir $\operatorname{adj}(A-\lambda E)$ durch $\lambda-2$, so erhalten wir

$$C(\lambda)=\begin{pmatrix} 3-\lambda & 3 & -2\\ 1 & 1-\lambda & 2\\ 1 & -3 & 6-\lambda\end{pmatrix}$$

und

$$\psi(\lambda)=-\frac{D(\lambda)}{\lambda-2}=(\lambda-2)(\lambda-4).$$

Das ist das gesuchte Minimalpolynom.

### 101.19 *Die biorthogonale Minimalzerlegung einer quadratischen Matrix*

Wir wollen zur Zerlegung (1.079) in 101.14 zurückkehren. Wir haben nämlich behauptet, daß *jede* quadratische Matrix eine dyadische Minimalzerlegung zuläßt, wobei die Faktoren der dyadischen Produkte ein biorthogonales Vektorsystem bilden. Aus den Untersuchungen der vorangehenden Abschnitte erkennt man die Wichtigkeit dieser Behauptung, die aber nicht bewiesen wurde. Deswegen wollen wir nachträglich diesen sehr wichtigen Satz beweisen.

Die vollständigen Systeme der rechts- und linksseitigen Eigenvektoren der quadratischen Matrix $A$ seien:

$$x_1, x_2, \dots, x_\rho \quad \text{und} \quad y_1, y_2, \dots, y_\rho \tag{1.114}$$

und wir nehmen an, daß diese ein biorthogonales System bilden, was immer erreichbar ist. Die zu den Eigenvektoren (1.114) gehörenden Eigenwerte sind

$$\lambda_1, \lambda_2, \dots, \lambda_\rho.$$

Nun zeigen wir, daß die unter (1.114) stehenden Vektoren zum Eigenwert 0 gehörende Eigenvektoren der Matrix

$$B=A-\lambda_1 x_1 y_1^*-\cdots-\lambda_n x_n y_n^*$$

sind. Es gilt nämlich

$$\boldsymbol{B}\boldsymbol{x}_p = A\boldsymbol{x}_p - \lambda_1 \boldsymbol{x}_1 \boldsymbol{y}_1^* \boldsymbol{x}_p - \cdots - \lambda_p \boldsymbol{x}_p \boldsymbol{y}_p^* \boldsymbol{x}_p - \cdots - \\ - \lambda_n \boldsymbol{x}_n \boldsymbol{y}_n^* \boldsymbol{x}_p = \lambda \boldsymbol{x}_p - \lambda \boldsymbol{x}_p = \boldsymbol{0}$$

da $\boldsymbol{x}_p$ der zum Eigenwert $\lambda_p$ gehörende Eigenvektor ist und weil der Biorthogonalität $\boldsymbol{y}_k^* \boldsymbol{x}_p = 0$ für $k \neq p$ und 1 für $k = p$ gilt. Ahnlich läßt sich zeigen, daß $\boldsymbol{y}_p^* \boldsymbol{B} = \boldsymbol{0} (p = 1, 2, \dots, \rho)$ ist.

Da $\boldsymbol{B}$ mindestens $\rho$ unabhängige Eigenvektoren hat, die zum Eigenwert Null gehören, ist der Rang $\rho_0$ von $\boldsymbol{B}$

$$\rho_0 \leqq n - \rho . \tag{1.115}$$

Das folgt unmittelbar aus Satz 1.26, wonach die Anzahl der zu 0 gehörenden linear unabhängigen Eigenvektoren $d$ gleich $n - \rho_0$ ist. Es gilt aber $\rho \leqq d$, daher ergibt sich (1.115).

Wenn $\rho = n$ ist, d.h. das vollständige System der linear unabhängigen Eigenvektoren aus $n$ Gliedern besteht ($n$ ist die Ordnung von $\boldsymbol{A}$), dann ist die rechte Seite von (1.115) gleich Null. Da aber der Rang einer Matrix eine nichtnegative ganze Zahl ist, folgt $\rho_0 = 0$, das besagt, daß $\boldsymbol{B} = \boldsymbol{0}$ ist. Somit gilt also die Zerlegung

$$\boldsymbol{A} = \lambda_1 \boldsymbol{x}_1 \boldsymbol{y}_1^* + \cdots + \lambda_n \boldsymbol{x}_n \boldsymbol{y}_n^* .$$

Diese Zerlegung ist schon von der Gestalt (1.079). Es muß nur gezeigt werden, daß sie eine Minimalzerlegung ist. Wäre das nämlich keine biorthogonale Minimalzerlegung dann wären die Vektoren einer solchen linear unabhängige Eigenvektoren von $\boldsymbol{A}$, deren Anzahl kleiner als $n$ wäre. Das ist aber laut Voraussetzung nicht der Fall. Es könnte aber noch passieren, daß eine nicht unbedingt biorthogonale Minimalzerlegung weniger Glieder hat als $n$. Die Anzahl der Glieder einer Minimalzerlegung ist mit dem Rang der Matrix gleich. Aus unserer Voraussetzung aber folgt $|\boldsymbol{A}| \neq 0$ (die Null ist kein Eigenwert), d.h. der Rang von $\boldsymbol{A}$ ist gleich $n$, daher ist also unsere Zerlegung die kürzeste.

Wenn die Matrix $\boldsymbol{A}$ nicht von einfacher Struktur ist, dann bleibt die Behauptung noch immer gültig, doch läßt sich der bisherige Gedankengang nicht ohne weiteres auf den allgemeinen Fall übertragen. Der Beweis für den Fall, daß $\boldsymbol{A}$ nicht von einfacher Struktur ist, würde über den Rahmen dieses Buches herausführen, deswegen verzichten wir darauf, den Beweis hier zu bringen. Das können wir schon deswegen tun, da in der Praxis fast immer Matrizen von einfacher Struktur auftreten. Für den allgemeinen Fall verweisen wir auf das sich am Ende des Buches befindende Literaturverzeichnis.

Wenn $\boldsymbol{A}$ eine positiv definite hermitesche Matrix ist dann kann sie auf Grund obigen Darstellungen in folgende Gestalt zerlegt werden

$$\boldsymbol{A} = \lambda_1 \boldsymbol{x}_1 \boldsymbol{x}_1^* + \cdots + \lambda_n \boldsymbol{x}_n \boldsymbol{x}_n^* ,$$

wobei die $\lambda_1, \lambda_2, \ldots, \lambda_n$ Eigenwerte positiv sind (vgl. 101.15). Diese Zerlegung kann auch in matrizieller Form aufgeschrieben werden

$$A = (x_1, \ldots, x_n)\begin{pmatrix} \lambda_1 & 0 \ldots 0 \\ 0 & \lambda_2 \ldots 0 \\ \ldots & \ldots \\ 0 & 0 \ldots \lambda_n \end{pmatrix}\begin{pmatrix} x_1^* \\ x_2^* \\ \vdots \\ x_n^* \end{pmatrix}.$$

Wenn wir die Matrix

$$B = \begin{pmatrix} \sqrt{\lambda_1} & 0 & \ldots & 0 \\ 0 & \sqrt{\lambda_2} & \ldots & 0 \\ \ldots & \ldots & \ldots & \ldots \\ 0 & 0 & \ldots & \sqrt{\lambda_n} \end{pmatrix}\begin{pmatrix} x_1^* \\ \vdots \\ x_n^* \end{pmatrix}$$

betrachten dann sieht man sofort daß

$$A = B^* B$$

ist. *Eine positiv definite hermitsche Matrix ist somit in das Produkt zweier einander konjugierten Matrizen zerlegbar.*

## 102 Matrixanalysis

### 102.01 *Folgen, Reihen, Stetigkeit, Ableitung und Integral von Matrizen*

Es sei eine unendliche Folge von Matrizen

$$A_1, A_2, \ldots, A_n, \ldots \tag{1.116}$$

betrachtet. Wir setzen voraus, daß jede Matrix (mindestens von einem gewissen Index $n_0$ an) von demselben Typus ist. Die Elemente von $A_n$ bezeichnen wir mit $a_{kl}^{(n)}$ $(n=1, 2, \ldots;\ k=1, 2, \ldots, r;\ l=1, 2, \ldots, s)$. Nun stellen wir folgende Definition auf:

**Definition:** *Die Folge von Matrizen $\{A_n\}$ heißt konvergent, falls alle Zahlenfolgen $a_{kl}^{(n)}$ $(k=1, 2, \ldots, r;\ l=1, 2, \ldots, s)$ für $n \to \infty$ konvergent sind. Wenn wir in diesem Fall $\lim_{n\to\infty} a_{k,l}^{(n)} = a_{k,l}$ setzen, dann heißt die aus den Zahlen $a_{kl}$ $(k=1, 2, \ldots$ $\ldots, r;\ l=1, 2, \ldots, s)$ gebildete Matrix $A$ der Grenzwert der Folge* (1.116), *in Zeichen*

$$\lim_{n\to\infty} A_n = A \quad \text{oder auch} \quad A_n \to A \quad \text{für} \quad n \to \infty .$$

Aus dieser Definition geht sofort hervor, daß

$$\lim_{n\to\infty} (\alpha A_n + \beta B_n) = \alpha A + \beta B$$

gilt, wobei $\alpha$ und $\beta$ beliebige Zahlenwerte und $\boldsymbol{A}_n$ und $\boldsymbol{B}_n$ zwei konvergente Matrizenfolgen mit den Grenzwerten $\boldsymbol{A}$ bzw. $\boldsymbol{B}$ sind. Selbstverständlich muß hier die Addition einen Sinn haben, d.h. $\boldsymbol{A}_n$ und $\boldsymbol{B}_n$ müssen vom selben Typus sein.

Wenn in der Matrizenfolge $\{\boldsymbol{A}_n\}$ alle Matrizen vom Typus $s \times p$ und in der Folge $\{\boldsymbol{B}_n\}$ alle Elemente vom Typus $p \times r$ sind, dann gilt offenbar

$$\lim_{n \to \infty} \boldsymbol{A}_n \boldsymbol{B}_n = \boldsymbol{A}\,\boldsymbol{B}$$

wobei $\boldsymbol{A}$ und $\boldsymbol{B}$ die Grenzwerte von $\{\boldsymbol{A}_n\}$ bzw. von $\{\boldsymbol{B}_n\}$ sind.

Analog wird der Grenzwert (Summe) einer unendlichen Reihe von Matrizen definiert:

**Definition:** *Die unendliche Reihe von Matrizen desselben Typus*

$$\sum_{n=1}^{\infty} \boldsymbol{C}_n = \boldsymbol{C}_1 + \boldsymbol{C}_2 + \cdots + \boldsymbol{C}_n + \cdots$$

*heißt konvergent, wenn die Folge der Teilsummen*

$$\boldsymbol{A}_n = \boldsymbol{C}_1 + \boldsymbol{C}_2 + \cdots + \boldsymbol{C}_n \qquad (n = 1, 2, \ldots)$$

*konvergent ist. In diesem Fall ist die Matrix*

$$\boldsymbol{A} = \lim_{n \to \infty} \boldsymbol{A}_n$$

*der Grenzwert oder die Summe der betrachteten Reihe.*

Wenn wir die Elemente von $\boldsymbol{C}_n$ mit $c_{k,l}^{(n)}$ $(k = 1, 2, \ldots, r;\ l = 1, 2, \ldots, s;\ n = 1, 2, \ldots)$ bezeichnen, dann ist es klar, daß $\sum_{n=1}^{\infty} \boldsymbol{C}_n$ genau dann konvergent ist, wenn alle Reihen

$$\sum_{n=1}^{\infty} c_{k\,l}^{(n)} \qquad (k = 1, 2, \ldots, r;\ l = 1, 2, \ldots, s)$$

konvergieren. Deshalb behalten dieselben Rechenregeln, die bei gewöhnlichen numerischen Reihen gelten, ihre Gültigkeit auch bei Matrizenreihen.

Unter einer *Matrixfunktion* $\boldsymbol{F}(t)$ verstehen wir eine eindeutige Abbildung einer Zahlenmenge in eine gewisse Menge von Matrizen: $\boldsymbol{F}(t)$ bedeutet eine Matrix die vom Zahlenwert $t$ abhängt, d.h. daß jedes Element von $\boldsymbol{F}$ eine Funktion von $t$ ist:

$$\boldsymbol{F}(t) = \begin{pmatrix} f_{11}(t) & f_{12}(t) \ldots f_{1\,s}(t) \\ \ldots & \ldots \\ f_{r\,1}(t) & f_{r\,2}(t) \ldots f_{r\,s}(t) \end{pmatrix}. \tag{1.117}$$

$\boldsymbol{F}(t)$ hat einen *Grenzwert* an der Stelle $t_0$ falls alle $f_{kl}(t)$ an der Stelle $t_0$ einen Grenzwert besitzen. Wenn $\lim_{t \to t_0} f_{kl}(t) = f_{kl}$ ist $(k = 1, 2, \ldots, r;\ l = 1, 2, \ldots, s)$, dann ist die Matrix

$$\begin{pmatrix} f_{11} \cdots f_{1\,s} \\ \ldots\ldots \\ f_{r\,1} \cdots f_{r\,s} \end{pmatrix}$$

der Grenzwert von $F(t)$ an der Stelle $t_0$. Der Grenzwert einer Matrix hat analoge Eigenschaften wie der Grenzwert gewöhnlicher Funktionen. So z.B. wenn $F(t)$ und $G(t)$ für $t \to t_0$ den Grenzwert $F$ und $G$ haben, dann hat $F(t)+G(t)$ den Grenz wert $F+G$; $F(t)\,G(t)$ den Grenzwert $FG$ und als Sonderfall $UF(t)$ den Limes $UF$, wobei $U$ eine konstante Matrix ist (vorausgesetzt, daß die obigen Summen und Produkte definiert sind).

Wir sagen, daß eine Matrixfunktion $F(t)$ an einer Stelle bzw. in einem Intervall I *stetig* ist, wenn alle Funktionen $f_{kl}(t)$ $(k=1, 2, \ldots, r;\ l=1, 2, \ldots, s)$ in (1.117) im betreffenden Punkt, bzw. im Intervall I stetig sind.

Analog kann man Matrixfunktionen von mehreren Veränderlichen definieren.

Die Matrixfunktion $F(t)$ heißt im Punkt $t_0$, bzw. im Intervall I *differenzierbar*, wenn alle in (1.115) vorkommende Funktionen in $t_0$, bzw. in I differenzierbar sind. In diesem Fall heißt die Matrix

$$F'(t) = \frac{dF}{dt} = \begin{pmatrix} f'_{11}(t) \ldots {}'_{1s}(t) \\ \ldots\ldots\ldots\ldots \\ f'_{r1}(t) \ldots f'_{rs}(t) \end{pmatrix}$$

die *Ableitung* von $F(t)$. Es ist klar, daß

$$F'(t) = \lim_{h \to 0} \frac{F(t+h) - F(t)}{h}$$

gilt.

Die üblichen Eigenschaften der Ableitung können leicht auf Matrixfunktionen übertragen werden. So z.B. gelten offenbar folgende Regeln:

$$[A(t) + B(t)]' = A'(t) + B'(t)$$
$$[\lambda A(t)]' = \lambda A'(t).$$

Noch allgemeiner gilt, wenn $K$ eine konstante Matrix ist (d.h. ihre Elemente hängen von $t$ nicht ab) die mit $A(t)$ von links (bzw. von rechts) multipliziert werden kann:

$$[KA(t)]' = KA'(t) \qquad (\text{bzw. } A(t)\,K' = A'(t)\,K).$$

Auch die bekannte Differentationsregel für ein Produkt gilt: $A(t)$ und $B(t)$ seien zwei differenzierbare Matrizen deren Produkt (in einer Reihenfolge) sinnvoll ist. Dann gilt

$$[A(t)\,B(t)]' = A'(t)\,B(t) + A(t)\,B'(t). \qquad (1.118)$$

Selbstverständlich ist hier die Reihenfolge der Matrizen innerhalb der Summanden an der rechten Seite von (1.118) wesentlich.

Der Beweis dieser Regel erfolgt genau so wie der Beweis bei gewöhnlichen Funktionen, deswegen wird die Durchführung dem Leser überlassen. Nochmals soll die Wichtigkeit der Reihenfolge betont werden. Eine Matrix ist im allgemeinem mit ihrer Ableitung nicht vertauschbar! So z.B. gilt für eine quadratische Matrixfunktion

$$[\boldsymbol{A}^2(t)]' = \boldsymbol{A}'\boldsymbol{A} + \boldsymbol{A}\boldsymbol{A}',$$

aber im allgemeinem ist $[\boldsymbol{A}^2(t)]'$ nicht gleich $2\boldsymbol{A}\boldsymbol{A}'$!

Wenn $f(t)$ eine gewöhnliche Skalarfunktion ist, dann gilt selbstverständlich

$$[f(t)\,\boldsymbol{A}(t)]' = f'(t)\,\boldsymbol{A}(t) + f(t)\,\boldsymbol{A}'(t)$$

und hier ist schon die Reihenfolge der Faktoren willkürlich.

Aus der Definition der Ableitung geht unmittelbar die Regel hervor

$$[\boldsymbol{A}(f(t))]' = \boldsymbol{A}'(f(t))\,f'(t)$$

vorausgesetzt, daß $\boldsymbol{A}(u)$ nach der Veränderlichen $u$ und $f(t)$ nach $t$ differenzierbar ist.

*Falls $\boldsymbol{A}(t)$ eine quadratische Matrix ist, die in einer Umgebung vom Punkt $t_0$ eine Ableitung hat, und hat $\boldsymbol{A}(t)$ in dieser Umgebung eine eindeutige Inverse, dann besitzt $\boldsymbol{A}^{-1}(t)$ an der Stelle $t_0$ auch eine Ableitung und es gilt*

$$[\boldsymbol{A}^{-1}(t)]'_{t=t_0} = -\,\boldsymbol{A}^{-1}(t_0)\,\boldsymbol{A}'(t_0)\,\boldsymbol{A}^{-1}(t_0)\,. \tag{1.119}$$

Um das beweisen zu können, schicken wir folgende Bemerkung, die aus der Definition des Grenzwertes unmittelbar folgt, voraus.

Wenn $\boldsymbol{U}(t)$ und $\boldsymbol{V}(t)$ zwei quadratische Matrizen sind und

$$\lim_{t\to a} \boldsymbol{U}(t) = \boldsymbol{U} \qquad \lim_{t\to a} \boldsymbol{U}(t)\,\boldsymbol{V}(t)$$

existieren, weiterhin $\boldsymbol{U}$ eine eindeutige Inverse hat, dann existiert der Grenzwert an der Stelle $t=a$ auch von $\boldsymbol{V}(t)$. Das ergibt sich in dem man das Produkt $\boldsymbol{U}^{-1}\boldsymbol{U}(t)\,\boldsymbol{V}(t)$ betrachtet. Dieses hat laut Vorasussetzung einen Grenzwert, dabei hat auch $\boldsymbol{U}^{-1}\boldsymbol{U}(t)$ den Grenzwert $\boldsymbol{E}$ und daher hat auch $\boldsymbol{V}(t)$ einen Grenzwert.

Nun werden wir den Differenzenquotent von $\boldsymbol{A}^{-1}(t)$ bilden:

$$\Delta(h) = \frac{\boldsymbol{A}^{-1}(t_0+h) - \boldsymbol{A}^{-1}(t_0)}{h} \qquad (h \neq 0)$$

und wählen $|h|$ schon so klein, daß $t_0+h$ in diejenige Umgebung von $t_0$ fällt, von der in der Behauptung die Rede war. Wir multiplizieren $\Delta(h)$ von links mit $\boldsymbol{A}(t_0+h)$:

$$\boldsymbol{A}(t_0+h)\,\Delta(h) = \frac{\boldsymbol{E} - \boldsymbol{A}(t_0+h)\,\boldsymbol{A}^{-1}(t_0)}{h}\,. \tag{1.120}$$

$\boldsymbol{A}(t)$ wurde als eine differenzierbare Matrizenfunktion vorausgesetzt. Daraus folgt, daß $\boldsymbol{A}(t_0+h)$ in folgender Gestalt dargestelt werden kann

$$\boldsymbol{A}(t_0+h) = \boldsymbol{A}(t_0) + \boldsymbol{B}(h)\,h$$

wobei $\boldsymbol{B}(t)\to\boldsymbol{A}'(t_0)$ für $t\to t_0$. Daher ist

$$\boldsymbol{A}(t_0+h)\,\Delta(h) = \frac{\boldsymbol{E} - \boldsymbol{E} - \boldsymbol{B}(h)\,\boldsymbol{A}^{-1}(t_0)\,h}{h} = -\,\boldsymbol{B}(h)\,\boldsymbol{A}^{-1}(t_0)\,. \tag{1.121}$$

Wenn $h \to 0$, dann hat die rechte Seite von (1.121) den Grenzwert $-A'(t_0)A^{-1}(t_0)$. Nach unserer Bemerkung folgt daraus, daß $\Delta(h)$ auch einen Grenzwert hat, weil $A(t_0+h)\,\Delta(h)$ und $A(t_0+h)$ für $h \to 0$ Grenzwerte besitzen. Das besagt, daß die Ableitung von $A^{-1}(t)$ im Punkt $t_0$ existiert. Man kann sie leicht berechnen. Wir wissen schon, daß

$$\lim_{h \to 0} \Delta(h) = [A^{-1}(t)]'_{t=t_0}$$

existiert. Dann können wir schreiben

$$\lim_{h \to 0} A(t_0 + h)\,\Delta(h) = [A(t_0)\,A^{-1}(t)]'_{t=t_0} = -\,A'(t_0)\,A^{-1}(t_0)\,.$$

Wir multiplizieren diese Gleichung mit $A^{-1}(t_0)$ von links, dadurch ergibt sich

$$[A^{-1}(t)]'_{t=t_0} = -\,A^{-1}(t_0)\,A'(t_0)\,A^{-1}(t_0)\,.$$

Auch hier muß beachtet werden, daß $A^{-1}(t_0)$ und $A'(t_0)$ im allggemeimen nicht vertauschbar sind.

Analog lassen sich auch die partiellen Ableitungen von Matrizenfunktionen mehrerer Veränderlichen definieren.

Schließlich soll noch kurz das bestimmte und unbestimmte Integral von Matrizenfunktionen definiert werden. Wenn

$$A(t) = \begin{pmatrix} f_{11}(t) \ldots f_{1m}(t) \\ \ldots\ldots\ldots\ldots\ldots \\ f_{n1}(t) \ldots f_{nm}(t) \end{pmatrix}$$

ist, dann führen wir folgende Definitionen ein:

$$\int_a^b A(t)\,dt = \begin{pmatrix} \int_a^b f_{11}(t)\,dt \ldots \int_a^b f_{1m}(t)\,dt \\ \ldots\ldots\ldots\ldots\ldots\ldots\ldots \\ \int_a^b f_{n1}(t)\,dt \ldots \int_a^b f_{nm}(t)\,dt \end{pmatrix} \tag{1.122}$$

und

$$\int A(t)\,dt = \begin{pmatrix} \int f_{11}(t)\,dt \ldots \int\ {}_{1m}(t)\,dt \\ \ldots\ldots\ldots\ldots\ldots\ldots\ldots \\ \int f_{n1}(t)\,dt \ldots \int f_{nm}(t)\,dt \end{pmatrix} \tag{1.123}$$

vorausgesetzt natürlich, daß die Integrale der Funktionen $f_{ik}(t)$ existieren.

## 102.02 *Potenzreihen von Matrizen*

Sei $A$ eine quadratische Matrix. Der formale Ausdruck

$$a_0 E + a_1 A + a_2 A^2 + \cdots + a_n A^n + \cdots = \sum_{n=0}^{\infty} a_n A^n \quad (A^0 = E) \tag{1.124}$$

heißt eine Potenzreihe von $A$, wobei $a_0, a_1, \ldots, a_n, \ldots$ gegebene Zahlenkoeffizienten sind. Unser Ziel ist, Kriterien für die Konvergenz solcher Potenzreihen anzugeben.

Wir setzen zuerst voraus, daß das Minimalpolynom $\mu(\lambda)$ von $A$ nur einfache Wurzeln hat:

$$\mu(\lambda) = (\lambda - \lambda_1)(\lambda - \lambda_2) \ldots (\lambda - \lambda_s).$$

Der Matrixpotenzreihe (1.124) lassen wir folgende gewöhnliche Potenzreihe

$$f(\lambda) = a_0 + a_1 \lambda + \cdots + a_n \lambda^n + \cdots \tag{1.125}$$

entsprechen. Ihre $\nu$-te Partialsumme soll durch $s_\nu(\lambda)$ bezeichnet werden. Wir dividieren $s_\nu(\lambda)$ durch $\mu(\lambda)$:

$$\frac{s_\nu(\lambda)}{\mu(\lambda)} = q_\nu(\lambda) + \frac{R_\nu(\lambda)}{\mu(\lambda)}, \quad (\nu \geqq s) \tag{1.126}$$

wobei $R_\nu$ der Rest ist, der sich bei der Division ergibt. Aus (1.126) folgt

$$s_\nu(\lambda) = q_\nu(\lambda)\, \mu(\lambda) + R_\nu(\lambda). \tag{1.127}$$

Da die Rechenregeln für die Potenzen einer quadratischen Matrix dieselben sind wie für Zahlen, bleibt die Beziehung (1.127) auch dann gültig wenn wir für $\lambda$ die Matrix $A$ setzen, daher gilt

$$s_\nu(A) = q_\nu(A)\, \mu(A) + R_\nu(A) = R_\nu(A)$$

d.h.

$$s_\nu(A) = R_\nu(A).$$

Hier wurde benutzt, daß $\mu(A) = \mathbf{0}$ ist. Laut Definition von $R_\nu(\lambda)$ ist es ein Polynom höchstens $(s-1)$-ten Grades, die Bedeutung der Beziehung von $s_\nu(A) = R_\nu(A)$ ist somit, daß das Polynom höchstens $(s-1)$-ten Grades $R_\nu(A)$ mit dem Matrixpolynom $\nu$-ten Grades $s_\nu(A)$ gleich ist, wobei $\nu$ eine beliebige, noch so große ganze Zahl ist.

Wenn wir in die Identität (1.127) nacheinander für $\lambda$ die Werte $\lambda_1, \lambda_2, \ldots, \lambda_s$ setzen ergibt sich

$$R_\nu(\lambda_1) = s_\nu(\lambda_1); \quad R_\nu(\lambda_2) = s_\nu(\lambda_2), \ldots, R_\nu(\lambda_s) = S_\nu(\lambda_s).$$

Diese Gleichungen bestimmen das Polynom $R_\nu(\lambda)$ eindeutig. Die explizite Gestalt von $R_\nu(\lambda)$ kann mit Hilfe der Lagrangeschen Interpolationsformel bestimmt werden.

Wir bilden zu diesem Zweck die Lagrangeschen Grundpolynome

$$L_k(\lambda) = \frac{\mu(\lambda)}{\mu'(\lambda_k)(\lambda - \lambda_k)} = \frac{(\lambda - \lambda_1)\dots(\lambda - \lambda_{k-1})(\lambda - \lambda_{k+1})\dots(\lambda - \lambda_s)}{(\lambda_k - \lambda_1)\dots(\lambda_k - \lambda_{k-1})(\lambda_k - \lambda_{k+1})\dots(\lambda_k - \lambda_s)}. \tag{1.128}$$

Diese haben, wie leicht nachzuprüfen ist, folgende Eigenschaften

$$L_k(\lambda_k) = 1, \quad L_k(\lambda_i) = 0 \quad (k \neq i;\, i, k = 1, 2, \dots, s) \tag{1.128'}$$

Somit kann das Polynom $R_\nu(\lambda)$ in folgender Gestalt geschrieben werden

$$R_\nu(\lambda) = s_\nu(\lambda_1)\, L_1(\lambda) + s_\nu(\lambda_2)\, L_2(\lambda) + \dots + s_\nu(\lambda_s)\, L_s(\lambda).$$

In dieser Formel treten keine weitere Operationen bezüglich $\lambda$ wie Additionen und Multiplikationen mit Konstanten auf, daher ist das Einsetzen von $A$ für $\lambda$ gestattet:

$$R_\nu(A) = s_\nu(A) = s_\nu(\lambda_1)\, L_1(A) + s_\nu(\lambda_2)\, L_2(A) + \dots + s_\nu(\lambda_s)\, L_s(A). \tag{1.129}$$

Wir setzen ferner noch voraus, daß der Konvergenzkreis der Potenzreihe (1.125) die Wurzeln $\lambda_1, \lambda_2, \dots \lambda_s$ als innere Punkte enthält. Dann gilt

$$\lim_{\nu \to \infty} s_\nu(\lambda_k) = f(\lambda_k), \quad (k = 1, 2, \dots, s)$$

somit hat die rechte Seite von (1.129) einen Grenzwert für $\nu \to \infty$, deswegen konvergiert auch die an der linken Seite stehende Matrizenfolge $s_\nu(A)$. Aus naheliegenden Gründen werden wir den Grenzwert dieser Folge mit $f(A)$ bezeichnen. Die obigen Überlegungen führten also zum wichtigen Resultat:

$$f(A) = f(\lambda_1)\, L_1(A) + f(\lambda_2)\, L_2(A) + \dots + f(\lambda_s)\, L_s(A). \tag{1.130}$$

Wir haben somit folgenden Satz bewiesen:

**Satz 1.34a.** *Wenn das Minimalpolynom der quadratischen Matrix $A$ die einfachen Wurzeln $\lambda_1, \lambda_2, \dots, \lambda_s$ hat, die im Innern des Konvergenzkreises der Potenzreihe* (1.125) *liegen, dann ist die ihr entsprechende Matrizenpotenzreihe* (1.124) *konvergent und ihr Grenzwert ist durch die Formel* (1.130) *gegeben, wobei $L_k(\lambda)$ die zu den Wurzeln $\lambda_k$ gehörigen Lagrangeschen Grundpolynome sind.*

Nun wollen wir einige wichtige Beispiele betrachten.

*Beispiel* 1. Die Ausgangspotenzreihe sei diesmal die der Exponentialfunktion

$$e^\lambda = 1 + \lambda + \frac{\lambda^2}{2!} + \dots + \frac{\lambda^n}{n!} + \dots.$$

Diese Polenzreihe ist für jeden $\lambda$-Wert konvergent, daher *kann man $e^A$ für jede quadratische Matrix $A$ definieren deren Minimalpolynom einfache Wurzeln besitzt.* Nach unserem eben bewiesen Satz gilt

$$e^A = e^{\lambda_1} L_1(A) + e^{\lambda_2} L_2(A) + \dots + e^{\lambda_s} L_s(A)$$

und dieser Ausdruck ist mit der Summe der folgenden Matrizenpotenzreihe gleich:

$$\boldsymbol{E} + \boldsymbol{A} + \frac{1}{2!}\boldsymbol{A}^2 + \cdots + \frac{1}{n!}\boldsymbol{A}^n + \cdots.$$

Die Matrizenfunktion $e^{\boldsymbol{A}}$ genügt derselben Funktionalgleichung wie die gewöhnliche Exponentialfunktion. Es gilt nämlich folgendes: *Sind $\boldsymbol{A}$ und $\boldsymbol{B}$ beliebige, miteinander vertauschbare quadratische Matrizen für welche $e^{\boldsymbol{A}}$ und $e^{\boldsymbol{B}}$ existieren, dann sind auch $e^{\boldsymbol{A}}$ und $e^{\boldsymbol{B}}$ vertauschbar und die Gleichung*

$$e^{\boldsymbol{A}+\boldsymbol{B}} = e^{\boldsymbol{A}} e^{\boldsymbol{B}} \tag{1.131}$$

*ist erfüllt.*

Um das zu beweisen, gehen wir von den Reihendarstellungen

$$e^{\boldsymbol{A}} = \boldsymbol{E} + \boldsymbol{A} + \frac{1}{2!}\boldsymbol{A}^2 + \cdots + \frac{1}{n!}\boldsymbol{A}^n + \cdots$$

$$e^{\boldsymbol{B}} = \boldsymbol{E} + \boldsymbol{B} + \frac{1}{2!}\boldsymbol{B}^2 + \cdots + \frac{1}{n!}\boldsymbol{B}^n + \cdots$$

aus. Wegen der absoluten Konvergenz der Exponentialreihe gilt

$$e^{\boldsymbol{A}} e^{\boldsymbol{B}} = \sum_{p=0}^{\infty}\sum_{q=0}^{\infty} \frac{1}{p!\,q!}\boldsymbol{A}^p \boldsymbol{B}^q = \sum_{q=0}^{\infty}\sum_{p=0}^{\infty} \frac{1}{(p+q)!}\frac{(p+q)!}{p!\,q!}\boldsymbol{A}^p \boldsymbol{B}^q =$$

$$= \sum_{n=0}^{\infty}\sum_{p=0}^{\infty} \frac{1}{n!}\frac{n!}{p!(n-p)!}\boldsymbol{A}^p \boldsymbol{B}^{n-p} = \sum_{n=0}^{\infty}\frac{1}{n!}(\boldsymbol{A}+\boldsymbol{B})^n = e^{\boldsymbol{A}+\boldsymbol{B}}.$$

Falls $\boldsymbol{A}$ die Bedingungen, unter welchen $e^{\boldsymbol{A}}$ existiert, erfüllt, dann gilt dasselbe auch für $-\boldsymbol{A}$, somit existiert auch $e^{-\boldsymbol{A}}$. Man sieht unmittelbar ein, daß *die Matrix $e^{\boldsymbol{A}}$ eine Inverse hat, die mit $e^{-\boldsymbol{A}}$ gleich ist.*

$e^{\boldsymbol{A}}$ und $e^{-\boldsymbol{A}}$ sind offensichtlich vertauschbar und laut (1.129) ergibt sich

$$e^{\boldsymbol{A}} \cdot e^{-\boldsymbol{A}} = e^{\boldsymbol{0}} = \boldsymbol{E}$$

woraus

$$(e^{\boldsymbol{A}})^{-1} = e^{-\boldsymbol{A}}$$

folgt.

Zur Erläuterung des Bisherigen wollen wir ein numerisches Beispiel betrachten:

Es soll $e^{\boldsymbol{A}}$ für

$$\boldsymbol{A} = \begin{pmatrix} 0 & 1 & -3 \\ -1 & 0 & 4 \\ 3 & -4 & 0 \end{pmatrix}$$

berechnet werden. Dazu bilden wir die charakteristische Gleichung

$$D(\lambda) = |A - \lambda E| = \begin{vmatrix} -\lambda & 1 & -3 \\ -1 & -\lambda & 4 \\ 3 & -4 & -\lambda \end{vmatrix} = -\lambda^3 - 26\lambda = 0.$$

Die Wurzeln dieser Gleichung sind

$$\lambda_1 = 0; \quad \lambda_2 = \sqrt{26}\,i, \quad \lambda_3 = -\sqrt{26}\,i.$$

Zu diesen Werten gehören folgende Lagrangesche Grundpolynome

$$L_1(\lambda) = \frac{(\lambda - \sqrt{26}\,i)(\lambda + \sqrt{26}\,i)}{(-\sqrt{26}\,i)(\sqrt{26}\,i)} = \frac{1}{26}(\lambda^2 + 26),$$

$$L_2(\lambda) = \frac{\lambda(\lambda + \sqrt{26}\,i)}{(\sqrt{26}\,i)\,2(\sqrt{26}\,i)} = -\frac{1}{52}(\lambda^2 + \sqrt{26}\,i\,\lambda),$$

$$L_3(\lambda) = \frac{\lambda(\lambda - \sqrt{26}\,i)}{(-\sqrt{26}\,i)(-2\sqrt{26}\,i)} = -\frac{1}{52}(\lambda^2 - \sqrt{26}\,i\,\lambda).$$

Somit erhalten wir die Beziehung

$$e^A = \frac{1}{26}(A^2 + 26E) - \frac{1}{52}e^{\sqrt{26}\,i}(A^2 + \sqrt{26}\,i\,A) - \frac{1}{52}e^{-\sqrt{26}\,i}(A^2 - \sqrt{26}\,i\,A).$$

Wenn wir die Eulersche Relation

$$e^{\pm\sqrt{26}\,i} = \cos\sqrt{26} \pm i\sin\sqrt{26}$$

anwenden, können wir schreiben

$$e^A = E + \frac{\sin\sqrt{26}}{\sqrt{26}}A + \frac{1 - \cos\sqrt{26}}{26}A^2.$$

*Beispiel* 2. Ähnlich wie im vorigen Beispiel können wir auch $\sin A$ deuten, wobei $A$ eine quadratische Matrix ist. Die Ausgangspotenzreihe

$$\sin\lambda = \lambda - \frac{\lambda^3}{3!} + \frac{\lambda^5}{5!} \mp \cdots$$

ist auch in diesem Fall für alle $\lambda$ konvergent, daher hat *sin A für jede quadratische Matrix A einen Sinn, falls das Minimalpolynom einfache Wurzeln hat.*

Das Verfahren zur Bestimmung von $\sin A$ verläuft genau wie das der Bestimmung von $e^A$. Wir werden auch dazu konkretes Beispiel betrachten. Die Aufgabe sei die Bestimmung von

$$\sin\begin{pmatrix} 2 & 0 & 1 \\ -8 & 0 & -1 \\ 4 & 1 & 2 \end{pmatrix}.$$

Das charakteristische Polynom lautet diesmal wie folgt

$$D(\lambda) = \begin{vmatrix} 2-\lambda & 0 & 1 \\ -8 & -\lambda & -1 \\ 4 & 1 & 2-\lambda \end{vmatrix} = -\lambda^3 + 4\lambda^2 - \lambda - 6,$$

seine Wurzeln sind $\lambda_1 = -1$, $\lambda_2 = 2$, $\lambda_3 = 3$. Jetzt haben wir die Lagrangeschen Grundpolynome zu bilden:

$$L_1(\lambda) = \frac{(\lambda-2)(\lambda-3)}{(-3)(-4)} = \frac{1}{12}(\lambda^2 - 5\lambda + 6),$$

$$L_2(\lambda) = \frac{(\lambda+1)(\lambda-3)}{-3} = -\frac{1}{3}(\lambda^2 - 2\lambda - 3),$$

$$L_3(\lambda) = \frac{(\lambda+1)(\lambda-2)}{4} = \frac{1}{4}(\lambda^2 - \lambda - 2).$$

Auf Grund der Formel (1.130) haben wir das Ergebnis

$$\sin \boldsymbol{A} = \sin(-1)\, L_1(\boldsymbol{A}) + \sin 2\, L_2(\boldsymbol{A}) + \sin 3\, L_3(\boldsymbol{A})$$

oder

$$\sin \boldsymbol{A} = \frac{-0{,}842}{12}(\boldsymbol{A}^2 - 5\boldsymbol{A} + 6\boldsymbol{E}) - \frac{0{,}909}{3}(\boldsymbol{A}^2 - 2\boldsymbol{A} - 3\boldsymbol{E}) +$$

$$+ \frac{0{,}141}{4}(\boldsymbol{A}^2 - \boldsymbol{A} - 2\boldsymbol{E}).$$

*Beispiel* 3. $\boldsymbol{A}$ sei eine quadratische Matrix deren charakteristische Gleichung einfache Wurzeln hat, die im Innern des Einheitskreis liegen. In diesem Fall kann man $\log \boldsymbol{A}$ einen Sinn geben, in dem man

$$\log \boldsymbol{A} = \log\big(\boldsymbol{E} - (\boldsymbol{E} - \boldsymbol{A})\big)$$

setzt. Die Potenzreihe von $\log(1-z)$ konvergiert nämlich im Kreis $|z| < 1$.

Die Deutung von $\log \boldsymbol{A}$ ist deswegen erwähnungswert, weil die Funktion $\log z$ im Nullpunkt eine Singularität hat.

Unser Ergebnis kann auf den Fall verallgemeinert werden, wenn das Minimalpolynom auch mehrfache Wurzeln besitzt:

$$\mu(\lambda) = (\lambda - \lambda_1)^{\alpha_1} (\lambda - \lambda_2)^{\alpha_2} \dots (\lambda - \lambda_s)^{\alpha_s},$$

wobei $\lambda_1, \lambda_2, \dots, \lambda_s$ paarweise *verschiedene* Wurzeln bedeutet. Wir führen die Bezeichnung

$$m = \alpha_1 + \alpha_2 + \cdots + \alpha_s$$

ein. $\mu(\lambda)$ hat offenbar folgende Eigenschaft:

$$\mu(\lambda_k) = 0,\ \mu'(\lambda_k) = 0, \dots, \mu^{(\alpha_k - 1)}(\lambda_k) = 0 \quad (k = 1, 2, \dots, k).$$

Es ist klar, daß die Identität (1.127) behält ihre Gültigkeit, jetzt aber ist $R_\nu$ ein Polynom vom Grad $\leqq m-1$. Unter Berücksichtigung der obigen Eigenschaft von $\mu(\lambda)$ folgt aus (1.127):

$$
\begin{aligned}
&s_\nu(\lambda_k) = R_\nu(\lambda_k)\\
&s'(\lambda_k) = R'_\nu(\lambda_k)\\
&\dots\dots\dots\dots\\
&s_\nu^{(\alpha_k-1)}(\lambda_k) = R_\nu^{\alpha_k-1}(\lambda_k) \qquad (k=1,2,\dots,s).
\end{aligned}
$$

Das sind $\alpha_k$ Bedingungen für das Polynom $R_\nu(\lambda)$, und da $s$ verschiedene Wurzeln existieren, haben wir insgesamt $\alpha_1+\alpha_2+\dots+\alpha_s=m$ Bedingungen. Das Polynom $R_\nu$ $(m-1)$-ten Grades ist somit eindeutig bestimmt.*) Um seine explizite Form darstellen zu können bestimmen wir zuerst dasjenige Polynom $L_{kp}(\lambda)$ (von kleinsten Grad) für welches

$$
\begin{aligned}
&L_{k\,p}^{(t)}(\lambda_l) = 0 \qquad \text{für} \qquad t+1 \neq p\\
&L_{k\,\alpha_k}^{(\alpha_k-1)}(\lambda_l) = 0 \qquad \text{für} \qquad l \neq k; \qquad L_{k\,\alpha_k}^{(\alpha_k-1)}(\lambda_k) = 1\,.\\
&\begin{pmatrix} k=1,2,\dots,s;\, p=1,2,\dots,\alpha_k \\ t=0,1,2,\dots,\alpha_k-1 \end{pmatrix}
\end{aligned}
$$

gilt.

Ein solches Polynom vom niedrigsten Grad ist eindeutig bestimmt und seine Koeffizienten können leicht berechnet werden. Wenn wir $L_{kp}(\lambda)$ schon konstruiert haben, dann hat das Polynom

$$
\Pi_\nu(\lambda) = \sum_{k=1}^{s} \left[s_\nu(\lambda_k)\, L_{k1}(\lambda) + s'_\nu(\lambda_k)\, L_{k\,2}(\lambda) + \dots + s_\nu^{(\alpha_k-1)}(\lambda_k)\, L_{k\,\alpha_k}(\lambda)\right] \; (*)
$$

offenbar die folgenden Eigenschaften

$$
\begin{aligned}
&\Pi_\nu(\lambda_k) = s_\nu(\lambda_k) = R_\nu(\lambda_k),\\
&\Pi'_\nu(\lambda_k) = s'_\nu(\lambda_k) = R'_\nu(\lambda_k)\\
&\dots\dots\dots\dots\dots\dots\\
&\Pi_\nu^{(\alpha_k-1)}(\lambda_k) = s_\nu^{(\alpha_k-1)}(\lambda_k) = R_\nu^{(\alpha_k-1)}(\lambda_k).
\end{aligned}
$$

Dabei soll noch beachtet werden, daß $L_{kp}(\lambda)$ vom Grad $\leqq m$ ist, daher ist $R_\nu(\lambda) = \Pi_\nu(\lambda)$.

Die Grundpolynome $L_{kp}(\lambda)$ hängen nur von der Lage der Wurzeln $\lambda_k$ ab.

Nehmen wir auch diesmal an, daß die Wurzeln $\lambda_k$ im Innern des Konvergenzkreises von $f(\lambda)$ liegen, es gilt

$$
s_\nu(\lambda_k) \to f(\lambda_k) \quad \text{für} \quad \nu \to \infty\,.
$$

Die Anzahl der Glieder in $(*)$ ist $m$, somit von $\nu$ unabhängig, deswegen ist der

*) Das ist die Hermitesche Interpolationsaufgabe.

Grenzwert von $\Pi_\nu(\lambda)$, also der Grenzwert von $R_\nu(\lambda)$:

$$\lim_{\nu\to\infty} R_\nu(\lambda) = \sum_{k=1}^{s} [f(\lambda_k)\, L_{k\,1}(\lambda) + \cdots + f^{(\alpha_k-1)}(\lambda_k)\, L_{k\,\alpha_k}(\lambda)] .$$

Andererseits aber ist

$$s_\nu(A) = R_\nu(A) .$$

Daher

$$f(A) = \lim_{\nu\to\infty} s_\nu(A) = \lim_{\nu\to\infty} R_\nu(A) =$$

$$= \sum_{k=1}^{m} [f(\lambda_k) L_{k\,1}(A) + \cdots + f^{(\alpha_k-1)}(\lambda_k)\, L_{k\,\alpha_k}(A)] . \qquad (1.130')$$

Diese Formel ist die Verallgemeinerung von (1.130). Wir haben somit folgenden Satz bewiesen:

**Satz 1.34b.** *Wenn die Wurzeln des Minimalpolynoms der quadratischen Matrix $A$ im Innern des Konvergenzkreises der Potenzreihe* (1.125) *liegen, dann ist die ihr entpwrechende Matrizenpotenzreihe* (1.124) *konvergent und ihr Wert ist durch die Formel* (1.130′) *gegeben.*

## 102.03. *Analytische Matrizenfunktionen*

Wir haben im vorigen Abschnitt gesehen, wenn

$$f(z) = a_0 + a_1 z + \cdots + a_n z^n + \cdots$$

eine in der Umgebung des Punktes $z=0$ analytische Funktion ist, dann ist unter gewissen Bedingungen die Matrizenpotenzreihe

$$a_0 E + a_1 A + \cdots + a_n A^n + \cdots$$

konvergent und stellt eine Matrix $Z$ dar. Wenn $A$ die Menge aller Matrizen durchläuft für welche die vorige Matrizenpotenzreihe konvergiert, dann hängt die Matrix $Z$ selbstverständlich von $A$ ab, und wir sagen: *$Z$ ist eine analytische Matrizenfunktion von $A$.*

In diesem Abschnitt werden wir einige wichtige Eigenschaften analytischer Matrizenfunktionen untersuchen.

Unter (1.130) haben wir gesehen, daß die Matrix $Z=f(A)$ mit Hilfe der Ausdrücke $L_k(A)$ berechenbar ist, wobei die Lagrangeschen Polynome $L_k(\lambda)$ unter (1.128) definiert wurden.

Zuerst wollen wir den Rang von $L_k(A)$ bestimmen. Dazu bemerken wir, daß die Lagrangeschen Polynome folgender Identität genügen:

$$\sum_{k=1}^{s} L_k(\lambda) \equiv 1 \qquad (1.132)$$

Die Gültigkeit dieser Identität sieht man wie folgt ein: $\sum_{k=1}^{s} L_k(\lambda) - 1$ ist ein Polynom höchstens $(s-1)$ Grades, da jeder Summand ein solches Polynom ist. Wegen den Eigenschaften (1.128′) verschwindet dieses an den Stellen $\lambda=\lambda_1, \lambda_2, \ldots, \lambda_s$, d.h. das in Frage stehende Polynom hat $s$ (verschiedene) Wurzeln, somit verschwindet es identisch, was mit der Behauptung gleichbedeutend ist.

Aus (1.132) folgt aber
$$\sum_{k=1}^{s} L_k(A) = E. \tag{1.133}$$

Wenn wir die Ungleichung (1.072) auf die an der linken Seite stehende Summe anwenden so ergibt sich
$$\rho\left(\sum_{k=1}^{s} L_k(A)\right) \leqq \sum_{k=1}^{s} \rho(L_k(A)).$$

Andererseits ist auf Grund von (1.133)
$$\rho\left(\sum_{k=1}^{s} L_k(A)\right) = \rho(E) = n. \tag{1.134}$$

Somit gilt
$$\sum_{k=1}^{s} \rho(L_k(A)) \geqq n. \tag{1.135}$$

Aus (1.128) folgt
$$(\lambda - \lambda_k) L_k(\lambda) = \frac{\mu(\lambda)}{\mu'(\lambda_k)}$$

und wenn wir für $\lambda$ die Matrix $A$ einsetzen, ergibt sich
$$(A - \lambda_k E) L_k(A) = \frac{\mu(A)}{\mu'(\lambda_k)} = \mathbf{0}. \tag{1.136}$$

Wenn ferner
$$D(\lambda) = (-1)^n (\lambda - \lambda_1)^{\alpha_1} \ldots (\lambda - \lambda_s)^{\alpha_s}$$
ist, dann ist offenbar $D^{(\alpha_k)}(\lambda_k) \neq 0$ $(k=1, 2, \ldots, s)$. Da aber $D^{(\alpha_k)}(\lambda)$ die Summe der Diagonalunterdeterminanten der Ordnung $n-\alpha_k$ von $|A-\lambda E|$ ist, ist wenigstens eine Unterdeterminante der Ordnung $n-\alpha_k$ von $|A-\lambda_k E|$ von Null verschieden. Das bedeutet, daß der Rang der Matrix $A-\lambda_k E$ nicht kleiner als $n-\alpha_k$ ist, d.h.
$$\rho(A - \lambda_k E) \geqq n - \alpha_k. \tag{1.137}$$

Durch Beachtung von (1.136) ist auf Grund des Satz 1.23
$$\rho(L_k(A)) \leqq \alpha_k \tag{1.138}$$

und daher
$$\sum_{k=1}^{s} \rho(L_k(A)) \leqq \sum_{k=1}^{s} \alpha_k = n. \tag{1.139}$$

Aus (1.135), (1.139) und (1.138) folgt aber
$$\rho(L_k(A)) = \alpha_k. \tag{1.140}$$

Jetzt wollen wir zeigen, daß die Matrix $L_k(A)$ eine Projektorsmatrix ist. Auf Grund von (1.128′) verschwindet das Polynom $L_k(\lambda)(L_k(\lambda)-1)$ für $\lambda=\lambda_1, \lambda_2, \ldots, \lambda_s$ also an den Nullstellen des Minimalpolynoms $\mu(\lambda)$ von $\boldsymbol{A}$. Daher gilt

$$L_k(\lambda)\left(L_k(\lambda)-1\right)=L_k^2(\lambda)-L_k(\lambda)\equiv\mu(\lambda)\,h(\lambda),$$

wobei $h(\lambda)$ ein Polynom ist. Wenn wir in diese Formel für $\lambda$ die Matrix $\boldsymbol{A}$ einsetzen, ergibt sich unter Beachtung daß $\mu(\boldsymbol{A})=\boldsymbol{0}$ ist:

$$L_k^2(\boldsymbol{A})-L_k(\boldsymbol{A})=\boldsymbol{0}$$

oder

$$L_k^2(\boldsymbol{A})=L_k(\boldsymbol{A}). \tag{1.141}$$

Das ist aber genau die behauptete Eigenschaft. Damit haben wir folgenden Satz bewiesen:

**Satz 1.35.** *Wenn das Minimalpolynom der Matrix* $\boldsymbol{A}$ *die einfachen Wurzeln* $\lambda_1, \lambda_2, \ldots, \lambda_s$ *hat, dann sind die Matrizen* $L_k(\boldsymbol{A})$ *Projektorsmatrizen, wobei* $L_k(\lambda)$ *das zur Wurzel* $\lambda_k$ *gehörende Lagrangesche Polynom ist* $(k=1, 2, \ldots, s)$.

Wenn wir für $L_k(\boldsymbol{A})$ eine Minimalzerlegung

$$L_k(\boldsymbol{A})=\boldsymbol{u}_{1\,k}\boldsymbol{v}_{1\,k}^*+\cdots+\boldsymbol{u}_{\alpha_k\,k}\boldsymbol{v}_{\alpha_k\,k}^* \qquad (k=1, 2, \ldots, s) \tag{1.142}$$

bilden (eine solche hat wegen (1.140) genau $\alpha_k$ Glieder), dann bilden die Vektoren $\boldsymbol{u}_{p\,k}$, $\boldsymbol{v}_{p\,k}$ $(p=1, 2, \ldots, \alpha_k)$ ein biorthogonales System, da $L_k(\boldsymbol{A})$ eine Projektorsmatrix ist. Daraus folgt daß $\boldsymbol{u}_{pk}$ und $\boldsymbol{v}_{pk}$ rechts- bzw. linksseitige Eigenvektoren von $L_k(\boldsymbol{A})$ sind.

Eine weitere Eigenschaft von $L_k(\boldsymbol{A})$ ergibt sich, wenn wir das Produkt $L_k(\lambda)\,L_l(\lambda)$ $(k \neq l)$ bilden. Wegen (1.128′) sieht man sofort, daß dieses Produkt für $\lambda=\lambda_1, \lambda_2, \ldots, \lambda_s$ verschwindet, daher ist es durch das Minimalpolynom $\mu(\lambda)$ mit einfachen Nullstellen dividierbar, daher gilt

$$L_k(\lambda)\,L_l(\lambda)=\mu(\lambda)\,g(\lambda),$$

wobei $g(\lambda)$ ein Polynom ist. Da aber $\mu(\boldsymbol{A})=\boldsymbol{0}$ ist, erhalten wir die Beziehung

$$L_k(\boldsymbol{A})\,L_l(\boldsymbol{A})=\boldsymbol{0} \qquad (k \neq l). \tag{1.143}$$

Das bedeutet, daß die Matrizen $L_k(\boldsymbol{A})$ ein orthogonales Matrizensystem bilden.

Jetzt kehren wir zu den analytischen Matrixfunktionen zurück. Setzen wir voraus, daß das Minimalpolynom von $\boldsymbol{A}$ die einfachen Wurzeln $\lambda_1, \lambda_2, \ldots, \lambda_s$ hat und daß sie im Konvergenzkreis von $f(\lambda)$ liegen. Dann gilt auf Grund von (1.130) und (1.142) die Zerlegung

$$(\boldsymbol{A})=\sum_{k=1}^{s} f(\lambda_k)\,L_k(\boldsymbol{A})=\sum_{k=1} f(\lambda_k)\left(\boldsymbol{u}_{1\,k}\boldsymbol{v}_{1\,k}^*+\cdots+\boldsymbol{u}_{\alpha_k\,k}\boldsymbol{v}_{\alpha_k\,k}^*\right), \tag{1.144}$$

wobei $\alpha_k$ die Vielfachheit der Wurzel $\lambda_k$ im charakteristischen Polynom $D(\lambda)$ ist.

Wenn wir $f(\lambda)\equiv\lambda$ setzten, dann sind sämtliche vorige Bedingungen offenbar erfüllt und es ist $f(A) = A$. Nun gilt (1.144) die Zerlegung

$$A = \sum_{k=1}^{s} \lambda_k (u_{1k} v_{1k}^* + \cdots + u_{\alpha_k k} v_{\alpha_k k}^*). \tag{1.145}$$

Wenn wir (1.143) beachten, ergibt sich, daß $u_{pk}$ und $v_{ql}(k \neq l)$ zueinander orthogonal sind. Daraus folgt wegen (1.145), daß die $u_{pk}$ rechts- und die $v_{ql}$ linksseitige Eigenvektoren von $A$ sind, die zu den Eigenwerten $\lambda_k$ bzw. $\lambda_l$ gehören. Unter Berücksichtigung von (1.144) folgt daraus, daß dieselben Vektoren auch Eigenvektoren von $f(A)$ sind und wenn $\lambda_k$ ein Eigenwert von $A$ ist, dann ist $f(\lambda_k)$ ein Eigenwert von $f(A)$. Es gilt somit der

**Satz 1.36.** *Wenn $f(\lambda)$ eine in der Umgebung vom Nullpunkt analytische Funktion ist, die die Eigenwerte der Matrix $A$ im Innern ihres Konvergenzkreises enthält und diese einfache Wurzeln des Minimalpolynoms, sind dann haben die Matrizen $A$ und $f(A)$ dieselben rechts- und linksseitige Eigenvektoren und wenn $\lambda_0$ ein Eigenwert von $A$ ist, dann ist $f(\lambda_0)$ ein Eigenwert von $f(A)$.*

In diesem Ideekreis werden wir eine weitere Frage untersuchen die in den Anwendungen sich als sehr nützlich erweisen wird. Es handelt sich um folgendes: Es sei die Funktion

$$B(t) = \begin{pmatrix} b_{11}(t) \ldots b_{1n}(t) \\ \ldots\ldots\ldots\ldots \\ b_{n1}(t) \ldots b_{nn}(t) \end{pmatrix}$$

betrachtet und mit ihr bilden wir die Matrizenpotenzreihe:

$$a_0 E + a_1 B(t) + a_2 B^2(t) + \cdots + a_m B^m(t) + \cdots \tag{*}$$

Setzen wir voraus, daß diese Potenzreihe in einem Gebiet der Werte $t$ konvergiert und stellt dort eine Funktion $U(t)$ dar. Nun stellen wir die Frage: Unter welchen Bedingungen darf die obige Potenzreihe gliedweise integriert oder differenziert werden?

Nehmen wir an, daß die Funktionen $b_{ik}(t)$ im Intervall $T$ durch die Zahl $M$ beschränkt und integrierbar sind. Es gilt nun folgender Satz:

**Satz 1.37a.** *Wenn $nM$ im Innern des Konvergenzkreis der Potenzreihe*

$$a_0 + a_1 z + \cdots + a_m z^m + \cdots$$

*liegt, dann konvergiert $(*)$ in $T$ und stellt in $T$ eine integrierbare Matrizenfunktion $U(t)$ dar. Das Integral dieser ergibt sich durch die gliedweise Integration der Reihe $(*)$:*

$$\int_a^t U(\tau)\, d\tau = a_0 E(t-a) + a_1 \int_a^t B(\tau)\, d\tau + \cdots + a_m \int_a^t B^m(\tau)\, d\tau + \cdots.$$

*Beweis.* Wir betrachten folgenden Abschnitt der Reihe $(*)$:

$$a_m B^m + \cdots + a_{m+p} B^{m+p}.$$

Das in der $i$-ten Reihe und $k$-ten Spalte befindendes Glied obige Matrizensumme kann, wie folgt, abgeschätzt werden

$$|a_m \sum b_{i r_1} b_{r_1 r_2} \dots b_{r_{m-1} k} + \dots + a_{m+p} \sum b_{i r_1} b_{r_1 r_2} \dots b_{r_{m+p-1} k}|$$
$$\dots = |a_m| (n M)^m + \dots + |a_{m+p}| (n M)^{m+p}.$$

Wegen der Voraussetzung wird die letztere Summe kleiner als eine beliebige, in voraus gegebene, noch so kleine positive Zahl $\varepsilon$, falls $m$ genügend groß ist ($p$ beliebig). Daraus folgt, daß $(*)$ in $T$ konvergiert und stellt eine Funktion $\boldsymbol{U}(t)$ dar. Jedes Glied von $\boldsymbol{U}$ ist durch eine absolut und gleichmäßig konvergente Reihe dargestelt, deren jedes Glied integrierbar ist, deswegen ist auch die zweite Behauptung des Satzes klar.

Wenn wir noch zusätzlich voraussetzen daß alle Funktionen $b_{ik}(t)$ in $T$ differentierbar sind und daß $|b'_{ik}(t)| \leqq N$ gilt, dann behaupten wir den

**Satz 1.37b.** *Wenn außerhalb den Voraussetzungen des Satz* 1.37a *zusätzlich noch die Funktionen $b_{ik}(t)$ in $T$ differentierbar und die Ableitungen beschränkt sind ($|b'_{ik}(t)| \leqq N$ $(i, k=1, 2, \dots, n)$), dann ist die durch die Reihe in $T$ definierte Funktion $\boldsymbol{U}(t)$ auch differentierbar und die Ableitung von $\boldsymbol{U}$ ergibt sich in dem wir die Reihe $(*)$ gliedweise differenzieren.*

*Beweis.* Die gleichmäßige (und absolute) Konvergenz von $(*)$ ist durch die Voraussetzungen offenbar gesichert. Wenn wir den folgenden Abschnitt

$$a_m \frac{d}{dt} \boldsymbol{B}^m + a_{m+1} \frac{d}{dt} \boldsymbol{B}^{m+1} + \dots + a_{m+p} \frac{d}{dt} \boldsymbol{B}^{m+p} =$$
$$= a_m (\boldsymbol{B}' \boldsymbol{B} \cdots \boldsymbol{B} + \boldsymbol{B} \boldsymbol{B}' \boldsymbol{B} \cdots \boldsymbol{B} + \dots + \boldsymbol{B} \boldsymbol{B} \cdots \boldsymbol{B}') + \dots +$$
$$+ a_{m+p} (\boldsymbol{B}' \boldsymbol{B} \cdots \boldsymbol{B} + \boldsymbol{B} \boldsymbol{B}' \cdots \boldsymbol{B} + \dots + \boldsymbol{B} \boldsymbol{B} \cdots \boldsymbol{B}')$$

die durch gliedweise Differenzieren ergebene Reihe betrachten und das $(i, k)$-te Glied dieser letzten Summe abschätzen, so ergibt sich folgendes:

$$|a_m (\sum b'_{i r_1} b_{r_1 r_2} \dots b_{r_{m-1} k} + \dots + \sum b_{i r_1} b_{r_1 r_2} \dots b'_{r_{m-1} k}) +$$
$$+ \dots + a_{m+p} (\sum b'_{i r_1} b_{r_1 r_2} \dots b_{r_{m+p-1} k} +$$
$$+ \dots + \sum b_{i r_1} b_{r_1 r_2} \dots b'_{r_{m+p-1} k})| \leqq$$
$$\leqq |a_m|\, m\, n^m N M^{m-1} + \dots + |a_{m+p}|\, (m+p)\, n^{m+p} N M^{m+p-1} =$$
$$= N n \left(|a_m|\, m (n M)^{m-1} + \dots + |a_{m+p}|\, (m+p) (n M)^{m+p-1}\right).$$

Wegen der Voraussetzung über $nM$ ist auch die rechte Seite kleiner als $\varepsilon$ für genügend großes $m$, womit nach einem bekannten Satz der Analysis alles bewiesen ist.

### 102.04 *Die Zerlegung von rationalen Matrizen*

In der neuern Anwendungen der Matrizenrechnung, hauptsächlich in der

Theorie der Automaten, spielt ein Verfahren von D. C. YOULA und M. C. DAVIS eine wichtige Rolle.*) Wegen seiner Wichtigkeit wollen wir kurz eine Zerlegung rationaler Matrizen behandeln noch einer mathematisch einwandfreien und besonders in der Praxis einfachern Methode die im Wesen von P. FISCHER herrührt.**)

**Definition:** *Eine Matrix wird als rational bezeichnet, falls alle seine Elemente rationale Funktionen sind.*

Im speziellen Fall, wenn die Elemente rationale ganze Funktionen sind, dann nennt man die Matrix eine polynomiale Matrix.

**Definition:** *Eine Matrix heißt eine polynomiale Matrix, wenn ihre Elemente Polynome sind.*

Die Matrix z.B.

$$\boldsymbol{R}(t) = \begin{pmatrix} \dfrac{1}{t^2 - 1} & \dfrac{t+1}{t^2+1} \\ 1 & \left(\dfrac{t-1}{t+1}\right)^2 \end{pmatrix}$$

ist eine rationale Matrix, und

$$\boldsymbol{P}(t) = \begin{pmatrix} 1 & t \\ 1 + t^2 & t^3 + t^7 \end{pmatrix}$$

ist eine polynomiale Matrix.

Die lineare Kombination der Zeilen- bzw. Spaltenvektoren einer Matrix deren Elemente Funktionen sind, haben wir bis jetzt mit konstanten Koeffizienten gebildet. Bei einer rationalen Matrix werden wir auch solche Linearkombinationen betrachten bei denen die Koeffizienten selbst rationale Funktionen sind. Eine solche Linearkombination werden wir als eine *rationale Linearkombination bezeichnen.* Falls es sich um eine polynomiale Matrix handelt, so werden wir gelegentlich sog. *polynomiale Linearkombinationen* gewisser Zeilen- bzw. Spaltenvektoren bilden in den wir formal die übliche Linearkombination bilden, dabei lassen wir aber zu, daß die Koeffizienten Polynome seien.

Wir wollen nun eine quadratische polynomiale Matrix betrachten. Ihre Determinante ist offenbar eine Funktion (ein Polynom) der unabhängigen Veränderlichen. Es soll bemerkt werden, wenn die Determinante einer solchen Matrix identisch verschwindet, daraus folgt noch nicht daß ein Zeilen- oder Spaltenvektor als eine polynomiale lineare Kombination der übrigen ausdrück-

---

*) D. C. YOULA: *On the Vactorisation of Rational Matrices*, IRE Trans. on Information Theory 15, 172–189 (1961). – M. C. DAVIS: *Factoring the Spectral Matrix*. I. EEE Trans. on Automatic Control 296–305 (1963).

**) F. CSÁKI – P. FISCHER: *On the Spectrum-Factorisation*, Acta Technica Ac. Sci. Hung. 58, 145–168 (1967).

bar ist. Das läßt sich am einfachsten an einem Gegenbeispiel zeigen:

$$\begin{pmatrix} 16-t^2 & 12+t-t^2 \\ 12+7t+t^2 & 9-t^2 \end{pmatrix}$$

Bei quadratischen rationalen Matrizen gilt dagegen: *Wenn die Determinante einer quadratischen rationalen Matrix identisch verschwindet, dann ist jede Zeile (bzw. Spalte) als rationale Linearkombination der übrigen darstellbar.*

Diese Behauptung kann sehr einfach bewiesen werden. Es sei die rationale Matrix

$$\boldsymbol{R}(t) = \begin{pmatrix} a_{11}(t) \dots a_{1n}(t) \\ \dots\dots\dots\dots \\ a_{n1}(t) \dots a_{nn}(t) \end{pmatrix}$$

betrachtet. Es wird vorausgesetzt, daß

$$|\boldsymbol{R}(t)| \equiv 0$$

ist. Das hat zur Folge auf Grund der Satz 1.04a daß die Spaltenvektoren von $\boldsymbol{R}$ linear abhängig sind, d.h. das lineare Gleichungssystem bezüglich $c_1, c_2, \dots, c_n$ (wobei die $c_k$ von $t$ abhängen)

$$\begin{aligned} c_1(t)\, a_{11}(t) + c_2(t)\, a_{12}(t) + \cdots + c_n(t)\, a_{1n}(t) &= 0 \\ c_1(t)\, a_{21}(t) + c_2(t)\, a_{22}(t) + \cdots + c_n(t)\, a_{2n}(t) &= 0 \\ \dots\dots\dots\dots\dots\dots\dots\dots\dots\dots\dots\dots \\ c_1(t)\, a_{n1}(t) + c_2(t)\, a_{n2}(t) + \cdots + c_n(t)\, a_{nn}(t) &= 0 \end{aligned}$$

auch eine nichtverschwindende Lösung hat. Die Funktionen $c_1(t), c_2(t), \dots$ $\dots, c_n(t)$ können mit Hilfe den $a_{ik}(t)$ mit rationalen Operationen berechnet werden. Da die $a_{ik}(t)$ rationale Funktionen sind, deswegen sind die $c_i(t)$ auch rationale Funktionen. Damit ist die Behauptung bewiesen.

**Definition:** *Eine polynomiale Matrix wird eine elementar-polynomiale Matrix genannt, wenn sie eine rechtsseitige oder eine linksseitige Inverse besitzt die auch eine polynomiale Matrix ist.*

**Satz 1.38.** *Sei $\boldsymbol{A}(t)$ eine polynomiale Matrix vom Typus $m \times n$ $(m<n)$. Sie hat eine polynomiale rechtsseitige inverse Matrix, wenn $\boldsymbol{A}(t)$ eine Minormatrix vom Typus $m \times m$ enthält deren Determinante in jedem Punkt von Null verschieden ist.*

Ein analoger Satz gilt auch für den Fall wenn $m>n$ ist. Unser Satz gibt ein Kriterium an, unter welchen eine Matrix eine elementar polynomiale Matrix ist.

*Beweis.* Wir können ohne Einschränkung der Allgemeinheit annehmen, daß aus den ersten $m$ Spalten eine $m \times m$ Minormatrix $\boldsymbol{A}_1(t)$ auswählbar ist, so daß $|\boldsymbol{A}_1(t)| \neq 0$ (für alle $t$) ist. Dann läßt sich unsere Matrix als eine Hypermatrix in folgender Gestalt schreiben

$$A(t) = (A_1(t), A_2(t)).$$

Die zu $A$ inverse Matrix schreiben wir wie folgt

$$X(t) = \begin{pmatrix} X_1(t) \\ X_2(t) \end{pmatrix}.$$

Da, laut Voraussetzung, die zu $A_1$ inverse Matrix existiert, setzen wir $X$ in folgende Gestalt

$$X(t) = \begin{pmatrix} A_1^{-1} - A_1^{-1} A_2 X_2 \\ X_2 \end{pmatrix}.$$

$X$ ist zu $A$ tatsächlich rechtsseitig invers, denn das Produkt dieser zwei Matrizen ist

$$\begin{aligned} A X &= (A_1, A_2) \begin{pmatrix} A_1^{-1} - A_1^{-1} A_2 X_2 \\ X_2 \end{pmatrix} = \\ &= E - A_2 X_2 + A_2 X_2 = E. \end{aligned}$$

Aus dieser Überlegung erkennen wir, daß $X$ für jede beliebige Matrix $X_2$ eine rechtsseitige Inverse zu $A$ ist. Wir wählen $X_2$ polynomial, dann ist (da $A_1$ elementar polynomial ist) auch $A_1^{-1} - A_1^{-1} A_2 X_2$ polynomial, deswegen ist $X$ polynomial, womit die Behauptung be wiesen ist.

Die im Satz formulierte Bedingung ist nur notwendig daß $A(t)$ elementar-polynomial sei. Aus dem Beweis entnimmt man aber sofort daß $A(t)$ *genau dann elementar-polynomial ist, wenn $A(t)$ eine Zerlegung von der Gestalt $(A_1(t), A_2(t))$ zuläßt und eine polynomiale Matrix $X_2(t)$ existiert derart daß $A_1^{-1} - A_1^{-1} A_2 X_2 = A_1^{-1}[E - A_2 X_2]$ auch polynomial ist.*

Der Rang der polynomialen Matrix $A(t)$ ist selbstverständlich i.a. eine Funktion von $t$. Wir werden sehen, *wenn $A(t)$ elementar-polynomial ist, dann ist der Rang $\rho(A(t))$ von $t$ unabhängig.*

Um das einzusehen nehmen wir an, daß $A(t)$ vom Typus $m \times n$ ist und $m \leqq n$ gilt. Es existiert auf Grund der Voraussetzung eine polynomiale Matrix $A_1(t)$ vom Typus $n \times m$, so daß

$$A(t) A_1(t) = \underset{m}{E}$$

gilt.

Würde eine Stelle $t_0$ existieren für welche $\rho(A(t_0)) < m$ gilt, dann hätten wir auf Grund des Satz 1.23b.

$$\rho(A(t_0) A_1(t_0)) = \rho(\underset{m}{E}) < m$$

was ein Wiederspruch ist, da $\rho(\underset{m}{E}) = m$ gilt.

Bemerkungswert ist die Umkehrung der eben bewiesenen Behauptung:

**Satz 1.39.** *Eine polynomiale Matrix $A(t)$ ist genau dann eine elementarpolynomiale Matrix wenn ihre Inverse existiert und der Rang $\rho(A(t))$ eine Konstante ist.*

Diesen Satz werden wir hier nicht beweisen.*)

**Definition:** *Wenn mindestens ein Element der rationalen Matrix $\boldsymbol{R}(t)$ im Punkt $t_0$ einen Pol hat, dann sagen wir $t_0$ ist ein Pol von $\boldsymbol{R}(t)$.*

$t_0$ ist per definitionem *ein Pol der Ordnung $v$ von $\boldsymbol{R}(t)$* wenn $t_0$ ein Pol $v$-ter Ordnung eines Elementes von $\boldsymbol{R}(t)$ ist und $t_0$ tritt als Pol höherer Ordnung in keinem weiteren Element auf.

**Definition:** *Die parakonjugierte Matrix $\boldsymbol{R}_*(t)$ einer rationalen Matrix $\boldsymbol{R}(t)$ wird wie folgt definiert:*

$$\boldsymbol{R}_*(t) = \overline{\boldsymbol{R}^*(-\bar{t})}$$

(Die Überstreichung bedeutet den Übergang zum konjugiert komplexen Wert.)

**Definition:** *Eine rationale Matrix $\boldsymbol{R}(t)$ wird als parahermitesche bezeichnet, wenn ihre parakonjugierte mit ihr übereinstimmt, d.h. es gilt*

$$\boldsymbol{R}_*(t) = \boldsymbol{R}(t).$$

Eine parahermitesche Matrix ist an der immaginären Achse der komplexen Zahlenebene eine hermitesche Matrix. Falls $\omega$ reell ist,

$$\boldsymbol{R}(i\omega) = \boldsymbol{R}_*(i\omega) = \overline{\boldsymbol{R}^*(i\omega)} \qquad (i = \sqrt{-1}).$$

Man sieht unmittelbar folgende Eigenschaften ein:

$$(\boldsymbol{U}\boldsymbol{V})_* = \boldsymbol{V}_*\boldsymbol{U}_*, \qquad (\boldsymbol{R}_*)_* = \boldsymbol{R}.$$

Wenn die Koeffizienten einer parahermiteschen Matrix $\boldsymbol{R}(t)$ reell sind, dann gilt

$$\boldsymbol{R}_*(t) = \boldsymbol{R}^*(-t).$$

Wir wollen mit $\boldsymbol{A}^+(t)$ eine rationale Matrix bezeichnen die folgende Eigenschaften hat:

1°. $\boldsymbol{A}^+$ besitzt eine rechtsseitige inverse Matrix.

2°. Sämtliche Pole von $\boldsymbol{A}^+$ befinden sich in der Halbebene $\operatorname{Re} t \leqq 0$ (daher folgt daß sie in der Halbebene $\operatorname{Re} t > 0$ analytisch ist) und für eine rechtsseitige inverse Matrix von $\boldsymbol{A}^+$ gilt dasselbe.

Analog definieren wir rationale Matrizen $\boldsymbol{A}^-(t)$ mit folgenden Eigenschaften:

1'°. Die linksseitige inverse Matrix von $\boldsymbol{A}^-$ existiert;

2'°. Sämtliche Polen liegen in der Halbebene $\operatorname{Re} t \geqq 0$ und dasselbe gilt für die linksseitige Inverse von $\boldsymbol{A}^-$.

Nun werden wir folgenden Zerlegungssatz formulieren:

*) Den Beweis s. in der Arbeit von F. Csáki – P. Fischer. l. cit.

**Satz 1.40.** *Die quadratische rationale Matrix $A(t)$ ist genau dann in die Form*

$$A(t) = A^-(t)\, A^+(t)$$

*zerlegbar, wenn $A(t)$ parahermitesch und an der immaginären Achse der t-Ebene positiv semidefinit *) ist. Dabei gilt $(A^+)_* = A^-$ und wenn $\rho(A) = r$ ist dann ist $A^-$ vom Typus $n \times r$.*

*Beweis.* Zuerst zeigen wir daß die im Satz formulierte Bedingungen notwendig sind. Ist nämlich

$$A = A^- A^+$$

dann gilt

$$A_* = (A^+)_* (A^-)_* = A^- A^+ = A\,,$$

d.h. $A$ ist tatsächlich parahermitesch. Wir betrachten nun das folgende Produkt:

$$(\bar{x}_1, \bar{x}_2, \ldots, \bar{x}_n)\, A^-(i\omega)\, A^+(i\omega) \begin{pmatrix} x_1 \\ x_2 \\ \vdots \\ x_n \end{pmatrix}.$$

Dieser Ausdruck läßt sich wie folgt schreiben:

$$\sum_{p=1}^{r} \left[\sum_{q=1}^{n} \bar{x}_q\, a_{qp}^-(i\omega)\right] \left[\sum_{q=1}^{n} a_{pq}^+(i\omega)\, x_q\right] =$$

$$= \sum_{p=1}^{r} \overline{\left[\sum_{q=1}^{n} x_q\, a_{pq}^+(i\omega)\right]} \left[\sum_{q=1}^{n} x_q\, a_{pq}^+(i\omega)\right] =$$

$$= \sum_{p=1}^{r} \left|\sum_{q=1}^{n} x_q\, a_{pq}^+(i\omega)\right|^2 \geqq 0\,,$$

wobei $\omega$ eine beliebige reelle Zahl ist. Es wurde also gezeigt, daß für einen beliebigen Vektor $\boldsymbol{x}$

$$(\bar{x}_1, \bar{x}_2, \ldots, \bar{x}_n)\, A^-(i\omega)\, A^+(i\omega) \begin{pmatrix} x_1 \\ x_2 \\ \vdots \\ x_n \end{pmatrix} = (\bar{x}_1, \bar{x}_2, \ldots, \bar{x}_n)\, A(i\omega) \begin{pmatrix} x_1 \\ x_2 \\ \vdots \\ x_n \end{pmatrix} \geqq 0$$

gilt, d.h. $A(i\omega)$ ist tatsächlich positiv semidefinit.

Daß die Bedingungen des Satzes auch hinreichend sind, kann weit nicht so einfach bewiesen werden. Wir werden ein konkretes, auch numerisch durch-

*) Eine quadratische Matrix $\underset{n}{\boldsymbol{Q}}$ (mit nicht notwendig reellen Elemente) wird als positiv-semidefinit genannt, falls für jeden $n$-dimensionalen Vektor $\boldsymbol{x}$, die Beziehung

$$\bar{\boldsymbol{x}}\boldsymbol{Q}\boldsymbol{x} \geqq 0$$

oder anders

$$\sum_{i,k=1}^{n} q_{ik}\, \bar{x}_i\, x_k \geqq 0$$

gilt.

führbares Verfahren zur Konstruktion der Matrizen $\boldsymbol{A}^+$ und $\boldsymbol{A}^-$ angeben. Dazu aber müssen wir einige Hilfssätze vorausschicken.

**Hilfssatz 1.** *$\boldsymbol{R}(t)$ und $\boldsymbol{S}(t)$ seien zwei quadratische rationale Matrizen. Wenn $\boldsymbol{S}(t)$ eine parahermitesche und an der immaginären Achse positiv semidefinite Matrix ist, dann ist*

$$\boldsymbol{R}_*(t)\,\boldsymbol{S}(t)\,\boldsymbol{R}(t)$$

*eine parahermitesche und an der immaginären Achse positiv semidefinite Matrix.*

*Beweis.* Der erste Teil unserer Behauptung ist klar. Um die Semidefinitheit entlang der immaginären Achse einsehen zu können betrachten wir einen beliebigen Vektor $\boldsymbol{x}$ und bilden den Vektor

$$(\bar{x}_1, \bar{x}_2, \ldots, \bar{x}_n)\,\boldsymbol{R}_*(i\,\omega) = \bar{\boldsymbol{x}}^*\,\boldsymbol{R}_*(i\,\omega) \qquad (\omega \text{ reell}).$$

Dieser ist komplex konjugiert und transponiert zu dem Vektor

$$\boldsymbol{R}(i\,\omega)\,\boldsymbol{x},$$

womit alles bewiesen ist.

Der Hilfssatz 1 hat eine erwähnswerte Folge: Wenn wir $\boldsymbol{S}(t) \equiv \boldsymbol{E}$ setzen, dann ergibt sich, *für eine beliebige quadratische rationale Matrix $\boldsymbol{R}(t)$, daß*

$$\boldsymbol{R}_*(t)\,\boldsymbol{R}(t)$$

*parahermitesch und an der immaginären Achse semidefinit ist.*

**Definition:** $p(t)$ sei ein beliebiges Polynom. Seinen Grad (die höchste in $p(t)$ tatsächlich auftretende Potenz) werden wir mit $\gamma(p)$ oder $\gamma(p(t))$ bezeichnen. Wenn z.B. $p(t) = -3t^4 + 2t + 1$ ist, dann gilt $\gamma(p) = 4$.

**Hilfssatz 2.** *$\boldsymbol{M}(t)$ sei eine quadratische, polynomiale, parahermitesche und an der immaginären Achse positiv semidefinitive Matrix* (die Koeffizienten ihrer Elemente müssen nicht reell sein). *Ihre Elemente werden durch $m_{ik}(t)$ bezeichnet ($i, k = 1, 2, \ldots, n$). Dann überschreitet der Grad jedes Polynoms in der Determinantenentwicklung von $|\boldsymbol{M}(t)|$ den Grad des Polynoms $m_{11}(t)\,m_{22}(t) \ldots m_{nn}(t)$ nicht.*

*Beweis.* Da $\boldsymbol{M}(t)$ an der immaginären Achse positiv semidefinit ist, ist in $|\boldsymbol{M}(t)|$ die höchste Potenz gerade. Deswegen gilt für eine beliebige reelle Zahl $\omega$:

$$|\boldsymbol{M}(i\,\omega)| = |\boldsymbol{M}(-\,i\,\omega)|.$$

Ferner ist der Koeffizient der höchsten Potenz von $t$ positiv, falls der Grad eine gerade Zahl $4k$ ist, und negativ, wenn die höchste Potenz von $t$ die Form $4k+2$ hat.

Zuerst werden wir unsere Behauptung für $n = 2$ beweisen. Deswegen betrachten wir folgende Matrix

$$\boldsymbol{M}(t) = \begin{pmatrix} m_{11}(t) & m_{12}(t) \\ m_{21}(t) & m_{22}(t) \end{pmatrix}.$$

Der Koeffizient der höchsten Potenz von $t$ in $m_{12}(t)$ sei $\alpha$. Wegen der Parahermitetizität von $M(t)$ muß der Koeffizient der höchsten Potenz von $t$ in $m_{21}(t)$ entweder $\bar{\alpha}$ oder $-\bar{\alpha}$ sein je nachdem $\gamma(m_{21})=2k$ oder $2k+1$ ist. Daher ist der Koeffizient der höchsten Potenz in $-m_{12}(t)\,m_{21}(t)$ entweder $\alpha(-\bar{\alpha})=-\alpha\bar{\alpha}=$ $=-|\alpha|^2<0$ für $\gamma(m_{12}m_{21})=4k$, oder $\alpha\bar{\alpha}=|\alpha|^2>0$ für $\gamma(m_{12}m_{21})=4k+2$. Daraus folgt, daß die Koeffizienten der höchsten Potenzen in $m_{11}(t)\,m_{22}(t)$ und $m_{12}(t)\,m_{21}(t)$ entgegengesetztes Vorzeichen haben. Da aber der Koeffizient der höchsten Potenz in $|\boldsymbol{M}(t)|$ positiv ist wenn $\gamma(|\boldsymbol{M}|)=4k$ ist und negativ, für $\gamma(|\boldsymbol{M}|)=4k+2$, folgt unmittelbar unsere Behauptung für $n=2$.

Wenn wir beachten daß $\gamma(m_{ik}m_{i'k'})=\gamma(m_{ik})+\gamma(m_{i'k'})$ gilt, dann kann unser bisheriges Ergebnis in die Form

$$\gamma(m_{11})+\gamma(m_{22})=2\gamma(m_{12})=2\gamma(m_{21})$$

geschrieben werden.

Für eine beliebige natürliche Zahl $n$ läßt sich der Satz auf Grund voriger Betrachtungen schon leicht beweisen. Dazu soll ein beliebiges Glied von $|\boldsymbol{M}(t)|$, z.B. das Polynom $m_{1r_1}(t)\,m_{2r_2}(t)\dots m_{nr_n}(t)$ betrachtet werden (wobei $r_1, r_2, \dots, r_n$ eine beliebige Permutation der Zahlen $1, 2, \dots, n$ ist). Auf Grund des schon bewiesenen Spezialfall gilt

$$\gamma(m_{i,i})+\gamma(m_{r_i,r_i})\geqq 2\gamma(m_{i,r_i})=2\gamma(m_{r_i,i})\,.$$

Wenn wir alle diese Ungleichungen addieren, erhalten wir die Beziehung

$$\sum_{i=1}^{n}\gamma(m_{i,r_i})\leqq\sum_{i=1}^{n}\gamma(m_{i,i}),$$

womit der Hilfssatz bewisen ist.

**Hilfssatz 3.** *Es sei eine quadratische polynomiale Matrix $\boldsymbol{P}(t)$ betrachtet in welcher*

a.) *jedes Element $p_{rs}$ ein eingliedriges Poynom oder identisch Null ist,*

b.) *kein Element der Hauptdiagonale verschwindet identisch,*

c.) *jedes Glied der Determinantenentwicklung von $\boldsymbol{P}(t)$ hat entweder den Grad $\sum_{r=1}^{n}\gamma(p_{rr})=N$ oder verschwindet identisch*

d. $|\boldsymbol{P}(t)|\equiv 0$.

*Behauptung: Es gibt eine Spalte von $\boldsymbol{P}(t)$ als eine polynomiale Linearkombination der übrigen ausdrückbar.*

*Beweis:* Wegen der Voraussetzung c.) können wir jede Zeile und Spalte in welcher bis auf das Hauptdiagonalelement sämtliche Elemente identisch verschwinden, streichen. Die so entsehende Matrix werden wir mit $\boldsymbol{\Phi}(t)$ bezeichnen. Sie hat wegen a.) offenbar folgende Gestalt:

$$\boldsymbol{\Phi}(t)=\begin{pmatrix}\varphi_{11}t^{\alpha_{11}} & \varphi_{12}t^{\alpha_{12}} & \dots\ \varphi_{1k}t^{\alpha_{1k}}\\ \dots & \dots & \dots\\ \varphi_{k1}t^{\alpha_{k1}} & \varphi_{k2}t^{\alpha_{k2}} & \dots\ \varphi_{kk}t^{\alpha_{kk}}\end{pmatrix}.$$

Auf Grund der Voraussetzung d.) gilt

$$|\Phi(1)| = \begin{vmatrix} \varphi_{11} \cdots \varphi_{1k} \\ \cdots\cdots\cdots \\ \varphi_{k1} \cdots \varphi_{kk} \end{vmatrix} = 0 .$$

(Wir wollen bemerken, daß aus $|\Phi(1)|=0$ auf Grund c.) die Voraussetzung d.) folgt.) Das hat zur Folge daß das inhomogene lineare Gleichungssystem

$$\varphi_{r1} + \sum_{s=2}^{k} \varphi_{rs} \beta_s = 0 \qquad (r = 1, 2, \ldots, k)$$

eine nichttriviale Lösung besitzt.

Wir zeigen nun daß die erste Spalte von $\Phi(t)$ als eine Linearkombination der übrigen mit den Koeffizienten $\beta_r^{\alpha_{11}-\alpha_{1r}}$ darstellbar ist, d.h. es gilt

$$\varphi_{r1} t^{\alpha_{r1}} = \sum_{s=2}^{k} \beta_s t^{\alpha_{11}-\alpha_{1s}} \varphi_{rs} t^{\alpha_{rs}}, \qquad (r = 1, 2, \ldots, k)$$

anders

$$\varphi_{r1} t^{\alpha_{r1}} = \sum_{s=2}^{k} \varphi_{rs} \beta_s t^{\alpha_{11}-\alpha_{1s}+\alpha_{rs}} \qquad (r = 1, 2, \ldots, k)$$

Wegen der Wahl der Zahlen $\beta_r$ genügt es nachzuweisen, daß

$$\alpha_{r1} = \alpha_{11} - \alpha_{1s} + \alpha_{rs}$$

gilt.

Um das zu zeigen, machen wir Gebrauch von der Voraussetzung c.):

$$\alpha_{1i_1} + \alpha_{2i_2} + \cdots + \alpha_{ki_k} = N$$

wobei $(i_1, i_2, \ldots, i_k)$ eine beliebige Permutation der Zahlen $1, 2, \ldots, k$ ist. Wenn wir solche Permutationen betrachten in welchen $i_1=1$, $i_r=r$ (für ein festes $r$ ist) und $i_1=r$, $i_r=1$, sind und die übrigen $i_s$ einander gleich sind, dann gilt

$$\alpha_{11} + \alpha_{2i_2} + \cdots + \alpha_{r} \quad + \cdots = N$$
$$\alpha_{1r} + \alpha_{2i_2} + \cdots + \alpha_{r1} + \cdots = N .$$

Daraus ergibt sich

$$\alpha_{11} + \alpha_{rr} = \alpha_{r1} + \alpha_{1r} .$$

Wir erhalten analog

$$\alpha_{s1} + \alpha_{rr} = \alpha_{r1} + \alpha_{sr} .$$

Durch Substrachieren

$$\alpha_{s1} = \alpha_{11} - \alpha_{1r} + \alpha_{sr} .$$

Wenn wir hier $s$ mit $r$ vertauschen ergibt sich die gewünschte Beziehung.

**Hilfssatz 4.** *Bezeichne U eine quadratische polynomiale, parahermitesche und an der immaginären Achse positivsemidefinite Matrix. Wenn ein Element der*

*Hauptdiagonale von $U$ identisch verschwindet, dann ist jedes Element der betreffenden Zeile und Spalte identisch Null.*

*Beweis.* Wir setzen voraus, daß unsere Behauptung falsch ist, das bedeutet, wenn $u_{pp} \equiv 0$ ist, dann existiert ein Element $u_{pq} \neq 0$. Dann aber ist wegen der Parahermtizität auch $u_{qp} \neq 0$ da $u_{pq}(t) = \overline{u_{qp}(-\bar{t})}$ ist. Wenn wir jetzt die folgende Unterdeterminante von $|U|$

$$\Delta(t) = \begin{vmatrix} u_{pp} & u_{pq} \\ u_{qp} & u_{qq} \end{vmatrix} = -u_{pq}(t)\, u_{qp}(t)$$

an der immaginären Achse betrachten, d.h. wir setzen $t = i\omega$ ($\omega$ reell), dann ergibt sich

$$\Delta(i\omega) = -u_{pq}(i\omega)\, u_{qp}(i\omega) = \\ = -u_{pq}(i\omega)\, \bar{u}_{pq}(i\omega).$$

Wie es im Beweis des Hilfssatz 2 bemerkt wurde treten in der Determinantenentwicklung nur gerade Potenzen von $t$ auf. Von der obigen Form erkennt man sofort daß $\Delta$ für gewisse Werte von $\omega$ auch negative Werte annimmt, das ist aber in Wiederspruch damit daß $U(i\omega)$ positiv semidefinit ist. Somit muß $u_{pq} \equiv 0$ sein.

Nun kehren wir auf die einzelnen Schritte unseres Zerlegungsverfahrens.

i.) Wir zerlegen unsere Matrix in die Gestalt:

$$A(t) = \frac{1}{a(t)} B(t),$$

wobei $a(t)$ das kleinste gemeinschaftliches Vielfache aller Nenner der Elemente von $A(t)$ ist. $B(t)$ ist selbstverständlich eine polynomiale, parahermitesch und an der immaginären Achse positiv semidefinit ist.

Wir müssen mehrere Fälle unterscheiden je nach dem Rang von $A(t)$.

2.1.) Zuerst betrachten wir den Fall, wenn $\rho(A) = n$ ist. Wir werden quadratische rationale Matrizen $T_1, T_2, \ldots, T_m$ konstruieren*) so daß

a.) sämtliche Wurzeln und Pole der Elemente aller $T_k$ in der Halbebene $\operatorname{Re} t \leqq 0$ liegen,

b.) $T_k^{-1}$ $(k = 1, 2, \ldots, m)$ existieren.

c.) alle Wurzeln und Pole der Elemente von $T_k^{-1}$ $(k = 1, 2, \ldots, m)$ in $\operatorname{Re} t \leqq 0$ sich befinden,

d.) $T_{m*} T_{(m-1)*} \ldots T_{2*} T_{1*} B T_1 T_2 \ldots T_m = E$.

Aus d.) folgt

$$B = T_{1*}^{-1} T_{2*}^{-1} \ldots T_{m*}^{-1} T_m^{-1} \ldots T_2^{-1} T_1^{-1}.$$

Die erforderte Eigenschaften von $B$ sind durch den Hilfssatz 1 gesichert. Man

---

*) Die Idee der Einführung solcher Matrizen stammt von M. C. Davis. (s. cit.)

sieht sofort ein, wenn es uns gelingt die Matrizen $\boldsymbol{T}_k$ so zu bestimmen, daß die Eigenschaften a.), b.), c.), d.) gelten, dann kann (auf Grund des Satz 1.39)

$$\boldsymbol{B}^+ = (\boldsymbol{T}_1 \boldsymbol{T}_2 \ldots \boldsymbol{T}_m)^{-1}$$

gesetzt werden.

2.1.1) Wir wollen nun die Determinante $|\boldsymbol{B}(t)|$ betrachten. Sie ist offenbar ein Polynom, somit kann sie wie folgt zerlegt werden:

$$|\boldsymbol{B}(t)| = K\,\Pi(-\alpha_i + t)^{\nu_i}(-\bar{\alpha}_i - t)^{\nu_i}$$

denn auf Grund der über $\boldsymbol{B}$ festgestellte Eigenschaften ist mit $\alpha_i$ auch $-\bar{\alpha}_i$ eine Wurzel von $|\boldsymbol{B}(t)|$ und zwar von der selben Ordnung wie $\alpha_i$. $K$ bedeutet eine Konstante.

$\alpha_i$ sei eine beliebige Wurzel von $|\boldsymbol{B}(t)|$ für welche $\operatorname{Re}\alpha_i \leqq 0$ ist, mit Hilfe dieser wollen wir folgende Matrix bilden

$$\boldsymbol{B}_{\alpha_i} = \begin{pmatrix} 1 & 0 \ldots & 0 \\ 0 & 1 \ldots & 0 \\ \ldots & \ldots & \ldots \\ 0 & 0 \ldots & \frac{1}{t-\alpha_i} \end{pmatrix}.$$

Wir setzen

$$\boldsymbol{C} = \boldsymbol{B}_{\alpha_i*}\boldsymbol{B}\,\boldsymbol{B}_{\alpha_i},$$

und stellen auf Grund des Hilfssatz 1 fest, daß $\boldsymbol{C}$ parahermitesch und an der immaginären Achse semidefinit ist. Die Determinante $|\boldsymbol{C}(t)|$ ergibt sich in den man $|\boldsymbol{B}(t)|$ durch $-(t-\alpha_i)\;(t+\bar{\alpha}_i)$ dividiert. Somit erkennt man daß $|\boldsymbol{C}(t)|$ (selbstverständlich) ein Polynom ist dessen Grad aber um zwei kleiner ist als der Grad von $|\boldsymbol{B}(t)|$, obwohl $\boldsymbol{C}(t)$ nicht unbedingt eine polynomiale Matrix ist. Deswegen transformieren wir die Matrix $\boldsymbol{C}(t)$ in eine polynomiale Matrix $\boldsymbol{D}(t)$ für welche $|\boldsymbol{D}(t)| = \eta\,|\boldsymbol{C}(t)|$ ist ($\eta$ ist eine Konstante).

Da $\alpha_i$ eine Wurzel von $|\boldsymbol{B}(t)|$ ist, d.h. $|\boldsymbol{B}(\alpha_i)| = 0$, deswegen kann die letzte Reihe dieser Determinante als Linearkombination der voranstehenden $(n-1)$ Reihen dargestellt werden und da auch $|\boldsymbol{B}(-\bar{\alpha}_i)| = 0$ ist, deswegen ist die letzte Spalte dieser letztern Determinante als eine Linearkombination der ersten $(n-1)$ Spalten darstellbar. Es gilt folgender Hilfssatz:

**Hilfssatz 5.** *Wenn die letzte Reihe der Matrix $\boldsymbol{B}(\alpha_i)$ als eine Linearkombination der ersten $(n-1)$ Reihen mit den Koeffizienten $c_1, c_2, \ldots, c_{n-1}$ darstellbar ist, dann läßt sich die letzte Spalte der Matrix $\boldsymbol{B}(-\bar{\alpha}_i)$ als eine Linearkombination der vorangehenden $(n-1)$ Spalten mit den Koeffizienten $\bar{c}_1, \bar{c}_2, \ldots, \bar{c}_{n-1}$ darstellen.*

*Beweis.* Wenn $\boldsymbol{B}(t) = (b_{rs}(t))$ ist, dann gilt auf Grund der Voraussetzungen

$$\sum_{r=1}^{n-1} c_r\, b_{rs}(\alpha_i) = b_{ns}(\alpha_i) \qquad (s = 1, 2, \ldots, n)$$

und daraus ergibt sich durch Übergang auf die Konjugierte

$$\sum_{r=1}^{n-1} \bar{c}_r\, b_{rs}(-\bar{\alpha}_i) = b_{sn}(-\alpha_i), \qquad (s = 1, 2, \ldots, n)$$

denn wegen den parahermiteschen Charakter von $\boldsymbol{B}$ gilt $\overline{b_{rs}(t)} = b_{sr}(-\bar{t})$. Damit ist der Hilfssatz 5 bewiesen.

Wir führen nun eine Matrix $\boldsymbol{C}_{\alpha_i}$ wie folgt ein:

$$\boldsymbol{C}_{\alpha_i} = \begin{pmatrix} 1 & 0 \ldots \dfrac{\bar{c}_1}{t-\alpha_i} \\ 0 & 1 \ldots \dfrac{\bar{c}_2}{t-\alpha_i} \\ \cdots & \cdots \\ 0 & 0 \ldots \; -1 \end{pmatrix}$$

und mit Hilfe dieser bilden wir die Matrix

$$\boldsymbol{D} = \boldsymbol{C}_{\alpha_i *} \boldsymbol{C}\, \boldsymbol{C}_{\alpha_i}.$$

Man sieht sofort daß $|\boldsymbol{D}| = |\boldsymbol{C}|$ gilt und $\boldsymbol{D}(t)$ ist eine polynomiale Matrix. Das folgt aus der speziellen Wahl der Koeffizienten $c_r$ und aus dem Hilfssatz 5. Ausgehend aus der Matrix $\boldsymbol{B}(t)$ gelangten wir mit unserem bisherigen Verfahren zur Matrix $\boldsymbol{D}(t)$, welche dieselbe Eigenschaften besitzt wie die Matrix $\boldsymbol{B}(t)$, doch ist der Grad des Polynoms $|\boldsymbol{D}(t)|$ um zwei kleiner als der des Polynoms $|\boldsymbol{B}(t)|$. Wenn wir dieses Verfahren öfters nacheinander wiederholen, gelangen wir endlich zu einer Matrix $\boldsymbol{W}(t)$ mit denselben Eigenschaften wie $\boldsymbol{B}(t)$, jedoch so beschaffen, daß $|\boldsymbol{W}(t)|$ schon eine Konstante ist. Somit ist $\boldsymbol{W}(t)$ eine elementar-polynomiale Matrix die zugleich parahermitesch und an der immaginären Achse positiv semidefinit ist.

Wir haben somit unsere Aufgabe auf das Problem der Zerlegung gewisser elementarpolynomiale Matrizen zurückgeführt.

2.1.2) Wir werden jetzt die Reduktion von elementar-polynomialen Matrizen betrachten. Es kann ohne Einschränkung der Allgemeinheit angenommen werden daß der Grad jeden Polynoms in der elementar-polynomialen Matrix $\boldsymbol{M}$ den Grad von $m_{11}(t)$ nicht überschreitet. Da $|\boldsymbol{M}(t)|$ von $t$ unabhängig und von Null verschieden ist, deswegen ist der Koeffizient von der Potenz $\sum_{i=1}^{n} \gamma(m_{ii})$ gleich 0.

Wir betrachten jetzt in $\boldsymbol{M}$ diejenigen Elemente die als Faktoren der Polynome maximalen Grades in der Determinantenentwicklung von $|\boldsymbol{M}|$ auftreten. Die übrigen Elemente in $\boldsymbol{M}$ werden wir mit Null ersätzen. Nachher werden wir in den Polynomen nur die Glieder höchsten Grades beibehalten und die übrigen unterdrücken. Die so entstehende Matrix werden wir mit $\boldsymbol{N}(t)$ bezeichnen. Wenn wir $|\boldsymbol{N}(t)|$ bilden, dann treten in der Determinantenentwicklung entweder Polynome von Grad $\sum_{i=1}^{n} \gamma(m_{ii})$ oder identisch verschwindende Polynome auf. Es genügt nachzuweisen, daß ein beliebiges Element außerhalb der Hauptdiagonale gleichzeitig nicht ein Faktor eines maximalgradigen Entwicklungspolynoms und eines von Null verschiedenen, aber nicht maximalgradigen Polynoms sein kann. (Das Produkt der Diagonalelemente ist ein maximalgradiges Polynom, wenn also ein Diagonalelement zugleich auch ein Faktor eines nichtmaximalgradigen Polynoms ist, dann ist mindestens eines seiner Faktoren außerhalb der Hauptdiagonale, das ist also ein Element von $\boldsymbol{N}$ das außerhalb der Hauptdiagonale liegt und welches zugleich ein Faktor eines maximal- und nichtmaximalgradigen Polynoms ist). Da $\boldsymbol{N}(t)$ aus einer parahermiteschen und entlang der immaginären Achse positivsemidefiniter Matrix durch Unterdrückung gewisser Elemente stammt, gilt auch hier, wie man das unmittelbar einsieht, die Beziehung

$$\gamma(n_{rs}) + \gamma(n_{sr}) \leqq \gamma(n_{rr}) + \gamma(n_{ss}).$$

Wenn also ein Polynom der Determinantenentwicklung von niedrigerem Grad ist als $\sum_{r=1}^{n} \gamma(n_{rr}) = \sum_{r=1}^{n} \gamma(m_{r,r})$ dann muß mindestens für einen seinen Faktoren die Ungleichung

$$\gamma(n_{rs}) < \tfrac{1}{2}[\gamma(n_{rr}) + \gamma(n_{ss})]$$

gelten. Daraus folgt unmittelbar daß jedes Polynom der Entwicklung von $|\boldsymbol{N}(t)|$ in welchem $n_{rs}(t)$ als Faktor auftritt einen kleinern Grad hätte als $\sum_{r=1}^{n} \gamma(n_{rr})$ und deswegen haben wir bei der Konstruktion von $\boldsymbol{N}(t)$ an Stelle dieser Elemente 0 gesetzt. Daraus ergibt sich daß $|\boldsymbol{N}(t)| \equiv 0$ ist.

Nun wollen wir zur Matrix $\boldsymbol{M}(t)$ zurückkehren. Die, bis auf das Hauptdiagonalelement, nur 0 enthaltenden Zeilen und Spalten bringen wir in die letzten Zeilen bzw. Spalten. Die übrigen Zeilen und Spalten ordnen wir so um daß der Grad keines Elementen den Grad des ersten Elementes der Hauptdiagonale überschreitet. Die so entstandene Matrix wollen wir mit $\boldsymbol{H}(t)$ bezeichnen. Mittels der früher eingeführten Matrix $\boldsymbol{\Phi}(t)$ (im Hilfssatz 3) konstruieren wir die folgende Matrix:

$$\boldsymbol{F}(t) = \begin{pmatrix} 1 & 0 & & & \\ \beta_2 t^{\alpha_{11}-\alpha_{12}} & 1 & & & \\ \vdots & 0 & & & \\ \beta_m t^{\alpha_{11}-\alpha_{1k}} & 0 \ldots 1 & & & \\ 0 & & \ddots & & \\ \vdots & & & \ddots & \\ 0 & 0 & & & 1 \end{pmatrix}$$

und bilden $\boldsymbol{F}_* \boldsymbol{H} \boldsymbol{F} = \boldsymbol{G}$. $\boldsymbol{G}$ ist auf Grund des Hilfssatz 1 auf der immaginären Achse eine positiv semidefinite, parahermitesche und elementar-polynomiale Matrix. Wir zeigen nun daß der Grad des Polynoms in der Determinantenentwicklung von $|\boldsymbol{G}(t)|$ mindestens um zwei kleiner ist als der des Grad von $|\boldsymbol{H}(t)|$. Auf Grund des Hilfssatz 2 genügt es nachzuweisen daß

$$\sum_{i=1}^{n} \gamma(g_{ii}) + 2 \leqq \sum_{i=1}^{n} \gamma(h_{ii})$$

gilt ($g_{ik}$ bzw. $h_{ik}$ bedeuten die Elemente der Matrix $\boldsymbol{G}$ bzw. $\boldsymbol{H}$). Die Matrizen $\boldsymbol{F}(t)$ und $\boldsymbol{F}_*(t)$ unterscheiden sich von $\boldsymbol{H}(t)$ nur in der ersten Zeile und Spalte, deswegen genügt es zu beweisen, daß

$$\gamma(g_{11}) + 2 \leqq \gamma(h_{11})$$

gilt. Da aber andererseits, $\boldsymbol{G}(t)$ und $\boldsymbol{H}(t)$ an der immaginären Achse positiv semidefinit sind, genügt es zu zeigen, daß $\gamma(g_{11}) < \gamma(h_{11})$ ist. Das letztere ist aber klar, da in der ersten Zeile von $\boldsymbol{F}_*(t)\boldsymbol{H}(t)$ der Grad jeden Polynoms kleiner ist als der Grad des Polynoms der ersten Zeile von $\boldsymbol{H}(t)$ das an der entsprechenden Stelle steht (bis auf eventuel das $i$-te Element der ersten Reihe, wenn $\beta_i = 0$ ist). Daraus ergibt sich schon unmittelbar die Behauptung.

2.1.3) Der vorige Algorithmus kann fortgesetzt werden bis wir zu einer konstanten Matrix gelangen. Das tritt gewiß nach höchstens $\frac{1}{2} \sum \gamma(m_{ii})$ Schritten ein, da der Maximalgrad des Entwicklungspolynoms monoton fällt. In dieser Weise erhaltene konstante Matrix ist eine positiv definite hermitesche Matrix, die, wie wir es schon früher gezeigt haben (vgl. 101.19. S. 97) in das Produkt zweier einander konjugierten Matrizen zerlegbar ist.

Das Produkt der Matrizen $\boldsymbol{B}, \boldsymbol{C}, \ldots, \boldsymbol{F}, \ldots; \boldsymbol{B}_*, \boldsymbol{C}_*, \ldots, \boldsymbol{F}_*, \ldots$ erzeugt endlich die Einheitsmatrix und man sieht sofort ein, daß die obengenannten Matrizen alle diejenigen Eigenschaften besitzen die wir von den Matrizen $\boldsymbol{T}_k$ (unter 2.1) gefordert haben. So ergibt sich also $\boldsymbol{B}^+(t)$, und durch Dividieren auch $\boldsymbol{A}^+(t)$.

2.2) Jetzt wollen wir auf den Fall $\rho(\boldsymbol{A}) < n$ übergehen.

Wir werden Matrizentransformationen betrachten welche die Zeilen und Spalten, bestehend aus lauter Nullen, nicht ändern.

Zwei Fälle sollen unterscheidet werden jenachdem daß in der Ausgangsmatrix $n - \rho(\boldsymbol{B})$ oder weniger Zeilen und Spalten nur Nullen enthalten.

2.2.1) $n - \rho(\boldsymbol{B})$ Zeilen und Spalten sind aus lauter Nullen bestehend. Mit einer parahermiteschen Zeilen- und Spaltentransformation kann man erreichen, daß sie in folgende Blöcke zerlegbar ist:

$$\boldsymbol{B} = \begin{pmatrix} \boldsymbol{K} & \boldsymbol{0} \\ \boldsymbol{0} & \boldsymbol{0} \end{pmatrix}$$

$\boldsymbol{K}$ ist eine polynomiale, parahermitesche, an der immaginären Achse positiv semidefinite Matrix von der Ordnung $\rho(\boldsymbol{B}) = \rho$. Dann läßt sich $\boldsymbol{K}$ auf Grund des schon bewiesenen Teiles vom Satz 1.40 in der gewünschten Art faktorisieren:

$$\boldsymbol{K} = \boldsymbol{K}^+ \boldsymbol{K}^-$$

und die Matrix $\boldsymbol{B}$ wie folgt zerlegen:

$$\boldsymbol{B} = \begin{matrix} \rho\{ \\ n-\rho\{ \end{matrix}\begin{pmatrix} \boldsymbol{K}^- \\ \boldsymbol{0} \end{pmatrix}(\underbrace{\boldsymbol{K}^+}_{\rho}, \underbrace{\boldsymbol{0}}_{n-\rho})$$

Die linksseitigen inversen Matrizen von

$$\begin{pmatrix} \boldsymbol{K}^- \\ \boldsymbol{0} \end{pmatrix}$$

existieren, und unter diesen gibt es solche, deren Pole in der Halbebene $\mathrm{Re}\, t \geqq 0$ liegen, daher in $\mathrm{Re}\, t < 0$ analytisch sind.

Die rechtsseitigen Inversen von

$$(\boldsymbol{K}^+, \boldsymbol{0})$$

existieren, darunter gibt es sicher eine deren sämtliche Pole im Gebiet $\mathrm{Re}\, t \leqq 0$ liegen, deswegen ist diese in $\mathrm{Re}\, t > 0$ analytisch. Damit haben wir die gewünschte Zerlegung für den betrachteten Fall erreicht.

2.2.2.) Der zweite Fall der noch betrachtet werden muß, ist der wenn die Anzahl der Zeilen in denen jedes Element identisch verschwindet *kleiner* als $n-\rho$ ist. Es ist keine Einschränkung der Allgemeinheit wenn wir annehmen, daß die Nullzeilen die letzten sind, über diese ordnen wir diejenigen in denen nur das Diagonalelement nicht Null ist und über diese setzen wir den Rest, so daß der Grad des ersten Elementes der Hauptdiagonale nicht kleiner als der Grad eines beliebigen Elementes ist.

Lassen wir jetzt diejenigen $k$ Zeilen und Spalten weg in denen jedes Element identisch Null ist ($k < \rho$). Die so entstehende Matrix, die vom Typus $(n-k) \times \times (n-k)$ ist, besitzt folgende zwei erwähnswerte Eigenschaften:

a.) Die Determinante der Matrix verschwindet identisch;

b.) Der Grad jeden Polynoms in der Determinantenentwicklung ist nicht größer als $\gamma(\prod_{i=1}^{n-k} b_{ii}(t))$.

Somit ist das bei der Reduktion der elementar-polynominalen Matrizen verfolgte Verfahren das mit Hilfe der Matrizen $\boldsymbol{\Phi}(t)$ durchgeführt wurde auch in diesem Fall anwendbar, denn jeder Schritt (jede Transformation) ändert nur eine einzige Zeile und Spalte und läßt die übrigen unverändert. Dieses Verfahren kann zweierlei ausfallen: Entweder erhalten wir nach endlich vielen Schritten eine Matrix in welcher genau $n-\rho$ Zeilen identisch verschwinden, in diesem Fall verfahren wir wie in 2.2.1); oder aber erhalten eine singuläre hermitsche Matrix vom Rang $\rho$ mit konstanten Elementen. Diese kann man wieder mit einer parahermitescher Transformation auf eine gestalt bringen in welcher nur die ersten $\rho$ Zeilen und Spalten von Null verschieden sind. Diese ist aber, wie wir es gezeigt haben in der gewünschten Art zerlegbar.

Wir haben unsern Satz völlig bewiesen in dem wir auch ein konkretes Verfahren zur Zerlegung angegeben haben.

Youla*) hat bewiesen daß die behandelte Zerlegung in Faktoren bis auf eine konstante unitäre Matrix von der Ordnung $\rho$ eindeutig bestimmt ist.

Wir wollen zwei numetrische Beispiele zur Erleuterung des Zerlegungsverfahren aufführen.

*Beispiel* 1.**)

$$\boldsymbol{A}(t)=\begin{bmatrix} \frac{1}{1-t^2} & \frac{1}{t(1-t^2)} & 0 \\ \frac{-1}{t(1-t^2)} & \frac{t^2-2}{t^2(1-t^2)} & \frac{1}{2t(1-t^2)} \\ 0 & \frac{-1}{2t(1-t^2)} & \frac{1}{1-t^2} \end{bmatrix}=$$

$$=\frac{-1}{2t^2(1-t^2)}\begin{pmatrix} -2t^2 & -2t & 0 \\ 2t & -2t^2+4 & -t \\ 0 & t & -2t^2 \end{pmatrix},$$

wobei jetzt die Bezeichnung

$$\boldsymbol{B}(t)=\begin{pmatrix} -2t^2 & -2t & 0 \\ 2t & -2t^2+4 & -t \\ 0 & t & -2t^2 \end{pmatrix}$$

eingeführt wird.

Da $|\boldsymbol{B}(t)|=t^4(6-8t^2)\not\equiv 0$ ist gilt $\rho(\boldsymbol{B})=3\ (=n)$, die Wurzeln von $|\boldsymbol{B}(t)|$ sind $\sqrt{3}/2$, $-\sqrt{3}/2$ (diese mit einfacher Multiplizität) und 0 (mit vierfacher Multiplizität).

In unserem Fall können wir die nötigen Transformationen in einem einzigen Schritt mit Hilfe der Matrix

$$\begin{bmatrix} \frac{1}{t} & 0 & 0 \\ 0 & 1 & 0 \\ 0 & 0 & \frac{1}{t} \end{bmatrix}$$

vollziehen. Es gilt nämlich

$$\begin{bmatrix} \frac{1}{t} & 0 & 0 \\ 0 & 1 & 0 \\ 0 & 0 & \frac{1}{t} \end{bmatrix}\begin{pmatrix} -2t^2 & -2t & 0 \\ 2t & -2t^2+4 & -t \\ 0 & t & -2t^2 \end{pmatrix}\begin{bmatrix} -\frac{1}{t} & 0 & 0 \\ 0 & 1 & 0 \\ 0 & 0 & -\frac{1}{t} \end{bmatrix}=$$

$$=\begin{pmatrix} 2 & -2 & 0 \\ -2 & -2t^2+4 & 1 \\ 0 & 1 & 2 \end{pmatrix}.$$

*) D. C. Youla: *On the Factorisation of Rational Matrices*, IRE. Transactions of Information Theory *15*, 172–189 (1961).

**) Dieses Beispiel wurde auch von Youla (l. cit.) behandelt.

Wir setzen

$$T_1 = \begin{pmatrix} 1 & 0 & 0 \\ 0 & 0 & 1 \\ 0 & 1 & 0 \end{pmatrix}$$

dann ergibt sich

$$T_{1*} B\, T_1 = C(t) = \begin{pmatrix} 2 & 0 & -2 \\ 0 & 2 & 1 \\ -2 & 1 & -2t^2+4 \end{pmatrix}.$$

Die Ellimination der Wurzeln von $C$ kann mittels der Matrix

$$T_2(t) = \begin{pmatrix} 1 & 0 & 0 \\ 0 & 1 & 0 \\ 0 & 0 & \dfrac{1}{t+\sqrt{3}/2} \end{pmatrix}$$

geschehen. Sei

$$D(t) = T_{2*} C\, T_2 = \begin{pmatrix} 2 & 0 & \dfrac{-2}{t+\sqrt{3}/2} \\ 0 & 2 & \dfrac{1}{t+\sqrt{3}/2} \\ \dfrac{-2}{-t+\sqrt{3}/2} & \dfrac{1}{-t+\sqrt{3}/2} & \dfrac{-2t^2+4}{(-t+\sqrt{3}/2)(t+\sqrt{3}/2)} \end{pmatrix}.$$

Wir wissen aber daß

$$|C(\sqrt{3}/2)| = |C(-\sqrt{3}/2)| = 0$$

gilt, deswegen kann man die dritte Reihe der Matrix $C(-\sqrt{3}/2)$ als eine Linearkombination der ersten zwei Reihen darstellen. Die Koeffizienten sind $c_1 = -1$, $c_2 = \frac{1}{2}$. Wir definieren $T_3$ wie folgt:

$$T_3(t) = \begin{pmatrix} 1 & 0 & \dfrac{-1}{t+\sqrt{3}/2} \\ 0 & 1 & \dfrac{1/2}{t+\sqrt{3}/2} \\ 0 & 0 & -1 \end{pmatrix}.$$

Nach unserem Verfahren bilden wir

$$T_{3*} D\, T_3 = P(t) = \begin{pmatrix} 2 & 0 & 0 \\ 0 & 2 & 0 \\ 0 & 0 & 2 \end{pmatrix}.$$

Im betrachteten Fall müssen wir die elementar-polynomiale Matrizen nicht herstellen und wir haben eben eine konstante Matrix erhalten die offenbar leicht in Produkt zerlegbar ist.

Wir setzen

$$T_4(t) = \begin{pmatrix} 1/\sqrt{2} & 0 & 0 \\ 0 & 1/\sqrt{2} & 0 \\ 0 & 0 & 1/\sqrt{2} \end{pmatrix}$$

und erhalten

$$T_{4*}(t)\, P(t)\, T_4(t) = \underset{3}{E}.$$

Daher ergibt sich

$$B^+(t) = T_4^{-1} T_3^{-1} T_2^{-1} T_1^{-1} \begin{pmatrix} -t & 0 & 0 \\ 0 & 1 & 0 \\ 0 & 0 & -t \end{pmatrix} =$$

$$= \left\{ \begin{bmatrix} -\frac{1}{t} & 0 & 0 \\ 0 & 1 & 0 \\ 0 & 0 & -\frac{1}{t} \end{bmatrix} T_1 T_2 T_3 T_4 \right\}^{-1} =$$

$$= \begin{pmatrix} -\sqrt{2}\, t & -\sqrt{2} & 0 \\ 0 & \sqrt{2}/2 & -\sqrt{2}\, t \\ 0 & -\sqrt{2}(t+\sqrt{3}/2) & 0 \end{pmatrix},$$

und erhalten durch Dividieren

$$A^+(t) = \begin{bmatrix} \frac{1}{1+t} & \frac{1}{t(1+t)} & 1 \\ 0 & \frac{-1}{2t(1+t)} & \frac{1}{1+t} \\ 0 & \frac{t+\sqrt{3}/2}{t(1+t)} & 0 \end{bmatrix}.$$

*Beispiel* 2*)

$$A(t) = \begin{bmatrix} \frac{1}{1-t^2} & \frac{1}{\sqrt{3}(2+t)(1-t^2)} & \frac{2}{\sqrt{3}(2+t)^2(1-t^2)} \\ \frac{1}{\sqrt{3}(2-t)(1-t^2)} & \frac{1}{(4-t^2)(1-t^2)} & 0 \\ \frac{2}{\sqrt{3}(2-t)^2(1-t^2)} & 0 & \frac{1}{(4-t^2)^2(1-t^2)} \end{bmatrix} =$$

$$= \frac{1}{(1-t^2)(2+t)^2(2-t)^2} \begin{bmatrix} (2+t)^2(2-t)^2 & \frac{1}{\sqrt{3}}(2+t)(2-t)^2 & \frac{2}{\sqrt{3}}(2-t)^2 \\ \frac{1}{\sqrt{3}}(2-t)(2+t)^2 & (2+t)(2-t) & 0 \\ \frac{2}{\sqrt{3}}(2+t)^2 & 0 & 1 \end{bmatrix}.$$

*) Dieses Beispiel haben wir vom Aufsatz von F. Csáki–P. Fischer (l. cit.) entnommen.

Man kann sich leicht überzeugen, daß $\rho(\boldsymbol{B})=2<3$ ist, wobei $\boldsymbol{B}(t)$ der zweite Faktor vorigen Produktes bedeutet:

$$\boldsymbol{B}(t)=\begin{pmatrix} (2+t)^2(2-t)^2 & \frac{1}{\sqrt{3}}(2+t)(2-t)^2 & \frac{\sqrt{2}}{\sqrt{3}}(2-t)^2 \\ \frac{1}{\sqrt{3}}(2-t)(2+t)^2 & (2+t)(2-t) & 0 \\ \frac{\sqrt{2}}{3}(2+t)^2 & 0 & 1 \end{pmatrix}.$$

Wir setzen

$$\boldsymbol{T}_1(t)=\begin{pmatrix} 1 & 0 & 0 \\ -\frac{1}{\sqrt{3}}(2+t) & 1 & 0 \\ -\frac{\sqrt{2}}{\sqrt{3}}(2+t)^2 & 0 & 1 \end{pmatrix}$$

und erkennen durch ein direktes Rechnen, daß

$$\boldsymbol{T}_{1*}(t)\,\boldsymbol{B}(t)\,\boldsymbol{T}_1(t)=\boldsymbol{C}(t)=\begin{pmatrix} 0 & 0 & 0 \\ 0 & 4-t^2 & 0 \\ 0 & 0 & 1 \end{pmatrix}$$

ist.

$\boldsymbol{C}(t)$ kann leicht zerlegt werden:

$$\boldsymbol{C}(t)=\begin{pmatrix} 0 & 0 \\ 2-t & 0 \\ 0 & 1 \end{pmatrix}\begin{pmatrix} 0 & 2+t & 0 \\ 0 & 0 & 1 \end{pmatrix}$$

und wir haben

$$\boldsymbol{B}^+(t)=\begin{pmatrix} 0 & 2+t & 0 \\ 0 & 0 & 1 \end{pmatrix}\boldsymbol{T}_1^{-1}=$$

$$=\begin{pmatrix} \frac{1}{\sqrt{3}}(2+t)^2 & 2+t & 0 \\ \frac{\sqrt{2}}{\sqrt{3}}(2+t)^2 & 0 & 1 \end{pmatrix}.$$

Somit ergibt sich

$$\boldsymbol{A}^+(t)=\begin{pmatrix} \frac{1}{\sqrt{3}}\frac{1}{1+t} & \frac{1}{(1+t)(2+t)} & 0 \\ \frac{\sqrt{2}}{\sqrt{3}}\frac{1}{1+t} & 0 & \frac{1}{(1+t)(2+t)^2} \end{pmatrix}.$$

## 103 Einige Anwendungen der Matrizenrechnung

### 103.01 *Theorie der linearen Gleichungssysteme*

Ein lineares Gleichungssystem hat folgende Gestalt:

$$\begin{aligned} a_{11}x_1 + a_{12}x_2 + \cdots + a_{1m}x_m &= y_1 \\ a_{21}x_1 + a_{22}x_2 + \cdots + a_{2m}x_m &= y_2 \\ \cdots\cdots\cdots\cdots\cdots\cdots\cdots\cdots \\ a_{n1}x_1 + a_{n2}x_2 + \cdots + a_{nm}x_m &= y_n \end{aligned} \tag{1.145}$$

wobei $a_{ik}$ in vorausgegebene Koeffizienten, $y_1, y_2, \ldots, y_n$ gegebene Zahlen und $x_1, \ldots, x_m$ die Unbekannten sind. Wir wollen darauf hinweisen, daß die Anzahl der Unbekannten, mit der Anzahl der Gleichungen durchaus nicht gleich sein muß.

Wenn wir die Bezeichnungen

$$\boldsymbol{A} = \begin{pmatrix} a_{11} & a_{12} \ldots a_{1m} \\ \ldots\ldots\ldots\ldots \\ a_{n1} & a_{n2} \ldots a_{nm} \end{pmatrix}; \quad \boldsymbol{x} = \begin{pmatrix} x_1 \\ \vdots \\ x_m \end{pmatrix}; \quad \boldsymbol{y} = \begin{pmatrix} y_1 \\ \vdots \\ y_n \end{pmatrix}$$

einführen, dann kann das Gleichungssystem (1.145) offenbar in der Matrizenschreibweise

$$\boldsymbol{A}\boldsymbol{x} = \boldsymbol{y} \tag{1.146}$$

dargestellt werden. Unter einer Lösung von (1.145) bzw. (1.146) verstehen wir einen $m$-dimensionalen Vektor $\boldsymbol{x}$, der (1.146) bzw. (1.145) befriedigt.

Falls $\boldsymbol{y} = \boldsymbol{0}$ ist, dann heißt das Gleichungssystem *homogen*, im gegengesetzten Fall nennt man es *inhomogen*.

Bezüglich eines linearen Gleichungssystem erheben sich folgende Porbleme:

(i) Unter welchen Bedingungen gibt es überhaupt eine Lösung.

(ii) Wenn die Existenz einer Lösung schon festgestellt wurde, fragt man nach der Anzahl der Lösungen.

Zu den gestellten Aufgaben wollen wir folgende Bemerkung hinzufügen. Ein homogenes Gleichungssystem

$$\boldsymbol{A}\boldsymbol{x} = \boldsymbol{0} \tag{1.147}$$

hat immer eine Lösung, nämlich $\boldsymbol{x} = \boldsymbol{0}$. Diese werden wir die *triviale Lösung* des Gleichungssystems nennen. Wenn wir in der Zukunft von einer Lösung des homogenen Gleichungssystem sprechen, so wollen wir darunter immer eine nichttriviale Lösung verstehen.

Das Problem der Lösung eines Gleichungssystem ist mit der Bestimmung der inversen linearen Abbildung von $\boldsymbol{y} = \boldsymbol{A}\boldsymbol{x}$ nicht gleichbedeutend. Wenn die inverse Matrix von $\boldsymbol{A}$ existiert, dann hat unser Gleichungssystem selbstverssändlich eine einzige Lösung. Aber eine Lösung kann auch dann vorhanden sein, wenn die Inverse der Koeffizientenmatrix nicht zu bilden ist.

Wir wollen zuerst das homogene Gleichungssystem untersuchen. Nehmen wir an, daß der Rang von $\boldsymbol{A}$ gleich $\rho$ ist und bilden wir eine Minimalzerlegung (nach dem Verfahren beschrieben in 101.11) von $\boldsymbol{A}$:

$$\boldsymbol{A} = \boldsymbol{u}_1 \boldsymbol{v}_1^* + \cdots + \boldsymbol{u}_\rho \boldsymbol{v}_\rho^* = \boldsymbol{U}\boldsymbol{V}. \tag{1.148}$$

In 101.11 (S. 63–64) haben wir bemerkt, daß $\boldsymbol{U}$ und $\boldsymbol{V}$ verallgemeinerte Trapezmatrizen sind, und durch geeignete Vertauschung der Spalten ist immer erreichbar, daß $\boldsymbol{U}$ und $\boldsymbol{V}$ richtige Trapezmatrizen werden. Das bedeutet, wir müssen die Unbekannten in geeignester Weise umnumerieren. Nehmen wir an, daß wir diese Umnumerierung schon durchgeführt haben, wodurch $\boldsymbol{U}$ und $\boldsymbol{V}$ Trapezmatrizen geworden sind.

Wir setzen jetzt voraus, daß $\boldsymbol{x}$ eine Lösung des homogenen Gleichungssystem ist, d.h. es gilt

$$\begin{aligned} \boldsymbol{A}\boldsymbol{x} = (\boldsymbol{u}_1 \boldsymbol{v}_1^* + \cdots + \boldsymbol{u}_\rho \boldsymbol{v}_\rho^*)\, \boldsymbol{x} = \\ \boldsymbol{u}_1 (\boldsymbol{v}_1^* \boldsymbol{x}) + \boldsymbol{u}_2 (\boldsymbol{v}_2^* \boldsymbol{x}) + \cdots + \boldsymbol{u}_\rho (\boldsymbol{v}_\rho^* \boldsymbol{x}) = 0 \end{aligned} \tag{1.149}$$

Da aber die Vektoren $\boldsymbol{u}_1, \boldsymbol{u}_2, \ldots, \boldsymbol{u}_\rho$ linear unabhängig sind (vgl. 64), folgt aus (1.149) das Verschwinden ihrer Koeffizienten:

$$\boldsymbol{v}_1^* \boldsymbol{x} = 0, \quad \boldsymbol{v}_2^* \boldsymbol{x} = 0, \ldots, \boldsymbol{v}_\rho^* \boldsymbol{x}_\rho = 0$$

oder

$$\boldsymbol{V}\boldsymbol{x} = \boldsymbol{0}. \tag{1.150}$$

Aus der Beziehung $\boldsymbol{A}\boldsymbol{x} = \boldsymbol{0}$ folgt somit (1.150). Wenn für einen Vektor $\boldsymbol{x}$ (1.150) gilt, dann ergibt sich durch Multiplizieren diese Gleichung von links mit $\boldsymbol{U}$ die homogene Gleichung (1.147). Wir können somit feststellen, daß (1.147) und (1.150) gleichbedeutend sind. Zur Lösung von (1.147) müssen wir uns also mit den Lösungen von (1.150) beschäftigen.

Unter Beachtung der Tatsache, daß $\boldsymbol{V}$ eine Trapezmatrix ist, schreiben wir die Gleichung (1.150) in Form eines Gleichungssystem auf:

$$\begin{aligned} v_{11} x_1 + v_{12} x_2 + \cdots + v_{1m} x_m &= 0 \\ v_{22} x_2 + \cdots + v_{2m} x_m &= 0 \\ \cdots\cdots\cdots\cdots\cdots\cdots \\ v_{\rho\rho} x_\rho + \cdots + v_{\rho m} x_m &= 0 \qquad (v_{kk} \neq 0,\ k = 1, 2, \ldots, \rho) \end{aligned} \tag{1.151}$$

Jetzt haben wir drei Fälle zu unterscheiden:

*Erster Fall:* Es ist $\rho = m$, d.h. der Rang von $\boldsymbol{A}$ bzw. $\boldsymbol{V}$ stimmt mit der Anzahl der Unbekannten überein. In diesem Fall ist $\boldsymbol{V}$ eine Dreiecksmatrix und die letzte Gleichung von (1.151) ergibt somit

$$v_{\rho\rho} x_\rho = 0, \quad (v_{\rho\rho} \neq 0)$$

daher ist

$$x_\rho = 0\,.$$

Aus der vorletzten Gleichung erhalten wir

$$v_{\rho-1,\,\rho-1}\, x_{\rho-1} + v_{\rho-1,\,\rho}\, x_\rho = v_{\rho-1,\,\rho-1}\, x_{\rho-1} = 0\,,$$

und da $v_{\rho-1},_{\rho-1} \neq 0$ ist folgt

$$x_{\rho-1} = 0\,.$$

Durch Fortsetzung dieses Verfahrens sieht man, daß $x_1 = x_2 = \cdots = x_\rho = 0$ ist.

Das bedeutet, in *diesem Fall gibt es außer der trivialen keine weitere Lösung.*

*Zweiter Fall:* Es ist $\rho < m$. Jetzt geben wir dem Unbekannten $x_{\rho+1}, x_{\rho+2}, \ldots, x_m$ beliebige Zahlenwerte und dann können wir aus der letzten Gleichung von (1.151) den Wert von $x_\rho$ bestimmen; aus der vorletzten Gleichung ist $x_{\rho+1}$ berechenbar u.s.w. *Das Gleichungssystem* (1.147) *hat also unendlich viele Lösungen und diese hängen von* $m-\rho$ *willkürlichen Parameterwerten ab.*

*Dritter Fall:* $m > n$. Dieser Fall ist mit dem zweiten Fall identisch, denn aus $m > n$ folgt selbstverständlich auch, daß $m > \rho$ ist.

Wir wollen jetzt zur Lösung des inhomogenen Gleichungssystem (1.145) bzw. (1.146) übergehen.

Wir werden neben der Matrix $\boldsymbol{A}$ die Matrix

$$\boldsymbol{B} = \begin{pmatrix} a_{11} \ldots a_{1m} & y_1 \\ \ldots\ldots\ldots & .. \\ a_{n1} \ldots a_{nm} & y_n \end{pmatrix}$$

betrachten und zeigen: *Die inhomogene Gleichung* (1.146) *ist genau dann lösbar wenn der Rang von* $\boldsymbol{B}$ *dem Rang von* $\boldsymbol{A}$ *gleich ist.*

Die Bedingung ist hinreichend. Nehmen wir nämlich an, daß $\rho(\boldsymbol{B}) = \rho(\boldsymbol{A}) = \rho$ ist. Daraus folgt, daß der Vektor $\boldsymbol{y}$ (die letzte Spalte in $\boldsymbol{B}$) als Linearkombination der vorangehenden Vektoren $\boldsymbol{a}_i$ darstellbar ist. Es wurde nämlich vorausgesetzt, daß der Rang von $\boldsymbol{B}$ mit dem Rang von $\boldsymbol{A}$ übereinstimmend ist, d.h. es gilt $\rho \leq m$ und $\rho$ bedeutet die Maximalzahl der linear unabhängigen Spaltenvektoren in $\boldsymbol{A}$ und in $\boldsymbol{B}$. Wenn wir diese linear unabhängigen Vektoren $\boldsymbol{a}_i$ betrachten, dann ist $\boldsymbol{y}$ von diesen linear abhängig und es muß somit die Beziehung

$$\sum_{i=1}^{m} \mu_i \boldsymbol{a}_i + \mu\, \boldsymbol{y} = \boldsymbol{0} \tag{1.152}$$

gelten und wegen der linearen Unabhängigkeit der $\boldsymbol{a}_i$ ist $\mu \neq 0$, woher sich

$$\boldsymbol{y} = \sum_{i=1}^{m} \left(-\frac{\mu_i}{\mu}\right) \boldsymbol{a}_i = \sum_{i=1}^{m} \lambda_i \boldsymbol{a}_i$$

ergibt. Das bedeutet aber, daß das Wertsystem $\{\lambda_1, \lambda_2, \ldots, \lambda_m\}$ eine Lösung des inhomogenes Gleichungssystem ist.

Wir haben noch zu bemerken, daß in der Formel (1.152) nicht alle $\boldsymbol{a}_i$ Vektoren auftreten müssen, nur die linear unabhängigen. Für die in dieser Summe nicht auftretenden Vektoren wählen wir die Koeffizienten $\mu_i$ gleich Null.

Unsere Bedingung ist auch notwendig. Wir setzen also voraus, daß (1.146) eine Lösung $(\lambda_1, \lambda_2, \ldots, \lambda_m)$ hat, was gleichbedeutend damit ist, daß

$$\boldsymbol{y} = \sum_{i=1}^{m} \lambda_i \boldsymbol{a}_i \tag{1.153}$$

gilt und $\rho(\boldsymbol{A}) = \rho$ ist. Wir haben zu beweisen, daß $\rho(\boldsymbol{B}) = \rho$ ist.

Unter den ersten $m$ Spaltenvektoren von $\boldsymbol{B}$ ist die Maximalzahl (wegen der Voraussetzung $\rho(\boldsymbol{A}) = \rho$) der linear unabhängigen Vektoren $\rho$. Wenn wir diese auswählen und zu diesen einen weiteren Vektor $\boldsymbol{a}_i$ hinzufügen, dann ist das so erhaltene Vektorsystem nicht mehr linear unabhängig. Und wenn wir den Vektor $\boldsymbol{y}$ (die letzte Spalte in $\boldsymbol{B}$) zu den herausgegriffenen Vektoren hinzufügen so wird das so entstehende Vektorsystem wegen der Annahme (1.153) nicht linear unabhängig sein. Somit ist die Maximalzahl der linear unabhängigen Spaltenvektoren von $\boldsymbol{B}$ gleich $\rho$, mit andern Worten es gilt $\rho(\boldsymbol{B}) = \rho(\boldsymbol{A})$. Damit ist die Behauptung bewiesen.

Es ist interessant, wie man eine Lösung des inhomogenen Gleichungssystem bestimmen kann.

Wir bestimmen zuerst eine Lösung des homogenen Gleichungssystems

$$\boldsymbol{B}\boldsymbol{z} = \boldsymbol{0} \tag{1.154}$$

für die $z_{m+1} = -1$ ist. Eine solche existiert sicherlich, da $\rho(\boldsymbol{B}) = \rho(\boldsymbol{A}) = \rho$ ist und die Lösung von (1.154) hängt von $m+1-\rho \geqq 1$ willkürlichen Parameterwerten ab. Somit können wir $z_{m+1} = -1$ setzen. Wir fassen $\boldsymbol{B}$ als die folgende Hypermatrix auf

$$\boldsymbol{B} = (\boldsymbol{A}, \boldsymbol{y}) \tag{1.155}$$

und definieren $\boldsymbol{z}$ wie folgt

$$\boldsymbol{z} = \begin{pmatrix} \boldsymbol{x} \\ -1 \end{pmatrix} \tag{1.156}$$

wobei

$$\boldsymbol{x} = \begin{pmatrix} z_1 \\ z_2 \\ \vdots \\ z_m \end{pmatrix}$$

ist. Nun zeigen wir, daß $\boldsymbol{x}$ die gesuchte Lösung ist. Aus (1.154) folgt unter Beachtung von (1.155) und (1.156)

$$\boldsymbol{B}\boldsymbol{z} = (\boldsymbol{A}, \boldsymbol{y}) \begin{pmatrix} \boldsymbol{x} \\ -1 \end{pmatrix} = \boldsymbol{A}\boldsymbol{x} - \boldsymbol{y} = \boldsymbol{0}$$

womit $\boldsymbol{x}$ sich als Lösung erweist.

Wir setzen jetzt voraus, daß unser inhomogenes Gleichungssystem zwei verschiedene Lösungen $\boldsymbol{x}_1$ und $\boldsymbol{x}_2$ hat:

$$\boldsymbol{A}\boldsymbol{x}_1 = \boldsymbol{y}, \qquad \boldsymbol{A}\boldsymbol{x}_2 = \boldsymbol{y}.$$

Daraus folgt

$$\boldsymbol{A}(\boldsymbol{x}_1 - \boldsymbol{x}_2) = \boldsymbol{A}\boldsymbol{x} = \boldsymbol{0} \qquad (\boldsymbol{x} = \boldsymbol{x}_1 - \boldsymbol{x}_2).$$

Das besagt, daß die Differenz von zwei Lösungen des inhomogenen Gleichungssystem eine (nichttriviale) Lösung des entsprechenden homogenen Gleichungssystem ist. Und wenn $\boldsymbol{x}_I$ ein Lösung des inhomogenen, $\boldsymbol{x}_H$ eine Lösung des entsprechenden homogenen Gleichungssystem ist, dann ist $\boldsymbol{x}=\boldsymbol{x}_I+\boldsymbol{x}_H$ eine Lösung des inhomogenen Gleichungssystem:

$$\boldsymbol{A}\boldsymbol{x} = \boldsymbol{A}(\boldsymbol{x}_I + \boldsymbol{x}_H) = \boldsymbol{A}\boldsymbol{x}_I + \boldsymbol{A}\boldsymbol{x}_H = \boldsymbol{A}\boldsymbol{x}_I = \boldsymbol{y}.$$

Daraus erkennt man sofort, *daß im Falle des Vorhandenseins einer Lösung des inhomogenen Gleichungssystem sie die einzige dann und nur dann ist, wenn das entsprechende homogene Gleichungssystem außer der trivialen keine weitere Lösung hat. Wenn das homogene Gleichungssystem nichttriviale Lösungen besitzt, so ergeben sich sämtliche Lösungen des entsprechenden inhomogenen Gleichungssystems, wenn wir zu einer Lösung des letzteren sämtliche Lösungen des homogenen Gleichungssystems addieren.*

Unsere bisherigen Überlegungen fassen wir im folgendem Satz zusammen:

**Satz 1.41.** *Wenn $\rho(\boldsymbol{A})=\rho$, $\rho(\boldsymbol{B})=\hat{\rho}$ und m die Dimension des Lösungsvektor ist, dann gilt folgendes:*

| | | |
|---|---|---|
| | Das homogene Gleichungssystem $\boldsymbol{A}\boldsymbol{x}=\boldsymbol{0}$ besitzt | Das inhomogene Gleichungssystem $\boldsymbol{A}\boldsymbol{x}=\boldsymbol{y}$ besitzt |
| Für $\rho=\hat{\rho}=m$ | nur die triviale Lösung $\boldsymbol{x}=\boldsymbol{0}$ | eine einzige Lösung, die mit Hilfe der Cramerschen Regel bestimmt werden kann (vgl. 101.07) $\boldsymbol{x}=\boldsymbol{A}^{-1}\boldsymbol{y}$. |
| für $\rho=\hat{\rho}<m$ | unendlich viele Lösungen, die von $m-\rho$ Parametern abhängen. | unendlich viele Lösungen, die man erhält, in dem man zu einer Lösung alle Lösungen des entsprechenden homogenen Gleichungssystem addiert. Die Lösungen hängen von $m$-willkürlichen Parameter ab. |
| für $\rho<\hat{\rho}\leqq m+1$ | unendlich viele Lösun- | keine Lösung. |

gen die von $m-\rho$ willkürlichen Parameterwerten abhängen.

Wir wollen jetzt einige numerische Beispiele betrachten.

*Beispiel* 1. Es soll folgendes homogenes Gleichungssystem gelöst werden:

$$\begin{aligned} 3x_1 + x_2 + 2x_3 - x_4 + x_5 &= 0\\ 2x_1 - x_2 + x_3 + 2x_4 - x_5 &= 0\\ x_1 + 2x_2 + x_3 - 3x_4 + 2x_5 &= 0\\ x_2 - x_3 + 2x_4 + x_5 &= 0\\ x_1 + x_3 - x_4 + 3x_5 &= 0. \end{aligned}$$

In diesem Fall ist

$$A = \begin{pmatrix} 3 & 1 & 2 & -1 & 1\\ 2 & -1 & 1 & 2 & -1\\ 1 & 2 & 1 & -3 & 2\\ 0 & 1 & -1 & 2 & 1\\ 1 & 0 & 1 & -1 & 3 \end{pmatrix}.$$

Wir haben jetzt die Minimalzerlegung herzustellen. (Das Verfahren its in Abschnitt 101.08 und 101.11 beschrieben.) Es sei $a_{i_1 k_1} = a_{51} = 1$ (es ist nämlich leicht mit 1 zu dividieren)

$$A_1 = A - \begin{pmatrix} 3\\ 2\\ 1\\ 0\\ 1 \end{pmatrix} (1, 0, 1, -1, 3) = \begin{pmatrix} 0 & 1 & -1 & 2 & -8\\ 0 & -1 & -1 & 4 & -7\\ 0 & 2 & 0 & -2 & -1\\ 0 & 1 & -1 & 2 & 1\\ 0 & 0 & 0 & 0 & 0 \end{pmatrix}$$

$(a^{(1)}_{i_2, k_2} = a^{(1)}_{1, 2} = 1)$

$$A_2 = A_1 - \begin{pmatrix} 1\\ -1\\ 2\\ 1\\ 0 \end{pmatrix} (0, 1, -1, 2, -8) = \begin{pmatrix} 0 & 0 & 0 & 0 & 0\\ 0 & 0 & -2 & 6 & -15\\ 0 & 0 & 2 & -6 & 15\\ 0 & 0 & 0 & 0 & 9\\ 0 & 0 & 0 & 0 & 0 \end{pmatrix}$$

$(a^{(2)}_{i_3 k_3} = a^{(2)}_{33} = 2)$

$$A_3 = A_2 - \begin{pmatrix} 0\\ -2\\ 2\\ 0\\ 0 \end{pmatrix} (0, 0, 1, -3, \tfrac{15}{2}) = \begin{pmatrix} 0 & 0 & 0 & 0 & 0\\ 0 & 0 & 0 & 0 & 0\\ 0 & 0 & 0 & 0 & 0\\ 0 & 0 & 0 & 0 & 9\\ 0 & 0 & 0 & 0 & 0 \end{pmatrix} =$$

$$= \begin{pmatrix} 0\\ 0\\ 0\\ 1\\ 0 \end{pmatrix} (0, 0, 0, 0, 9).$$

Somit gilt die Zerlegung

$$A = \begin{pmatrix} 3 \\ 2 \\ 1 \\ 0 \\ 1 \end{pmatrix} (1, 0, 1, -1, 3) + \begin{pmatrix} 1 \\ -1 \\ 2 \\ 1 \\ 0 \end{pmatrix} (0, 1, -1, 2, -8) +$$

$$+ \begin{pmatrix} 0 \\ -2 \\ 2 \\ 0 \\ 0 \end{pmatrix} (0, 0, 1, -3, \tfrac{15}{2}) =$$

$$= \begin{pmatrix} 3 & 1 & 0 & 0 \\ 2 & -1 & -2 & 0 \\ 1 & 2 & 2 & 0 \\ 0 & 1 & 0 & 1 \\ 1 & 0 & 0 & 0 \end{pmatrix} \begin{pmatrix} 1 & 0 & 1 & -1 & 3 \\ 0 & 1 & -1 & 2 & -8 \\ 0 & 0 & 1 & -3 & \frac{15}{2} \\ 0 & 0 & 0 & 0 & 9 \end{pmatrix} = \boldsymbol{U}\boldsymbol{V}.$$

Somit ist die Aufgabe der Lösung von

$$\boldsymbol{A}\boldsymbol{x} = \boldsymbol{0}$$

auf die Lösung von

$$\boldsymbol{V}\boldsymbol{x} = \boldsymbol{0}$$

zurückgeführt. Diese Letztere lautet wie folgt in ausführlicher Schreibweise:

$$\begin{aligned} x_1 \qquad + x_3 - \phantom{2}x_4 + \phantom{\tfrac{15}{2}}3x_5 &= 0 \\ x_2 - x_3 + 2x_4 - \phantom{\tfrac{15}{2}}8x_5 &= 0 \\ x_3 - 3x_4 + \tfrac{15}{2}x_5 &= 0 \\ 9x_5 &= 0. \end{aligned}$$

Daraus folgt $x_5 = 0$. Wir geben $x_4$ den beliebigen Parameterwert $t$, dann ergibt sich aus der dritten Gleichung folgendes: $x_3 = 3t$ aus der zewiten $x_2 = t$ und schließlich $x_1 = -2t$. Die allgemeine Lösung des Gleichungssystem ist also

$$\boldsymbol{x} = \begin{pmatrix} -2t \\ t \\ 3t \\ t \\ 0 \end{pmatrix}.$$

Die Lösung hängt in diesem Fall von einem Parameterwert $t$ ab.

*Beispiel* 2.

Wir betrachten folgendes Gleichungssystem:

$$\begin{aligned} 3x_1 + \phantom{2}x_2 + 2x_3 - \phantom{3}x_4 &= 0 \\ 2x_1 - \phantom{2}x_2 + \phantom{3}x_3 + 2x_4 &= 0 \\ x_1 + 2x_2 + 3x_3 + \phantom{3}x_4 &= 0 \\ x_2 - \phantom{3}x_3 + 3x_4 &= 0. \end{aligned}$$

Hier ist $m=n$ und

$$A=\begin{pmatrix}3 & 1 & 2 & -1\\ 2 & -1 & 1 & 2\\ 1 & 2 & 3 & 1\\ 0 & 1 & -1 & 3\end{pmatrix}.$$

Man überzeugt sich leicht, daß $|A|\neq 0$ d.h. $\rho=4$ ist. Da $\rho=m$ ist, hat unser Gleichungssystem nur die triviale Lösung $x_1=x_2=x_3=x_4=0$.

*Beispiel* 3.

$$\begin{aligned}-3x_1+2x_2-\phantom{3}x_3+7x_4&=\phantom{-}3\\ x_1\phantom{+2x_2}-\phantom{3}x_3+2x_4&=\phantom{-}3\\ -\phantom{3}x_1+2x_2+3x_3-3x_4&=-5\\ -2x_2-2x_3\phantom{-3x_4}&=\phantom{-}1\end{aligned}$$

Hier ist

$$A=\begin{pmatrix}-3 & 2 & -1 & 7\\ 1 & 0 & -1 & 2\\ -1 & 2 & 3 & -3\\ 0 & -2 & -2 & 0\end{pmatrix},\quad y=\begin{pmatrix}3\\ 3\\ -5\\ 1\end{pmatrix},$$

$$B=\begin{pmatrix}-3 & 2 & -1 & 7 & 3\\ 1 & 0 & -1 & 2 & 3\\ -1 & 2 & 3 & -3 & -5\\ 0 & -2 & -2 & 0 & 1\end{pmatrix}.$$

Nach den obigen Methoden bilden wir die Minimalzerlegung von $B$, wodurch man folgendes erhält:

$$B=\begin{pmatrix}-3 & 2 & 0 & 0\\ 1 & 0 & 0 & 0\\ -1 & 2 & 6 & 0\\ 0 & -2 & -6 & -1\end{pmatrix}\begin{pmatrix}1 & 0 & -1 & 2 & 3\\ 0 & 1 & -2 & \frac{13}{2} & 6\\ 0 & 0 & 1 & -\frac{7}{3} & -\frac{7}{3}\\ 0 & 0 & 0 & 1 & 1\end{pmatrix}=UV$$

und wir wollen das homogene Gleichungssystem $Bz=0$ oder was damit äquivalent ist, das System $Vz=0$ lösen. Das lautet in ausführlicher Schreibweise:

$$\begin{aligned}z_1\phantom{-2z_2}-z_3+2z_4+3z_5&=0\\ z_2-2z_3+\tfrac{13}{2}z_4+6z_5&=0\\ z_3-\tfrac{7}{3}z_4-\tfrac{7}{3}z_5&=0\\ z_4+\phantom{3}z_5&=0.\end{aligned}$$

Geben wir $z_5$ den Wert $-1$, dann ergibt sich $z_4=1$, $z_3=0$, $z_2=-\frac{1}{2}$, $z_1=1$. Somit ist die Lösung:

$$x=\begin{pmatrix}z_1\\ z_2\\ z_3\\ z_4\end{pmatrix}=\begin{pmatrix}1\\ -\frac{1}{2}\\ 0\\ 1\end{pmatrix}.$$

### 103.02 *Lineare Integralgleichungen*

Unter einer *Integralgleichung erster Art* verstehen wir eine Funktionalgleichung folgender Gestalt

$$\int_a^b K(x, y)\, \varphi(y)\, dy = f(x) \tag{1.157}$$

wobei $K(x,y)$ eine, im Quadrat $(a \leqq x \leqq b,\ a \leqq y \leqq b)$ definierte gegebene Funktion von zwei Veränderlichen ist, sie wird der *Kern* (oder die *Kernfunktion*) der Integralgleichung genannt. $f(x)$ ist ebenfalls eine gegebene, in $a \leqq x \leqq b$ erklärte Funktion, sie heißt die *Störungsfunktion.* $\varphi(x)$ bezeichnet die unbekannte Funktion.

Wenn die Störungsfunktion $f(x)$ identisch Null ist, dann haben wir es mit einer *homogenen*, im gegengesetzten Fall mit einer *inhomogenen Integralgleichung* zu tun.

Ein besonders wichtiger, in den Anwendungen oft auftretender Fall ist derjenige bei dem $K(x, y)$ ein sogenannter *ausgearteter Kern*, d.h. eine Funktion von der Gestalt

$$K(x, y) = a_1(x)\, b_1(y) + a_2(x)\, b_2(y) + \cdots + a_n(x)\, b_n(y) \tag{1.158}$$

ist. Um in diesem Fall die Integralgleichung (1.157) in einfacher Art mit Hilfe der Matrizenrechnung lösen zu können, führen wir folgende Bezeichnungen ein:

$$\boldsymbol{a}(x) = \begin{pmatrix} a_1(x) \\ \vdots \\ a_n(x) \end{pmatrix}, \qquad \boldsymbol{b}(y) = \begin{pmatrix} b_1(y) \\ \vdots \\ b_n(y) \end{pmatrix}.$$

Wir können voraussetzen, daß die Funktionen $b_1, b_2, \ldots, b_n$ linear unabhängig sind. Im entgegengesetzten Fall kann man nämlich z.B. $b_n(y)$ mit Hilfe den übrigen Funktionen linear ausdrücken:

$$b_n(y) = \alpha_1\, b_1(y) + \cdots + \alpha_{n-1}\, b_{n-1}(y).$$

Wenn wir das in (1.158) einsetzen, ergibt sich folgendes

$$\begin{aligned} a_1(x)\, b_1(y) + \cdots + a_{n-1}(x)\, b_{n-1}(y) + a_n(x)\, [\alpha_1\, b_1(y) + \cdots + {} \\ + \alpha_{n-1}\, b_{n-1}(y)] = [a_1(x) + \alpha_1\, a_n(x)]\, b_1(y) + \cdots + {} \\ + [a_{n-1}(x) + \alpha_{n-1}\, a_n(x)]\, b_{n-1}(y). \end{aligned}$$

Das bedeutet, es existiert für $K(x, y)$ eine „kürzere“ Darstellung als die Ursprüngliche. (1.158) sei also die kürzeste Darstellung und deswegen setzen wir im Folgendem voraus, daß die Funktionen $b_i(y) (i=1, 2, \ldots, n)$ linear unabhängig sind. Dasselbe werden wir über die Funktionen $a_i(x)$ voraussetzen. $K(x, y)$ ist offenbar das Skalarprodukt von $\boldsymbol{a}(x)$ und $\boldsymbol{b}(y)$:

$$K(x, y) = \boldsymbol{a}^*(x)\, \boldsymbol{b}(y).$$

Wir setzen diesen Ausdruck in die Gleichung (1.157) ein:

$$\int_a^b \boldsymbol{a}^*(x)\, \boldsymbol{b}(y)\, \varphi(y)\, dy = f(x). \tag{1.159}$$

Wenn wir annehmen, daß die Integralgleichung eine Lösung $\varphi$ hat, dann muß diese die Gleichung (1.159) befriedigen und es muß

$$\boldsymbol{a}^*(x)\, \boldsymbol{r} = f(x) \tag{1.160}$$

gelten, wobei

$$\boldsymbol{r} = \int_a^b \boldsymbol{b}(y)\, \varphi(y)\, dy$$

ist. Die Gleichung (1.160) bedeutet, daß *für die Lösbarkeit von* (1.157) *notwendig ist, daß die störende Funktion* $f(x)$ *die Gestalt* (1.160) *besitzt.*

Jetzt zeigen wir, daß *die Bedingung* (1.160) *für* $f(x)$ *zugleich auch hinreichend ist.* Es wird also angenommen, daß $f(x)$ die Gestalt (1.160) besitzt. Für die Lösung $\varphi(x)$ machen wir folgenden Ansatz:

$$\varphi(y) = \boldsymbol{b}^*(y) \cdot \boldsymbol{s} \tag{1.161}$$

wobei $\boldsymbol{s}$ ein, vorläufig noch unbekannter Vektor ist. Wenn wir den Ausdruck (1.161) in die Gleichung (1.159) einsetzen, ergibt sich folgende Beziehung:

$$\int_a^b \boldsymbol{a}^*(x)\, \boldsymbol{b}(y)\, [\boldsymbol{b}^*(y)\, \boldsymbol{s}]\, dy = \boldsymbol{a}^*(x) \left( \int_a^b \boldsymbol{b}(y)\, \boldsymbol{b}^*(y)\, dy \right) \boldsymbol{s} = \boldsymbol{a}^*(x)\, \boldsymbol{r},$$

woraus, wegen der linearen Unabhängigkeit der Funktionen $a_i(x)$

$$\left( \int_a^b \boldsymbol{b}(y)\, \boldsymbol{b}^*(y)\, dy \right) \boldsymbol{s} = \boldsymbol{r} \tag{1.162}$$

folgt. Die quadratische Matrix

$$\int_a^b \boldsymbol{b}(y)\, \boldsymbol{b}^*(y)\, dy$$

hat eine Inverse, denn

$$\int_a^b \boldsymbol{b}(y)\,\boldsymbol{b}^*(y)\,dy = \begin{vmatrix} \int_a^b b_1(y)\,b_1(y)\,dy \ldots \int_a^b b_1(y)\,b_n(y)\,dy \\ \ldots\ldots\ldots\ldots\ldots\ldots\ldots\ldots \\ \int_a^b b_n(y)\,b_1(y)\,dy \ldots \int_a^b b_n(y)\,b_n(y)\,dy \end{vmatrix}$$

ist die Grammsche Determinante der Funktionen $b_1(y), \ldots, b_n(y)$. Da aber diese als linear unabhängig vorausgesetzt wurden, verschwindet diese Determinante nicht. Somit existiert

$$\left(\int_a^b \boldsymbol{b}(y)\,\boldsymbol{b}^*(y)\,dy\right)^{-1}$$

und aus (1.162) folgt

$$\boldsymbol{s} = \left(\int_a^b \boldsymbol{b}(y)\,\boldsymbol{b}^*(y)\,dy\right)^{-1} \boldsymbol{r}\,.$$

Wenn wir mit diesem Vektor die Funktion $\varphi(y)$ in (1.161) bilden, so liefert diese eine Lösung unserer Integralgleichung. Davon kann man sich durch Einsetzen sofort überzeugen. Damit haben wir unsere Behauptung bewiesen.

Zum vorigen Gedankengang wollen wir folgende Bermerkung hinzufügen. In (1.160) verschwindet der Vektor $\boldsymbol{z}$ genau dann, wenn $f(x) \equiv 0$ ist, d.h. die Integralgleichung (1.157) ist homogen. Das folgt aus der linearen Unabhängigkeit der Funktionen $a_i(x)$. In diesem Fall ist auch $\boldsymbol{s}$ selbstverständlich $\mathbf{0}$, unser Verfahren liefert also nur die triviale Lösung. Die nichttrivialen Lösungen der homogenen Integralgleichung erster Art ergeben sich, indem man die Bedeutung von $\boldsymbol{r}$ beachtet. Auf Grund der Definitionsformel von $\boldsymbol{r}$ sieht man sofort, daß jede auf allen $b_i(y)$ $(i=1, 2, \ldots, n)$ orthogonale Funktion $\varphi(y)$ eine Lösung der homogenen Integralgleichung erster Art ist.

Jetzt betrachten wir *Integralgleichungen zweiter Art*. Darunter verstehen wir jede Gleichung für $\varphi(x)$ der folgenden Gestalt:

$$\varphi(x) - \lambda \int_a^b K(x, y)\,\varphi(y)\,dy = f(x) \tag{1.163}$$

wobei $\lambda$ eine (reelle oder komplexe) Zahl, der sog. *Parameter der Integralgleichung*, ist.

Bei dieser Art von Integralgleichungen spielen diejenigen mit ausgearteten Kern eine besonders wichtige Rolle, wie wir es später noch sehen werden.

Wir setzen also voraus, daß

$$K(x, y) = \boldsymbol{a}^*(x)\, \boldsymbol{b}(y)$$

ist und (1.163) eine Lösung $\varphi$ hat. Unter Beachtung der Gestalt von $K$ ergibt sich

$$\begin{aligned}\varphi(x) &= f(x) + \lambda \int_a^b K(x, y)\, \varphi(y)\, dy = \\ &= f(x) + \lambda \int_a^b \boldsymbol{a}^*(x)\, \boldsymbol{b}(y)\, \varphi(y)\, dy = \\ &= f(x) + \lambda\, \boldsymbol{a}^*(x)\, \boldsymbol{r}\,. \end{aligned} \tag{1.164}$$

Das bedeutet, wenn die Integralgleichung zweiter Art (1.163) überhaupt eine Lösung besitzt, dann muß diese die Gestalt (1.164) haben, wobei $\boldsymbol{r}$ ein (konstanter) Vektor ist. Um $\boldsymbol{r}$ bestimmen zu können, setzen wir den Ausdruck (1.164) in die Integralgleichung (1.163) ein, wodurch wir zur folgenden Gleichung gelangen:

$$\begin{aligned} f(x) + \lambda\, \boldsymbol{a}^*(x)\, \boldsymbol{r} - \lambda \int_a^b \boldsymbol{a}^*(x)\, \boldsymbol{b}(y)\, f(y)\, dy - \\ - \lambda^2 \int_a^b \boldsymbol{a}^*(x)\, \boldsymbol{b}(y)\, \boldsymbol{a}^*(y)\, \boldsymbol{r}\, dy = f(x), \end{aligned}$$

oder

$$\boldsymbol{a}^*(x) \left[\boldsymbol{r} - \boldsymbol{t} - \lambda \left(\int_a^b \boldsymbol{b}(y)\, \boldsymbol{a}^*(y)\, dy\right) \boldsymbol{r}\right] = 0$$

woraus sich, wegen der linearen Unabhängigkeit der Funktionen $a_i(x)$

$$\boldsymbol{r} - \boldsymbol{t} - \lambda \left(\int_a^b \boldsymbol{b}(y)\, \boldsymbol{a}^*(y)\, dy\right) \boldsymbol{r} = \boldsymbol{0} \tag{1.165}$$

ergibt. $\boldsymbol{t}$ bedeutet hier den Vektor

$$\boldsymbol{t} = \int_a^b \boldsymbol{b}(y)\, f(y)\, dy\,,$$

der mit $\boldsymbol{b}(y)$ und $f(y)$ definiert ist. Wir erhalten nach Umformung von (1.165) die Gleichung

$$\boldsymbol{r} - \lambda \left(\int_a^b \boldsymbol{b}(y)\, \boldsymbol{a}^*(y)\, dy\right) \boldsymbol{r} = \boldsymbol{t}\,,$$

oder nach Einführung der Bezeichnung

$$A = \int_a^b \boldsymbol{b}(y)\, \boldsymbol{a}^*(y)\, dy\,,$$

$$\boldsymbol{r} - \lambda \boldsymbol{A} \boldsymbol{r} = \boldsymbol{t}$$

d.h.

$$(\boldsymbol{E} - \lambda \boldsymbol{A})\, \boldsymbol{r} = \boldsymbol{t}\,. \tag{1.166}$$

Jetzt haben wir zwei wesentlich verschiedene Fälle zu unterscheiden:
(i) Der Parameterwert $\lambda$ ist so beschaffen, daß gilt

$$|\boldsymbol{E} - \lambda \boldsymbol{A}| \neq 0\,.$$

Bei diesem Wert von $\lambda$ hat die Matrix $\boldsymbol{E} - \lambda \boldsymbol{A}$ eine eindeutige Inverse, dahalb hat (1.166) eine eindeutige Lösung $\boldsymbol{r}$ (wie immer der Vektor $\boldsymbol{t}$ ist) und wir haben

$$\boldsymbol{r} = (\boldsymbol{E} - \lambda \boldsymbol{A})^{-1}\, \boldsymbol{t}\,.$$

Auf Grund von (1.164) ist die einzige Lösung der betrachteten Integralgleichung dann

$$\begin{aligned}
\varphi(x) &= f(x) + \lambda\, \boldsymbol{a}^*(x)\, (\boldsymbol{E} - \lambda \boldsymbol{A})^{-1}\, \boldsymbol{t} = \\
&= f(x) + \lambda\, \boldsymbol{a}^*(x)\, (\boldsymbol{E} - \lambda \boldsymbol{A}^{-1}) \int_a^b \boldsymbol{b}(y)\, f(y)\, dy = \\
&= f(x) + \lambda \int_a^b \boldsymbol{a}^*(x)\, (\boldsymbol{E} - \lambda \boldsymbol{A})^{-1}\, \boldsymbol{b}(y)\, f(y)\, dy\,.
\end{aligned}$$

Wenn wir die Bezeichnung

$$R(x, y; \lambda) \overset{\text{Def.}}{=} \boldsymbol{a}^*(x)\, (\boldsymbol{E} - \lambda \boldsymbol{A})^{-1}\, \boldsymbol{b}(y) \tag{1.167}$$

einführen, so ergibt sich die Lösung der Integralgleichung

$$\varphi(x) - \lambda \int_a^b K(x, y)\, \varphi(y)\, dy = f(x)$$

in der Gestalt

$$\varphi(x) = f(x) + \lambda \int_a^b R(x, y; \lambda)\, f(y)\, dy\,.$$

Die Funktion $R(x, y; \lambda)$ ist der zum Kern $K(x, y) = \boldsymbol{a}^*(x)\boldsymbol{b}(y)$ gehörende *lösende Kern.*

(ii) Für den gegebenen Wert $\lambda$ ist

$$|\boldsymbol{E} - \lambda \boldsymbol{A}| = 0.$$

In diesem Fall hat die Gleichung (1.166) nur dann eine Lösung, wenn sie homogen ist, d.h. also, falls $\boldsymbol{t} = \boldsymbol{0}$ ist.

Der Vektor $\boldsymbol{t}$ kann auf zwei Arten verschwinden:

*Entweder* ist die Integralgleichung (1.163) homogen ($f(x) \equiv 0$);

*Oder* aber $f(y)$ ist auf sämtlichen Funktionen $b_i(y)$ ($i = 1, 2, \ldots, n$) orthogonal.

Das bedeutet, daß im zweiten Fall die inhomogene Integralgleichung zweiter Art im allgemeinem (d.h. bei beliebiger Störungsfunktion) keine Lösung hat, dabei aber hat die entsprechende homogene Integralgleichung nichttriviale Lösungen.

Wenn $\boldsymbol{r}$ eine Lösung von

$$(\boldsymbol{E} - \lambda \boldsymbol{A})\boldsymbol{r} = \boldsymbol{0} \tag{1.168}$$

ist, d.h. $\boldsymbol{r}$ ist ein (rechtsseitiger) Eigenvektor von $\boldsymbol{A}$, dann ist

$$\varphi(x) = \lambda \boldsymbol{a}^*(x)\,\boldsymbol{r} \tag{1.169}$$

eine nichttriviale Lösung der homogenen Integralgleichung. Die Funktion (1.169) wird eine *Eigenfunktion* des Kernes $K(x, y)$ genannt.

Aus (1.168) sieht man sofort, daß der betrachtete Fall genau dann auftritt, wenn $1/\lambda$ mit einem Eigenwert der Matrix $\boldsymbol{A}$ gleich ist. In der Lösung (1.169) steht der zum Eigenwert $1/\lambda$ gehörende Eigenvektor $\boldsymbol{r}$. Die Parameterwerte von $\lambda$, für die also die homogene Integralgleichung nichttriviale Lösungen hat, nennen wir die *charakteristischen Zahlen**) des Kernes.

Wenn $\lambda$ mit einer charakteristischen Zahl gleich ist, dann hat die homogene Integralgleichung eine nichttriviale Lösung und, wie es schon bemerkt wurde, ist die inhomogene Integralgleichung für eine beliebige störende Funktion nicht lösbar. Die inhomogene Integralgleichung ist (in diesem Fall) nur dann lösbar, wenn $f(x)$ auf sämtlichen Funktionen $b_i(x)$ orthogonal ist. Aber auch in diesem Fall hat die inhomogene Integralgleichung – im Gegensatz zum Fall (i) – unendlich viele Lösungen.

Die bisherigen Überlegungen können wir im folgenden *Fredholmschen Alternativsatz* zusammenfassen:

**Satz 1.42.** *Wenn der Parameterwert $\lambda$ in der Integralgleichung zweiter Art mit keiner charakteristischen Zahl gleich ist, dann hat die Integralgleichung zweiter Art bei jeder Störungsfunktion eine einzige Lösung (daraus folgt, daß die homogene Integralgleichung außer der trivialen, keine weitere Lösungen hat). Wenn aber $\lambda$*

*) In der Fachliteratur wird für die charakteristischen Zahlen häufig der Ausdruck Eigenwert des Kernes verwendet. Um aber ein Mißverständnis zu vermeiden, wollen wir die reziproken Werte der Eigenwerte von $\boldsymbol{A}$, als charakteristische Zahlen bezeichnen.

*eine charakteristische Zahl ist, dann hat die homogene Integralgleichung nichttriviale Lösungen und die inhomogene Integralgleichung ist nur bei speziellen Störungsfunktionen lösbar. Die Wurzeln der Gleichung*

$$|\boldsymbol{E} - \lambda \boldsymbol{A}| = 0$$

*liefern die charakteristischen Zahlen des Kernes der Integralgleichung.*

Dieser Satz ist allgemein gültig, obwohl wir ihn nur für ausgeartete Kerne bewiesen haben. Auf den allgemeinen Beweis können wir hier nicht einsehen, denn das ist nicht das Thema dieses Bandes.

Wir haben bisher einen speziellen Fall untersucht. Die Bedeutung dieses Sonderfalls liegt darin, daß jeder stetige Kern in einem endlichen Quadrat gleichmäßig durch einen ausgearteten Kern approximiert werden kann. Das sieht man sofort ein, wenn wir an den Weierstraß-schen Approximationssatz*) denken, wonach eine stetige Kernfunktion $K(x, y)$ in einem abgeschlossenen Gebiet durch Polynome gleichmäßig approximiert werden kann. Ein Polynom in $x$ und $y$ ist aber ein ausgearteter Kern. Dabei läßt sich zeigen: Wenn die Integralgleichung

$$\varphi(x) - \lambda \int_a^b N(x, y)\, \varphi(y)\, dy = f(x)$$

einen stetigen Kern hat und die Folge der ausgearteten Kerne $K_n(x, y)$ in $[a, b] \times \times [a, b]$ gleichmäßig zu $N(x, y)$ konvergiert weiterhin $\lambda$ keine charakteristische Zahl für $N$ ist, dann konvergieren die Lösungen der Integralgleichungen

$$\psi_n(x) - \lambda \int_a^b K_n(x, y)\, \psi_n(y)\, dy = f(x)$$

gleichmäßig in $[a, b]$ zu $\varphi(x)$, d.h. $\psi_n(x) \to \varphi(x)$. Daraus folgt, man kann eine Näherungslösung einer beliebigen Integralgleichung zweiter Art mit stetigem Kern erhalten, indem man den Kern durch einen geeigneten ausgearteten Kern ersetzt.

Zum Schluß wollen wir ein einfaches Beispiel betrachten.

*Beispiel.* Man löse die Integralgleichung

$$\varphi(x) - \lambda \int_0^1 (x + y)\, \varphi(y)\, dy = f(x).$$

Der Kern ist

$$K(x, y) \equiv x + y = \boldsymbol{a}^*(x)\, \boldsymbol{b}(y)$$

*) S. Bd. I. Abschnitt 101.08. S. 40.

wobei

$$a(x) = \begin{pmatrix} x \\ 1 \end{pmatrix}, \quad b(y) = \begin{pmatrix} 1 \\ y \end{pmatrix}$$

gilt.

$$A = \int_0^1 b(y)\, a^*(y)\, dy = \int_0^1 \begin{pmatrix} y & 1 \\ y^2 & y \end{pmatrix} dy = \begin{pmatrix} \frac{1}{2} & 1 \\ \frac{1}{3} & \frac{1}{2} \end{pmatrix},$$

$$E - \lambda A = \begin{pmatrix} 1 - \frac{\lambda}{2} & -\lambda \\ -\frac{\lambda}{3} & 1 - \frac{\lambda}{2} \end{pmatrix}.$$

Daher ist

$$|E - \lambda A| = \left(1 - \frac{\lambda}{2}\right)^2 - \frac{\lambda^2}{3} = 1 - \lambda - \frac{\lambda^2}{12}$$

und die charakteristischen Zahlen sind

$$\lambda_1 = -6 + \sqrt{48}; \quad \lambda_2 = -6 - \sqrt{48}.$$

Wir erhalten

$$(E - \lambda A)^{-1} = \frac{1}{\left(1 - \frac{\lambda}{2}\right)^2 - \frac{\lambda^2}{3}} \begin{pmatrix} 1 - \frac{\lambda}{2} & \lambda \\ \frac{\lambda}{3} & 1 - \frac{\lambda}{2} \end{pmatrix} \quad (\lambda \neq \lambda_1, \lambda_2).$$

Somit ist der lösende Kern

$$R(x, y; \lambda) = a^*(x) \frac{1}{\left(1 - \frac{\lambda}{2}\right)^2 - \frac{\lambda^2}{3}} \begin{pmatrix} 1 - \frac{\lambda}{2} & \lambda \\ \frac{\lambda}{3} & 1 - \frac{\lambda}{2} \end{pmatrix} b(y) =$$

$$= \frac{\left(1 - \frac{\lambda}{2}\right)(x + y) + \lambda x y + \frac{\lambda}{3}}{\left(1 - \frac{\lambda}{2}\right)^2 - \frac{\lambda^2}{3}} \quad (\lambda \neq \lambda_1, \lambda_2).$$

Die Lösung unserer inhomogen Integralgleichung lautet also wie folgt:

$$\varphi(x) = f(x) + \frac{\lambda}{\left(1 - \frac{\lambda}{2}\right)^2 - \frac{\lambda^2}{3}} \int_0^1 \left[\left(1 - \frac{\lambda}{2}\right)(x + y) + \lambda x y + \frac{\lambda}{3}\right] f(y)\, dy,$$

vorausgesetzt natürlich, daß $\lambda$ keine charakteristische Zahl ist.

Die Eigenvektoren von $A$ sind die folgenden

$$\boldsymbol{r}_1 = \begin{pmatrix} \lambda_1 \\ 1 - \dfrac{\lambda_1}{2} \end{pmatrix}, \quad \boldsymbol{r}_2 = \begin{pmatrix} \lambda_2 \\ 1 - \dfrac{\lambda_2}{2} \end{pmatrix}.$$

Somit sind die Eigenfunktionen von $K(x, y)$:

$$\varphi_1(x) = \lambda_1 \, \boldsymbol{a}^*(x) \, \boldsymbol{r}_1 = \lambda_1^2 x + \lambda_1 - \frac{\lambda_1^2}{2}$$

$$\varphi_2(x) = \lambda_2 \, \boldsymbol{a}^*(x) \, \boldsymbol{r}_2 = \lambda_2^2 x + \lambda_2 - \frac{\lambda_2^2}{2}.$$

### 103.03 *Lineare Differentialgleichungssysteme*

Wir betrachten folgendes System von linearen Differentialgleichungen:

$$\begin{aligned} x_1' &= a_{11} x_1 + a_{12} x_2 + \cdots + a_{1n} x_n + f_1 \\ x_2' &= a_{21} x_1 + a_{22} x_2 + \cdots + a_{2n} x_n + f_2 \\ &\ldots\ldots\ldots\ldots\ldots\ldots\ldots\ldots \\ x_n' &= a_{n1} x_1 + a_{22} x_2 + \cdots + a_{nn} x_n + f_n. \end{aligned} \tag{1.170}$$

Um dieses Differentialgleichungssystem in eine kürzere und anschaulichere Gestalt zu bringen erweist sich als zweckmäßig folgende Bezeichnungen einzuführen:

$$\boldsymbol{x} = \boldsymbol{x}(t) = \begin{pmatrix} x_1(t) \\ x_2(t) \\ \vdots \\ x_n(t) \end{pmatrix}, \quad \boldsymbol{f} = \boldsymbol{f}(t) = \begin{pmatrix} f_1(t) \\ f_2(t) \\ \vdots \\ f_n(t) \end{pmatrix}$$

$$\boldsymbol{A} = \begin{pmatrix} a_{11} & a_{12} \ldots a_{1n} \\ a_{21} & a_{22} \ldots a_{2n} \\ \ldots & \ldots\ldots \\ a_{n1} & a_{n2} \ldots a_{nn} \end{pmatrix}.$$

Es sei bemerkt, daß die Koeffizienten in $\boldsymbol{A}$ nicht notwendig Konstanten sein müssen, sondern auch Funktionen von $t$ sein können. Wir werden oft einfachheitshalber nicht nur in $\boldsymbol{A}$, sondern auch in den Bezeichnungen der Vektoren $\boldsymbol{x}$ und $\boldsymbol{f}$ das Aufschreiben der unabhängigen Veränderlichen $t$ unterlassen.

Mit den eben eingeführten Bezeichnungen läßt sich das Differentialgleichungssystem (1.170) offenbar in folgender Gestalt aufschreiben

$$\boldsymbol{x}' = \boldsymbol{A}\,\boldsymbol{x} + \boldsymbol{f}. \tag{1.171}$$

Diese Gleichung hat dieselbe Gestalt wie eine lineare Differentialgleichung erster Ordnung, nur der Koeffizient $\boldsymbol{A}$ ist eine Matrixfunktion, $f$ eine gegebene

Vektorfunktion und auch die Unbekannte ist eine Vektorfunktion. Wir werden die Gleichung (1.171) eine Differentialgleichung nennen, obwohl sie die abgekürzte Schreibweise eines Differentialgleichungssystem ist.

Wenn $\boldsymbol{f}(t) \equiv \mathbf{0}$ ist, dann heißt (1.171) (bzw. (1.170)) *homogen*, im gegengesetztem Fall, wenn also $\boldsymbol{f}(t) \not\equiv \mathbf{0}$ ist, dann ist die Gleichung (1.171) *inhomogen*.

Wir wollen zuerst die homogene Differentialgleichung

$$\boldsymbol{x}' = \boldsymbol{A}\,\boldsymbol{x} \tag{1.172}$$

untersuchen. Diese Gleichung hat offenbar immer die Lösung $\boldsymbol{x} \equiv \mathbf{0}$. Sie wird die *triviale Lösung* von (1.172) genannt. Unter einer Lösung der homogenen Gleichung wollen wir in der Zukunft immer eine nichttriviale Lösung verstehen.

Wenn $\boldsymbol{x}$ eine Lösung unserer Gleichung ist, dann ist offenbar $c\boldsymbol{x}$ auch eine, wobei $c$ eine beliebige Konstante ist. Oder noch allgemeiner: Sind $\boldsymbol{x}_1, \boldsymbol{x}_2, \ldots, \boldsymbol{x}_k$ Lösungen von (1.172), dann liefert jede ihrer Linearkombinationen mit konstanten Koeffizienten eine weitere Lösung.

Wir setzen jetzt voraus, daß (1.172) $n$ linear unabhängige Lösungen, $\boldsymbol{x}_1, \boldsymbol{x}_2, \ldots, \boldsymbol{x}_n$ besitzt. *Dann ist die Vektorfunktion*

$$\boldsymbol{x} = c_1\boldsymbol{x}_1 + c_2\boldsymbol{x}_2 + \cdots + c_n\boldsymbol{x}_n \tag{1.173}$$

*die allgemeine Lösung des homogenen Gleichungssystem.* $c_1, c_2, \ldots, c_n$ sind Konstanten.

Wir bilden nämlich die Matrix

$$\boldsymbol{U} = (\boldsymbol{x}_1, \boldsymbol{x}_2, \ldots, \boldsymbol{x}_n). \tag{1.174}$$

Sie hat für jeden Wert von $t$ eine eindeutige Inverse, denn es wurde vorausgesetzt, daß die Vektoren $\boldsymbol{x}_i$ $(i=1, 2, \ldots, n)$ bei jedem Wert von $t$ (eventuell in einem gegebenen Bereich der reellen Zahlenachse) linear unabhängig sind. Somit existiert $\boldsymbol{U}^{-1}$. Man kann (1.173) offenbar in die Gestalt

$$\boldsymbol{x} = \boldsymbol{U}\,\boldsymbol{c} \tag{1.175}$$

bringen, wobei

$$\boldsymbol{c} = \begin{pmatrix} c_1 \\ \vdots \\ c_n \end{pmatrix}$$

ist. Wenn wir eine beliebige Anfangsbedingung

$$\boldsymbol{x}(t_0) = \boldsymbol{z}_0$$

vorschreiben, dann kann man den Vektor $\boldsymbol{c}$ in (1.175) bzw. in (1.173) eindeutig so bestimmen, daß diese durch eine Lösung der Gestalt (1.175) (bzw. (1.173)) befriedigt wird. Aus der Bedingung

$$\boldsymbol{U}(t_0)\,\boldsymbol{c} = \boldsymbol{z}_0$$

ergibt sich

$$c = U^{-1}(t_0)\, z_0$$

und somit ist die gesuchte Lösung von der Form

$$x(t) = U(t)\, U^{-1}(t_0)\, z_0 .$$

(Man sieht sofort, daß $x(t_0) = U(t_0)\, U^{-1}(t_0)\, z_0 = E\, z_0 = z_0$ ist). Damit erwies sich (1.173), bzw. (1.175) als die allgemeine Lösung der homogenen linearen Differentialgleichung.

Die Matrix $U$ heist *Fundamentalmatrix* der Differenzialgleichung. Sie genügt der Differentialgleichung (1.172). Die $k$-te Spalte von $(d/dt)U$ ist nämlich $x_k' = k(d/dt)\, x_k$. Andererseits ist die $k$-te Spalte von $AU$ gleich $Ax_k$ und da

$$x_k' = A\, x_k$$

gilt, ist auch

$$\frac{dU}{dt} = A\, U \tag{1.176}$$

erfüllt.

Wenn wir

$$x_k = \begin{pmatrix} x_{1k} \\ x_{2k} \\ \vdots \\ x_{nk} \end{pmatrix} \qquad (k = 1, 2, \ldots, n)$$

setzen, dann lautet (1.176) in ausführlicher Schreibweise wie folgt:

$$\frac{dx_{ik}}{dt} = \sum_{l=1}^{n} a_{il}\, x_{lk} \qquad (i, k = 1, 2, \cdots, n). \tag{1.177}$$

Wir bilden jetzt die Ableitung der Determinante $|U|$. Unter Beachtung von (1.177) ergibt sich folgendes

$$\frac{d|U|}{dt} = \sum_{i=1}^{n} \begin{vmatrix} x_{11} \ldots x_{1n} \\ \cdots\cdots \\ x_{i1}' \ldots x_{in}' \\ \cdots\cdots \\ x_{n1} \ldots x_{nn} \end{vmatrix} =$$

$$= \sum_{i=1}^{n} \begin{vmatrix} x_{11} & x_{12} & \cdots & x_{1n} \\ \cdots & \cdots & \cdots & \cdots \\ \sum_{l=1}^{n} a_{il}\, x_{l1} & \sum_{l=1}^{n} a_{il}\, x_{l2} & \cdots & \sum_{l=1}^{n} a_{il}\, x_{ln} \\ \cdots & \cdots & \cdots & \cdots \\ x_{n1} & x_{n2} & \cdots & x_{nn} \end{vmatrix} =$$

$$= \sum_{i=1}^{n} a_{i1} \begin{vmatrix} x_{11} & x_{12} \dots x_{1n} \\ \dots & \dots \\ x_{11} & x_{12} \dots x_{1n} \\ \dots & \dots \\ x_{n1} & x_{n2} \dots x_{nn} \end{vmatrix} + \dots +$$

$$+ \sum_{i=1}^{n} a_{ii} \begin{vmatrix} x_{11} & x_{12} \dots x_{1n} \\ \dots & \dots \\ x_{i1} & x_{i2} \dots x_{in} \\ \dots & \dots \\ x_{n1} & x_{n2} \dots x_{nn} \end{vmatrix} + \dots +$$

$$+ \sum_{i=1}^{n} a_{in} \begin{vmatrix} x_{11} \dots x_{1n} \\ \dots \\ x_{n1} \dots x_{nn} \\ \dots \\ x_{n1} \dots x_{nn} \end{vmatrix} =$$

$$= \sum_{i=1}^{n} a_{ii} \begin{vmatrix} x_{11} \dots x_{1n} \\ \dots \\ x_{n1} \dots x_{nn} \end{vmatrix} = |\boldsymbol{U}| \sum_{i=1}^{n} a_{ii}.$$

Die Summe $\sum_{i=1}^{n} a_{ii}$ heißt die *Spur* der Matrix $\boldsymbol{A}$ und wird mit $\operatorname{Sp} \boldsymbol{A}$ bezeichnet:

$$\operatorname{Sp} \boldsymbol{A} \overset{\text{Def.}}{=} a_{11} + a_{22} + \dots + a_{nn}.$$

Wir haben somit die Beziehung

$$\frac{d\,|\boldsymbol{U}|}{dt} = |\boldsymbol{U}| \operatorname{Sp} \boldsymbol{A} \tag{1.178}$$

erhalten, die für die Funktion $|\boldsymbol{U}| = |\boldsymbol{U}(t)|$ eine gewöhnliche Differentialgleichung erster Ordnung ist. Aus (1.178) ergibt sich

$$\frac{\frac{d\,|\boldsymbol{U}|}{dt}}{|\boldsymbol{U}|} = \operatorname{Sp} \boldsymbol{A}$$

und nach Integration ist*)

$$|\boldsymbol{U}| = \boldsymbol{C} \exp \int_{a}^{t} \operatorname{Sp} \boldsymbol{A}(\tau)\, d\tau.$$

Da laut Voraussetzung $\boldsymbol{U}$ (für jeden Wert von $t$) eine eindeutige Inverse hat, ist $|\boldsymbol{U}(t)| \neq 0$, deswegen verschwindet die Integrationskonstante $C$ nicht.

*) Man schreibt für $e^{\boldsymbol{F}}$ oft $\exp \boldsymbol{F}$.

Wenn $A$ und $\int_a^t A(\tau)\,d\tau$ vertauschbar sind, kann die Existenz der Fundamentalmatrix leicht bewiesen werden. Wir haben nämlich nur die Matrizenreihe zu bilden:

$$U \overset{\text{Def.}}{=} E + B(t) + \frac{1}{2!}B^2(t) + \cdots + \frac{1}{n!}B^n(t) + \cdots \tag{1.179}$$

wobei

$$B(t) = \int_a^t A(\tau)\,d\tau$$

ist.

Unter der Voraussetzung daß die Elemente von $A$ im Intervall $[a, b]$ beschränkt sind, ist nach Satz 1.37b die Reihe (1.179) konvergent und stellt die in $[a, b]$ differenzierbare Funktion $U(t)$ dar. Wenn wir die Reihe (1.179) gliedweise differenzieren (Satz 1.37b), erhalten wir wieder eine konvergente Reihe die die Ableitung von $U(t)$ liefert. Somit können wir schreiben (wegen der Vertauchsbarkeit von $A$ und $B$):

$$\frac{dU}{dt} = A(t) + \tfrac{1}{2}[A(t)B(t) + B(t)A(t)] + \cdots =$$

$$= A(t) + \frac{2}{2!}A(t)B(t) + \frac{3}{3!}A(t)B^2(t) + \cdots =$$

$$= A(t)\left[E + B(t) + \frac{1}{2!}B^2(t) + \cdots\right] = A(t)\,e^{B(t)} = A(t)\,e^{\int_a^t A(\tau)\,d\tau}.$$

Andererseits ist laut (1.179) $U = e^{B(t)}$, deswegen gilt

$$\frac{dU}{dt} = A\,U.$$

Besonders bemerkenswert ist der Fall, wenn $A$ eine konstante Matrix ist, d.h. das Differentialgleichungssystem (1.172) (bzw. (1.170)) hat konstante Koeffizienten. Dann ist

$$B(t) = \int_a^t A\,d\tau = A\int_a^t d\tau = A\cdot(t-a),$$

und das ist mit $A$ selbstverständlich vertauschbar. Daher ist eine Fundamentale Matrix

$$U(t) = e^{(t-a)A}. \tag{1.180}$$

Nun kehren wir zur Untersuchung des *inhomogenen* Differentialgleichungssystem bzw. der inhomogenen Differentialgleichung (1.171).

Wenn eine Fundamentalmatrix für die entsprechende homogene Differentialgleichung vorliegt, dann läßt sich eine partikuläre Lösung der inhomogenen Gleichung mit ihrer Hilfe leicht bestimmen.

Wir machen nämlich den Ansatz:

$$x(t) = U(t)\,c(t), \tag{1.181}$$

wobei $c(t)$ ein, vorläufig noch unbekannter Vektor ist. Es ergibt sich durch Differenzieren

$$\frac{dx}{dt} = x' = U'(t)\,c(t) + U(t)\,c'(t).$$

Andererseits soll aber $x(t)$ eine Lösung der inhomogenen Differentialgleichung sein, d.h. es soll

$$(U\,c)' = x'(t) = A\,U\,c + f$$

gelten. Unter Beachtung von (1.176) erhalten wir somit

$$U(t)\,c'(t) = f(t),$$

daraus folgt

$$c'(t) = U^{-1}(t)\,f(t),$$

daher

$$c(t) = \int_a^t U^{-1}(\tau)\,f(\tau)\,d\tau.$$

Eine partikuläre Lösung der inhomogenen Differentialgleichung hat also folgende Gestalt:

$$x(t) = U\,c = U(t)\int_a^t U^{-1}(\tau)\,f(\tau)\,d\tau. \tag{1.182}$$

(1.182) befriedigt tatsächlich die betrachtete inhomogene Differentialgleichung. Davon kann man sich durch Einsetzten in die Differentialgleichung leicht überzeugen.

Man sieht unmittelbar, *wenn man zu einer partikulären Lösung* $x_i$ *der inhomogenen Differentialgleichung die allgemeine Lösung* $x_h$ *der entsprechenden homogenen Gleichung addiert, dann ist die Summe* $x = x_i + x_h$ *die allgemeine Lösung der inhomogenen Differentialgleichung.*

Daß $x = x_i + x_h$ die inhomogene Gleichung befriedigt, sieht man sofort ein. Dazu hat man nur die Gleichung

$$x_i' = A\,x_i + f \quad \text{und} \quad x_h' = A\,x_h$$

zu addieren. De betrachtete Summe gibt aber zugleich die allgemeine Lösung an. Es sei nämlich eine Anfangsbedingung $x(0) = x_0$ gegeben (wobei $x_0$ ein beliebiger, im vorausgegebener Vektor ist). Da $\boldsymbol{x}_h$ die allgemeine Lösung der homogenen Gleichung ist, wählen wir $\boldsymbol{x}_h$ derart, daß die Anfangsbedingung

$$\boldsymbol{x}_h(0) = \boldsymbol{x}_0 - \boldsymbol{x}_i(0)$$

erfüllt sei. Dann aber genügt $\boldsymbol{x}$ der gegebenen Anfangsbedingung.

Es soll auch hier der besondere Fall, daß $\boldsymbol{A}$ eine Matrix mit konstanten Koeffizienten betrachtet werden.

$$\boldsymbol{U}(t) = e^{(t-a)\boldsymbol{A}}$$

ist eine Fundamentalmatrix, deswegen ist die allgemeine Lösung von (1.171)

$$\boldsymbol{x}(t) = e^{\boldsymbol{A}(t-a)}\boldsymbol{c} + e^{\boldsymbol{A}(t-a)}\int_a^t e^{-\boldsymbol{A}(\tau-a)}\boldsymbol{f}(\tau)\,d\tau =$$

$$= e^{\boldsymbol{A}(t-a)}\boldsymbol{c} + e^{\boldsymbol{A}t}\int_0^t e^{-\boldsymbol{A}\tau}\boldsymbol{f}(\tau)\,d\tau\,. \tag{1.183}$$

Wenn wir noch beachten, daß $e^{-a\boldsymbol{A}}$ eine nichtsinguläre Matrix ist, dann ist mit $\boldsymbol{c}$ auch der Vektor

$$\boldsymbol{r} = e^{-a\boldsymbol{A}}\boldsymbol{c}$$

ein beliebiger konstanter Vektor, deswegen können wir die allgemeine Lösung des inhomogenen Differentialgleichungssystems mit konstanten Koeffizienten in folgende Gestalt setzen

$$\boldsymbol{x}(t) = e^{\boldsymbol{A}t}\boldsymbol{r} + e^{\boldsymbol{A}t}\int_0^t e^{-\boldsymbol{A}\tau}\boldsymbol{f}(\tau)\,d\tau =$$

$$= e^{\boldsymbol{A}t}\left(\boldsymbol{r} + \int_0^t e^{-\boldsymbol{A}\tau}\boldsymbol{f}(\tau)\,d\tau\right).$$

Auch hier möchten wir die bisherigen Überlegungen durch einige numerische Beispiele erläutern.

*Beispiel* 1. Es soll das homogene Differentialgleichungssystem

$$\begin{aligned} x_1' &= -7x_1 - 7x_2 + 5x_3 \\ x_2' &= -8x_1 - 8x_2 - 5x_3 \\ x_3' &= \qquad\quad\; - 5x_2 \end{aligned}$$

nebst den Anfangsbedingungen

$$x_1(0) = 3, \quad x_2(0) = -2, \quad x_3(0) = 1$$

gelöst werden.

Wir setzen

$$A = \begin{pmatrix} -7 & -7 & 5 \\ -8 & -8 & -5 \\ 0 & -5 & 0 \end{pmatrix}, \quad \boldsymbol{x}_0 = \begin{pmatrix} 3 \\ -2 \\ 1 \end{pmatrix}.$$

Um eine Fundamentalmatrix berechnen zu können, haben wir $e^{At}$ zu bestimmen. Das wird in folgenden Schritten ermittelt:

a.) Zuerst werden die Wurzeln der charakteristischen Gleichung von $A$ berechnet:

$$|A - \lambda E| = \begin{vmatrix} -7-\lambda & -7 & 5 \\ -8 & -8-\lambda & -5 \\ 0 & -5 & -\lambda \end{vmatrix} = -(\lambda^3 + 15\lambda^2 - 25\lambda - 375) = 0.$$

Aus dieser Gleichung ergibt sich

$$\lambda_1 = 5; \quad \lambda_2 = -5; \quad \lambda_3 = -15.$$

b.) Jetzt haben wir die zu diesen Wurzeln gehörenden Lagrange-Polynome zu bestimmen:

$$L_1(\lambda) = \frac{(\lambda+5)(\lambda+15)}{10.20} = \frac{1}{200}(\lambda^2 + 20\lambda + 75)$$

$$L_2(\lambda) = \frac{(\lambda-5)(\lambda+15)}{(-10)\,10} = \frac{-1}{100}(\lambda^2 + 10\lambda - 75)$$

$$L_3(\lambda) = \frac{(\lambda-5)(\lambda+5)}{(-20)(-10)} = \frac{1}{200}(\lambda^2 - 25).$$

c.) Es folgt die Berechnung von $A^2$:

$$A^2 = \begin{pmatrix} -7 & -7 & 5 \\ -8 & -8 & -5 \\ 0 & -5 & 0 \end{pmatrix}\begin{pmatrix} -7 & -7 & 5 \\ -8 & -8 & -5 \\ 0 & -5 & 0 \end{pmatrix} = 5\begin{pmatrix} 21 & 16 & 0 \\ 24 & 29 & 0 \\ 8 & 8 & 5 \end{pmatrix}.$$

Daraus ergibt sich

$$L_1(A) = \frac{1}{200}(A^2 + 20A + 75E) =$$

$$= \frac{1}{40}\left[\begin{pmatrix} 21 & 16 & 0 \\ 24 & 29 & 0 \\ 8 & 8 & 5 \end{pmatrix} + 4\begin{pmatrix} -7 & -7 & 5 \\ -8 & -8 & -5 \\ 0 & -5 & 0 \end{pmatrix} + 15\begin{pmatrix} 1 & 0 & 0 \\ 0 & 1 & 0 \\ 0 & 0 & 1 \end{pmatrix}\right] =$$

$$= \frac{1}{40}\begin{pmatrix} 8 & -12 & 20 \\ -8 & 12 & -20 \\ 8 & -12 & 20 \end{pmatrix} = \frac{1}{10}\begin{pmatrix} 1 \\ -1 \\ 1 \end{pmatrix}(2, -3, 5),$$

$$L_2(\boldsymbol{A}) = \frac{-1}{100}(\boldsymbol{A}^2 + 10\boldsymbol{A} - 75\boldsymbol{E}) =$$

$$= -\frac{1}{20}\left[\begin{pmatrix} 21 & 16 & 0 \\ 24 & 29 & 0 \\ 8 & 8 & 5 \end{pmatrix} + 2\begin{pmatrix} -7 & -7 & 5 \\ -8 & -8 & -5 \\ 0 & -5 & 0 \end{pmatrix} - 15\begin{pmatrix} 1 & 0 & 0 \\ 0 & 1 & 0 \\ 0 & 0 & 1 \end{pmatrix}\right] =$$

$$= -\frac{1}{20}\begin{pmatrix} -8 & 2 & 10 \\ 8 & -2 & -10 \\ 8 & -2 & -10 \end{pmatrix} = \frac{1}{10}\begin{pmatrix} 1 \\ -1 \\ -1 \end{pmatrix}(4, -1, -5).$$

$$L_3(\boldsymbol{A}) = \frac{1}{200}(\boldsymbol{A}^2 - 25\boldsymbol{E}) =$$

$$= \frac{1}{40}\left[\begin{pmatrix} 21 & 16 & 0 \\ 24 & 29 & 0 \\ 8 & 8 & 5 \end{pmatrix} - 5\begin{pmatrix} 1 & 0 & 0 \\ 0 & 1 & 0 \\ 0 & 0 & 1 \end{pmatrix}\right] =$$

$$= \frac{1}{40}\begin{pmatrix} 16 & 16 & 0 \\ 24 & 24 & 0 \\ 8 & 8 & 0 \end{pmatrix} = \frac{1}{5}\begin{pmatrix} 2 \\ 3 \\ 1 \end{pmatrix}(1, 1, 0).$$

d.) Im nächsten Schritt bilden wir mit Hilfe dieser Matrizen $e^{\boldsymbol{A}t}$, indem wir $L_1(\boldsymbol{A})$ und $L_2(\boldsymbol{A})$ und $L_3(\boldsymbol{A})$ der Reihe nach mit $e^{5t}$, $e^{-5t}$, $e^{-15t}$ multiplizieren:

$$e^{\boldsymbol{A}t} = \frac{e^{5t}}{10}\begin{pmatrix} 1 \\ -1 \\ 1 \end{pmatrix}(2, -3, 5) + \frac{e^{-5t}}{10}\begin{pmatrix} 1 \\ -1 \\ -1 \end{pmatrix}(4, 1, -5) +$$

$$+ \frac{e^{-15t}}{5}\begin{pmatrix} 2 \\ 3 \\ 1 \end{pmatrix}(1, 1, 0).$$

e.) Da $e^{\boldsymbol{A}t}$ für $t=0$ gleich $\boldsymbol{E}$ ist, ergibt sich die gesuchte Lösung (nach (1.175)), in dem wir das Produkt

$$\boldsymbol{x} = e^{\boldsymbol{A}t}\boldsymbol{x}_0$$

bilden:

$$\boldsymbol{x} = \frac{e^{5t}}{10}\begin{pmatrix} 1 \\ -1 \\ 1 \end{pmatrix}(2, -3, 5)\begin{pmatrix} 3 \\ -2 \\ 1 \end{pmatrix} +$$

$$+ \frac{e^{-5t}}{10}\begin{pmatrix} 1 \\ -1 \\ -1 \end{pmatrix}(4, -1, -5)\begin{pmatrix} 3 \\ -2 \\ 1 \end{pmatrix} + \frac{e^{-15t}}{5}\begin{pmatrix} 2 \\ 3 \\ 1 \end{pmatrix}(1, 1, 0)\begin{pmatrix} 3 \\ -2 \\ 1 \end{pmatrix} =$$

$$= \frac{17}{10}e^{5t}\begin{pmatrix} 1 \\ -1 \\ 1 \end{pmatrix} + \frac{9}{10}e^{-5t}\begin{pmatrix} 1 \\ -1 \\ -1 \end{pmatrix} + \frac{1}{5}e^{-15t}\begin{pmatrix} 2 \\ 3 \\ 1 \end{pmatrix}.$$

Somit erhalten wir die gesuchte Lösung in skalarer Schreibweise:

$$\begin{aligned} x_1(t) &= \tfrac{17}{10}\,e^{5t} + \tfrac{9}{10}\,e^{-5t} + \tfrac{2}{5}\,e^{-15t} \\ x_2(t) &= -\tfrac{17}{10}\,e^{5t} - \tfrac{9}{10}\,e^{-5t} + \tfrac{3}{5}\,e^{-15t} \\ x_3(t) &= \tfrac{17}{10}\,e^{5t} - \tfrac{9}{10}\,e^{-5t} + \tfrac{1}{5}\,e^{-15t}\;. \end{aligned}$$

*Beispiel* 2. Es sei folgendes inhomogenes Differentialgleichungssystem

$$\begin{aligned} x_1' &= 3x_1 + 4x_2 - 2x_3 + 5e^t \\ x_2' &= 3x_1 + 2x_2 \qquad\quad - 2e^{-3t} \\ x_3' &= \qquad\;\; 4x_2 + \;\; x_3 + 6e^{2t} \end{aligned}$$

betrachtet. Die Anfangsbedingungen seien

$$\boldsymbol{x}(0) = \boldsymbol{x}_0 = \begin{pmatrix} 5 \\ -4 \\ 1 \end{pmatrix}.$$

Hier ist

$$\boldsymbol{A} = \begin{pmatrix} 3 & 4 & -2 \\ 3 & 2 & 0 \\ 0 & 4 & 1 \end{pmatrix}.$$

Wir haben zuerst die entsprechende homogene Gleichung zu lösen.

$$|\boldsymbol{A} - \lambda\boldsymbol{E}| = \begin{vmatrix} 3-\lambda & 4 & -2 \\ 3 & 2-\lambda & 0 \\ 0 & 4 & 1-\lambda \end{vmatrix} = -\lambda^3 + 6\lambda^2 + \lambda - 30 = 0\,.$$

Die Wurzeln dieser Gleichung sind: $\lambda_1 = -2$, $\lambda_2 = 3$, $\lambda_3 = 5$. Die entsprechenden Lagrange-Polynome sind:

$$\begin{aligned} L_1(\lambda) &= \frac{(\lambda-3)(\lambda-5)}{(-5)(-7)} = \frac{1}{35}(\lambda^2 - 8\lambda + 15)\,, \\ L_2(\lambda) &= \frac{(\lambda+2)(\lambda-5)}{5(-2)} = -\frac{1}{10}(\lambda^2 - 3\lambda - 10)\,, \\ L_3(\lambda) &= \frac{(\lambda+2)(\lambda-3)}{7.2} = \frac{1}{14}(\lambda^2 - \lambda - 6)\,. \end{aligned}$$

$$\boldsymbol{A}^2 = \boldsymbol{A}\,\boldsymbol{A} = \begin{pmatrix} 3 & 4 & -2 \\ 3 & 2 & 0 \\ 0 & 4 & 1 \end{pmatrix} \begin{pmatrix} 3 & 4 & -2 \\ 3 & 2 & 0 \\ 0 & 4 & 1 \end{pmatrix} =$$

$$= \begin{pmatrix} 21 & 12 & -8 \\ 15 & 16 & -6 \\ 12 & 12 & 1 \end{pmatrix}.$$

Daher

$$L_1(A) = \frac{1}{35}(A^2 - 8A + 15E) =$$

$$= \frac{1}{35}\left[\begin{pmatrix} 21 & 12 & -8 \\ 15 & 16 & -6 \\ 12 & 12 & 1 \end{pmatrix} - 8\begin{pmatrix} 3 & 4 & -2 \\ 3 & 2 & 0 \\ 0 & 4 & 1 \end{pmatrix} + 15\begin{pmatrix} 1 & 0 & 0 \\ 0 & 1 & 0 \\ 0 & 0 & 1 \end{pmatrix}\right] =$$

$$= \frac{1}{35}\begin{pmatrix} 12 & -20 & 8 \\ -9 & 15 & -6 \\ 12 & -20 & 8 \end{pmatrix} = \frac{1}{35}\begin{pmatrix} 4 \\ -3 \\ 4 \end{pmatrix}(3, -5, 2).$$

$$L_2(A) = -\frac{1}{10}(A^2 - 3A - 10E) =$$

$$= -\frac{1}{10}\left[\begin{pmatrix} 21 & 12 & -8 \\ 15 & 16 & -6 \\ 12 & 12 & 1 \end{pmatrix} - 3\begin{pmatrix} 3 & 4 & -2 \\ 3 & 2 & 0 \\ 0 & 4 & 1 \end{pmatrix} - 10\begin{pmatrix} 1 & 0 & 0 \\ 0 & 1 & 0 \\ 0 & 0 & 1 \end{pmatrix}\right]$$

$$= -\frac{1}{10}\begin{pmatrix} 2 & 0 & -2 \\ 6 & 0 & -6 \\ 12 & 0 & -12 \end{pmatrix} = -\frac{1}{5}\begin{pmatrix} 1 \\ 3 \\ 6 \end{pmatrix}(1, 0, -1).$$

$$L_3(A) = \frac{1}{14}(A^2 - A - 6E) = \frac{1}{14}\left[\begin{pmatrix} 21 & 12 & -8 \\ 15 & 16 & -6 \\ 12 & 12 & 1 \end{pmatrix} -\right.$$

$$\left. - \begin{pmatrix} 3 & 4 & -2 \\ 3 & 2 & 0 \\ 0 & 4 & 1 \end{pmatrix} - 6\begin{pmatrix} 1 & 0 & 0 \\ 0 & 1 & 0 \\ 0 & 0 & 1 \end{pmatrix}\right] =$$

$$= \frac{1}{14}\begin{pmatrix} 12 & 8 & -6 \\ 12 & 8 & -6 \\ 12 & 8 & -6 \end{pmatrix} = \frac{1}{7}\begin{pmatrix} 1 \\ 1 \\ 1 \end{pmatrix}(6, 4, -3).$$

Somit ist

$$e^{At} = e^{-2t} L_1(A) + e^{3t} L_2(A) + e^{5t} L_3(A) =$$

$$= \frac{e^{-2t}}{35}\begin{pmatrix} 4 \\ -3 \\ 4 \end{pmatrix}(3, -5, 2) - \frac{e^{3t}}{5}\begin{pmatrix} 1 \\ 3 \\ 6 \end{pmatrix}(1, 0, -1) +$$

$$+ \frac{e^{5t}}{7}\begin{pmatrix} 1 \\ 1 \\ 1 \end{pmatrix}(6, 4, -3).$$

Diejenige Lösung des homogenen Differentialgleichungssystems, die den Anfangsbedingungen genügt, ist die folgende:

$$\boldsymbol{x}_h(t) = e^{At}\boldsymbol{x}_0 = \frac{e^{-2t}}{35}\begin{pmatrix} 4 \\ -3 \\ 4 \end{pmatrix}(3, -5, 2)\begin{pmatrix} 5 \\ -4 \\ 1 \end{pmatrix} -$$

$$-\frac{e^{3t}}{5}\begin{pmatrix}1\\3\\6\end{pmatrix}(1, 0, -1)\begin{pmatrix}5\\-4\\1\end{pmatrix}+\frac{e^{5t}}{7}\begin{pmatrix}1\\1\\1\end{pmatrix}(6, 4, -3)\begin{pmatrix}5\\-4\\1\end{pmatrix}=$$

$$=\frac{37}{35}e^{-2t}\begin{pmatrix}4\\-3\\4\end{pmatrix}-\frac{4}{5}e^{3t}\begin{pmatrix}1\\3\\6\end{pmatrix}+\frac{11}{7}e^{5t}\begin{pmatrix}1\\1\\1\end{pmatrix}.$$

Eine partikuläre Lösung des inhomogenen Gleichungssystems ist von folgender Gestalt:

$$e^{At}\int_0^t e^{-A\tau}f(\tau)\,d\tau$$

wobei

$$f(\tau)=\begin{pmatrix}5e^{\tau}\\-2e^{-3\tau}\\6e^{2\tau}\end{pmatrix}$$

ist. Es ist klar, daß $e^{-\tau A}$ sich aus $e^{A\tau}$ ergibt indem wir $\tau$ mit $-\tau$ vertauschen. Da $e^{A\tau}$ schon berechnet wurde, erhalten wir somit

$$e^{-A\tau}=\frac{e^{2\tau}}{35}\begin{pmatrix}4\\-3\\4\end{pmatrix}(3, -5, 2)-\frac{e^{-3\tau}}{5}\begin{pmatrix}1\\3\\6\end{pmatrix}(1, 0, -1)+$$

$$+\frac{e^{-5\tau}}{7}\begin{pmatrix}1\\1\\1\end{pmatrix}(6, 4, -3).$$

Nun folgt die Berechnung des Integranden:

$$e^{-A\tau}f(\tau)=\frac{e^{2\tau}}{35}\begin{pmatrix}4\\-3\\4\end{pmatrix}(3, -5, 2)\begin{pmatrix}5e^{\tau}\\-2e^{-3\tau}\\6e^{2\tau}\end{pmatrix}-$$

$$-\frac{e^{-3\tau}}{5}\begin{pmatrix}1\\3\\6\end{pmatrix}(1, 0, -1)\begin{pmatrix}5e^{\tau}\\-2e^{-3\tau}\\6e^{2\tau}\end{pmatrix}+$$

$$+\frac{e^{-5\tau}}{7}\begin{pmatrix}1\\1\\1\end{pmatrix}(6, 4, -3)\begin{pmatrix}5e^{\tau}\\-2e^{-3\tau}\\6e^{2\tau}\end{pmatrix}=$$

$$=\frac{1}{35}(15e^{3\tau}+10e^{-\tau}+12e^{4\tau})\begin{pmatrix}4\\-3\\4\end{pmatrix}-$$

$$-\frac{1}{5}(5e^{-2\tau}-6e^{-\tau})\begin{pmatrix}1\\3\\6\end{pmatrix}+\frac{1}{7}(30e^{-4\tau}-8e^{-8\tau}-18e^{-3\tau})\begin{pmatrix}1\\1\\1\end{pmatrix}.$$

Es gilt ferner

$$\int_0^t e^{-A\tau} f(\tau)\, d\tau = \frac{5e^{3t} - 10e^{-t} + 3e^{4t} + 2}{35} \begin{pmatrix} 4 \\ -3 \\ 4 \end{pmatrix} -$$

$$- \frac{-2{,}5e^{-2t} + 6e^{-t} - 3{,}5}{5} \begin{pmatrix} 1 \\ 3 \\ 6 \end{pmatrix} + \frac{-7{,}5e^{-4t} + e^{-8t} + 6e^{-3t} + 0{,}5}{7} \begin{pmatrix} 1 \\ 1 \\ 1 \end{pmatrix}.$$

Das wird von links mit $e^{A\tau}$ multipliziert. Dazu eignet sich besonders die dyadische Form von $e^{A\tau}$, die wir oben berechnet haben:

$$e^{At} \int_0^t e^{-A\tau} f(\tau)\, d\tau = \frac{5e^{t} - 10e^{-3t} + 3e^{2t} + 2e^{-2t}}{35} \begin{pmatrix} 4 \\ -3 \\ 4 \end{pmatrix} -$$

$$- \frac{-2{,}5e^{t} + 6e^{2t} - 3{,}5e^{3t}}{5} \begin{pmatrix} 1 \\ 3 \\ 6 \end{pmatrix} + \frac{-7{,}5e^{t} + e^{-3t} + 6e^{2t} + 0{,}5e^{5t}}{7} \begin{pmatrix} 1 \\ 1 \\ 1 \end{pmatrix}.$$

Zu dieser partikulären Lösung der inhomogen Gleichung muß die früher schon bestimmte Lösung der entsprechenden homogenen Gleichung addiert werden:

$$x = e^{At} x_0 + e^{At} \int_0^t e^{-At} f(\tau)\, d\tau =$$

$$= \frac{5e^{t} - 10e^{-3t} + 3e^{2t} + 39e^{-2t}}{35} \begin{pmatrix} 4 \\ -3 \\ 4 \end{pmatrix} +$$

$$+ \frac{2{,}5e^{t} - 6e^{2t} - 0{,}5e^{3t}}{5} \begin{pmatrix} 1 \\ 3 \\ 6 \end{pmatrix} + \frac{-7{,}5e^{t} + e^{-3t} + 6e^{2t} + 11{,}5e^{5t}}{7} \begin{pmatrix} 1 \\ 1 \\ 1 \end{pmatrix} =$$

$$= \begin{pmatrix} -e^{-3t} + \frac{156}{35} e^{-2t} - 0{,}1e^{3t} + \frac{11{,}5}{7} e^{5t} \\ e^{-3t} + 3e^{2t} - \frac{117}{35} e^{-2t} - 0{,}3e^{3t} + \frac{11{,}5}{7} e^{5t} \\ 2{,}5e^{t} - e^{-3t} - 6e^{2t} + \frac{156}{35} e^{-2t} - 0{,}6e^{3t} + \frac{11{,}5}{7} e^{5t} \end{pmatrix}.$$

Auch das lineare Differentialgleichungssystem zweiter Ordnung wollen wir, wegen seiner Rolle in den technischen Anwendungen, untersuchen:

$$\begin{gathered} x_1'' = a_{11} x_1 + \dots + a_{1n} x_n + f_1 \\ \dots\dots\dots\dots\dots\dots\dots\dots \\ x_n'' = a_{n1} x_1 + \dots + a_{nn} x_n + f_n \end{gathered}$$

Dieses Gleichungssystem kann mit Hilfe der Matrizenschreibweise in folgende Form gesetzt werden

$$x'' = A\,x + f \tag{1.184}$$

wobei

$$x = \begin{pmatrix} x_1 \\ \vdots \\ x_n \end{pmatrix}, \quad f = \begin{pmatrix} f_1 \\ \vdots \\ f_n \end{pmatrix}; \quad A = \begin{pmatrix} a_{11} \dots a_{1n} \\ \vdots \quad\quad \vdots \\ a_{n1} \dots a_{nn} \end{pmatrix}$$

ist. Hier wollen wir uns nur auf den Fall von konstanten Koeffizienten beschränken, d.h. wir setzen voraus, daß $A$ eine konstante Matrix ist.

Zuerst wollen wir die homogene Vektordifferentialgleichung

$$x'' = A\,x \tag{1.185}$$

betrachten. Man kann leicht zwei nichttriviale Lösungen von (1.185) angeben. Zu diesem Zweck wollen wir die Potenzreihe von $\cosh \sqrt{\omega}\,t$ betrachten:

$$\cosh \sqrt{\omega}\,t = 1 + \frac{\omega\,t^2}{2!} + \frac{\omega^2\,t^4}{4!} + \cdots.$$

Sie ist für jeden Wert von $\omega$ und $t$ konvergent. Aus diesem Grund ist die entsprechende Matrizenpotenzreihe

$$E + \frac{A\,t^2}{2!} + \frac{A^2\,t^4}{4!} + \cdots \tag{1.186}$$

für jeden Wert von $t$, wie immer die quadratische Matrix beschaffen ist, konvergent.

Für die Summe (1.186) ist somit die Bezeichnung

$$\cosh \sqrt{A}\,t$$

gerechtfertigt.

Wenn wir die Reihe von $\cosh \sqrt{\omega}\,t$ nach $t$ gliedweise zweimal differenzieren, ergibt sich

$$\omega + \frac{\omega^2\,t^2}{2!} + \frac{\omega^3\,t^4}{4!} + \cdots = \omega \cosh \sqrt{\omega}\,t.$$

Auch diese Potenzreihe konvergiert für jeden Wert von $\omega$ und $t$, deshalb ist die entsprechende Matrizenpotenzreihe

$$A + \frac{A^2\,t^2}{2!} + \frac{A^3\,t^4}{4!} + \cdots \tag{1.187}$$

konvergent. Die Summe von (1.187) soll selbstverständlich mit $A \cosh \sqrt{A}\,t$ bezeichnet werden. Man sieht unmittelbar, daß $\cosh \sqrt{A}\,t$ eine nichttriviale Lösung von (1.185) ist.

Mit demselben Gedankengang läßt sich beweisen, daß die Summe der folgenden konvergenten Potenzreihe

$$\boldsymbol{E}\,t + \frac{1}{3!}\boldsymbol{A}\,t^3 + \frac{1}{5!}\boldsymbol{A}^2\,t^5 + \cdots$$

die wir mit

$$\frac{\sinh\sqrt{\boldsymbol{A}}\,t}{\sqrt{\boldsymbol{A}}}$$

bezeichnen eine weitere, nichttriviale Lösung von (1.185) ist.

Daraus folgt, daß

$$\boldsymbol{x}_1(t) = [\cosh\sqrt{\boldsymbol{A}}\,t]\,\boldsymbol{c}$$

$$\boldsymbol{x}_2(t) = \frac{\sinh\sqrt{\boldsymbol{A}}\,t}{\sqrt{\boldsymbol{A}}}\,\boldsymbol{d}$$

auch Lösungen von (1.185) sind, wobei $\boldsymbol{c}$ und $\boldsymbol{d}$ beliebige konstante Vektoren sind. Die Vektorfunktionen $\boldsymbol{x}_1(t)$ und $\boldsymbol{x}_2(t)$ sind linear unabhängig für jeden Wert von $t$. Wäre nämlich das Gegenteil richtig, dann hätte man zwei nichtverschwindende Vektoren $\boldsymbol{c}$ und $\boldsymbol{d}$, für welche

$$(\cosh\sqrt{\boldsymbol{A}}\,t)\,\boldsymbol{c} + \frac{\sinh\sqrt{\boldsymbol{A}}\,t}{\sqrt{\boldsymbol{A}}}\,\boldsymbol{d} = \boldsymbol{0}$$

gilt. Wenn wir $t$ gleich 0 setzen, ergibt sich

$$\boldsymbol{E}\,\boldsymbol{c} = \boldsymbol{c} = \boldsymbol{0}$$

und daher ist

$$\frac{\sinh\sqrt{\boldsymbol{A}}\,t}{\sqrt{\boldsymbol{A}}}\,\boldsymbol{d} = \boldsymbol{0}$$

für jeden Wert von $t$. Das ist aber nur dann möglich wenn $\boldsymbol{d}=\boldsymbol{0}$ ist, im Gegensatz zur Voraussetzung.

Aus dem bisher gezeigten ergibt sich, daß

$$\boldsymbol{x} = \boldsymbol{x}(t) = (\cosh\sqrt{\boldsymbol{A}}\,t)\,\boldsymbol{c} + \left(\frac{\sinh\sqrt{\boldsymbol{A}}\,t}{\sqrt{\boldsymbol{A}}}\right)\boldsymbol{d}$$

die allgemeine Lösung der betrachteten Differentialgleichung ist. Man kann nämlich jede Anfangsbedingung von der Gestalt

$$\boldsymbol{x}(0) = \boldsymbol{x}_0\,, \qquad \boldsymbol{x}'(0) = \boldsymbol{x}'_0$$

(wobei $\boldsymbol{x}_0$ und $\boldsymbol{x}'_0$ in vorausgegebene beliebige Vektoren sind) befriedigen. Man hat zu diesem Zweck

$$\boldsymbol{c} = \boldsymbol{x}_0\,, \qquad \boldsymbol{d} = \boldsymbol{x}'_0$$

zu setzen.

Was die inhomogene Differentialgleichung

$$\boldsymbol{x}'' = \boldsymbol{A}\,\boldsymbol{x} + \boldsymbol{f}$$

anbelangt, können wir für sie eine partikuläre Lösung angeben.

Zu diesem Zweck betrachten wir die folgende unendliche Reihe

$$\boldsymbol{E}\int_0^t (t-\tau)\,\boldsymbol{f}(\tau)\,d\tau + \frac{1}{3!}\boldsymbol{A}\int_0^t (t-\tau)^3\,\boldsymbol{f}(\tau)\,d\tau + \\ + \frac{1}{5!}\boldsymbol{A}^2\int_0^t (t-\tau)^5\,\boldsymbol{f}(\tau)\,d\tau + \cdots. \tag{1.188}$$

Sie ist in jedem endlichen und abgeschlossenen Intervall für $t$ gleichmäßig konvergent. Wenn wir diese Reihe nach $t$ gliedweise differenzieren, ergibt sich eine Reihe, die ebenfalls gleichmäßig konvergiert, wenn $t$ in einem endlichen und abgeschlossenen Intervall variiert. (Satz 1.37b.) Die Summe von (1.188) soll mit

$$\int_0^t \frac{\sinh\sqrt{\boldsymbol{A}}\,(t-\tau)}{\sqrt{\boldsymbol{A}}}\,\boldsymbol{f}(\tau)\,d\tau \tag{1.189}$$

bezeichnet werden. Die Ableitung nach $t$ von (1.188) kann man durch gliedweise Differenzieren bilden.

Die Vektorfunktion (1.189) befriedigt (1.184), davon kann man sich leicht überzeugen, indem man (1.189) in die Differentialgleichung (1.184) einsetzt. Die allgemeine Lösung der inhomogenen Differentialgleichung ergibt sich indem man zu einer ihrer partikulären Lösungen die allgemeine Lösung der entsprechenden homogenen Gleichung addiert. Somit ist die allgemeine Lösung der inhomogenen Differentialgleichung

$$\boldsymbol{x}(t) = (\cosh\sqrt{\boldsymbol{A}}\,t)\,\boldsymbol{c} + \left(\frac{\sinh\sqrt{\boldsymbol{A}}\,t}{\sqrt{\boldsymbol{A}}}\right)\boldsymbol{d} + \int_0^t \frac{\sinh\sqrt{\boldsymbol{A}}\,(t-\tau)}{\sqrt{\boldsymbol{A}}}\,\boldsymbol{f}(\tau)\,d\tau\,.$$

### 103.04 *Die Bewegung eines Massenpunktes*

Als Anwendungsbeispiel betrachten wir die Bewegung eines Massenpunktes im Vakuum in der nähe der Erdoberfläche unter Berücksichtigung der Erdbewegung. In diesem Fall wird die Beschleunigung des Punktes bezüglich der Erde durch die konstante Kraft des Gewichts $m\boldsymbol{g}$ und die Coriolis-Kraft bestimmt. Wenn $\boldsymbol{v}$ die Geschwindigkeit des Punktes bezüglich der Erde bedeutet, dann ist die Corioliskraft, wie aus der Physik bekannt, durch folgendes Vektorenprodukt (äußeres Produkt)

$$2m\boldsymbol{\omega} \times \boldsymbol{v}$$

ausdrückbar. Somit hat die Differentialgleichung für die Bewegung des Punktes (im Fall $m=1$) die Gestalt:

$$\frac{d\boldsymbol{v}}{dt} = \boldsymbol{g} - 2\boldsymbol{\omega} \times \boldsymbol{v}. \tag{1.190}$$

Wir definieren eine lineare Abbildung $\mathfrak{A}$ die den dreidimensionalen euklidischen Raum in sich selbst abbildet durch

$$\mathfrak{A}\boldsymbol{x} = -2\boldsymbol{\omega} \times \boldsymbol{x} \tag{1.191}$$

und schreiben an Stelle von (1.190)

$$\frac{d\boldsymbol{v}}{dt} = \boldsymbol{A}\boldsymbol{v} + \boldsymbol{g} \tag{1.192}$$

wobei $\boldsymbol{A}$ die Matrix von $\mathfrak{A}$ ist.

Wir wissen, daß eine lineare Transformation des $R^3$ in sich, durch eine quadratische Matrix von der Ordnung drei dargestellt wird, deswegen haben wir mit einer Differentialgleichung (genauer: mit einem Differentialgleichungssystem) von der Gestalt (1.171) zu tun. Wenn wir die Anfangsbedingungen in der Form

$$\boldsymbol{v}(0) = \boldsymbol{c}$$

angeben, so finden wir für die Lösung von (1.192) nach der Formel (1.183) den Ausdruck:

$$\boldsymbol{v} = \boldsymbol{v}(t) = e^{\boldsymbol{A}t}\boldsymbol{c} + e^{\boldsymbol{A}t}\int_0^t e^{-\boldsymbol{A}u}\,du\cdot\boldsymbol{g} =$$

$$= e^{\boldsymbol{A}t}\cdot\boldsymbol{c} + \int_0^t e^{\boldsymbol{A}(t-u)}\,du\cdot\boldsymbol{g} = e^{\boldsymbol{A}t}\cdot\boldsymbol{c} + \int_0^t e^{\boldsymbol{A}s}\,ds\cdot\boldsymbol{g}.$$

Die Integration dieser Gleichung ergibt den Radiusvektor des sich bewegenden Punktes:

$$\boldsymbol{r} = \boldsymbol{r}(t) = \boldsymbol{r}_0 + \int_0^t e^{\boldsymbol{A}\tau}\,d\tau\cdot\boldsymbol{c} + \int_0^t\int_0^\tau e^{\boldsymbol{A}s}\,ds\,d\tau\cdot\boldsymbol{g}, \tag{1.193}$$

wobei $\boldsymbol{r}(0)=\boldsymbol{r}_0$ ist.

Setzen wir an Stelle von $e^{\boldsymbol{A}t}$ die entsprechende Reihenentwicklung:

$$e^{\boldsymbol{A}t} = \boldsymbol{E} + \boldsymbol{A}t + \frac{1}{2!}\boldsymbol{A}^2t^2 + \cdots$$

und für die Transformation $\mathfrak{A}$ den Ausdruck aus (1.191) ein, so ergibt sich

$$\boldsymbol{r} = \boldsymbol{r}_0 + \boldsymbol{c}\,t + \tfrac{1}{2}\boldsymbol{g}\,t^2 - \boldsymbol{\omega} \times (\boldsymbol{c}\,t^2 + \tfrac{1}{3}\boldsymbol{g}\,t^3) + \boldsymbol{\omega} \times [\boldsymbol{\omega} \times (\tfrac{2}{3}\boldsymbol{c}\,t^3 + \tfrac{1}{6}\boldsymbol{g}\,t^4)] + \cdots.$$

Diese wichtige Formel kann auch in einer geschlossenen Gestalt geschrieben werden.

Die der linearen Abbildung $\mathfrak{A}$ entsprechende Matrix ist

$$\boldsymbol{A} = -2\begin{pmatrix} 0 & -\omega_3 & \omega_2 \\ \omega_3 & 0 & -\omega_1 \\ -\omega_2 & \omega_1 & 0 \end{pmatrix}$$

(vgl. Beispiel S.16). Daraus ergibt sich

$$|\boldsymbol{A} - \lambda\boldsymbol{E}| = \begin{vmatrix} -\lambda & 2\omega_3 & -2\omega_2 \\ -2\omega_3 & -\lambda & 2\omega_1 \\ 2\omega_2 & -2\omega_1 & -\lambda \end{vmatrix} = -\lambda(\lambda^2 + 4|\boldsymbol{\omega}|^2).$$

Die Wurzeln dieses Polynoms sind $0,\ 2|\boldsymbol{\omega}|\,i,\ -2|\boldsymbol{\omega}|\,i$. Sie sind einfache Wurzeln und deshalb ist $-\lambda(\lambda^2+4|\boldsymbol{\omega}|^2)$ das Minimalpolynom. Wir setzen

$$|\boldsymbol{\omega}| = \omega.$$

Man weis daß in unserm Fall

$$e^{\boldsymbol{A}t} = \boldsymbol{E} + \frac{\sin 2\omega t}{2\omega}\boldsymbol{A} + \frac{1-\cos 2\omega t}{4\omega^2}\boldsymbol{A}^2$$

ist. Setzt man den Ausdruck für $e^{\boldsymbol{A}t}$ in (1.193) ein und benutzt die Definitionsgleichung (1.191), so ergibt sich

$$\begin{aligned} \boldsymbol{r} = \boldsymbol{r}_0 + \boldsymbol{c}\,t + \tfrac{1}{2}\boldsymbol{g}\,t^2 - \boldsymbol{\omega} \times \left(\frac{1-\cos 2\omega t}{2\omega^2}\boldsymbol{c} + \frac{2\omega t - \sin 2\omega t}{4\omega^3}\boldsymbol{g}\right) + \\ + \boldsymbol{\omega} \times \left[\boldsymbol{\omega} \times \left(\frac{2\omega t - \sin 2\omega t}{2\omega^3}\boldsymbol{c} + \frac{-1 + 2\omega^2 t^2 + \cos 2\omega t}{4\omega^4}\boldsymbol{g}\right)\right]. \end{aligned} \tag{1.194}$$

### 103.05 *Stabilität im Fall linearer Systeme*

Es seien $\boldsymbol{x}_i(t)$ und $\boldsymbol{x}_h(t)$ die Lösungsvektoren eines inhomogenen Differentialgleichungssystem bzw. des entsprechenden homogenen Gleichungssystem nebst gegebenen Anfangsbedingungen. $\boldsymbol{x}_i(t)$ entspricht einer „gestörten", $\boldsymbol{x}_h(t)$ einer „ungestörten" Bewegung eines mechanischen System. Nun wollen wir die Differenz

$$\boldsymbol{x}(t) = \boldsymbol{x}_i(t) - \boldsymbol{x}_h(t) \tag{1.195}$$

betrachten. $\boldsymbol{x}(t)$ genügt offenbar folgender Anfangsbedingung

$$\boldsymbol{x}(0) = \boldsymbol{x}_i(0) - \boldsymbol{x}_h(0) = \boldsymbol{0}.$$

Wir führen den Begriff der *Stabilität im Ljapunoffschen Sinn* wie folgt ein:

**Definition.** *Die Bewegung eines mechanischen System heißt stabil, wenn man zu jedem $\varepsilon > 0$ ein $\delta > 0$ finden kann derart, daß für beliebige Anfangswerte*

$$\boldsymbol{x}(0) = \begin{pmatrix} x_{10} \\ x_{20} \\ \vdots \\ x_{n0} \end{pmatrix}$$

*so daß*

$$|x_{k0}| < \delta \qquad (k = 1, 2, \dots, n) \tag{1.196}$$

*folgt:*

$$|x_k(t)| < \varepsilon, \qquad (t \geqq 0) \tag{1.197}$$

*wobei $x_k(t)$ die k-te Komponente von $\boldsymbol{x}(t)$ bezeichnet.*

*Ist dabei außerdem für ein gewisses $\delta > 0$ stets*

$$\lim_{t \to +\infty} x_k(t) = 0 \qquad (k = 1, 2, \dots, n)$$

*falls*

$$|x_{k0}| < \delta \qquad (k = 1, 2, \dots, n)$$

*ist, so heißt die in Frage stehende Bewegung asymptotisch stabil.*

Wir betrachten nun ein *lineares System*, d.h. ein solches bei welchem $\boldsymbol{x}(t)$ einem linearen Differentialgleichungssystem von der Gestalt

$$\frac{d\boldsymbol{x}}{dt} = \boldsymbol{P}(t)\,\boldsymbol{x} \tag{1.198}$$

genügt. Vorausgesetzt wird, daß die Elemente $p_{kl}(t)$ von $\boldsymbol{P}(t)$, stetige Funktionen für $t \geqq 0$ sind.

Falls die vektorwertigen Funktionen

$$\boldsymbol{x}_k(t) = \begin{pmatrix} x_{1k}(t) \\ \vdots \\ x_{nk}(t) \end{pmatrix} (k = 1, 2, \dots, n) \tag{1.199}$$

$n$ linear unabhängige Lösungen des Systems (1.198) sind, so nennt man die Matrix

$$\boldsymbol{X}(t) = \begin{pmatrix} x_{11} & x_{12} & \cdots & x_{1n} \\ x_{21} & x_{22} & \cdots & x_{2n} \\ \dots & \dots & \dots & \dots \\ x_{n1} & x_{n2} & \cdots & x_{nn} \end{pmatrix},$$

dereren Spalten aus diesen Lösungen bestehen, eine *Integralmatrix* des Systems (1.198).

Jede Lösung $\boldsymbol{y}$ des homogenen Differentialgleichungssystems von (1.198) kann als Linearkombination (mit konstanten Koeffizienten) der $n$ linear unabhängigen Lösungen erhalten werden:

$$\boldsymbol{y} = \boldsymbol{y}(t) = \boldsymbol{X}(t)\,\boldsymbol{c} \tag{1.200}$$

wobei $\boldsymbol{c}$ ein Spaltenvektor ist, deren Elemente beliebige Konstante $c_1, c_2, \ldots, c_n$ sind.

Wir wählen nun eine spezielle Integralmatrix, für welche

$$\boldsymbol{X}(0) = \boldsymbol{E} \tag{1.201}$$

ist. Mit anderen Worten, wir werden bei der Wahl der $n$ linear unabhängigen Lösungen (1.199) von den speziellen Anfangsbedingungen

$$x_{pq}(0) = \begin{cases} 0 & \text{für} \quad p \neq q \\ 1 & \text{für} \quad p = q \end{cases}$$

ausgehen. Diese Wahl ist immer möglich, da (1.200) die allgemeine Lösung von (1.198) darstellt; deswegen kann jede Anfangsbedingung, sogar eindeutig, durch Lösungen des betrachteten Differentialgleichungssystem befriedigt werden.

Wenn wir in (1.200) $t=0$ setzen, dann finden wir, daß

$$\boldsymbol{y}(0) = \boldsymbol{c} \tag{1.202}$$

gilt.

Wir betrachten drei Fälle:

a.) Die Integralmatrix $\boldsymbol{X}(t)$ ist in einem Intervall $(t_0, \infty)$ beschränkt, d.h. es gibt eine Zahl $K$ mit

$$|x_{ik}(t)| \leqq K. \quad (i, k = 1, 2, \ldots, n) \quad t \geqq t_0.$$

Aus (1.200) folgt inden wir für $\boldsymbol{c}$ auf Grund von (1.202) $\boldsymbol{y}(0)$ setzen

$$\boldsymbol{y}(t) = \boldsymbol{X}(t)\,\boldsymbol{y}(0) \tag{1.203}$$

oder ausführlicher geschrieben

$$y_k(t) = \sum_{r=1}^{n} x_{ir}(t)\,y_r(0). \quad (k = 1, 2, \ldots, n)$$

In diesem Fall ergibt sich

$$y_k(t) \leqq n\,K \max_{(r)} |y_r(0)|.$$

*Die Bedingung für die Stabilität ist erfüllt*, denn es genügt in (1.196) $\delta < \varepsilon / n\,K$ zu nehmen.

b.) Die Matrix $\boldsymbol{X}$ strebt zu Null für $t \to +\infty$, d.h.

$$\lim_{t \to \infty} \boldsymbol{X}(t) = \boldsymbol{0}.$$

Unter dieser Voraussetzung ist $\boldsymbol{X}(t)$ für ein gewisses Intervall $(t_0, +\infty)$ beschränkt (im Sinne des Falls a.)) und daher ist, wie oben gezeigt wurde, die Bewegung stabil. Außerdem folgt aus (1.203) für beliebiges $\boldsymbol{y}(0)$

$$\lim_{t\to\infty} \boldsymbol{y}(t) = \boldsymbol{0}.$$

*Die Bewegung ist demnach asymptotisch stabil.*

c.) Die Matrix $\boldsymbol{X}(t)$ ist in keinem Intervall $(t_0, \infty)$ beschränkt. Das bedeutet, daß wenigstens eine der Elemente von $\boldsymbol{X}(t)$, etwa $x_{ik}(t)$ im Intervall $(t_0, \infty)$ unbeschränkt ist. Für die Anfangsbedingungen

$$y_1(0) = 0,\ y_2(0) = 0, \ldots,\ y_{k-1}(0) = 0,\ y_k(0) \neq 0,$$
$$y_{k+1}(0) = 0, \ldots,\ y_n(0) = 0$$

ist

$$y_i(t) = x_{ik}(t)\, y_k(0).$$

Wie klein der Betrag von $y_k(0)$ auch ist, die Funktion $y_i(t)$ ist nicht beschränkt, die Stabilitätsbedingungen (1.196) und (1.197) sind für kein $\delta$ erfüllt. Deswegen *ist in diesem Fall die Bewegung instabil.*

Wir betrachten den wichtigen Spezialfall, daß die Koeffizienten des Differentialgleichungsysstems (1.198) Konstante sind: $\boldsymbol{P}(t) = \boldsymbol{P}$.

In diesem Fall ist $e^{\boldsymbol{P}(t-t_0)}$ eine Fundamentalmatrix (vgl. 103.03. S. 149), somit ist sie eine Integralmatrix:

$$\boldsymbol{X}(t) = e^{\boldsymbol{P}(t-t_0)}.$$

Wir bezeichnen mit

$$\psi(\lambda) = (\lambda - \lambda_1)^{\alpha_1}(\lambda - \lambda_2)^{\alpha_2} \ldots (\lambda - \lambda_s)^{\alpha_s}$$

das Minimalpolynom der Koeffizientenmatrix $\boldsymbol{P}$. Nach der Formel (1.130) bzw. (1.130a) ergibt sich

$$\boldsymbol{X}(t) = e^{\boldsymbol{P}(t-t_0)} = \sum Q_k[\boldsymbol{P}(t - t_0)]\, e^{\lambda_k(t-t_0)}, \tag{1.204}$$

wobei $Q_k(\lambda)$ gewisse Polynome sind.

Wir betrachten drei Fälle:

1°. $\operatorname{Re}\lambda_k \leqq 0$ für $k = 1, 2, \ldots, s$ und für die $\lambda_k$, für die $\operatorname{Re}\lambda_k = 0$ ist, sei $\alpha_k = 1$, d.h. die rein immaginären charakteristischen Wurzeln sind einfache Nullstellen des Minimalpolynoms. In diesem Fall ist $\boldsymbol{X}(t)$ nach (1.204) in einem Intervall $(t_0, \infty)$ beschränkt, deswegen ist die Bewegung stabil.

2°. $\operatorname{Re}\lambda_k < 0$ für $k = 1, 2, \ldots, s$. Dann aber, wie das aus (1.204) ersichtbar ist, strebt $\boldsymbol{X}(t)$ gegen Null für $t \to +\infty$, die Bewegung ist also asymptotisch stabil.

3°. Für gewisse $k$ ist $\operatorname{Re}\lambda_k > 0$, oder es ist $\operatorname{Re}\lambda_k = 0$, und $\alpha_k > 1$. Dann aber ist $\boldsymbol{X}(t)$ nicht beschränkt, das bedeutet, daß die Bewegung instabil ist.

Die Ergebnisse unserer Überlegungen wollen wir in folgendem Satz zusammenfassen:

**Satz 1.43.** *Die Lösung des linearen Differentialgleichungssystems* (1.198) *ist, im Fall, daß die Koeffizientenmatrix* $\boldsymbol{P}$ *von* $t$ *unabhängig ist, im Ljapunoffschen Sinne stabil, wenn: 1. alle Wurzeln des Minimalpolynoms der Matrix* $\boldsymbol{P}$ *nichtpositiven Realteil besitzen und 2. alle Wurzeln mit verschwindendem Realteil, d.h. alle rein immaginären Wurzeln des Minimalpolynoms (soweit vorhanden) einfache Nullstellen des charakteristischen Polynoms der Matrix* $\boldsymbol{P}$ *sind, und instabil, wenn auch nur eine der Bedingungen 1. und 2. verletzt ist. Die Lösung ist asymptotisch stabil genau dann, wenn alle Wurzeln des charakteristischen Polynoms der Matrix* $\boldsymbol{P}$ *negativen Realteil besitzen.*

### 103.06 *Biegung des gestützten Balkens*

Wir betrachten einen beliebig gestützten Balken, der gemäß Abb. 5. in Felder der Länge $l_i$, der Masse $m_i$, und konstanter Biegesteifigkeit $EI_i$ $(i=1,$

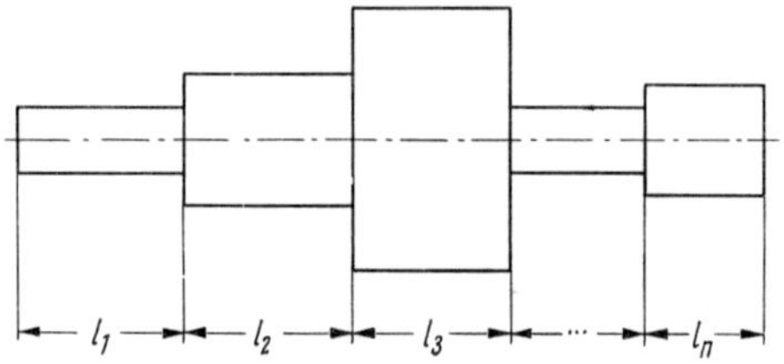


Fig. 5

$2, \dots, n)$ aufgeteilt gedacht wird. Mit dem Index $i$ kennzeichnen wir die Größen des $i$-ten Feldes. Dabei bedeutet die Voraussetzung stückweise konstanter Größen keine Einschränkung, da sie sich durch geeignete Feldunterteilung bzw. geeignete Annahmen immer erfüllen lassen wird.

Wir denken uns den beliebig unterstützten Blaken am linken Balkenende durch die senkrechte Kraft $Q_0$ belastet. Es zeigt sich nun daß dann die Deformations- und Kraftgrößen am rechten Balkenende – Durchbiegung $w_n$, Neigung $\varphi_n$, Biegemoment $M_n$ und Querkraft $Q_n$ – im Rahmen der üblichen linearen Biegetheorie eindeutig durch $Q_0$ bestimmt sind. Die Deformations- und Kraftgrößen am rechten Balkenende sind eine lineare Funktion der Kraft $Q_0$. Ganz analog kann man neben $Q_0$ am linken Balkenende ein Moment $M_0$, eine Neigung $\varphi_0$, eine Durchbiegung (Verschiebung) $w_0$ und eine über den ganzen Balken verteilte Streckenlast $q(x)$ eingeleitet denken. Wesentlich dabei ist, daß man in jedem Falle für die Deformations- und Kraftgrößen am rechten Balkenende einen linearen Zusammenhang mit den beliebig vorgegebenen Größen $M_0$, $\varphi_0$, $w_0$ und $q(x)$ erhält.

In der Zukunft werden wir auch mit den kontinuierlichen Größen $EI(x)$ (Biegesteifigkeit), $w(x)$ (Verschiebung) handeln und betrachten die Differentialgleichung für die Balkenbiegung*

$$(E\,I(x)\,w''(x))'' = q(x). \tag{1.205}$$

Wir suchen die allgemeine Lösung von (1.205) im $i$-ten Feld. Da ändert sich $x$ von 0 bils $l_i$. Bei dem von uns betrachteten $i$-ten Feld des Balkens seien die Feldgrenzen so gewählt, daß $E\,I(x) = EI_i =$ Konstante $(0 \leqq x \leqq l_i)$ gilt. Das Flächenträgheitsmoment $I$ und die Belastung $q(x)$ wollen wir als Größen des $i$-ten Feldes mit dem Index $i$ versehen. Mit diesen Vereinbarungen können wir anstelle von (1.205) die Gleichung

$$E\,I_i\,w_i^{(4)}(x) = q_i(x) \qquad (0 \leqq x \leqq l_i \qquad i = 1, 2, \ldots, n) \tag{1.206}$$

schreiben. Aus dieser ergibt sich

$$E\,I_i\,w_i'''(x) = \int_0^x q_i(s)\,ds + c_1 \qquad (0 \leqq x \leqq l_i) \tag{1.207}$$

wobei $c_i$ eine Integrationskonstante ist.

Wir führen noch die Bezeichnungen

$$-\int_0^{x_i} q_i(s)\,ds = \tilde{Q}_i(s) \tag{1.208}$$

und

$$-\,E\,I_i\,w''(x) = Q_i(x) \tag{1.209}$$

ein, so ergibt sich nach (1.207)

$$Q_i(x) = \tilde{Q}_i(x) + c_1. \tag{1.210}$$

An der linken Feldgrenze gilt für $x_i = 0$ mit Beachtung von (1.208) und (1.210):

$$Q_i(0) = Q_{i-1}$$

d.h.

$$c_1 = Q_i(0) = Q_{i-1}.$$

Damit erhält man für (1.210)

$$Q_i(x) = \tilde{Q}_i(x) + Q_{i-1}. \tag{1.211}$$

Gleichung (1.211) bedeutet, daß sich die Querkraft an der Stelle $x$ des $i$-ten Feldes ausdrücken läßt durch die Querkraft an der linken Feldgrenze $i-1$.

Durch nochmalige Integration der Gleichung (1.211) erhalten wir mit Beachtung von (1.209) und (1.210):

$$-\,E\,I_i\,w_i''(x) = x\,Q_{i-1} + \int_0^x \tilde{Q}_i(s)\,ds + c_2. \tag{1.212}$$

* Filonenko-Boroditsch: Festigkeitslehre, Teil I (Berlin), S. 243.

Mit der gleichen Begründung wie oben gehen wir von der Ableitung $w_i''(x)$ auf das Biegemoment über:

$$-EI_i w_i''(x) = M_i(x) \tag{1.213}$$

und setzen wir noch

$$\int_0^x \tilde{Q}_i\,(s)\,ds = \tilde{M}_i(x), \tag{1.214}$$

wobei $\tilde{M}_i\,(x)$ das Moment der äußern Belastung ist, so schreibt sich (1.212) mit (1.213) und (1.214)

$$M_i(x) = x\,Q_{i-1} + \tilde{M}_i(x) + c_2\,. \tag{1.215}$$

Die Integrationskonstante $c_2$ bestimmen wir aus (1.215) indem wir $x=0$ setzen und erhalten $M_i(0)=M_{i-1}$ d.h. $c_2=M_i(0)=M_{i-1}$. Damit erhält man für (1.215)

$$M_i(x) = M_{i-1} + x\,Q_i(0) + \tilde{M}_i(x)\,. \tag{1.216}$$

Somit erhalten wir für (1.212) folgende Gestalt:

$$-EI_i w_i''(x) = M_{i-1} + x\,Q_{i-1} + \tilde{M}_i(x)\,.$$

Wir integrieren beide Seiten dieser Gleichung:

$$-EI_i w_i'(x) = x\,M_{i-1} + \frac{x^2}{2}\,Q_{i-1} + \int_0^x \tilde{M}_i(s)\,ds + c_3\,,$$

oder

$$w_i'(x) = -\frac{x}{EI_i}\,M_{i-1} - \frac{x^2}{2EI_i}\,Q_{i-1} - \frac{1}{EI_i}\int_0^x \tilde{M}_i\,(s)\,ds + C_3\,. \tag{1.217}$$

Setzen wir noch

$$-\frac{1}{EI_i}\int_0^x \tilde{M}_i(s)\,ds = \tilde{w}_i'(x), \tag{1.218}$$

so schreibt sich (1.217)

$$w_i'(x) = -\frac{x}{EI_i}\,M_{i-1} - \frac{x^2}{2EI_i}\,Q_{i-1} + \tilde{w}_i'(x) + c_3\,. \tag{1.219}$$

Die Integrationskonstante bestimmen wir unter Beachtung von (1.218) inden wir in (1.219) $x=0$ setzen. Wir erhalten

$$w_i'(0) = w_{i-1}', \quad \text{d.h.} \quad c_3 = w_i'(0) = w_{i-1}'\,.$$

Damit ergibt sich für (1.219)

$$w_i'(x) = w_{i-1}' - \frac{x}{EI_i}\,M_{i-1} - \frac{x^2}{2EI_i}\,Q_{i-1} + \tilde{w}_i'(x)\,. \tag{1.220}$$

Nochmalige Integration dieser letzten Gleichung liefert folgendes

$$w_i(x) = x\,w'_{i-1} - \frac{x^2}{2\,E\,I_i}\,M_{i-1} - \frac{x^3}{6\,E\,I_i}\,Q_{i-1} + \int\limits_0^x \tilde{w}'_i(s)\,ds + c_4\,. \quad (1.221)$$

Setzen wir

$$\int\limits_0^x w'_i(s)\,ds = \tilde{w}_i(x)$$

so schreibt sich (1.221)

$$w_i(x) = x\,w'_{i-1} - \frac{x^2}{2\,E\,I_i}\,M_{i-1} - \frac{x^3}{6\,E\,I_i}\,Q_{i-1} + \tilde{w}_i(x) + c_4\,. \quad (1.222)$$

Um $c_4$ zu bestimmen, setzen wir $x=0$, womit

$$c_4 = w_i(0) = w_{i-1}$$

sich ergibt. Diesen Wert setzen wir in den Ausdruck (1.222) ein:

$$w_i(x) = w_{i-1} + x\,w'_{i-1} - \frac{x^2}{2\,E\,I_i}\,M_{i-1} - \frac{x_i^3}{6\,E\,I_i}\,Q_{i-1} + \tilde{w}_i(x)$$

$$(0 \leqq x = l_i; \quad i = 1, 2, \ldots, n)\,. \quad (1.223)$$

Mit den Gleichungen (1.211), (1.216), (1.220) und (1.223) ist der lineare Zusammenhang zwischen den Deformations- und Kraftgrößen am linken Feldende und einem Beliebigen Punkte $0 \leqq x \leqq l_i$ des $i$-ten Feldes bekannt. Wir schreiben noch einmal die Gleichungen geordnet in umgekehrter Reihenfolge an:

$$\left.\begin{aligned}
w_i(x) &= w_{i-1} + x\,w'_{i-1} - \frac{x^2}{2\,E\,I_i}\,M_{i-1} - \frac{x^3}{6\,E\,I_i}\,Q_{i-1} + \tilde{w}_i(x)\\
w'_i(x) &= \qquad\quad w'_{i-1} - \frac{x}{E\,I_i}\,M_{i-1} - \frac{x^2}{2\,E\,I_i}\,Q_{i-1} + \tilde{w}'_i(x)\\
M_i(x) &= \qquad\qquad\qquad\qquad M_{i-1} + x\,Q_{i-1} + \tilde{M}_i(x)\\
Q_i(x) &= \qquad\qquad\qquad\qquad\qquad\quad Q_{i-1} + \tilde{Q}_i(x)\\
q_i(x) &= \qquad\qquad\qquad\qquad\qquad\qquad\quad q_i(x)
\end{aligned}\right\} \quad (1.224)$$

für $x \in (0, l_i)\,(i=1, 2 \ldots, n)$.

Wir setzen nun $x=l_i$ im (1.224), so ergibt sich folgendes Gleichungssystem:

$$\left.\begin{aligned}
w_i(l_i) &= w_{i-1} + l_i\,w'_{i-1} - \frac{l_i^2}{2\,E\,I_i}\,M_{i-1} - \frac{l_i^3}{6\,E\,I_i}\,Q_{i-1} + \tilde{w}_i(l_i)\\
w'_i(l_i) &= \qquad\quad w'_{i-1} - \frac{l_i}{E\,I_i}\,M_{i-1} - \frac{l_i^2}{2\,E\,I_i}\,Q_{i-1} + \tilde{w}'_i(l_i)\\
M_i(l_i) &= \qquad\qquad\qquad\qquad M_{i-1} + l_i\,Q_{i-1} + \tilde{M}_i(l_i)\\
Q_i(l_i) &= \qquad\qquad\qquad\qquad\qquad\quad Q_{i-1} + \tilde{Q}_i(l_i)\\
q_i(l_i) &= \qquad\qquad\qquad\qquad\qquad\qquad\quad q_i(l_i)
\end{aligned}\right\} \quad (1.225)$$

Das System (1.225) läßt sich in Matrizenform schreiben indem man die Koeffizienten des Systems zu einer Matrix und die Zustandsgrößen zu Spaltenvektoren zusammenfaßt. Nach Division der letzten Gleichung in (1.225) durch $q_i(l_i)$ erhält man die Matrizengleichung (1.226). Dabei wollen wir von hier ab stets mit dem Index $i$ kennzeichnen, daß die betreffende Größe an der Stelle $l_i$ zu nehmen ist (d.h. z.B. $w_i = w_i(l_i)$).

$$\begin{pmatrix} w_i \\ w_i' \\ M_i \\ Q_i \\ 1 \end{pmatrix} = \begin{pmatrix} 1 & l_i & -\frac{l_i^2}{2EI_i} & -\frac{l_i^3}{6EI_i} & \tilde{w}_i \\ 0 & 1 & -\frac{l_i}{EI_i} & -\frac{l_i^2}{2EI_i} & \tilde{w}_i' \\ 0 & 0 & 1 & l_i & \tilde{M}_i \\ 0 & 0 & 0 & 1 & \tilde{Q}_i \\ 0 & 0 & 0 & 0 & 1 \end{pmatrix} \begin{pmatrix} w_{i-1} \\ w_{i-1}' \\ M_{i-1} \\ Q_{i-1} \\ 1 \end{pmatrix} \tag{1.226}$$

Wir wollen noch die folgenden Bezeichnungen einführen:

$$\boldsymbol{z}_i = \begin{pmatrix} w_i \\ w_i' \\ M_i \\ Q_i \\ 1 \end{pmatrix}; \boldsymbol{G}_i = \begin{pmatrix} 1 & l_i & -\frac{l_i^2}{2EI_i} & -\frac{l_i^3}{6EI_i} & \tilde{w}_i \\ 0 & 1 & -\frac{l_i}{EI_i} & -\frac{l_i^2}{2EI_i} & \tilde{w}_i' \\ 0 & 0 & 1 & l_i & \tilde{M}_i \\ 0 & 0 & 0 & 1 & \tilde{Q}_i \\ 0 & 0 & 0 & 0 & 1 \end{pmatrix}.$$

Mit diesen läßt sich (1.226) wie folgt schreiben

$$\boldsymbol{z}_i = \boldsymbol{G}_i \boldsymbol{z}_{i-1}. \tag{1.227}$$

Wenn wir somit die Daten, d.h. den *Zustandvektor* im Punkt $l_{i-1}$ kennen, so gibt die Gleichung (1.226) (bzw. (1.227)) die Daten im Punkt $l_i$ durch eine lineare Abbildung mit der Matrix $\boldsymbol{G}_i$ an. Die Matrix $\boldsymbol{G}_i$ bezeichnet man als *Feldmatrix*. Mit ihrer Verwendung kann man in Verallgemeinerung des Sachverhaltes am Balkenfeld auch den Zusammenhang zwischen den Zustandgrößen vom linken Rand eines Balkens über eine grössere Anzahl Felder zum rechten Balkenende beschreiben. Durch fortlaufende Matrizenmultiplikation überträgt man so die Zustandsgrössen von einem Rand zum anderen.

Schreiben wir die Beziehung (1.227) für alle Felder eines in $n$ Felder aufgeteilten Balkens auf, so erhalten wir nacheinander

$$\begin{aligned} \boldsymbol{z}_1 &= \boldsymbol{G}_1 \boldsymbol{z}_0 \\ \boldsymbol{z}_2 &= \boldsymbol{G}_2 \boldsymbol{z}_1 \\ &\cdots\cdots\cdots \\ \boldsymbol{z}_n &= \boldsymbol{G}_n \boldsymbol{z}_{n-1}. \end{aligned}$$

Setzt man diese Bezeichnungen schrittweise ineinander ein, so ergibt sich

$$z_n = \boldsymbol{G}_n \boldsymbol{G}_{n-1} \dots \boldsymbol{G}_1 z_0 .$$

Wenn wir das Matrizenprodukt $\boldsymbol{G}_n \boldsymbol{G}_{n-1} \boldsymbol{G}_{n-2} \dots \boldsymbol{G}_1$ durch $\boldsymbol{A}$ bezeichnen, so haben wir das Ergebnis

$$z_n = \boldsymbol{A} z_0 .$$

Diese Gleichung besagt daß *der am Ende des Balkens gültiger Zustandsvektor hängt linear vom Zustandsvektor am Balkenanfang ab.*

### 103.07 *Anwendungen der Matrizenrechnung auf lineare elektrische Netzwerke*

Wir wollen ein Netzwerk betrachten mit $m$ Knotenpunkte und $n$ Zweige. Zuerst werden wir ein solches Netzwerk untersuchen, welches keine gegenseitigen Induktivitäten enthält und nur eine einzige Quelle enthält. Später werden wir diese vereinfachende Voraussetzungen fallen lassen und auf allgemeinere Netzwerke übergeben. Die Potenziale in den einzelnen Knotenpunkten $P_1, P_2, \dots, P_m$ wollen wir mit $V_1, V_2 \dots, V_m$, die Ströme in den Zweigen mit $I_1, I_2, \dots, I_n$ bezeichnen. Es ist klar, daß eins dieser Potenziale dürfen wir beliebig wählen, setzen wir z.B. $V_m = 0$ (der $m$-te Knotenpunkt ist geerdet). Nun wollen wir den Zweig, in dem sich die Quelle befindet, mit der Ziffer 1 bezeichnen. Die Spannung (die elektromotorische Kraft) sei $U_1$. Wir nennen eine Spannung positiv, wenn sie die gleiche Richtung wie der Strom in dem entsprechenden Zweig hat. Die Gesamtimpedanzen der einzelnen Zweige bezeichnen wir mit $Z_1, Z_2, \dots, Z_n$.

Der Zweig, in dem sich die Quelle befindet, sei durch die Knotenpunkte $P_\mu$ und $P_\nu$ begrenzt. Dann gilt nach der zweiten Kirchhoffschen Regel

$$U_1 = Z_1 I_1 + V_\mu - V_\nu . \qquad (1.228)$$

Zu jeder Schaltung werden wir eine Matrix $\boldsymbol{S}$ zuordnen. Die Elemente dieser Matrix wollen wir mit $\sigma_{ik}$ bezeichnen, diese können die Werte $+1$, $-1$ und 0 annehmen je nach folgender Vereinbarung:

$$\sigma_{ik} = \begin{cases} +1, & \text{wenn der Strom in dem } k\text{-ten Zweig auf den Knotenpunkt } P_i \text{ hinweist.} \\ -1, & \text{wenn der Strom in dem } k\text{-ten Zweig von dem Knotenpunkt } P_i \text{ fortweist.} \\ 0, & \text{wenn der } k\text{-te Zweig den Knotenpunkt } P_i \text{ überhaupt nicht trifft.} \end{cases}$$

Somit hat $\boldsymbol{S}$ folgende Gestalt:

$$\boldsymbol{S} = \begin{pmatrix} \sigma_{11} & \sigma_{12} & \cdots & \sigma_{1n} \\ \sigma_{21} & \sigma_{22} & \cdots & \sigma_{2n} \\ \dots & \dots & \dots & \dots \\ \sigma_{m1} & \sigma_{m2} & \cdots & \sigma_{mn} \end{pmatrix}. \qquad (1.229)$$

Die Gleichung (1.228) kann mit Hilfe der Elementen von $\boldsymbol{S}$ in folgende Gestalt geschrieben werden

$$U_1 = Z_1 I_1 + \sigma_{11} V_1 + \sigma_{21} V_2 + \cdots + \sigma_{m1} V_m, \tag{1.230}$$

denn von den Elementen $\sigma_{i1}$ sind nur zwei von Null verschieden, nämlich die den Knotenpunkten $P_\mu$ und $P_\nu$ entsprechenden Elemente: $\sigma_{\mu 1} = +1$, $\sigma_{\nu 1} = -1$.

Eine zweite Gleichung erhalten wir aus der ersten Kirchhoffschen Regel, d.h. aus der Bedingung, daß die algebraische Summe aller dem Knotenpunkt $P_1$ zufließenden Ströme gleich Null sind. Zur Bestimmung der Stromrichtung in den einzelnen Zweigen benutzen wir jetzt die Elemente $\sigma_{lk}$, denn diese geben an, welche Zweigströme auf den Knotenpunkt $P_1$ hinweisen und welche von ihm wegweisen:

$$\sigma_{11} I_1 + \sigma_{12} I_2 + \cdots + \sigma_{1n} I_n = 0. \tag{1.231}$$

Analoge Gleichungen gelten auch für die übrigen Zweige und Knotenpunkte der Schaltung. Da wir aber $V_m = 0$ setzen können wir das Glied $\sigma_{m\nu} V_k$ fortfallen.

Weiterhin brauchen wir die Stromgleichung für den letzten Knotenpunkt $P_m$ nicht zu schreiben, denn diese ist automatisch erfüllt. Ist nämlich die Summe der Ströme für jeden der $m$-1 Knotenpunkte für sich gleich Null; die Gesamtsumme aller $m$ Gleichungen für $m$ Knotenpunkte ist ebenfalls Gleich Null, denn jeder Strom wird einmal als positiv und einmal als negativ angenommen (daher in jeder Spalte der Matrix $\boldsymbol{S}$ befindet sich genau ein Element $+1$ und genau ein Element $-1$, die übrigen sind gleich Null). Deshalb muß auch die letzte Stromgleichung erfüllt sein, d.h. die Summe der zum und vom $m$-ten Knotenpunkt fliessende Ströme ist ebenfalls gleich Null. Das vollständige Gleichungssystem für sämtliche Zweige lautet daher unter Berücksichtigung von $V_m = 0$

$$\left.\begin{aligned} Z_1 I_1 + \sigma_{11} V_1 + \sigma_{21} V_2 + \cdots + \sigma_{m-1,1} V_{m-1} &= U_1 \\ Z_2 I_2 + \sigma_{12} V_1 + \sigma_{22} V_2 + \cdots + \sigma_{m-1,2} V_{m-1} &= 0 \\ \cdots\cdots\cdots\cdots\cdots\cdots\cdots\cdots\cdots\cdots\cdots\cdots & \\ Z_n I_n + \sigma_{1n} V_1 + \sigma_{2n} V_2 + \cdots + \sigma_{m-1,n} V_{m-1} &= 0 \end{aligned}\right\} \tag{1.232}$$

$$\left.\begin{aligned} \sigma_{11} I_1 + \cdots + \sigma_{1n} I_n &= 0 \\ \sigma_{21} I_1 + \cdots + \sigma_{2n} I_n &= 0 \\ \cdots\cdots\cdots\cdots\cdots\cdots\cdots & \\ \sigma_{m-1,1} I_1 + \cdots + \sigma_{m-1,n} I_n &= 0 \end{aligned}\right\} \tag{1.233}$$

Diese Gleichungssysteme lassen sich mit Hilfe der Matrizenschreibweise in folgende Gestalt schreiben:

$$\boldsymbol{Z I} + \boldsymbol{S}^* \boldsymbol{V} = \boldsymbol{U} \tag{1.232'}$$

$$\boldsymbol{S I} = \boldsymbol{0} \tag{1.233'}$$

wobei $\boldsymbol{S}$ die unter (1.229) eingeführte Matrix ist, jedoch ohne die letzte Reihe (eigentlich hätten wir ein neues Zeichen für diese modifizierte Matrix einführen müssen, da aber die Gefahr eines Mißverständnisses nicht vorhanden ist bleiben wir einfachheitshalber bei der alten Bezeichnung). Die übrigen Matrizen sind wie folgt definiert:

$$\boldsymbol{Z} = \begin{pmatrix} Z_1 & 0 & \dots & 0 \\ 0 & Z_2 & \dots & 0 \\ \vdots & & \ddots & \\ 0 & & \dots & Z_n \end{pmatrix}; \quad \boldsymbol{I} = \begin{pmatrix} I_1 \\ I_2 \\ \vdots \\ I_n \end{pmatrix}; \quad \boldsymbol{U} = \begin{pmatrix} U_1 \\ 0 \\ \vdots \\ 0 \end{pmatrix}; \quad \boldsymbol{V} = \begin{pmatrix} V_1 \\ V_2 \\ \vdots \\ V_{m-1} \end{pmatrix}.$$

Wir können das Gleichungssystem (1.232′) und (1.233′) in trivialer Weise auch wie folgt umformen

$$\begin{aligned} \boldsymbol{Z}\boldsymbol{I} + \boldsymbol{S}^* \boldsymbol{V} &= \boldsymbol{U} \\ \boldsymbol{S}\boldsymbol{I} + \boldsymbol{0}\boldsymbol{V} &= \boldsymbol{0} \end{aligned} \tag{1.234}$$

Dieses Gleichungssystem enthält $n+m-1$ Unbekannte (die $V_i$ Spannungen und die $I_k$ Stromstärken) und besteht aus $n+m-1$ Gleichungen. Die Matrix dieses Gleichungssystem ist

$$\begin{pmatrix} \boldsymbol{Z} & \boldsymbol{S}^* \\ \boldsymbol{S} & \boldsymbol{0} \end{pmatrix}.$$

Vorausgesetzt, daß die Determinante dieser quadratischen Matrix nicht verschwindet, kann man aus (1.234) die $V_i$ Spannungen und die $I_k$ Stromstärken eindeutig berechnen. In unserem Speziellen Fall, wo $\boldsymbol{U}$ nur ein einziges von Null verschiedenes Element enthält ist die Berechnung dieser Daten sehr einfach. Im allgemeinen Fall kann sie aber recht mühesam werden.

Wir werden jetzt zu einer ganz allgemeinen Schaltung übergehen, die auch gegenseitige Induktivitäten und beliebig viele Quellen in beliebigen Zweigen enthalten kann. Die Quellen in den einzelnen Zweigen $l_\nu$ ($\nu = 1, 2, \dots, n$) bezeichnen wir mit $U_\nu$, die Potentiale im Knotenpunkt $P_\mu$ mit $V_\mu$ ($\mu = 1, 2, \dots, m$). Die Eigenimpedanz des Zweiges $l_\nu$ bezeichnen wir mit $Z_{\nu\nu}$. Diese Impedanz braucht nicht ein einziges Element zu sein, sondern kann aus einer beliebigen Kombination von parallel- und hintereinandergeschalteten Wiederständen, Selbstinduktivitäten und Kapazitäten aufgebaut sein, darf aber keine gegenseitigen Induktivitäten enthalten. Sie kann also ein beliebiger passiver Zweipol ohne Gegeninduktivitäten sein. Sind z.B. in dem Zweig $l_\nu$ ein Wiederstand $R_\nu$, eine Kapazität $C_\nu$ und eine Eigeninduktivität $L_\nu$ in Serie enthalten dann ist wie Bekannt die Eigenimpedanz (oder genauer: der Operator der Eigenimpedanz)

$$Z_{\nu\nu} = R_\nu + L_\nu \frac{d}{dt} + \frac{1}{C_\nu} \int \cdot \, dt .$$

Den Einfluß eines beliebigen andern Zweiges $l_\mu$ auf den Zweig $l_\nu$ drücken wir im allgemeinen durch den Wert $Z_{\nu\mu}$ aus, der in der Regel durch die zwischen den Zweigen $l_\nu$ und $l_\mu$ $(\nu \neq \mu)$ wirksame Induktivität gegeben ist

$$Z_{\nu\mu} = L_{\nu\mu} \frac{d}{dt}.$$

Im folgenden werden wir voraussetzen, daß durch beide Zweige jeder gegenseitigen Induktivität $L_{\nu\mu}$ der ganze Strom des entsprechendes Zweiges hindurchfließt, d.h. daß zu keiner Gegeninduktivität eines Zweiges ein Zweig parallel geschaltet ist. Ist zu einer gegenseitigen Induktivität eine beliebige Impedanz parallel geschaltet, so müssen wir daher sowohl diese Impedanz als auch die gegenseitige Induktivität als besondern selbstständigen Zweig ansehen. Damit erreichen wir, daß die angegebene Voraussetzung immer erfüllt ist.

Auf Grund des 2. Kirchoffschen Satz können wir die Gleichung für die Spannung festlegen:

$$Z_{\nu 1} I_1 + Z_{\nu 2} I_2 + \cdots + Z_{\nu n} I_n + V_p - V_q = U_\nu \qquad (\nu = 1, 2, \ldots, n).$$

Diese Gleichung läßt sich mit Hilfe der Elemente der Matrix $\boldsymbol{S}$ (1.229) wie folgt aufschreiben

$$\sum_{s=1}^{n} Z_{\nu s} I_s + \sum_{t=1}^{m} \sigma_{t\nu} V_t = U_\nu \qquad (\nu = 1, 2, \ldots, n).$$

Diese Gleichungen können wir mit Hilfe von Matrizen in eine einzige Matrizengleichung zusammenfassen

$$\boldsymbol{Z}\boldsymbol{I} + \boldsymbol{S}^* \boldsymbol{V} = \boldsymbol{U}, \tag{1.235}$$

wobei die hier auftretende Matrizen bzw. Vektoren in folgender Weise definiert sind:

$$\boldsymbol{Z} = \begin{pmatrix} Z_{11} & Z_{12} & \ldots & Z_{1n} \\ Z_{21} & Z_{22} & \ldots & Z_{2n} \\ \ldots & \ldots & \ldots & \ldots \\ Z_{n1} & Z_{n2} & \ldots & Z_{nn} \end{pmatrix} \qquad (Z_{\nu\mu} = Z_{\mu\nu})$$

$$\boldsymbol{I} = \begin{pmatrix} I_1 \\ I_2 \\ \vdots \\ I_n \end{pmatrix}; \quad \boldsymbol{V} = \begin{pmatrix} V_1 \\ V_2 \\ \vdots \\ V_{m-1} \end{pmatrix} \quad \boldsymbol{U} = \begin{pmatrix} U_1 \\ U_2 \\ \vdots \\ U_n \end{pmatrix}.$$

Nach dem ersten Kirchoffschen Gesetz gilt für jeden beliebigen Knotenpunkt $P_\rho$ der Schaltung

$$\sigma_{\rho 1} I_1 + \sigma_{\rho 2} I_2 + \cdots + \sigma_{\rho n} I_n = 0. \qquad (\rho = 1, 2, \ldots, m)$$

Auch diese Gleichungen kann in Form einer Matrizengleichung aufgeschrieben werden

$$\boldsymbol{S}\boldsymbol{I} = \boldsymbol{0} \tag{1.236}$$

Diese Gleichung gibt einen wichtigen Zusammenhang zwischen den Elementen von $\boldsymbol{S}$ und den Stromstärken.

Wir wollen jetzt in einer beliebigen Schaltung die Maschenströme mit $J_1, J_2, \ldots, J_m$ bezeichnen und führen den Vektor

$$\boldsymbol{J} = \begin{pmatrix} J_1 \\ J_2 \\ \vdots \\ J_m \end{pmatrix}$$

ein. Daneben werden wir folgende Zahlen betrachten: $\gamma_{\alpha\beta} = +1$, wenn der Strom in dem Zweig $l_\alpha$ die gleiche Richtung hat wie der Strom in der Masche $P_\beta$, die durch diesen Zweig geht; $\gamma_{\alpha\beta} = -1$, wenn der Strom in dem Zweig $l_\alpha$ die entgegengesetzte Richtung hat wie der Strom in der Masche $P_\beta$, die durch diesen Zweig geht; $\gamma_{\alpha\beta} = 0$, wenn der Zweig $l_\alpha$ kein Bestandteil der Masche $P_\beta$ ist. Mit diesen Zahlen bilden wir die folgende Matrix

$$\boldsymbol{G} = \begin{pmatrix} \gamma_{11} & \cdots & \gamma_{1m} \\ \cdots & \cdots & \cdots \\ \gamma_{n1} & \cdots & \gamma_{nm} \end{pmatrix}.$$

Jede Spalte von $\boldsymbol{G}$ ist einer Masche der Schaltung zugeordnet.

Wenn die Maschenströme $\boldsymbol{J}$ bekannt sind, so können wir die Zweigströme $\boldsymbol{I}$ wie folgt bestimmen

$$\boldsymbol{I} = \boldsymbol{G}\boldsymbol{J}. \tag{1.237}$$

Betrachten wir z.B. die in der Fig. 6 stehende Schaltung. Dann ist

$$\begin{aligned} I_1 &= J_1 \\ I_2 &= J_2 \\ I_3 &= J_1 + J_2, \end{aligned}$$

und wir können diese Gleichungen in folgende Matrizengleichung zusammenfassen

$$\begin{pmatrix} I_1 \\ I_2 \\ I_3 \end{pmatrix} = \begin{pmatrix} 1 & 0 \\ 0 & 1 \\ 1 & 1 \end{pmatrix} \begin{pmatrix} J_1 \\ J_2 \end{pmatrix}.$$

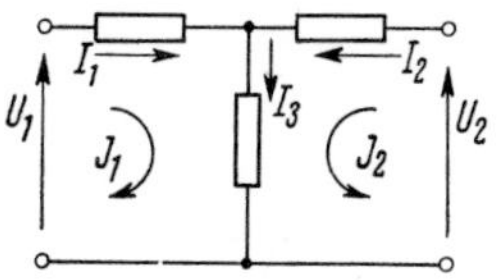


Fig. 6

In unsern konkreten Fall ist

$$\boldsymbol{G} = \begin{pmatrix} 1 & 0 \\ 0 & 1 \\ 1 & 1 \end{pmatrix}.$$

Wir wollen nun auf den allgemeinen Fall zurückkehren und setzen den Ausdruck von $\boldsymbol{I}$ aus (1.237) in (1.236) ein:

$$\boldsymbol{S\,G\,J} = \boldsymbol{0}. \tag{1.238}$$

Daraus folgt aber das $\boldsymbol{SG}$ mit der Nullmatrix gleich ist, denn $\boldsymbol{J}$ ist ein beliebiger Vektor. Somit ist $\boldsymbol{SG}$ eine Matrix die *jeden* Vektor $\boldsymbol{J}$ in den Nullvektor überträgt, daher ergibt sich

$$\boldsymbol{S\,G} = \boldsymbol{0}. \tag{1.239}$$

Im allgemeinen ist weder $\boldsymbol{S}$ noch $\boldsymbol{G}$ die Nullmatrix.

Die wichtige Beziehung (1.239) werden wir als das *verallgemeinerte 1. Kirchoffsche Gesetz* bezeichnen.

Wir wollen jetzt von den Gleichungen für die Zweigspannungen zu den Gleichungen übergehen, die die Spannungsbilanz in den gewählten Maschen angeben. Hierzu müssen wir aus den $n$ Zweiggleichungen jeweils diejenigen auswählen, welche zu den einzelnen Maschen $P_\beta$ gehören ($\beta = 1, 2, \ldots, m$). Diese Auswahl der Zweige für einzelne Maschen unter Berücksichtigung der Richtung geben aber gerade die entsprechende Spalten der Matrix $\boldsymbol{G}$ an. Um die Spannungsgleichungen (1.235) aus den Werten in den Zweigen auf die Werte in den Maschen zu überführen, multiplizieren wir die Gleichung linksseitig mit der Matrix $\boldsymbol{G}^*$. Hierdurch ergibt sich

$$\boldsymbol{G}^* \boldsymbol{Z I} + \boldsymbol{G}^* \boldsymbol{S}^* \boldsymbol{V} = \boldsymbol{G}^* \boldsymbol{U}.$$

Das zweite Glied an der linken Seite fällt jedoch weg, denn nach (1.239)

$$\boldsymbol{G}^* \boldsymbol{S}^* = (\boldsymbol{S\,G})^* = \boldsymbol{0}^* = \boldsymbol{0},$$

und es gilt

$$\boldsymbol{G}^* \boldsymbol{Z I} = \boldsymbol{G}^* \boldsymbol{U}.$$

Wir setzen

$$\boldsymbol{G}^* \boldsymbol{U} = \boldsymbol{W},$$

damit ergibt sich

$$\boldsymbol{G}^* \boldsymbol{Z I} = \boldsymbol{W}. \tag{1.240}$$

Jede Zeile der Matrix $\boldsymbol{W}$ ist die algebraische Summe der elektromotorischen Kräfte aller Zweige der entsprechenden Masche $P_\beta$ und somit die resultierende Spannung des ganzen Kreises.

Aus der Gleichung (1.240), welche beide Kirchoffsche Gesetze zusammenfaßt, kann man bei bekannten Zweigströmen die resultierenden Spannungsquellen in den Maschen ermitteln. Die Ströme können wir daraus aber im allgemeinen nicht bestimmen, denn die Matrix $\boldsymbol{G}^* \boldsymbol{Z}$ ist nicht quadratisch.

Benutzen wir jedoch wieder die Gleichung (1.237), so erhalten wir

$$\boldsymbol{G}^* \boldsymbol{Z\,G\,J} = \boldsymbol{W}. \tag{1.241}$$

Diese Gleichung gibt die Beziehungen zwischen den Maschenströmen $\boldsymbol{J}$ und den Maschenspannungen $\boldsymbol{W}$ für beliebige lineare elektrische Netzwerke. Wenn wir

$$\boldsymbol{A} = \boldsymbol{G}^* \boldsymbol{Z} \boldsymbol{G}$$

setzen, dann kann (1.241) in die folgende Gestalt geschrieben werden:

$$\boldsymbol{W} = \boldsymbol{A}\boldsymbol{J}. \tag{1.242}$$

Diese Gleichung hat die Form des Ohmschen Gesetzes.

Man sieht daß $\boldsymbol{A}$ eine quadratische Matrix ist. Falls $|\boldsymbol{A}| \neq 0$ ist, dann hat $\boldsymbol{A}$ eine inverse Matrix $\boldsymbol{A}^{-1}$ und man kann (1.242) nach $\boldsymbol{J}$ eindeutig auflösen:

$$\boldsymbol{J} = \boldsymbol{A}^{-1}\boldsymbol{W},$$

oder in anderer Form

$$\boldsymbol{J} = (\boldsymbol{G}^* \boldsymbol{Z} \boldsymbol{G})^{-1} \boldsymbol{W} = (\boldsymbol{G}^* \boldsymbol{Z} \boldsymbol{G})^{-1} \boldsymbol{G}^* \boldsymbol{U}. \tag{1.243}$$

Notwendig und hinreichend für die eindeutige Lösung $\boldsymbol{J}$ ist daß $|\boldsymbol{A}| = |\boldsymbol{G}^* \boldsymbol{Z} \boldsymbol{G}| \neq 0$ ist. Diese Bedingung ist aber in allen passiven Netzwerken immer erfüllt. Die Gleichung (1.242) ergibt für $\boldsymbol{W} = \boldsymbol{0}$

$$\boldsymbol{A}\boldsymbol{J} = \boldsymbol{0}.$$

Aus $|\boldsymbol{A}| = 0$ würde folgen, daß diese letzte Gleichung eine von Null verscheidene Lösung $\boldsymbol{J}$ besitzt. Das ist aber unmöglich denn in einer passiven elektrischen Schaltung ohne äußere Quellen würde dann ständig ein Strom beliebiger Größe fliessen können, ohne daß Energie zugeführt würde.

Auch die Zweigströme können wir leicht berechnen, indem wir die Matrizengleichung (1.243) linksseitig mit der Matrix $\boldsymbol{G}$ multiplizieren und erhalten bei Anwendung von (1.237)

$$\boldsymbol{I} = \boldsymbol{G}(\boldsymbol{G}^* \boldsymbol{Z} \boldsymbol{G})^{-1} \boldsymbol{G}^* \boldsymbol{U} = \boldsymbol{B}\boldsymbol{U},$$

wobei

$$\boldsymbol{B} = \boldsymbol{G}(\boldsymbol{G}^* \boldsymbol{Z} \boldsymbol{G})^{-1} \boldsymbol{G}^*$$

ist. Falls $\boldsymbol{B}^{-1}$ existiert, kann man für die Spannungsquellen

$$\boldsymbol{U} = \boldsymbol{B}^{-1}\boldsymbol{I}$$

schreiben.

### 103.08 *Anwendung der Matrizen in der Vierpoltheorie*

Es sei ein Vierpol (Fig. 7) betrachtet. Die Eingangsdaten werden wir mit dem Index 1, die Ausgangsdaten mit dem Index 2 versehen. Die Ströme sollen mit $I_k$, die Spannungen mit $\boldsymbol{U}_k$ $(k = 1, 2)$ bezeichnet werden.

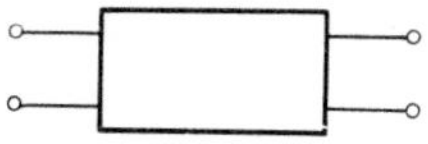

Fig. 7

a.) Wir können die Ströme mit Hilfe der Spannungen in folgender Weise ausdrücken:

$$\begin{aligned} I_1 &= a_{11} U_1 + a_{12} U_2 \\ I_2 &= a_{21} U_1 + a_{22} U_2 \end{aligned} \tag{1.244}$$

oder nach Einführung der Strom- und Spannungsvektoren

$$\boldsymbol{I} = \begin{pmatrix} I_1 \\ I_2 \end{pmatrix}; \quad \boldsymbol{U} = \begin{pmatrix} U_1 \\ U_2 \end{pmatrix}$$

ergibt sich

$$\boldsymbol{I} = \boldsymbol{A}\,\boldsymbol{U} \tag{1.245}$$

wobei

$$\boldsymbol{A} = \begin{pmatrix} a_{11} & a_{12} \\ a_{21} & a_{22} \end{pmatrix}$$

ist. Die Koeffizienten $a_{ik}$ $(i, k=1, 2)$ bezeichnen die Werte der Schein-Leitfähigkeiten oder Admittanzen. Deswegen heißt $\boldsymbol{A}$ die *Admittanzmatrix* des Vierpoles.

b.) Man kann aber auch die Spannungen mit Hilfe der Ströme ausdrücken:

$$\begin{aligned} U_1 &= b_{11} I_1 + b_{12} I_2 \\ U_2 &= b_{21} I_1 + b_{22} I_2 , \end{aligned} \tag{1.246}$$

oder mit Hilfe von Matrizen

$$\boldsymbol{U} = \boldsymbol{B}\boldsymbol{I} \tag{1.247}$$

wobei

$$\boldsymbol{B} = \begin{pmatrix} b_{11} & b_{12} \\ b_{21} & b_{22} \end{pmatrix}$$

die Impedanzmatrix des Vierpoles ist ($b_{ik}$ sind die Werte der Impedanzen).

c.) Es ist weiterhin möglich die Eingangsdaten mit Hilfe der Ausgangsdaten auszudrücken

$$\begin{aligned} U_1 &= c_{11} U_2 + c_{12} I_2 \\ I_1 &= c_{21} U_2 + c_{22} I_2 . \end{aligned} \tag{1.248}$$

Wenn wir die Bezeichnungen

$$\boldsymbol{C} = \begin{pmatrix} c_{11} & c_{12} \\ c_{21} & c_{22} \end{pmatrix}; \quad \boldsymbol{P} = \begin{pmatrix} U_1 \\ I_1 \end{pmatrix}; \quad \boldsymbol{S} = \begin{pmatrix} U_2 \\ I_2 \end{pmatrix}$$

einführen, so können wir (1.248) in die Form

$$\boldsymbol{P} = \boldsymbol{C}\,\boldsymbol{S} \tag{1.249}$$

setzen. $\boldsymbol{C}$ wird *Kaskadenmatrix* oder auch Kettenmatrix genannt.

d.) Schließlich kann man die Eingangsspannung und den Ausgangsstrom eines Vierpoles mit Hilfe der Ausgangsspannung und des Eingangsstromes ausdrücken.

$$\begin{aligned} U_1 &= d_{11} U_2 + d_{12} I_1 \\ I_2 &= d_{21} U_2 + d_{22} I_2 \end{aligned} \tag{1.250}$$

oder in Matrizenform

$$\boldsymbol{V} = \boldsymbol{D}\,\boldsymbol{W}$$

wobei

$$\boldsymbol{D} = \begin{pmatrix} d_{11} & d_{12} \\ d_{21} & d_{22} \end{pmatrix}; \quad \boldsymbol{V} = \begin{pmatrix} U_1 \\ I_2 \end{pmatrix}; \quad \boldsymbol{W} = \begin{pmatrix} U_2 \\ I_1 \end{pmatrix}$$

ist.

Der Vergleich von (1.245) mit (1.247) zeigt, daß

$$\boldsymbol{B} = \boldsymbol{A}^{-1} \quad \text{und} \quad \boldsymbol{A} = \boldsymbol{B}^{-1} \tag{1.251}$$

gilt.

Wenn wir die Werte von $U_1$ und $U_2$ aus (1.246) in die Gleichungen (1.248) einsetzen und die Koeffizienten von $I_1$ und $I_2$ miteinander vergleichen, ergibt sich

$$c_{11} = \frac{b_{11}}{b_{21}}; \quad c_{12} = -\frac{|\boldsymbol{B}|}{b_{21}}; \quad c_{21} = \frac{1}{b_{21}}; \quad c_{22} = -\frac{b_{22}}{b_{21}}$$

d.h. es gilt folgende Beziehung

$$\boldsymbol{C} = \frac{1}{b_{21}} \begin{pmatrix} b_{11} & -|\boldsymbol{B}| \\ 1 & -b_{22} \end{pmatrix}. \tag{1.252}$$

Umgekehrt gilt

$$\boldsymbol{B} = \frac{1}{c_{21}} \begin{pmatrix} c_{11} & -|\boldsymbol{C}| \\ 1 & -c_{22} \end{pmatrix}. \tag{1.253}$$

Das ergibt sich indem wir (1.248) in (1.246) einsetzen.

In ganz derselben Weise läßt sich nachweisen die Gültigkeit folgender Zusammenhänge:

$$\boldsymbol{C} = \frac{1}{a_{21}} \begin{pmatrix} -a_{22} & 1 \\ -|\boldsymbol{A}| & a_{11} \end{pmatrix}, \tag{1.254}$$

und umgekehrt gilt

$$\boldsymbol{A} = \frac{1}{c_{12}} \begin{pmatrix} c_{22} & -|\boldsymbol{C}| \\ 1 & -c_{11} \end{pmatrix}. \tag{1.255}$$

Mit Hilfe der bisher abgeleiteten Formeln können wir die Zusammenschaltung von Vierpolen behandeln.

Wir betrachten zuerst die Kaskadenschaltung zweier Vierpole wie in Fig. 8.

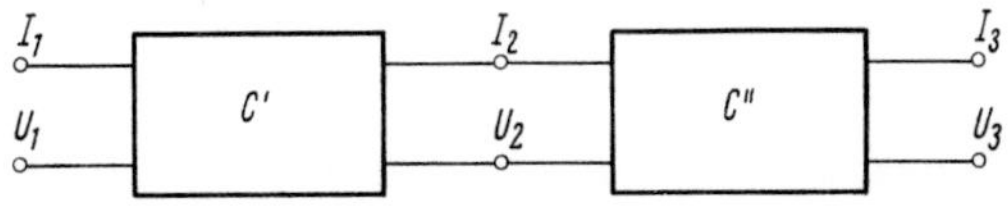


Fig. 8

Für das erste Vierpol gilt laut (1.249)

$$\boldsymbol{P}_1 = \boldsymbol{C}' \boldsymbol{S}_1 . \quad \boldsymbol{P}_1 = \begin{pmatrix} U_1 \\ I_1 \end{pmatrix}; \quad \boldsymbol{S}_1 = \begin{pmatrix} U_2 \\ I_2 \end{pmatrix}.$$

Der Ausgang $\boldsymbol{S}$ des ersten Vierpols ist der Eingang des zweiten Vierpols:

$$\boldsymbol{S}_1 = \boldsymbol{P}_2$$

Für den zweiten Vierpol gilt ebenfalls auf Grund von (1.249):

$$\boldsymbol{S}_1 = \boldsymbol{P}_2 = \boldsymbol{C}'' \boldsymbol{S}_3 , \quad \boldsymbol{S}_3 = \begin{pmatrix} U_3 \\ I_3 \end{pmatrix}.$$

Wenn wir das in die vorige Gleichung einsetzen, ergibt sich

$$\boldsymbol{P}_1 = \boldsymbol{C}' \boldsymbol{C}'' \boldsymbol{S}_3$$

Die Kettenmatrix $\boldsymbol{C}$ des resultierenden Vierpoles bei der Kettenschaltung (Kaskadenschaltung) zweier Vierpole ist also gleich dem Produkt der einzelnen Kettenmatrizen in der Reihenfolge, in der die beiden ursprünglichen Vierpole miteinander verbunden sind, also

$$\boldsymbol{C} = \boldsymbol{C}' \boldsymbol{C}'' .$$

Wenn mehrere Vierpole in Kette geschaltet sind, so ist die resultierende Matrix der ganzen Kette gleich dem Produkt der Kettenmatrizen aller einzelnen Vierpole, und zwar in der Reihenfolge wie die entsprechenden Vierpole hintereinander geschaltet sind:

$$\boldsymbol{C} = \boldsymbol{C}^{(1)} \boldsymbol{C}^{(2)} \dots \boldsymbol{C}^{(n)} .$$

Sind alle Vierpole gleich und hat jeder die Kettenmatrix $\boldsymbol{C}$, so ist die resultierende Kettenmatrix einer Kette von $n$ gleichen Vierpolen $\boldsymbol{C}^n$.

Wir betrachten jetzt die Reihenschaltung zweier Vierpole (Fig. 9). Bei dieser

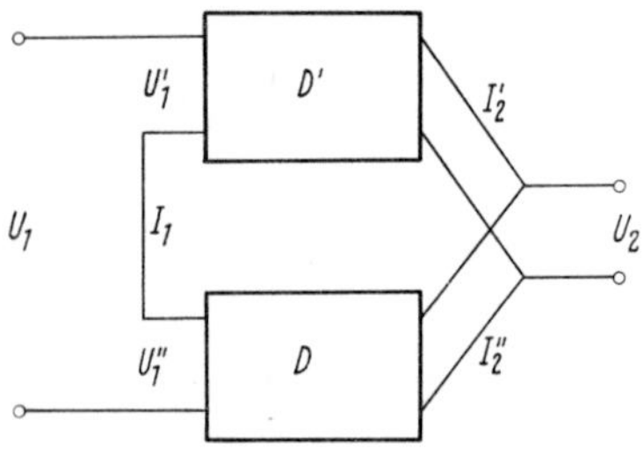


Fig. 9

fließt durch die Eingangsklemmen der beiden Vierpole derselbe Strom $\boldsymbol{I}_1$, außerdem ist der Ausgangsstrom bei beiden Vierpolen gleich. Mit der Matrix der Impedanzen gelten dann für den ersten und zweiten Vierpol die Gleichungen

$$\boldsymbol{U}' = \boldsymbol{B}'\boldsymbol{I}; \qquad \boldsymbol{U}'' = \boldsymbol{B}''\boldsymbol{I}.$$

Wir setzen

$$\boldsymbol{U} = \boldsymbol{U}' + \boldsymbol{U}'$$

und erhalten

$$\boldsymbol{U} = \boldsymbol{B}'\boldsymbol{I} + \boldsymbol{B}''\boldsymbol{I} = (\boldsymbol{B}' + \boldsymbol{B}'')\boldsymbol{I} = \boldsymbol{B}\boldsymbol{I}$$

indem wir

$$\boldsymbol{B}' + \boldsymbol{B}'' = \boldsymbol{B}$$

setzen.

Die resultierende Matrix der Impedanzen $\boldsymbol{B}$ bei der Reihenschaltung zweier Vierpole ist also gleich der Summe der Impedanzen der einzelnen Vierpole.

Wir wollen jetzt zur Parallelschaltung von zwei Vierpolen wie in Fig. 10

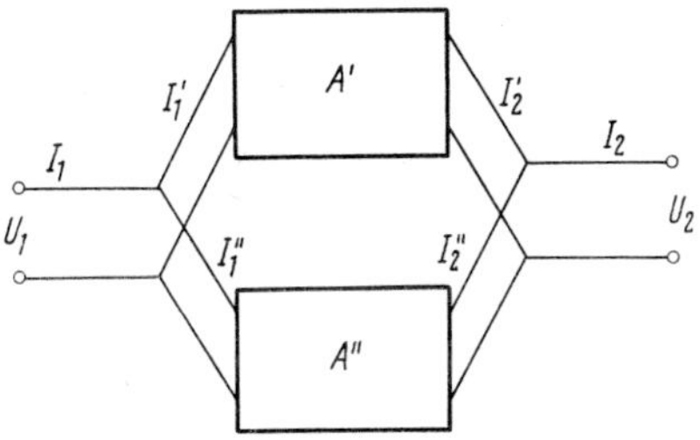


Fig. 10

übergehen. Bei einer solchen Schaltung ist die Spannung an den Eingangsklemmen beider Vierpole gleich $U_1$, außerdem ist die Spannung an den Ausgangsklemmen der beiden Vierpole gleich. Für die beiden Vierpole gelten folgende Gleichungen nach (1.245)

$$\boldsymbol{I}' = \boldsymbol{A}'\boldsymbol{U}; \qquad \boldsymbol{I}'' = \boldsymbol{A}''\boldsymbol{U}.$$

Daraus ergibt sich

$$\boldsymbol{I}' + \boldsymbol{I}'' = \boldsymbol{I} = (\boldsymbol{A}' + \boldsymbol{A}'')\,U = \boldsymbol{A}\boldsymbol{U}.$$

Somit ist die resultierende Admittanzmatrix bei der Parallelschaltung von

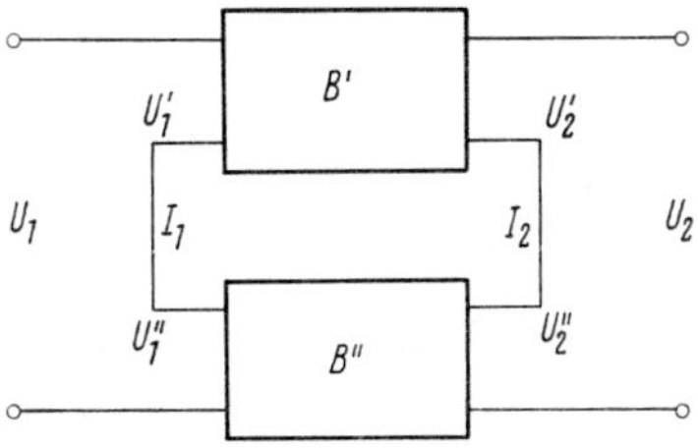


Fig. 11

zwei Vierpolen gleich der Summe der Admittanzmatrizen beider Vierpole:

$$\boldsymbol{A} = \boldsymbol{A}' + \boldsymbol{A}''.$$

Schließlich wollen wir das Schaltbild Fig. 11 betrachten. In diesem Fall gehen wir von den Beziehungen (1.250) aus in den wir

$$\boldsymbol{V}' = \boldsymbol{D}'\boldsymbol{W} \quad \text{bzw.} \quad \boldsymbol{V}'' = \boldsymbol{D}''\boldsymbol{W}$$

schreiben. Daraus ergibt sich

$$\boldsymbol{V}' + \boldsymbol{V}'' = \boldsymbol{V} = (\boldsymbol{D}' + \boldsymbol{D}'')\,\boldsymbol{W} = \boldsymbol{D}\,\boldsymbol{W}$$

mit

$$\boldsymbol{D} = \boldsymbol{D}' + \boldsymbol{D}''.$$

Hier wurden die Eingangsklemmen in Reihe und die Ausgangsklemmen parallel geschaltet. Wenn die Eingangsklemmen parallel und die Ausgangsklemmen in Reihe geschaltet werden, dann gilt für die Matrix $\boldsymbol{D}^{-1}$ des resultierenden Vierpols

$$\boldsymbol{D}^{-1} = \boldsymbol{D}'^{-1} + \boldsymbol{D}''^{-1}.$$

Das wird ähnlich abgeleitet wie die obigen Zusammenhänge bewiesen wurden.

# 2. Theorie der Optimierung

## 201 Lineare Optimierung

### 201.01 *Problemstellung*

Der Formulierung der allgemeinen Aufgabe der linearen Optimierung möchten wir ein typisches Beispiel vorausschicken, das in konkreter Form zeigt, worum es sich bei dieser Theorie handelt.

In einem Betrieb werden $n$ verschiedene Erzeugnisse hergestellt. Bei der Produktion einer Mengeneinheit des $k$-ten Produkts erzielt man einen Reingewinn $h_k$ $(k=1, 2, \ldots, n)$. Werden vom $k$-ten Produkt $x_k$ Mengeneinheiten hergestellt $(k=1, 2, \ldots, n)$, so ist der Gesamtgewinn des Betriebes $\sum_{k=1}^{n} x_k h_k$. Die Aufgabe ist nun, einen Produktionsplan aufzustellen, bei dem der Gesamtgewinn möglichst groß wird. Der Gesamtgewinn wird dadurch beschränkt, daß die Produktion nicht beliebig erhöht werden kann und die Reingewinne $h_k$ durch die Löhne, Rohstoffpreise, Maschineninvestitionen usw. beschränkt werden. Nun wollen wir diese beschränkenden Faktoren mathematisch ausdrücken. Unter Produktionshilfsmitteln (kurz Hilfsmittel) werden wir die Arbeitskräfte, Rohstoffe, Energie, Maschinen usw. verstehen. Wir setzen voraus, daß zur Produktion $m$ verschiedene Typen von Hilfsmitteln verwendet werden und daß das $i$-te Hilfsmittel nur bis zu einer (endlichen) Maximalmenge $b_i$ zur Verfügung steht. Zur Produktion einer Mengeneinheit des $k$-ten Produkts wird die Menge $a_{ik}$ des $i$-ten Hilfsmittel verbraucht. Die Mengen der einzelnen Produkte $x_k$ müssen demnach so gewählt werden, daß die Ungleichungen

$$\sum_{k=1}^{n} a_{ik} x_k \leqq b_i \quad (i = 1, 2, \ldots, m)$$

erfüllt sind. Die Zahlen $x_k$ sollen selbstverständlich $\geqq 0$ sein. Zur Festlegung des Produktionsplanes sollen die Zahlen $x_k$ so bestimmt werden, daß

$$\sum_{k=1}^{n} h_k x_k \tag{2.001}$$

maximal ist, falls die Nebenbedingungen

$$\sum_{k=1}^{n} a_{ik} x_k \leqq b_i \quad (i = 1, 2, \ldots, m) \tag{2.002}$$

$$x_k \geqq 0 \quad (k = 1, 2, \ldots, n) \tag{2.003}$$

erfüllt sind.

Die mathematische Aufgabe, das Maximum des Ausdruckes (2.001) unter den Nebenbedingungen (2.002) und (2.003) zu bestimmen, ist eine *lineare Optimierungsaufgabe.*

Es ist selbstverständlich zu prüfen, unter welchen Bedingungen unsere Aufgabe überhaupt eine Lösung hat; und falls die Lösbarkeit gesichert ist, ist zu untersuchen, wie das Maximum liefernde Werte der $x_k$ zu finden sind.

Der Ausdruck (2.001) hängt bei gegebenen $h_k$ von $x_1, x_2, \ldots, x_n$ oder anders, vom Vektor

$$\boldsymbol{x} = \begin{pmatrix} x_1 \\ \vdots \\ x_n \end{pmatrix}$$

ab, wir wollen ihn mit $P(x_1, \ldots, x_n)$ oder kurz mit $P(\boldsymbol{x})$ bezeichnen und *Zielfunktion* nennen.

Das gestellte Problem können wir mit Hilfe von Matrizen kürzer formulieren, wenn wir folgende Vektoren bzw. Matrizen einführen:

$$\boldsymbol{A} = (a_{ik}) = \begin{pmatrix} a_{11} & a_{12} \ldots a_{1n} \\ \cdots & \cdots \\ a_{m1} & a_{m2} \ldots a_{mn} \end{pmatrix}; \quad \boldsymbol{h} = \begin{pmatrix} h_1 \\ \vdots \\ h_n \end{pmatrix}; \quad \boldsymbol{b} = \begin{pmatrix} b_1 \\ \vdots \\ b_m \end{pmatrix}.$$

Somit soll der Vektor $\boldsymbol{x}$ des $n$-dimensionalen Raumes $R^n$ so bestimmt werden, daß die Zielfunktion

$$P(\boldsymbol{x}) = \boldsymbol{h}^* \boldsymbol{x} \tag{2.004}$$

maximal ist, falls die Nebenbedingungen

$$\boldsymbol{A}\boldsymbol{x} \leqq \boldsymbol{b}; \quad \boldsymbol{x} \geqq \boldsymbol{0} \tag{2.005}$$

erfüllt sind.*)

Von der Methode zur Lösung unserer Aufgabe kann man schon jetzt eine Vorstellung gewinnen, falls man folgendes sehr einfache (und natürlich idealisierte) Beispiel betrachtet:

*Beispiel.* In einem Werk werden zweierlei Artikel hergestellt, vom ersten höchstens 5, vom zweiten höchstens 8 Stück pro Tag. Für die Produktion stehen täglich höchstens 18 Einheiten eines gewissen Rohmaterials zur Verfügung, von dem zur Herstellung eines jeden Stückes 2 Einheiten benötigt werden. Es können insgesamt nicht mehr als 30 Arbeitsstunden pro Tag in Anspruch genommen werden. Um ein Stück des ersten Artikels herzustellen, sind 5, um eins des zweiten Artikels herzustellen, 2 Arbeitsstunden erforderlich. Der Reingewinn beim ersten Artikel beträgt 10, beim zweiten 6 Geldeinheiten pro Stück. Nun soll man ermitteln, wieviel Stücke vom ersten und vom zweiten Artikel zu produzieren sind, damit der Gesamtgewinn am größten ist.

*) Die Definition der Ungleichungen zwischen Matrizen (bzw. Vektoren) ist auf S. 19 angegeben.

Dazu soll das Maximum der linearen Funktion

$$P(x_1, x_2) \equiv 10x_1 + 6x_2 \qquad (2.006)$$

unter den beschränkenden Bedingungen

$$x_1 \leqq 5 \qquad (2.007)$$

$$x_2 \leqq 8 \qquad (2.008)$$

$$2x_1 + 2x_2 \leqq 18 \qquad (2.009)$$

$$5x_1 + 2x_2 \leqq 30 \qquad (2.010)$$

$$x_1 \geqq 0; \quad x_2 \geqq 0 \qquad (2.011)$$

bestimmt werden. Man sieht, daß das ein Sonderfall des schon formulierten allgemeinen Problems ist.

Nun versuchen wir, die Aufgabe zu lösen. Dazu werden wir zuerst die beschränkenden Bedingungen in einem rechtwinkligen Koordinatensystem $(x_1, x_2)$ veranschaulichen (Fig. 12). Diejenigen Punkte, deren Koordinaten die Ungleichungen (2.007) und (2.011) befriedigen, liegen zwischen der Achse $x_2$ und der Geraden $A_4A_5$; diejenigen, die (2.008) und (2.011) befriedigen, befinden sich zwischen der Achse $x_1$ und der Geraden $A_1A_2$. Die Punkte, deren Koordinaten (2.009) bzw. (2.010) erfüllen, liegen links von $A_2A_3$ bzw. $A_3A_4$. Diese

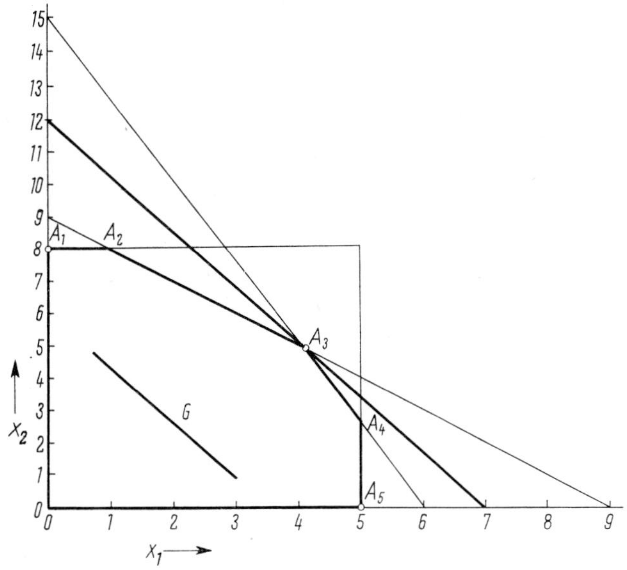


Fig. 12

Geraden bilden ein konvexes Polygon $O A_1 A_2 A_3 A_4 A_5$, und man sieht sofort ein, daß die Koordinaten der Punkte des (geschlossenen) Polygons alle die Bedingungen (2.007)–(2.011) befriedigen.

Wenn wir die Zielfunktion $P(x_1, x_2)$ in (2.006) gleich einer Konstante $c$ setzen, erhalten wir die Gerade $G$. Je größer der Abstand von $G$ zu $O$ ist, desto größer ist $c$, also der Wert der Zielfunktion. Wenn wir $G$ so weit nach rechts rücken, daß $G$ mit dem Sechseck $O A_1 A_2 A_3 A_4 A_5$ keinen gemeinsamen Punkt hat, dann wird zwar $c$ groß, doch die Koordinaten der Punkte von $G$ befriedigen die Bedingungen (2.007)–(2.010) nicht. Verschieben wir also $G$ parallel zu sich selbst so weit, bis die Gerade durch den Eckpunkt $A_3$ läuft. Damit haben wir die Lösung gefunden, denn die Koordinaten von $A_3$ erfüllen die Nebenbedingungen, und die Zielfunktion kann keinen größeren Wert annehmen, wie aus der Figur ersichtlich ist. Da im Punkt $A_3$ $x_1=4$, $x_2=5$ ist, sollen täglich vom ersten Produkt 4, vom zweiten 5 Stück hergestellt werden; dann ist der Gesamtgewinn $P(4, 5)=70$.

Wäre $G$ mit einer Seite des Polygons zusammengefallen, so hätten die Koordinaten sämtlicher Punkte dieser Seite Lösungen der Aufgabe geliefert. Wenn also dieser Fall eintritt, hat das Problem nicht nur eine einzige Lösung wie im betrachteten Beispiel, sondern unendlich viele.

Wir wollen aber jetzt zur allgemeinen Aufgabe (2.004) (2.005) zurückkehren und sie etwas umformulieren.

Anstatt der beschränkenden Bedingung $\boldsymbol{A x} \leqq \boldsymbol{b}$ können wir selbstverständlich auch

$$\boldsymbol{A x} + \boldsymbol{y} = \boldsymbol{b}$$

schreiben, wobei $\boldsymbol{y} = \boldsymbol{b} - \boldsymbol{A x}$ ist; und offensichtlich ist $\boldsymbol{y} \geqq \boldsymbol{0}$. Man setzt

$$\boldsymbol{y} = \begin{pmatrix} y_1 \\ y_2 \\ \vdots \\ y_m \end{pmatrix}$$

und führt folgende Bezeichnungen ein:

$$\tilde{\boldsymbol{x}} = \begin{pmatrix} \boldsymbol{x} \\ \boldsymbol{y} \end{pmatrix} = \begin{pmatrix} x_1 \\ \vdots \\ x_n \\ y_1 \\ \vdots \\ y_m \end{pmatrix}; \qquad \tilde{\boldsymbol{h}} = \begin{pmatrix} h_1 \\ \vdots \\ h_n \\ 0 \\ \vdots \\ 0 \end{pmatrix}$$

$$\tilde{A} = \left(A, \underset{m}{E}\right) = \begin{pmatrix} a_{11} \dots a_{1n} & 1 & 0 \dots 0 \\ a_{21} \dots a_{2n} & 0 & 1 \dots 0 \\ \vdots \quad\quad \vdots & \vdots & \\ a_{m1} \dots a_{mn} & 0 & 0 \dots 1 \end{pmatrix}$$

Offensichtlich ist $P(\boldsymbol{x}) = \boldsymbol{h}^* \boldsymbol{x} = \tilde{\boldsymbol{h}}^* \tilde{\boldsymbol{x}} = \tilde{P}(\tilde{\boldsymbol{x}})$. Daher können wir die Aufgabe auch so formulieren: Es soll ein Vektor $\tilde{\boldsymbol{x}}$ aus $R^{n+m}$ bestimmt werden, für den $\tilde{P}(\tilde{\boldsymbol{x}})$ maximal oder minimal wird, falls die Nebenbedingungen

$$\tilde{A}\tilde{\boldsymbol{x}} = \boldsymbol{b}, \qquad \tilde{\boldsymbol{x}} \geqq 0 \tag{2.012}$$

erfüllt sind. Man sieht sofort, daß $A\boldsymbol{x} + \boldsymbol{y} = \boldsymbol{b}$ mit der Gleichung $\tilde{A}\tilde{\boldsymbol{x}} = \boldsymbol{b}$ gleichbedeutend ist. Aus (2.004), (2.005) folgt diese neue Fassung, und auch (2.012) geht aus (2.005) hervor. Es ist also gleichbedeutend, ob wir die beschränkenden Bedingungen in Form einer Ungleichung oder einer Gleichung schreiben. Wir werden beide Formulierungen heranziehen, je nachdem die eine oder andere für unsere Überlegungen günstiger ist. In der Formulierung (2.012) tritt eine Matrix $\tilde{A}$ auf, die vom Typus $m \times (n+m)$ ist, d. h. die Zeilenzahl ist nicht größer als die Spaltenzahl. Daß man sich immer auf diesen Fall beschränken darf, folgt aus der Theorie der linearen Gleichungssysteme (vgl. 103.01). Falls $\tilde{A}$ eine nichtsinguläre quadratische Matrix ist, ist $\tilde{\boldsymbol{x}}$ eindeutig bestimmt und liefert die Lösung der Aufgabe, vorausgesetzt, daß $\tilde{\boldsymbol{x}}$ nichtnegativ ist. Wenn aber $\tilde{\boldsymbol{x}} < \boldsymbol{0}$ gilt, dann hat unsere Aufgabe keine Lösung.

Es kann auch sein, daß $\tilde{A}\tilde{\boldsymbol{x}} = \boldsymbol{b}$ unverträglich ist, dann hat die Optimierungsaufgabe ebenfalls keine Lösung. Schließlich können einige der Gleichungen von den anderen linear abhängig sein, dann sind sie entbehrlich und können gestrichen werden, womit das Problem auf den schon betrachteten Fall zurückgeführt wird.

Es soll betont werden, daß in vielen in der Praxis auftretenden Problemen das Minimum der Zielfunktion $\tilde{P}(\tilde{\boldsymbol{x}})$ unter den Nebenbedingungen (2.012) gesucht wird. Das ist z. B. beim sogenannten Transportproblem der Fall:

*Beispiel.* In $n$ Werken werden von einem gewissen Artikel $b_1, b_2, \dots, b_n$ Einheiten pro Jahr produziert. $m$ Verbraucher benötigen von diesem Artikel $v_1, \dots, v_m$ Einheiten pro Jahr. Die Produktion und der Verbrauch seien einander gleich, d.h. es sei

$$\sum_{r=1}^{n} b_r = \sum_{s=1}^{m} v_s. \tag{2.013}$$

Die Transportkosten je Einheit von der $r$-ten Fabrik zum $s$-ten Verbraucher betragen $c_{rs}$ Geldeinheit. Das Problem besteht darin, einen Lieferungsplan so aufzustellen, daß die Transportkosten minimal werden. Anders: Es soll die von der $r$-ten Fabrik zum $s$-ten Verbraucher zu liefernde Menge $x_{rs}$ so bestimmt werden, daß die Transportkosten am geringsten sind.

Dazu werden die Vektoren

$$\boldsymbol{x} = \begin{pmatrix} x_{11} \\ \vdots \\ x_{1m} \\ x_{21} \\ \vdots \\ x_{2m} \\ \vdots \\ x_{n1} \\ \vdots \\ x_{nm} \end{pmatrix}, \quad \boldsymbol{h} = \begin{pmatrix} c_{11} \\ \vdots \\ c_{1m} \\ c_{21} \\ \vdots \\ c_{2m} \\ \vdots \\ c_{n1} \\ \vdots \\ c_{nm} \end{pmatrix}, \quad \boldsymbol{b} = \begin{pmatrix} b_1 \\ \vdots \\ b_n \\ v_1 \\ \vdots \\ v_m \end{pmatrix}$$

und die Matrix

$$\boldsymbol{A} = \left(\begin{array}{c|c|c|c}
1\ \ 1\dots 1 & 0\ \ 0\dots 0 & & 0\ \ 0\dots 0 \\
0\ \ 0\dots 0 & 1\ \ 1\dots 1 & & 0\ \ 0\dots 0 \\
 & & \cdots & \\
0\ \ 0\dots 0 & 0\ \ 0\dots 0 & & 1\ \ 1\dots 1 \\
\hline
1\ \ 0\dots 0 & 1\ \ 0\dots 0 & & 1\ \ 0\dots 0 \\
0\ \ 1\dots 0 & 0\ \ 1\dots 0 & & 0\ \ 1\dots 0 \\
 & & \cdots & \\
\underbrace{0\ \ 0\dots 1}_{m} & \underbrace{0\ \ 0\dots 1}_{m} & & \underbrace{0\ \ 0\dots 1}_{m}
\end{array}\right)\begin{array}{l} \left.\vphantom{\begin{array}{c}1\\0\\ \cdots\\0\end{array}}\right\}n \\ \left.\vphantom{\begin{array}{c}1\\0\\ \cdots\\0\end{array}}\right\}m \end{array}$$

eingeführt. $\boldsymbol{A}$ ist vom Typus $(n+m)\times nm$.

Man sieht, daß unsere Aufgabe wie folgt formuliert werden kann: Es wird ein Vektor (aus $R^{nm}$) $\boldsymbol{x}$ gesucht, für welchen $\boldsymbol{h}^*\boldsymbol{x}$ (die Gesamttransportkosten) *minimal* ist, falls $\boldsymbol{x}\geqq\boldsymbol{0}$ und $\boldsymbol{A}\boldsymbol{x}=\boldsymbol{b}$ ist. Das letztere bedeutet einerseits das Bestehen von (2.013), andererseits, daß $\sum_{r=1}^{n} x_{rs}=v_s$ und $\sum_{s=1}^{m} x_{rs}=b_r$ gelten.

### 201.02 *Geometrische Hilfsmittel*

Wir betrachten nun eine (reelle) Matrix $\boldsymbol{A}$ vom Typus $m\times n$, wobei $m<n$ ist. Sei $\boldsymbol{b}\in R^m$ ein gegebener Vektor.

**Definition:** *Ein Vektor $\boldsymbol{x}\in R^n$ heißt ein zulässiger Vektor, wenn er die Bedingungen*

$$\boldsymbol{A}\boldsymbol{x}=\boldsymbol{b}, \quad \boldsymbol{x}\geqq\boldsymbol{0} \tag{2.014}$$

*erfüllt.*

Wir wollen einige weitere Begriffe einführen. Dazu betrachten wir ein endliches System von Vektoren $\boldsymbol{x}_1, \boldsymbol{x}_2, \dots, \boldsymbol{x}_r$ aus $R^n$ und nichtnegative Zahlen

$p_1, p_2, \ldots, p_r$, so daß $p_1 + p_2 + \cdots + p_r = 1$ gilt. Dann heißt die Linearkombination

$$\boldsymbol{x} = p_1 \boldsymbol{x}_1 + p_1 \boldsymbol{x}_2 + \cdots + p_r \boldsymbol{x}_r \tag{2.015}$$

eine *Konvex-Kombination* von $\boldsymbol{x}_1, \boldsymbol{x}_2, \ldots, \boldsymbol{x}_r$.

Wenn alle $p_k$ $(k = 1, 2, \ldots, r)$ sogar positiv sind $(p_n > 0)$, dann heißt der Ausdruck (2.015) *strenge Konvex-Kombination* der gegebenen Vektoren.

**Definition:** *Eine Menge G von Vektoren (Punkte) aus $R^n$ heißt konvex, wenn mit je zwei Punkten $\boldsymbol{x}_1$ und $\boldsymbol{x}_2$ jede Konvex-Kombination von $\boldsymbol{x}_1$ und $\boldsymbol{x}_2$ auch zu G gehört.*

Diese Definition ist die Verallgemeinerung des Begriffes der konvexen Punktmenge in der Ebene oder im Raum. Wie bekannt, heißt eine Punktmenge in der Ebene oder im Raum konvex, wenn jeder Punkt der Verbindungsstrecke von zwei zur Menge gehörenden Punkten auch zur Menge gehört.

Man sieht leicht ein, daß die Menge der zulässigen Vektoren konvex ist. Seien nämlich $\boldsymbol{x}_1$ und $\boldsymbol{x}_2$ zwei zulässige Vektoren, für die also die Bedingungen

$$\boldsymbol{A}\boldsymbol{x}_1 = \boldsymbol{b}, \quad \boldsymbol{A}\boldsymbol{x}_2 = \boldsymbol{b}, \quad \boldsymbol{x}_1 \geqq \boldsymbol{0}, \quad \boldsymbol{x}_2 \geqq \boldsymbol{0}$$

gelten, und $p_1, p_2$ zwei Zahlen mit $p_1 + p_2 = 1$; $p_1 \geqq 0$, $p_2 \geqq 0$, dann gilt

$$\boldsymbol{A}(p_1 \boldsymbol{x}_1 + p_2 \boldsymbol{x}_2) = p_1 \boldsymbol{b} + p_2 \boldsymbol{b} = (p_1 + p_2)\,\boldsymbol{b} = \boldsymbol{b}$$
$$p_1 \boldsymbol{x}_1 + p_2 \boldsymbol{x}_2 \geqq 0\,.$$

Das bedeutet, daß auch die Konvex-Kombination $p_1 \boldsymbol{x}_1 + p_2 \boldsymbol{x}_2$ ein zulässiger Vektor ist.

Die Menge $Z$ der zulässigen Vektoren ist (in Hinsicht auf den üblichen Grenzübergang) eine abgeschlossene Menge.

Konvergiert nämlich die Folge von zulässigen Vektoren $\boldsymbol{x}_\nu$ gegen $\boldsymbol{x}$, dann gilt offensichtlich

$$\boldsymbol{A}\boldsymbol{x} = \boldsymbol{A} \lim_{\nu\to\infty} \boldsymbol{x}_\nu = \lim_{\nu\to\infty} \boldsymbol{A}\boldsymbol{x}_\nu = \boldsymbol{b}, \qquad \lim_{\nu\to\infty} \boldsymbol{x}_\nu = \boldsymbol{x} \geqq \boldsymbol{0}\,.$$

Unsere Optimierungsaufgabe besteht in der Bestimmung des Maximums oder Minimums der in $Z$ definierten Zielfunktion $P(\boldsymbol{x}) = \boldsymbol{h}^* \boldsymbol{x}$. Da aber die Zielfunktion $P(\boldsymbol{x})$ stetig und die Menge $Z \neq \emptyset$ (über der $P(\boldsymbol{x})$ betrachtet wird) beschränkt und abgeschlossen ist, ist die Existenz der Lösung unserer Aufgabe gesichert. Es handelt sich also darum, ein brauchbares Verfahren zur Bestimmung der Lösung (oder der Lösungen) zu finden.

**Definition:** *Eine Ecke (oder Eckvektor, auch Eckpunkt) von Z ist ein Element aus Z, welches nicht als strenge Konvex-Kombination zweier verschiedener Punkte von Z darstellbar ist.*

Denken wir z. B. an das konvexe Sechseckgebiet in Fig. 12, dann erkennen wir, daß für die Eckpunkte $O, A_1, A_2, A_3, A_4, A_5$ unsere Definition zutrifft. Die obige Definition verallgemeinert also einen bekannten geometrischen Begriff.

Es seien $\boldsymbol{a}_1, \boldsymbol{a}_2, \ldots, \boldsymbol{a}_n$ die Spaltenvektoren der Matrix $A$ und $\boldsymbol{x}$ ein zulässiger Vektor (ein Element aus $Z$). Dann kann man die Gleichung in (2.014) wie in (1.005) auch in folgender Gestalt aufschreiben:

$$\boldsymbol{a}_1 x_1 + \cdots + \boldsymbol{a}_n x_n = \boldsymbol{b}. \tag{2.016}$$

Ein notwendiges und hinreichendes Kriterium dafür, daß ein Vektor $\boldsymbol{x} \in Z$ eine Ecke ist, gibt folgender Satz an:

**Satz 2.01.** *Der Vektor* $\boldsymbol{x} \in Z$ *ist dann und nur dann eine Ecke von* $Z$, *wenn in* (2.016) *die zu den positiven Komponenten gehörenden Spaltenvektoren von* $A$ *linear unabhängig sind.*

*Beweis.* a) Die Bedingung ist notwendig. Sei $\boldsymbol{x}$ eine Ecke von $Z$. Ohne Beschränkung der Allgemeinheit kann man voraussetzen, daß die Komponenten $x_1, x_2, \ldots, x_p$ $(p \leqq n)$ positiv sind $(x_k > 0, k = 1, 2, \ldots, p)$. Wir betrachten zuerst den Fall, daß $p \neq 0$ ist. Es soll bewiesen werden, daß $\boldsymbol{a}_1, \boldsymbol{a}_2, \ldots, \boldsymbol{a}_p$ linear unabhängig sind. Den Beweis führen wir indirekt. Wir nehmen nun an, daß $\boldsymbol{a}_1, \boldsymbol{a}_2, \ldots, \boldsymbol{a}_p$ linear abhängig sind. Dann gibt es Zahlen $\lambda_1, \lambda_2, \ldots, \lambda_p$, die nicht alle gleich Null sind, mit

$$\lambda_1 \boldsymbol{a}_1 + \lambda_2 \boldsymbol{a}_2 + \cdots + \lambda_p \boldsymbol{a}_p = \boldsymbol{0}. \tag{2.017}$$

Da aber $x_k > 0$ $(k = 1, 2, \ldots, p)$ ist, kann man eine positive Zahl $\varepsilon$ angeben, so daß auch $x_k \pm \varepsilon \lambda_k > 0$ $(k = 1, 2, \ldots, p)$ gilt. Nun folgt aus (2.016) und (2.017)

$$(x_1 \pm \varepsilon \lambda_1) \boldsymbol{a}_1 + (x_2 \pm \varepsilon \lambda_2) \boldsymbol{a}_2 + \cdots + (x_p \pm \varepsilon \lambda_p) \boldsymbol{a}_p = \boldsymbol{b}. \tag{2.018}$$

Betrachten wir die Vektoren

$$\boldsymbol{y} = \begin{pmatrix} x_1 + \varepsilon \lambda_1 \\ x_2 + \varepsilon \lambda_2 \\ \vdots \\ x_p + \varepsilon \lambda_p \\ 0 \\ \vdots \\ 0 \end{pmatrix}; \qquad \boldsymbol{z} = \begin{pmatrix} x_1 - \varepsilon \lambda_1 \\ x_2 - \varepsilon \lambda_2 \\ \vdots \\ x_p - \varepsilon \lambda_p \\ 0 \\ \vdots \\ 0 \end{pmatrix}.$$

Aus (2.018) geht hervor, daß $\boldsymbol{y} \in Z$ und $\boldsymbol{z} \in Z$ ist. Es gilt ferner

$$\tfrac{1}{2}\boldsymbol{y} + \tfrac{1}{2}\boldsymbol{z} = \begin{pmatrix} x_1 \\ x_2 \\ \vdots \\ x_p \\ 0 \\ \vdots \\ 0 \end{pmatrix} = \boldsymbol{x},$$

d.h. $\boldsymbol{x}$ ist als strenge Konvex-Kombination von $\boldsymbol{y}$ und $\boldsymbol{z}$ (aus $Z$) darstellbar; $\boldsymbol{x}$ ist also im Gegensatz zur Voraussetzung kein Eckvektor. Somit sind $\boldsymbol{a}_1, \boldsymbol{a}_2, \ldots, \boldsymbol{a}_p$ linear unabhängig.

Ist $p=0$, d.h. $x_1=x_2=\cdots=x_n=0$, dann ist die betrachtete Menge von Spaltenvektoren leer, und eine solche soll definitionsgemäß linear unabhängig sein.

b) Die Bedingung ist hinreichend. Jetzt wird vorausgesetzt, daß $\boldsymbol{a}_1, \boldsymbol{a}_2, \ldots, \boldsymbol{a}_p$ linear unabhängig sind ($x_k>0$ für $k \doteq 1, 2, \ldots, p$; $x_k=0$ für $k=p+1, \ldots n$). Wir setzen $\boldsymbol{x}=p_1\boldsymbol{y}+p_2\boldsymbol{z}$, wobei $\boldsymbol{y}$ und $\boldsymbol{z}$ Vektoren aus $Z$ sind, $p_1>0$, $p_2>0$; $p_1+p_2=1$. Daraus folgt für die Komponenten $x_k$, $y_k$, $z_k$:

$$x_k = p_1 y_k + p_2 z_k ;$$

und da $x_k=0$ ($k=p+1, p+2, \ldots, n$), $y_k \geqq 0$, $z_k \geqq 0$; $p_1>0$, $p_2>0$ ist, ergibt sich $y_k=z_k=0$ ($k=p+1, \ldots, n$). Wegen $\boldsymbol{y} \in Z$, $\boldsymbol{z} \in Z$ ist

$$\boldsymbol{A}\boldsymbol{y} = \boldsymbol{b}, \qquad \boldsymbol{A}\boldsymbol{z} = \boldsymbol{b},$$

woraus

$$\boldsymbol{A}(\boldsymbol{y}-\boldsymbol{z}) = \boldsymbol{0},$$

d.h.

$$\boldsymbol{a}_1(y_1 - z_1) + \cdots + \boldsymbol{a}_p(y_p - z_p) = \boldsymbol{0}$$

folgt.

Wegen der Unabhängigkeit der Vektoren $\boldsymbol{a}_1, \ldots, \boldsymbol{a}_p$ gilt $y_1=z_1$, $y_2=$ $=z_2, \ldots, y_p=z_p$. Wir haben also $\boldsymbol{y}=\boldsymbol{z}$ erhalten. Damit ist gezeigt, daß $\boldsymbol{x}$ nicht als strenge Konvex-Kombination von zwei *verschiedenen* Elementen von $Z$ darstellbar ist. $\boldsymbol{x}$ ist also Ecke von $Z$.

**Satz 2.02.** *Ist $\boldsymbol{x}$ eine Ecke von $Z$, so ist die Anzahl der positiven Komponenten von $\boldsymbol{x}$ höchstens $m$. Die übrigen Komponenten sind gleich Null.*

*Beweis.* Wenn $\boldsymbol{x}$ eine Ecke ist, dann sind die zu den positiven Komponenten von $\boldsymbol{x}$ gehörenden Spaltenvektoren $\boldsymbol{a}_1, \boldsymbol{a}_2, \ldots, \boldsymbol{a}_p$ von $\boldsymbol{A}$ linear unabhängig (Satz 2.01). Die Vektoren $\boldsymbol{a}_k$ aber sind aus $R^m$, und nach Satz 1.08 kann $p$ nicht größer als $m$ sein, womit die Behauptung bewiesen ist.

Wenn für eine Ecke $p=m$ ist, dann sagen wir, daß die betreffende Ecke *normal* ist, wenn aber $p<m$ gilt, dann heißt der Eckvektor *entartet.*

**Satz 2.03.** *Die Menge $Z$ hat höchstens endlich viele Ecken.*

*Beweis.* Da die Menge der Spaltenvektoren von $\boldsymbol{A}$ nur endlich viele linear unabhängige Teilsysteme enthält, ist die Behauptung nach Satz 2.01 evident.

Es soll darauf hingewiesen werden, daß, falls zu einem linear unabhängigen Teilsystem von Spaltenvektoren eine Ecke gehört, die Ecke durch dieses Teilsystem eindeutig bestimmt ist; es kann gelegentlich auch solche linear unabhängige Teilsysteme von Spaltenvektoren geben, zu denen *keine* Ecken gehören. Das tritt dann auf, wenn mindestens eine der Zahlen $x_k$ in (2.019) negativ ist:

$$\boldsymbol{a}_1 x_1 + \cdots + \boldsymbol{a}_n x_n \tag{2.019}$$

**Satz 2.04.** *Wenn Z nicht leer ist, dann hat Z mindestens eine Ecke.*

*Beweis.* Wenn $Z$ nicht leer ist, enthält $Z$ mindestens ein Element $\boldsymbol{x}$. $N(\boldsymbol{x})$ bezeichne die Anzahl der von Null verschiedenen Komponenten von $\boldsymbol{x}$. Es ist klar, daß $0 \leqq N(\boldsymbol{x}) \leqq n$ gilt, falls $\boldsymbol{x}$ die Menge $Z$ durchläuft. Da die Funktion $N(\boldsymbol{x})$ nur ganzzahlige Werte annimmt, nimmt sie ihr Minimum an. Es sei $N(\boldsymbol{x}_0) = N_0$ das Minimum. Jetzt beweisen wir, daß $\boldsymbol{x}_0$ eine Ecke von $Z$ ist.

Ist $N_0 = 0$, so ist $\boldsymbol{x}_0 = \boldsymbol{0}$. Dieser Vektor ist gewiß eine Ecke, denn die Menge der Spaltenvektoren von $\boldsymbol{A}$, die zu den positiven Komponenten von $\boldsymbol{x}_0$ gehören, ist leer, und eine leere Menge von Vektoren wird als unabhängig betrachtet. Somit ist laut Satz 2.01 $\boldsymbol{x}_0$ tatsächlich ein Eckvektor.

Wenn $N_0 \neq 0$ gilt, dann können wir annehmen (ohne die Allgemeinheit einzuschränken), daß

$$\boldsymbol{x}_0 = \begin{pmatrix} x_1 \\ x_2 \\ \vdots \\ x_{N_0} \\ 0 \\ \vdots \\ 0 \end{pmatrix}$$

ist. Wäre $\boldsymbol{x}_0$ keine Ecke, so wären die Spaltenvektoren $\boldsymbol{a}_1, \boldsymbol{a}_2, \ldots, \boldsymbol{a}_{N_0}$ linear abhängig (Satz 2.01); es gäbe also Zahlen $\lambda_1, \lambda_2, \ldots, \lambda_{N_0}$, die nicht alle Null sind, mit

$$\lambda_1 \boldsymbol{a}_1 + \lambda_2 \boldsymbol{a}_2 + \cdots + \lambda_{N_0} \boldsymbol{a}_{N_0} = \boldsymbol{0}.$$

Wir bilden nun die Zahlen $\dfrac{x_k}{|\lambda_k|}$ für alle Werte von $k$, für die $\lambda_k \neq 0$ ist, und betrachten die kleinste. Wir können annehmen, daß die kleinste Zahl $p = \dfrac{x_1}{|\lambda_1|}$ ist und $\lambda_1 > 0$ gilt. Wir bilden den Vektor

$$\boldsymbol{y}_0 = \begin{pmatrix} x_1 - p\lambda_1 \\ x_2 - p\lambda_2 \\ x_{N_0} - p\lambda_{N_0} \\ 0 \\ \vdots \\ 0 \end{pmatrix}.$$

Man sieht, daß $\boldsymbol{y}_0 \geqq \boldsymbol{0}$ gilt. Es ist nämlich

$$x_k - \lambda_k p = x_k - \lambda_k \frac{x_1}{|\lambda_1|} = \lambda_k \left( \frac{x_k}{\lambda_k} - \frac{x_1}{|\lambda_1|} \right).$$

Wenn $\lambda_k > 0$ ist, dann ist wegen der Definition von $p = \dfrac{x_1}{|\lambda_1|}$, die Differenz

$\frac{x_k}{\lambda_k} - \frac{x_1}{|\lambda_1|} > 0$. Wenn aber $\lambda_k < 0$ ist, gilt $\frac{x_k}{\lambda_k} - \frac{x_1}{|\lambda_1|} < 0$, und das Produkt mit $\lambda_k$ ist positiv. Andererseits aber ist

$$\boldsymbol{A}\, \boldsymbol{y}_0 = \boldsymbol{A}\, \boldsymbol{x}_0 - p \sum_{k=1}^{N_0} \lambda_k \boldsymbol{a}_k = \boldsymbol{A}\, \boldsymbol{x}_0 = \boldsymbol{b}\,,$$

woraus folgt, daß $\boldsymbol{y}_0 \in Z$ ist. Die erste Komponente von $\boldsymbol{y}_0$ aber verschwindet:

$$x_1 - p\,\lambda_1 = x_1 - \frac{x_1}{\lambda_1}\,\lambda_1 = 0\,.$$

$\boldsymbol{y}_0$ hat also weniger positive Komponenten als $N_0$ im Widerspruch zur Definition von $N_0$. Somit sind $\boldsymbol{a}_1, \boldsymbol{a}_2, \ldots, \boldsymbol{a}_{N_0}$ linear unabhängige Vektoren, und nach Satz 2.01 ist $\boldsymbol{x}_0$ eine Ecke.

Die Matrix $\boldsymbol{A}$ sei – wie bisher – vom Typus $m \times n$, wobei $m < n$ ist. In Zukunft werden wir oft voraussetzen, daß

$$\varrho(\boldsymbol{A}) = m$$

ist. Diese Voraussetzung bedeutet keine wesentliche Einschränkung für die Optimierungsaufgabe. Falls nämlich $\varrho(\boldsymbol{A}) < m$ ist, ist entweder das Gleichungssystem $\boldsymbol{A}\boldsymbol{x} = \boldsymbol{b}$ nicht auflösbar, oder gewisse Gleichungen in diesem Gleichungssystem folgen aus den übrigen und sind daher entbehrlich. Streicht man diese Gleichungen, so erhält man ein neues System von linearen Gleichungen, bei dem der Rang der Matrix der Zeilenzahl gleich ist.

Es sei $\boldsymbol{x}$ eine Ecke von $Z$. Nach dem Satz 2.02 hat $\boldsymbol{x}$ höchstens *$m$ positive* Komponenten: $x_{r_1}, x_{r_2}, \ldots, x_{r_p}$, wobei $p \leqq m$ ist. Die entsprechenden Spaltenvektoren sind $\boldsymbol{a}_{r_1}, \boldsymbol{a}_{r_2}, \ldots, \boldsymbol{a}_{r_p}$. Nun gilt der

**Satz 2.05.** *Falls $\varrho(\boldsymbol{A}) = m$ gilt, können zu jeder Ecke von $Z$ genau $m$ linear unabhängige Spaltenvektoren zugeordnet werden (und bei dieser Zuordnung können die oben definierten Vektoren $\boldsymbol{a}_{r_1}, \ldots, \boldsymbol{a}_{r_p}$ mit verwendet werden).*

*Beweis.* Falls $\boldsymbol{x}$ eine normale Ecke ist, so ist die Anzahl der positiven Komponenten $m$, und nach Satz 2.01 sind die dazugehörenden Spaltenvektoren von $\boldsymbol{A}$ linear unabhängig.

Wenn aber $\boldsymbol{x}$ entartet ist, dann ist die Anzahl $p$ der positiven Komponenten von $\boldsymbol{x}$ kleiner als $m$. In diesem Fall aber kann man nach Satz 1.19 zu den $p$ linear unabhängigen Spaltenvektoren $m-p$ weitere Vektoren dazunehmen, so daß das ergänzte System linear unabhängig bleibt.

Man sieht also, daß zu jeder normalen Ecke genau ein System von linear unabhängigen Spaltenvektoren gehört. Jeder entarteten Ecke jedoch kann man mehrere $m$-gliedrige Systeme linear unabhängiger Spaltenvektoren zuordnen.

**Definition:** *Unter einem konvexen Polyeder verstehen wir die Menge aller zulässigen Vektoren, falls diese nichtleer und beschränkt ist.*

Ein konvexes Polyeder besitzt folgende wichtige Eigenschaft:

**Satz 2.06.** *Ist $Z$ ein konvexes Polyeder, so läßt sich jeder Vektor $\boldsymbol{x} \in Z$ als Konvex-Kombination der endlich vielen Eckvektoren von $Z$ darstellen.*

*Beweis.* Wenn $\boldsymbol{x}$ ein zulässiger Vektor ist, dann gilt

$$\boldsymbol{a}_1 x_1 + \boldsymbol{a}_2 x_2 + \cdots + \boldsymbol{a}_n x_n = \boldsymbol{b} \quad (x_k \geqq 0 \quad \text{für} \quad k = 1, 2, \ldots n).$$

Sei $p$ die Anzahl der positiven Komponenten von $\boldsymbol{x}$. Wir werden den Satz durch vollständige Induktion beweisen.

Für $p=0$ gilt $\boldsymbol{x}=\boldsymbol{0}$, und nach dem Satz 2.01 ist $\boldsymbol{x}$ eine Ecke, also ist die Behauptung richtig. Für $p>0$ nehmen wir an, daß die Behauptung für 0, 1, 2,..., $p-1$ gilt. Es sei nun $\boldsymbol{x} \in Z$, und wir setzen voraus, daß die ersten $p$ Komponenten $x_1, x_2, \ldots, x_p$ nicht gleich Null sind, aber $x_{p+1} = x_{p+2} = \cdots = x_n = 0$ gilt. Wenn die Vektoren $\boldsymbol{a}_1, \boldsymbol{a}_2, \ldots, \boldsymbol{a}_p$ linear unabhängig sind, dann ist $\boldsymbol{x}$ eine Ecke (Satz 2.01), und dann ist nichts zu beweisen. Sind aber $\boldsymbol{a}_1, \boldsymbol{a}_2, \ldots, \boldsymbol{a}_p$ linear abhängig, so ist $\boldsymbol{x}$ keine Ecke, und es gibt Zahlen $\lambda_1, \lambda_2, \ldots, \lambda_p$, die nicht alle verschwinden, mit

$$\lambda_1 \boldsymbol{a}_1 + \lambda_2 \boldsymbol{a}_2 + \cdots + \lambda_p \boldsymbol{a}_p = \boldsymbol{0}.$$

Wir bilden nun den Vektor

$$\boldsymbol{y} = \boldsymbol{y}(s) = \begin{pmatrix} x_1 + s\lambda_1 \\ x_2 + s\lambda_2 \\ x_p + s\lambda_p \\ 0 \\ \vdots \\ 0 \end{pmatrix},$$

wobei $s$ im Parameterwert ist. Man sieht sofort, daß $\boldsymbol{y}(s)$ für jeden Wert von $s$ der Gleichung $\boldsymbol{A}\boldsymbol{y}(s) = \boldsymbol{a}_1 y_1(s) + \cdots + \boldsymbol{a}_n y_n(s) = \boldsymbol{b}$ genügt. Für $s=0$ ergibt sich $\boldsymbol{y}(0) = \boldsymbol{x} \in Z$. Wegen der Abgeschlossenheit, Beschränktheit und Konvexität von $Z$ gibt es somit zwei Zahlenwerte $s_1 < 0$ und $s_2 > 0$, so daß der Vektor $\boldsymbol{y}(s)$ genau für $s_1 \leqq s \leqq s_2$ zu $Z$ gehört. Dann ist aber mindestens eine der ersten $p$ Komponenten von $\boldsymbol{y}(s_1)$ gleich Null; andernfalls gäbe es ein $s < s_1$ mit $\boldsymbol{y}(s) \in Z$. Das gleiche gilt für $\boldsymbol{y}(s_2)$. Die Anzahl der von Null verschiedenen Komponenten von $\boldsymbol{y}(s_1)$ und $\boldsymbol{y}(s_2)$ ist somit $<p$. Nach der Induktionsannahme sind also $\boldsymbol{y}(s_1)$ und $\boldsymbol{y}(s_2)$ Konvex-Kombinationen von Eckvektoren. Andererseits ist

$$\frac{s_2}{s_2 - s_1}\,\boldsymbol{y}(s_1) + \frac{-s_1}{s_2 - s_1}\,\boldsymbol{y}(s_2) = \boldsymbol{y}(0) = \boldsymbol{x},$$

und da

$$\frac{s_2}{s_2 - s_1} > 0; \quad \frac{-s_1}{s_2 - s_1} > 0; \quad \frac{s_2}{s_2 - s_1} - \frac{s_1}{s_2 - s_1} = 1$$

ist, ist $\boldsymbol{x}$ Konvex-Kombination von $\boldsymbol{y}(s_1)$ und $\boldsymbol{y}(s_2)$. Damit ist der Satz bewiesen.

### 201.03 *Minimalvektoren einer Optimierungsaufgabe*

Wir betrachten die Optimierungsaufgabe:

$$\text{Minimiere } P(\boldsymbol{x}) = \boldsymbol{h}^* \boldsymbol{x} \text{ unter den Bedingungen } \boldsymbol{A}\boldsymbol{x} = \boldsymbol{b};\ \boldsymbol{x} \geqq \boldsymbol{0}. \tag{2.020}$$

Wir führen folgende Definition ein:

**Definition:** *Ein Vektor $\tilde{\boldsymbol{x}}$ heißt ein Minimalvektor (oder Minimalpunkt) einer Optimierungsaufgabe vom Typus* (2.020), *wenn für alle zulässigen Vektoren $\boldsymbol{x}$ $P(\tilde{\boldsymbol{x}}) \leqq P(\boldsymbol{x})$ gilt.*

Sind $\tilde{\boldsymbol{x}}_1$ und $\tilde{\boldsymbol{x}}_2$ zwei Minimalvektoren, dann ist auch $\tilde{\boldsymbol{x}} = p_1 \tilde{\boldsymbol{x}}_1 + p_2 \tilde{\boldsymbol{x}}_2$ ein Minimalvektor ($p_1 \geqq 0, p_2 \geqq 0; p_1 + p_2 = 1$):

$$P(\tilde{\boldsymbol{x}}) = \boldsymbol{h}^* \tilde{\boldsymbol{x}} = p_1 \boldsymbol{h}^* \tilde{\boldsymbol{x}}_1 + p_2 \boldsymbol{h}^* \tilde{\boldsymbol{x}}_2 \leqq p_1 \boldsymbol{h}^* \boldsymbol{x} + p_2 \boldsymbol{h}^* \boldsymbol{x} = \boldsymbol{h}^* \boldsymbol{x} = P(\boldsymbol{x}).$$

Man sieht also, daß *die Menge der Minimalvektoren konvex ist.* Selbstverständlich kann die Menge der Minimalvektoren auch leer sein.

Wenn $Z$ ein Polyeder, d.h. eine nichtleere und beschränkte Teilmenge des $R^n$ ist, dann nimmt die in $Z$ definierte und dort stetige Zielfunktion $P(\boldsymbol{x}) = \boldsymbol{h}^* \boldsymbol{x}$ gewiß ihr Minimum an. Auf diesen Fall bezieht sich der

**Satz 2.07.** *Ist $Z$ ein konvexes Polyeder, so nimmt $P(\boldsymbol{x})$ sein Minimum in mindestens einer Ecke von $Z$ an.*

*Beweis.* Wie eben bemerkt wurde, nimmt $P(\boldsymbol{x})$ sein Minimum in mindestens einem Punkt des $R^n$ an. Ein solcher Punkt (Vektor) sei $\boldsymbol{x}_0 \in Z$. Wir haben hier zu beweisen, daß unter den Eckvektoren $\boldsymbol{x}_1, \boldsymbol{x}_2, \ldots, \boldsymbol{x}_r$ von $Z$ ein Minimalvektor ist. Nach dem Satz 2.05 gibt es nichtnegative Zahlen $p_1, p_2, \ldots, p_r$ mit $p_1 + p_2 + \cdots + p_r = 1$ und

$$\boldsymbol{x}_0 = p_1 \boldsymbol{x}_1 + \cdots + p_r \boldsymbol{x}_r.$$

$P(\boldsymbol{x})$ ist eine lineare Funktion von $\boldsymbol{x}$; deswegen ist

$$P(\boldsymbol{x}_0) = p_1 P(\boldsymbol{x}_1) + p_2 P(\boldsymbol{x}_2) + \cdots + p_r P(\boldsymbol{x}_r). \tag{2.021}$$

Nach der Definition von $\boldsymbol{x}_0$ gilt andererseits

$$P(\boldsymbol{x}_0) \leqq P(\boldsymbol{x}_i) \quad (i = 1, 2, \ldots, r).$$

Wegen $p_1 + p_2 + \cdots + p_r = 1$ gibt es mindestens eine Zahl, z.B. $p_i$, die positiv ist. Wäre für dieses $i$ $P(\boldsymbol{x}_0) < P(\boldsymbol{x}_i)$, würde

$$P(\boldsymbol{x}_0) < p_1 P(\boldsymbol{x}_1) + \cdots + p_r P(\boldsymbol{x}_r)$$

gelten im Gegensatz zu (2.021). Daher muß $P(\boldsymbol{x}_0) = P(\boldsymbol{x}_i)$ sein. Damit ist die Behauptung bewiesen.

Falls $Z$ nicht beschränkt ist, kann es passieren, daß die Zielfunktion $P(\boldsymbol{x})$ von unten unbeschränkt ist und daher ihr Minimum nicht annimmt. Wenn jedoch $P(\boldsymbol{x})$ den Minimalwert annimmt, dann gilt folgende Behauptung:

**Satz 2.08.** *Ist Z nicht beschränkt und nimmt $P(\boldsymbol{x})$ seinen Minimalwert an, so ist mindestens eine Ecke von Z ein Minimalvektor.*

*Beweis.* Wiederum sei $\boldsymbol{x}_0$ ein Minimalvektor, und $\boldsymbol{x}_1, \boldsymbol{x}_2, \ldots, \boldsymbol{x}_r$ seien die Eckvektoren. Offenbar ist

$$\operatorname*{Max}_{i=0,1,2,\ldots,r} \sum_{k=1}^{n} x_{ik} = \mu \geqq 0,$$

wobei $x_{ik}$ die $k$-te Komponente des Vektors $\boldsymbol{x}_i$ bedeutet.

Falls $\mu=0$ ist, sind sämtliche $x_{ik}=0$. $Z$ hat dann nur eine Ecke, nämlich $\boldsymbol{x}=\boldsymbol{0}$. Da auch $\boldsymbol{x}_0=\boldsymbol{0}$ ist, ist die einzige Ecke zugleich Minimalpunkt.

Falls $\mu>0$ ist, gehen wir von unserer Optimierungsaufgabe zu einer anderen über. Wir führen die Bezeichnungen

$$\boldsymbol{y} = \begin{pmatrix} x_1 \\ x_2 \\ \vdots \\ x_n \\ x_{n+1} \end{pmatrix}; \quad \boldsymbol{k} = \begin{pmatrix} h_1 \\ h_2 \\ \vdots \\ h_n \\ 0 \end{pmatrix}; \quad \boldsymbol{c} = \begin{pmatrix} b_1 \\ b_2 \\ \vdots \\ b_n \\ 2\mu \end{pmatrix}$$

$$\boldsymbol{B} = \begin{pmatrix} a_{11} \ldots a_{1n} & 0 \\ \vdots \qquad \vdots & \vdots \\ a_{m1} \ldots a_{mn} & 0 \\ 1 \quad \ldots 1 & 1 \end{pmatrix}$$

ein und betrachten nun die neue Aufgabe:

Minimiere $Q(\boldsymbol{y})=\boldsymbol{k}^*\boldsymbol{y}$ unter den Bedingungen

$$\boldsymbol{B}\boldsymbol{y} = \boldsymbol{c}, \qquad \boldsymbol{y} \geqq \boldsymbol{0}. \tag{2.022}$$

Zunächst zeigen wir, daß die Menge $Z'$ der zulässigen Vektoren der Optimierungsaufgabe (2.022) beschränkt ist. Ist nämlich $\boldsymbol{y} \in Z'$, dann folgt aus $\boldsymbol{B}\boldsymbol{y}=\boldsymbol{c}$ (Komposition der letzten Zeile von $\boldsymbol{B}$ mit $\boldsymbol{y}$) $x_1+x_2+\cdots+x_n+x_{n+1}=2\mu$ (die letzte Komponente von $\boldsymbol{c}$ ist $2\mu$), und da $\boldsymbol{y} \geqq \boldsymbol{0}$ ist, gilt $0 \leqq x_k \leqq 2\mu$ $(k=1, 2, \ldots, n+1)$.

Wenn wir $x_{n+1}=2\mu-(x_1+\cdots+x_n)$ setzen, können wir also jedem Vektor $\boldsymbol{x} \in Z$ mit $x_1+x_2+\cdots+x_n \leqq 2\mu$ eineindeutig einen Vektor $\boldsymbol{y} \in Z'$ zuordnen. Auf diese Weise seien den Ecken $\boldsymbol{x}_1, \boldsymbol{x}_2, \ldots, \boldsymbol{x}_r$ von $Z$ die Punkte $\boldsymbol{y}_1, \boldsymbol{y}_2, \ldots, \boldsymbol{y}_r$ von $Z'$ zugeordnet, und dem Minimalpunkt $\boldsymbol{x}_0 \in Z$ entspreche der Punkt $\boldsymbol{y}_0 \in Z'$. Man sieht unmittelbar: Falls dem Vektor $\boldsymbol{x} \in Z$ ein Vektor $\boldsymbol{y}$ aus $Z'$ zugeordnet ist, gilt

$$Q(\boldsymbol{y}) = P(\boldsymbol{x}).$$

Insbesondere ist $Q(\boldsymbol{y}_0)=P(\boldsymbol{x}_0)$. Das besagt, daß $\boldsymbol{y}_0$ ein Minimalvektor des Problems (2.022) ist.

Nun wollen wir die Ecken von $Z'$ betrachten (da $Z' \neq \emptyset$ ist, ist nach Satz

2.05 auch die Menge der Ecken nicht leer). Wir unterscheiden zwei Arten von Ecken von $Z'$. Eine Ecke mit $x_{n+1}>0$ nennen wir eine Ecke erster Art, eine Ecke mit $x_{n+1}=0$ heiße eine Ecke zweiter Art.

Sei $\boldsymbol{y}$ eine Ecke erster Art von $Z'$. Dann sind die zu den positiven Komponenten von $\boldsymbol{y}$ gehörenden Spaltenvektoren von $\boldsymbol{B}$ linear unabhängig (Satz 2.01). Daraus folgt (da $x_{n+1}>0$ ist und wegen der Struktur der Matrix $\boldsymbol{B}$), daß die zu den positiven Komponenten $x_1, \ldots, x_n$ gehörenden Spaltenvektoren von $\boldsymbol{A}$ linear unabhängig sind. Somit ist der zu $\boldsymbol{y}$ zugeordnete Vektor $\boldsymbol{x} \in Z$ eine Ecke von $Z$. Auch umgekehrt gilt: Jeder Ecke von $Z$ ist nach unserer Zuordnungsvorschrift eine Ecke erster Art von $Z'$ zugeordnet.

Die Ecken zweiter Art von $Z'$ seien $\boldsymbol{y}_{r+1}, \boldsymbol{y}_{r+2}, \ldots, \boldsymbol{y}_s$. Da $Z'$ beschränkt ist, gilt nach dem Satz 2.07

$$\boldsymbol{y}_0 = \lambda_1 \boldsymbol{y}_1 + \cdots + \lambda_s \boldsymbol{y}_s, \tag{2.023}$$

wobei $\lambda_k \geqq 0$ $(k=1, 2, \ldots, s)$ und $\lambda_1 + \lambda_2 + \cdots + \lambda_s = 1$ ist. Es ist

$$x_{0,n+1} = 2\mu - \sum_{k=1}^{n} x_{0k} \geqq \mu > 0$$

und

$$x_{r+1,n+1} = x_{r+2,n+1} = \cdots = x_{s,n+1} = 0.$$

Deshalb muß unter den Zahlen $\lambda_1, \lambda_2, \ldots, \lambda_r$ mindestens eine positiv sein. Wegen der Linearität von $Q(\boldsymbol{y})$ ist

$$Q(\boldsymbol{y}_0) = \lambda_1 Q(\boldsymbol{y}_1) + \cdots + \lambda_s Q(\boldsymbol{y}_s). \tag{2.024}$$

Da $\boldsymbol{y}_0$ Minimalvektor ist, gilt

$$Q(\boldsymbol{y}_0) = Q(\boldsymbol{y}_k) \quad (k = 1, 2, \ldots, s).$$

Es wurde aber eben festgestellt, daß eine der Zahlen $\lambda_1, \lambda_2, \ldots, \lambda_r$ positiv ist, o.B.d.A. sei $\lambda_1 > 0$. Wäre $Q(\boldsymbol{y}_1) > Q(\boldsymbol{y}_0)$, dann würde

$$Q(\boldsymbol{y}_0) < \lambda_1 Q_1(\boldsymbol{y}_1) + \cdots + \lambda_s Q(\boldsymbol{y}_s)$$

gelten im Widerspruch zu (2.024), womit sich $Q(\boldsymbol{y}_0) = Q(\boldsymbol{y}_1)$ ergibt. $\boldsymbol{y}_1$ entspricht aber $\boldsymbol{x}_1$, daher ist

$$Q(\boldsymbol{y}_0) = Q(\boldsymbol{y}_1) = P(\boldsymbol{x}_1) = P(\boldsymbol{x}_0).$$

Die Ecke $\boldsymbol{x}_1$ ist also ein Minimalvektor von $Z$.

### 201.04 *Lösung der linearen Optimierungsaufgabe*

Mit Hilfe der in den vorangegangenen Abschnitten hergeleiteten Sätze kann man im Prinzip die Optimierungsaufgabe (2.020) unter der Bedingung $\varrho(\boldsymbol{A}) = m$

für den Fall, daß die Menge $Z$ der zulässigen Vektoren ein Polyeder ist, wie folgt lösen:

Aus den Spaltenvektoren $\boldsymbol{a}_1, \boldsymbol{a}_2, \dots, \boldsymbol{a}_n$ von $\boldsymbol{A}$ wählen wir auf alle mögliche Art $m$ aus. Es gibt $\binom{n}{m}$ solche Systeme. Zunächst lassen wir diejenigen außer acht, die nicht linear unabhängig sind. Zu jedem System von linear unabhängigen Vektoren löst man das Gleichungssystem

$$\boldsymbol{a}_{i_1} x_1 + \boldsymbol{a}_{i_2} x_2 + \dots + \boldsymbol{a}_{i_m} x_m = \boldsymbol{b},$$

welches selbstverständlich eindeutig lösbar ist. Es werden wiederum diejenigen Spaltenvektorsysteme gestrichen, für die mindestens ein $x_k$ negativ ist. Für die übrigen wird das System der nichtnegativen Zahlen $x_1, \dots, x_m$ durch $n-m$ Nullen zu einem Vektor aus $R^n$ ergänzt. Diese Vektoren sind nach Satz 2.01 Ecken von $Z$, und auf diese Art erhalten wir alle Ecken von $Z$ (vgl. Satz 2.05). So haben wir alle Ecken $\boldsymbol{x}_1, \boldsymbol{x}_2, \dots, \boldsymbol{x}_r$ bestimmt. Wir haben vorausgesetzt, daß $Z$ ein Polyeder ist, $P(\boldsymbol{x})$ nimmt sein Minimum in einem dieser Punkte an (Satz 2.07). Wir haben nun die Zahlen

$$\boldsymbol{h}^* \boldsymbol{x}_1, \boldsymbol{h}^* \boldsymbol{x}_2, \dots, \boldsymbol{h}^* \boldsymbol{x}_r$$

zu bilden und eine kleinste von ihnen zu betrachten. Die zugehörende Ecke löst die Optimierungsaufgabe.

Das beschriebene Verfahren ist in der Praxis kaum anwendbar, denn auch für nicht allzu große Zahlen $m$ und $n$ kann $\binom{n}{m}$ sehr groß werden. So ist z.B. $\binom{20}{10} = 184\,756$, und schon in solchem Fall benötigt man unter Umständen einen großen rechnerischen Aufwand. Deswegen wollen wir ein anderes Verfahren, die sogenannte Simplexmethode, beschreiben.

201.041 *Eckenaustausch*

Wir werden wieder die Optimierungsaufgabe vom Typ (2.020) betrachten. Im Bereich aller Vektoren aus $R^n$, für die

$$\boldsymbol{A}\boldsymbol{x} = \boldsymbol{b} \quad \text{und} \quad \boldsymbol{x} \geqq \boldsymbol{0}$$

gilt, soll das Minimum von

$$P(\boldsymbol{x}) = \boldsymbol{h}^* \boldsymbol{x}$$

bestimmt werden. Die Matrix $\boldsymbol{A}$ sei vom Typ $m \times n$ ($m<n$), und wir setzen voraus, daß $\varrho(\boldsymbol{A}) = m$ und die Menge $Z$ der zulässigen Vektoren nicht leer ist.

Sei $\boldsymbol{x}_1$ eine Ecke von $Z$. Dann gehört zu $\boldsymbol{x}_1$ ein System von linear unabhängigen Spaltenvektoren der Matrix $\boldsymbol{A}$. Die Anzahl der Vektoren dieses Systems ist genau $m$. Da $\boldsymbol{x}_1 \in Z$ ist, gilt die Beziehung

$$\boldsymbol{a}_{k_1} x_{1k} + \boldsymbol{a}_{k_2} x_{1k_2} + \dots + \boldsymbol{a}_{k_m} x_{1k_m} = \boldsymbol{b} \tag{2.025}$$

wobei $\{\boldsymbol{a}_{k_1}, \boldsymbol{a}_{k_2}, \dots, \boldsymbol{a}_{k_m}\}$ das zur Ecke gehörende Vektorsystem ist und $x_{1k_1}$, $\dots$, $x_{1k_m}$ die entsprechenden Koordinaten von $\boldsymbol{x}_1$ bedeuten. Die übrigen Koordinaten von $\boldsymbol{x}_1$ sind gleich Null.

Da die Vektoren $\boldsymbol{a}_{k_1}, \boldsymbol{a}_{k_2}, \dots, \boldsymbol{a}_{k_m}$ linear unabhängig sind, kann aus ihnen jeder $m$-dimensionale Vektor, insbesondere jeder Spaltenvektor $\boldsymbol{a}_r$ der Matrix $\boldsymbol{A}$ linear kombiniert werden:

$$\boldsymbol{a}_r = \lambda_{r1} \boldsymbol{a}_{k_1} + \dots + \lambda_{rm} \boldsymbol{a}_{k_m} \quad (r = 1, 2, \dots, n). \tag{2.026}$$

Wenn $r$ gleich einem $k_i$ ist, dann ist $\lambda_{k_i i} = 1$ und $\lambda_{k_i j} = 0$ für $j \neq i$.

Wir setzen zunächst voraus, daß $\boldsymbol{x}_1$ normal ist, d.h. daß die Koordinaten $x_{1k_1}, x_{1k_2}, \dots, x_{1k_m}$ positiv sind. Sei nun $r$ eine Zahl $(1 \leqq r \leqq n)$, so daß $r \neq k_1$, $k_2, \dots, k_m$ ist. Wenn für ein solches $r$ ein $\lambda_{rp} > 0$ ist, so kann man *von der Ecke $\boldsymbol{x}_1$ ausgehend eine neue Ecke $\boldsymbol{x}_2$ mit der folgenden Eigenschaft finden: Die Spaltenvektoren des zu $\boldsymbol{x}_2$ gehörenden Vektorsystems stimmen bis auf einen einzigen Vektor mit den zu $\boldsymbol{x}_1$ gehörenden Vektoren überein, und dieser ist durch den in* (2.026) *definierten Vektor $\boldsymbol{a}_r$ zu ersetzen.*

Zum Beweis dieser Behauptung betrachten wir den vom Parameter $\mu$ abhängigen Vektor $\tilde{\boldsymbol{x}}(\mu)$, der folgende Komponenten hat:

$$\begin{aligned} \tilde{x}_{k_i} &= x_{k_i} - \mu \lambda_{ri} \quad (i = 1, 2, \dots, m) \\ \tilde{x}_r &= \mu \\ \tilde{x}_s &= 0 \quad (s \neq r, s \neq k_1, \dots, k_m). \end{aligned} \tag{2.027}$$

Man sieht, daß

$$\begin{aligned} \boldsymbol{A} \tilde{\boldsymbol{x}}(\mu) &= (x_{k_1} - \mu \lambda_{r1}) \boldsymbol{a}_{k_1} + (x_{k_2} - \mu \lambda_{r_2}) \boldsymbol{a}_{k_2} + \dots + (x_{k_m} - \mu \lambda_{r_m}) \boldsymbol{a}_{k_m} + \mu \boldsymbol{a}_r = \\ &= \boldsymbol{b} - \mu (\lambda_{r_1} \boldsymbol{a}_{k_1} + \dots + \lambda_{r_m} \boldsymbol{a}_{k_m}) + \mu \boldsymbol{a}_r = \boldsymbol{b} - \mu \boldsymbol{a}_r + \mu \boldsymbol{a}_r = \boldsymbol{b} \end{aligned}$$

für jeden Wert von $\mu$ gilt. Wenn wir $\mu$ genügend klein wählen, können wir erreichen, daß alle Komponenten von $\tilde{\boldsymbol{x}}(\mu)$ nichtnegativ sind. Dazu haben wir nur

$$0 \leqq \mu \leqq \operatorname*{Min}_{1 \leqq i \leqq m} \frac{x_{k_i}}{\lambda_{ri}} = v \tag{2.028}$$

zu setzen. (Die auf der rechten Seite dieser Ungleichung stehende Zahl ist gewiß endlich, da laut Voraussetzung mindestens ein $\lambda_{ri} > 0$ ist.)

Da einerseits für ein $\mu$, das der Bedingung (2.028) genügt, $\tilde{\boldsymbol{x}}(\mu) \geqq \boldsymbol{0}$ ist, andererseits $\boldsymbol{A} \tilde{\boldsymbol{x}}(\mu) = \boldsymbol{b}$ gilt, ist $\tilde{\boldsymbol{x}}(\mu)$ ein zulässiger Vektor, also ein Element aus $Z$. Das gilt speziell für $\mu = v$. Nun zeigen wir, daß $\tilde{\boldsymbol{x}}(v) = \boldsymbol{x}_2$ eine Ecke von $Z$ ist.

$x_2$ hat nämlich höchstens $m$ von Null verschiedene Komponenten, denn es ist $\tilde{x}_s(v)=0$ für $s \neq k_1, k_2, \ldots, k_m$ und $s \neq r$, $\tilde{x}_{k_{i_0}}(v)=0$, falls das Minimum in (2.028) für $i=i_0$ angenommen wird. Somit ist die Anzahl derjenigen Komponenten von $x_2$, die nicht verschwinden, höchstens $m-1+1=m$.

Es muß noch nachgewiesen werden, daß die Vektoren $a_{k_1}, a_{k_2}, \ldots, a_{k_{i_0}+1}, \ldots, a_{i_m}$ und $a_r$ linear unabhängig sind. Wäre das nicht der Fall, dann wären Zahlen $\varrho_1, \varrho_2, \ldots, \varrho_m$, die nicht alle verschwinden, vorhanden, für welche

$$\varrho_1 a_{k_1} + \cdots + \varrho_{i_0-1} a_{k_{i_0-1}} + \varrho_{i_0+1} a_{k_{i_0+1}} + \cdots + \varrho_m a_{k_m} + \varrho_{i_0} a_r = \mathbf{0} \tag{2.029}$$

gilt. Offensichtlich ist $\rho_{i_0} \neq 0$, sonst wären $a_{k_1}, \ldots, a_{k_m}$ linear abhängig, was nicht der Fall ist. Wir können also voraussetzen (ohne die Allgemeinheit einzuschränken), daß $\rho_{i_0}=1$ ist. Wir setzen für $a_r$ den Ausdruck (2.036) ein und erhalten

$$\begin{aligned}(\varrho_1 + \lambda_{r_1})\, a_{k_1} + \cdots + (\varrho_{k_{i_0-1}} + \lambda_{r,\, i_0-1})\, a_{k_{i_0-1}} + \\ + (\varrho_{k_{i_0+1}} + \lambda_{r,\, i_0+1})\, a_{k_{i_0+1}} + \cdots + (\varrho_{k_m} + \lambda_{rm})\, a_{k_m} + \lambda_{r_{i_0}} a_{k_{i_0}} = \mathbf{0}\,.\end{aligned} \tag{2.030}$$

Die Vektoren $a_{k_1}, a_{k_2}, \ldots, a_{k_m}$ sind linear unabhängig, somit muß jeder Koeffizient in (2.030) verschwinden, also auch $\lambda_{r_{i_0}}$. Das kann aber nicht sein, denn mit $\lambda_{r_{i_0}}$ haben wir denjenigen Koeffizienten bezeichnet, für den das Minimum in (2.028) erreicht wird. Dieser Widerspruch beweist, daß $a_{k_1}, \ldots, a_{k_{i_0-1}}, a_r, a_{k_{i_0+1}}, \ldots, a_{k_m}$ linear unabhängig sind und daher $x_2$ (nach Satz 2.01) tatsächlich eine Ecke ist. Damit haben wir alle Behauptungen bewiesen.

Das Verfahren, nach dem wir von der Ecke $x_1$ zu einer andern Ecke $x_2$ gelangten, so daß die in der Behauptung formulierten Bedingungen erfüllt sind, heißt *Eckenaustausch.*

Zur normalen oder entarteten Ecke $x_1$ gehören die linear unabhängigen Spaltenvektoren (vgl. Satz 2.05)

$$\{a_{k_1}, a_{k_2}, \ldots, a_{k_m}\} \tag{2.031}$$

oder anders: Zur Ecke $x_1$ wird ein System von Spaltenvektoren zugeordnet. Das System (2.031) heißt die *Basis* (oder das *Basissystem*) des Eckpunktes $x_1$. Mit Hilfe des Begriffs der Basis können wir das bewiesene Ergebnis wie folgt formulieren:

**Satz 2.09.** *Sei Z die Menge der zulässigen Vektoren der Optimierungsaufgabe* (2.020). *Dann kann man zu jeder Ecke $x_1$ eine Ecke $x_2$ konstruieren, so daß die Basensysteme der zwei Ecken sich nur in einem einzigen Vektor unterschieden.*

Die der Ecke $x_2$ zugeordnete Basis ist

$$\{a_{k_1}, \ldots, a_{k_{i_0-1}}, a_r, a_{k_{i_0+1}}, \ldots, a_{k_m}\},$$

und jeder Spaltenvektor $a_p$ kann als Linearkombination der Vektoren dieses

Systems dargestellt werden:

$$\boldsymbol{a}_p = \mu_{p1}\,\boldsymbol{a}_{k_1} + \cdots + \mu_{p,i_0-1}\,\boldsymbol{a}_{k_{i_0-1}} + \mu_{p,i_0}\,\boldsymbol{a}_r + \mu_{p,2_0+1}\,\boldsymbol{a}_{k_{i_0+1}} + \cdots + u_{p,m}\,\boldsymbol{a}_{k_m}. \tag{2.032}$$

Unser Ziel ist, die Koeffizienten $\mu_{pq}$ durch die $\lambda_{pq}$ auszudrücken.

In (2.026) ist $\lambda_{r_{i_0}} > 0$, daraus folgt

$$\boldsymbol{a}_{k_{i_0}} = \frac{1}{\lambda_{ri_0}}\left(\boldsymbol{a}_r - \sum_{q=1}^{m}{}' \lambda_{rq}\,\boldsymbol{a}_{k_q}\right), \tag{2.033}$$

wobei $\sum\limits_{q=1}^{m}{}' = \sum\limits_{\substack{q=1\\ q\neq i_0}}^{m}$ ist. Für $p \neq i_0$ ist damit

$$\begin{aligned}\boldsymbol{a}_p &= \sum_{q=1}^{m}{}' \lambda_{pq}\,\boldsymbol{a}_{k_q} + \lambda_{pi_0}\,\boldsymbol{a}_{k_{i_0}} = \\ &= \sum_{q=1}^{m}{}' \lambda_{pq}\,\boldsymbol{a}_{k_q} + \frac{\lambda_{pi_0}}{\lambda_{ri_0}}\left(\boldsymbol{a}_r - \sum_{q=1}^{m}{}' \lambda_{rq}\,\boldsymbol{a}_{r_q}\right) = \\ &= \frac{\lambda_{pi_0}}{\lambda_{ri_0}}\,\boldsymbol{a}_r + \sum_{q=1}^{m}{}'\left(\lambda_{pq} - \frac{\lambda_{pi_0}\lambda_{rq}}{\lambda_{ri_0}}\right)\boldsymbol{a}_{k_q}.\end{aligned}$$

Ein Vergleich mit (2.032) ergibt

$$\left.\begin{aligned}\mu_{pq} &= \lambda_{pq} - \frac{\lambda_{pi_0}\lambda_{rq}}{\lambda_{ri_0}} \quad \text{für} \quad q \neq i\\ \mu_{pi_0} &= \frac{\lambda_{pi_0}}{\lambda_{ri_0}}\end{aligned}\right\} p \neq i_0 \tag{2.034}$$

und aus (2.033) erhalten wir für $p = i_0$:

$$\left.\begin{aligned}\mu_{i_0q} &= -\frac{\lambda_{rq}}{\lambda_{ri_0}} \quad \text{für} \quad q \neq i_0\\ \mu_{i_0i_0} &= \frac{1}{\lambda_{ri_0}}.\end{aligned}\right\} \tag{2.035}$$

Wir können nun eine weitere Interpretation des Eckenaustausches geben, die uns zu einem auch numerisch gut brauchbaren Verfahren führt. Gehen wir nämlich von der Ecke $\boldsymbol{x}_1$ von $Z$ aus, dann gilt für die Koordinaten $x_{1t}$ von $\boldsymbol{x}_1$ die Beziehung (2.025). Sei ferner $\boldsymbol{x}$ ein beliebiger Vektor von $Z$, für den also

$$\boldsymbol{a}_1 x_1 + \boldsymbol{a}_2 x_2 + \cdots + \boldsymbol{a}_n x_n = \boldsymbol{b} \quad \text{und} \quad \boldsymbol{x} \geqq \boldsymbol{0}$$

gilt. ($x_1, x_2, \ldots, x_n$ sind die Komponenten von $\boldsymbol{x}$.) Nach (2.026) wird dann

$$\begin{aligned}\boldsymbol{b} &= \boldsymbol{a}_1 x_1 + \boldsymbol{a}_2 x_2 + \cdots + \boldsymbol{a}_n x_n = \\ &= x_1(\lambda_{11}\,\boldsymbol{a}_{k_1} + \cdots + \lambda_{1m}\,\boldsymbol{a}_{k_m}) + x_2(\lambda_{21}\,\boldsymbol{a}_{k_2} + \cdots + \lambda_{2m}\,\boldsymbol{a}_{k_m}) + \\ &\quad + \cdots + x_n(\lambda_{n1}\,\boldsymbol{a}_{k_1} + \cdots + \lambda_{nm}\,\boldsymbol{a}_{k_m}) = \\ &= (\lambda_{11} x_1 + \lambda_{21} x_2 + \cdots + \lambda_{n1} x_n)\,\boldsymbol{a}_{k_1} + \cdots + \\ &\quad + (\lambda_{1m} x_1 + \lambda_{2m} x_2 + \cdots + \lambda_{nm} x_n)\,\boldsymbol{a}_{k_m},\end{aligned}$$

und ein Vergleich mit (2.025) gibt, da die Vektoren $\boldsymbol{a}_{k_1}, \boldsymbol{a}_{k_2}, \ldots, \boldsymbol{a}_{k_m}$ linear unabhängig sind:

$$\begin{aligned} x_{1k_1} &= \lambda_{11} x_1 + \lambda_{21} x_2 + \cdots + \lambda_{n1} x_n \\ &\cdots\cdots\cdots\cdots\cdots \\ x_{1k_m} &= \lambda_{1m} x_1 + \lambda_{2m} x_2 + \cdots + \lambda_{nm} x_n . \end{aligned} \tag{2.036}$$

Wenn wir die Komplementärindizes der $k_1, k_2, \ldots, k_m$ (bezüglich $1, 2, \ldots, n$) mit $l_1, l_2, \ldots, l_{n-m}$ (sei $n-m=u$) bezeichnen und die frühere Bemerkung, wonach $\lambda_{k_i i}=1$ und $\lambda_{k_i j}=0$ $(i \neq j,\ i, j=1, 2, \ldots, m)$ ist, beachten, folgt aus (2.036)

$$\begin{aligned} x_{k_1} &= x_{1k_1} - \lambda_{l_1 1} x_{l_1} - \lambda_{l_2 1} x_{l_2} - \cdots - \lambda_{l_u 1} x_{l_u} \\ x_{k_2} &= x_{1k_2} - \lambda_{l_1 2} x_{l_1} - \lambda_{l_2 2} x_{l_2} - \cdots - \lambda_{l_u 2} x_{l_u} \\ &\cdots\cdots\cdots\cdots\cdots \\ x_{k_m} &= x_{1k_m} - \lambda_{l_1 m} x_{l_1} - \lambda_{l_2 m} x_{l_2} - \cdots - \lambda_{l_n m} x_{l_u} . \end{aligned} \tag{2.037}$$

Das eben abgeleitete Gleichungssystem ist aber die Auflösung des Gleichungssystems $\boldsymbol{A}\boldsymbol{x}=\boldsymbol{b}$ nach den Unbekannten $x_{k_1}, x_{k_2}, \ldots, x_{k_m}$. Da die durch die Basisvektoren von $\boldsymbol{x}_1$ gebildete Matrix

$$(\boldsymbol{a}_{k_1}, \boldsymbol{a}_{k_2}, \ldots, \boldsymbol{a}_{k_m})$$

(wegen der linearen Unabhängigkeit der Vektoren) eine nichtsinguläre Minormatrix von $\boldsymbol{A}$ ist, ist diese Auflösung immer eindeutig möglich. Wenn wir $\boldsymbol{x}=\boldsymbol{x}_2$ setzen, erhalten wir unmittelbar den Zusammenhang zwischen den Vektoren $\boldsymbol{x}_1$ und $\boldsymbol{x}_2$.

Nun wollen wir auf den Fall, daß die Ecke $\boldsymbol{x}_1$ entartet ist übergehen. Ist in (2.028) $\lambda_{ri}>0$ für solche Werte von $i$, für die $x_{1i}>0$, so wird $v>0$, und das eben beschriebene Verfahren führt zu einer von $\boldsymbol{x}_1$ verschiedenen Ecke.

Gibt es dagegen Indizes $i$ für die $\lambda_{ri}>0$ und $x_{1i}=0$ ist, so ist $v=0$ und daher $\tilde{\boldsymbol{x}}(v)=\boldsymbol{x}_1$. Man verbleibt bei der Durchführung des obigen Verfahrens an der Ecke $\boldsymbol{x}_1$.

*Beispiel.**)

$$\boldsymbol{A} = \begin{pmatrix} 2 & 4 & -1 & 1 & 0 & 0 \\ -3 & 2 & -2 & 0 & 1 & 0 \\ 0 & -1 & -3 & 0 & 0 & 1 \end{pmatrix} \quad \boldsymbol{b} = \begin{pmatrix} 9 \\ 4 \\ 5 \end{pmatrix}$$

$$\boldsymbol{x}_1 = \begin{pmatrix} 0 \\ 0 \\ 0 \\ 9 \\ 4 \\ 5 \end{pmatrix}$$

Hier ist $k_1=4$, $k_2=5$, $k_3=6$, somit ist $\boldsymbol{x}_1$ normal.

*) Collatz-Wetterling: *Optimierungsaufgaben* (1966), S. 18.

Die zweite Spalte von $A$ enthält positive Elemente, sei also $r=2$. Dann wird

$$v = \mathrm{Min}\left(\tfrac{9}{4}, \tfrac{4}{2}\right) = \tfrac{4}{2} = 2,$$

also $i_0=5$. Somit ist nach den $\tilde{\boldsymbol{x}}(\mu)$ bestimmenden Gleichungen (für $\mu=v=2$):

$$\boldsymbol{x}_2 = \begin{pmatrix} 0 \\ 2 \\ 0 \\ 1 \\ 0 \\ 7 \end{pmatrix}$$

201.042 *Das Simplexverfahren*

Das Wesen des Verfahrens liegt darin, daß wir von einer Ecke ausgehend einen Eckenaustausch nach dem andern vornehmen, und zwar so, daß dabei der Wert der Zielfunktion nicht vergrößert wird. Da das Minimum, falls die Aufgabe überhaupt lösbar ist, in einem Eckpunkt angenommen wird, gelangen wir schrittweise zur Lösung.

Es wird auch diesmal die Optimierungsaufgabe (2.020) betrachtet. Wir setzen voraus, daß $\varrho(A)=m$ ist; $\boldsymbol{x}_1$ bedeute eine Ecke der Menge $Z$ der zulässigen Vektoren. Die zu ihm gehörenden Basisvektoren seien $\boldsymbol{a}_{k_1}, \boldsymbol{a}_{k_2}, \ldots, \boldsymbol{a}_{k_m}$, die zu den Indizes $k_1, k_2, \ldots, k_m$ gehörenden komplementären Indizes seien $l_1, l_2, \ldots, l_{n-m}$. Setzen wir

$$a_i = \lambda_{i1} h_{k_1} + \lambda_{i2} h_{k_2} + \cdots + \lambda_{im} h_{k_m}, \quad (i = 1, 2, \ldots, n) \tag{2.038}$$

wobei $\lambda_{ir}$ die in (2.026) definierten Koeffizienten sind.

Nun gilt der

**Satz 2.10.** *Die Ecke $\boldsymbol{x}_1$ sei normal, und wir setzen voraus, daß für einen gewissen Index $l_r$ die Ungleichung $a_l > h_{l_r}$ gilt. Weiterhin nehmen wir an, daß für ein gewisses $k_i$ $\lambda_{l_r k_i} > 0$ ist. Dann liefert der Eckenaustausch eine Ecke $\boldsymbol{x}_2$ mit $\boldsymbol{h}^* \boldsymbol{x}_2 < \boldsymbol{h}^* \boldsymbol{x}_1$.*

*Beweis.* Für einen beliebigen Vektor $\boldsymbol{x} \in Z$ ist

$$\begin{aligned} \boldsymbol{h}^* \boldsymbol{x} &= h_{k_1} x_{k_1} + \cdots + h_{k_m} x_{k_m} + h_{l_1} x_{l_1} + \cdots + h_{l_{n-m}} x_{l_{n-m}} = \\ &= \sum_{i=1}^{m} h_{k_i} x_{k_i} + \sum_{j=1}^{n-m} h_{l_j} x_{l_j}. \end{aligned}$$

Wir setzen in diese Formel die Werte von $x_{k_i}$ aus (2.037) ein:

$$\begin{aligned} \boldsymbol{h}^* \boldsymbol{x} &= \sum_{i=1}^{m} h_{k_i} \left( x_{1k_i} - \sum_{j=1}^{n-m} \gamma_{l_j i} x_{l_j} \right) + \sum_{j=1}^{n-m} h_{l_j} x_{l_j} = \\ &= \sum_{i=1}^{m} h_{k_2} x_{1k_i} + \sum_{j=1}^{n-m} x_{l_j} \left( h_{l_j} - \sum_{i=1}^{m} \gamma_{l_j i} h_{k_i} \right) = \\ &= \boldsymbol{h}^* \boldsymbol{x}_1 - \sum_{j=1}^{n-m} x_{l_j} (a_{l_j} - h_{l_j}). \end{aligned} \tag{2.039}$$

Nun wollen wir von der Ecke $\boldsymbol{x}_1$ durch Eckenaustausch zur Ecke $\boldsymbol{x}_2$ übergehen. Für $\boldsymbol{x}_2$ ist aber $x_{2i}=0$ für $i=l_1,\ldots,l_{r-1},l_{r+1},\ldots,l_{n-m}$ und $x_{2l_r}=v>0$ ($v$ bedeutet die in (2.028) definierte Zahl). Wenden wir (2.039) für $\boldsymbol{x}=\boldsymbol{x}_2$ an, ergibt sich

$$\boldsymbol{h}^*\boldsymbol{x}_2=\boldsymbol{h}^*\boldsymbol{x}_1-x_{2l_r}(a_{l_r}-h_{l_r})<\boldsymbol{h}^*\boldsymbol{x}_1\,.$$

**Satz 2.11.** *Sei $\boldsymbol{x}_1$ eine eine (normale oder entartete) Ecke. Es gebe ein $l_j$ mit $a_{lj}>h_{lj}$ und $\lambda_{l_jp}\leqq 0$ für $p=k_1,\ldots,k_m$. Dann hat die Optimierungsaufgabe keine Lösung.*

*Beweis.* Wir betrachten den unter (2.027) definierten Vektor $\tilde{\boldsymbol{x}}(\mu)$, der wegen der Beziehungen $A\tilde{\boldsymbol{x}}(\mu)=\boldsymbol{b}$ und $\tilde{\boldsymbol{x}}(\mu)\geqq 0$ für jeden nichtnegativen Wert von $\mu$ zur Menge $Z$ gehört. Nach (2.039) wird $\boldsymbol{h}^*\tilde{\boldsymbol{x}}(\mu)=\boldsymbol{h}^*\boldsymbol{x}_1-\mu\,(a_{l_j}-h_{l_j})$, daher ist $\boldsymbol{h}^*\tilde{\boldsymbol{x}}(\mu)$ nicht nach unten beschränkt, d.h. die Zielfunktion ist auf $Z$ nach unten unbeschränkt.

Die Sätze 2.10 und 2.11 haben folgende anschauliche Bedeutung: Wenn man in (2.027) den Parameterwert $\mu$ von 0 an zu positiven Werten hin wachsen läßt, schreitet man mit $\tilde{\boldsymbol{x}}(\mu)$ auf einer von $\boldsymbol{x}_1$ ausgehenden Kante von $Z$ in Richtung solcher $\boldsymbol{x}$ fort, die $\boldsymbol{h}^*\boldsymbol{x}$ einen kleineren Wert erteilt als $\boldsymbol{x}_1$. Im Fall von Satz 2.11 ist diese Kante unendlich lang. Im Fall von Satz 2.10 gelangt man für $\mu=v$ (definiert in (2.028)) zu einer neuen Ecke $\boldsymbol{x}_2$. Wir wollen zunächst voraussetzen, daß $Z$ nur normale Ecken hat. Bei wiederholter Anwendung des Satzes 2.10 erhält man die Ecken $\boldsymbol{x}_2,\boldsymbol{x}_3,\ldots$ mit $\boldsymbol{h}^*\boldsymbol{x}_1>\boldsymbol{h}^*\boldsymbol{x}_2>\boldsymbol{h}^*\boldsymbol{x}_3\ldots$, debei kann eine Ecke nicht zweimal auftreten. Da, wie gezeigt wurde, $Z$ endlich viele Ecken hat, bricht das Verfahren nach endlich vielen Schritten ab. Es können aber zwei Fälle eintreten:

1°. Es gibt ein $j$ mit $a_{l_j}>h_{l_j}$ und $\lambda_{l_jp}\leqq 0$ für $p=k_1,\ldots,k_m$. Dann hat die Optimierungsaufgabe keine Lösung nach Satz 2.11.

2°. Es ist $a_{l_j}\leqq h_{l_j}$ $(j=1,2,\ldots,n-m)$. Dann ist die Optimierungsaufgabe gelöst nach dem Satz 2.12, den wir jetzt formulieren und beweisen werden:

**Satz 2.12.** *Gilt für eine (normale oder entartete) Ecke $\boldsymbol{x}_1$ $a_{l_j}\leqq h_{l_j}$ für $j=$ $=1,2,\ldots,n-m$, so ist $\boldsymbol{x}_1$ die Lösung der Aufgabe* (2.020).

*Beweis.* Für einen beliebigen Vektor $\boldsymbol{x}\in Z$ (mit den Komponenten $x_1,x_2,\ldots,x_n$) gilt laut (2.039)

$$\boldsymbol{h}^*\boldsymbol{x}=\boldsymbol{h}^*\boldsymbol{x}_1-\sum_{j=1}^{n-m}x_{l_j}(a_{l_j}-h_{l_j})\geqq\boldsymbol{h}^*\boldsymbol{x}_1\,,$$

denn es ist $x_{lj}\geqq 0$ und $a_{l_j}-h_{l_j}\leqq 0$ $(j=1,2,\ldots,n-m)$.

Es wurde in der Beschreibung der Simplexmethode vorausgesetzt, daß die Ausgangsecke $\boldsymbol{x}_1$ normal ist. Jetzt soll noch kurz auf den Fall der entarteten Ecke eingegangen werden.

Sei $\boldsymbol{x}_1$ eine entartete Ecke, unter ihren Komponenten sind weniger als $m$ positiv. Eine Basis zu $\boldsymbol{x}_1$ soll durch die Spaltenvektoren $\boldsymbol{a}_{k_1},\boldsymbol{a}_{k_2},\ldots,\boldsymbol{a}_{k_m}$ gegeben sein. Man kann mit Hilfe der Gleichungen (2.026) die $\lambda_{ri}$ und dann durch Einsetzen in (2.038) die Größen $a_i$ berechnen. Folgende Fälle können eintreten:

a) Es ist $a_{l_j} \leqq h_{l_j}$ $(j=1, 2, \ldots, n-m)$, dann ist nach Satz 2.13 der Ausgangspunkt $\boldsymbol{x}_1$ Minimalpunkt.

b) Es gibt einen Index $l_j$ mit $a_{l_j} > h_{l_j}$ und $\lambda_{l_j p} \leqq 0$ für $p=k_1, k_2, \ldots, k_m$. Dann hat die Optimierungsaufgabe (nach Satz 2.12) keine Lösung.

c) Es gibt Indizes $l_j$ mit $a_{l_j} > h_{l_j}$, und zu jedem solchen $l_j$ gibt es ein $k_r$ mit $\lambda_{l_j k_r} > 0$. Für alle diese $l_j$ kann man $v$ nach (2.028) bilden. Da $\boldsymbol{x}_1$ entartet ist, kann es vorkommen, daß $v=0$ wird. Deswegen werden wir zwei Unterfälle betrachten:

$c_1$) Es gibt ein solches $l_j$, für das $v>0$ ist. Dann können wir das Verfahren des Eckenaustausches vollziehen und gelangen zu einer von $\boldsymbol{x}_1$ verschiedenen Ecke $\boldsymbol{x}_2$, die unter Umständen auch entartet sein kann und für die $\boldsymbol{h}^* \boldsymbol{x}_2 < \boldsymbol{h}^* \boldsymbol{x}_1$ gilt.

$c_2$) Für alle $l_j$ $(j=1, 2, \ldots, n-m)$ wird $v=0$. Mit einem dieser $l_j$ führe man das Verfahren des Eckenaustausches durch. Es führt auf eine neue Basis zur Ecke $\boldsymbol{x}_1$. Die Zielfunktion wird bei diesem Übergang nicht verkleinert.

Tritt mehrere Male hintereinander der Fall $c_2$) ein, so verbleibt man bei der Ecke $\boldsymbol{x}_1$ und tauscht nur jedesmal eine Basis zu dieser Ecke gegen eine andere aus. Dabei kann es geschehen, daß man nach einigen Schritten eine Basis wieder erhält, die schon einmal aufgetreten ist. Bei Fortführung des Verfahrens kommt man dann zu einer zyklischen Wiederholung dieser Schritte. Die Simplexmethode läßt sich so abändern, daß Zyklen der beschriebenen Art nicht auftreten können und nach endlich vielen Schritten entweder ein Minimalpunkt erreicht wird oder sich die Aussage ergibt, daß keine Lösung existiert. Die Erfahrung zeigt aber, daß das Auftreten des Falls $c_2$) sehr selten ist, in praktischen Aufgaben ist dieser Fall – nach den Literaturangaben – bis jetzt noch nicht aufgetreten. Es ist natürlich im Prinzip nicht ausgeschlossen, daß so ein Fall auch einmal vorkommt, denn es sind uns konstruierte Beispiele, in welchen Zyklen vorkommen, bekannt.

Mit der Abänderung des Simplexverfahrens, so daß das Vorkommen von Zyklen ausgeschlossen ist, werden wir uns wegen der geringen praktischen Bedeutung nicht befassen. Übrigens würde eine solche Darstellung über den Rahmen dieses Buches hinausführen.

Es bleibt noch die Bestimmung eines Ausgangseckpunktes übrig. Bisher wurde nämlich angenommen, daß mindestens ein solcher bekannt ist, was aber in vielen Aufgaben in der Praxis nicht der Fall ist. Dazu müssen wir noch einige Existenzsätze vorausschicken.

### 201.05 *Duale lineare Optimierungsaufgaben*

Der Begriff der Dualität ist sowohl theoretisch als auch praktisch von großem Interesse. Bei zahlreichen Anwendungen treten duale Optimierungsaufgaben auf. Sie haben auch bei der numerischen Berechnung der Lösungen von linearen Optimierungsaufgaben eine Bedeutung.

Sei (wie bisher) $\boldsymbol{b} \in R^m$, $\boldsymbol{h} \in R^n$ $(m \leqq n)$, $\boldsymbol{A}$ eine reelle Matrix vom Typ $m \times n$. Nehmen wir auch diesmal an, daß $\varrho(\boldsymbol{A}) = m$ ist. Folgende Aufgaben werden betrachtet:

$(o)$ Es soll ein Vektor $\boldsymbol{x} \in R^n$ bestimmt werden, für den $P(\boldsymbol{x}) = \boldsymbol{h}^* \boldsymbol{x}$ einen Minimalwert annimmt, falls

$$\boldsymbol{A}\boldsymbol{x} = \boldsymbol{b}, \qquad \boldsymbol{x} \geqq \boldsymbol{0} \tag{2.040}$$

erfüllt ist.

$(\omega)$ Es soll ein Vektor $\boldsymbol{\xi} \in R^m$ bestimmt werden, für den $Q(\boldsymbol{\xi}) = \boldsymbol{\xi}^* \boldsymbol{b}$ einen Maximalwert annimmt, falls

$$\boldsymbol{A}^* \boldsymbol{\xi} \leqq \boldsymbol{h} \tag{2.041}$$

gilt. (Hier unterliegt $\boldsymbol{\xi}$ keiner Vorzeichenbedingung!)

**Definition:** *Die Aufgaben* $(o)$ *und* $(\omega)$ *sind dual zueinander. Ein zulässiger Vektor, der in einem dieser Probleme das Maximum bzw. Minimum liefert, heißt Optimallösung.*

Eine Ungleichung, die später benutzt wird, soll bewiesen werden. Dazu wollen wir die Menge der zulässigen Vektoren für $(o)$ mit $Z$, die für $(\omega)$ mit $\theta$ bezeichnen.

**Satz 2.13.** *Ist* $\boldsymbol{x} \in Z$ *und* $\boldsymbol{\xi} \in \theta$, *so gilt*

$$P(\boldsymbol{x}) \geqq Q(\boldsymbol{\xi}) \tag{2.042}$$

*Beweis.* Wegen (2.041) ist $\boldsymbol{h}^* \geqq \boldsymbol{\xi}^* \boldsymbol{A}$, und bei Berücksichtigung von $\boldsymbol{x} \geqq \boldsymbol{0}$ ergibt sich $P(\boldsymbol{x}) = \boldsymbol{h}^* \boldsymbol{x} \geqq \boldsymbol{\xi}^* \boldsymbol{A} \boldsymbol{x} = \boldsymbol{\xi}^* \boldsymbol{b} = Q(\boldsymbol{\xi})$, womit der Satz bewiesen ist.

Auch für einen anderen Typ von Aufgaben werden wir den Begriff der Dualität definieren. Sei wiederum $\boldsymbol{A}$ eine Matrix vom Typ $m \times n$, $\boldsymbol{b} \in R^m$, $\boldsymbol{h} \in R^n$. Wir formulieren folgende Aufgaben:

$(\tilde{o})$ Gesucht ist ein Vektor $\boldsymbol{x} \in R^n$, für den $P(\boldsymbol{x}) = \boldsymbol{h}^* \boldsymbol{x}$ den kleinsten Wert annimmt, falls die Bedingungen

$$\boldsymbol{A}\boldsymbol{x} \geqq \boldsymbol{b}, \qquad \boldsymbol{x} \geqq \boldsymbol{0} \tag{2.043}$$

erfüllt ist.

$(\tilde{\omega})$ Ein Vektor $\boldsymbol{\xi} \in R^m$ soll bestimmt werden, für den $Q(\boldsymbol{\xi}) = \boldsymbol{\xi}^* \boldsymbol{b}$ einen *Maximalwert* annimmt, falls

$$\boldsymbol{A}^* \boldsymbol{\xi} \leqq \boldsymbol{h}, \qquad \boldsymbol{\xi} \geqq \boldsymbol{0} \tag{2.044}$$

erfüllt sind.

Bemerkenswert ist, daß über das Verhältnis zwischen $m$ und $n$ sowie über den Rang von $\boldsymbol{A}$ keine Aussagen gemacht worden sind.

**Definition:** *Die Optimierungsaufgaben* $(\tilde{o})$ *und* $(\tilde{\omega})$ *sind dual zueinander.*

Inwieweit die Bezeichnung der Beziehung zwischen $(\tilde{o})$ und $(\tilde{\omega})$ durch den Ausdruck „Dualität" berechtigt ist, wollen wir jetzt zeigen.

*Die Aufgaben* $(\tilde{o})$ *und* $(\omega)$ *können auf die Probleme* $(o)$ *und* $(\tilde{\omega})$ *zurückgeführt werden.*

Es sei ein Vektor $\boldsymbol{y} \in R^m$ betrachtet, für welchen $\boldsymbol{A}\boldsymbol{x}-\boldsymbol{y}=\boldsymbol{b}$, $\boldsymbol{x} \geqq \boldsymbol{0}$, $\boldsymbol{y} \geqq \boldsymbol{0}$ ist. Wir wollen unter diesen Bedingungen $\boldsymbol{x}$ so bestimmen, daß $P(\boldsymbol{x})$ einen Minimalwert annimmt. Wenn wir nun die Aufgabe $(\tilde{o})$ nehmen und die Matrix $\boldsymbol{B}=(\boldsymbol{A}, -\underset{m}{\boldsymbol{E}})$ ($\underset{m}{\boldsymbol{E}}=m$-reihige Einheitsmatrix) einführen, dann ist $\varrho(\boldsymbol{B})=\varrho(\boldsymbol{A})$. Wir ergänzen $\boldsymbol{h}$ durch den Nullvektor in $R^m$ zum Vektor $\boldsymbol{k}=\begin{pmatrix}\boldsymbol{h}\\ \boldsymbol{0}\end{pmatrix}$. Dann kann man die Aufgabe $(\tilde{o})$ auch wie folgt fassen:

Es soll $\boldsymbol{k}^*\begin{pmatrix}\boldsymbol{x}\\ \boldsymbol{y}\end{pmatrix}$ zu einem Minimum gemacht werden, wenn $\boldsymbol{B}\begin{pmatrix}\boldsymbol{x}\\ \boldsymbol{y}\end{pmatrix}=\boldsymbol{b}$ und $\begin{pmatrix}\boldsymbol{x}\\ \boldsymbol{y}\end{pmatrix} \geqq \boldsymbol{0}$ ist. Das aber ist ein Problem vom Typ $(o)$. Das duale Problem dazu ist ein Problem von der Gestalt $(\omega)$: $\boldsymbol{\xi}^*\boldsymbol{b}$ soll zu einem Maximalwert gemacht werden ($\boldsymbol{\xi} \in R^m$), falls

$$\boldsymbol{B}^*\boldsymbol{\xi} = \begin{pmatrix}\boldsymbol{A}^*\\ \underset{m}{\boldsymbol{E}}\end{pmatrix}\boldsymbol{\xi} \leqq \begin{pmatrix}\boldsymbol{h}\\ \boldsymbol{0}\end{pmatrix}$$

ist. Daraus folgt

$$\begin{pmatrix}\boldsymbol{A}^*\boldsymbol{\xi}\\ -\boldsymbol{\xi}\end{pmatrix} \leqq \begin{pmatrix}\boldsymbol{h}\\ \boldsymbol{0}\end{pmatrix}$$

und das ist mit

$$\boldsymbol{A}^*\boldsymbol{\xi} \leqq \boldsymbol{h}, \qquad \boldsymbol{\xi} \geqq \boldsymbol{0}$$

gleichbedeutend. Das aber ist genau die Aufgabe $(\tilde{\omega})$.

### 201.051 *Hilfssätze über lineare Gleichungs- und Ungleichungssysteme*

Die Hilfssätze, die wir hier bringen werden, sind wichtig für die Untersuchung der Dualität und für die Klärung der Existenz der Lösung gewisser Optimierungsaufgaben. Aber auch an sich haben diese Sätze eine Bedeutung und sind von Interesse.

Sei $\boldsymbol{A}$ eine Matrix vom Typ $m \times n$ (von beliebigem Rang), $\boldsymbol{b} \in R^m$ ein gegebener Vektor.

**Satz 2.14.** *Entweder besitzt das Gleichungssystem*

$$\boldsymbol{A}\boldsymbol{x}=\boldsymbol{b} \tag{2.045}$$

*eine Lösung* $\boldsymbol{x} \in R^n$, *oder das Gleichungssystem*

$$\boldsymbol{A}^*\boldsymbol{y}=\boldsymbol{0}, \qquad \boldsymbol{b}^*\boldsymbol{y}=1 \tag{2.046}$$

*hat eine Lösung* $\boldsymbol{y}$ *aus* $R^m$.

*Beweis.* Zuerst zeigen wir, daß die Gleichungssysteme (2.045) und (2.046) nicht gleichzeitig lösbar sind. Wären nämlich $\boldsymbol{x} \in R^n$ und $\boldsymbol{y} \in R^m$ Lösungen, so wäre

$$0 = x^* A^* y = (A\,x)^* y = b^* y = 1\,.$$

Jetzt weisen wir nach, daß (2.046) lösbar ist, wenn (2.045) nicht lösbar ist. Wenn nämlich so ein $\boldsymbol{x}$ nicht existiert, für welches (2.045) gilt, so besagt das, daß $\boldsymbol{b}$ keine Linearkombination der Spaltenvektoren von $\boldsymbol{A}$ ist. Wenn wir $\varrho(A) = r$ setzen (dann ist auch $\varrho(A^*) = r$), dann hat die Hypermatrix

$$\underset{(n+1)\times m}{\boldsymbol{C}} = \begin{pmatrix} A^* \\ b^* \end{pmatrix}$$

den Rang $r+1$. Weiterhin hat auch die Hypermatrix

$$\underset{(n+1)\times(m+1)}{\boldsymbol{D}} = \begin{pmatrix} A^* & \boldsymbol{0} \\ b^* & \boldsymbol{1} \end{pmatrix}$$

offensichtlich den Rang $r+1$ (hier ist $\boldsymbol{0}$ der Nullvektor in $R^n$ und $\boldsymbol{1}$ die Einheitsmatrix in $R^1$, d.h. die Zahl 1). Da $\boldsymbol{C}$ die Matrix des Gleichungssystems (2.046) ist, folgt, daß dieses Gleichungssystem lösbar ist.

Im folgenden haben wir eine Definition einzuführen:

**Definition:** *Sind $a_1, a_2, \ldots, a_k$ Vektoren in $R^m$, so heißt die Menge aller Linearkombinationen $\sum_{i=1}^{k} \lambda_i a_i$ mit $\lambda_i \geqq 0$ $(i = 1, 2, \ldots, k)$ der von $a_1, a_2, \ldots, a_n$ erzeugte Kegel; er wird mit $\kappa(a_1, \ldots, a_n)$ bezeichnet.*

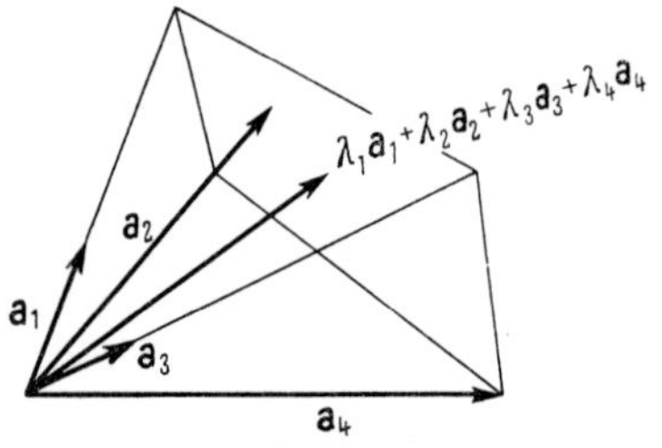


Fig. 13

Wenn wir z.B. vier Vektoren $a_1$, $a_2$, $a_3$, $a_4$ aus dem dreidimensionalen Raum nehmen, erhalten wir für die Menge $\kappa(a_1, a_2, a_3, a_4)$ das Innere und die Randpunkte eines gewöhnlichen Kegels (Fig. 13). Nun wollen wir folgenden Satz beweisen:

**Satz 2.15.** *Entweder hat*

$$A\,x = b \qquad x \geqq 0 \tag{2.047}$$

*eine Lösung in $R^n$, oder*

$$A^* y \geqq \boldsymbol{0}\,; \qquad b^* y < 0 \tag{2.048}$$

*besitzt eine Lösung in $R^m$.*

Anders: *Entweder liegt* $\boldsymbol{b}$ *im Kegel* $\kappa(\boldsymbol{a}_1,\ldots,\boldsymbol{a}_n)$, *oder es gibt eine Hyperebene durch den Nullpunkt, die* $\boldsymbol{b}$ *vom Kegel* $\kappa$ *trennt.*

*Beweis.* Wir zeigen, daß (2.047) und (2.048) nicht gleichzeitig lösbar sind. Wären nämlich Lösungen $\boldsymbol{x}\in R^n$ und $\boldsymbol{y}\in R^m$ vorhanden, so wäre

$$0 \leqq \boldsymbol{x}^* \boldsymbol{A}^* \boldsymbol{y} = (\boldsymbol{A}\,\boldsymbol{x})^* \boldsymbol{y} = \boldsymbol{b}^* \boldsymbol{y} < 0,$$

was selbstverständlich ein Widerspruch ist.

Wir wollen nun voraussetzen, daß das Gleichungssystem $\boldsymbol{A}\boldsymbol{x}=\boldsymbol{b}$ überhaupt keine Lösung hat, dann aber hat nach Satz 2.14 das Gleichungssystem $\boldsymbol{A}^*\boldsymbol{y}=\boldsymbol{0}$, $\boldsymbol{b}^*\boldsymbol{y}=1$ eine Lösung. Eine solche soll mit $\tilde{\boldsymbol{y}}$ bezeichnet sein; dann ist $\boldsymbol{y}=-\tilde{\boldsymbol{y}}$ eine Lösung von (2.048), denn

$$\boldsymbol{A}^* \boldsymbol{y} = -\boldsymbol{A}^* \tilde{\boldsymbol{y}} = \boldsymbol{0} \geqq \boldsymbol{0} \quad \text{und} \quad \boldsymbol{b}^* \boldsymbol{y} = -\boldsymbol{b}^* \tilde{\boldsymbol{y}} = -1 < 0.$$

Es bleibt noch zu zeigen, daß (2.048) lösbar ist, wenn sämtliche Lösungen von $\boldsymbol{A}\boldsymbol{x}=\boldsymbol{b}$ mindestens eine negative Komponente haben. Das werden wir durch vollständige Induktion nach der Spaltenzahl $n$ der Matrix $\boldsymbol{A}$ beweisen.

Sei $n=1$, dann enthält $\boldsymbol{A}$ nur einen Spaltenvektor $\boldsymbol{a}_1$, und das entsprechende Gleichungssystem $\boldsymbol{a}_1 x_1=\boldsymbol{b}$ hat eine Lösung $x_1$, für die $x_1<0$ gilt. Dabei ist $\boldsymbol{b}\neq\boldsymbol{0}$, da sonst $x_1=0$ eine Lösung von (2.047) wäre. Wir sehen leicht ein, daß $\boldsymbol{y}=-\boldsymbol{b}$ eine Lösung von (2.048) ist, denn es ist

$$\boldsymbol{a}_1^* \boldsymbol{y} = -\boldsymbol{a}_1^* \boldsymbol{b} = -x_1\, \boldsymbol{a}_1^* \boldsymbol{a}_1 \geqq 0$$

wegen $-x_1>0$ und $\boldsymbol{a}_1^*\boldsymbol{a}_1\geqq 0$. Ferner ist

$$\boldsymbol{b}^* \boldsymbol{y} = -\boldsymbol{b}^* \boldsymbol{b} < 0.$$

$\boldsymbol{y}=-\boldsymbol{b}$ ist somit eine Lösung von (2.048).

Wir nehmen nun an, daß die Behauptung für die Spaltenzahl $n-1$ richtig ist. Es ist nachzuweisen, daß die Behauptung auch für die Spaltenzahl $n$ richtig bleibt.

Die Spaltenvektoren von $\boldsymbol{A}$ seien $\boldsymbol{a}_1, \boldsymbol{a}_2,\ldots,\boldsymbol{a}_n$. Die Lösbarkeit von (2.047) hat zur Folge, daß $\boldsymbol{b}\in\kappa(\boldsymbol{a}_1,\ldots,\boldsymbol{a}_n)$ ist, denn es gilt für $\boldsymbol{b}$ die Darstellung

$$\boldsymbol{b} = \boldsymbol{A}\,\boldsymbol{x} = \boldsymbol{a}_1 x_1 + \cdots + \boldsymbol{a}_n x_n \quad \text{mit} \quad x_i \geqq 0 \quad (i = 1, 2, \ldots, n).$$

Wenn nun $\boldsymbol{A}\boldsymbol{x}=\boldsymbol{b}$ lösbar ist, aber jede Lösung mindestens eine negative Komponente besitzt, so ist $\boldsymbol{b}\in\kappa(\boldsymbol{a}_1,\ldots,\boldsymbol{a}_n)$. Daraus folgt zunächst $\boldsymbol{b}\in\kappa(\boldsymbol{a}_1, \boldsymbol{a}_2,\ldots, \boldsymbol{a}_{n-1})$ und daraus nach Induktionsannahme die Lösbarkeit des Systems (2.048) für $n-1$. Es existiert also ein Vektor $\tilde{\boldsymbol{y}}\in R^m$ mit

$$\boldsymbol{A}^* \tilde{\boldsymbol{y}} \geqq \boldsymbol{0} \quad \text{und} \quad \boldsymbol{b}^* \tilde{\boldsymbol{y}} < 0$$

oder ausführlicher

$$\begin{pmatrix} \boldsymbol{a}_1^* \\ \boldsymbol{a}_2^* \\ \vdots \\ \boldsymbol{a}_{n-1}^* \end{pmatrix} \tilde{\boldsymbol{y}} = (\boldsymbol{a}_1^* \tilde{\boldsymbol{y}}, \boldsymbol{a}_2^* \tilde{\boldsymbol{y}}, \ldots, \boldsymbol{a}_{n-1}^* \tilde{\boldsymbol{y}}) \geqq \boldsymbol{0}$$

Ist auch $a_n^* \tilde{y} \geqq 0$, so kann man $y = \tilde{y}$ setzen, und das liefert eine Lösung von (2.048), womit alles bewiesen ist.

Zu untersuchen bleibt der Fall $a_n \tilde{y} < 0$. Dazu definieren wir die Vektoren

$$c_k = (a_k^* \tilde{y})\, a_n - (a_n^* \tilde{y})\, a_k \quad (k = 1, 2, \dots, n-1)$$
$$d = (b^* \tilde{y})\, a_n - (a_n^* \tilde{y})\, b\,.$$

Jetzt ist folgendes möglich:

$$1°. \quad d \in \kappa(c_1, c_2, \dots, c_{n-1})\,.$$

In diesem Fall existieren Zahlen $\mu_k \geqq 0$ $(k = 1, 2, \dots, n-1)$ mit

$$d = \mu_1 c_1 + \dots + \mu_{n-1} c_{n-1}$$

ausführlich:

$$(b^* \tilde{y})\, a_n - (a_n^* \tilde{y})\, b = \mu_1 (a_1^* \tilde{y})\, a_n - \mu_1 (a_n^* \tilde{y})\, a_1 + \dots + \\ + \mu_{n-1} (a_{n-1}^* \tilde{y})\, a_n - \mu_{n-1} (a_n^* \tilde{y})\, a_{n-1}\,.$$

Daraus folgt

$$b = \sum_{k=1}^{n-1} \mu_k a_k - \frac{1}{a_n^* \tilde{y}} \left[ \sum_{k=1}^{n-1} (a_k^* \tilde{y})\, \mu_k - b^* \tilde{y} \right] a_n\,.$$

In der rechtsstehenden Linearkombination der Vektoren $a_1, .., a_n$ sind sämtliche Koeffizienten nichtnegativ. Wegen $\mu_k \geqq 0$ ist das für $a_1, \dots, a_{n-1}$ klar. Da aber $a_n^* \tilde{y} < 0$ und $(a_k^* \tilde{y})\, \mu_k \geqq 0$ $(k = 1, 2, \dots, n-1)$ ist, ist

$$-\frac{(a_k^* y)\, \mu_k}{a_n^* y} > 0\,,$$

Weiterhin ist $b^* \tilde{y} < 0$; deswegen gilt $\dfrac{b^* \tilde{y}}{a_n^* \tilde{y}} > 0$. Somit ist der Koeffizient von $a_n$ positiv. Das besagt aber, daß

$$b \in \kappa(a_1, a_2, \dots, a_n)\,,$$

was wegen der Voraussetzung nicht der Fall ist. Der Fall 1° kann also nicht eintreten.

$$2°. \quad d \notin \kappa(c_1, c_2, \dots, c_{n-1})\,.$$

Dann gibt es nach Induktionsannahme einen Vektor $z$ aus $R^m$ mit

$$\begin{pmatrix} c_1^* \\ c_2^* \\ \vdots \\ c_{n-1}^* \end{pmatrix} z = (c_1^* z, c_2^* z, \dots, c_{n-1}^* z) \geqq \mathbf{0}$$

und

$$d^* z < 0.$$

Nun zeigen wir, daß

$$y = (a_n^* z)\, \tilde{y} - (a_n^* \tilde{y})\, z$$

eine Lösung von (2.048) ist.

Eine Komponente von

$$A^* y = \begin{pmatrix} a_1^* \\ a_2^* \\ \vdots \\ a_n^* \end{pmatrix} y,$$

hat die Gestalt $a_k^* y$, und für sie gilt nach Definition von $y$

$$\begin{aligned} a_k^* y &= (a_n^* z)(a_k^* \tilde{y}) - (a_n^* \tilde{y})(a_k^* z) = \\ &= [(a_k^* \tilde{y})\, a_n - (a_n^* y)\, a_k^*]\, z = c_k^* z \geqq 0 \quad (k = 1, 2, \dots, n-1), \\ a_n^* y &= (a_n^* z)(a_n^* \tilde{y}) - (a_n^* \tilde{y})(a_n^* z) = 0. \end{aligned}$$

Somit ist

$$A^* y \geqq 0.$$

Es gilt ferner

$$b^* y = (a_n^* z)(b^* \tilde{y}) - (a_n^* \tilde{y})(b^* z) = [(b^* \tilde{y})\, a_n^* - (a_n^* \tilde{y})\, b^*]\, z = d^* z < 0,$$

womit alles bewiesen ist.

Wir wollen nun einen weiteren Satz formulieren, der zu wichtigen Ergebnissen führt. Sei $A$ eine beliebige Matrix vom Typ $m \times n$. Dann gilt der

**Satz 2.16.** *Die Systeme*

$$A^* y \geqq 0 \quad \text{und} \quad A x = 0, \quad x \geqq 0$$

*haben Lösungen* $y_0$ *bzw.* $x_0$ *mit der Eigenschaft*: $x_0 + A^* y_0 > 0$.

*Beweis.* Wiederum seien die Spaltenvektoren von $A$ mit $a_1, a_2, \dots, a_n$ bezeichnet. Wir wollen folgende Systeme betrachten:

$$\sum_{l=1}^{n}{}' \lambda_l a_l = -a_k \quad \text{mit} \quad \lambda_l \geqq 0 \tag{2.049}$$

und

$$\left.\begin{aligned} a_l^* y &\geqq 0 \quad (l = 1, 2, \dots, n; \quad l \neq k) \\ a_k^* y &> 0, \end{aligned}\right\} \tag{2.050}$$

wobei $\sum'$ das Summieren bezüglich der Zahlen $l = 1, 2, \dots, k-1, k+1, \dots n$ bedeutet. Halten wir $k$ fest, dann ist nach Satz 2.16 entweder das System (2.049) oder (2.050) lösbar.

Wenn das System (2.049) lösbar ist, so gibt es einen Vektor $\Lambda_k \in R^n$, dessen

Komponenten $\lambda_l^{(k)} \geqq 0$ sind und

$$\sum_{l=1}^{n}{}' \lambda_l^{(k)} \boldsymbol{a}_l + \boldsymbol{a}_k = \boldsymbol{0}$$

erfüllen; es sei $\lambda_{(k)}^{(k)} = 1$. Anders geschrieben:

$$\boldsymbol{A}\,\boldsymbol{\Lambda}_k = \boldsymbol{0} \quad \text{mit} \quad \boldsymbol{\Lambda}_k \geqq \boldsymbol{0},\ \lambda_k^{(k)} = 1\,. \tag{2.051}$$

Wir bezeichnen die Menge aller ganzen Zahlen $k$ $(1 \leqq k \leqq n)$, für die dieser Fall eintritt, mit $I_1$. (Es kann selbstverständlich $I_1 = \emptyset$ sein.)

Wenn aber (2.050) eine Lösung hat, so besagt das, es existiert ein Vektor $\boldsymbol{H}_k$ mit

$$\boldsymbol{a}_l^* \boldsymbol{H}_k \geqq 0 \quad (l \neq k) \quad \text{und} \quad \boldsymbol{a}_k^* \boldsymbol{H}_k > 0$$

oder

$$\boldsymbol{A}^* \boldsymbol{H}_k \geqq 0\,, \qquad \boldsymbol{a}_k^* \boldsymbol{H}_k > 0\,. \tag{2.052}$$

Die Gesamtheit der Indizes, für die dieser Fall eintritt, sei $I_2$. Nach Satz 2.16 ist $I_1 \cup I_2 = \{1, 2, \ldots, n\}$. Setzt man nun

$$\boldsymbol{x}_0 = \sum_{k \in I_1} \boldsymbol{\Lambda}_k\,; \qquad \boldsymbol{y}_0 = \sum_{k \in I_2} \boldsymbol{H}_k\,,$$

so wird nach (2.051)

$$\boldsymbol{A}\,\boldsymbol{x}_0 = \sum_{k \in I_1} \boldsymbol{A}\,\boldsymbol{\Lambda}_k = \boldsymbol{0} \quad \text{mit} \quad \boldsymbol{x}_0 = \sum_{k \in I_1} \boldsymbol{\Lambda}_k \geqq \boldsymbol{0}$$

und wegen (2.052)

$$\boldsymbol{A}^* \boldsymbol{y}_0 = \sum_{k \in I_2} \boldsymbol{A}^* \boldsymbol{H}_k \geqq \boldsymbol{0}\,.$$

Ferner ist

$$\boldsymbol{x}_0 + \boldsymbol{A}^* \boldsymbol{y}_0 = \sum_{k \in I_1} \boldsymbol{\Lambda}_k + \sum_{k \in I_2} \boldsymbol{A}^* \boldsymbol{H}_k > \boldsymbol{0}$$

auf Grund der letzten Beziehungen in (2.051) und (2.052). Damit haben wir die Behauptung bewiesen.

Besonders wichtig ist der folgende

**Satz 2.17.** *Sei $\underset{n}{\boldsymbol{U}}$ eine (reelle) schiefsymmetrische Matrix. Dann existiert ein Vektor $\boldsymbol{z}$ mit*

$$\boldsymbol{U}\boldsymbol{z} \geqq \boldsymbol{0}\,; \quad \boldsymbol{z} \geqq \boldsymbol{0}\,; \quad \boldsymbol{z} + \boldsymbol{U}\boldsymbol{z} > \boldsymbol{0}\,. \tag{2.053}$$

*Beweis.* Wir bilden die Hypermatrix

$$\boldsymbol{A} = (\boldsymbol{E}, \boldsymbol{U}^*) = (\boldsymbol{E}, -\boldsymbol{U})\,.$$

Dabei haben wir berücksichtigt, daß für $\boldsymbol{U}$ wegen der Schiefsymmetrie

$$\boldsymbol{U}^* = -\boldsymbol{U}$$

gilt. $\boldsymbol{E}$ bedeutet die $n$-reihige Einheitsmatrix. Dann ist

$$\boldsymbol{A}^* = \begin{pmatrix} \boldsymbol{E} \\ \boldsymbol{U} \end{pmatrix}.$$

Wir wenden auf die Matrix $A$ den Satz 2.17 an. Danach gibt es ein Paar Vektoren $\boldsymbol{x}_0$, $\boldsymbol{y}_0$, für die

$$\left.\begin{aligned} A\,\boldsymbol{x}_0 &= (E, -U)\,\boldsymbol{x}_0 = \boldsymbol{0}, \qquad \boldsymbol{x}_0 \geqq \boldsymbol{0} \\ A^*\,\boldsymbol{y}_0 &= \begin{pmatrix} E \\ U \end{pmatrix} \boldsymbol{y}_0 \geqq \boldsymbol{0} \\ \boldsymbol{x}_0 &+ \begin{pmatrix} E \\ U \end{pmatrix} \boldsymbol{y}_0 > \boldsymbol{0} \end{aligned}\right\} \tag{2.054}$$

gilt.

Wir zerlegen $\boldsymbol{x}_0$ in zwei $n$-dimensionale Vektoren $\boldsymbol{x}_0^{(1)}$ und $\boldsymbol{x}_0^{(2)}$, indem wir

$$\boldsymbol{x}_0 = \begin{pmatrix} \boldsymbol{x}_0^{(1)} \\ \boldsymbol{x}_0^{(2)} \end{pmatrix}$$

setzen. Dann ist

$$A\,\boldsymbol{x}_0 = (E, -U)\begin{pmatrix} \boldsymbol{x}_0^{(1)} \\ \boldsymbol{x}_0^{(2)} \end{pmatrix} = E\,\boldsymbol{x}_0^{(1)} - U\,\boldsymbol{x}_0^{(2)} = \boldsymbol{x}_0^{(1)} - U\,\boldsymbol{x}_0^{(2)} = \boldsymbol{0} \tag{2.055}$$

$$\boldsymbol{x}_0^{(1)} \geqq \boldsymbol{0}, \qquad \boldsymbol{x}_0^{(2)} \geqq \boldsymbol{0}.$$

Andererseits ist

$$A^*\,\boldsymbol{y}_0 = \begin{pmatrix} E \\ U \end{pmatrix}, \quad \boldsymbol{y}_0 = \begin{pmatrix} E\,\boldsymbol{y}_0 \\ U\,\boldsymbol{y}_0 \end{pmatrix} \geqq \boldsymbol{0}$$

woraus

$$\boldsymbol{y}_0 \geqq \boldsymbol{0}, \qquad U\,\boldsymbol{y}_0 \geqq \boldsymbol{0} \tag{2.056}$$

folgt. Schließlich liefert die letzte Gleichung von (2.054)

$$\begin{pmatrix} \boldsymbol{x}_0^{(1)} \\ \boldsymbol{x}_0^{(2)} \end{pmatrix} + \begin{pmatrix} E\,\boldsymbol{y}_0 \\ U\,\boldsymbol{y}_0 \end{pmatrix} > \boldsymbol{0},$$

woraus sich

$$\boldsymbol{x}_0^{(1)} + \boldsymbol{y}_0 > \boldsymbol{0} \quad \text{und} \quad \boldsymbol{x}_0^{(2)} + U\,\boldsymbol{y}_0 > \boldsymbol{0} \tag{2.057}$$

ergibt.

Wenn

$$\boldsymbol{z} = \boldsymbol{x}_0^{(2)} + \boldsymbol{y}_0$$

gesetzt wird, so ist wegen (2.055) und (2.056)

$$\begin{aligned} U\,\boldsymbol{z} = U\,\boldsymbol{x}_0^{(2)} + U\,\boldsymbol{y}_0 &= \boldsymbol{x}_0^{(1)} + U\,\boldsymbol{y}_0 \geqq \boldsymbol{0}, \\ \boldsymbol{z} &= \boldsymbol{x}_0^{(2)} + \boldsymbol{y}_0 \geqq \boldsymbol{0} \end{aligned} \tag{2.058}$$

und wegen (2.057) und (2.058)

$$\boldsymbol{z} + U\,\boldsymbol{z} = \boldsymbol{x}_0^{(2)} + \boldsymbol{y}_0 + U\,\boldsymbol{x}_0^{(2)} + U\,\boldsymbol{y}_0 = (\boldsymbol{x}_0^{(2)} + U\,\boldsymbol{y}_0) + (\boldsymbol{y}_0 + U\,\boldsymbol{x}_0^{(2)}) > \boldsymbol{0},$$

womit alles bewiesen ist.

### 201.052 *Sätze über duale Optimierungsaufgaben*

Wir wollen zu den dualen Optimierungsaufgaben $(\tilde{o})$ und $(\tilde{\omega})$ zurückkehren.

Dazu betrachten wir folgende Hypermatrix:

$$\boldsymbol{U} = \begin{pmatrix} \boldsymbol{O}_m & \boldsymbol{A} & -\boldsymbol{b} \\ -\boldsymbol{A}^* & \boldsymbol{O}_n & \boldsymbol{h} \\ \boldsymbol{b}^* & -\boldsymbol{h}^* & \boldsymbol{O}_1 \end{pmatrix} \tag{2.059}$$

Man sieht sofort, daß $\boldsymbol{U}$ eine schiefsymmetrische Matrix von der Ordnung $m+n+1$ ist, wobei die Blöcke $\boldsymbol{O}_i$ $(i=1, m, n)$ die Nullmatrizen von der Ordnung $i$ bedeuten. ($\boldsymbol{O}_1$ ist selbstverständlich mit $O$ gleich.) Nach Satz 2.18 gibt es einen $(m+n+1)$-dimensionalen Vektor $\boldsymbol{z}$, für welchen

$$\boldsymbol{U}\boldsymbol{z} \geqq \boldsymbol{0}, \quad \boldsymbol{z} \geqq \boldsymbol{0}, \quad \boldsymbol{z} + \boldsymbol{U}\boldsymbol{z} > \boldsymbol{0}$$

gilt. Wir wollen $\boldsymbol{z}$ in der Form

$$\tilde{\boldsymbol{z}} = \begin{pmatrix} \tilde{\boldsymbol{\xi}} \\ \tilde{\boldsymbol{x}} \\ t \end{pmatrix} \in R^{m+n+1}$$

schreiben ($\tilde{\boldsymbol{\xi}} \in R^m$, $\tilde{\boldsymbol{x}} \in R^n$, $t \in R^1$), dann ist (wegen $\boldsymbol{z} \geqq \boldsymbol{0}$)

$$\tilde{\boldsymbol{\xi}} \geqq \boldsymbol{0}, \quad \tilde{\boldsymbol{x}} \geqq \boldsymbol{0}, \quad t \geqq 0. \tag{2.060}$$

Weiterhin gilt

$$\boldsymbol{U}\boldsymbol{z} = \begin{pmatrix} \boldsymbol{O}_n & \boldsymbol{A} & -\boldsymbol{b} \\ -\boldsymbol{A}^* & \boldsymbol{O}_n & \boldsymbol{h} \\ \boldsymbol{b}^* & -\boldsymbol{h}^* & 0 \end{pmatrix} \begin{pmatrix} \tilde{\boldsymbol{\xi}} \\ \tilde{\boldsymbol{x}} \\ t \end{pmatrix} = \begin{pmatrix} \boldsymbol{A}\tilde{\boldsymbol{x}} - \boldsymbol{b}t \\ -\boldsymbol{A}^*\tilde{\boldsymbol{\xi}} + \boldsymbol{h}t \\ \boldsymbol{b}^*\tilde{\boldsymbol{\xi}} - \boldsymbol{h}^*\tilde{\boldsymbol{x}} \end{pmatrix}$$

und wegen $\boldsymbol{U}\boldsymbol{z} \geqq \boldsymbol{0}$ ist

$$\boldsymbol{A}\tilde{\boldsymbol{x}} - \boldsymbol{b}t \geqq \boldsymbol{0}; \quad -\boldsymbol{A}^*\tilde{\boldsymbol{\xi}} + \boldsymbol{h}t \geqq \boldsymbol{0} \tag{2.061}$$

$$\boldsymbol{b}^*\tilde{\boldsymbol{\xi}} - \boldsymbol{h}^*\tilde{\boldsymbol{x}} \geqq \boldsymbol{0}. \tag{2.062}$$

Schließlich ist

$$\boldsymbol{z} + \boldsymbol{U}\boldsymbol{z} = \begin{pmatrix} \tilde{\boldsymbol{\xi}} \\ \tilde{\boldsymbol{x}} \\ t \end{pmatrix} + \begin{pmatrix} \boldsymbol{A}\tilde{\boldsymbol{x}} - \boldsymbol{b}t \\ -\boldsymbol{A}^*\tilde{\boldsymbol{\xi}} + \boldsymbol{h}t \\ \boldsymbol{b}^*\tilde{\boldsymbol{\xi}} - \boldsymbol{h}^*\tilde{\boldsymbol{x}} \end{pmatrix} = \begin{pmatrix} \tilde{\boldsymbol{\xi}} + \boldsymbol{A}\tilde{\boldsymbol{x}} - \boldsymbol{b}t \\ \tilde{\boldsymbol{x}} - \boldsymbol{A}^*\tilde{\boldsymbol{\xi}} + \boldsymbol{h}t \\ \boldsymbol{b}^*\tilde{\boldsymbol{\xi}} - \boldsymbol{h}^*\boldsymbol{x} + t \end{pmatrix} > \boldsymbol{0},$$

woraus

$$\tilde{\boldsymbol{\xi}} + \boldsymbol{A}\tilde{\boldsymbol{x}} - \boldsymbol{b}t > \boldsymbol{0}; \quad \tilde{\boldsymbol{x}} - \boldsymbol{A}^*\tilde{\boldsymbol{\xi}} + \boldsymbol{h}t > \boldsymbol{0} \tag{2.063}$$

$$\boldsymbol{b}^*\tilde{\boldsymbol{\xi}} - \boldsymbol{h}^*\tilde{\boldsymbol{x}} + t > \boldsymbol{0} \tag{2.064}$$

folgt. Nun wollen wir folgenden Satz beweisen:

**Satz 2.18.** a) *Für $t>0$ gibt es Optimallösungen $\boldsymbol{x}$ und $\boldsymbol{\xi}$ von $(\tilde{\sigma})$ bzw. $(\tilde{\omega})$ mit*

$$\boldsymbol{b}^*\boldsymbol{\xi} = \boldsymbol{h}^*\boldsymbol{x} \tag{2.065}$$

$$\boldsymbol{A}\boldsymbol{x} + \boldsymbol{\xi} > \boldsymbol{b}; \quad \boldsymbol{A}^*\boldsymbol{\xi} - \boldsymbol{x} < \boldsymbol{h} \tag{2.066}$$

b) *Für $t=0$ gilt:*

$b_1$) *Wenigstens eines der Probleme $(\tilde{\sigma})$, $(\tilde{\omega})$ besitzt keine zulässigen Vektoren.*

$b_2$) *Ist die Menge der zulässigen Vektoren eines der beiden Probleme* ($\tilde{o}$), ($\tilde{\omega}$) *nicht leer, so ist diese Menge unbeschränkt, und auch die Zielfunktionen sind auf dieser Menge nicht beschränkt.*

$b_3$) *Keines der beiden Probleme* ($\tilde{o}$) *und* ($\tilde{\omega}$) *besitzt eine Optimallösung.*

*Beweis.* a) Wir setzen $\boldsymbol{x}=\frac{1}{t}\tilde{\boldsymbol{x}}$; $\boldsymbol{\xi}=\frac{1}{t}\tilde{\boldsymbol{\xi}}$. Aus (2.061) folgt $\boldsymbol{A}\boldsymbol{x}\geqq\boldsymbol{b}$ und wegen (2.060) ist $\boldsymbol{x}\geqq 0$, d.h. $\boldsymbol{x}$ ist zulässig für ($\tilde{o}$). Ebenso ergibt sich aus (2.060) und (2.061) $\boldsymbol{A}^*\boldsymbol{\xi}\leqq\boldsymbol{h}$ und $\boldsymbol{\xi}\geqq\boldsymbol{0}$, d.h. $\boldsymbol{\xi}$ ist für ($\tilde{\omega}$) zulässig. Wir wenden die Ungleichung (2.042) (Satz 2.13) auf $\boldsymbol{x}$ und $\boldsymbol{\xi}$ an (das ist offensichtlich gestattet, wie der Beweis erkennen läßt)

$$\boldsymbol{h}^*\boldsymbol{x}\geqq\boldsymbol{\xi}^*\boldsymbol{b}=\boldsymbol{b}^*\boldsymbol{\xi} \tag{2.067}$$

und nach (2.062) ist

$$\boldsymbol{b}^*\boldsymbol{\xi}\geqq\boldsymbol{h}^*\boldsymbol{x},$$

woraus sich $\boldsymbol{b}^*\boldsymbol{\xi}\geqq\boldsymbol{h}^*\boldsymbol{x}$ (d.h. (2.065)) ergibt. Dabei ist $\boldsymbol{h}^*\boldsymbol{x}$ eine obere Schranke für die Zielfunktion $Q(\boldsymbol{\xi})=\boldsymbol{\xi}^*\boldsymbol{b}$, und das Maximum wird dann erreicht, wenn das Gleichheitszeichen, d.h. (2.065), gilt. Ebenso ist $\boldsymbol{b}^*\boldsymbol{\xi}$ eine untere Schranke für $\boldsymbol{h}^*\boldsymbol{x}=P(\boldsymbol{x})$, d.h. $P(\boldsymbol{x})$ nimmt seinen Minimalwert an, falls (2.065) gilt. Da das aber der Fall ist, ist $\boldsymbol{x}$ eine Optimallösung für ($\tilde{o}$).

Aus (2.063) folgt nach Dividieren durch $t$ unmittelbar (2.066).

$b_1$) wären $\boldsymbol{x}_1$ und $\boldsymbol{\xi}_1$ zulässige Vektoren von ($\tilde{o}$) bzw. ($\tilde{\omega}$), so wäre einerseits wegen (2.064) und (2.061)

$$\boldsymbol{h}^*\tilde{\boldsymbol{x}}<\boldsymbol{b}^*\boldsymbol{\xi}\leqq(\boldsymbol{A}\boldsymbol{x}_1)^*\tilde{\boldsymbol{\xi}}=\boldsymbol{x}_1^*\boldsymbol{A}^*\tilde{\boldsymbol{\xi}}\leqq\boldsymbol{0} \tag{2.068}$$

(für einen zulässigen Vektor $\boldsymbol{x}_1$ ist nämlich $\boldsymbol{b}\leqq\boldsymbol{A}\boldsymbol{x}_1$), andererseits aber wegen (2.061) $\boldsymbol{A}\tilde{\boldsymbol{x}}\geqq\boldsymbol{0}$ ($t=0$!) und daher

$$0\leqq\boldsymbol{\xi}_1^*\boldsymbol{A}\tilde{\boldsymbol{x}}=(\boldsymbol{A}^*\boldsymbol{\xi}_1)^*\tilde{\boldsymbol{x}}=\boldsymbol{h}^*\tilde{\boldsymbol{x}},$$

was (2.068) widerspricht. Somit können nicht beide Probleme ($\tilde{o}$) und ($\tilde{\omega}$) zulässige Vektoren besitzen.

$b_2$) Sei etwa $\boldsymbol{x}_1$ ein zulässiger Vektor von ($\tilde{o}$). Da im betrachteten Fall $\boldsymbol{A}\boldsymbol{x}_1\geqq\boldsymbol{b}$ (Zulässigkeit) und $\boldsymbol{A}\tilde{\boldsymbol{x}}\geqq\boldsymbol{0}$ (2.061) ist, folgt, daß $\boldsymbol{x}_1+s\tilde{\boldsymbol{x}}$ für alle $s\geqq 0$ zulässig ist. Die Zielfunktion

$$P(\boldsymbol{x}_1+s\tilde{\boldsymbol{x}})=\boldsymbol{h}^*\boldsymbol{x}_1+s\boldsymbol{h}^*\tilde{\boldsymbol{x}}$$

ist, aber für $s\geqq 0$ von unten nicht beschränkt. Das folgt aus (2.068), wonach $\boldsymbol{h}^*\tilde{\boldsymbol{x}}<\boldsymbol{0}$ ist.

$b_3$) Die Behauptung ist eine unmittelbare Folge von $b_2$).

Mit Hilfe dieser Aussage beweist man leicht den

**Satz 2.19.** *Die Aufgabe* ($o$) *(bzw.* ($\tilde{o}$)*) besitzt genau dann eine Optimallösung, wenn* ($\omega$) *(bzw.* ($\tilde{\omega}$)*) eine solche besitzt. Die Extremwerte beider Aufgaben sind (wenn sie existieren) einander gleich.*

*Beweis.* Wegen des Zusammenhanges zwischen den Problemen $(o)$, $(\omega)$ und $(\tilde{o})$, $(\tilde{\omega})$ genügt es, nur ein Paar von ihnen zu betrachten. Im Fall a) im Satz 2.18 wird eigentlich behauptet, daß $(o)$ und $(\omega)$ zugleich eine Optimallösung haben, und (2.065) bedeutet gerade, daß die Extremalwerte beider Probleme einander gleich sind. Die Fälle $b_2$) und $b_3$) besagen aber, daß, wenn eine der Aufgaben nicht lösbar ist, auch die andere unlösbar ist.

**Satz 2.20.** *Ist die Zielfunktion $P(\boldsymbol{x})$ auf der Menge der zulässigen Vektoren von $(o)$ (oder $(\tilde{o})$) nach unten beschränkt, so ist die Menge der zulässigen Vektoren von $(\omega)$ (bzw. $(\tilde{\omega})$) leer. Ist die Zielfunktion $Q(\boldsymbol{\xi})$ auf der Menge der zulässigen Vektoren von $(\omega)$ (bzw. $(\tilde{\omega})$) nach oben beschränkt, so ist die Menge der zulässigen Vektoren von $(o)$ (bzw. $(\tilde{o})$) leer.*

*Beweis.* Ist $\boldsymbol{\xi} \in \theta$ (die Bezeichnung s. S. 208), so gilt nach Satz 2.13

$$P(\boldsymbol{x}) \geqq Q(\boldsymbol{\xi})$$

für alle zulässigen Vektoren $\boldsymbol{x}$ von $(o)$. Das besagt aber, daß $P(\boldsymbol{x})$ nach unten beschränkt ist.

Genauso verläuft der Beweis der zweiten Behauptung.

Wichtig ist folgender Existenzsatz:

**Satz 2.21.** *Die Aufgabe $(\tilde{o})$ hat genau dann eine Optimallösung, wenn die Menge ihrer zulässigen Vektoren nicht leer und die Zielfunktion $P(\boldsymbol{x})$ auf dieser Menge nach unten beschränkt ist.*

*Beweis.* Die Notwendigkeit der Bedingung ist selbstverständlich. Sie ist auch hinreichend, denn nach Satz 2.18 kann der Fall $t=0$ nicht auftreten, sonst wäre im Gegensatz zur Annahme entweder die Menge der zulässigen Vektoren leer oder die Zielfunktion nicht beschränkt. Dann aber kann $t$ nur positiv sein, und deswegen gibt es eine Optimallösung nach Satz 2.18, Fall a).

### 201.053 *Bestimmung einer Ausgangsecke für das Simplexverfahren*

Bei der Beschreibung des Simplexverfahrens sind wir von der Annahme ausgegangen, daß eine Ecke $\boldsymbol{x}_1$ der Menge $Z$ der zulässigen Vektoren bekannt ist. In diesem Abschnitt wollen wir ein Verfahren beschreiben, mit dessen Hilfe eine Ausgangsecke $\boldsymbol{x}_1$ konstruiert werden kann (falls eine solche überhaupt existiert).

Wenn die Optimierungsaufgabe vom Typ

$$\boldsymbol{h}^* \boldsymbol{x} = \text{Max}.$$

falls $\boldsymbol{A}\boldsymbol{x} \leqq \boldsymbol{b}$ und $\boldsymbol{x} \geqq \boldsymbol{0}$ erfüllt ist (wie in (2.001), (2.002) und (2.003)) gestellt wurde, wobei $\boldsymbol{b} \geqq \boldsymbol{0}$ gilt, dann führt man einen Vektor $\boldsymbol{y} \geqq \boldsymbol{0}$ ein, für den $\boldsymbol{A}\boldsymbol{x} + \boldsymbol{y} = \boldsymbol{b}$ ist. Es ist leicht einzusehen, daß durch $\boldsymbol{x} = \boldsymbol{0}$, $\boldsymbol{y} = \boldsymbol{b}$ eine Ecke gegeben ist. Man erweitert nämlich die Matrix $\boldsymbol{A}$ zu einer Matrix $\tilde{\boldsymbol{A}}$ wie in 201.01, Formel (2.012); und die zu den Komponenten von $\boldsymbol{y}$ gehörenden Spaltenvektoren in $\tilde{\boldsymbol{x}}$ (vgl. S. 189) sind gerade die $m$ Einheitsvektoren des Raumes $R^m$, die voneinander unabhängig sind und daher eine Basis bilden.

Wenn nun die Optimierungsaufgabe von der Gestalt $\boldsymbol{h}^* \boldsymbol{x} = \text{Min.}$ für $\boldsymbol{A}\boldsymbol{x} = \boldsymbol{b}$, $\boldsymbol{x} \geqq \boldsymbol{0}$ (wie in (2.020)) ist, dann verfahren wir wie folgt: Zuerst multiplizieren wir gewisse Gleichungen des linearen Gleichungssystems mit $-1$, so daß sämtliche Absolutglieder nichtnegativ werden. Wir können somit von vornherein $\boldsymbol{b} \geqq \boldsymbol{0}$ annehmen. Es sei $\varrho(\boldsymbol{A}) = m$. Nun versucht man, $y_1 + y_2 + \cdots + y_m$ unter den Bedingungen $\boldsymbol{A}\boldsymbol{x} + \boldsymbol{y} = \boldsymbol{b}$, $\boldsymbol{x} \geqq \boldsymbol{0}$, $\boldsymbol{y} \geqq \boldsymbol{0}$ zu minimieren. Das ist eine Optimierungsaufgabe vom vorangehenden Typ; $\boldsymbol{x} = \boldsymbol{0}$, $\boldsymbol{y} = \boldsymbol{b}$ ist somit eine Ecke der Menge der zulässigen Vektoren. Da die Zielfunktion $y_1 + y_2 + \cdots + y_m$ bei dieser modifizierten Aufgabe nach unten durch $y_1 = y_2 = \cdots = y_m = 0$ beschränkt ist, existiert nach Satz 2.21 eine Lösung $\boldsymbol{x}_0 (\geqq \boldsymbol{0})$, $\boldsymbol{y}_0 (\geqq \boldsymbol{0})$. Ist $\boldsymbol{y}_0 = \boldsymbol{0}$, so ist $\boldsymbol{x}_0$ eine Ecke des ursprünglichen Problems (2.020).

Es kann natürlich vorkommen, daß der Minimalpunkt $\boldsymbol{x}_0$, $\boldsymbol{y}_0$ der Optimierungsaufgabe bezüglich $y_1 + \cdots + y_m$ entartet ist und daß die zugehörige Basis solche Spaltenvektoren enthält, die zu den Komponenten von $\boldsymbol{y}_0$ gehören. Jedenfalls sind aber dann die zu positiven Komponenten von $\boldsymbol{x}_0$ gehörenden Spaltenvektoren von $\boldsymbol{A}$ linear unabhängig, und man kann sie durch weitere Spaltenvektoren von $\boldsymbol{A}$ zu einer Basis ergänzen.

Ist dagegen $\boldsymbol{y}_0 \neq \boldsymbol{0}$, dann hat die Aufgabe (2.020) überhaupt keine zulässigen Punkte. Wären nämlich solche vorhanden, dann würde jeder solche Vektor $\boldsymbol{x}$ (nach Ergänzung durch $\boldsymbol{y} = \boldsymbol{0}$) eine Lösung der obigen Aufgabe bezüglich der Zielfunktion $y_1 + y_2 + \cdots + y_m$ liefern, die den Wert dieser Zielfunktion zu 0 macht. Das ist aber ein Widerspruch zur Definition von $\boldsymbol{y}_0$.

### 201.06 *Transportaufgaben und ihre Lösung durch die „Ungarische Methode“*

Wir möchten zur Aufgabe, die auf S. 189 beschrieben wurde (201.01), zurückkehren und für sie eine Lösungsmethode angeben. Die Transportaufgabe kann auf die allgemeine lineare Optimierungsaufgabe zurückgeführt und selbstverständlich mit der Simplexmethode gelöst werden. Bei unserem Problem tritt eine besondere Matrix auf, die aus lauter Nullen und Einsen besteht. Naheliegend ist, von dieser Besonderheit Gebrauch zu machen. Diese spezielle Methode wird in der Literatur als „Ungarische Methode“ bezeichnet. Der Name wurde von H. W. Kuhn*) vorgeschlagen und ist dadurch begründet, daß sie auf einem Satz beruht, der von den ungarischen Mathematikern D. König und E. Egerváry gefunden wurde. Kuhn selbst hat den König-Egerváryschen Satz auf ein spezielles Problem (sog. Zuordnungsproblem) angewendet, und Egerváry zeigte später, daß die Methode zur Lösung des allgemeinen Transportproblems geeignet ist.

Wir schicken der Lösungsmethode einige Definitionen und Sätze voraus.

*) H. W. Kuhn: *The Hungarian Method for the Assignment Problem*, Naval Res. Log. Quarterly *2*, 83–97 (1955).

201.061 *Der König-Egerváryche Satz*

**Definition:** *Zwei Elemente einer Matrix, die nicht in derselben Zeile oder Spalte liegen, heißen voneinander unabhängig. Allgemeiner: r Elemente einer Matrix, von denen keine zwei ein und derselben Zeile oder Spalte angehören, heißen unabhängig. Ein einziges Element wird auch als unabhängig betrachtet.*

In der Matrix

$$\begin{pmatrix} 1 & 0 & 5 & 7 \\ 2 & -2 & 0 & -3 \\ 6 & -1 & -4 & -3 \end{pmatrix}$$

sind z.B. die zwei Nullelemente unabhängig, 1, $-1$ sind auch unabhängig, dagegen sind 1, 6 nicht unabhängig.

**Definition:** *Diejenigen Zeilen und Spalten, die gewisse, im voraus gegebene Elemente der Matrix enthalten (abdecken), nennen wir Decklinien.*

Der König-Egerváryche Satz, auf dem unsere Methode beruht, lautet wie folgt: *Enthält eine Matrix Nullelemente, so ist die maximale Anzahl der aus diesen Nullelementen auswählbaren unabhängigen Elemente genauso groß wie die minimale Anzahl der Decklinien dieser Elemente.*

Diesen Satz werden wir noch allgemeiner formulieren und in dieser allgemeinen Fassung beweisen.

**Satz 2.12** (KÖNIG-EGERVÁRY). *Sei $M$ eine nichtleere Teilmenge von Elementen der Matrix $A$, so ist die größte Anzahl der unabhängigen Elemente, die aus $M$ ausgewählt werden können, gleich der minimalen Anzahl der Decklinien, die sämtliche Elemente von $M$ bedecken.*

*Beweis.* Sei $N$ eine maximale Teilmenge von $M$, die ausschließlich unabhängige Elemente von $A$ enthält. Wird die Anzahl der Elemente von $N$ mit $n$, die Anzahl aller Linien, die die Elemente von $M$ bedecken, mit $v$ bezeichnet, dann ist offensichtlich $v \geqq n$. Es ist nun zu zeigen, daß $\min v = n$ gilt. Zu diesem Zweck werden wir die Zeilen und Spalten so umordnen, daß die Elemente der Menge $N$ in die Hauptdiagonale kommen und die ersten $n$ Elemente der Hauptdiagonale bilden. $n$ ist sicher nicht größer als die Zeilenanzahl von $A$. Wenn wir die Elemente von $N$ mit einem Stern bezeichnen, so entsteht durch die Umformung folgende Matrix aus $A$:

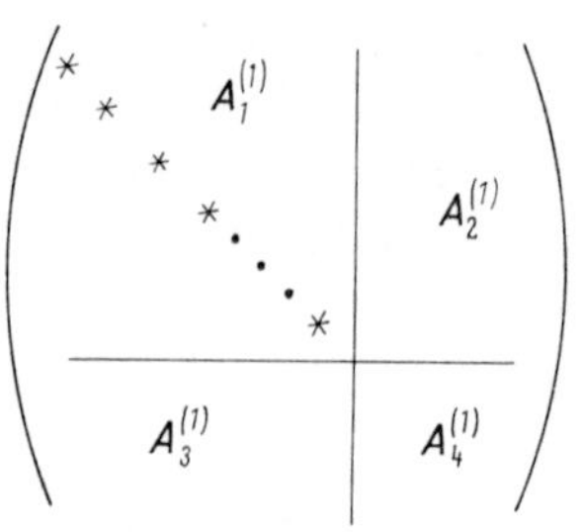


Fig. 14

Den Block, dessen Diagonalelemente die Elemente von $N$ sind, wollen wir durch $A_1^{(1)}$, die drei weiteren Blöcke durch $A_2^{(1)}$, $A_3^{(1)}$, $A_4^{(1)}$ bezeichnen. Die Umformung ist so gemeint, daß man die Zeilen bzw. Spalten miteinander in geeigneter Art vertauscht.

Der Block $A_4^{(1)}$ der umgeformten Matrix enthält sicher kein Element aus der Menge $M$. Wäre nämlich dort ein solches Element vorhanden, dann würde es von den mit $*$ bezeichneten Elementen unabhängig sein, und wegen der Maximaleigenschaft von $N$ müßte es im Block $A_1^{(1)}$ liegen, was aber nicht der Fall ist.

Wenn von den Blöcken $A_2^{(1)}$ und $A_3^{(1)}$ höchstens einer Elemente von $M$ enthält, so kann man mit den ersten $n$ Zeilen bzw. Spalten (je nachdem $A_2^{(1)}$ oder $A_3^{(1)}$ Elemente aus $M$ enthält) alle Elemente aus $M$ bedecken. Aber das ist gleichzeitig die minimale Anzahl der Zeilen (Spalten), mit denen die Elemente aus $M$ bedeckbar sind, also ist $\min \nu = n$. Für diesen Fall ist somit der Satz bewiesen.

Wir können uns deswegen auf den Fall beschränken, daß sowohl $A_2^{(1)}$ als auch $A_3^{(1)}$ Elemente von $M$ enthalten.

Jedem Element von $M$ in $A_2^{(1)}$ wollen wir die Zeile, in der es sich befindet, zuordnen, und jedem Element von $M$ in $A_3^{(1)}$ soll die Spalte, in der es liegt, zugeordnet werden. So erhalten wir eine Menge von Zeilen und Spalten (Decklinien), die wir mit $D_1$ bezeichnen.

Wir betrachten den Schnittpunkt einer Zeile und einer Spalte aus der Menge $D_1$ und zeigen, daß dieser Schnittpunkt kein Element aus $N$ ist. Wäre der Schnittpunkt ein Element aus $N$, so hätte er die Form $a_{ii} (\in N)$, und die betreffenden Elemente aus $A_2^{(1)}$ bzw. $A_3^{(1)}$ (die zu $M$ gehören) wären $a_{ip}$ bzw. $a_{qi}$. Dann aber könnte man anstelle von $a_{ii}$ die Elemente $a_{ip}$ und $a_{qi}$ in die Menge der unabhängigen Elemente aufnehmen, die Anzahl der Elemente von $N$ würde um eins vergrößert, und $N$ wäre keine maximale Menge, im Gegensatz zur Voraussetzung. Daraus folgt, daß die Anzahl der zu $D_1$ gehörenden Linien gleich der Anzahl der durch diese Linien bedeckten Elemente von $N$ ist.

Durch geeignete Umordnung der Zeilen und Spalten läßt sich immer erreichen, daß die durch $D_1$ bedeckten Elemente aus $N$ die letzten aufeinanderfolgenden Elemente der Diagonale von $A_1^{(1)}$ sind (Fig. 15). Genauso kann man

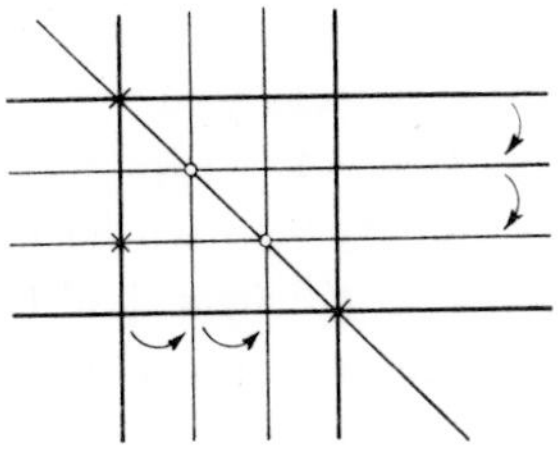

Fig. 15

auch erreichen, daß die zu $D_1$ gehörenden Linien die in Fig. 16 angedeutete Lage haben.

Nun greifen wir den Block $A_1^{(1)}$ heraus und zerlegen ihn in Blöcke wie in Fig. 17.

Die in Fig. 17 durch Buchstaben nicht bezeichneten Blöcke enthalten Zeilen und Spalten aus $D_1$.

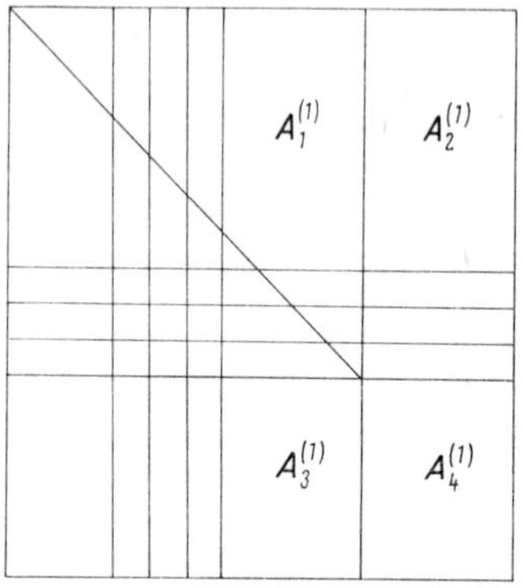


Fig. 16

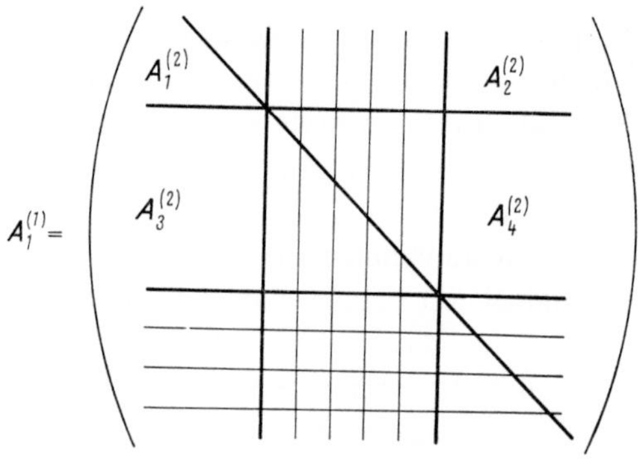


Fig. 17

In der Diagonale vom Block $A_1^{(2)}$ sind lauter Elemente aus $N$, die nicht durch die Linien der Menge $D_1$ bedeckt sind.

Jetzt zeigen wir, daß der Block $A_4^{(2)}$ kein Element aus $M$ enthält. Wäre nämlich $a_{ij} \in M$ ein Element von $A_4^{(2)}$, so würde man zu diesem Element ein Element $a_{jq} \in M$, welches im Block $A_2^{(1)}$ liegt, und ein Element $a_{pi} \in M$, welches in $A_3^{(1)}$ ist, zuordnen (Fig. 18). Dann aber könnten die Elemente $a_{ii}$, $a_{jj} \in N$ durch die Elemente $a_{pi}$, $a_{ij}$, $a_{jq}$ ersetzt werden (also zwei durch drei), und $N$ hätte nicht die Maximaleigenschaft, die wir vorausgesetzt haben.

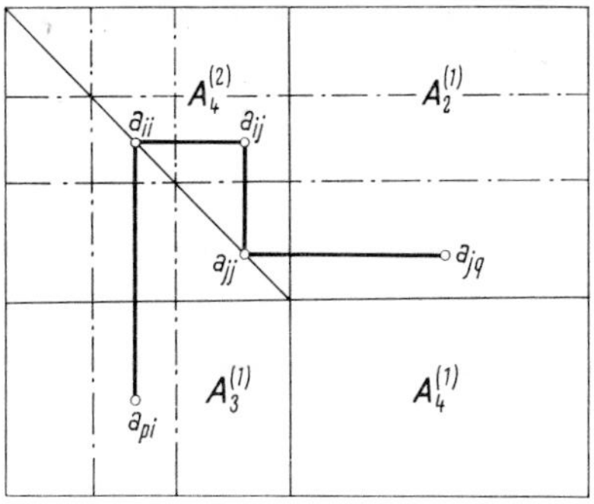

Fig. 18

Nun streichen wir die zur Menge $D_1$ gehörenden Linien aus $A$, damit haben wir $d_1$ Elemente aus $N$ gestrichen, wobei $d_1$ die Anzahl der Linien von $D_1$ ist. Elemente aus $M$ bleiben nur noch in $A_1^{(1)}$. Wenn wir aber die Linien aus $D_1$ streichen, entsteht aus $A_1^{(1)}$ die Matrix der folgenden Gestalt:

$$
\begin{array}{|c|c|}
\hline
A_1^{(2)} & A_2^{(2)} \\
\hline
A_3^{(2)} & A_4^{(2)} \\
\hline
\end{array}
$$

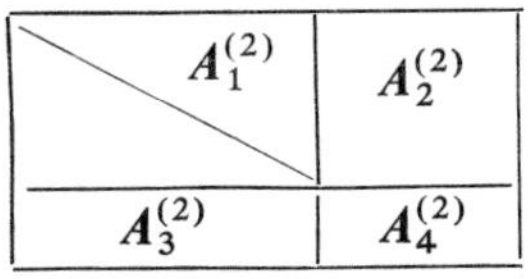

Diese Matrix hat aber die gleiche Struktur wie die Matrix in Fig. 14, die Elemente von $N$ liegen in der Hauptdiagonale von $A_1^{(2)}$. Deshalb können wir das vorige Verfahren mit dieser Matrix wiederholen und gelangen durch Streichen von $d_2$ Decklinien zu einer ähnlichen Matrix $A_1^{(3)}$. Auf jeder gestrichenen Decklinie liegt genau ein Element aus der Menge $N$. In endlich vielen Schritten werden alle Elemente aus $M$ überdeckt, das bedeutet, daß die Anzahl der Decklinien mit der Anzahl der Elemente von $N$ übereinstimmt.

Damit haben wir den Satz von KÖNIG-EGERVÁRY bewiesen.

Aus der Beweismethode kann man schon ein Lösungsverfahren für das Transportproblem ableiten.

### 201.062 Lösungsverfahren für die Transportaufgabe

Das auf S. 189 gestellte Transportproblem möchten wir nochmals formulieren (ohne seine technisch-wirtschaftliche Bedeutung zu wiederholen).

Es sind die nichtnegativen Zahlen $c_{ij}$ ($i = 1, 2, ..., m$; $j = 1, 2, ..., n$) gegeben, und es sollen die Zahlen $x_{ij}$ ($i = 1, 2, ..., m$; $j = 1, 2, ..., n$) so bestimmt werden, daß

$$\sum_{i=1}^{m} \sum_{j=1}^{n} c_{ij} x_{ij} \qquad (2.068)$$

unter gewissen Bedingungen sein Minimum annimmt. Die Bedingungen sind:

$$x_{ij} \geqq 0 \tag{2.069}$$

$$\sum_{j=1}^{n} x_{ij} = b_i\,; \quad \sum_{i=1}^{m} x_{ij} = v_j \tag{2.070}$$

$$\sum_{i=1}^{m} b_i = \sum_{j=1}^{n} v_j = N\,, \tag{2.071}$$

wobei $b_i$, $v_j$ im voraus gegebene positive Zahlen sind. Wir nehmen ferner an, daß die Konstanten $b_i$ und $v_j$ natürliche Zahlen sind, was sich bei praktischen Problemen gegebenenfalls nach Wahl geeignet kleiner Einheiten immer realisieren läßt.

Wir wollen nun die Matrix $\boldsymbol{C}=(c_{ij})$ betrachten und ihre $i$-te Zeile $b_i$-mal, die $j$-te Spalte $v_j$-mal nacheinander aufschreiben. So erweitern wir die Matrix $\boldsymbol{C}$ zu einer Matrix $\boldsymbol{B}$, die $b_1+b_2+\cdots+b_m=N$ Zeilen und $v_1+v_2+\cdots+v_n=N$ Spalten besitzt, also eine quadratische Matrix von der Ordnung $N$ ist. Die Zahlen $b_i$ und $v_j$ sind die *Multiplizitäten* der Zeilen bzw. Spalten von $\boldsymbol{C}$. Nun können wir die obige Aufgabe folgendermaßen formulieren:

*In der Matrix* $\boldsymbol{B}$ *sind genau N unabhängige Elemente so auszuwählen, daß ihre Summe möglichst klein ist.*

Wenn nämlich die $i$-te Zeile $b_i$-mal, die $j$-te Spalte $v_j$-mal aufgeschrieben wird, so besagt das, daß $\boldsymbol{B}$ einen Block aus $b_i$ Zeilen und $v_j$ Spalten enthält, in dem jedes Element gleich $c_{ij}$ ist:

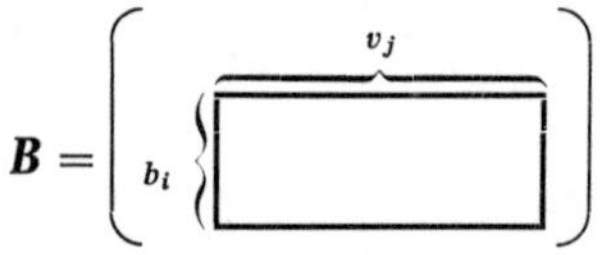


Wenn wir also aus diesem Block $x_{ij}$ unabhängige Elemente herausgreifen, dann ist ihre Summe $c_{ij}x_{ij}$, und die Summe dieser Produkte ist $\sum\sum c_{ij}x_{ij}$. Bei diesem Verfahren sind auch die Nebenbedingungen erfüllt: (2.069) ist trivialerweise gültig; die Beziehungen (2.070) sind erfüllt, weil wir unabhängige Elemente aus $\boldsymbol{B}$ herausgreifen: Wenn wir z.B. die Blöcke, die die $b_i$-ten Zeilen enthalten, betrachten, dann ist die Summe der herausgegriffenen Elemente genau $b_i$:

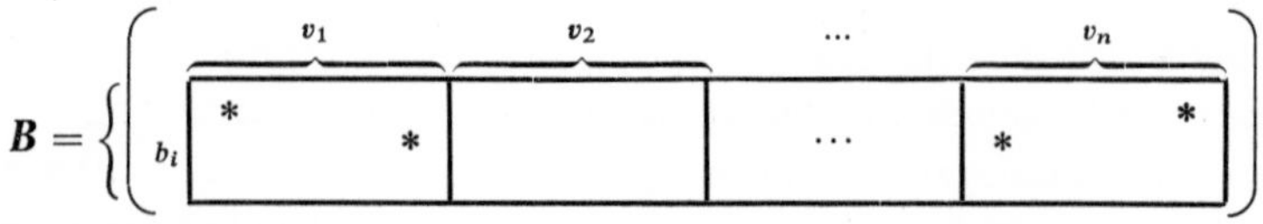


Das gleiche gilt auch, wenn wir die Blöcke untersuchen, die die Spalten $v_j$ enthalten.

An der Erfüllung von (2.071) ist nichts zu prüfen, da wir die Zahlen $b_i$, $v_j$ so gewählt haben, daß (2.071) erfüllt ist.

Wir wollen jetzt die Zielfunktion

$$P(\boldsymbol{x}) = \sum_{i=1}^{m} \sum_{j=1}^{n} c_{ij} x_{ij}$$

betrachten. Anstelle der $c_{ij}$ führen wir neue Koeffizienten $\tilde{c}_{ij}$ durch folgende Vorschrift ein:

$$\tilde{c}_{ij} = c_{ij} - r_i - s_j . \tag{2.072}$$

$r_i$ $(i=1, 2, \ldots, m)$, $s_j$ $(j=1, 2, \ldots, n)$ sind vorläufig beliebige reelle Zahlen.

Aus (2.072) folgt

$$c_{ij} = \tilde{c}_{ij} + r_i + s_j ,$$

und das soll in $P(\boldsymbol{x})$ eingesetzt werden:

$$\begin{aligned} P(\boldsymbol{x}) &= \sum_{i=1}^{m} \sum_{j=1}^{n} \tilde{c}_{ij} x_{ij} + \sum_{i=1}^{m} \sum_{j=1}^{n} r_i x_{ij} + \sum_{i=1}^{m} \sum_{j=1}^{n} s_j x_{ij} = \\ &= \sum_{i=1}^{m} \sum_{j=1}^{n} \tilde{c}_{ij} x_{ij} + \sum_{i=1}^{m} \left( r_i \sum_{j=1}^{n} x_{ij} \right) + \sum_{j=1}^{n} \left( s_j \sum_{i=1}^{m} x_{ij} \right) = \\ &= \sum_{i=1}^{m} \sum_{j=1}^{n} \tilde{c}_{ij} x_{ij} + \sum_{i=1}^{m} r_i b_i + \sum_{j=1}^{n} s_j v_j . \end{aligned} \tag{2.073}$$

(Es wurde die Beziehung (2.070) benutzt.)

Wenn

$$\operatorname{Min} \sum_{i=1}^{m} \sum_{j=1}^{n} c_{ij} x_{ij} = 0$$

ist, dann gilt

$$\operatorname{Min} P(\boldsymbol{x}) = \sum_{i=1}^{m} r_i b_i + \sum_{j=1}^{n} s_j v_j . \tag{2.074}$$

Nach diesen Vorbemerkungen wollen wir zur Lösung des Transportproblems folgende Schritte vollziehen:

1°. In jeder Zeile von $\boldsymbol{C}$ wird das kleinste Element ausgewählt und von allen Elementen der entsprechenden Zeile subtrahiert, d.h. wir setzen

$$r_i^{(1)} = \min_{1 \leq j \leq n} c_{ij} \quad (i = 1, 2, \ldots, m); \quad s_j^{(1)} = 0 \quad (j = 1, 2, \ldots, n)$$

und bilden

$$c_{ij}^{(1)} = c_{ij} - r_i^{(1)} - s_j^{(1)} = c_{ij} - r_i^{(1)} .$$

Dann ist nach (2.073):

$$P(\boldsymbol{x}) = \sum_{i=1}^{m} \sum_{j=1}^{n} c_{ij}^{(1)} x_{ij} + \sum_{i=1}^{m} r_i^{(1)} b_i \tag{2.075}$$

2°. In der so erhaltenen Matrix $\boldsymbol{C}^{(1)} = (c_{ij}^{(1)})$ wird das kleinste Element jeder Spalte ausgewählt und von allen Elementen der entsprechenden Spalte subtrahiert. Man setzt also:

$$r_i^{(2)} = 0 \quad (i = 1, 2, \ldots, m) \quad \text{und} \quad s_j^{(2)} = \min_{1 \leq i \leq m} c_{ij}^{(1)} \quad (j = 1, 2, \ldots, n)$$
$$c_{ij}^{(2)} = c_{ij}^{(1)} - r_i^{(2)} - s_j^{(2)} = c_{ij}^{(1)} - s_j^{(2)}$$

und erhält

$$P(\boldsymbol{x}) = \sum_{i=1}^{m} \sum_{j=1}^{n} c_{ij}^{(2)} x_{ij} + \sum_{i=1}^{m} r_i^{(1)} b_i + \sum_{j=1}^{n} s_j^{(2)} v_j \tag{2.076}$$

(wiederum wegen (2.073)).

3°. Man bildet die Matrix $\boldsymbol{C}^{(2)} = (c_{ij}^{(2)})$, und aus ihren Nullelementen wird eine maximale Anzahl unabhängiger Elemente ausgewählt. Ist die Anzahl dieser Elemente genau $N$, dann ist

$$\text{Min} \sum_{i=1}^{m} \sum_{j=1}^{n} c_{ij}^{(2)} x_{ij} = 0\,.$$

Wir bilden nämlich analog wie oben die zu $\boldsymbol{C}^{(2)}$ gehörende Matrix $\boldsymbol{B}^{(2)}$, dann kann man aus ihr genau $N$ unabhängige Nullelemente auswählen. Ihre Summe ist natürlich Null, also minimal, und, wie eben gezeigt wurde, gleich $\text{Min} \sum\sum c_{ij}^{(2)} x_{ij}$.

Dann aber gilt nach (2.074)

$$\text{Min}\, P(\boldsymbol{x}) = \sum_{i=1}^{m} r_i^{(1)} b_i + \sum_{j=1}^{n} s_j^{(2)} v_j\,,$$

und die Aufgabe ist schon gelöst.

4°. Ist aber die Anzahl der unabhängigen Nullelemente von $\boldsymbol{C}^{(2)}$ kleiner als $N$, dann wird ein System von Decklinien für diese Elemente betrachtet, und man wählt sich das kleinste nichtbedeckte Element heraus. Dieses soll mit $a^{(2)}$ bezeichnet werden. Wir definieren jetzt die Zahlen $r_i^{(3)}$ und $s_j^{(3)}$ wie folgt:

$$r_i^{(3)} = \begin{cases} 0, & \text{wenn die } i\text{-te Zeile keine Decklinie ist} \\ -a^{(2)}, & \text{wenn die } i\text{-te Zeile eine Decklinie ist.} \end{cases}$$

$$s_j^{(3)} = \begin{cases} a^{(2)}, & \text{wenn die } j\text{-te Spalte keine Decklinie ist} \\ 0, & \text{wenn die } j\text{-te Spalte eine Decklinie ist.} \end{cases}$$

Und jetzt verkleinern wir die nichtbedeckten Elemente um $a^{(2)}$, die einmal bedeckten Elemente lassen wir unverändert, die zweimal bedeckten Elemente vergrößern wir um $a^{(2)}$. Wir bilden somit die Zahlen

$$c_{ij}^{(3)} = c_{ij}^{(2)} - r_i^{(3)} - s_j^{(3)}$$

und erhalten genauso wie oben

$$P(\boldsymbol{x}) = \sum_{i=1}^{m} \sum_{j=1}^{n} c_{ij}^{(3)} x_{ij} + \sum_{i=1}^{m} r_i^{(1)} b_i + \sum_{j=1}^{n} s_j^{(2)} v_j + a^{(2)} R^{(2)}\,,$$

wobei $R^{(2)}$ die Differenz zwischen $N$ und der Anzahl der unabhängigen Elemente, die im vorigen Schritt ausgewählt wurden, ist.

5°. Mit den Elementen $c_{ij}^{(3)}$ wird die Matrix $\boldsymbol{C}^{(3)}=(c_{ij}^{(3)})$ gebildet, und die Schritte 3°. und 4°. werden so oft wiederholt, bis man zu einer Matrix $\boldsymbol{C}^{(r)}=(c_{ij}^{(r)})$ gelang, die $N$ unabhängige Nullelemente enthält. Dann ergibt sich der gleiche Sachverhalt wie in 3°., und daher ist

$$\operatorname{Min} P(\boldsymbol{x}) = \sum_{i=1}^{m} r_i^{(1)} b_i + \sum_{j=1}^{n} s_j^{(2)} v_j + a^{(2)} R^{(2)} + \cdots + a^{(r-1)} R^{(r-1)},$$

wobei $R^{(l)}$ die Differenz von $N$ und der Anzahl der unabhängigen Nullelemente in der Matrix $(c_{ij}^{(l)})$ ist. $a^{(l)}$ bedeutet das kleinste nichtbedeckte Element von $\boldsymbol{C}^{(l)}$.

Schließlich haben wir noch einzusehen, daß die Anzahl $r$ der Schritte, die zum Ziel führen, endlich ist. Wenn $\delta$ den minimalen Unterschied zwischen den *verschiedenen* Elementen von $\boldsymbol{C}$ bezeichnet, dann ist $\delta>0$ und $R^{(k)}\geqq 1$, somit ist

$$a^{(k)} R^{(k)} \geqq \delta > 0$$

und deswegen

$$P(\boldsymbol{x}) \geqq (r-1)\,\delta$$

beim $r$-ten Schritt des Verfahrens. Wäre $r$ nicht beschränkt, wäre auch $P(\boldsymbol{x})$ von oben unbeschränkt. $P(\boldsymbol{x})$ ist aber beschränkt, was aus (2.070) und (2.069) unmittelbar folgt. Somit ist also $r$ endlich, und das Problem ist gelöst.

Zum Schluß möchten wir noch erwähnen, daß der Spezialfall $b_i=1$, $v_j=1$ (für alle $i$ und $j$) des Transportproblems *Zuordnungsproblem* heißt. H. W. Kuhn hat den König-Egerváryschen Satz zuerst zur Lösung des Zuordnungsproblems angewendet.

Mit der numerischen bzw. maschinellen Behandlung des Transportproblems befassen wir uns hier nicht, wir haben den mathematischen Hintergrund besprochen. Zur numerischen Auswertung verweisen wir auf die diesbezügliche, heute schon reiche Fachliteratur.

## 202 Konvexe Optimierung

### 202.01 *Problemstellung*

Bei den Optimierungsaufgaben, die aus der Praxis entnommen werden, muß man unter Umständen für eine lineare Optimierung eine starke Idealisierung vornehmen. Manchmal ist das Modell sehr entfernt von der Realität, und das Ergebnis, das man durch Anwendung der linearen Optimierung erhält, gibt nur eine sehr grobe Näherung der wirklichen Verhältnisse.

Bei der Grundaufgabe der Optimierung (201.01) wurde ein Betrieb betrachtet, der $n$ verschiedene Erzeugnisse fabriziert. Bei der Produktion einer Mengeneinheit des $k$-ten Produktes erzielt man einen Reingewinn $h_k$, und wenn von diesem Erzeugnis $x_k$ Mengeneinheiten hergestellt werden, dann wird vorausgesetzt, daß der Reingewinn zu $x_k$ proportional und der Proportionalitätsfaktor $h_k$ von $x_1, x_2, \ldots, x_n$ unabhängig ist. In der Praxis ist diese Annahme nicht immer erfüllt, so daß die Zielfunktion die Gestalt

$$P(x_1, x_2, \ldots, x_n) = \sum_{k=1}^{n} h_k(x_1, x_2, \ldots, x_n)\, x_k$$

hat. Aus diesem Grunde werden wir auch nichtlineare Optimierungsaufgaben kurz behandeln.

Wir beschränken uns dabei auf die Untersuchung von Optimierungsaufgaben des folgenden Typs:

$\Phi_1(\boldsymbol{x}), \Phi_2(\boldsymbol{x}), \ldots, \Phi_m(\boldsymbol{x})$ seien stetige, reellwertige Funktionen von $\boldsymbol{x} \in R^n$, und $P(\boldsymbol{x})$ soll ebenfalls eine solche Funktion sein. Gesucht ist ein Vektor $\boldsymbol{x} \in R^n$, so daß $P(\boldsymbol{x})$ das Minimum annimmt, falls die Bedingungen

$$\Phi_1(\boldsymbol{x}) \leqq 0\,, \quad \Phi_2(\boldsymbol{x}) \leqq 0, \ldots, \Phi_m(\boldsymbol{x}) \leqq 0\,, \quad \boldsymbol{x} \geqq \boldsymbol{0}$$

erfüllt sind.

Um diese Aufgabe lösen zu können, müssen wir einige Definitionen und Sätze vorausschicken.

### 202.02 *Definitionen und Hilfssätze*

**Definition:** *Eine reellwertige Funktion $f(\boldsymbol{x})$ $(\boldsymbol{x} \in R^n)$ heißt affin-linear, wenn für alle Vektoren $\boldsymbol{u}$, $\boldsymbol{v} \in R^n$ und alle reellen Zahlen $\alpha$, $\beta$ mit $\alpha + \beta = 1$*

$$f(\alpha \boldsymbol{u} + \beta \boldsymbol{v}) = \alpha f(\boldsymbol{u}) + \beta f(\boldsymbol{v}) \tag{2.077}$$

*gilt.*

(2.077) kann als Funktionalgleichung aufgefaßt werden. Über ihre allgemeinste Lösung gibt folgender Satz Auskunft:

**Satz 2.23.** *Die allgemeinste Gestalt einer affin-linearen Funktion ist*

$$f(\boldsymbol{x}) = \boldsymbol{n}^* \boldsymbol{x} + \lambda\,, \tag{2.078}$$

*wobei $\boldsymbol{n}$ ein Vektor aus $R^n$ und $\lambda$ eine reelle Zahl ist.*

*Beweis.* Daß die Funktion $\boldsymbol{n}^* \boldsymbol{x} + \lambda$ affin-linear ist, ist offensichtlich.

Sei nun $f(\boldsymbol{x})$ eine affin-lineare Funktion. Wir zeigen, daß man zu ihr (eindeutig) einen Vektor $\boldsymbol{n}$ und eine reelle Zahl $\lambda$ bestimmen kann, so daß (2.078) erfüllt ist.

Sei

$$\varphi(\boldsymbol{x}) = f(\boldsymbol{x}) - f(\boldsymbol{0})$$

und $\alpha$, $\beta$ reell $(\alpha+\beta=1)$. Dann wird

$$\begin{aligned}\varphi(\alpha\mathbf{x}) &= f(\alpha\mathbf{x}) - f(\mathbf{0}) = f(\alpha\mathbf{x} + \beta\mathbf{0}) - f(\mathbf{0}) =\\ &= \alpha f(\mathbf{x}) + \beta f(\mathbf{0}) - f(\mathbf{0}) = \alpha f(\mathbf{x}) + (\beta - 1) f(\mathbf{0}) =\\ &= \alpha f(\mathbf{x}) - \alpha f(\mathbf{0}) = \alpha\,\varphi(\mathbf{x}),\end{aligned}$$

d.h. $\varphi(\mathbf{x})$ ist homogen. $\varphi(\mathbf{x})$ ist aber auch additiv:

$$\begin{aligned}\varphi(\mathbf{u} + \mathbf{v}) &= f(\mathbf{u} + \mathbf{v}) - f(\mathbf{0}) = f(\tfrac{1}{2}2\mathbf{u} + \tfrac{1}{2}2\mathbf{v}) - f(\mathbf{0}) =\\ &= \tfrac{1}{2}f(2\mathbf{u}) + \tfrac{1}{2}f(2\mathbf{v}) - 2\tfrac{1}{2}f(\mathbf{0}) = \tfrac{1}{2}\varphi(2\mathbf{u}) + \tfrac{1}{2}\varphi(2\mathbf{v}) =\\ &= \varphi(\mathbf{u}) + \varphi(\mathbf{v})\end{aligned}$$

auf Grund der Homogenität von $\varphi$.

Durch vollständige Induktion ergibt sich

$$\varphi\left(\sum_{i=1}^{s} r_i\,\mathbf{u}_i\right) = \sum_{i=1}^{s} r_i\,\varphi(\mathbf{u}_i) \tag{2.079}$$

für beliebige reelle $r_i$, $\mathbf{u}_i \in R^n$ $(i=1,2,\ldots,s)$ und beliebiges natürliches $s$. Wir setzen hier $s=n$ und wählen $\mathbf{u}_1=\mathbf{e}_1$, $\mathbf{u}_2=\mathbf{e}_2,\ldots,\mathbf{u}_n=\mathbf{e}_n$ ($\mathbf{e}_i$ = Einheitsvektoren des $R^n$). Dann ist für einen beliebigen Vektor $\mathbf{x}\in R^n$

$$\mathbf{x} = r_1\,\mathbf{e}_1 + r_2\,\mathbf{e}_2 + \cdots + r_n\,\mathbf{e}_n,$$

wobei $r_i$ die $i$-te Komponente von $\mathbf{x}$ ist, und nach (2.079) ergibt sich

$$\varphi(\mathbf{x}) = r_1\,\varphi(\mathbf{e}_1) + r_2\,\varphi(\mathbf{e}_2) + \cdots + r_n\,\varphi(\mathbf{e}_n).$$

Definieren wir

$$\mathbf{n} = \begin{pmatrix}\varphi(\mathbf{e}_1)\\ \varphi(\mathbf{e}_2)\\ \vdots\\ \varphi(\mathbf{e}_n)\end{pmatrix}$$

dann ist

$$\varphi(\mathbf{x}) = \mathbf{n}^*\,\mathbf{x} = f(\mathbf{x}) - f(\mathbf{0}),$$

daher

$$f(\mathbf{x}) = \mathbf{n}^*\,\mathbf{x} + \lambda,$$

wobei $\lambda = f(\mathbf{0})$ ist.

Damit ist die Behauptung bewiesen.

Wir wollen jetzt den aus den Elementen der Analysis wohlbekannten Begriff der konvexen Funktion auf Funktionen von $n$ Veränderlichen verallgemeinern.

**Definition:** *Sei $G$ eine konvexe Teilmenge* (im Sinn der Definition auf S. 191) *des $R^n$. Eine für $\mathbf{x}\in G$ definierte reellwertige Funktion $f(\mathbf{x})$ heißt konvex in $G$, wenn für beliebige $\mathbf{x}, \mathbf{y}\in G$ und alle reellen $\alpha$ mit $0<\alpha<1$*

$$f(\alpha\mathbf{x} + \beta\mathbf{y}) \leqq \alpha f(\mathbf{x}) + \beta f(\mathbf{y}) \tag{2.080}$$

*gilt, wobei $\alpha+\beta=1$ ist.*

*$f(\boldsymbol{x})$ heißt streng konvex in $G$, wenn in* (2.080) *statt* $\leqq$ *das Zeichen* $<$ *gilt.*

Wenn $n=1$ ist, d.h. die betrachtete Funktion eine Funktion von einer Veränderlichen ist, dann ist $G$ ein Intervall, und (2.080) besagt, daß die Kurve nicht oberhalb der zwei beliebigen Kurvenpunkte verbindenden Gerade liegt. Das ist eben die Definition der Konvexität einer gewöhnlichen Funktion (Fig. 19).

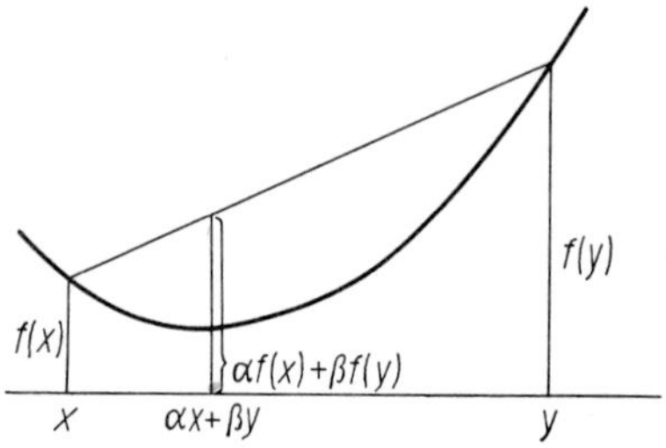


Fig. 19

**Definition:** *Es seien in $R^n$ $(n+1)$ verschiedene Punkte $\boldsymbol{x}_1, \boldsymbol{x}_2, \ldots, \boldsymbol{x}_{n+1}$ gegeben. Ihre konvexe Hülle, d.h. die Menge aller Konvexkombinationen dieser Punkte, wird Simplex genannt und mit $S(\boldsymbol{x}_1, \boldsymbol{x}_2, \ldots, \boldsymbol{x}_{n+1})$ bezeichnet.*

**Satz 2.24.** *Ist $f(\boldsymbol{x})$ auf einem Simplex $S(\boldsymbol{x}_1, \ldots, \boldsymbol{x}_{n+1})$ definiert und dort konvex, so ist $f(\boldsymbol{x})$ auf $S$ beschränkt, und es gilt:*

$$f(\boldsymbol{x}) \leqq \operatorname*{Max}_{1 \leqq i \leqq m} f(\boldsymbol{x}_i) \quad \text{für} \quad \boldsymbol{x} \in S.$$

*Beweis.* Ist $\boldsymbol{x} \in S(\boldsymbol{x}_1, \ldots, \boldsymbol{x}_{n+1})$, so ist dieser Vektor in der Form

$$\boldsymbol{x} = p_1 \boldsymbol{x}_1 + p_2 \boldsymbol{x}_2 + \cdots + p_{n+1} \boldsymbol{x}_{n+1}$$

mit $p_i \geqq 0$ $(i=1, 2, \ldots, n+1)$, $p_1 + p_2 + \cdots + p_{n+1} = 1$ darstellbar. Sei nun $q_1 = 1 - p_1$, dann ist laut der Definition der Konvexität

$$f(p_1 \boldsymbol{x}_1 + q_1 \boldsymbol{x}_2) \leqq p_1 f(\boldsymbol{x}_1) + q_1 f(\boldsymbol{x}_2).$$

Wenn wir annehmen, daß $q_1 \neq 0$ ist, und wenn wir für $\boldsymbol{x}_2$

$$\frac{p_2}{q_1} \boldsymbol{x}_2 + \frac{q_1 - p_2}{q_1} \boldsymbol{x}_3$$

setzen, so erhalten wir

$$f(p_1 \boldsymbol{x}_1 + p_2 \boldsymbol{x}_2 + (q_1 - p_2) \boldsymbol{x}_3) \leqq p_1 f(\boldsymbol{x}_1) + q_1 f\left(\frac{p_2}{q_1} \boldsymbol{x}_2 + \frac{q_1 - p_2}{q_1} \boldsymbol{x}_3\right) \leqq$$
$$\leqq p_1 f(\boldsymbol{x}_1) + p_2 f(\boldsymbol{x}_2) + (q_1 - p_2) f(\boldsymbol{x}_3),$$

weil

$$\frac{p_2}{q_1} + \frac{q_1 - p_2}{q_1} = 1$$

ist. Da ist aber die Summe der Koeffizienten $p_1 + p_2 + (q_1 - p_2) = p_1 + q_1 = 1$. Wenn wir $q_1 - p_2 = q_2$ setzen, ergibt sich

$$f(p_1 \boldsymbol{x}_1 + p_2 \boldsymbol{x}_2 + q_2 \boldsymbol{x}_3) = p_1 f(\boldsymbol{x}_1) + p_2 f(\boldsymbol{x}_2) + q_2 f(\boldsymbol{x}_3).$$

Jetzt wiederholen wir das Verfahren und erhalten durch vollständige Induktion

$$f(p_1 \boldsymbol{x}_1 + p_2 \boldsymbol{x}_2 + \cdots + p_{n+1} \boldsymbol{x}_{n+1}) \leqq p_1 f(\boldsymbol{x}_1) + p_2 f(\boldsymbol{x}_2) + \cdots + p_{n+1} f(\boldsymbol{x}_{n+1}). \tag{2.081}$$

Hier war jeder Schritt legal, denn gemäß der Definition des Simplex liegt jeder der Punkte $\boldsymbol{x}_1, p_1 \boldsymbol{x}_1 + q_1 \boldsymbol{x}_2, p_1 \boldsymbol{x}_1 + p_2 \boldsymbol{x}_2 + q_2 \boldsymbol{x}_3, \ldots$ in S.

Aus (2.081) ergibt sich unmittelbar

$$f(\boldsymbol{x}) \leqq \max_{1 \leqq i \leqq n+1} f(\boldsymbol{x}_i) \sum_{i=1}^{n+1} p_i = \max_{1 \leqq i \leqq n+1} f(\boldsymbol{x}_i), \qquad \text{q.e.d.}$$

Wir wollen nun beweisen, daß für eine auf einer offenen konvexen Menge definierte Funktion $f(\boldsymbol{x})$ aus der Konvexität die Stetigkeit folgt. Genauer:

**Satz 2.25.** *Sei G eine offene konvexe Teilmenge des $R^n$ und $f(\boldsymbol{x})$ konvex in G. Dann ist $f(\boldsymbol{x})$ stetig in G.*

*Beweis.* $\boldsymbol{x}_0$ sei ein Punkt von $G$, den wir festhalten. Wir zeigen, daß $f(\boldsymbol{x})$ in $\boldsymbol{x}_0$ stetig ist. Da $G$ offen ist, ist $\boldsymbol{x}_0$ ein innerer Punkt von $G$, es gibt somit eine Kugel mit dem Mittelpunkt $\boldsymbol{x}_0$, die in $G$ liegt. Nun wollen wir in dieser Kugel ein Simplex $S(\boldsymbol{x}_1, \boldsymbol{x}_2, \ldots, \boldsymbol{x}_{n+1})$ betrachten, das $\boldsymbol{x}_0$ in seinem Innern enthält (Fig. 20).

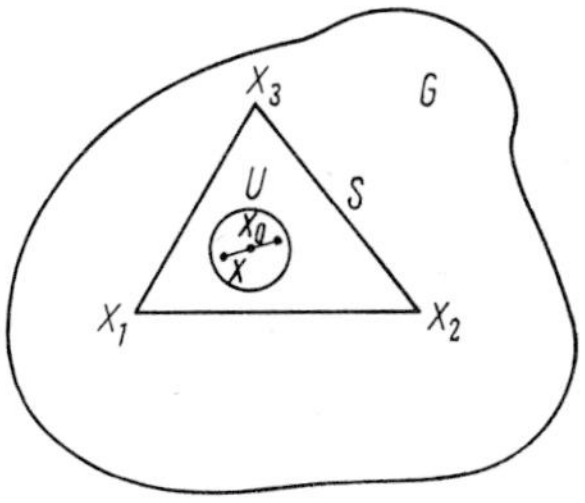


Fig. 20

Wir werden jetzt eine zweite Kugel $U(\boldsymbol{x}_0, r)$ mit dem Mittelpunkt $\boldsymbol{x}_0$ und dem Radius $r$ konstruieren, welche im Innern des Simplex $S$ liegt. $\boldsymbol{x}$ sei ein Punkt aus $U(\boldsymbol{x}_0, r) \subset S(\boldsymbol{x}_1, \ldots, \boldsymbol{x}_{n+1})$; daraus folgt $\boldsymbol{x} \in S$.

Die Funktion $f(\boldsymbol{x})$ ist konvex, somit nach Satz 2.24 auf $S$ beschränkt, eine obere Schranke für sie sei $M$. $\varepsilon$ soll eine im voraus gegebene beliebige positive Zahl bedeuten, und wir setzen

$$\eta = \mathrm{Min}\left(r, \frac{\varepsilon r}{M - f(\boldsymbol{x}_0)}\right).$$

Ist nun*) $d(\boldsymbol{x}, \boldsymbol{x}_0) \leqq \eta$, so liegen die Punkte

$$\boldsymbol{y}_1 = \boldsymbol{x}_0 + \frac{r}{\eta}(\boldsymbol{x} - \boldsymbol{x}_0), \qquad \boldsymbol{y}_2 = \boldsymbol{x}_0 - \frac{r}{\eta}(\boldsymbol{x} - \boldsymbol{x}_0)$$

in $U(\boldsymbol{x}_0, r)$, denn

$$\boldsymbol{y}_1 - \boldsymbol{x}_0 = \frac{r}{\eta}(\boldsymbol{x} - \boldsymbol{x}_0),$$

daher

$$d(\boldsymbol{x}_0, \boldsymbol{y}_1) \leqq \frac{r}{\eta}\, d(\boldsymbol{x}_0, \boldsymbol{x}) \leqq \frac{r}{\eta}\,\eta = r,$$

und das gleiche gilt für $\boldsymbol{y}_2$. Daraus folgt

$$\boldsymbol{y}_1 \in S, \qquad \boldsymbol{y}_2 \in S;$$

deswegen ist $f(\boldsymbol{y}_1) \leqq M$, $f(\boldsymbol{y}_2) \leqq M$.

Aus der Definition von $\boldsymbol{y}_1$ und $\boldsymbol{y}_2$ erhält man

$$\boldsymbol{x} = \frac{\eta}{r}\,\boldsymbol{y}_1 + \left(1 - \frac{\eta}{r}\right)\boldsymbol{x}_0$$

und

$$\boldsymbol{x}_0 = \frac{\eta}{r+\eta}\,\boldsymbol{y}_2 + \frac{r}{r+\eta}\,\boldsymbol{x} = \frac{\eta}{r+\eta}\,\boldsymbol{y}_2 + \left(1 - \frac{\eta}{r+\eta}\right)\boldsymbol{x},$$

d. h. $\boldsymbol{x}$ ist eine Konvexkombination von $\boldsymbol{y}_1$ und $\boldsymbol{x}_0$ und $\boldsymbol{x}_0$ eine von $\boldsymbol{y}_2$ und $\boldsymbol{x}$. Daher ist wegen der Konvexität von $f(\boldsymbol{x})$:

$$f(\boldsymbol{x}) \leqq \frac{\eta}{r} f(\boldsymbol{y}_1) + \left(1 - \frac{\eta}{r}\right) f(\boldsymbol{x}_0) \leqq \frac{\eta}{r} M + \left(1 - \frac{\eta}{r}\right) f(\boldsymbol{x}_0)$$

und

$$f(\boldsymbol{x}_0) \leqq \frac{\eta}{r+\eta} f(\boldsymbol{y}_2) + \frac{r}{r+\eta} f(\boldsymbol{x}) \leqq \frac{\eta}{r+\eta} M + \frac{\eta}{r+\eta} f(\boldsymbol{x}).$$

*) Für die Bezeichnung $d(\boldsymbol{x}, \boldsymbol{x}_0)$ vgl. Bd. I, S. 10, Formel (1.01).

Aus diesen Ungleichungen folgt

$$f(\boldsymbol{x}) - f(\boldsymbol{x}_0) \leqq \frac{\eta}{r}(M - f(\boldsymbol{x}_0)) = \frac{\eta}{\frac{r}{M - f(\boldsymbol{x}_0)}} \leqq \varepsilon$$

und

$$f(\boldsymbol{x}_0)\frac{r+\eta}{r} \leqq \frac{\eta}{r} M + f(\boldsymbol{x})$$

oder

$$f(\boldsymbol{x}_0)\left(1 + \frac{\eta}{r}\right) \leqq \frac{\eta}{r} M + f(\boldsymbol{x}),$$

daher

$$f(\boldsymbol{x}_0) - f(\boldsymbol{x}) \leqq \frac{\eta}{r}(M - f(\boldsymbol{x}_0)) \leqq \varepsilon .$$

Somit ist

$$|f(\boldsymbol{x}) - f(\boldsymbol{x}_0)| \leqq \varepsilon ,$$

was eben die Stetigkeit im Punkt $\boldsymbol{x}_0$ bedeutet.

Es wurde hier ausgenutzt, daß $G$ offen ist. Auf einer nicht offenen konvexen Menge braucht eine konvexe Funktion nicht stetig zu sein, wie das folgende Beispiel zeigt: Sei $n=1$, $G$ sei das Intervall $[0, 1]$ und

$$f(x) = \begin{cases} x & \text{für} \quad 0 < x \leqq 1 \\ 1 & \text{für} \quad x = 0 . \end{cases}$$

$f(x)$ ist konvex, aber im Punkt $x_0 = 0$ unstetig.

Über eine besonders wichtige Klasse von konvexen Funktionen gibt uns folgender Satz Auskunft:

**Satz 2.26.** *Sei $A$ eine reelle, symmetrische positiv definierte Matrix. Dann ist*

$$f(\boldsymbol{x}) = \boldsymbol{x}^* \boldsymbol{A} \boldsymbol{x}$$

*streng konvex. Ist $A$ positiv semidefinit, so ist $f(\boldsymbol{x})$ konvex.*

*Beweis.* Sei $\boldsymbol{A}$ positiv definit*) von der Ordnung $n$ und $\alpha$ eine Zahl zwischen 0 und 1; $\boldsymbol{x}, \boldsymbol{y} \in R^n$ und $\boldsymbol{y} \neq \boldsymbol{x}$. Wegen $\alpha^2 < \alpha$ wird

$$\begin{aligned} \alpha f(\boldsymbol{x}) + (1-\alpha) f(\boldsymbol{y}) &= \alpha \boldsymbol{x}^* \boldsymbol{A} \boldsymbol{x} + (1-\alpha)\, \boldsymbol{y}^* \boldsymbol{A} \boldsymbol{y} = \\ &= \alpha(\boldsymbol{x}-\boldsymbol{y})^* \boldsymbol{A}(\boldsymbol{x}-\boldsymbol{y}) + \alpha \boldsymbol{y}^* \boldsymbol{A}(\boldsymbol{x}-\boldsymbol{y}) + \alpha(\boldsymbol{x}-\boldsymbol{y})^* \boldsymbol{A} \boldsymbol{y} + \boldsymbol{y}^* \boldsymbol{A} \boldsymbol{y} > \\ &> \alpha^2(\boldsymbol{x}-\boldsymbol{y})^* \boldsymbol{A}(\boldsymbol{x}-\boldsymbol{y}) + 2\alpha \boldsymbol{y}^* \boldsymbol{A}(\boldsymbol{x}-\boldsymbol{y}) + \boldsymbol{y}^* \boldsymbol{A} \boldsymbol{y} = \\ &= (\alpha(\boldsymbol{x}-\boldsymbol{y}) + \boldsymbol{y})^* \boldsymbol{A}(\alpha(\boldsymbol{x}-\boldsymbol{y}) + \boldsymbol{y}) = f(\alpha \boldsymbol{x} + (1-\alpha)\, \boldsymbol{y}), \end{aligned}$$ q.e.d.

*) Die Definition s. 101.15, S. 85.

Wenn aber $A$ positiv semidefinit ist, so ist die Abschätzung nur mit $\geqq$ gestattet, da $(\boldsymbol{x}-\boldsymbol{y})^* A(\boldsymbol{x}-\boldsymbol{y})=0$ auch für $\boldsymbol{x}\neq\boldsymbol{y}$ gelten kann. Daraus folgt die Behauptung.

Wir überlassen dem Leser den Beweis der folgenden sehr einfachen, in den nachfolgenden Ausführungen jedoch wichtigen Behauptungen.

Eine auf der konvexen Menge $G$ definierte und konvexe Funktion $f(\boldsymbol{x})$ sei gegeben. Dann ist *jedes relative Minimum von* $f(\boldsymbol{x})$ *auch ein absolutes Minimum, und die Menge der Minimalpunkte ist konvex. Wenn* $f(\boldsymbol{x})$ *streng konvex auf* $G$ *ist, so gibt es höchstens einen Minimalpunkt.*

Wir wollen jetzt noch zwei Kriterien für die Konvexität differenzierbarer Funktionen besprechen. Dazu setzen wir voraus, daß grad $f(\boldsymbol{x})$ existiert. Es gilt nun der

**Satz 2.27.** *Sei* $f(\boldsymbol{x})$ *auf der konvexen Menge* $G$ *definiert, und es existiere dort* grad $f(\boldsymbol{x})$. $f(\boldsymbol{x})$ *ist konvex dann und nur dann, wenn für alle* $\boldsymbol{x}, \boldsymbol{y} \in G$ *die Ungleichung*

$$f(\boldsymbol{y}) \geqq f(\boldsymbol{x}) + (\boldsymbol{y}-\boldsymbol{x})^* \operatorname{grad} f(\boldsymbol{x}) \tag{2.082}$$

*gilt.* $f(\boldsymbol{x})$ *ist genau dann streng konvex, wenn für* $\boldsymbol{x}\neq\boldsymbol{y}$ (2.082) *mit dem Zeichen* $>$ *gilt.*

*Beweis.* a) Notwendigkeit: Vorausgesetzt wird, daß $f(\boldsymbol{x})$ konvex ist. Man definiere eine Hilfsfunktion

$$F(\alpha) = (1-\alpha) f(\boldsymbol{x}) + \alpha f(\boldsymbol{y}) - f((1-\alpha)\boldsymbol{x} + \alpha\boldsymbol{y}).$$

Ist $\boldsymbol{x}\neq\boldsymbol{y}$ und $0<\alpha<1$, dann ist wegen der Konvexität von $f(\boldsymbol{x})$ $F(\alpha)\geqq 0$, und man sieht, daß $F(0)=0$ ist. Laut Voraussetzung über die Differenzierbarkeit von $f(\boldsymbol{x})$ ist auch $F(\alpha)$ differenzierbar, und da $F(\alpha)$ im Punkt $\alpha=0$ wachsend ist, ist $F'(0)\geqq 0$. Daraus folgt

$$-f(\boldsymbol{x}) + f(\boldsymbol{y}) - (\boldsymbol{y}-\boldsymbol{x})^* \operatorname{grad} f(\boldsymbol{x}) \geqq 0,$$

was mit (2.082) gleichbedeutend ist.

Wenn nun $f(\boldsymbol{x})$ streng konvex ist, so ist $-F(\alpha)$ auch streng konvex, und man sieht, daß $F(\frac{1}{2})>0$ und $F(\alpha)>2F(\frac{1}{2})\alpha$ für $0<\alpha<\frac{1}{2}$ gilt. Daraus folgt $F'(0)>0$, woraus sich (2.082) mit dem $>$ Zeichen ergibt.

b) Wir zeigen, daß die Bedingung auch hinreichend ist. Es gelte demnach (2.082). Ist $\boldsymbol{y}, \boldsymbol{z} \in G$ und $\boldsymbol{x}=\alpha\boldsymbol{y}+\beta\boldsymbol{z}$ mit $\alpha+\beta=1$, $0<\alpha<1$, so wird

$$\begin{aligned}
\alpha f(\boldsymbol{y}) + \beta f(\boldsymbol{z}) \geqq \alpha f(\boldsymbol{x}) + \alpha(\boldsymbol{y}-\boldsymbol{x})^* \operatorname{grad} f(\boldsymbol{x}) + {}&\\
+ \beta f(\boldsymbol{x}) + \beta(\boldsymbol{z}-\boldsymbol{x})^* \operatorname{grad} f(\boldsymbol{x}) &= \\
= f(\boldsymbol{x}) + [\alpha(\boldsymbol{y}-\boldsymbol{x}) + \beta(\boldsymbol{z}-\boldsymbol{x})]^* \operatorname{grad} f(\boldsymbol{x}) &= \\
= f(\boldsymbol{x}) + [\alpha\boldsymbol{y} + \beta\boldsymbol{z} - \boldsymbol{x}]^* \operatorname{grad} f(\boldsymbol{x}) &= f(\boldsymbol{x})
\end{aligned}$$

auf Grund der Definition von $\boldsymbol{x}$. Das besagt aber, daß $f(\boldsymbol{x})$ konvex ist.

Genauso wird die Aussage über die strenge Konvexität nachgewiesen.

Wenn man auch noch die Existenz der zweiten partiellen Ableitungen von $f(\boldsymbol{x})$ voraussetzt, dann kann man folgende einfache Bedingung angeben:

**Satz 2.28.** *$f(\boldsymbol{x})$ sei auf der konvexen Menge G definiert und besitze dort stetige partielle Ableitungen zweiter Ordnung. Ist die Matrix*

$$A(\boldsymbol{x}) = \left(\frac{\partial^2 f(\boldsymbol{x})}{\partial x_i \, \partial x_j}\right)_1^n \tag{2.083}$$

*für alle $\boldsymbol{x} \in G$ positiv semidefinit bzw. positiv definit, so ist $f(\boldsymbol{x})$ konvex bzw. streng konvex auf G.*

*Beweis.* Sei nun $A(\boldsymbol{x})$ positiv semidefinit (positiv definit). Nach der Taylorschen Formel für Funktionen mehrerer Veränderlichen ist für $\boldsymbol{x} \neq \boldsymbol{y}$ mit $\boldsymbol{x}, \boldsymbol{y} \in G$

$$f(\boldsymbol{y}) = f(\boldsymbol{x}) + (\boldsymbol{y} - \boldsymbol{x})^* \operatorname{grad} f(\boldsymbol{x}) + \tfrac{1}{2}(\boldsymbol{y} - \boldsymbol{x})^* A(\xi)(\boldsymbol{y} - \boldsymbol{x}),$$

wobei $\xi$ ein gewisser Punkt auf der Verbindungsstrecke von $\boldsymbol{x}$ und $\boldsymbol{y}$ ist, daher $\xi \in G$.

Wegen der positiven Semidefinitheit (positiven Definitheit) ist

$$(\boldsymbol{y} - \boldsymbol{x})^* A(\xi)(\boldsymbol{y} - \boldsymbol{x}) \geqq 0 \quad (> 0),$$

d. h.

$$f(\boldsymbol{y}) \geqq f(\boldsymbol{x}) + (\boldsymbol{y} - \boldsymbol{x})^* \operatorname{grad} f(\boldsymbol{x}) \quad (>),$$

und die Behauptung folgt aus dem Satz 2.27.

Schließlich benötigen wir zur späteren Beweisführung folgenden einfachen Hilfssatz:

**Satz 2.29.** *Seien $G_1$, $G_2$ konvexe echte Teilmengen des $R^n$, eine von ihnen, z.B. $G_2$, sei offen*) und $G_1 \cap G_2 = 0$. Dann gibt es einen Vektor $\mathbf{a} \neq 0\, (\varepsilon R^n)$ und eine reelle Zahl c mit*

$$\boldsymbol{a}^* \boldsymbol{x} \leqq c < \boldsymbol{a}^* \boldsymbol{y} \tag{$*$}$$

*für alle $\boldsymbol{x} \in G_1$ und $\boldsymbol{y} \in G_2$.*

Dieser Satz hat eine anschauliche Bedeutung in den ein-, zwei- und dreidimensionalen Räumen: Wenn $G_1$ und $G_2$ konvexe Mengen ohne gemeinsamen Punkt sind und eine von ihnen offen ist, dann gibt es einen Punkt bzw. eine Gerade bzw. eine Ebene, die die zwei Mengen trennt (s. Fig. 21).

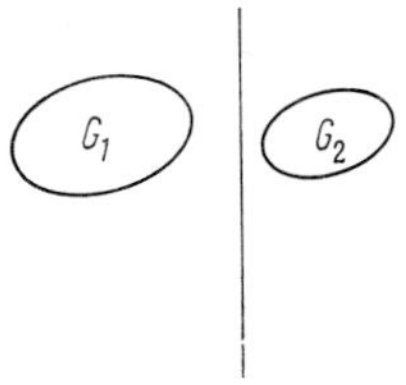


Fig. 21

*) Der Satz ist auch ohne diese Voraussetzung in derjenigen Form gültig, daß anstatt (*) $\boldsymbol{a}^* \boldsymbol{x} \leqq c \leqq \boldsymbol{a}^* \boldsymbol{y}$ $(\boldsymbol{x} \in G_1, \boldsymbol{y} \in G_2)$ geschrieben werden muß. Ohne die Voraussetzung (*) ist der Beweis jedoch länger.

*Beweis*. Zuerst wollen wir den Satz beweisen, daß $G_1$ aus einem einzigen Punkt besteht. Dann bedeutet es keine Einschränkung der Allgemeinheit, wenn wir voraussetzen, daß $G_1$ der Ursprung des Koordinatensystems ist, d.h. $G_1=\{\mathbf{0}\}$. $G_2$ ist also eine offene und konvexe Menge, die den Vektor $\mathbf{0}$ nicht enthält. In diesem Spezialfall muß somit bewiesen werden, daß ein Vektor $\boldsymbol{a}\neq\mathbf{0}$ und eine Zahl $c$ existierten, so daß $0\leqq c<\boldsymbol{a}^*\boldsymbol{y}$ für jeden Vektor $\boldsymbol{y}\in G_2$ (wegen $\boldsymbol{x}=\mathbf{0}$ ist $\boldsymbol{a}^*\boldsymbol{x}=0$).

Den Beweis führen wir durch vollständige Induktion.

Für $n=1$ ist die Behauptung klar, denn $G_2$ ist ein offenes Intervall $(\alpha, \beta)$, das den Nullpunkt nicht enthält, $\alpha$ und $\beta$ sind gleichzeitig positiv oder negativ, somit ist jede Zahl $y\in(\alpha, \beta)$ auch positiv oder negativ, je nachdem $\alpha$ und $\beta$ positiv oder negativ sind. Sei $0<a<\min(\alpha, \beta)$, falls $\alpha, \beta>0$ und $0>a>\max(\alpha, \beta)$, falls $\alpha, \beta<0$ ist. Dann aber ist $ay>0$, die Behauptung ist für $n=1$ bewiesen.

$n=2$: Wir wählen das Koordinatensystem so, daß auf der Halbachse $x_1<0$ kein Punkt von $G_2$ liegt. $e_t$ sei ein durch den Nullpunkt gehender Halbstrahl, der mit der $x_1$-Achse den Winkel $t\in[-\pi, +\pi]$ bildet (Fig. 22). Sei $T$ die Menge derjenigen Winkel $t$, für die $e_t$ gemeinsame Punkte mit $G_2$ hat. Man sieht sofort, daß $T$ eine eindimensionale, konvexe Menge ist, denn für $t_1, t_2\in T$ und $0\leqq\alpha<1$ ist $t=\alpha t_1+\beta t_2\in T$ $(\alpha+\beta=1)$ wegen der Konvexität von $G_2$ (Fig. 23). $T$ ist also ein Intervall. Da aber $-\pi\notin T$; $\pi\notin T$ und $G_2$ offen ist, ist $T$ ein offenes Teilintervall von $[-\pi, \pi]$. Die Länge von $T$ ist $\leqq\pi$. Wäre das nicht der Fall, dann gäbe es eine Gerade durch den Nullpunkt, deren beide Halbstrahlen Punkte

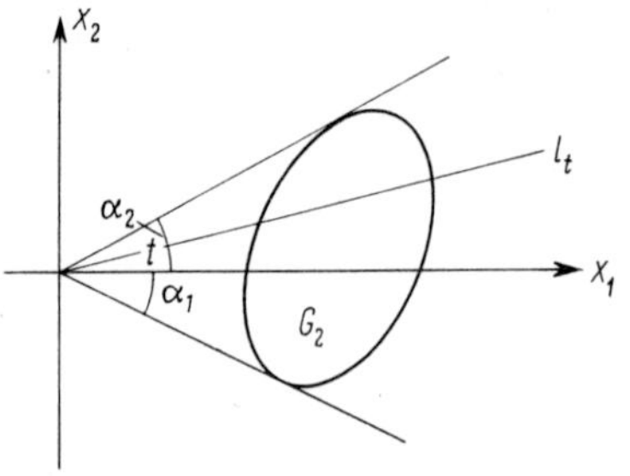


Fig. 22

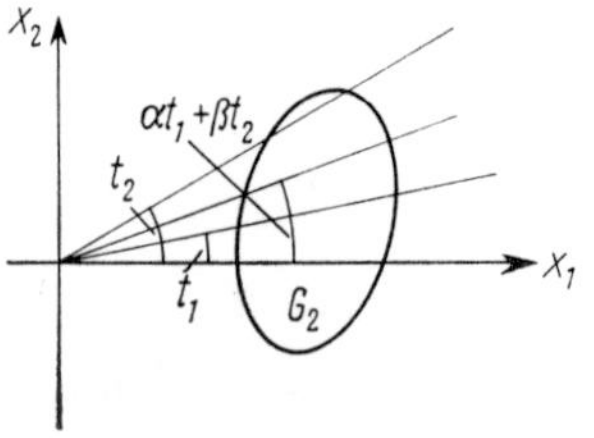


Fig. 23

von $G_2$ enthalten; da $G_2$ konvex ist, läge im Gegensatz zur Voraussetzung auch der Nullpunkt in $G_2$. Sei $T=(\alpha_1, \alpha_2)$ (Fig. 22). Wir setzen

$$\boldsymbol{a} = \begin{pmatrix} \sin\alpha_2 \\ -\cos\alpha_2 \end{pmatrix}.$$

Ist $\boldsymbol{x}\in G_2$, dann ist

$$\boldsymbol{x} = \begin{pmatrix} r\cos t \\ r\sin t \end{pmatrix} = r\begin{pmatrix} \cos t \\ \sin t \end{pmatrix}$$

mit $\alpha_1 < t < \alpha_2$ und $r>0$. Daraus folgt

$$\boldsymbol{a}^*\boldsymbol{x} = r(\sin\alpha_2\cos t - \cos\alpha_2\sin t) = r\sin(\alpha_2 - t) > 0\,.$$

Somit ist die Behauptung für diesen Fall bewiesen.

Für den Fall $n=3, 4, \ldots$ nehmen wir an, daß die Behauptung für $R^{n-1}$ richtig ist. Sei $H_2$ der Durchschnitt von $G_2$ mit der Hyperebene $x_1=0$, d.h.

$$H_2 = G_2 \cap \{x_1 = 0\}\,.$$

$H_2$ ist auch eine konvexe und offene Menge, die unter Umständen auch leer sein kann. Nach induktionsvoraussetzung gibt es einen Vektor $\boldsymbol{a}_1 \neq \boldsymbol{0}$ (in $R^n$), dessen erste Komponente Null ist und für den $\boldsymbol{a}^*\boldsymbol{x}>0$ ist für jeden Vektor $\boldsymbol{x}\in H_2$. Wir wählen das Koordinatensystem von vornherein so, daß

$$\boldsymbol{a}_1 = \begin{pmatrix} 0 \\ 1 \\ 0 \\ \vdots \\ 0 \end{pmatrix}$$

ist, und projizieren jetzt $G_2$ auf die $x_1$, $x_2$-Ebene, die Projektion sei die Menge $J_2$. Man erhält einen Vektor aus $J_2$, indem man einen beliebigen Vektor aus $G_2$ nimmt und die zwei ersten Koordinaten dieses Vektors betrachtet. $J_2$ ist eine konvexe und offene Menge im zweidimensionalen Raum, die den Nullpunkt nicht enthält, denn für $\boldsymbol{x}\in G_2$ mit $x_1=0$ wird $\boldsymbol{a}_1^*\boldsymbol{x}=x_2>0$.

Da für $n=2$ die Behauptung schon bewiesen wurde, gibt es einen Vektor

$$\boldsymbol{a}_2 = \begin{pmatrix} a_1 \\ a_2 \end{pmatrix} \in R^2$$

mit $\boldsymbol{a}_2^*\boldsymbol{y}>0$ für $\boldsymbol{y}\in J_2$. Wir setzen

$$\boldsymbol{a} = \begin{pmatrix} a_1 \\ a_2 \\ 0 \\ \vdots \\ 0 \end{pmatrix}$$

dann ist für einen beliebigen Vektor $x \in G_2$ sicher $a^* x > 0$, da in diesem Skalarprodukt nur die ersten zwei Komponenten von $x$ vorkommen, die aber bilden einen Vektor, der in $J_2$ liegt.

Sei jetzt $G_1$ eine beliebige konvexe Menge, die keinen gemeinsamen Punkt mit $G_2$ hat. Definieren wir

$$G = \{z : z = y - x;\ x \in G_1,\ y \in G_2\}.$$

Diese Menge läßt sich wie folgt darstellen:

$$G = \bigcup_{x \in G_1} \{z : z = y - x,\ y \in G_2\},$$

sie ist also die Vereinigung von offenen Mengen und somit selbst eine offene Menge. $G_2$ enthält den Nullpunkt nicht. Wäre nämlich $\mathbf{0} \in G_2$, dann gäbe es ein $x \in G_1$ und ein $y \in G_2$, so daß $\mathbf{0} = y - x$, d.h. $G_1$ und $G_2$ wären keine punktfremden Mengen.

Dabei ist $G$ auch noch konvex, denn für

$$z_1 = y_1 - x_1\ (x_1 \in G_1,\ y_1 \in G_2),$$
$$z_2 = y_2 - x_2\quad (x_2 \in G_1,\ y_2 \in G_2)\quad \text{und}\quad 0 < \alpha < 1\quad (\alpha + \beta = 1)$$

ist

$$\alpha z_1 + \beta z_2 = \alpha(y_1 - x_1) + \beta(y_2 - x_2) = (\alpha y_1 + \beta y_2) - (\alpha x_1 + \beta x_2) \in G$$

da

$$\alpha y_1 + \beta y_2 \in G_2, \qquad \alpha x_1 + \beta x_2 \in G_1$$

ist. Wir können somit die Behauptung auf die Mengen $\{\mathbf{0}\}$ und $G$ anwenden: Es gibt einen Vektor $a \neq \mathbf{0}$ mit $a^*(y - x) > 0$, d.h. $a^* y > a^* x$, für $y \in G_2$, $x \in G_1$. Man kann $c = \inf_{y \in G_2} a^* y$ wählen und erhält $a^* x \leqq c < a^* y$, vorausgesetzt, daß weder $G_1$ noch $G_2$ die leere Menge ist und daher $-\infty < c < \infty$. (Wenn $G_1$ oder $G_2$ leer ist, gilt der Satz auch; den Beweis für diesen Fall überlassen wir dem Leser.)

### 202.03 *Der Satz von Kuhn und Tucker*

Wir kehren zur Aufgabe, die in 202.01 gestellt wurde, zurück. Seien $\phi_1(x), \phi_2(x), \ldots, \phi_m(x)$ und $P(x)$ für $x \in R^n$ definierte und konvexe Funktionen. Es sei ein Vektor $x \in R^n$ gesucht, für den

$$P(x) \text{ minimal wird}, \tag{2.084}$$

falls

$$\phi_1(x) \leqq 0, \quad \phi_2(x) \leqq 0, \ldots, \phi_m(x) \leqq 0 \tag{2.085}$$

und

$$x \geqq \mathbf{0} \tag{2.086}$$

erfüllt ist.

Nach Satz 2.25 sind die Funktionen $\phi_i(x)$ und $F(x)$ stetig.

**Definition:** *Ein Vektor $\boldsymbol{x} \in R^n$, der den Bedingungen* (2.085) *und* (2.086) *genügt, heißt ein zulässiger Vektor (zulässiger Punkt).*

Die Menge der zulässigen Vektoren wollen wir mit $Z$ bezeichnen.

*Die Menge der zulässigen Vektoren ist konvex.*

Sei nämlich $\boldsymbol{x}, \boldsymbol{y} \in Z$ und $0<\alpha<1$, $\alpha+\beta=1$. Dann ist $\boldsymbol{z}=\alpha\boldsymbol{x}+\beta\boldsymbol{y} \geqq \boldsymbol{0}$, also befriedigt $z$ die Bedingung (2.086). Wegen der Konvexität von $\phi_i(\boldsymbol{x})$ ($i=1, 2, \ldots, m$) ist

$$\phi_i(\boldsymbol{z}) \leqq \alpha\,\phi_i(\boldsymbol{x}) + \beta\,\phi_i(\boldsymbol{y}) \leqq 0 \quad (i = 1, 2, \ldots, m),$$

also sind auch die Bedingungen (2.085) erfüllt. Damit ist die Behauptung bewiesen.

**Definition:** *Ein Vektor $\boldsymbol{x}_0 \in Z$ mit*

$$P(\boldsymbol{x}_0) \leqq P(\boldsymbol{x})$$

*für alle $\boldsymbol{x} \in Z$ heißt Minimallösung der konvexen Optimierungsaufgabe.*

Im Unterschied zur linearen Optimierung liegt hier eine Minimallösung nicht notwendig auf dem Rand von $Z$. Falls $Z$ beschränkt ist, nimmt die stetige Funktion $P(\boldsymbol{x})$ ihr Minimum entweder im Innern oder auf dem Rand von $Z$ an, da ja $Z$ eine abgeschlossene Menge ist. Man sieht leicht ein, daß die Menge der Minimallösungen wie bei der linearen Optimierung konvex ist.

In Fig. 24 sind die Verhältnisse bei der konvexen Optimierung (für $n=2$) veranschaulicht.

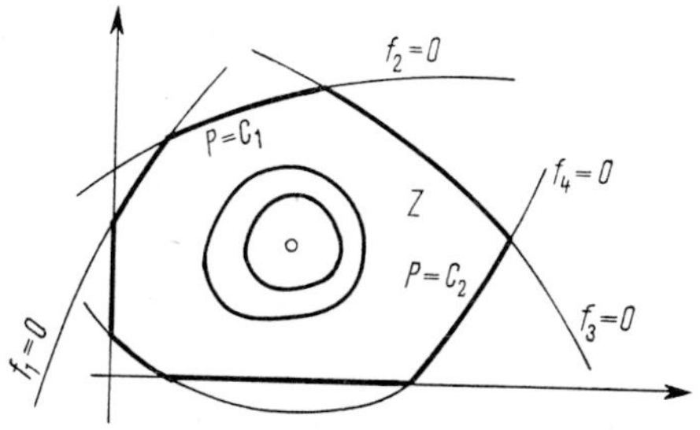


Fig. 24

Nun wird zur Lösung der gestellten Aufgabe ähnlich wie bei der Multiplikatorenmethode nach Lagrange zur Bestimmung von Extremwerten unter Nebenbedingungen eine Hilfsfunktion

$$F(\boldsymbol{x}, \boldsymbol{\lambda}) = P(\boldsymbol{x}) + \sum_{i=1}^{m} \lambda_i\,\phi_i(\boldsymbol{x}) \tag{2.088}$$

eingeführt, wobei

$$\boldsymbol{\lambda} = \begin{pmatrix} \lambda_1 \\ \lambda_2 \\ \vdots \\ \lambda_m \end{pmatrix}$$

ein Vektor des $R^m$ ist. Wir wollen die Hilfsfunktion $F(\boldsymbol{x}, \boldsymbol{\lambda})$ die *Lagrange-Funktion* zur Aufgabe (2.084), (2.085), (2.086) nennen. Die Zahlen $\lambda_1, \lambda_2, \ldots, \lambda_m$ heißen *Multiplikatoren.*

Durch Einführung der Schreibweise

$$\boldsymbol{\Phi}(\boldsymbol{x}) = \begin{pmatrix} \phi_1(\boldsymbol{x}) \\ \phi_2(\boldsymbol{x}) \\ \vdots \\ \phi_m(\boldsymbol{x}) \end{pmatrix}$$

kann (2.088) in einer kompakteren Form dargestellt werden:

$$F(\boldsymbol{x}, \boldsymbol{\lambda}) = P(\boldsymbol{x}) + \boldsymbol{\lambda}^* \boldsymbol{\phi}(\boldsymbol{x}). \tag{2.089}$$

Jetzt wollen wir den wichtigen Begriff des *Sattelpunktes* einführen:

**Definition:** *Sei*

$$R_+^{n+m} = \left\{ \begin{pmatrix} \boldsymbol{x} \\ \boldsymbol{\lambda} \end{pmatrix} : \boldsymbol{x} \geqq \boldsymbol{0}\,;\ \boldsymbol{\lambda} \geqq \boldsymbol{0} \right\}.$$

*Ein Vektor*

$$\begin{pmatrix} \boldsymbol{x}_0 \\ \boldsymbol{\lambda}_0 \end{pmatrix} \in R_+^{n+m}$$

*heißt Sattelpunkt von $F(\boldsymbol{x}, \boldsymbol{\lambda})$, wenn für alle Vektoren*

$$\begin{pmatrix} \boldsymbol{x} \\ \boldsymbol{\lambda} \end{pmatrix} \in R_+^{n+m}$$

$$F(\boldsymbol{x}_0, \boldsymbol{\lambda}) \leqq F(\boldsymbol{x}_0, \boldsymbol{\lambda}_0) \leqq F(\boldsymbol{x}, \boldsymbol{\lambda}_0) \tag{2.090}$$

*gilt.*

**Satz 2.3.** *Ist $\begin{pmatrix} \boldsymbol{x}_0 \\ \boldsymbol{\lambda}_0 \end{pmatrix}$ ein Sattelpunkt von $F(\boldsymbol{x}, \boldsymbol{\lambda})$, so ist $\boldsymbol{x}_0$ eine Minimallösung der Aufgabe* (2.084), (2.085), (2.086).

*Beweis.* Wenn wir für einen beliebigen Vektor $\begin{pmatrix} \boldsymbol{x} \\ \boldsymbol{\lambda} \end{pmatrix} \in R_+^{n+m}$ (2.090) ausführlich schreiben, ergibt sich

$$P(\boldsymbol{x}_0) + \boldsymbol{\lambda}^* \boldsymbol{\phi}(\boldsymbol{x}_0) \leqq P(\boldsymbol{x}_0) + \boldsymbol{\lambda}_0^* \boldsymbol{\phi}(\boldsymbol{x}_0) \leqq P(\boldsymbol{x}) + \boldsymbol{\lambda}_0^* \boldsymbol{\phi}(\boldsymbol{x}). \tag{2.091}$$

Daraus folgt

$$\boldsymbol{\lambda}^* \boldsymbol{\phi}(\boldsymbol{x}_0) \leqq \boldsymbol{\lambda}_0^* \boldsymbol{\phi}(\boldsymbol{x}_0)$$

oder

$$(\boldsymbol{\lambda}_0 - \boldsymbol{\lambda})^* \boldsymbol{\phi}(\boldsymbol{x}_0) \geqq 0 \tag{2.092}$$

für *alle* $\boldsymbol{\lambda} \in R_+^m$.

Wenn wir $\boldsymbol{\lambda} > \boldsymbol{\lambda}_0$ wählen, dann kann die Ungleichung (2.092) nur gelten, wenn

$$\boldsymbol{\phi}(\boldsymbol{x}_0) \leqq \mathbf{0}$$

ist. $\boldsymbol{x}_0$ genügt also den Restriktionen (2.085) und (2.086).

Da $\boldsymbol{\lambda}_0 \geqq \mathbf{0}$ ist, folgt

$$\boldsymbol{\lambda}_0^* \boldsymbol{\phi}(\boldsymbol{x}_0) \leqq 0, \tag{2.093}$$

und wenn wir in (2.092) $\boldsymbol{\lambda} = \mathbf{0}$ setzen, ist andererseits

$$\boldsymbol{\lambda}_0^* \boldsymbol{\phi}(\boldsymbol{x}_0) \geqq 0 \tag{2.094}$$

(2.093) und (2.094) ergeben

$$\boldsymbol{\lambda}_0^* \boldsymbol{\phi}(\boldsymbol{x}_0) = 0.$$

Die auf der rechten Seite in (2.091) stehende Ungleichung besagt somit, daß

$$P(\boldsymbol{x}_0) \leqq P(\boldsymbol{x}) + \boldsymbol{\lambda}_0^* \boldsymbol{\phi}(\boldsymbol{x})$$

für alle $\boldsymbol{x} \geqq \mathbf{0}$ gilt. Ist $\boldsymbol{x}$ ein zulässiger Punkt der Aufgabe, so ist $\boldsymbol{\phi}(\boldsymbol{x}) \leqq \mathbf{0}$, und so wird

$$P(\boldsymbol{x}_0) \leqq P(\boldsymbol{x}).$$

$\boldsymbol{x}_0$ ist also eine Minimallösung der betrachteten Aufgabe.

Die Umkehrung des Satzes ist im allgemeinen nicht richtig, was an einem einfachen *Beispiel* leicht zu prüfen ist. Es sei nämlich $n=1$, $m=1$, $P(x) = -x$; $\phi_1(x) = x^2$. Die Bedingung

$$\phi_1(x) = x^2 \leqq 0 \quad \text{für} \quad x \geqq 0$$

wird nur durch $x=0$ befriedigt, es ist also $Z = \{0\}$. $x=0$ ist also auch Minimallösung.

Andererseits lautet die Lagrange-Funktion:

$$F(x, \lambda) = -x + \lambda x^2.$$

Diese hat aber für $x_0 = 0$ und passendes $\lambda_0 \geqq 0$ keinen Sattelpunkt. Hätte sie einen solchen, so müßte $-x + \lambda_0 x^2 \geqq 0$ für jedes $x \geqq 0$ gelten, was offensichtlich für $0 \leqq x \leqq \dfrac{1}{\lambda_0}$ nicht der Fall ist.

Nun stellen wir die Frage: Unter welchen Zusatzbedingungen ist auch die Umkehrung des Satzes 2.30 richtig? Eine Antwort gibt der folgende *Kuhn-Tuckersche* Satz.

**Satz 2.31.** *Gibt es für die Optimierungsaufgabe* (2.084), (2.085), (2.086) *einen zulässigen Vektor* $z$ *mit*

$$\phi_1(z) < 0, \quad \phi_2(z) < 0, \ldots, \phi_m(z) < 0,$$

*so ist* $x_0 \geqq 0$ *genau dann Minimallösung der obigen Aufgabe, wenn es ein* $\lambda_0 \geqq 0$ *gibt, für das* $\begin{pmatrix} x_0 \\ \lambda_0 \end{pmatrix}$ *Sattelpunkt der in* (2.089) *definierten Funktion* $F(x, \lambda)$ *ist.*

*Beweis.* In Satz 2.30 wurde schon bewiesen, daß ein Sattelpunkt zu einer Minimallösung führt.

Jetzt sei $x_0$ Minimallösung der in Frage stehenden Aufgabe. Im Raum $R^{m+1}$ sollen zwei Mengen von Vektoren $G_1$ und $G_2$ von der Gestalt

$$y = \begin{pmatrix} y_0 \\ y_1 \\ \vdots \\ y_m \end{pmatrix}$$

wie folgt definiert werden:

$$G_1 = \{y: P(x) \leqq y_0, \phi_k(x) \leqq y_k \, (k = 1, 2, \ldots, m) \text{ für mindestens ein } x > 0\}$$
$$G_2 = \{y: y_0 < P(x_0), y_k < 0 \, (k = 1, 2, \ldots, m)\}.$$

Beide Mengen sind offensichtlich konvex, und $G_2$ ist offen. Dabei ist

$$G_1 \cap G_2 = \emptyset,$$

denn $x_0$ ist Minimallösung, somit gilt für einen beliebigen Vektor $x: P(x_0) \leqq \leqq P(x)$; kein $y_0$ kann aber gleichzeitig größer und kleiner als $P(x_0)$ sein. Unmittelbar sieht man auch, daß $G_2$ nicht leer ist, $G_2$ umfaßt aber auch nicht den ganzen Raum $R^{m+1}$. $G_2$ ist also eine nichtleere und echte Teilmenge von $R^{m+1}$. Dann gibt es nach Satz 2.29 einen Vektor

$$a = \begin{pmatrix} a_0 \\ a_1 \\ \vdots \\ a_m \end{pmatrix} \in R^{m+1} \quad (\neq 0)$$

mit

$$a^* y_2 < a^* y_1 \quad \text{für } alle \quad y_1 \in G_1, \, y_2 \in G_2. \tag{2.095}$$

Die Komponenten von $y_2 \in G_2$ können alle negativ, mit beliebig großem Betrag sein. Aus (2.095) folgt $a^*(y_1 - y_2) > 0$, und deswegen ist $a \geqq 0$.

Für

$$y_1 = \begin{pmatrix} P(x) \\ \phi_1(x) \\ \vdots \\ \phi_m(x) \end{pmatrix}, \quad y_2 = \begin{pmatrix} P(x_0) \\ 0 \\ \vdots \\ 0 \end{pmatrix}$$

gilt die Beziehung (2.095) mit dem Zeichen $\leqq$, da $y_2$ am Rand von $G_2$ liegt.

Das besagt

$$a_0 P(\boldsymbol{x}_0) \leqq a_0 P(\boldsymbol{x}) + a_1 \phi_1(\boldsymbol{x}) + \cdots + a_m \phi_m(\boldsymbol{x}) \tag{2.096}$$

für alle $\boldsymbol{x} \geqq \boldsymbol{0}$. Aus $a_1 \geqq 0, a_2 \geqq 0, \ldots, a_m \geqq 0$ entnimmt man $a_0 > 0$. Wäre nämlich $a_0 = 0$, so wäre $a_1 \phi_1(\boldsymbol{x}) + \cdots + a_m \phi_m(\boldsymbol{x}) \geqq 0$ (für *alle* $\boldsymbol{x} \geqq \boldsymbol{0}$) und mindestens ein $a_k > 0$, woraus sich mit der Voraussetzung $\phi_k(\boldsymbol{z}) < 0$ $(k = 1, 2, \ldots, m)$

$$a_1 \phi_1(\boldsymbol{z}) + \cdots + a_m \phi_m(\boldsymbol{z}) < 0,$$

also ein Widerspruch ergibt, da ja $\boldsymbol{z} \geqq \boldsymbol{0}$ ist.

Wir setzen

$$\boldsymbol{\lambda}_0 = \frac{1}{a_0} \begin{pmatrix} a_1 \\ a_2 \\ \vdots \\ a_m \end{pmatrix}$$

so ist $\boldsymbol{\lambda}_0 \geqq \boldsymbol{0}$, und aus (2.056) folgt

$$P(\boldsymbol{x}_0) \leqq P(\boldsymbol{x}) + \boldsymbol{\lambda}_0^* \phi(\boldsymbol{x}) \tag{2.097}$$

für *alle* $\boldsymbol{x} \geqq \boldsymbol{0}$. Setzt man hier $\boldsymbol{x} = \boldsymbol{x}_0$, so ergibt sich

$$\boldsymbol{\lambda}_0^* \phi(\boldsymbol{x}_0) \geqq 0. \tag{2.098}$$

$\boldsymbol{x}_0$ ist aber ein zulässiger Vektor der betrachteten Aufgabe, deshalb ist nach (2.085) $\boldsymbol{\phi}(\boldsymbol{x}_0) \leqq \boldsymbol{0}$. Auf Grund von (2.098) und $\boldsymbol{\lambda}_0 \geqq \boldsymbol{0}$ folgt

$$\boldsymbol{\lambda}_0^* \phi(\boldsymbol{x}_0) = 0; \tag{2.099}$$

weiterhin wird

$$\boldsymbol{\lambda}^* \phi(\boldsymbol{x}_0) \leqq 0 \tag{2.100}$$

für $\boldsymbol{\lambda} \geqq \boldsymbol{0}$.

(2.097), (2.099), (2.100) besagen

$$P(\boldsymbol{x}_0) + \boldsymbol{\lambda}^* \boldsymbol{\phi}(\boldsymbol{x}_0) \leqq P(\boldsymbol{x}_0) + \boldsymbol{\lambda}_0^* \boldsymbol{\phi}(\boldsymbol{x}_0) \leqq P(\boldsymbol{x}) + \boldsymbol{\lambda}_0^* \phi(\boldsymbol{x})$$

für alle $\boldsymbol{x} \geqq \boldsymbol{0}$, $\boldsymbol{\lambda} \geqq \boldsymbol{0}$. $\begin{pmatrix} \boldsymbol{x}_0 \\ \boldsymbol{\lambda}_0 \end{pmatrix}$ ist deshalb ein Sattelpunkt von $F(\boldsymbol{x}, \boldsymbol{\lambda})$, q.e.d.

### 202.04 *Konvexe Optimierung mit differenzierbaren Funktionen*

Die bisherigen Überlegungen vereinfachen sich, wenn wir Differenzierbarkeit von den gegebenen Funktionen voraussetzen. Zusätzlich zu den Voraussetzungen, die wir über $P(\boldsymbol{x})$ und $\boldsymbol{\phi}(\boldsymbol{x})$ gemacht haben, soll angenommen werden, daß $F(\boldsymbol{x})$ und $\boldsymbol{\phi}(\boldsymbol{x})$ erste partielle Ableitungen besitzen. Wir wollen folgende Bezeichnungen einführen:

$$\operatorname{grad}_x F = \begin{pmatrix} \frac{\partial F}{\partial x_1} \\ \vdots \\ \frac{\partial F}{\partial x_n} \end{pmatrix}, \quad \operatorname{grad}_\lambda F = \begin{pmatrix} \frac{\partial F}{\partial x_1} \\ \vdots \\ \frac{\partial F}{\partial_m} \end{pmatrix}$$

Aus der Definition (2.089) von $F(\boldsymbol{x}, \boldsymbol{\lambda})$ entnimmt man sofort, daß

$$\operatorname{grad}_\lambda F = \boldsymbol{\phi}(\boldsymbol{x}) \tag{2.101}$$

ist.

Wir zeigen nun folgenden

**Satz 2.32.** *Für die Optimierungsaufgabe* (2.084), (2.085), (2.086) *ist* $\boldsymbol{x}_0 \geqq \boldsymbol{0}$ *genau dann Minimallösung, wenn es einen zulässigen Vektor* $\boldsymbol{z}$ *mit* $\boldsymbol{\phi}(\boldsymbol{z}) < \boldsymbol{0}$ *und ein* $\boldsymbol{\lambda}_0 \geqq \boldsymbol{0}$ *gibt mit*

$$\operatorname{grad}_x F(\boldsymbol{x}_0, \boldsymbol{\lambda}_0) \geqq \boldsymbol{0}; \quad \boldsymbol{x}_0^* \operatorname{grad}_x F(\boldsymbol{x}_0, \boldsymbol{\lambda}_0) = 0 \tag{2.102}$$

$$\operatorname{grad}_\lambda F(\boldsymbol{x}_0, \boldsymbol{\lambda}_0) \leqq \boldsymbol{0}; \quad \boldsymbol{\lambda}_0^* \operatorname{grad}_\lambda F(\boldsymbol{x}_0, \boldsymbol{\lambda}_0) = 0 \tag{2.103}$$

*Beweis.* Nach Satz 2.31 haben wir nur nachzuweisen, daß die Bedingung (2.102) und (2.103) mit der Sattelpunktbedingung (2.090) für differenzierbare Funktionen äquivalent sind.

Zuerst zeigen wir, daß aus (2.090) die Beziehungen (2.102), (2.103) folgen.

Schreiben wir uns die Sattelpunktbedingung nochmals auf:

$$F(\boldsymbol{x}_0, \boldsymbol{\lambda}) \leqq F(\boldsymbol{x}_0, \boldsymbol{\lambda}_0) \leqq F(\boldsymbol{x}, \boldsymbol{\lambda}_0). \tag{2.090}$$

Aus dieser schließen wir zunächst, daß

$$\operatorname{grad}_x F(\boldsymbol{x}_0, \boldsymbol{\lambda}_0) \geqq \boldsymbol{0} \tag{2.104}$$

ist. Wäre das nämlich nicht der Fall, wäre also mindestens eine Komponente von $\operatorname{grad}_x F$ negativ, z.B. $\frac{\partial F}{\partial x_k} < 0$, so gäbe es einen Vektor

$$\boldsymbol{x} = \begin{pmatrix} x_{01} \\ \vdots \\ x_{0,k-1} \\ x_k \\ x_{0,k+1} \\ \vdots \\ x_{0n} \end{pmatrix}$$

mit $x_k > x_{0k}$, also $\boldsymbol{x} \geqq \boldsymbol{0}$, und

$$F(\boldsymbol{x}, \boldsymbol{\lambda}_0) < F(\boldsymbol{x}_0, \boldsymbol{\lambda}_0)$$

im Widerspruch zu (2.090). Da aber $\boldsymbol{x}_0 \geqq \boldsymbol{0}$ ist, folgt nach (2.104), daß alle

Summanden im Produkt $\boldsymbol{x}_0^* \operatorname{grad}_x F(\boldsymbol{x}_0, \boldsymbol{\lambda}_0)$ nichtnegativ sind, d.h. es gilt

$$x_{0k} \frac{\partial F(x_0, \lambda_0)}{\partial x_k} \geqq 0 .$$

Gibt es einen Index $k$ mit

$$\frac{\partial F(\boldsymbol{x}_0, \boldsymbol{\lambda}_0)}{\partial x_k} > 0 \quad \text{und} \quad x_{0k} > 0 ,$$

so können wir einen Vektor

$$\tilde{\boldsymbol{x}} = \begin{pmatrix} x_{01} \\ x_{02} \\ \vdots \\ x_{0k-1} \\ \tilde{x}_k \\ x_{0,k+1} \\ \vdots \\ x_{0n} \end{pmatrix}$$

mit $0 \leqq \tilde{x}_k < x_{0k}$ so angeben, daß

$$F(\tilde{\boldsymbol{x}}, \boldsymbol{\lambda}_0) < F(\boldsymbol{x}_0, \boldsymbol{\lambda}_0)$$

erfüllt ist. Das aber steht auch im Widerspruch zu (2.090), woraus

$$\boldsymbol{x}_0^* \operatorname{grad}_x F(\boldsymbol{x}_0, \boldsymbol{\lambda}_0) = 0 ,$$

wie in (2.102) behauptet wurde, folgt. Ebenso führt die Annahme, daß (2.103) verletzt ist, auf einen Widerspruch zu (2.090).

Jetzt haben wir zu zeigen, daß aus (2.102) und (2.103) (2.090) folgt.

$F(\boldsymbol{x}, \boldsymbol{\lambda}_0)$ ist eine konvexe Funktion von $\boldsymbol{x}$, weil $\boldsymbol{\lambda}_0 \geqq \mathbf{0}$ ist. Deshalb gilt nach Satz 2.27 für $\boldsymbol{x} \geqq \mathbf{0}$

$$F(\boldsymbol{x}, \boldsymbol{\lambda}_0) \geqq F(\boldsymbol{x}_0, \boldsymbol{\lambda}_0) + (\boldsymbol{x} - \boldsymbol{x}_0)^* \operatorname{grad}_x F(\boldsymbol{x}_0, \boldsymbol{\lambda}_0) . \tag{2.105}$$

Da $F(\boldsymbol{x}_0, \boldsymbol{\lambda})$ bezüglich $\boldsymbol{\lambda}$ affin-linear ist (vgl. Definition auf S. 228), gilt

$$F(\boldsymbol{x}_0, \boldsymbol{\lambda}) = F(\boldsymbol{x}_0, \boldsymbol{\lambda}_0) + (\boldsymbol{\lambda} - \boldsymbol{\lambda}_0)^* \operatorname{grad}_\lambda F(\boldsymbol{x}_0, \boldsymbol{\lambda}_0) \tag{2.106}$$

für $\boldsymbol{\lambda} \geqq \mathbf{0}$. Aus (2.102) und (2.105) folgt

$$F(\boldsymbol{x}, \boldsymbol{\lambda}_0) \geqq F(\boldsymbol{x}_0, \boldsymbol{\lambda}_0) ,$$

und wegen (2.103) und (2.106) ergibt sich

$$F(\boldsymbol{x}_0, \boldsymbol{\lambda}) \leqq F(\boldsymbol{x}_0, \boldsymbol{\lambda}_0) ,$$

womit die Gültigkeit von (2.090) bewiesen ist.

Der bewiesene Satz gibt ein Kriterium für die Minimallösung. Wir wollen nun, im Besitz einer solchen, alle Minimallösungen charakterisieren. Dazu werden wir einige Bemerkungen vorausschicken.

Für eine in $R^n$ definierte konvexe und differenzierbare Funktion $f(\boldsymbol{x})$ folgt aus $\boldsymbol{y}^*$ grad $f(\boldsymbol{x})>0$

$$f(\boldsymbol{x}+\alpha\boldsymbol{y})>f(\boldsymbol{x}) \tag{2.107}$$

für alle $\alpha>0$.

Das ist eine unmittelbare Folge vom Satz 2.27, denn nach diesem ist

$$f(\boldsymbol{x}+\alpha\boldsymbol{y})\geqq f(\boldsymbol{x})+\alpha\boldsymbol{y}^*\operatorname{grad} f(\boldsymbol{x})$$

für alle $\alpha>0$. Wenn also $\alpha\boldsymbol{y}^*$ grad $f(\boldsymbol{x})>0$ ist, folgt (2.107).

Wenn aber $\boldsymbol{y}^*$ grad $f(\boldsymbol{x})<0$ ist, dann ist

$$f(\boldsymbol{x}+\alpha\boldsymbol{y})<f(\boldsymbol{x}), \tag{2.108}$$

falls $\alpha$ in einem gewissen Intervall $(0, \alpha_0)$ liegt, $(\alpha_0>0)$.

Es ist nämlich

$$\left.\frac{df(\boldsymbol{x}+\alpha\boldsymbol{y})}{d\alpha}\right|_{\alpha=0}=\boldsymbol{y}^*\operatorname{grad} f(\boldsymbol{x})<0,$$

d.h. $f(\boldsymbol{x}+\alpha\boldsymbol{y})$ ist in einer Umgebung $(0, \alpha_0)$ eine abnehmende Funktion von $\alpha$, was (2.108) zur Folge hat.

Wenn wir eine Minimallösung unserer Optimierungsaufgabe kennen, so können wir leicht alle anderen Minimallösungen angeben.

**Satz 2.33.** *Falls in der Optimierungsaufgabe* (2.084), (2.085), (2.086) *die Zielfunktion $P(\boldsymbol{x})$ in $R^n$ konvex und differenzierbar ist, so ist ein zulässiger Vektor $\boldsymbol{x}$ genau dann eine Minimallösung obiger Optimierungsaufgabe, wenn*

$$\operatorname{grad} P(\boldsymbol{x})=\operatorname{grad} P(\boldsymbol{x}_0) \tag{2.109}$$

$$(\boldsymbol{x}-\boldsymbol{x}_0)^*\operatorname{grad} P(\boldsymbol{x}_0)=0 \tag{2.110}$$

*gilt, wobei $\boldsymbol{x}_0$ eine Minimallösung bedeutet.*

*Beweis.* Die Bedingung ist hinreichend. Es wird vorausgesetzt, daß ein zulässiger Vektor $\boldsymbol{x}$ den Beziehungen genügt. Nach Satz 2.27 und (2.110) gilt

$$P(\boldsymbol{x}_0)\geqq P(\boldsymbol{x})+(\boldsymbol{x}_0-\boldsymbol{x})^*\operatorname{grad} P(\boldsymbol{x}_0)=P(\boldsymbol{x}).$$

Da aber $\boldsymbol{x}_0$ Minimallösung ist, ergibt sich

$$P(\boldsymbol{x})\geqq P(\boldsymbol{x}_0).$$

Aus diesen Ungleichungen erhalten wir

$$P(\boldsymbol{x})=P(\boldsymbol{x}_0).$$

Die Bedingung ist notwendig. Dazu setzen wir voraus, daß $\boldsymbol{x}$ eine Minimallösung ist. Die Menge der Minimallösungen ist konvex, daher ist mit $\boldsymbol{x}$ und $\boldsymbol{x}_0$ auch $\boldsymbol{x}_0+\alpha(\boldsymbol{x}-\boldsymbol{x}_0)$ für $0 \leqq \alpha \leqq 1$ eine Minimallösung. Das folgt aus der Konvexität von $P(\boldsymbol{x})$ und daraus, daß $P(\boldsymbol{x})$ keine kleineren Werte als $P(\boldsymbol{x}_0)$ auf der konvexen Menge der zulässigen Vektoren annehmen kann:

$$P(\boldsymbol{x}) = P(\boldsymbol{x}_0) = P(\boldsymbol{x}_0 + \alpha(\boldsymbol{x} - \boldsymbol{x}_0)). \tag{2.111}$$

Daraus schließen wir, daß

$$(\boldsymbol{x} - \boldsymbol{x}_0)^* \operatorname{grad} P(\boldsymbol{x}_0) = 0 \tag{2.112}$$

ist.

Wäre nämlich $(\boldsymbol{x}-\boldsymbol{x}_0)^* \operatorname{grad} P(\boldsymbol{x}_0) > 0$, dann hätten wir nach (2.107) $P(\boldsymbol{x}_0) < P(\boldsymbol{x}_0+\alpha(\boldsymbol{x}-\boldsymbol{x}_0))$ im Gegensatz zu (2.111), und aus $(\boldsymbol{x}-\boldsymbol{x}_0)^* \operatorname{grad} P(\boldsymbol{x}_0) < 0$ würde auf Grund von (2.108)

$$P(\boldsymbol{x}_0 + \alpha(\boldsymbol{x} - \boldsymbol{x}_0)) < P(\boldsymbol{x}_0)$$

folgen, was wiederum wegen (2.111) nicht der Fall sein kann.

Betrachten wir die Hilfsfunktion

$$f(\boldsymbol{y}) = P(\boldsymbol{y}) - (\boldsymbol{y} - \boldsymbol{x}_0)^* \operatorname{grad} P(\boldsymbol{x}_0).$$

Sie ist konvex in $\boldsymbol{y}$, weil ja $P(\boldsymbol{y})$ konvex ist. Dabei gilt wegen (2.112)

$$f(\boldsymbol{x}) = P(\boldsymbol{x}) - (\boldsymbol{x} - \boldsymbol{x}_0)^* \operatorname{grad} P(\boldsymbol{x}_0) = P(\boldsymbol{x})$$

und

$$\operatorname{grad} f(\boldsymbol{x}) = \operatorname{grad} P(\boldsymbol{x}) - \operatorname{grad} P(\boldsymbol{x}_0). \tag{2.113}$$

Wäre (2.109) verletzt, d.h. wäre

$$\operatorname{grad} P(\boldsymbol{x}) \neq \operatorname{grad} P(\boldsymbol{x}_0),$$

so würde wegen (2.113) $\operatorname{grad} f(\boldsymbol{x}) \neq \boldsymbol{0}$ sein. Dann könnte man einen Vektor $\boldsymbol{v}$ mit

$$\boldsymbol{v}^* \operatorname{grad} f(\boldsymbol{x}) < 0$$

finden, und dann wäre

$$f(\boldsymbol{x} + \alpha \boldsymbol{v}) < f(\boldsymbol{x}) \tag{2.114}$$

für hinreichend kleines positives $\alpha$. Nach Satz 2.27 ist aber

$$f(\boldsymbol{x} + \alpha \boldsymbol{v}) = P(\boldsymbol{x} + \alpha \boldsymbol{v}) - (\boldsymbol{x} + \alpha \boldsymbol{v} - \boldsymbol{x}_0)^* \operatorname{grad} P(\boldsymbol{x}_0) \geqq P(\boldsymbol{x}_0) = f(\boldsymbol{x}_0) = f(\boldsymbol{x}),$$

was (2.114) widerspricht. Damit ist der Satz bewiesen.

Es soll schließlich noch ein wichtiger Sonderfall erwähnt werden, und zwar derjenige, daß alle $\phi_i(\boldsymbol{x})$ affin-lineare Funktionen sind.

In diesem Fall haben die Funktionen $\phi_i(\boldsymbol{x})$ die Gestalt (vgl. Satz 2.23)

$$\phi_i(\boldsymbol{x}) = \boldsymbol{a}_i^* \boldsymbol{x} + b_i,$$

wobei $\boldsymbol{a}_i \in R^n$ und $b_i$ ein Zahlenwert ist.

Wenn man die Bezeichnungen

$$\boldsymbol{A} = \begin{pmatrix} \boldsymbol{a}_1^* \\ \boldsymbol{a}_2^* \\ \vdots \\ \boldsymbol{a}_m^* \end{pmatrix} \qquad \boldsymbol{b} = \begin{pmatrix} b_1 \\ b_2 \\ \vdots \\ b_m \end{pmatrix}$$

einführt, dann wird

$$\boldsymbol{\phi}(\boldsymbol{x}) = \boldsymbol{A}\boldsymbol{x} + \boldsymbol{b},$$

und die Bedingung $\boldsymbol{\phi}(\boldsymbol{x}) \leqq \boldsymbol{0}$ lautet

$$\boldsymbol{A}\boldsymbol{x} + \boldsymbol{b} \leqq \boldsymbol{0}.$$

Man sieht, daß $\operatorname{grad} \phi_i(\boldsymbol{x}) = \boldsymbol{a}_i$ ist und die Lagrange-Funktion die Gestalt

$$F(\boldsymbol{x}, \boldsymbol{\lambda}) = P(\boldsymbol{x}) + \boldsymbol{\lambda}^*(\boldsymbol{A}\boldsymbol{x} + \boldsymbol{b})$$

annimmt. Mit Hilfe dieser Bemerkungen kann man die obigen Existenz- und Charakterisationssätze leicht anwenden.

In unserem Spezialfall nimmt der KUHN-TUCKER-Satz folgende einfachere Form an:

**Satz 2.34.** *Falls in der Optimierungsaufgabe* (2.084), (2.085), (2.086) $\boldsymbol{\phi}(\boldsymbol{x}) = \boldsymbol{A}\boldsymbol{x} + \boldsymbol{b}$ *ist, so ist ein Vektor* $\boldsymbol{x}_0 \geqq \boldsymbol{0}$ *genau dann Minimallösung, wenn es ein* $\boldsymbol{\lambda}_0 \geqq \boldsymbol{0}$ *gibt, für das* $\begin{pmatrix} \boldsymbol{x}_0 \\ \boldsymbol{\lambda}_0 \end{pmatrix}$ *Sattelpunkt von* $F(\boldsymbol{x}, \boldsymbol{\lambda})$ *ist.*

Wir geben den Beweis für diese Behauptung nicht wieder, er würde aus den Rahmen des Buches hinausführen.

# 3. Elemente der Theorie der Graphen und einige Anwendungen

## 301.01 *Einleitung*

Die erste graphentheoretische Aufgabe ist in einem Aufsatz 1736 erschienen, in welchem Euler das berühmte Königsberger Brückenproblem gelöst hat. (Diese Aufgabe wird später noch ausführlich behandelt.) Der Gedankengang dieser Arbeit weist aber noch nicht auf den Ursprung dieses Wissenszeiges der Mathematik. Die systematische Ausarbeitung der Graphentheorie verdanken wir Kirchhoff, der in seinen Untersuchungen über elektrische Netzwerke auf den Begriff des Graphen gestoßen ist und der, für seine Forschungen in der Theorie der Netzwerke, viele Tatsachen dieser Disziplin festgelegt hat. Seitdem hat sich die Graphentheorie als selbständiger Zweig der Mathematik, manchmal von den Anwendungen unabhängig, manchmal aber, besonders in den jüngsten Zeiten, immer häufiger unter der Einwirkung vieler praktischer Aufgaben entwickelt. Die erste systematische, streng abgefaßte Monographie der Graphentheorie erschien 1936, ausgearbeitet vom ungarischen Mathematiker D. König. Besonders nach Erscheinen dieses klassischen Buches hat die Entwicklung der Graphentheorie einen gewaltigen Aufschwung genommen. Es stellte sich heraus, daß die Graphentheorie nicht nur in der Elektrotechnik, sondern in vielen Anwendungsgebieten der Mathematik, wie z. B. in der Theorie der Spiele, in den zahlreichen Aufgaben der Ökonomie (Transportprobleme), in der organischen Chemie usw., eine wesentliche Rolle einnimmt. Aus diesen Gründen, dem Charakter dieses Buches entsprechend, werden wir kurz einige Grunddefinitionen und Tatsachen dieser Theorie darstellen.

## 301.02 *Begriff des Graphen*

Es sei eine beliebige nichtleere Menge $A$ gegeben, deren Elemente beliebige Dinge sein können. Mit $H$ bezeichnen wir die Menge aller Paare von Elementen aus $A$, d. h. $H=A\times A$. Dabei soll jedem Element von $H$ eine nichtnegative ganze Zahl zugeordnet werden, die wir als *Multiplizität* des betreffenden Elementes von $H$ bezeichnen. $B$ sei diejenige Teilmenge von $H$, deren Elemente eine positive Multiplizität haben.

**Definition:** *Das geordnete Paar von Mengen $\mathfrak{G}=[A, B]$ heißt ein Graph. $A$ ist die Menge der Eckpunkte, $B$ die Menge der Kanten. Ist $A$ eine endliche Menge,* *dann nennen wir* $\mathfrak{G}$ *einen endlichen Graphen, im entgegengesetzten Fall ist* $\mathfrak{G}$ *ein unendlicher Graph.*

In Zukunft werden wir nur endliche Graphen betrachten und werden sie kurz als Graphen bezeichnen.

Die Veranschaulichung des Graphen kann auf die verschiedensten Arten geschehen. Die einfachste ist, wenn man jedem Elemente der Menge $A$ einen Punkt (in der Ebene, auf einer gewissen Fläche, im Raum) zuordnet. Wenn die Multiplizität eines Elements aus $B$ $k$ beträgt, dann verbinden wir die entsprechenden Punkte mit Hilfe von $k$ Bögen (in der Ebene, an einer Fläche oder im Raum). Die Elemente der Form $(a, a)$ aus $B$ sind Ausgangs- und Endpunkt geschlossener Kurven, sog. *Schlingen* oder *Schlingenkanten.*

Es kann auch passieren, nach der Definition, daß ein Element $a \in A$ an der Bildung keines Elementes von $B$ teilnimmt. In diesem Fall ist $a$ ein *isolierter Punkt*. Ein solcher Punkt hat also keine Verbindung mit einem weiteren Punkt des Graphen.

Obwohl ein Punkt, der nur Schlingenkanten enthält (wie in Fig. 27 der Punkt 5), auch keine Verbindung mit den übrigen Eckpunkten des Graphen hat, ist er trotzdem kein isolierter Punkt, denn er tritt in der Erzeugung eines Elementes der Kanten auf. Eine weitere Charakterisierung der isolierten Punkte werden wir später noch kennen lernen.

Es kann durchaus passieren, daß $B$ leer ist. Dann besteht der Graph nur aus isolierten Punkten.

Die beschriebene Veranschaulichung ist natürlich nur eine Möglichkeit, es gibt noch weitere Veranschaulichkeitsmöglichkeiten, jedoch wird die beschriebene am häufigsten angewendet. Eine solche graphische Darstellung ergibt ein *Modell* des Graphen. Wir machen folgende Vereinbarung: Wenn ein Paar von Punkten der Menge $B$ angehört, dann soll der sie verbindende Bogen über keinen weiteren Punkt gezeichnet werden. Da einer endlichen Menge $A$ immer eine endliche Punktmenge zugeordnet werden kann, läßt sich die beschriebene graphische Darstellung immer durchführen. Deswegen werden wir in Zukunft die Graphen in der beschriebenen Art veranschaulichen.

Einige Beispiele für Graphen sind in den Figuren 24–30 dargestellt. Einfachheitshalber werden wir die Eckpunkte mit Zahlen bezeichnen.

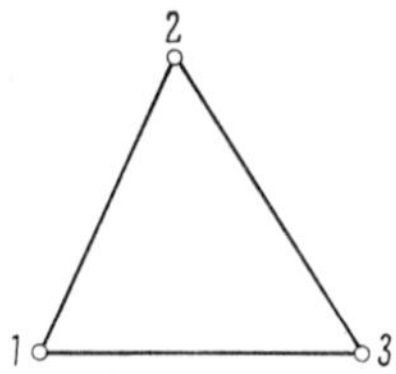


Fig. 24

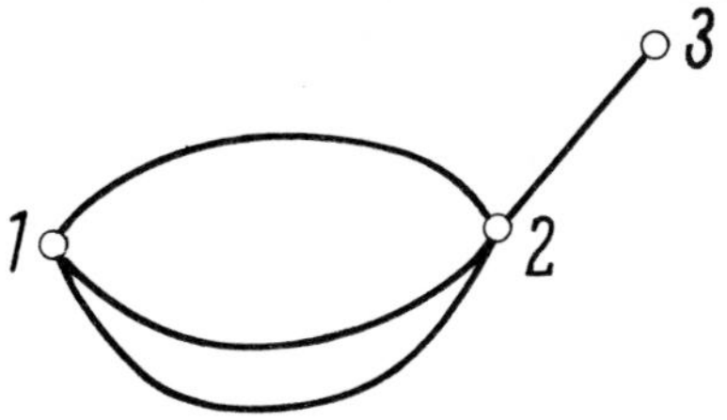


Fig. 25

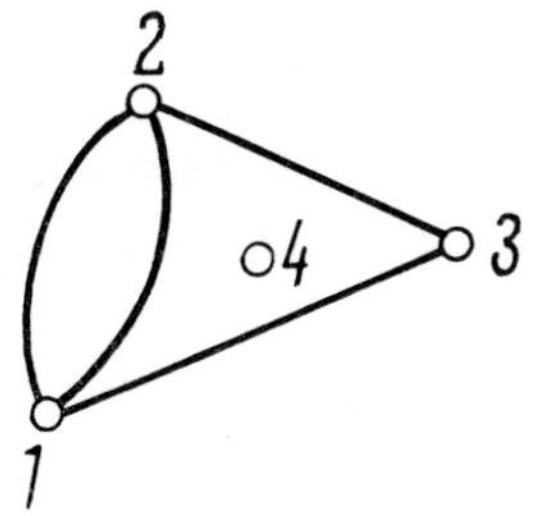


Fig. 26

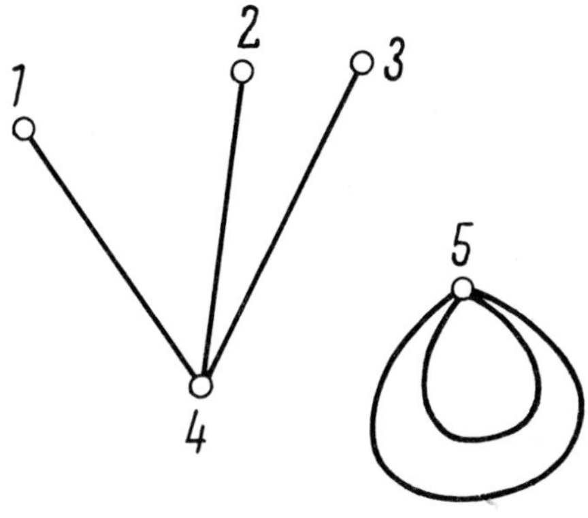


Fig. 27

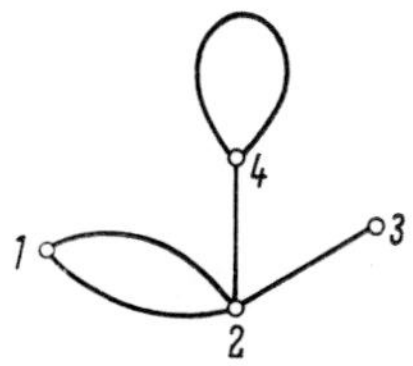


Fig. 28

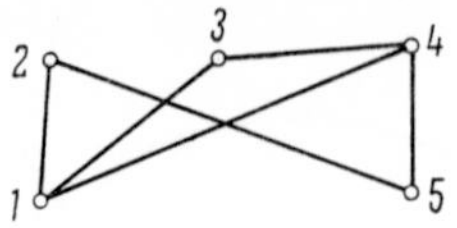


Fig. 29

Fig. 30

In Fig. 25 hat die Kante (1, 2) die Multiplizität $k=3$; in Fig. 26 ist der Punkt 4 ein isolierter Punkt; in Fig. 27 sehen wir eine Schlinge im Punkt 5, und zwar mit der Multiplizität 2; in Fig. 28 geht durch den Punkt 4 die Kante (2, 4) und eine Schlinge. In Fig. 29 sehen wir, daß sich die Kanten (2, 5) und (1, 3) schneiden. Der Schnittpunkt ist selbstverständlich kein Eckpunkt des Graphen. In Fig. 30 ist ein Graph, nur aus isolierten Punkten bestehend, dargestellt.

Es soll noch darauf hingewiesen werden, daß die Kanten als die Glieder gewisser zweielementiger Teilmengen von $A$ definiert wurden. Das besagt, daß unter der Voraussetzung $a, b \in A$ die Kanten $(a, b)$ und $(b, a)$ *nicht* als voneinander verschiedene betrachtet werden. Deswegen werden wir den eben definierten Graphen auch als *ungerichteten Graphen* bezeichnen.

In der Definition eines Graphen spielt die graphische Veranschaulichung überhaupt keine Rolle, deswegen werden z. B. die in der Fig. 31 dargestellten Graphen als identisch betrachtet.

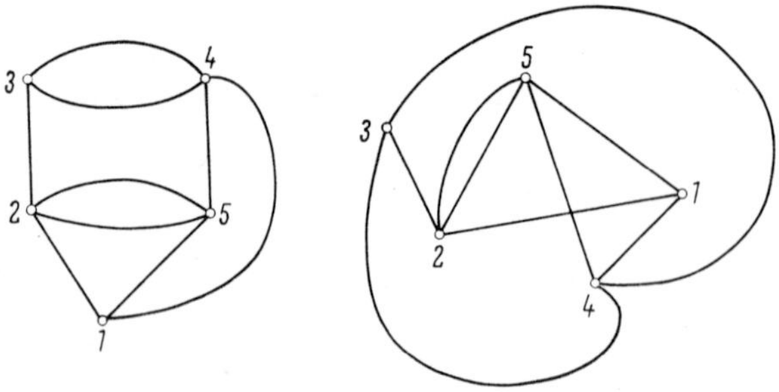


Fig. 31

Um die Frage der Identifizierung klarzumachen, möchten wir einige neue Begriffe einführen.

**Definition:** *Es bestehe zwischen den Mengen der Ecken der Graphen* $\mathfrak{G}=$

*$[A, B]$ und $\mathfrak{G}_1 = [A_1, B_1]$ eine zweiseitig eindeutige Beziehung, so daß aus $(a, b) \in B$ $(a, b \in A)$ folgt $(a_1, b_1) \in B_1$, wobei $a_1$ $a$, und $b_1$ $b$ zugeordnet ist. Dabei soll die Multiplizität von $(a, b)$ gleich der Multiplizität von $(a_1, b_1)$ sein. Eine solche Beziehung zwischen $\mathfrak{G}$ und $\mathfrak{G}_1$ soll als Isomorphismus (im Zeichen $\mathfrak{G} \approx \mathfrak{G}_1$) bezeichnet werden.*

Die Graphen in der Fig. 32 sind einander isomorph: $A(1, 2, 3, 4)$, $A_1$(I, II, III, IV) und 1→IV, 2→I, 3→II, 4→III.

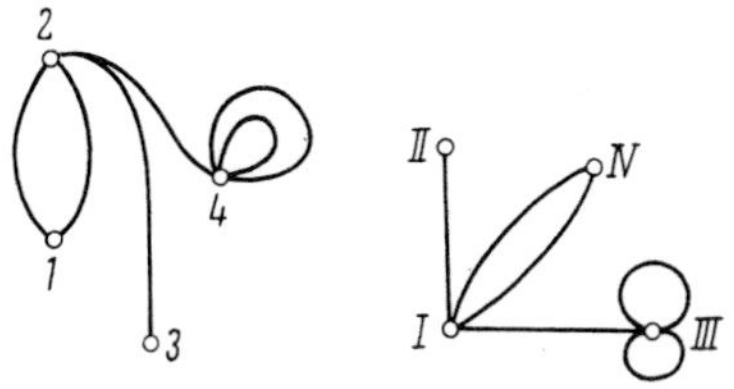


Fig. 32

Im allgemeinen werden zwei isomorphe Graphen miteinander identifiziert.

Wenn wir auch isomorphe Graphen voneinander unterschieden, deren Numerierung der Ecken oder Kanten verschieden ist, dann heißen die Graphen *geordnete Graphen*. Bei geordneten Graphen hat man außer den Mengen $A$ und $B$ auch eine Reihenfolge der Eckpunkte oder Kanten anzugeben. Wenn man die in Fig. 32 dargestellten Graphen als geordnete Graphen betrachtet, dann sind sie, trotz der zwischen ihnen bestehenden Isomorphie, verschieden.

Um einen weiteren Begriff klären zu können, haben wir die *topologische Abbildung* einer Punktmenge kennenzulernen.

Es seien nun zwei zusammenhängende Punktmengen $M$ und $N$ betrachtet, und wir setzen voraus, daß zwischen den Elementen der Mengen $M$ und $N$ eine gegenseitig eindeutige Beziehung $f$ besteht, d.h. jedem Punkt $m$ aus $M$ entspricht genau ein Punkt $f(m) = n \in N$ und umgekehrt. Jedem Punkt $n \in N$ ist genau ein Punkt $m \in M$ zugeordnet. Wir sagen, daß eine solche Abbildung $f$ im Punkt $m_0 \in M$ *stetig* ist, falls mit jeder Punktfolge $m_1, m_2, \ldots, m_k, \ldots$ die gegen $m_0$ konvergiert, auch die entsprechende Punktfolge $n_1 = f(m_1)$, $n_2 = f(n_2), \ldots, n_k = f(m_k), \ldots$ aus $N$ zu dem Punkt $n_0 = f(m_0)$ konvergiert.

Wenn eine Abbildung $f$ in jedem Punkt von $M$ stetig ist, dann sagen wir, die Abbildung $f$ ist in $M$ stetig. Die Punktmenge $N$ ist das *stetige Bild* der Punktmenge $M$.

Wenn die Menge $M$ nicht zusammenhängend ist, aber als Vereinigung von endlich vielen zusammenhängenden Mengen dargestellt werden kann:

$$M = \bigcup_{p=1}^{l} M_p, \quad (M_p \cap M_{p'} = \emptyset \quad \text{für} \quad p \neq p')$$

dann bilden wir jede Komponente $M_p$ auf eine Menge $N$ stetig ab, wobei $N_p$ disjunkte Mengen seien. Die Menge

$$N = \bigcup_{p=1}^{l} N_p$$

heißt das stetige Bild von $M$.

Laut dieser Definition ist die Menge der Punkte eines Dreiecks das stetige Bild der Menge der Punkte des Kreisbogens. Eine stetige Zuordnung der zwei Punktmengen ist in Fig. 33 angegeben.

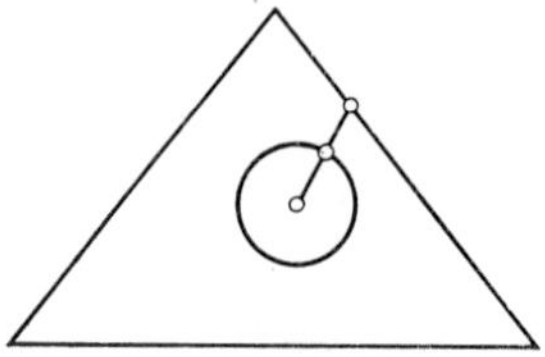

Fig. 33

**Definition:** *Unter dem topologischen Bild einer graphischen Darstellung eines Graphen verstehen wir ein beliebiges stetiges Bild der graphischen Darstellung, betrachtet als Punktmenge.*

**Definition:** *Zwei Graphen* $\mathfrak{G}$ *und* $\mathfrak{G}_1$ *werden als topologisch äquivalent betrachtet, wenn sie ein gemeinsames topologisches Bild haben.*

Zwei isomorphe Graphen sind offenbar miteinander topologisch äquivalent, aber die Umkehrung dieser Behauptung ist falsch. Davon überzeugt uns das in Fig. 34 dargestellte Beispiel: Die Menge der Eckpunkte des Graphen a) besteht

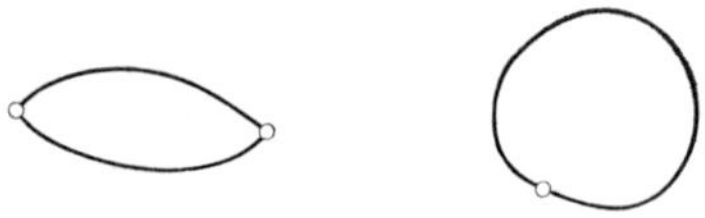

a.) b.)

Fig. 34

aus zwei, die des Graphen b) aus einem einzigen Punkt, somit können sie miteinander nicht isomorph sein, obwohl sie topologisch äquivalent sind.

Die topologische Aquivalenz wird durch das Symbol: $\mathfrak{G} \sim \mathfrak{G}_1$ zum Ausdruck gebracht.

Topologisch äquivalente Graphen werden graphentheoretisch nicht miteinander identifiziert (falls nicht zusätzlich noch eine Isomorphie vorhanden ist).

Die Anzahl derjenigen Kanten, die durch einen Eckpunkt $a$ laufen, wird *Grad des Eckpunktes a* genannt und mit $\varphi(a)$ bezeichnet. Genauer: *$\varphi(a)$ ist die Summe der Multiplizitäten derjenigen Elemente von B, in welchen a als erzeugen-*

*der Eckpunkt auftritt.* So ist z.B. im Graphen Fig. 25 $\varphi(3)=1, \varphi(2)=4, \varphi(1)=3$ und im Graphen Fig. 27 $\varphi(5)=4$ und in Fig. 30 $\varphi(1)=0$.

Man sieht sofort ein, daß $\varphi(a)=0$ genau dann gilt, wenn $a$ ein isolierter Punkt ist. Mit dieser Eigenschaft sind somit die isolierten Punkte charakterisiert.

$a$ heißt kurz ein *gerader* bzw. *ungerader Eckpunkt*, wenn sein Grad eine gerade bzw. ungerade Zahl ist.

Nun läßt sich leicht folgender Satz beweisen:

**Satz 3.01:** *Die Anzahl der ungeraden Eckpunkte in einem Graphen ist grade.*

*Beweis*: Wenn wir die Anzahl der Kanten mit $|B|$ bezeichnen (in Zukunft soll die Anzahl der Elemente einer endlichen Menge $M$ durch $|M|$ bezeichnet werden), dann gilt offensichtlich

$$\sum_{a \in A} \varphi(a) = 2|B|.$$

Wenn wir nämlich die in allen Eckpunkten zusammentreffenden Kanten zusammenzählen, dann wird jede Kante zweimal gezählt. Wenn $A_1$ die Menge der ungeraden und $A_2$ die der geraden Eckpunkte ist, dann ist $A=A_1 \cup A_2$. Dabei sind diese Mengen disjunkt, daher

$$\sum_{a \in A} \varphi(a) = \sum_{a \in A_1} \varphi(a) + \sum_{a \in A_2} \varphi(a) = 2|B|,$$

und

$$\sum_{a \in A_1} \varphi(a) = 2|B| - \sum_{a \in A_2} \varphi(a). \tag{3.001}$$

Selbstverständlich ist $\sum_{a \in A_2} \varphi(a)$ eine gerade Zahl (sie ist die Summe von geraden Zahlen), und somit ist auch die rechte Seite von (3.001) gerade. Damit ist die Behauptung bewiesen.

Dieser einfache Satz gibt die Lösung folgender Aufgabe: In einer Gesellschaft begrüßen sich einige mit Handschlag. Die Anzahl derjenigen Glieder der Gesellschaft, die einer ungeraden Anzahl von Menschen die Hand gibt, ist gerade. Jedem Glied der Gesellschaft soll ein Punkt zugeordnet werden. Zwei Punkte werden genau dann miteinander durch eine Kante verbunden, wenn die ihnen entsprechenden Leute sich mit Handschlag begrüßt haben. So ergibt sich ein Graph – das Modell des Begrüßungsverfahrens in der gegebenen Gesellschaft, auf dem voriger Satz angewendet werden kann. Daß jemand einer ungeraden Anzahl von Menschen die Hand gibt, bedeutet genau, daß im Graph, der ihm entsprechende Eckpunkt ungerade ist.

Aus dem gleichen Grund gilt auch folgende Behauptung: In einer endlichen Menge von natürlichen Zahlen ist die Anzahl derjenigen Zahlen, die mit einer ungeraden Anzahl von Zahlen dieser Menge teilerfremd ist, gerade. Auch diese Behauptung kann mit einem Graphen modelliert werden. Es soll jeder Zahl ein Eckpunkt zugeordnet werden. Zwei Eckpunkte bilden genau dann eine Kante, wenn die ihnen zugeordneten Zahlen teilerfremd sind. Wenn wir auf den so definierten Graphen den vorigen Satz anwenden, ergibt sich die Behauptung.

### 301.03 *Teilgraph, vollständiger Graph, Komplementärgraph*

**Definition:** *Falls die Graphen $\mathfrak{G}=[A, B]$ und $\mathfrak{G}_1=[A_1, B_1]$ so beschaffen sind, daß $A_1 \subseteq A$, $B_1 \subseteq B$ und die Multiplizität jeder Kante in $\mathfrak{G}_1$ die Multiplizität der entsprechenden Kante in $\mathfrak{G}$ nicht überschreitet, dann heißt $\mathfrak{G}_1$ ein Teilgraph von $\mathfrak{G}$ (im Zeichen $\mathfrak{G}_1 \subseteq \mathfrak{G}$).*

Aus der Definition folgt, daß jeder Graph ein Teilgraph von sich selbst ist, d.h. für jeden Graphen $\mathfrak{G}$ ist $\mathfrak{G} \subseteq \mathfrak{G}$.

Sei $\mathfrak{G}_1 \subseteq \mathfrak{G}$. Wenn mindestens eine der folgenden Aussagen:

a.) $A_1$ ist eine echte Teilmenge von $A$,

b.) $B_1$ ist eine echte Teilmenge von $B$,

c.) mindestens eine Kante von $\mathfrak{G}_1$ hat eine kleinere Multiplizität als die entsprechende Kante in $\mathfrak{G}$

zutrifft, dann nennen wir $\mathfrak{G}_1$ einen *echten Teilgraphen* von $\mathfrak{G}$.

Kurz: Wenn wir aus einem Graphen einige Eckpunkte oder Kanten entfernen oder die Multiplizität einiger Kanten vermindern, gelangen wir zu einem Teilgraphen.

Wenn $\mathfrak{G}=[A, B]$ ein gegebener Graph ist, dann kommt den Teilgraphen der Gestalt $\mathfrak{T}=[A, B_1]$ eine besonders wichtige Bedeutung zu, wobei $B_1$ entweder eine echte Teilmenge von $B$ ist, oder in $B_1$ mindestens eine Kante, die auch in $B$ enthalten ist, eine kleinere Multiplizität hat als in $B$. Ein solcher Teilgraph heißt ein *Faktor* des Graphen $\mathfrak{G}$.

Wir wollen nun einen Graphen $\mathfrak{G}=[A, B]$ betrachten, dessen Kanten alle die Multiplizität 1 haben und der keine Schlingen enthält. Zu einem solchen Graphen wollen wir einen weiteren Graphen $\overline{\mathfrak{G}}$ durch folgende Vorschrift zuordnen:

**Definition:** *Ist die Multiplizität jeder Kante in $\mathfrak{G}=[A, B]$ eins und hat $\mathfrak{G}$ keine Schlinge, dann ist der Graph*

$$\overline{\mathfrak{G}} = [A, A \times A - B - \bigcup_{a \in A} (a, a)]$$

*der Komplementgraph von $\mathfrak{G}$, wenn wir jeder Kante von $\overline{\mathfrak{G}}$ die Multiplizität 1 zuordnen.*

Wir erhalten somit den Komplementargraphen eines schlingefreien Graphen $\mathfrak{G}$, indem wir die Kanten von $\mathfrak{G}$ durch Verbindungen von allen paarweise *verschiedenen* Eckpunkten, die in $\mathfrak{G}$ nicht verbunden waren, ersetzen. (Deswegen muß man in der Definition von $\overline{\mathfrak{G}}$ nicht nur die Menge $B$, sondern auch noch $\bigcup (a, a)$ aus $A \times A$ abziehen, um zu sichern, daß $\overline{\mathfrak{G}}$ keine Schlingen enthält.)

In Fig. 35 ist ein Graph und sein Komplementärgraph abgebildet.

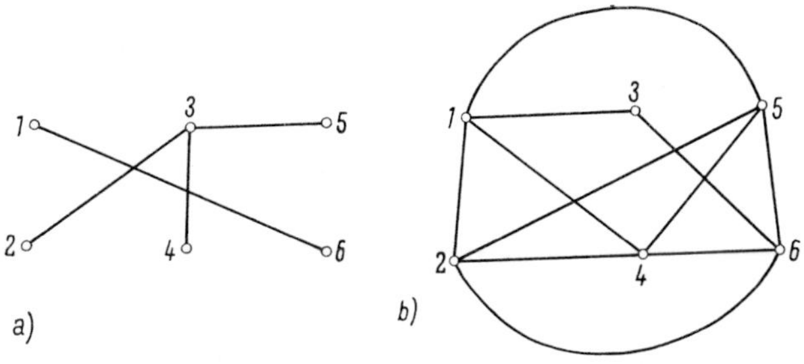


a.) b.)

Fig. 35

Man sieht unmittelbar ein, daß

$$\overline{\overline{\mathfrak{G}}} = \mathfrak{G}$$

ist.

Um uns leichter ausdrücken zu können, führen wir die folgende Sprachwendung ein: Wenn zwei *verschiedene* Eckpunkte eines Graphen mit einer Kante von der Multiplizität 1 verbunden sind, dann heißen sie *benachbarte Eckpunkte.*

Ein aus drei Eckpunkten bestehender Graph, in welchem je zwei Eckpunkte benachbar sind, ist ein *Dreieck.*

**Satz 3.02:** *Falls in* $\mathfrak{G} = [A, B]$, $|A| \geqq 6$ *ist, dann enthält entweder* $\mathfrak{G}$ *oder* $\overline{\mathfrak{G}}$ *ein Dreieck als Teilgraph.*

*Beweis*: Wir können ohne Einschränkung der Allgemeinheit annehmen, daß $|A| = 6$ ist. Wenn nämlich der Satz für einen solchen Graphen gilt, gilt er desto mehr für einen Graphen mit mehr als 6 Eckpunkten.

Nun wollen wir von den 6 Eckpunkten einen beliebigen Eckpunkt, nennen wir ihn $a$, herausgreifen. Die übriggebliebenen 5 Eckpunkte werden durch $a$ in zwei Gruppen aufgeteilt. Der ersten ordnen wir diejenigen Eckpunkte zu, die mit $a$ benachbart sind, der zweiten die, die mit $a$ nicht benachbart sind. In einer dieser Gruppen befinden sich mindestens drei mit $b$, $c$, $d$ bezeichnete Eckpunkten. Dann ist der Graph $\mathfrak{A} = [\{a, b, c, d\}, \{(a, b), (a, c), (a, d)\}]$ (vgl. Fig. 36) entweder Teilgraph von $\mathfrak{G}$ oder von $\overline{\mathfrak{G}}$. Einer von diesen, der $\mathfrak{A}$ als Teilgraph

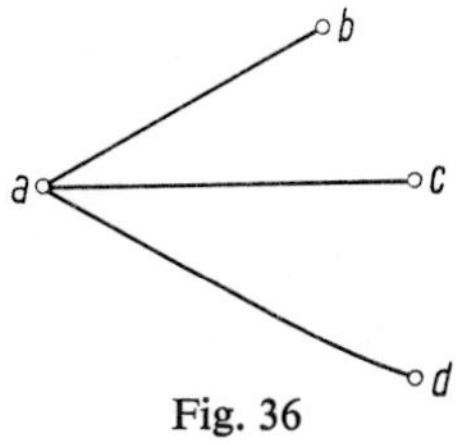


Fig. 36

enthält, soll mit $\mathfrak{K}$ bezeichnet werden. Wenn aber $\mathfrak{K}$ eine der Kanten $(b, c)$, $(b, d)$, $(c, d)$ enthält, so enthält $\mathfrak{K}$ schon ein Dreieck als Teilgraph, d.h. dieses Dreieck ist Teilgraph entweder von $\mathfrak{G}$ oder von $\overline{\mathfrak{G}}$.

Wenn aber keines der Paare $(b, c)$, $(b, d)$, $(c, d)$ in $\mathfrak{K}$ ist, dann aber sind diese Kanten von $\overline{\mathfrak{K}}$ und bilden ein Dreieck in $\overline{\mathfrak{K}}$. $\overline{\mathfrak{K}}$ ist auch entweder mit $\mathfrak{G}$ oder mit $\overline{\mathfrak{G}}$ identisch. Somit ist der Satz bewiesen.

Dieser Satz kann so interpretiert werden: In einer Gesellschaft, bestehend aus mindestens 6 Personen, gibt es immer mindestens drei Personen, die sich gegenseitig kennen oder gegenseitig fremd sind.

**Definition:** *Die Eckpunkte eines Graphen seien $a_1, a_2, \ldots, a_n$. Der Graph*

$$[\{a_1, \ldots, a_n\}, \bigcup_{\substack{i, j=1 \\ i \neq j}}^{n} (a_i, a_j)] \quad ((a_i, a_j) = (a_j, a_i)),$$

*in dem alle Kanten mit der Multiplizität 1 versehen sind, heißt ein vollständiger Graph.*

Es seien also $n$ paarweise voneinander verschiedene Punkte gegeben. Wir erhalten durch diese einen definierten vollständigen Graphen, wenn wir jeden Punkt mit jedem Punkt durch genau einen Bogen verbinden. Ein vollständiger Graph z.B. ist in Fig. 37 abgebildet.

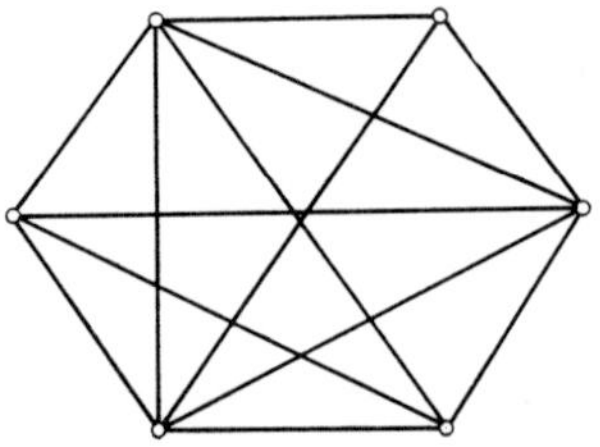

Fig. 37

**Satz 3.03:** *Ein vollständiger Graph von n Eckpunkten besitzt $\binom{n}{2}$ Kanten.*

Die Behauptung ist klar.

Unter Umständen kann man aus zwei Graphen einen dritten durch „Zusammenschiebung“ bilden. Dazu dient die folgende

**Definition:** *Seien $\mathfrak{G}_1 = [A_1, B_1]$, $\mathfrak{G}_2 = [A_2, B_2]$ zwei Graphen. Der Graph $\mathfrak{G} = [A_1 \cup A_2, B_1 \cup B_2]$ heißt die Vereinigung von $\mathfrak{G}_1$ und $\mathfrak{G}_2$* (im Zeichen: $\mathfrak{G} = \mathfrak{G}_1 \cup \mathfrak{G}_2$), *falls die Multiplizitäten der nichtgemeinsamen Elemente aus $B_1$ und $B_2$ ihre ursprünglichen Multiplizitäten beibehalten, die gemeinsamen Elemente tragen das Maximum der Multiplizitäten, die sie in $B_1$ und $B_2$ hatten.*

Um die Vereinigung durchführen zu können, müssen wir zuerst festlegen, ob gewisse Eckpunkte aus $\mathfrak{G}_1$ mit gewissen Eckpunkten aus $\mathfrak{G}_2$ identifiziert werden oder nicht. Denn die miteinander identifizierten Eckpunkte sollen in der Vereinigung nur ein einziges Mal auftreten. Eine Veranschaulichung der Vereinigung finden wir in Fig. 38.

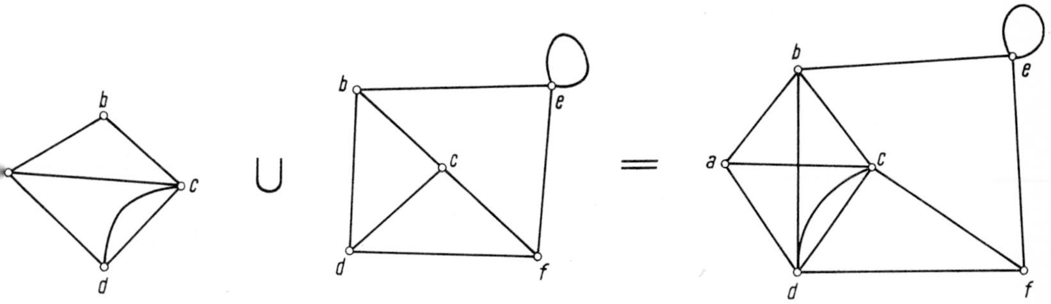


Fig. 38

Es ist klar, daß die Vereinigung eines Graphen mit seinem Komplementärgraphen einen vollständigen Graphen ergibt.

In einem Graphen heißen zwei Kanten *unabhängig*, falls sie keine gemeinsamen Eckpunkte haben. In dem in Fig. 39 abgebildeten Graphen sind die

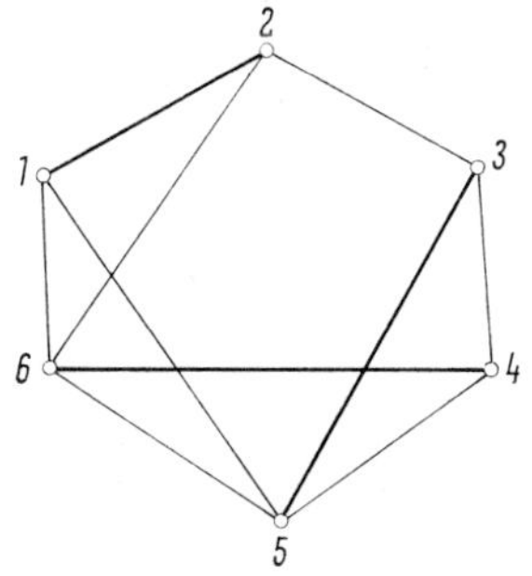


Fig. 39

Kanten (1, 2), (4, 6), (3, 5) voneinander unabhängig und enthalten alle Eckpunkte des Graphen. Auch die Kanten (5, 6), (2, 3) sind unabhängig, ebenso wie das Paar der Kanten (4, 5), (2, 3) usw.

Als Übungsaufgabe überlassen wir dem Leser zu beweisen, daß jeder Graph von 6 Eckpunkten ohne Schlingen und mehrfache Kanten, von denen jeder Eckpunkt einen Grad = 3 hat, drei unabhängige Kanten besitzt, die alle Eckpunkte des Graphen enthalten.

Diese Behauptung läßt folgende Interpretation zu: In einer Textilfabrik werden 6 verschiedene bunte Fäden zu Stoffen verarbeitet. Alle Stoffe sind zweifarbig, und jede Farbe kommt mindestens mit zwei anderen Farben vor. Dann kann man aus dem Stoffen drei so auswählen, daß in ihnen alle sechs Farben benutzt werden. Der Leser überlege sich, daß das genau der vorige graphentheoretische Satz ist.

### 301.04 *Kantenfolgen, Wege, Kreise*

Zuerst möchten wir den Bergiff einer *Kantenfolge*, manchmal auch *Verbindung* genannt, kennenlernen.

Sei irgendein Graph $\mathfrak{G}=[A, B]$, und wählen wir aus den Eckpunkten von $\mathfrak{G}$ gewisse, z.B. $a_1, a_2, \ldots, a_n$, heraus, so daß $a_i$ mit $a_{i+1}$ $(i=1, 2, \ldots, n-1)$ benachbart sei. Der Teilgraph

$$\mathfrak{K}=[(a_1, a_2, \ldots, a_n), ((a_1, a_2), (a_2, a_3), \ldots, (a_{n-1}, a_n))]$$

heißt eine *Kantenfolge* (wobei $(a_i, a_{i+1})$ mit der Multiplizität 1 zu betrachten ist). Dabei kann $a_1=a_n$ oder auch $a_i=a_j$ $(i \neq j)$ sein. Falls $a_i=a_n$ gilt, dann sagen wir, die Kantenfolge $\mathfrak{K}$ ist *geschlossen*, im entgegengesetzten Fall wird sie als eine *offene* Kantenfolge bezeichnet. Bei offenen Kantenfolgen sagt man, die Kantenfolge beginnt im Eckpunkt $a_1$ und endet in $a_n$. $n$ heißt die *Länge* von $\mathfrak{K}$. (Für $n=1$ besteht eine Kantenfolge aus einer einzigen Schlinge.)

In Fig. 40 ist

$$\mathfrak{K}=[(1, 2, 3, 4, 5, 6, 7), ((1, 2), (2, 3), (3, 4), (4, 7), (7, 3), (3, 5), (5, 6))]$$

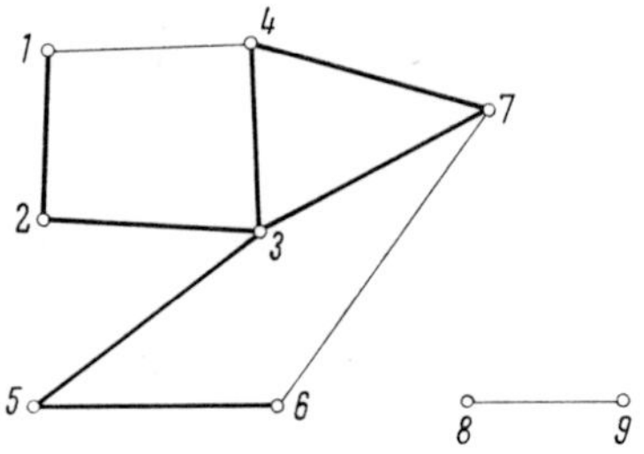

Fig. 40

eine Kantenfolge zwischen 1 und 6. Eine Kantenfolge zwischen 2 und 9 existiert z.B. nicht.

Erwähnenswert ist, wie es im Beispiel der Fig. 40 gut erkennbar ist, daß die Reihenfolge der Kanten in einer Kantenfolge eine Rolle spielt. Somit ist eine Kantenfolge ein gerichteter Teilgraph (vgl. S. 252) des gegebenen Graphen.

Eine altbekannte Aufgabe kann leicht und anschaulich mit Anwendung des soeben eingeführten Begriffs gelöst werden. Es handelt sich um folgendes: An einem Ufer des Flusses steht ein Fährmann. Er soll mit einem Kahn eine Ziege, einen Wolf und einen Heuhaufen über den Fluß ans andere Ufer bringen. Der Kahn ist klein, und außer dem Fährmann paßt nur eines der drei Dinge hinein. An einem der Ufer darf er weder die Ziege mit dem Wolf noch die Ziege mit dem Heu alleinlassen. Wie kann er nun Ziege, Wolf und Heu nacheinander über den Fluß setzen?

Wir werden Fährmann mit *F*, Ziege mit *Z*, Wolf mit *W* und Heu mit *H* bezeichnen. Alle nach der Aufgabe zulässigen Teilmengen der Menge $\{F, Z, W, H\}$ wollen wir durch einen Punkt in der Ebene veranschaulichen. Wir nehmen noch einen Punkt $O$ dazu, der die leere Teilmenge repräsentiert. Die zulässigen Teilmengen sind somit $\{F, Z, W, H\}$, $\{F, W, H\}$, $\{F, Z, H\}$, $\{F, Z, W\}$, $\{F, Z\}$, $\{W, H\}$, $\{Z\}$, $\{W\}$, $\{H\}$, $\{O\}$. Nicht zulässig ist z.B. $\{Z, W\}$, $\{Z, H\}$. Jeder zulässigen Teilmenge wird also ein Eckpunkt eines Graphen zugeordnet. Zwei Eckpunkte werden genau dann durch eine Kante verbunden, wenn sie solchen zulässigen Zuständen am Ausgangsufer entsprechen, die durch eine Bootüberfahrt entstehen. Wenn z.B. am Anfang der Fährmann die Ziege ans Zielufer überführt, bleiben am Ausgangsufer Wolf und Heu, die Eckpunkte $\{F, Z, W, H\}$, und $\{W, H\}$ werden somit durch eine Kante verbunden. Allen zulässigen Möglichkeiten entspricht ein Graph, der in Fig. 41 dargestellt ist.

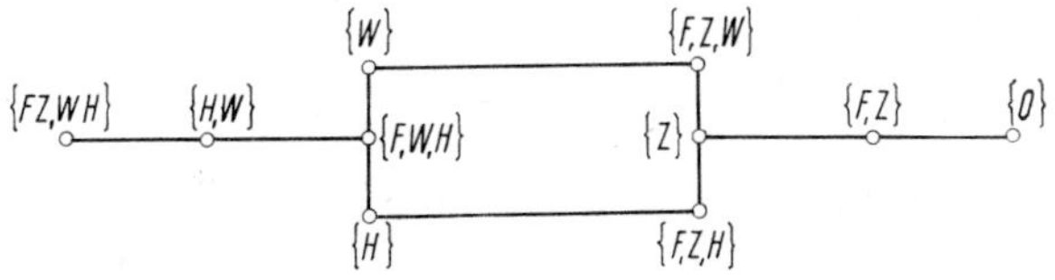


Fig. 41

Es handelt sich darum, eine Kantenfolge zwischen den Punkten $\{F, Z, W, H\}$ und $\{O\}$ zu finden. Man sieht sofort, daß es zwei solche Kantenfolgen gibt, wobei beide die Länge 7 haben. Der Fährmann muß also siebenmal den Fluß mit seinem Boot überqueren, um seine Aufgabe lösen zu können.

Es sei dem Leser überlassen nachzuweisen, daß in einer Kantenfolge $\mathfrak{K}$ bis auf die Anfangs- und Endpunkte jeder Eckpunkt gerade ist. Wenn eine Kantenfolge offen ist, dann gibt es in ihr genau zwei ungerade Eckpunkte, nämlich der Anfangs- und Endpunkt. Bei geschlossenen Kantenfolgen ist jeder Eckpunkt gerade.

Grundlegend wichtig ist folgende

**Definition:** *Unter einer Euler-Linie eines Graphen verstehen wir eine Kantenfolge des Graphen, die alle Kanten* (also auch alle Eckpunkte bis auf die isolierten Punkte) *enthält.*

Aus dem oben Gesagten folgt: Notwendig für die Existenz einer Euler-Linie ist, daß der Grad eines jeden Eckpunktes (mit höchstens zwei Ausnahmen) gerade ist.

Mit Hilfe dieser Feststellung können wir leicht die Lösung des Königsberger Brückenproblems angeben. Diese Aufgabe war die erste graphentheoretische Aufgabe und wurde von Euler in einer 1736 erschienenen Arbeit gelöst.

Der Teil der Pregel, der durch Königsberg fließt, bildet zwei Inseln. Diese sind durch 7 Brücken so mit dem Festland und miteinander verbunden, wie es in der Fig. 42 dargestellt ist.

Die Bürger von Königsberg versuchten, einen Spaziergang so zu unternehmen, daß sie jede Brücke genau einmal durchlaufen. Das gelang ihnen nicht, und so wendeten sie sich an Euler mit der Frage: Wie könnte man so einen Spaziergang machen?

Zuerst haben wir die gestellte Frage in die Ausdrucksweise der Graphentheorie zu übersetzen.

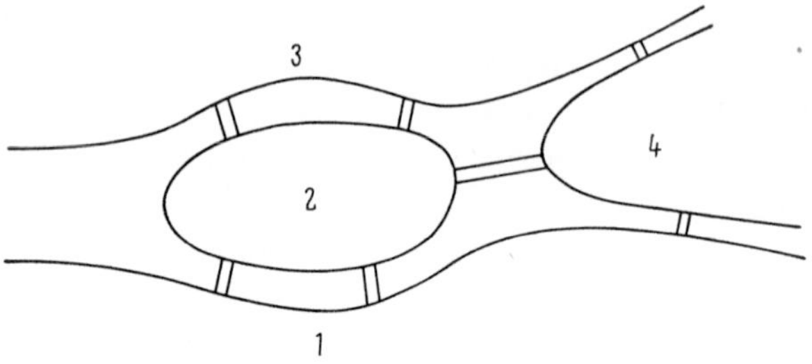


Fig. 42

Jedes Ufer und jede Insel, an denen eine Brücke mündet, soll mit einem Punkt repräsentiert werden. Anhand von Fig. 42 werden wir vier verschiedene Punkte betrachten. Zwei Punkte sollen genau dann durch eine Kante verbunden werden, wenn das ihnen entsprechende Land mit einer Brücke verbunden ist. So ist z.B. das Ufer 1 mit der Insel 2 durch zwei Brücken verbunden, deshalb werden wir die ihnen entsprechenden Punkte durch zwei Kanten (eine Doppelkante) verbinden. In dieser Weise entsteht der in Fig. 43 dargestellte Graph.

Das mathematische Modell unserer Aufgabe besteht genau darin, im Graphen Fig. 43 eine Euler-Linie zu finden. Eine solche kann aber nicht existieren, da jeder Eckpunkt in Fig. 43 ungerade und somit die notwendige Bedingung zur Existenz einer Euler-Linie nicht vorhanden ist. Ein gewünschter

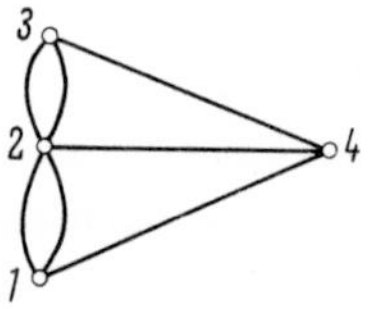


Fig. 43

Spazierweg über die Königsberger Brücken kann also nicht unternommen werden.

Wir wollen jetzt zu den Kantenfolgen zurückkehren. Eine Kantenfolge $\mathfrak{W}$ heißt ein *Weg*, wenn alle seine Eckpunkte mit Ausnahme der Endpunkte den Grad 2, die Endpunkte aber den Grad 1 haben; bei der Bestimmung des Grades wird $\mathfrak{W}$ als Teilgraph des gegebenen Graphen betrachtet. Die in Fig. 40 angegebene Kantenfolge $\mathfrak{K}$ ist kein Weg, denn der Eckpunkt 3 hat im Teilgraphen $\mathfrak{K}$ den Grad 4, dafür aber ist die durch die Eckpunkte $\{F, Z, W, H\}$, $\{H, W\}$, $\{F, W, H\}$, $\{W\}$, $\{F, Z, W\}$, $\{Z\}$, $\{F, Z\}$, $\{O\}$ dargestellte Kantenfolge im Graphen Fig. 41 ein Weg.

Wenn in einem Graphen eine Kantenfolge mit dem Anfangspunkt $a$ und Endpunkt $b$ ein Weg ist, dann sagen wir, die Eckpunkte $a$ und $b$ sind mit einem Weg *verbindbar*. $a$, $b$ werden als die *Endpunkte*, die übrigen Eckpunkte des Weges als *innere Punkte* bezeichnet.

**Definition:** *Ein Graph $\mathfrak{G}$ ist zusammenhängend, wenn zwei beliebige verschiedene Eckpunkte mit einem Weg verbindbar sind.*

Es ist klar, wenn ein Graph isolierte Punkte enthält, kann er kein zusammenhängender Graph sein.

**Definition:** *Wenn in einer Kantenfolge als Teilgraph jeder Eckpunkt den Grad 2 hat, dann heißt sie ein Kreis oder n-Eck, wobei n die Länge der Kantenfolge ist.*

So ist z.B. in Fig. 29 die durch die Kanten (1, 2), (2, 5), (5, 4), (4, 1) definierte Kantenfolge ein Kreis (der Schnittpunkt von (1, 4) und (2, 5) ist kein Eckpunkt!). Eine Schlinge selbst ist ein Kreis.

In natürlicher Weise wirft sich folgende Frage auf: Wenn in einem zusammenhängenden Graphen jeder Eckpunkt einen geraden Grad hat, ob er dann eine Euler-Linie enthält? Diese Frage wird durch folgenden Satz beantwortet:

**Satz 3.04:** *Ein Graph $\mathfrak{G}$ hat genau dann eine geschlossene Euler-Linie, wenn $\mathfrak{G}$ zusammenhängend und jeder Eckpunkt von geradem Grad ist.*

*Beweis.* Daß die Bedingung notwendig ist, folgt aus dem, was oben gesagt wurde: Wenn nämlich der Graph entweder nicht zusammenhängend oder (und) einen Eckpunkt hat, dessen Grad ungerade ist, kann eine geschlossene Euler-Linie nicht vorhanden sein.

Wir setzen nun voraus, daß $\mathfrak{G}$ beiden im Satz stehenden Bedingungen genügt. Daraus folgt, daß $\mathfrak{G}$ mindestens eine Kante hat. Wir werden jetzt nachweisen, daß $\mathfrak{G}$ eine geschlossene Kantenfolge hat. Denn enthält $\mathfrak{G}$ eine Schlinge, dann ist diese schon eine geschlossene Kantenfolge. Wenn aber $\mathfrak{G}$ keine Schlinge hat, dann greifen wir eine beliebige Kante $k_1=(a_1, a_2)$ heraus. Da $\varphi(a_2)$ eine von 0 verschiedene gerade Zahl ist, gibt es einen mit $a_2$ benachbarten Eckpunkt $a_3$, der von $a_1$ verschieden ist, und setzen $k_2=(a_2, a_3)$. $k_2$ ist offensichtlich eine Kante von $\mathfrak{G}$. Es muß eine weitere Kante $k_3=(a_3, a_4)$ geben, wobei $a_4 \neq a_2$ ist, denn $\varphi(a_3)$ ist eine gerade Zahl ($\neq 0$) usw. Da die Menge der Eckpunkte endlich ist, müssen wir nach endlich vielen Schritten zu einem schon ausgewählten Punkt z.B. $a_1$ zurückgelangen. Wir setzen $\mathfrak{G}_1=[(a_1, \ldots, a_n), (k_1, \ldots, k_n)]$, $\mathfrak{G}_1$ ist eine geschlossene Kantenfolge in $\mathfrak{G}$.

Wenn $\mathfrak{G}_1$ alle Eckpunkte von $\mathfrak{G}$ enthält, so ist $\mathfrak{G}_1$ schon eine Euler-Linie. Ist das aber nicht der fall, dann hat $\mathfrak{G}$ eine Kante $k$, die nicht $\mathfrak{G}_1$ angehört. Wir können annehmen, daß einer der Endpunkte von $k$ ein Eckpunkt von $\mathfrak{G}_1$ ist. Wenn das nämlich nicht der Fall wäre, so wählen wir uns einen Endpunkt von $k$, dieser kann mit jedem Eckpunkt von $\mathfrak{G}_1$ durch einen Weg verbunden werden, da $\mathfrak{G}$ zusammenhängend ist. Es gibt somit einen Eckpunkt $b_1$ von $\mathfrak{G}_1$, der mit einem Weg mit dem vorigen Endpunkt von $k$ so verbunden werden kann, daß dieser Weg eine Kante $(b_1, b_2)=f_1$ enthält und $b_2$ kein Eckpunkt von $\mathfrak{G}_1$ ist. Streichen wir nun aus $\mathfrak{G}$ die Kanten von $\mathfrak{G}_1$. So ergibt sich ein Graph $\mathfrak{G}'$. Die Eckpunkte von $\mathfrak{G}'$ sind dieselben wie die Eckpunkte von $\mathfrak{G}$, dabei hat jeder Eckpunkt in $\mathfrak{G}'$ einen geraden Grad. Das folgt daraus, daß jeder Eckpunkt in $\mathfrak{G}$ und $\mathfrak{G}_1$ gerade ist. $f_1$ ist offensichtlich eine Kante von $\mathfrak{G}'$. Jetzt wiederholen wir die vorige Konstruktion, indem wir von der Kante $f_1$ ausgehen. So gelangen wir wieder zu einer geschlossenen Kantenfolge $\mathfrak{G}_2$. Nun gehen wir wieder in $\mathfrak{G}$ von $a_1$ aus entlang der Kante $e_1$, bis wir an den Kanten von $\mathfrak{G}_1$ den Punkt $b_1$ erreicht haben. Dann aber setzen wir unseren Weg auf den Kanten $f_1, f_2, \ldots$ fort, bis wir wieder $b_1$ erreicht haben, und von da an gehen wir wieder entlang den Kanten $e_i$, bis wir zu $a_1$ zurückkehren. So haben wir den Graphen $\mathfrak{G}_1 \cup \mathfrak{G}_2$ durchlaufen. Enthält $\mathfrak{G}_1 \cup \mathfrak{G}_2$ alle Kanten von $\mathfrak{G}$, so ist die oben beschriebene Kantenfolge eine Euler-Linie. Wäre das noch nicht der Fall, so wiederholen wir das Verfahren, indem wir von einer Kante $g_1$ ausgehen, von der ein Endpunkt dieser Eckpunkt von $\mathfrak{G}_1 \cup \mathfrak{G}_2$ ist, der andere aber nicht. Da $\mathfrak{G}$ ein endlicher Graph ist, gelangen wir nach endlich vielen Schritten zu einer geschlossenen Kantenfolge, die alle Eckpunkte von $\mathfrak{G}$ enthält, d.h. zu einer Euler-Linie.

Im Laufe des Beweises haben wir uns mit Absicht auf keine Zeichnung bezogen, um die Allgemeingültigkeit zu bewahren. Nachträglich soll das Verfahren in Fig. 44 veranschaulicht werden.

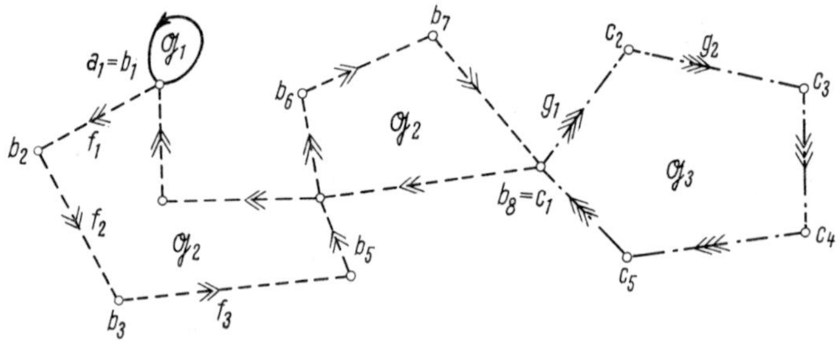


Fig. 44

Im vorangehenden Satz handelte es sich um geschlossene Euler-Linien. Was für eine Bedingung kann man für das Vorhandensein einer Euler-Linie überhaupt angeben? Das wird im folgenden Satz beantwortet.

**Satz 3.05:** *Ein Graph hat dann und nur dann eine Euler-Linie wenn er zusammenhängend ist und genau zwei verschiedene Eckpunkte einen ungeraden, alle übrigen Eckpunkte einen geraden Grad haben.*

*Beweis.* Nach dem, was über eine offene Euler-Linie oben gesagt wurde, ist die Bedingung offensichtlich notwendig. Sie ist aber auch hinreichend: Verbinden wir nämlich die zwei Eckpunkte von ungeradem Grad mit einer Kante.

Dadurch gehen wir vom ursprünglichen Graphen $\mathfrak{G}$ zu dem Graphen $\mathfrak{G}'$ über. $\mathfrak{G}'$ ist selbstverständlich auch zusammenhängend, dabei ist jeder seiner Eckpunkte von geradem Grad.

$\mathfrak{G}'$ hat somit, nach dem Satz 3.04, eine geschlossene Euler-Linie, die auch die nachträglich eingesetzte Kante enthält. Entfernt man diese, erhalten wir die gewünschte Euler-Linie.

Eine Verallgemeinerung dieses Satzes gibt der

**Satz 3.06:** *In einem zusammenhängenden Graphen sei die Anzahl der ungeraden Eckpunkte* $2k$ $(k \geqq 1)$. *Dann gibt es in ihm k Wege, so daß je zwei von ihnen keine gemeinsamen Kanten haben, und ihre Vereinigung als Graphen gibt genau den Ausgangsgraphen an.*

Der *Beweis* ist ähnlich zu dem des vorangehenden Satzes. Wir verbinden paarweise miteinander die ungeraden Eckpunkte, so entsteht aus $\mathfrak{G}$ der Graph $\mathfrak{G}'$, der auch zusammenhängend ist, und in ihm ist jeder Eckpunkt gerade. Die Anzahl der zusätzlichen Kanten ist $k$. In $\mathfrak{G}$ gibt es laut Satz 3.04 eine geschlossene Euler-Linie $\mathfrak{E}$. Wenn wir aus $\mathfrak{E}$ die nachträglich in $\mathfrak{G}$ eingeführten Kanten streichen, erhalten wir die im Satz beschriebenen Wege. Da $\mathfrak{E}$ alle Kanten aus $\mathfrak{G}'$ enthält, enthält die Vereinigung dieser Wege alle Kanten aus $\mathfrak{G}$.

In Verbindung mit einem zusammenhängenden Graphen können wir einen sehr interessanten Metrischen Raum*) definieren.

Wir betrachten einen beliebigen zusammenhängenden Graphen $\mathfrak{G}$. Für seine Eckpunkte $a, b$ definieren wir die Abstandsfunktion $d(a, b)$ als die Länge (Definition s. S. 14) der kürzesten Kantenfolge zwischen $a$ und $b$. Diese Abstandsfunktion nimmt nur ganze nichtnegative Werte an.

Um einzusehen, daß $d(a, b)$ tatsächlich eine Abstandsfunktion ist, prüfen wir, ob die drei Eigenschaften einer Abstandsfunktion**) erfüllt sind.

Die erste Eigenschaft ist sicher erfüllt: Ist nämlich $a$ ein beliebiger Eckpunkt, dann hat die kürzeste Verbindung von $a$ zu $a$ die Länge $O$. Und umgekehrt: Ist für irgendein Paar von Eckpunkten $d(a, b) = 0$, so folgt daraus, daß $a = b$ ist, denn die Kantenfolge von zwei verschiedenen Punkten hat mindestens die Länge 1.

Die zweite Eigenschaft, daß nämlich $d(a, b) = d(b, a)$, ist offensichtlich.

Es bleibt noch zu prüfen, ob die Dreiecksungleichung gilt. $a, b, c$ seien drei Eckpunkte von $\mathfrak{G}$. Die kürzeste Kantenfolge von $a$ bis $b$ sei $\mathfrak{B}_1$, sie hat die Länge $d(a, b)$; die zwischen $b$ und $c$ sei $\mathfrak{B}_2$ von der Länge $d(b, c)$. $\mathfrak{B}_1 \cup \mathfrak{B}_2$ ist aber eine Kantenfolge, die bei $a$ beginnt und in $c$ endet und die Länge hat $d(a, b) + d(b, c)$. Die kürzeste Verbindung von $a$ bis $c$ hat also eine Länge $d(a, c)$, die nicht größer ist als die Länge von $\mathfrak{B}_1 \cup \mathfrak{B}_2$, d.h.

$$d(a, c) \leqq d(a, b) + d(b, c).$$

*) Zu diesem Begriff vgl. Bd. I, Abschn. 101.07, S. 30

**) Bd. I, S. 31.

Somit ist bewiesen, daß $d$ eine Abstandsfunktion ist. Bei einem endlichen und zusammenhängenden Graphen nimmt $d(a, b)$ nur endlich viele Werte an. Der größte dieser heißt der *Durchmesser* des Graphen.

### 301.05 *Komponenten und Glieder eines Graphen*

Wir wollen mit $\mathfrak{G}$ irgendeinen Graphen bezeichnen und in ihm einen besonderen Teilgraphen definieren. Dazu greifen wir einen Eckpunkt $a$ heraus und betrachten die Menge aller weiteren Eckpunkte, die mit $a$ durch eine Kantenfolge verbindbar sind. Aus diesen Eckpunkten und durch sie laufende Kanten bestehender Teilgraph heißt eine *Komponente* von $\mathfrak{G}$ und soll vorläufig durch $\mathfrak{G}_a$ bezeichnet werden. Genauer:

**Definition:** *Sei a ein Eckpunkt des Graphen $\mathfrak{G}$, dann ist die Komponente $\mathfrak{G}_a$ der maximale zusammenhängende Teilgraph von $\mathfrak{G}$, der a als Eckpunkt enthält.*

Der Ausdruck „maximal" in dieser Definition bedeutet, daß $\mathfrak{G}_a$ kein *echter* Teilgraph eines zusammenhängenden Teilgraphen des Graphen $\mathfrak{G}$ ist der $a$ enthält.

Ein isolierter Eckpunkt $a$ z.B. ist selbst eine Komponente von $\mathfrak{G}: \mathfrak{G}_a = [\{a\}, \emptyset]$. Nach der Definition besteht ein zusammenhängender Graph aus einer einzigen Komponente, und der ist gleich dem gegebenen Graphen. Der in Fig. 27 dargestellte Graph enthält zwei Komponenten, einer ist durch die Eckpunkte 1, 2, 3, 4 gegeben, der zweite besteht aus zwei Schlingen (Doppelschlinge), die durch den Eckpunkt 5 laufen.

Die Betrachtung des Graphen in Fig. 27 wird uns den folgenden Satz naheliegend machen.

**Satz 3.07:** *Seien a und b zwei Eckpunkte des Graphen $\mathfrak{G}$. Dann sind die zu diesen Endpunkten gehörenden Komponenten $\mathfrak{G}_a$ und $\mathfrak{G}_b$ entweder zwei disjunkte Graphen, oder $\mathfrak{G}_a$ ist gleich $\mathfrak{G}_b$.*

*Beweis.* Wenn $\mathfrak{G}_a$ und $\mathfrak{G}_b$ disjunkte Graphen sind, dann ist nichts weiteres zu beweisen. Wir wollen also voraussetzen, daß $\mathfrak{G}_a$ und $\mathfrak{G}_b$ nicht disjunkt sind, dann gibt es aber mindestens einen Eckpunkt $c$, der sowohl zu $\mathfrak{G}_a$ als auch zu $\mathfrak{G}_b$ gehört. Eine beliebige Kante aus $\mathfrak{G}_b$ sei $e=(p, q)$. Im Graphen $\mathfrak{G}$ kann man eine Kantenfolge $\mathfrak{K}$ bilden, die im Eckpunkt $b$ beginnt und die Kante $e$ enthält, denn $\mathfrak{G}_b$ ist zusammenhängend. Eine Kantenfolge zwischen $a$ und $c$ sei $\mathfrak{V}_1$ und eine, die $c$ mit $b$ verbindet, $\mathfrak{V}_2$ (solche existieren gewiß, da $\mathfrak{G}_a$ und $\mathfrak{G}_b$ zusammenhängend sind). Die Kantenfolge $\mathfrak{V}_1 \cup \mathfrak{V}_2 = \mathfrak{V}_3$ verbindet $a$ mit $b$. Die Kantenfolge $\mathfrak{V}_3 \cup \mathfrak{K}$ hat $a$ als Anfangspunkt und enthält die Kante $e$, also gehört $e$ zur Komponente $\mathfrak{G}_a$. Es wurde somit gezeigt, falls eine beliebige Kante $e$ aus $\mathfrak{G}_b$ ist, so gehört sie auch zu $\mathfrak{G}_a$. Die Rollen von $\mathfrak{G}_a$ und $\mathfrak{G}_b$ können vertauscht werden; daraus ergibt sich, daß eine beliebige Kante aus $\mathfrak{G}_a$ auch in $\mathfrak{G}_b$ liegt. Das bedeutet aber genau, daß $\mathfrak{G}_a = \mathfrak{G}_b$ ist.

Dieser Satz zeigt, daß der Ausgangseckpunkt überhaupt keine entscheidend wichtige Rolle bei der Bestimmung einer Komponente spielt. Wenn wir von einem beliebigen Eckpunkt derselben Komponente ausgehen, gelangen wir zu demselben Teilgraphen. Ein zusammenhängender Graph besteht aus einer einzigen Komponente.

**Definition:** *Diejenigen Kanten eines Graphen, die zu keinem seiner Kreise gehören, heißen Brücken des Graphen.*

Die Kante $(a, b)$ z.B. in Fig. 45 oder die Kanten (1, 2) und (2, 3) in Fig. 46 sind auch Brücken.

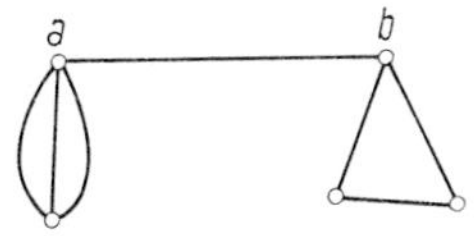


Fig. 45

**Definition:** *Sei e eine Kante des Graphen $\mathfrak{G}$. Wir fassen die Vereinigung aller Kreise in $\mathfrak{G}$, die die Kante e enthalten, zu einem Teilgraphen $\mathfrak{N}_e$ zusammen und nennen ihn ein zu e gehörendes Glied. Ist e eine Brücke, so ist e als ein Glied zu betrachten.*

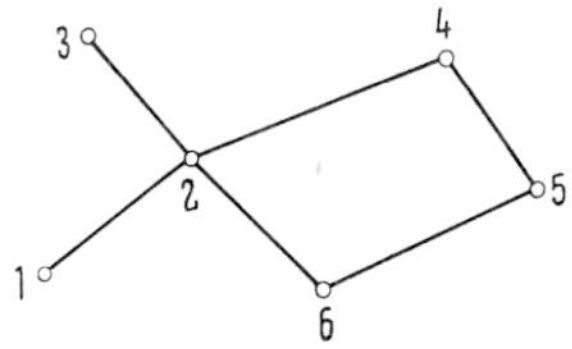


Fig. 46

In Fig. 47 sehen wir z.B. einen Graphen, der aus zwei Komponenten besteht. Die Kanten der einzelnen Glieder sind mit der gleichen Ziffer numeriert, er besteht aus 13 Gliedern. Auch die Brücken 4, 5, 7, 12 sind selbstverständlich selbständige Glieder. Dabei enthält der Graph die Schlingen 8, 9, 10, die auch als Glieder zählen.

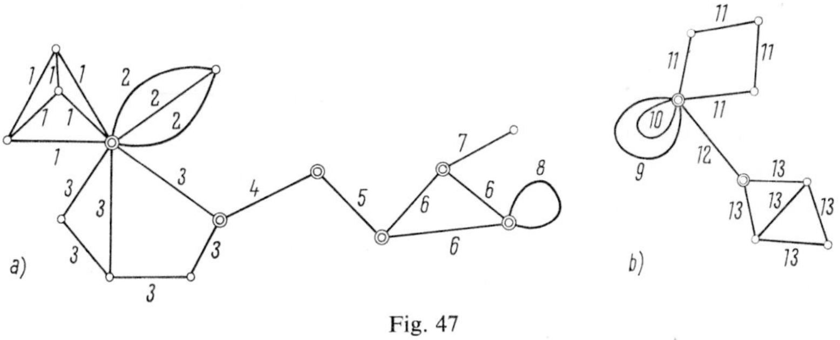

Fig. 47

Man kann auch die Glieder in ähnlicher Weise wie die Komponenten charakterisieren, es gilt nämlich ein zum Satz 3.07 analoger Satz, den wir unter Satz 3.08 formulieren werden. Um diesen jedoch beweisen zu können, haben wir einen Hilfssatz vorauszuschicken.

**Hilfssatz:** *In einem Graphen* $\mathfrak{G}$ *seien drei Kanten* $e_1$, $e_2$, $e_3$ *enthalten. Es existiere einmal ein Kreis* $\mathfrak{K}_1$, *auf dem die Kanten* $e_1$ *und* $e_2$ *liegen, zum anderen ein Kreis* $\mathfrak{K}_2$, *auf dem die Kanten* $e_2$ *und* $e_3$ *liegen. Dann gibt es in* $\mathfrak{G}$ *einen Kreis* $\mathfrak{K}_3$, *auf dem die Kanten* $e_1$ *und* $e_3$ *liegen.*

*Beweis.* Die Menge der Eckpunkte von $\mathfrak{K}_1$ sei $A_1$, die der Eckpunkte von $\mathfrak{K}_2$ sei $A_2$. Dann enthält $A_1 \cap A_2$ mindestens zwei Eckpunkte. Es seien $a$ und $b$ Eckpunkte von $\mathfrak{G}$, so daß $a \neq b$ und $a \in A_1 \cap A_2$, $b \in A_1 \cap A_2$. Bilden wir auf dem Kreis $\mathfrak{K}_1$ denjenigen Weg zwischen $a$ und $b$, der die Kante $e_1$ enthält. Nun suchen wir im Durchschnitt $A_1 \cap A_2$ dasjenige Paar verschiedener Eckpunkte $a_0$, $b_0$, für das der obige Weg die geringste Länge hat. Diesen minimalen Weg in $\mathfrak{K}_1$ bezeichnen wir mit $\mathfrak{W}_1$. Wir bilden in $\mathfrak{K}_2$ zwischen $a_0$ und $b_0$ denjenigen Weg, der die Kante $e_3$ enthält. Der soll mit $\mathfrak{W}_2$ bezeichnet werden. Man sieht unmittelbar ein, daß $\mathfrak{W}_1$ und $\mathfrak{W}_2$ in $\mathfrak{G}$ nur die Eckpunkte $a_0$, $b_0$ gemeinsam haben. Wir betrachten jetzt die Vereinigung von $\mathfrak{W}_1$ und $\mathfrak{W}_2$ als Teilgraphen von $\mathfrak{G}: \mathfrak{W}_1 \cup \mathfrak{W}_2$ und bezeichnen ihn durch $\mathfrak{K}_3$. $\mathfrak{K}_3$ enthält gleichzeitig $e_1$ und $e_3$ und ist ein Kreis.

**Satz 3.08:** *In einem Graphen* $\mathfrak{G}$ *mögen zwei Kanten* $e_1$ *und* $e_2$ *existieren. Dann haben die zu diesen Kanten gehörenden Glieder* $\mathfrak{N}_{e_1}$ *und* $\mathfrak{N}_{e_2}$ *entweder keine gemeinsame Kante, oder es gilt* $\mathfrak{N}_{e_1} = \mathfrak{N}_{e_2}$.

*Beweis.* Haben die Glieder $\mathfrak{N}_{e_1}$ und $\mathfrak{N}_{e_2}$ keine gemeinsame Kante, so haben wir nichts zu beweisen.

Wir werden deshalb annehmen, daß $\mathfrak{G}$ eine Kante $e$ enthält, die gleichzeitig $\mathfrak{N}_{e_1}$ und $\mathfrak{N}_{e_2}$ angehört. Daraus folgt, daß in $\mathfrak{G}$ ein Kreis $\mathfrak{K}_1$ existiert, welcher die Kanten $e_1$ und $e$; und ein zweiter Kreis $\mathfrak{K}_2$, welcher $e$ und $e_2$ enthält. Nach dem Hilfssatz gibt es einen Kreis $\mathfrak{K}_3$, auf dem gleichzeitig $e_1$ und $e_2$ liegen. Daraus ist ersichtlich, daß $e_1$ zu $\mathfrak{N}_{e_2}$ und $e_2$ zu $\mathfrak{N}_{e_1}$ gehört.

Wir betrachten nun eine beliebige Kante aus $\mathfrak{N}_{e_1}$, sie sei $f$. Dann können wir einen Kreis $\mathfrak{K}_4$ bilden, auf dem gleichzeitig $e_1$ und $f$ liegen. Nach dem Hilfssatz folgt aus der Existenz der Kreise $\mathfrak{K}_3$ und $\mathfrak{K}_4$ die Existenz eines Kreises $\mathfrak{K}_5$, auf dem $e_2$ und $f$ zugleich liegen. Das hat zur Folge, daß $f$ auch zu $\mathfrak{N}_{e_2}$ gehört. In ähnlicher Weise sehen wir ein, daß auch jede Kante des Gliedes $\mathfrak{N}_{e_2}$ in $\mathfrak{N}_{e_1}$ enthalten ist. Damit ist die Behauptung bewiesen.

Eine weitere Charakterisierung der Glieder kann man erhalten, indem man den Begriff der *zyklisch zusammenhängenden Graphen einführt.*

**Definition:** *Wenn* $\mathfrak{G}$ *ein zusammenhängender Graph ist mit der Eigenschaft, daß zu je zwei Kanten ein Kreis in* $\mathfrak{G}$ *existiert, der beide Kanten enthält, dann sagen wir, der Graph ist zyklisch zusammenhängend. Ein zusammenhängender Graph, der aus einer einzigen Kante besteht, wird ebenfalls als zyklisch zusammenhängend betrachtet.*

Man sieht unmittelbar ein, daß jedes Glied eines Graphen ein zyklisch zusammenhängender Teilgraph von $\mathfrak{G}$ ist. Sei nun $\mathfrak{N}$ ein Glied von $\mathfrak{G}$. Dann ist $\mathfrak{N}$ zyklisch zusammenhängend. Wenn wir aber nur eine einzige Kante aus einem anderen Glied zu $\mathfrak{N}$ hinzufügen, verliert sie damit diese Eigenschaft. Denn würde $\mathfrak{N}$ durch Hinzufügung einer Kante des Gliedes $\mathfrak{N}'$ noch immer zyklisch zusammenhängend bleiben, dann gäbe es zu jeder Kante aus $\mathfrak{N}$ einen Kreis in $\mathfrak{N}$, der diese und die dazugefügte Kante enthält, also wäre die dazugefügte Kante zu $\mathfrak{N}$ gehörend. Somit würden $\mathfrak{N}$ und $\mathfrak{N}'$ eine gemeinsame Kante besitzen, dann aber wäre laut Satz 3.08 $\mathfrak{N}=\mathfrak{N}'$ im Gegensatz zur Voraussetzung. Deswegen gilt also der

**Satz 3.09:** *Die Glieder eines Graphen sind die maximalen zyklisch zusammenhängenden Teilgraphen des Graphen.*

Wenn wir diese Eigenschaft des Gliedes mit der Definition der Komponente (S. 266) vergleichen, erfinden wir eine enge Analogie zwischen diesen zwei Begriffen.

Im Satz 3.08 wurde festgestellt, daß zwei verschiedene Glieder eines Graphen keine gemeinsamen Kanten enthalten. Gemeinsame Eckpunkte können natürlich vorhanden sein. Es ist sehr leicht zu beweisen, daß zwei Glieder höchstens einen gemeinsamen Eckpunkt enthalten können. Diejenigen Eckpunkte eines Graphen, die gleichzeitig mehreren Gliedern angehören, heißen *Artikulationspunkte* des Graphen.

Die mit Doppelkreisen bezeichneten Eckpunkte in Fig. 47 sind die Artikulationspunkte des dort dargestellten Graphen.

Mit Hilfe der Glieder kann man jedem Graphen $\mathfrak{G}$ einen weiteren Graphen $\mathfrak{G}'$ zuordnen, indem man jedes Glied aus $\mathfrak{G}$ einem Eckpunkt entsprechen läßt. Zu diesen Punkten nehmen wir noch die Artikulationspunkte hinzu, und das soll die Menge der Eckpunkte von $\mathfrak{G}'$ sein. Ein einem Glied entsprechender

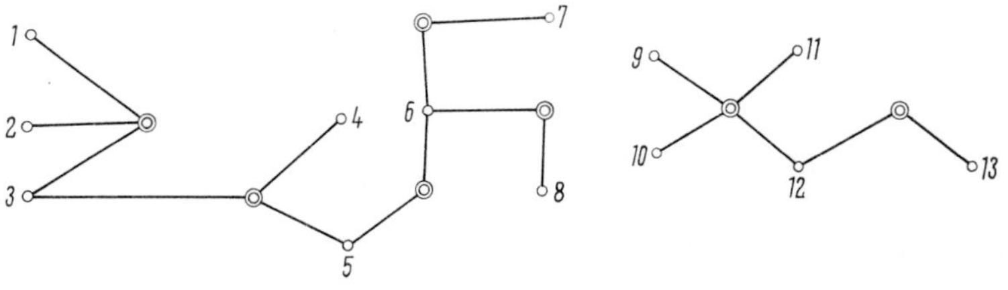


Fig. 48

Eckpunkt soll mit einem Artikulationspunkt mit einer Kante (von der Multiplizität 1) genau dann verbunden sein, wenn der Artikulationspunkt im betreffenden Glied liegt. Zwei Gliedern entsprechende Eckpunkte und zwei Artikulationspunkte sollen durch keine Kante verbunden werden. So entsteht der Graph $\mathfrak{G}'$, der *Gliedergraph* von $\mathfrak{G}$ genannt wird. Den in Fig. 47 dargestellten Graphen entsprechende Gliedergraphen finden wir in Fig. 48 veranschaulicht.

Es wird dem Leser der Beweis, wonach ein Gliedergraph keinen Kreis enthält, überlassen.

### 301.06 *Bäume und Gerüste eines Graphen*

In zahlreichen Anwendungen der Graphentheorie, wie z.B. in der Theorie der elektrischen Netzwerke oder in einigen Strukturformeln in der organischen Chemie, spielen solche Graphen eine Rolle, die keinen Kreis enthalten. Diese wollen wir als *Bäume* bezeichnen. Genauer:

**Definition:** *Ein zusammenhängender Graph, der keinen Kreis als Teilgraphen enthält, heißt ein Baum.*

Jede Komponente des in Fig. 48 dargestellten Graphen ist z.B. ein Baum. Dagegen ist der Graph von Fig. 30 kein Baum, obwohl er keinen Kreis als Teilgraph enthält. Er ist jedoch nicht zusammenhängend.

Für die Charakterisierung des Baumes gilt folgender

**Satz 3.10:** *Ein Graph $\mathfrak{G}$ ist genau dann ein Baum, wenn $\mathfrak{G}$ keine Schlinge enthält und jeder Eckpunkt mit jedem Eckpunkt durch genau eine Kantenfolge verbunden ist.*

*Beweis.* Ist $\mathfrak{G}$ nämlich ein Baum, dann enthält er gewiß keine Schlinge, diese ist schon ein Kreis, $\mathfrak{G}$ könnte also kein Baum sein. Wir greifen jetzt zwei verschiedene Eckpunkte $a$ und $b$ aus $\mathfrak{G}$ heraus, dann gibt es gewiß eine Kantenfolge von $a$ nach $b$, weil $\mathfrak{G}$ zusammenhängend ist. Wären aber zwei Kantenfolgen vorhanden, die $a$ und $b$ verbinden und sich mindestens um eine Kante unterscheiden, dann wäre schon ein Kreis vorhanden. Die Bedingung ist also notwendig.

Wir setzen jetzt voraus, daß die Bedingung erfüllt ist. Hätte $\mathfrak{G}$ einen Kreis als Teilgraphen, dann können zwei Fälle auftreten. 1. Dieser Kreis enthält einen einzigen Eckpunkt, dann ist er aber eine Schlinge. $\mathfrak{G}$ enthält aber keine Schlinge, dieser Fall kann somit nicht eintreten. Es bleibt also übrig vorauszusetzen, daß der Kreis mindestens zwei verschiedene Eckpunkte hat. Wenn diese aber in demselben Kreis liegen, dann wären sie durch zwei verschiedene Kantenfolgen verbunden im Gegensatz zur Voraussetzung. $\mathfrak{G}$ enthält also keinen Kreis und ist zusammenhängend, also ein Baum.

**Satz 3.11:** *Es sei ein Baum $\mathfrak{B}=[A, B]$, wobei $|B|\geqq 1$.*) Dann existieren in $\mathfrak{B}$ mindestens zwei Eckpunkte, die vom ersten Grad sind.*

*Beweis.* In einem endlichen Graphen gibt es endlich viele Wege. Einer von der größten Länge sei $\mathfrak{W}$, und die größte Länge sei $l$. (Es ist klar, daß $l\leqq|B|$ ist.) Der Anfangs- bzw. Endpunkt von $\mathfrak{W}$ sei $a$ bzw. $b$. Da $|B|\geqq 1$ ist, ist $l>0$, daher ist $a\neq b$. Wir zeigen jetzt, daß $\varphi(a)=1$ ist. Daß $\varphi(a)\geqq 1$ ist klar, nehmen wir an, $\varphi(a)$ wäre mindestens zwei. Dann aber existiert eine Kante $(a, c)$, die

*) Diese Bezeichnung wurde auf S. 255 eingeführt.

nicht zu $\mathfrak{W}$ gehört. $c$ kann sicher nicht $\mathfrak{W}$ angehören, sonst würde $\mathfrak{B}$ einen Kreis enthalten. Den Weg zwischen $a$ und $c$, bestehend aus der Kante $(a, c)$, wollen wir mit $\mathfrak{V}$ bezeichnen. Dann aber ist $\mathfrak{W} \cup \mathfrak{V}$ auch ein Weg von der Länge $l+1>l$, und $\mathfrak{W}$ hätte nicht die maximale Länge, im Widerspruch zu der Voraussetzung. Also muß $\varphi(a)=1$ sein. Genau so kann man einsehen, daß $\varphi(b)=1$ ist.

Wichtig ist folgender

**Satz 3.12:** *Sei* $\mathfrak{B}=[A, B]$ *ein Baum. Dann ist*

$$|B| = |A| - 1$$

*Beweis.* In $\mathfrak{B}$ wählen wir uns einen Weg von maximaler Länge (sog. Maximalweg) $\mathfrak{W}$. Der kann kein Kreis sein, denn $\mathfrak{B}$ ist ein Baum; er hat also einen Anfangspunkt, nennen wir ihn $a_1$. Streichen wir $a_1$ zusammen mit der Kante, die zu $\mathfrak{W}$ gehört und durch $a_1$ geht, so ergibt sich wieder ein Baum $\mathfrak{B}_1$. $\mathfrak{B}_1$ ist sicher ein Baum, denn ein Kreis entsteht durch das Entfernen einer Kante gewiß nicht. Es bleibt noch übrig einzusehen, daß $\mathfrak{B}_1$ zusammenhängend ist. $a_1$ war ein Endpunkt des maximalen Weges $\mathfrak{W}$. Aus dem Beweis von Satz 3.11 ergibt sich, daß $\varphi(a_1)=1$ ist, daraus folgt, daß nach dem Entfernen von $a_1$ und der genannten Kante der Rest zusammenhängend bleibt.

Mit $\mathfrak{B}_1$ wiederholen wir das beschriebene Verfahren, gelangen zu einem Baum $\mathfrak{B}_2$ usw. Nach endlich vielen Schritten werden wir zu einem Graphen gelangen, der aus einer einzigen Kante und zwei verschiedenen Eckpunkten besteht. Wenn wir diese Kante mit einem seiner Eckpunkte entfernen, bleibt uns schließlich ein Graph, der nur aus einem Eckpunkt besteht. Bei jedem Schritt haben wir aus $\mathfrak{B}$ eine einzige Kante und einen Eckpunkt entfernt, die Anzahl der Schritte ist genau $|B|$, und es blieb noch ein Eckpunkt übrig, d.h. die Anzahl der Eckpunkte $|A|$ ist $|B|+1$, womit der Satz bewiesen ist.

Als eine interessante Anwendung möchten wir beweisen, daß *die Strukturformel der homologen Reihe der Paraffine* $C_nH_{2n+2}$ *für jeden Wert von n ein Baum ist* (das Wasserstoffatom ist einwertig, das Kohlenstoffatom vierwertig).

Daß die Strukturformel eines Moleküls ein zusammenhängender Graph ist, wenn wir jedem Atom einen Eckpunkt und jedem Valenzstrich eine Kante zuordnen, ist klar. Wir müssen nur noch zeigen, daß er keinen Kreis enthält.

Dazu müssen wir aber folgende Bemerkungen vorausschicken. Im Graphen $\mathfrak{G}_n$ eines Paraffinmoleküls enthaltend $n$ Kohlenstoffatome hat jeder Eckpunkt entweder den Grad 1 (das sind eben die Wasserstoffatome) oder 4 (das sind die Kohlenstoffatome).

Es sei nun ein Baum $\mathfrak{B}$ betrachtet, dessen jeder Eckpunkt entweder den Grad 1 oder den Grad 4 hat. Behauptung: *Wenn n die Anzahl der Eckpunkte des Grades 4 ist, dann ist die Anzahl derjenigen Eckpunkte, deren Grad 1 ist,* $2n+2$.

Zum *Beweis* wollen wir die Anzahl derjenigen Eckpunkte, deren Grad 1 ist, mit $p$ bezeichnen. Dann ist die Anzahl der Kanten des Graphen $\frac{p+4n}{2}$ und die Anzahl der Eckpunkte $p+n$. Da laut Voraussetzung unser Graph ein Baum ist, können wir den Satz 3.12 anwenden, somit erhalten wir

$$\frac{p+4n}{2} = p+n-1,$$

daher

$$p = 2n+2.$$

Nach dieser Bemerkung bezeichnen wir mit $C$ die Menge derjenigen Eckpunkte, die den Kohlenstoffatomen, und mit $H$ die Menge der Wasserstoffatomen entsprechenden Eckpunkte.

Hätte $\mathfrak{G}_n$ einen Kreis, dem könnten Eckpunkte aus $H$ nicht angehören. Denn jeder Eckpunkt eines Kreises hat den Grad mindestens 2, und die Eckpunkte aus $H$ haben den Grad 1 wegen der Einwertigkeit des H-Atoms.

Wir setzen nun voraus, $\mathfrak{G}_n$ hätte mindestens einen Kreis. Die Eckpunkte dieser können nur Elemente aus $C$ sein. Die Anzahl aller Eckpunkte aus $C$, die einem Kreis angehören, sollen mit $k$ bezeichnet werden. $k$ kann nicht gleich $n$ sein. Denn in diesem Fall hätte jeder Eckpunkt aus $C$ (als ein Eckpunkt eines Kreises) mindestens den Grad 2, also könnte jedes C-Atom höchstens zwei H-Atome abbinden, die Anzahl der im Molekül vorkommenden H-Atome wäre höchstens $2n$ und nicht $2n+2$.

Es kann also nur der Fall $k<n$ vorkommen. Die $k$ C-Atome, deren entsprechende Eckpunkte irgendeinem Kreis angehören, können höchstens $(2k-1)$ H-Atome abbinden, denn mindestens ein C-Atom muß im Fall $k<n$, mit drei Werten sich an C-Atome anknüpfen, und ein solches C-Atom kann höchstens ein H-Atom abbinden. Die $n-k$ C-Punkte, die keinem Kreis angehören, sind Eckpunkte von Bäumen (die Teilgraphen von $\mathfrak{G}_n$ sind) mit der Eigenschaft, daß jeder Punkt von $H$, der mit einem solchen C-Punkt verbunden ist, den Grad 1, jeder C-Punkt den Grad 4 hat. Somit können diese $n-k$ C-Eckpunkte, nach unserer eben bewiesenen Bemerkung, mit höchstens $2(n-k)+2$ Eckpunkten aus $H$ verbunden sein. Das bedeutet aber, daß die Anzahl der Eckpunkte aus der Menge $H$ höchstens $2k-1+2(n-k)+2=2n+1$ ist, wäre also mindestens ein H-Atom nicht abgebunden, was unmöglich ist. Dieser Widerspruch entstand aus der Voraussetzung, daß $\mathfrak{G}_n$ einen Kreis enthält. Damit haben wir die Behauptung bewiesen.

Nun wollen wir den Begriff des *Gerüstes* einführen.

**Definition:** *Sei $\mathfrak{G}$ ein zusammenhängender Graph. Ein Faktor, der ein ein Baum ist, heißt Gerüst von $\mathfrak{G}$.*

Nach der Definition ist ein Gerüst eines Baumes der Baum selbst.

Es soll auf den Fakt hingewiesen werden, daß ein Graph mehrere Gerüste hat, die nach keiner bisherigen Äquivalenzrelation miteinander gleich sind. Zur Veranschaulichung dient das in Fig. 49 dargestellte Beispiel.

Der in Fig. 49 dargestellte Graph $\mathfrak{G}$ besitzt die Gerüste $\mathfrak{F}_1$ und $\mathfrak{F}_2$.

**Satz 3.13:** *Jeder zusammenhängende Graph hat ein Gerüst.*

*Beweis.* Wenn der in Frage stehende Graph $\mathfrak{G}$ zusammenhängend ist und keinen Kreis enthält, ist er ein Baum, also sein eigenes Gerüst.

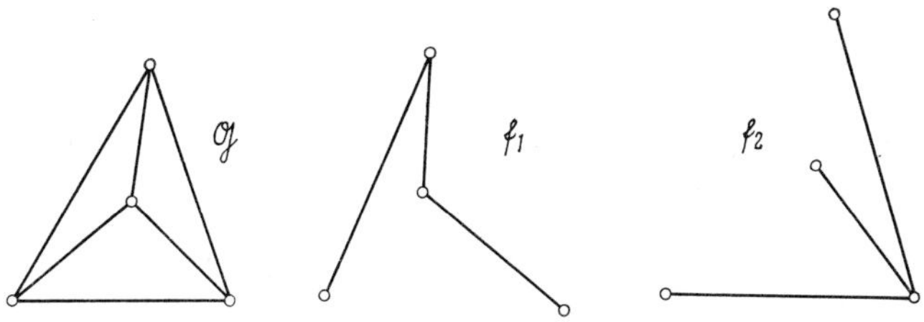

Fig. 49

Wenn aber $\mathfrak{G}=[A, B]$ einen Kreis $\mathfrak{K}$ enthält, dessen eine Kante $e=(a, b)$ ist, dann wollen wir in der Menge $B$ die Multiplizität von $e$ um eins vermindern. Das kann natürlich auch zum Streichen der Kante $e$ führen. Der so entstehende Teilgraph von $\mathfrak{G}$ sei $\mathfrak{G}_1$.

Die Menge der Eckpunkte von $\mathfrak{G}$ ist der Menge der Eckpunkte von $\mathfrak{G}_1$ gleich. Wir zeigen, daß $\mathfrak{G}_1$ zusammenhängend ist, d.h. wie immer wir die Eckpunkte $c$, $d$ aus $\mathfrak{G}_1$ wählen, es gibt immer eine Kantenfolge zwischen $c$ und $d$. Da $\mathfrak{G}$ zusammenhängend ist, gibt es zwischen $c$ und $d$ sicher eine Kantenfolge $u$ in $\mathfrak{G}$. Wenn $e$ der Verbindung $u$ nicht angehört, ist schon alles bewiesen.

Sollte $e$ eine Kante von $u$ sein, dann entfernen wir $e$ aus $u$, und im Rest von $u$ ist in $\mathfrak{G}_1$ entweder $c$ mit $a$ und $d$ mit $b$ oder aber $c$ mit $b$ und $a$ mit $d$ verbunden. Da aber $\mathfrak{K}$ ein Kreis ist, ist in $\mathfrak{K}-e$, also auch in $\mathfrak{G}_1$, $a$ mit $b$ verbunden, d.h. $c$ ist in $\mathfrak{G}_1$ mit $d$ verbunden. Somit ist $\mathfrak{G}_1$ zusammenhängend. Hat $\mathfrak{G}_1$ schon keinen Kreis, so ist der Beweis beendet.

Sollte aber $\mathfrak{G}_1$ einen Kreis enthalten, dann wiederholen wir das vorige Verfahren, wodurch man zu einem weiteren Graphen $\mathfrak{G}_2$ gelangt. Da aber $\mathfrak{G}$ endlich viele Kanten hat, werden wir nach endlich vielen Schritten zu einem Graphen $\mathfrak{G}_r$ geleitet, der zusammenhängend, kreisfrei ist und dessen Eckpunktmenge mit $A$ übereinstimmt. Somit ist $\mathfrak{G}_r$ ein Gerüst für $\mathfrak{G}$.

Aus dem Beweis geht unmittelbar folgende Behauptung hervor:

**Satz 3.14:** *Wenn wir in einem zusammenhängenden Graphen eine Kante eines seiner Kreise streichen, erhalten wir einen weiterhin noch zusammenhängenden Faktor des Graphen.*

**Definition:** *Sei $\mathfrak{F}$ ein Gerüst des Graphen $\mathfrak{G}$. Alle Kanten aus $\mathfrak{G}$, die nicht zu $\mathfrak{F}$ gehören, heißen verbindende Kanten von $\mathfrak{G}$ bezüglich $\mathfrak{F}$.*

**Satz 3.15:** *Sei $\mathfrak{F}$ ein Gerüst des Graphen $\mathfrak{G}$ und $e$ eine verbindende Kante* *von $\mathfrak{G}$ bezüglich $\mathfrak{F}$. Dann gibt es in $\mathfrak{G}$ genau einen Kreis, der die Kante e enthält, aber keine weitere verbindende Kante bezüglich $\mathfrak{F}$.*

*Beweis.* Sei $e=(a, b)$. Ist $a=b$, dann ist $e$ eine Schlinge, und das ist der einzige Kreis, der $e$ enthält und gewiß keine anderen verbindenden Kanten hat. Wenn $a \neq b$, dann gibt es, da $\mathfrak{F}$ ein Baum ist, nach Satz 3.10 in $\mathfrak{F}$ genau eine Kantenfolge, die $a$ mit $b$ verbindet. In dieser Kantenfolge ist jede Kante gewiß keine verbindende Kante bezüglich $\mathfrak{F}$. Wenn wir zu dieser Kantenfolge $e$ hinzunehmen, erhalten wir einen Kreis von der gewünschten Eigenschaft.

Wie schon erwähnt wurde, kann ein Graph auch mehrere Gerüste haben. Auf Grund des Satzes 3.12 ist in *jedem* Gerüst von $\mathfrak{G}=[A, B]$ die Kantenzahl $|A|-1$.

Wir wollen nun einen nicht zusammenhängenden Graphen $\mathfrak{G}=[A, B]$ betrachten, dessen Komponente $\mathfrak{G}_i=[A_i, B_i]$ $(i=1, 2, \ldots, k)$ sind. Jede Komponente $\mathfrak{G}_i$ ist ein zusammenhängender Graph, hat somit mindestens ein Gerüst $\mathfrak{F}_i$. Es ist klar, daß $\sum_{i=1}^{k} |A_i|=|A|$ gilt, und die Anzahl der Kanten des Graphen $\mathfrak{F}=\bigcup_{i=1}^{k} \mathfrak{F}_i$ ist demnach $\sum_{i=1}^{k} (|A_i|-1)=\sum_{i=1}^{n} |A_i|-k=|A|-k$.

**Definition:** *Der Graph* $\mathfrak{F}=\bigcup_{i=1}^{k} \mathfrak{F}_i$ *heißt ein Gebüsch von* $\mathfrak{G}$.

Das Gebüsch spielt die gleiche Rolle für nichtzusammenhängende Graphen wie das Gerüst für die zusammenhängenden. Da ein zusammenhängender Graph i.A. mehrere Gerüste hat, kann ein nichtzusammenhängender Graph auch mehr als ein Gebüsch besitzen. Die Kantenzahl aller Gebüsche ist aber $|A|-k$, und diese ist in gewisser Hinsicht charakteristisch für den Graphen.

**Definition:** *Die dem Graphen* $\mathfrak{G}=[A, B]$ *zugeordnete Zahl* $|A|-k$, *wobei k die Anzahl der Komponenten von* $\mathfrak{G}$ *ist, heißt der Rang des Graphen und wird mit* $r(\mathfrak{G})$ *bezeichnet.*

Somit ist die Kantenzahl eines jeden Gebüsches gleich $r(\mathfrak{G})$.

Der Begriff des Ranges wird in den späteren Darstellungen noch eine wichtige Rolle spielen (im Abschnitt 301.10).

In den Anwendungen der Graphentheorie auf elektrische Netzwerke steht man sehr oft vor der Aufgabe, ein Gerüst eines zusammenhängenden Graphen – gleichgültig welches – zu konstruieren. Ein Verfahren zur Festlegung eines Gerüstes kann z.B. folgendes sein: Man geht von einer Kante $e_1$ aus, von dieser geht man dann zu einer zweiten, $e_2$, von dieser zu einer dritten, $e_3$, usw. Es muß natürlich darauf geachtet werden, daß man immer zu so einer Kante übergeht, die mit den schon betrachteten Kanten keinen Kreis bildet. Nach endlich vielen Schritten wird die Auswahl einer neuen Kante schon nicht mehr möglich sein, dann aber bilden die ausgewählten Kanten ein Gerüst. Um das nachzuweisen, genügt es zu beweisen: Wenn $\mathfrak{G}'$ ein kreisfreier Teilgraph von $\mathfrak{G}$ ist, dann kann $\mathfrak{G}'$ durch Hinzunahme gewisser Kanten aus $\mathfrak{G}$ zu einem Gerüst erweitert werden. Im Wesen wird das im folgenden Satz behauptet:

**Satz 3.16:** *Sei* $\mathfrak{G}$ *ein zusammenhängender Graph. Dann ist der Teilgraph* $\mathfrak{G}' \subset \mathfrak{G}$ *genau dann ein Teilgraph eines Gerüstes, falls er keinen Kreis enthält.*

*Beweis.* Daß die Bedingung notwendig ist, ist trivial. Sie ist aber auch hinreichend. Es wird also angenommen, daß $\mathfrak{G}'$ zusammenhängend und kreisfrei ist. Sei $\mathfrak{F}$ ein Gerüst von $\mathfrak{G}$ und $\mathfrak{G} = \mathfrak{F} \cup \mathfrak{G}'$. Es ist $\mathfrak{G}' \subset \mathfrak{G}_1$. Da $\mathfrak{F}$ ein Gerüst ist, ist $\mathfrak{G}_1$ zusammenhängend und enthält alle Eckpunkte von $\mathfrak{G}$, ist deswegen ein Faktor von $\mathfrak{G}$. Wenn $\mathfrak{G}_1$ kreisfrei ist, dann ist er ein Gerüst, und alles ist bewiesen.

Wenn aber $\mathfrak{G}_1$ einen Kreis $\mathfrak{K}_1$ enthält, dann hat $\mathfrak{G}_1$ eine Kante $e_1$, die zu $\mathfrak{F}$ gehört, aber nicht zu $\mathfrak{G}'$ (da $\mathfrak{G}'$ kreisfrei ist). Entfernen wir aus $\mathfrak{G}_1$ die Kante $e_1$, so gelangen wir zum Graphen $\mathfrak{G}_2$. Da $e_1$ keine Kante von $\mathfrak{G}'$ ist, ist $\mathfrak{G}' \subseteq \mathfrak{G}_2$. Nach dem Satz 3.14 ist $\mathfrak{G}_2$ ein zusammenhängender Faktor von $\mathfrak{G}$. Also ist $\mathfrak{G}_2$ kreisfrei, somit ist der Satz bewiesen. Im entgegengesetzten Fall wiederholen wir den früheren Gedankengang. Nach endlich vielen Schritten gelangen wir zu einem zusammenhängenden Faktor $\mathfrak{G}_m$ (der ein Faktor von $\mathfrak{G}$ ist) und schon keinen Kreis mehr enthält. Er ist also ein Gerüst, und dabei gilt

$$\mathfrak{G}' \subseteq \mathfrak{G}_m .$$

### 301.061 *Eine Anwendung*

Es seien gewisse Ortschaften betrachtet, die mit einem wirtschaftlichsten Wasserleitungsnetz (oder einem Stromnetz) verbunden werden sollen. Jeder Ortschaft lassen wir in der Ebene einem Punkt entsprechen, und zwei solche Punkte sollen miteinander verbunden werden, wenn zwischen den entsprechenden Ortschaften eine Rohrleitung gelegt wird. Es kann passieren, daß zwischen zwei Ortschaften aus gewissen technischen Gründen keine unmittelbare Verbindung geschaffen werden kann, man muß dann irgendwo einen Verzweigungspunkt einrichten. Auch diesem werden wir einen Punkt zuordnen (es sollen somit auch diese Verzweigungspunkte in dieser Betrachtung als Ortschaften gelten).

Die einzelnen Punkte (die also den Ortschaften zugeordnet wurden) sollen als die Eckpunkte eines Graphen betrachtet werden. (Jede Kante soll die Multiplizität 1 haben.) Nun werden wir jede Kante bewerten, indem wir ihr die Baukosten der entsprechenden Rohrleitung zuordnen. Einen solchen Graphen nennen wir einen *bewerteten* Graphen.

Am wirtschaftlichsten werden wir ein Rohrsystem dann nennen, wenn jede Ortschaft mit Wasser versehen ist und die Gesamtkosten des Rohrsystems am kleinsten sind. Es ist klar, daß das dem vorigen Graphen entsprechende System im allgemeinen nicht am wirtschaftlichsten ist. Wir haben also aus dem vorigen bewerteten Graphen einen Teilgraphen so auszuwählen, daß das ihm entsprechende Leitungssystem im obigen Sinne am wirtschaftlichsten ist. Der Kürze halber wollen wir einen solchen Teilgraphen einen wirtschaftlichsten Teilgraphen nennen.

Die Bedingung, daß jede Ortschaft von der Leitung mit Wasser zu versehen sei, bedeutet, daß der ausgewählte Graph zusammenhängend sein muß und alle Eckpunkte zu enthalten hat. Er muß also ein Faktor des Graphen sein. Dabei kann der wirtschaftlichste Teilgraph keinen Kreis enthalten, denn sonst gäbe es Ortschaften, die sogar von zwei Leitungen Wasser erhalten, was natürlich die Spesen erhöhte. Der wirtschaftlichste Teilgraph muß deswegen ein Baum sein. Ein Baum aber, der gleichzeitig ein Faktor ist, ist ein Gerüst.

Wir können also das Modell der ursprünglich gestellten Aufgabe so darstellen: Aus einem bewerteten Graphen soll ein Gerüst so ausgewählt werden, daß die Summe der Kantenbewertungen minimal sei. Ein solches Gerüst wollen wir wirtschaftlichstes Gerüst nennen.

Der gegebene bewertete Graph sei $\mathfrak{G}$, seine Gerüste seien $\mathfrak{F}_1, \mathfrak{F}_2, \dots$ Die Summe der Kantenbewertungen von $\mathfrak{F}_i$ sei mit $k(\mathfrak{F}_i)$ bezeichnet. Es soll ein Gerüst $\mathfrak{F}$ bestimmt werden, für welches

$$k(\mathfrak{F}) \leqq k(\mathfrak{F}_i) \qquad (i = 1, 2, \dots)$$

ist.

Die gestellte Aufgabe wollen wir zuerst für den Fall lösen, daß alle Bewertungen der Kanten von $\mathfrak{G}$ verschieden sind.

Zuerst suchen wir die Kante $e$ aus, die in einem Kreis liegt und deren Bewertung die größte ist. Streichen wir $e$ aus $\mathfrak{G}$, gelangen wir zu einem Graphen $\mathfrak{G}_1$, der, nach Satz 3.14, ein zusammenhängender Faktor von $\mathfrak{G}$ ist. Mit $\mathfrak{G}_1$ wiederholen wir dieses Verfahren usw.

Da $\mathfrak{G}$ ein endlicher Graph ist, wird dieses Verfahren nach endlich vielen Schritten abbrechen und führt zum Teilgraphen $\mathfrak{F}$. $\mathfrak{F}$ ist zusammenhängend, kreisfrei und ein Faktor, also ein Gerüst von $\mathfrak{G}$. Das folgt aus dem Verfahren.

Wir werden jetzt beweisen, daß $\mathfrak{F}$ das wirtschaftlichste Gerüst ist. Den Beweis führen wir indirekt. Es soll angenommen werden, die Behauptung ist falsch. Dann gibt es ein wirtschaftlichstes Gerüst $\mathfrak{F}_0$, für welches also

$$k(\mathfrak{F}_0) < k(\mathfrak{F}) \tag{3.002}$$

gilt. Wenn $\mathfrak{G} = [A, B]$ ist, dann sind die Kantenzahlen von $\mathfrak{F}$ und $\mathfrak{F}_0$ einander gleich $(= |A| - 1)$ nach dem Satz 3.12, da $\mathfrak{F}$ und $\mathfrak{F}_0$ zwei Gerüste desselben Graphen $\mathfrak{G}$ sind. Daraus und aus (3.002) folgt die Existenz einer Kante $e \in \mathfrak{F}$, für die aber $e \notin \mathfrak{F}_0$ gilt, und die Existenz einer Kante $e_0 \in \mathfrak{F}_0$, die aber nicht in $\mathfrak{F}$ liegt. Die Bewertungen von $e$ und $e_0$ seien $k(e)$ und $k(e_0)$. Unter den so definierten Paaren von Kanten bezeichnen wir mit $\tilde{e}$ und $\tilde{e}_0$ diejenigen, für welche die Bewertungen die kleinsten sind. Wir zeigen jetzt, daß $k(\tilde{e}) < k(\tilde{e}_0)$ ist. $\tilde{e}_0$ ist eine verbindende Kante in $\mathfrak{G}$ bezüglich $\mathfrak{F}$, deswegen gibt es nach Satz 3.15 genau einen Kreis $\mathfrak{K}$ in $\mathfrak{G}$, der $\tilde{e}_0$ enthält, und alle übrigen Kanten von $\mathfrak{K}$ gehören zu $\mathfrak{F}$. Unter allen Kanten von $\mathfrak{K}$ hat $\tilde{e}_0$ die höchste Bewertung, denn wir haben $\mathfrak{F}$ so konstruiert, daß aus jedem Kreis diejenige Kante gestrichen wurde, die die höchste Bewertung hat, und da $\tilde{e}_0$ nicht zu $\mathfrak{F}$ gehört, wurde sie bei der Konstruktion gestrichen. (Da haben wir von der Voraussetzung, wonach jede Kante eine andere Bewertung hat, Gebrauch gemacht. Es kann nämlich laut dieser Annahme nicht vorkommen, daß zwei Kanten in demselben Kreis die größte Bewertung tragen.) $\mathfrak{F}_0$ ist aber ein Baum, deswegen hat $\mathfrak{K}$ eine Kante $e'$, für die $e' \notin \mathfrak{F}_0$ ist. Für diese gilt $k(e') < k(\tilde{e}_0)$. Andererseits ist wegen der Minimaleigenschaft von $\tilde{e}$ $k(\tilde{e}) < k(e')$, daher

$$k(\tilde{e}) < k(\tilde{e}_0). \tag{3.003}$$

$\tilde{e}$ ist eine verbindende Kante von $\mathfrak{G}$ bezüglich $\mathfrak{F}_0$, deswegen gibt es genau einen Kreis $\mathfrak{K}_0$, welcher $\tilde{e}$ enthält, und alle übrigen Kanten gehören zu $\mathfrak{F}_0$ (Satz 3.15). Da $\mathfrak{F}$ zugleich ein Baum ist, hat $\mathfrak{K}_0$ eine Kante $e_0'$, die aber keine Kante von $\mathfrak{F}$ ist. Wegen der Minimaleigenschaft von $\tilde{e}_0$ ist

$$k(\tilde{e}_0) < k(e_0')$$

und durch Berücksichtigung von (3.003) haben wir, daß

$$k(\tilde{e}) < k(e_0'). \tag{3.004}$$

ist. Wir nehmen zu $\mathfrak{F}_0$ die Kante $\tilde{e}$ hinzu und streichen $e_0'$, so gehen wir von $\mathfrak{F}_0$ zu einem Teilgraphen $\mathfrak{F}_1$ über, der ebenfalls zusammenhängend und ein Faktor von $\mathfrak{G}$ ist, dabei ist $\mathfrak{F}_1$ kreisfrei (das folgt daraus, daß bei der Hinzunahme von $e$ zu $\mathfrak{F}_0$ genau ein Kreis entsteht, wenn wir aber die Kreiskante $e_0'$ streichen, wird der entstandene Kreis zerstört); somit zugleich ein Gerüst von $\mathfrak{G}$. Wegen (3.004) (da alle übrigen Kanten in $\mathfrak{F}_0$ und $\mathfrak{F}_1$ übereinstimmen) ist

$$k(\mathfrak{F}_1) < k(\mathfrak{F}_0).$$

Diese Ungleichung steht im Widerspruch damit, daß $\mathfrak{F}_0$ das wirtschaftlichste Gerüst ist, denn die Baukosten von $\mathfrak{F}_1$ sind noch geringer.

Das Verfahren möchten wir an einem in Fig. 50 angegebenen Beispiel il-

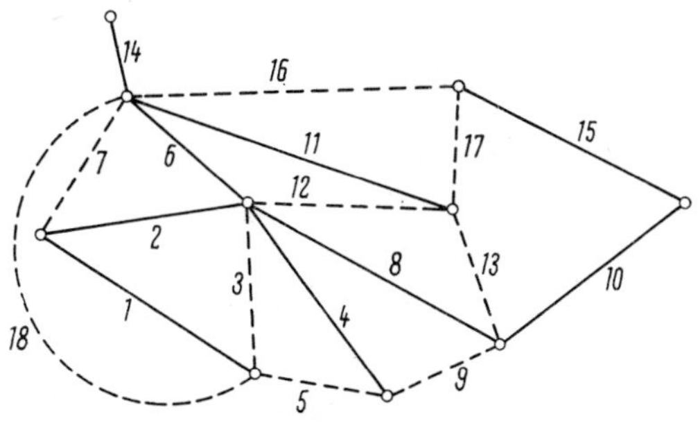


Fig. 50

lustrieren. Die mit kontinuierlicher Linie dargestellten Kanten geben das wirtschaftlichste Gerüst an. Das Verfahren bricht nach 9 Schritten ab. Der Reihe nach werden die Kanten, die die Bewertungen 18, 17, 16, 13, 12, 9, 7, 5, 3 tragen, gestrichen. (Die Kante 14 wird nicht gestrichen, da sie zu keinem Kreis gehört.) $k(\mathfrak{F})=60$.

Es bleibt noch übrig, den Fall zu untersuchen, wenn sich unter den Bewertungen auch Gleiche befinden (wenn man die Kosten in der kleinsten gebräuchlichen Geldeinheit ausdruckt, dann ergibt sich in der Praxis fast immer der Fall, den wir oben schon betrachtet haben, daß nämlich die Bewertungen jeder Kante verschieden sind).

Man wähle sich eine Zahl $q: 0<q<1$. Betrachten wir die Menge derjenigen Kanten, die die gleiche Bewertung haben, und numerieren wir sie in irgendeiner Weise. Zur Bewertung der ersten Kante soll $q$, zur zweiten $2q$ usw. addiert werden. Wenn $m_i$ die Anzahl der Kanten dieser Menge ist und $n$ Gruppen von Kanten mit der gleichen Bewertung vorhanden sind, dann wählen wir $q$, so daß

$$\sum_{i=1}^{n} \sum_{k=1}^{m_i} kq = q \sum_{i=1}^{n} m_i \frac{1+m_i}{2} < 1$$

sei. Bei geeigneter Wahl von $q$ kann man sogar erreichen, daß die Bewertungen ganze Zahlen sind, falls wir nachträglich jede Bewertung mit derselben, aber hinreichend großen Zahl multiplizieren.

Wenn wir das beschriebene Verfahren durchführen, ergibt sich ein neuer bewerteter Graph (genauer: derselbe Graph mit anderen Bewertungen), bei welchem die Bewertungen der Kanten schon verschieden sind. Man sieht leicht ein, daß das wirtschaftlichste Gerüst in dem abgeänderten Graphen dasselbe ist wie im ursprünglichen Graphen. Die abgeänderte Gesamtbewertung (Baukosten) eines Teilgraphen $\mathfrak{G}_1$ sei $k^*(\mathfrak{G}_1)$. Da die Summe aller Bewertungsabänderungen kleiner als 1 ist, gilt*) $k(\mathfrak{G}_1)=[k^*(\mathfrak{G}_1)]$. Wenn also $\mathfrak{F}$ das wirtschaftlichste Gerüst bezüglich der alten Bewertungen ist, ist es auch das wirtschaftlichste bezüglich der abgeänderten Bewertungen. Damit haben wir unsere Aufgabe auf den Fall zurückgeführt, in dem die Bewertungen verschiedener Kanten verschieden sind. Dieses Problem wurde schon gelöst.

### 301.07 *Fundamentalkreissysteme und Kantenschnitte*

Im Abschnitt 301.06 haben wir gezeigt, daß in einem zusammenhängen Graphen $\mathfrak{G}=[A, B]$ jedes Gerüst $|A|-1$ Kanten besitzt. Daraus folgt, daß die Anzahl der verbindenden Kanten bezüglich eines Gerüstes $|B|-(|A|-1)=|B|-|A|+1$ ist. Nun sei $\mathfrak{F}$ ein Gerüst von $\mathfrak{G}$ und $e$ eine verbindende Kante

*) Das Symbol $[x]$ bedeutet die in $x$ enthaltene größte ganze Zahl, z.B. $[\pi]=3$; $[5]=5$, $[\frac{1}{2}]=0$.

bezüglich $\mathfrak{F}$. Dann gibt es, wie gezeigt wurde (Satz 3.15), genau einen Kreis in $\mathfrak{G}$, in welchem $e$ die einzige verbindende Kante bezüglich $\mathfrak{F}$ ist. Es gibt somit genau $|B|-|A|+1$ Kreise in $\mathfrak{G}$, die genau eine verbindende Kante bezüglich $\mathfrak{F}$ enthalten. Dieses System von Kreisen nennen wir *Fundamentalkreissystem* bezüglich des Gerüstes $\mathfrak{F}$.

Die Fundamentalkreissysteme spielen in der Theorie der linearen Netzwerke, wie wir es sehen werden, eine wichtige Rolle.

Sei nun $\mathfrak{G}$ ein nichtzusammenhängender Graph, für einen solchen kann man das Fundamentalkreissystem mit Hilfe eines Gebüsches (Definition s. S. 274) definieren. Habe $\mathfrak{G}=[A, B]$ $k$ Komponenten, dann hat jedes Gebüsch $\mathfrak{F}$ von $\mathfrak{G}$ $|A|-k$ Kanten. In jeder Komponente kann man ein Fundamentalkreissystem bezüglich $\mathfrak{F}_i$ aufbauen, wobei $\mathfrak{F}_i$ ein Gerüst der $i$-ten Komponente ist. Die Anzahl der Fundamentalkreise in ihr ist $|B_i|-|A_i|+1$, die Vereinigungsmenge der Fundamentalkreissysteme aller Komponenten heißt des *Fundamentalkreissystem des nichtzusammenhängenden Graphen.* Die Anzahl ihrer Kreise ist

$$\sum_{i=1}^{k} (|B_i| - |A_i| + 1) = B - |A| + k .$$

Auch diese Zahl ist für einen Graphen charakteristisch, deswegen werden wir sie durch folgende Definition besonders benennen:

**Definition:** *Dem aus k Komponenten bestehenden Graphen $\mathfrak{G}=[A, B]$ werden wir die Zahl $|B|-|A|+k$ zuordnen und sie die zyklomatische Zahl des Graphen nennen, die wir durch $\mu(\mathfrak{G})$ bezeichnen werden.*

Die zyklomatische Zahl ist immer nichtnegativ. Jedes Gebüsch hat nämlich $|A|-k$ Kanten, ein Gebüsch ist ein Teilgraph von $\mathfrak{G}$, deswegen ist

$$|B| \geqq |A| - k .$$

Daraus folgt

$$\mu(\mathfrak{G}) \geqq 0$$

Wir überlassen dem Leser, die interessante Tatsache zu beweisen: *Ein Graph $\mathfrak{G}$ ist genau dann ein Gebüsch, wenn $\mu(\mathfrak{G})=0$ ist.* Mit Hilfe der zyklomatischen Zahl kann man nicht nur die kreisfreien Graphen (also Gebüsche), sondern auch die Kreise charakterisieren. Es gilt nämlich der

**Satz 3.17:** *Ein Graph $\mathfrak{G}$ ist genau dann ein Kreis, wenn er zyklisch zusammenhängend ist und $\mu(\mathfrak{G})=1$ gilt.*

*Beweis.* Daß die Bedingung notwendig ist, ist trivial.

Wir nehmen an, daß $\mathfrak{G}=[A, B]$ zyklisch zusammenhängend und daß $\mu(\mathfrak{G})=1$ ist. Da $\mathfrak{G}$ zusammenhängend ist, ist $k=1$, und aus $\mu(\mathfrak{G})=|B|-|A|+$ $+1=1$ ergibt sich $|B|=|A|$. Wenn $\mathfrak{G}$ aus einer Schlinge besteht ($|B|=|A|=1$), dann ist nichts mehr zu beweisen, denn eine Schlinge ist selbst ein Kreis. Wenn aber $|A|>1$ ist, hat $\mathfrak{G}$ mindestens ein Gerüst. Eines dieser wollen wir mit $\mathfrak{F}=[A, B_1]$ bezeichnen. Nach Satz 3.12 ist $|B_1|=|A|-1=|B|-1$, d.h. es gibt genau eine verbindende Kante $e$ von $\mathfrak{G}$ bezüglich $\mathfrak{F}$. Dann aber gibt es genau einen Kreis (Satz 3.15) $\mathfrak{K}$ in $\mathfrak{G}$, der $e$ enthält, und alle anderen Kanten sind aus $\mathfrak{F}$. Andererseits ist $\mathfrak{G}$ zyklisch zusammenhängend, deswegen ist jede Kante von $\mathfrak{G}$ auch eine Kante von $\mathfrak{K}$. Da $\mathfrak{F}$ ein Gerüst ist, ist die Eckpunktzahl von $\mathfrak{F}$, also auch von $\mathfrak{K}$, mit der Eckpunktzahl von $\mathfrak{G}$ gleich. Es gilt also $\mathfrak{G}=\mathfrak{K}$.

Sei $\mathfrak{G}=[A, B]$ ein Graph und $B'$ eine *echte* Teilmenge von $B$. Unter *Entfernen* der Kanten aus $B'$ verstehen wir den Übergang von $\mathfrak{G}$ zu $\mathfrak{G}'=[A, B-B']$, d.h. wir streichen gewisse Kanten, *ohne aber die an ihnen liegenden Eckpunkte zu streichen.*

**Definition:** *Sei* $\mathfrak{G}=[A, B]$ *ein zusammenhängender Graph. Eine Teilmenge* $B'$ *von* $B$ *heißt ein Kantenschnitt von* $\mathfrak{G}$, *wenn* $B'$ *die kleinste Kantenmenge ist, für welche* $\mathfrak{G}'=[A, B-B']$ *einen kleineren Rang als* $\mathfrak{G}$ *hat.*

Mit anderen Worten: Wenn wir die Kanten aus $B'$ entfernen, vermindert sich der Rang, aber er vermindert sich nicht, wenn wir nur eine echte Teilmenge der Kanten von $B'$ entfernen. Daß sich der Rang eines zusammenhängenden Graphen vermindert, bedeutet, laut Definition des Ranges (S. 274) (da die Menge der Eckpunkte bei dem Entfernen gewisser Kanten unverändert bleibt), daß der bisher zusammenhängende Graph in zwei Komponenten zerfällt.

Es ist leicht einzusehen, daß *ein Kantenschnitt keine Schlinge enthält.* Durch Entfernen einer Schlinge zerfällt ein zusammenhängender Graph gewiß nicht in zwei Komponenten, es kann also, wegen der Minimaleigenschaft eines Kantenschnittes, die Schlinge nicht zum Kantenschnitt gehören.

Es wird dem Leser überlassen, die Gültigkeit folgender Aussage zu überlegen: *Eine Kante, die in einem Kreis eines zusammenhängenden Graphen liegt, ist sicher kein Kantenschnitt des Graphen, dabei ist aber jede Brücke (Definition s. in 301.05) ein Kantenschnitt.*

Im Zusammenhang mit Kantenschnitten heben wir die Wichtigkeit der Artikulationspunkte heraus (Definition s. in 301.05), indem wir folgenden Satz behaupten:

**Satz 3.18:** *Die Menge derjenigen Kanten, mit Ausnahme der Schlingen, die durch einen Eckpunkt* $a$ *des Graphen gehen, ist genau dann ein Kantenschnitt, wenn* $a$ *kein Artikulationspunkt ist.*

*Beweis.* Sei zuerst $a$ kein Artikulationspunkt des Graphen $\mathfrak{G}$, und die Menge der Kanten, die durch $a$ gehen, wollen wir mit $B(a)$ bezeichnen. Wenn wir alle Kanten von $B(a)$ entfernen, wird der Rang von $\mathfrak{G}$ sicher kleiner. Es muß also nur bewiesen werden, daß $B(a)$ die vom Kantenschnitt geforderte Minimaleigenschaft hat: Wenn wir die Kanten einer echten Teilmenge von $B(a)$ entfernen, vermindert sich $r(\mathfrak{G})$ nicht. Dasjenige Glied, das den Punkt $a$ enthält, soll mit $\mathfrak{A}$ bezeichnet werden. Die mit $a$ benachbarten Eckpunkte sollen die Eckpunkte $q_i$ sein, da $a$ kein Artikulationspunkt ist, gilt $q_i \in \mathfrak{A}$. Wir können, ohne die Allgemeinheit einzuschränken, annehmen, daß $\mathfrak{G}$ zusammenhängend ist. Wäre nämlich das nicht der Fall, dann nehmen wir diejenige

Komponente von $\mathfrak{G}$, die $a$ enthält. Wir zeigen nun: Wenn wir die Kanten einer echten Teilmenge $B'$ von $B(a)$ entfernen, bleibt $\mathfrak{G}$ noch immer zusammenhängend. Für $B'=\emptyset$ ist die Behauptung trivial. Es kann somit vorausgesetzt werden, daß $B'\neq\emptyset$ und daß z.B. $(a, q_1)$ nicht in $B'$ liegt. Sei $r$ ein Eckpunkt von $\mathfrak{A}$ und $r\neq a$, $r\neq q_1$. Dann ist $\varphi(r)\geqq 2$ in $\mathfrak{A}$. $\varphi(r)=0$ kann nicht gelten, denn dann würde $\mathfrak{A}$ nicht zusammenhängend sein, aber $\varphi(r)=1$ kann auch nicht zutreffen, denn dann würde $\mathfrak{A}$ nur aus einer einzigen Kante bestehen (aus der Kante $(a, r)$) und könnte $B'$ nur die Menge $\emptyset$ sein im Gegensatz zur Annahme. Es muß also $\varphi(r)\geqq 2$ gelten. Da aber $r\neq a$, muß eine Kante $(r, s)$ $(s\neq a)$ aus $B(a)-B'$ existieren, und weil $\mathfrak{A}$ ein Glied ist, gibt es einen Kreis $\mathfrak{K}$ in $\mathfrak{A}$, der die Kanten $(a, q_1)$ und $(r, s)$ enthält. Das hat zur Folge, daß ein Bogen, bestehend aus Kanten von $B(a)-B'$ aus $\mathfrak{K}$, der $a$ mit $r$ verbindet, existiert, d.h. $\mathfrak{G}$ bleibt noch immer zusammenhängend, wenn wir die Kanten von $B'$ entfernen, da $r$ ein beliebiger Eckpunkt war. Damit ist bewiesen, daß die Bedingung des Satzes hinreichend ist. Sie ist auch notwendig, was sehr leicht einzusehen ist.

Eine leichte und offenbare Verallgemeinerung des eben bewiesenen Satzes ist die folgende Aussage:

**Satz 3.19:** *Wenn $a$ ein Artikulationspunkt des zusammenhängenden Graphen $\mathfrak{G}$ ist, dann bilden alle durch $a$ gehende und zu demselben Glied gehörenden Kanten, von den Schlingen abgesehen, einen Kantenschnitt von $\mathfrak{G}$.*

Über den Zusammenhang zwischen Gerüsten und Kantenschnitten gibt folgende Behauptung in gewisser Hinsicht Auskunft:

**Satz 3.20:** *Ein zusammenhängender Graph $\mathfrak{G}=[A, B]$ zerfällt durch Entfernen einer Menge von Kanten $B'$ in mehrere Komponenten dann und nur dann, wenn $B'$ mindestens eine Kante aus jedem Gerüst von $\mathfrak{G}$ enthält.*

*Beweis.* Setzen wir voraus, daß $B'$ mindestens eine Kante eines jeden Gerüstes enthält. Sei $\mathfrak{G}'=[A, B-B']$. $\mathfrak{G}'$ kann aber kein Gerüst enthalten, denn die Eckpunktmengen von $\mathfrak{G}$ und $\mathfrak{G}'$ sind miteinander gleich, das hat zur Folge, daß jedes Gerüst von $\mathfrak{G}'$ gleichzeitig auch ein Gerüst von $\mathfrak{G}$ wäre. Wir haben aber, durch Streichen von mindestens einer Kante jedes Gerüstes, sämtliche Gerüste zerstört, also auch dasjenige, welches ein Gerüst von $\mathfrak{G}'$ gewesen wäre. Jeder zusammenhängende Graph hat aber mindestens ein Gerüst, somit kann $\mathfrak{G}'$ nicht zusammenhängend sein. Die Bedingung hat sich als hinreichend erwiesen. Sie ist aber auch notwendig. Würde nämlich $B'$ aus einem Gerüst, etwa aus $\mathfrak{F}$, keine Kante enthalten, dann wäre $\mathfrak{F}$ gleichzeitig auch ein Gerüst von $\mathfrak{G}'$, und somit wäre $\mathfrak{G}'$ zusammenhängend.

Aus diesem Satz und aus der Definition des Kantenschnittes geht sofort hervor: *Eine Menge von Kanten ist genau dann ein Kantenschnitt für einen zusammenhängenden Graphen, wenn sie aus jedem Gerüst mindestens eine Kante enthält und die in der Definition des Kantenschnittes geforderte Minimaleigenschaft besitzt.*

In voller Analogie zu dieser Behauptung lautet die folgende: *Eine Teilmenge $B'$ der Kantenmenge $B$ sind genau dann die Kanten eines Kreises eines zusammenhängenden Graphen $\mathfrak{G}=[A, B]$, wenn $B'$ aus jeder verbindenden Kantenmenge bezüglich jedes Gerüstes mindestens eine Kante enthält, und $B'$ kann unter Beibehaltung dieser Eigenschaft nicht verringert werden.*

Den Beweis dieser Aussage bringen wir hier nicht, obwohl er nicht schwer ist.

Wir können einen Kantenschnitt wie folgt angeben: Sei $\mathfrak{G}=[A, B]$ ein zusammenhängender Graph und $\mathfrak{F}$ eines seiner Gerüste. Wenn wir eine Kante $e$ aus $\mathfrak{F}$ entfernen, zerfällt $\mathfrak{F}$ in zwei Komponenten, $e$ ist somit ein Kantenschnitt für $\mathfrak{F}$. Die Eckpunkte dieser zwei Komponenten von $\mathfrak{F}$ definieren zwei disjunkte Mengen aller Eckpunkte von $\mathfrak{G}$. Wir betrachten den Kantenschnitt, der diese zwei Eckpunktmengen enthält. Gewiß ist $e$ die einzige Kante aus $\mathfrak{F}$ im Kantenschnitt, alle anderen sind verbindende Kanten bezüglich $\mathfrak{F}$. Jede Kante von $\mathfrak{F}$ definiert somit einen Kantenschnitt. Da die Anzahl der Kanten von $\mathfrak{F}$ $|A|-1$ ist, definiert jedes Gerüst $|A|-1$ Kantenschnitte. Diese Kantenschnitte bilden das sogenannte *Fundamentalkantenschnittsystem* und spielen eine Rolle in der Theorie der Stromkreise.

Wenn wir den soeben eingeführten Begriff mit der Definition des Fundamentalkreissystems vergleichen, sehen wir, daß jedes Individuum des durch das Gerüst $\mathfrak{F}$ definierten Fundamentalkantenschnittsystems genau eine Kante von $\mathfrak{F}$ enthält und jeder Kreis des durch $\mathfrak{F}$ bestimmten Fundamentalkreissystems genau eine Kante enthält, die nicht aus $\mathfrak{F}$ ist.

Sehr interessant ist der

**Satz 3.21:** *Jeder Kantenschnitt eines zusammenhängenden Graphen enthält eine gerade Anzahl von Kanten von jedem seiner Kreise.*

*Beweis.* Sei $B'$ ein Kantenschnitt und $\mathfrak{K}$ ein Kreis von $\mathfrak{G}$. Wenn in $B'$ keine Kante von $\mathfrak{K}$ ist, ist nichts mehr zu beweisen. Wir entfernen die Kanten von $B'$, dadurch zerfällt $\mathfrak{G}$ in zwei Komponenten $\mathfrak{G}_1=[A_1, B_1]$ und $\mathfrak{G}_2=[A_2, B_2]$. Gibt es Kanten in $B'$, die auch zu $\mathfrak{K}$ gehören, so gibt es Eckpunkte von $\mathfrak{K}$, die zu $A_1$ und zu $A_2$ gehören. Wir können also von einigen Eckpunkten $A_1$ entlang der zu $\mathfrak{K}$ gehörenden Kanten in $A_2$ gelangen. Beim Durchlaufen eines Kreises muß man so oft, wie man von $A_1$ zu einem Eckpunkt von $A_2$ gelangen kann, auch von $A_2$ nach $A_1$ zurückkehren. Daraus folgt die Behauptung.

## 301.08 *Graphen auf Flächen*

Wir haben einen Graphen $\mathfrak{G}=[A, B]$ veranschaulicht, indem wir jedem Element aus $A$ einen Punkt (i.A.) im Raume zugeordnet haben und einige von ihnen, nach der Menge $B$, durch Linien verbunden haben. Nun wollen wir die der Menge $A$ zugeordneten Punkte in einer Ebene angeben. Wenn es möglich ist, die Verbindung der Punkte (laut Angabe der Menge $B$) so zu führen, daß die derart enthaltenen Kanten sich nicht schneiden, dann wird unser Graph als *ebener Graph* bezeichnet. Wegen der Wichtigkeit dieses Begriffes möchten wir die Definition noch besonders Formulieren:

**Definition:** *Ein Graph $\mathfrak{G}$ heißt ein ebener Graph, wenn es eine geometrische Darstellung von $\mathfrak{G}$ gibt, bei welchem jedem Eckpunkt ein Punkt einer Ebene entspricht und den Kanten entsprechende Linien außer den Eckpunkten keine weiteren gemeinsamen Punkte haben.*

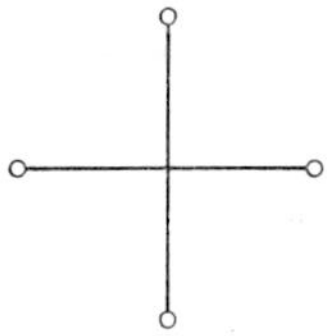

Fig. 51

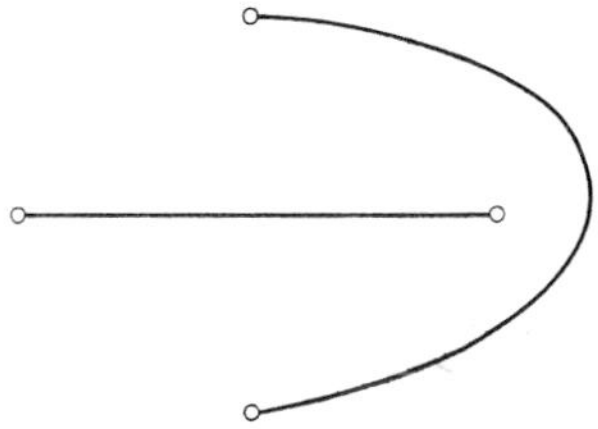

Fig. 52

Es wurde nicht gesagt, daß bei *jeder* Veranschaulichung die Kanten sich nicht schneiden, sondern nur, daß mindestens eine geometrische Realisierung, die den obigen Bedingungen genügt, existiert. Der Graph in Fig. 51 ist ein ebener Graph, obwohl beide Kanten sich schneiden. In Fig. 52 gibt es nämlich eine zweite Darstellung desselben Graphen, in der sich die Kanten nicht mehr schneiden.

Die ebenen Graphen spielen in der Praxis eine Rolle, wie z.B. bei Planung von Straßen- und Eisenbahnnetzen oder von gedruckten elektrischen Netzen.

Nicht jeder Graph ist ein ebener Graph. Ein altes Rätsel verlangt, ein Wegnetz zwischen drei Häusern und drei gegebenen Brunnen so zu planen, daß die Wege (abgesehen von den Eckpunkten) sich nicht schneiden (Fig. 53). Wenn versucht wird, den Graphen, wie in Fig. 53, in der Ebene aufzuzeichnen,

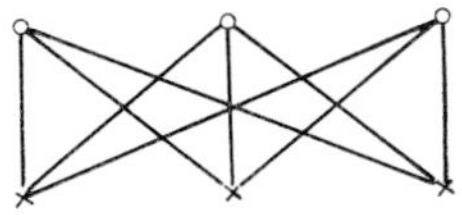

Fig. 53

wird das nie gelingen. Es gilt nämlich, daß dieser Graph kein ebener Graph ist, es gibt keine solche Veranschaulichung, bei welcher die Kanten sich nicht schneiden.

**Satz 3.22:** *Sei*

$$\mathfrak{G}_{33} = [(h_1, h_2, h_3, b_1, b_2, b_3), \\ (h_1 b_1, h_1 b_2, h_1 b_3; h_2 b_1, h_2 b_2, h_2 b_3; h_3 b_1, h_3 b_2, h_3 b_3)]$$

*Der Graph $\mathfrak{G}_{33}$ ist kein ebener Graph.*

Eine Realisierung von $\mathfrak{G}_{33}$ ist in Fig. 53 dargestellt.

*Beweis.* Den Beweis werden wir indirekt führen. Wir nehmen an, daß $\mathfrak{G}_{33}$ ein ebener Graph ist, es gibt somit eine in der Ebene aufzeichenbare Realisierung $G$ ohne Kreuzung der Kanten. Aus der Definition von $\mathfrak{G}_{33}$ geht hervor, daß er einen Kreis $\mathfrak{K}$ von der Länge 4 enthält, z.B. ist ein solcher der Kreis $h_1 b_1$, $h_2 b_1$, $h_2 b_2$, $h_1 b_2$. In $G$ sind die Eckpunkte und Kanten von $\mathfrak{K}$ auf der Ebene so verteilt, daß die oben aufgezählten Kanten von $\mathfrak{K}$ sich auch nicht schneiden. Dann aber zerlegt der Kreis $\mathfrak{K}$ die Ebene in zwei disjunkte Teile: in einen inneren und in einen äußeren Teil. Wir setzen voraus, daß der Eckpunkt $h_3$ sich z.B. im Innern von $\mathfrak{K}$ befindet ($h_3$ kann an einer der Kanten nicht liegen; wäre $h_3$ im äußeren Teil von $\mathfrak{K}$, so gilt auch dann der nachstehende Gedankengang). Da die Kanten, laut Voraussetzung, sich nicht kreuzen, müssen auch die Kanten $h_3 b_1$ und $h_3 b_2$ im Innern von $\mathfrak{K}$ liegen. Diese zwei Kanten aber zerlegen das Innere von $\mathfrak{K}$ in zwei Teile (Fig. 54), die wir mit $T_1$ und $T_2$ bezeichnen

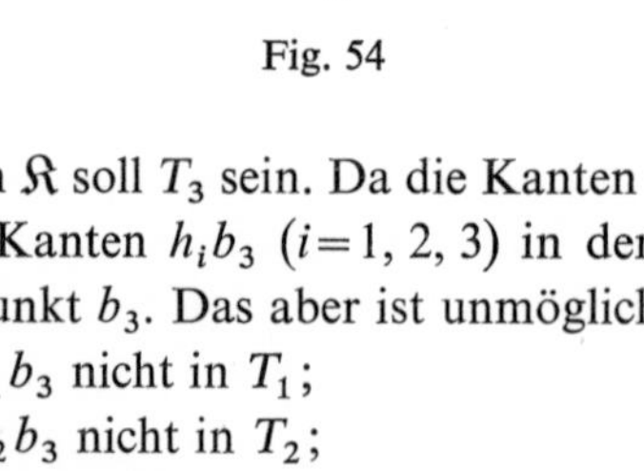

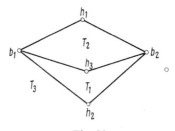

Fig. 54

wollen. Das Äußere von $\mathfrak{K}$ soll $T_3$ sein. Da die Kanten von $G$ sich nicht schneiden, müßten sich alle Kanten $h_i b_3$ $(i=1, 2, 3)$ in demselben Teil der Ebene befinden, wie der Eckpunkt $b_3$. Das aber ist unmöglich, denn wenn

$b_3$ in $T_1$ ist, so ist $h_1 b_3$ nicht in $T_1$;

$b_3$ in $T_2$ ist, so ist $h_2 b_3$ nicht in $T_2$;

$b_3$ in $T_3$ ist, so ist $h_3 b_3$ nicht in $T_3$.

Damit ist der Satz bewiesen.

Es ist klar, daß ein Graph genau dann ein ebener Graph ist, falls jeder seiner Teilgraphen ein ebener Graph ist. Daraus folgt unmittelbar: Notwendig, daß ein Graph $\mathfrak{G}$ ein ebener Graph ist, ist, daß er keinen Teilgraphen enthält, der mit $\mathfrak{G}_{33}$ isomorph ist. Oder (was im Wesen dasselbe ist): Notwendig, daß

$\mathfrak{G}$ ein ebener Graph ist, ist, daß er keinen Teilgraphen enthält, der mit $\mathfrak{G}_{33}$ topologisch äquivalent ist.

Der in Fig. 55 abgebildete Graph ist auf Grund der vorherigen Feststellungen gewiß kein ebener Graph, denn die fett ausgezogenen Kanten bilden einen Teilgraphen, der mit $\mathfrak{G}_{33}$ topologisch äquivalent ist.

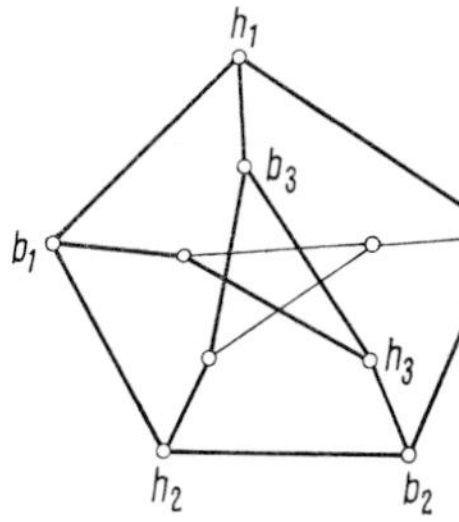


Fig. 55

In ähnlicher Weise, wie wir es im Fall des Graphen $\mathfrak{G}_{33}$ bewiesen haben, kann man zeigen, daß das vollständige Fünfeck $\mathfrak{G}_5$ ebenfalls einen nicht ebenen Graphen darstellt. Den Beweis überlassen wir dem Leser. Von K. Kuratowski stammt ein Satz (1930) von fundamentaler Wichtigkeit:

**Satz 3.23:** *Ein Graph ist dann und nur dann ein ebener Graph, wenn er keinen Teilgraphen enthält, der mit* $\mathfrak{G}_{33}$ *oder mit* $\mathfrak{G}_5$ *topologisch äquivalent ist.*

Den Beweis dieses Satzes werden wir hier nicht wiedergeben. Es gibt in der Literatur zahlreiche Beweise, die den ursprünglichen Beweis wesentlich abkürzen.

Sei nun ein Graph $\mathfrak{G}$. Wir wollen die Eckpunkte von $\mathfrak{G}$ in $k$ disjunkte Klassen einteilen. ($k$ ist eine natürliche Zahl.) Wenn eine Einteilung derart möglich ist, daß zwei Eckpunkte von derselben Klasse nie mit einer Kante verbunden sind, dann sagen wir, der Graph ist *$k$-chromatisch**). Es ist leicht zu sehen, wenn ein Graph $k$-chromatisch ist, ist er auch $(k+1)$-chromatisch. Ist ein Graph $k$-chromatisch, dagegen aber nicht $(k-1)$-chromatisch, so heißt *$k$ die chromatische Zahl des Graphen.* Ein Graph mit der chromatischen Zahl 2 heißt ein *paarer Graph.* Unter einem *vollständigen paaren Graphen* verstehen wir einen paaren Graphen, indem zwei Eckpunkte, die in verschiedene Klassen gehören, durch eine Kante verbunden sind. Im Zusammenhang mit den eben eingeführten Begriffen erwähnen wir ein von P. Turán gestelltes Problem, das in der Planung von Weg- und Eisenbahnsetzen offensichtlich von besonderer Wichtigkeit ist: Man soll die minimale Anzahl der Schnittpunkte eines vollständig paaren Graphen bestimmen, wenn dieser in der Ebene dargestellt wird; dabei sollen niemals drei Kanten einen gemeinsamen Schnittpunkt haben.

*) Der Name hängt mit dem sogenannten Vierfarbenproblem zusammen. Dieses berühmte Problem werden wir noch später besprechen (in 301.09).

Diese Aufgabe ist recht schwierig, und es haben sich damit viele Autoren beschäftigt. Wenn der betreffende Graph $n$ Eckpunkte hat und die Minimalzahl der Kreuzungen $m_n$ ist, dann weiß man z.B., daß $m_5=1$, $m_6=2$, $m_7=9$, $m_8=18$ gilt. Auf die Einzelheiten dieser Aufgabe können wir hier nicht eingehen, das würde weit über den Rahmen dieses Buches führen, deshalb weisen wir auf die diesbezügliche Fachliteratur.

Den Begriff der ebenen Graphen können wir verallgemeinern.

**Definition:** *Ein Graph $\mathfrak{G}$ kann an der Fläche F dargestellt werden, wenn es eine Realisierung von $\mathfrak{G}$ gibt, bei welcher jedem Eckpunkt von $\mathfrak{G}$ ein Punkt der Fläche F entspricht und die Kanten Linien in F sind und* (abgesehen von den Eckpunkten) *keinen gemeinsamen Punkt haben.*

*Wir haben gesehen, daß* $\mathfrak{G}_{3,3}$ und $\mathfrak{G}_5$ in der Ebene nicht dargestellt werden können. Dafür werden wir zeigen, daß beide Graphen an einem Möbius-Band darstellbar sind. Ein Möbius-Band, wie bekannt, erhalten wir, wenn wir von einem Band (Fig. 56) die zwei Ränder $(a,b)$ und $(c,d)$ zusammenkleben, so aber, daß der Punkt $c$ auf $b$ und $d$ auf $a$ geklebt wird.

Wenn wir auf ein Band das Netz wie in Figur 57 aufzeichnen und die Ränder des Bandes so zusammenkleben, daß die Punkte, die mit gleichen

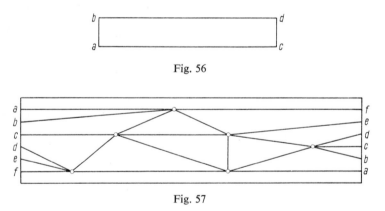

Fig. 56

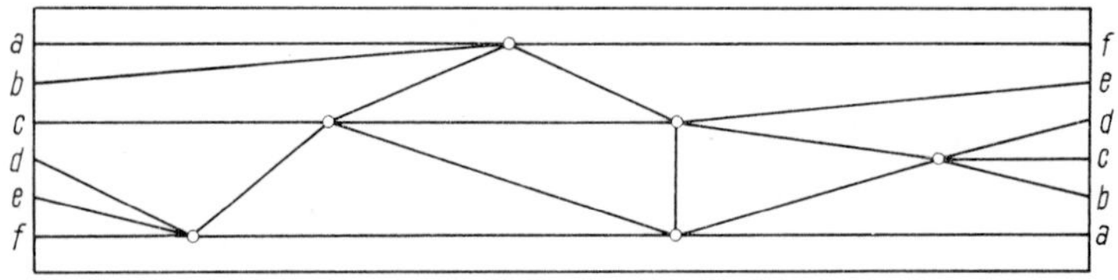


Fig. 57

Buchstaben bezeichnet sind, zusammenfallen, erhalten wir ein Möbius-Band, auf welches wir einen vollständigen Sechseckgraphen ohne Kantenkreuzungen aufgezeichnet haben.

Da $\mathfrak{G}_{3,3}$ und auch $\mathfrak{G}_5$ Teilgraphen des vollständigen Sechsecks sind und der Letztere auf dem Möbius-Band darstellbar ist, folgt, daß $\mathfrak{G}_{3,3}$ und ebenfalls $\mathfrak{G}_5$ auf dem Möbius-Band darstellbar sind.

## 301.09 *Die Dualität*

Um den Begriff der Dualität einführen zu können, müssen wir einen einfachen Begriff vorausschicken.

Sei $\mathfrak{G}'$ ein echter Teilgraph von $\mathfrak{G}$. Dann führen wir den Begriff der *Differenz* von $\mathfrak{G}$ und $\mathfrak{G}'$ durch folgende Definition ein:

**Definition:** *Unter der Differenz von* $\mathfrak{G}=[A,B]$ *und* $\mathfrak{G}'=[A,B']$, *wobei* $\mathfrak{G}'$ *ein echter Teilgraph von* $\mathfrak{G}$ *ist, verstehen wir den durch* $\mathfrak{G}-\mathfrak{G}'$ *bezeichneten folgende Graphen:*

$$\mathfrak{G} - \mathfrak{G}' = [A, B - B'].$$

Wir sehen, daß die Differenz nur für solche Graphen definiert ist, in welchen die Eckpunktmengen miteinander übereinstimmen.

Wir haben zum Ziel, eine Beziehung zwischen Graphen einzuführen, bei welcher den Kreisen des einen Graphen Kantenschnitte des anderen entsprechen. Diese Beziehung spielt in der Schalttheorie eine Rolle, indem gewissen Serienschaltungen gewisse Parallelschaltungen zugeordnet werden.

Die Definition werden wir allgemein und abstrakt fassen, in den späteren Ausführungen wird es klar, worum es sich eigentlich handelt. Für die *Dualität* stellen wir folgende Definition auf:

**Definition:** *Der Graph* $\mathfrak{G}_2$ *ist zu* $\mathfrak{G}_1$ *dual, wenn zwischen den Kanten von* $\mathfrak{G}_1$ *und* $\mathfrak{G}_2$ *eine zweiseitig eindeutige Zuordnung vorhanden ist, so daß für jeden Teilgraphen* $\mathfrak{G}_1'$ *von* $\mathfrak{G}_1$ *folgende Bedingung erfüllt ist:* $\mathfrak{G}_2'$ *sei der durch die vorhandene Beziehung dem Graphen* $\mathfrak{G}_1'$ *entsprechende Teilgraph von* $\mathfrak{G}_2$, *dann ist*

$$r(\mathfrak{G}_2 - \mathfrak{G}_2') = r(\mathfrak{G}_2) - \mu(\mathfrak{G}_1'). \tag{3.005}$$

Hier bedeutet, so wie bisher, $r$ den Rang, $\mu$ die zyklomatische Zahl des betreffenden Graphen.

Aus der Definition geht unmittelbar hervor, daß, wenn $\mathfrak{G}_2=[A_2,B_2]$ zu $\mathfrak{G}_1=[A_1,B_1]$ dual ist, jedem Kreis aus $\mathfrak{G}_1$ ein Kantenschnitt von $\mathfrak{G}_2$ entspricht und auch umgekehrt.

Sei nämlich $\mathfrak{G}_1=\mathfrak{K}$ ein Kreis in $\mathfrak{G}_1$, dann ist

$$\mu(\mathfrak{K}) = 1,$$

daher ist

$$r(\mathfrak{G}_2 - \mathfrak{G}_2') = |A_2| - k - 1,$$

d.h. die Anzahl der Komponenten in $\mathfrak{G}_2-\mathfrak{G}_2'$ (da die Eckpunktzahl des Differenzengraphen, laut Definition der Differenz, ebenfalls $|A_2|$ ist) erhöht sich um 1 im Vergleich zur Komponentenzahl in $\mathfrak{G}_2$. Wenn wir aber nur eine einzige Kante aus $\mathfrak{K}$ weglassen, ergibt sich ein Weg $\mathfrak{K}'$, und dann ist $\mu(\mathfrak{K}')=0$, daher

$$r(\mathfrak{G}_2 - \mathfrak{G}_2'') = |A_2| - k,$$

d.h. die Anzahl der Komponenten in $\mathfrak{G}_2-\mathfrak{G}_2''$ ist dieselbe wie in $\mathfrak{G}_2$, wobei $\mathfrak{G}_2''$ der den Teilgraphen $\mathfrak{K}'$ entsprechende Teilgraph aus $\mathfrak{G}_2$ ist. Das besagt aber, daß $\mathfrak{G}_2'$ ein Kantenschnitt für $\mathfrak{G}_2$ ist.

In derselben Weise läßt sich nachweisen, daß wenn $\mathfrak{G}_1'$ ein Kantenschnitt für $\mathfrak{G}_1$ ist, dann ist $\mathfrak{G}_2'$ ein Kreis in $\mathfrak{G}_2$.

Aus dem, was gesagt wurde, geht unmittelbar hervor, daß die in Fig. 58 dargestellten Graphen einander dual sind.

Die einander entsprechenden Kanten sind mit den gleichen Ziffern bezeichnet, im ersten Graphen mit arabischen, im zweiten mit römischen Ziffern. Der erste Graph in Fig. 58 ist das Modell von sechs in Serie geschalteten

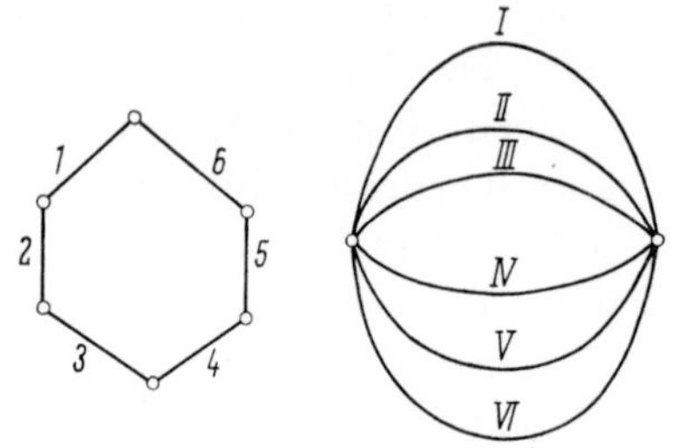


Fig. 58

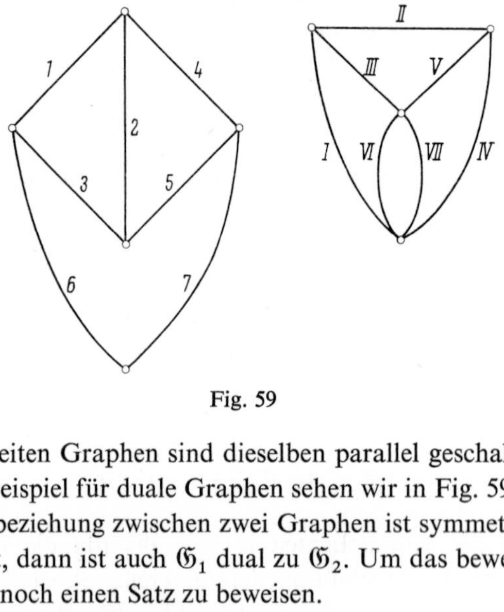


Fig. 59

Leitungen, im zweiten Graphen sind dieselben parallel geschaltet.

Ein weiteres Beispiel für duale Graphen sehen wir in Fig. 59.

Die Dualitätsbeziehung zwischen zwei Graphen ist symmetrisch, d.h. wenn $\mathfrak{G}_2$ dual zu $\mathfrak{G}_1$ ist, dann ist auch $\mathfrak{G}_1$ dual zu $\mathfrak{G}_2$. Um das beweisen zu können, haben wir vorher noch einen Satz zu beweisen.

**Satz 3.24:** *Wenn $\mathfrak{G}_2$ zu $\mathfrak{G}_1$ dual ist, dann ist*

$$r(\mathfrak{G}_1) = \mu(\mathfrak{G}_2); \quad r(\mathfrak{G}_2) = \mu(\mathfrak{G}_1) \tag{3.006}$$

*Beweis.* Dem Beweis schicken wir eine Identität, die nicht nur im Beweis, sondern auch in den späteren Darstellungen gebracht wird, voraus. Sei $\mathfrak{G} = [A, B]$ ein beliebiger Graph, dann ist

$$r(\mathfrak{G}) + \mu(\mathfrak{G}) = |B| \tag{3.007}$$

Das wird klar, wenn wir beachten, daß $r(\mathfrak{G})=|A|-k$ und $\mu(\mathfrak{G})=|B|-|A|+k$ ist, wobei $k$ die Anzahl der Komponenten von $\mathfrak{G}$ bedeutet.

Nun der Beweis der Behauptung. Man wählt als Teilgraphen $\mathfrak{G}_1'$ den Graphen $\mathfrak{G}_1$ selbst (vgl. die Definition der Dualität!). Der ihm durch die Dualitätsbeziehung entsprechende Teilgraph von $\mathfrak{G}_2$, bezeichnet durch $\mathfrak{G}_2'$, enthält (wieder laut Definition der Dualität) alle Kanten von $\mathfrak{G}_2$. Daraus folgt, daß $\mathfrak{G}_2-\mathfrak{G}_2'$ nur aus isolierten Eckpunkten besteht, deswegen ist

$$r(\mathfrak{G}_2 - \mathfrak{G}_2') = |A_2| - |A_2| = 0,$$

da die Anzahl der Komponenten genau $|A_2|$ ist. Nach der Definition der Dualität ist

$$r(\mathfrak{G}_2 - \mathfrak{G}_2') = r(\mathfrak{G}_2) - \mu(\mathfrak{G}_1) = 0,$$

daher gilt

$$r(\mathfrak{G}_2) = \mu(\mathfrak{G}_1), \tag{3.008}$$

womit die zweite der Gleichungen (3.006) bewiesen ist.

Die erste läßt sich mit Hilfe der Identität (3.007) nachweisen. Laut dieser ist $r(\mathfrak{G}_1)+\mu(\mathfrak{G}_1)=|B_1|$, daraus folgt

$$r(\mathfrak{G}_1) = |B_1| - \mu(\mathfrak{G}_1).$$

Wir setzen in die rechte Seite (3.008) ein:

$$r(\mathfrak{G}_1) = |B_1| - \mu(\mathfrak{G}_1) = |B_1| - r(\mathfrak{G}_2) = |B_2| - r(\mathfrak{G}_2) = \mu(\mathfrak{G}_2).$$

Das haben wir durch nochmalige Anwendung von (3.007) erhalten. Damit ist der Satz bewiesen.

Unser Satz besagt, wenn $\mathfrak{G}_2$ zu $\mathfrak{G}_1$ dual ist, dann gelten die Beziehungen (3.006). Aber umgekehrt ist die Behauptung i.A. auch dann falsch, wenn zwischen den Kanten eine ein-eindeutige Beziehung besteht. Das läßt sich am einfachsten durch ein Beispiel zeigen (Fig. 60).

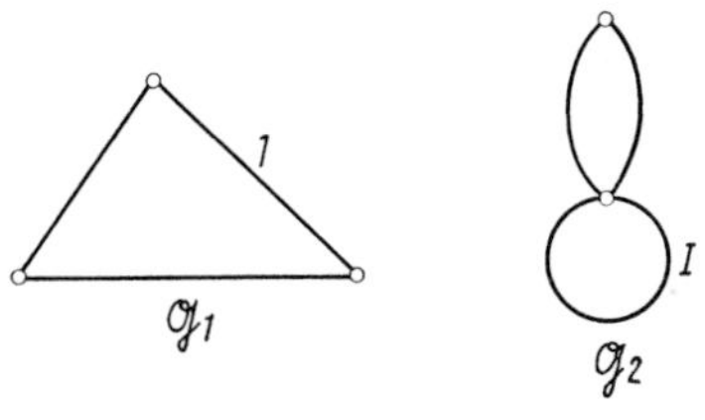


Fig. 60

Zwischen den Kanten der in Fig. 60 dargestellten Graphen $\mathfrak{G}_1$ und $\mathfrak{G}_2$ werden wir eine zweiseitig eindeutige Zuordnung definieren. Das ist möglich, da beide Graphen drei Kanten haben. Es soll z.B. der Kante 1 in $\mathfrak{G}_1$ die Schlinge $I$ in $\mathfrak{G}_2$ entsprechen.

Streichen wir die Kante 1 in $\mathfrak{G}_1$, der so entstehende Graph sei $\mathfrak{G}'_1$. Ihm entspricht der Teilgraph $\mathfrak{G}'_2$, der durch Streichen der Schlinge *I* aus $\mathfrak{G}_2$ entsteht. $\mathfrak{G}'_1$ ist ein Weg der Länge 2, daher ist

$$\mu(\mathfrak{G}'_1) = 2 - 3 + 1 = 0 .$$

Andererseits aber ist

$$r(\mathfrak{G}_2 - \mathfrak{G}'_2) = 2 - 2 = 0$$

und

$$r(\mathfrak{G}_2) = 2 - 1 = 1 .$$

Das bedeutet, für den oben ausgewählten Teilgraphen $\mathfrak{G}'_1$ besteht die Beziehung (3.005) nicht, somit ist $\mathfrak{G}_2$ *nicht* dual zu $\mathfrak{G}_1$. Trotzdem gleten die Gleichungen (3.006): $r(\mathfrak{G}_1)=3-1=2$, $\mu(\mathfrak{G}_2)=3-2+1=2$ und $r(\mathfrak{G}_2)=2-1=1$; $\mu(\mathfrak{G}_1)= =3-3+1=1$.

Jetzt sind wir schon in der Lage, die Symmetrie der Dualitätsbeziehung zu beweisen.

**Satz 3.25:** *Wenn $\mathfrak{G}_2$ zu $\mathfrak{G}_1$ dual ist, ist auch $\mathfrak{G}_1$ zu $\mathfrak{G}_2$ dual.*

*Beweis.* Es wird z.B. angenommen, daß $\mathfrak{G}_2=[A_2,B_2]$ zu $\mathfrak{G}_1=[A_1,B_1]$ dual ist. $\mathfrak{G}'_1=[A_1,B'_1]$ sei ein beliebiger Teilgraph von $\mathfrak{G}_1$, ihm entspreche $\mathfrak{G}'_2=[A_2,B'_2]$, ein Teilgraph von $\mathfrak{G}_2$. Was eigentlich zu beweisen ist, ist, daß

$$r(\mathfrak{G}_1 - \mathfrak{G}'_1) = r(\mathfrak{G}_1) - \mu(\mathfrak{G}'_2).$$

gilt. Laut (3.007) ist

$$r(\mathfrak{G}_1 - \mathfrak{G}'_1) + \mu(\mathfrak{G}_1 - \mathfrak{G}'_1) = |B_1| - |B'_1| = |B_2| - |B'_2| = K - K_1 \qquad (3.009)$$

wobei $K$ der gemeinsame Wert von $|B_1|=|B_2|$ und $K_1$ der von $|B'_1|=|B'_2|$ ist.

$\mathfrak{G}_2$ ist aber dual zu $\mathfrak{G}_1$; $\mathfrak{G}_1-\mathfrak{G}'_1\subset\mathfrak{G}_1$, und nebenbei gilt

$$\mathfrak{G}'_2 = \mathfrak{G}_2 - (\mathfrak{G}_2 - \mathfrak{G}'_2),$$

daher (laut Definition der Dualität)

$$r(\mathfrak{G}_2 - (\mathfrak{G}_2 - \mathfrak{G}'_2)) = r(\mathfrak{G}'_2) = r(\mathfrak{G}_2) - \mu(\mathfrak{G}_1 - \mathfrak{G}'_1).$$

Wir setzen den Wert von $\mu(\mathfrak{G}_1-\mathfrak{G}'_1)$ aus (3.009) in die rechte Seite dieses Ausdruckes ein:

$$r(\mathfrak{G}'_2) = r(\mathfrak{G}_2) - (K - K_1) + r(\mathfrak{G}_1 - \mathfrak{G}'_1),$$

somit ist

$$r(\mathfrak{G}_1 - \mathfrak{G}'_1) = K - K_1 + r(\mathfrak{G}'_2) - r(\mathfrak{G}_2). \qquad (3.010)$$

Andererseits aber, nach (3.007), ist

$$r(\mathfrak{G}'_2) = K_1 - \mu(\mathfrak{G}'_2)$$

und wegen der Dualität

$$r(\mathfrak{G}_2) = \mu(\mathfrak{G}_1).$$

Wenn wir diese Werte in (3.010) einsetzen, ergibt sich (nochmals berücksichtigt (3.007)):

$$r(\mathfrak{G}_1 - \mathfrak{G}'_1) = K - \mu(\mathfrak{G}'_2) - \mu(\mathfrak{G}_1) = r(\mathfrak{G}_1) - \mu(\mathfrak{G}'_2).$$

Das besagt genau, daß $\mathfrak{G}_1$ zu $\mathfrak{G}_2$ dual ist. Damit haben wir den Satz bewiesen.

Wegen der elektrotechnischen Anwendungen ist es oft notwendig zu wissen, ob ein gegebener Graph überhaupt einen dualen Graphen besitzt. Deswegen ist folgender Satz auch von großer praktischer Bedeutung:

**Satz 3.26:** *Ein Graph hat dann und nur dann einen dualen Graphen, wenn er ein ebener Graph ist.*

Obwohl dieser Satz sehr wichtig ist, können wir seinen Beweis hier nicht bringen, das würde weit über den Rahmen unserer Darstellungen führen.

Nach dem vorigen Satz hat jeder ebene Graph einen dualen Graphen. Sei nun $\mathfrak{G}_1$ ein ebener Graph, und wir geben demnächst ein Verfahren an, wie man ausgehend von $\mathfrak{G}_1$ einen dualen Graphen konstruieren kann.

Wir wollen $\mathfrak{G}_1$ in der Ebene graphisch darstellen. Die Kanten von $\mathfrak{G}_1$ als geometrische Linien teilen die Ebene in Gebiete auf. In jedem Gebiet werden wir einen Punkt auszeichnen. Diese werden die Eckpunkte des Dualgraphen sein. Wir werden jetzt zwei Eckpunkte in benachbarten Gebieten durch eine Linie, die die Kante zwischen den benachbarten Gebieten schneidet, verbinden. Wenn zwei Gebiete durch mehrere Kanten getrennt sind, werden die Punkte durch soviel Linien verbunden, wie Kanten des Graphen $\mathfrak{G}_1$ die zwei Gebiete trennen. Es sollen jedoch nur benachbarte Gebiete verbunden werden (Fig. 61, 62, 63. Die nicht punktierte Linien sind die Kanten des Ausgangsgraphen.)

In dieser Weise entsteht ein Graph $\mathfrak{G}_2$. Wenn wir die schneidenden Kanten von $\mathfrak{G}_1$ und $\mathfrak{G}_2$ einander zuordnen, erkennt man, daß $\mathfrak{G}_1$ und $\mathfrak{G}_2$ zueinander

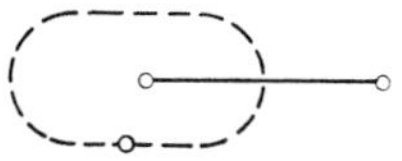

Fig. 61

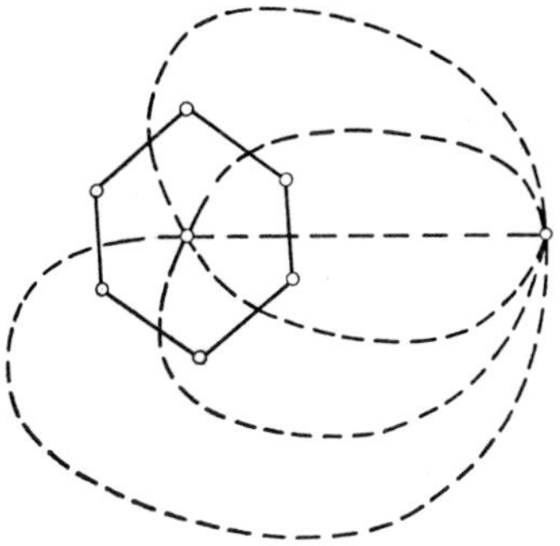

Fig. 62

dual sind. Was oben gesagt wurde, sei ergänzt durch den Fall, daß, wenn eine Kante von $\mathfrak{G}_1$ die Ebene nicht teilt (beide Seiten gehören zum selben Gebiet), ihr eine Schlinge zugeordnet wird (Fig. 61 und 63). *Alle*, zum Ausgangsgraphen duale Graphen können wir jedoch durch das obige Verfahren nicht erhalten.

Die beschriebene Konstruktion hängt in gewisser Hinsicht mit einem berühmten Problem der Graphentheorie, mit dem *Vierfarbenproblem* zusammen.

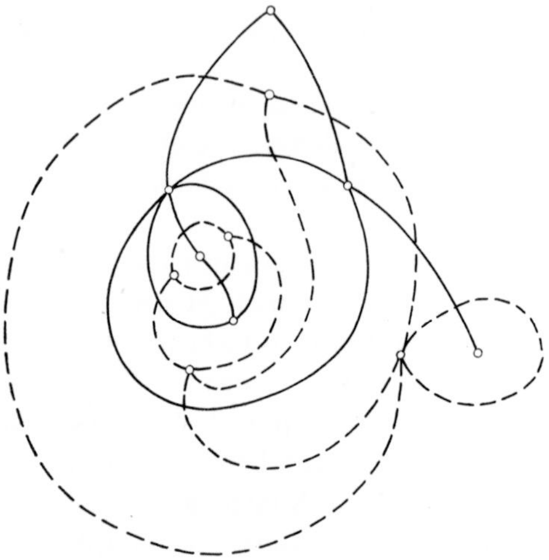

Fig. 63

Unter einer Normallandkarte wird eine auf die Kugel bzw. Ebene aufzeichenbare Landkarte verstanden, wobei die Landgrenzen gewisse einfach zusammenhängende Gebiete bestimmen. Zwei Länder heißen benachbart, wenn sie eine gemeinsame Grenze haben. Ein bis heute noch ungelöstes Problem, das schon seit Jahrzehnten Anregungen für die Entwicklung der Graphentheorie liefert, lautet wie folgt: Es soll eine Normallandkarte mit einigen Farben so gefärbt werden, daß zwei Nachbarländer niemals die gleiche Farbe erhalten. Wir fragen nach der Minimalzahl der Farben, mit welcher die genannte Färbung möglich ist. Man kann beweisen, daß fünf Farben ausreichen. Weniger als vier Farben reichen gewiß nicht aus. Das sieht man schon an der in Fig. 64 dargestellten Landkarte.

In dieser sind vier Länder abgebildet, jedes Land ist mit jedem benachbart. Zur Färbung dieser Landkarte reichen somit drei Farben gewiß nicht aus.

Man vermutet, daß das gesuchte Minimum vier ist, die Erfahrung zeigt nämlich, daß vier Farben zur Färbung jeder Normallandkarte ausreichen. Diese Behauptung wurde jedoch weder bewiesen noch gelang es bis heute, sie zu widerlegen.

Man kann das Vierfarbenproblem auch graphentheoretisch fassen. Dazu wollen wir jeder Normallandkarte einen Graphen in folgender Weise zuordnen: Jedem Land ordnen wir einen Punkt in der Ebene zu. Zwei Punkte werden durch eine Linie verbunden, wenn die betreffenden Länder benachbart sind. So entsteht ein Graph, der unserer Landkarte entspricht. Diese Konstruktion ist genau dieselbe, der wir bei der Herstellung der Dualgraphen (z.B. in Fig. 61, 62, 63) gefolgt sind, mit dem Unterschied, daß hier zwei Punkte immer nur mit

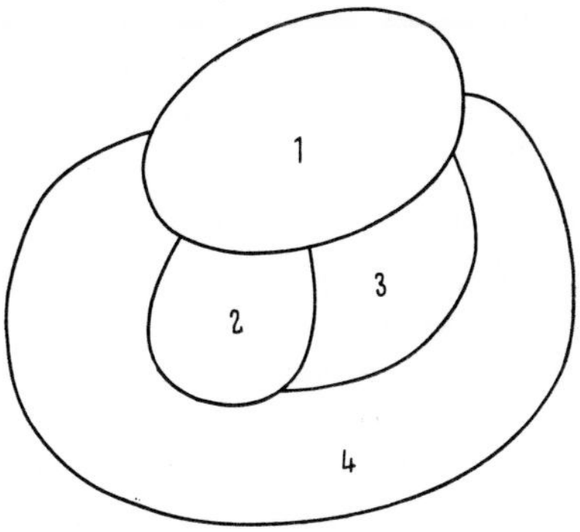


Fig. 64

einer Linie (Kante) verbunden werden, d.h. die Kanten werden mit der Multiplizität 1 bewertet. Das Vierfarbenproblem besteht darin zu zeigen, daß mit vier Farben die Eckpunkte eines beliebigen Graphen so bezeichnet werden können, daß zwei gleichfarbige Eckpunkte nicht durch eine Kante verbunden sind. Man sieht auch, daß der früher eingeführte Begriff der chromatischen Zahlen (in 301.08) mit dem Vierfarbenproblem eng zusammenhängt, und auch der Name ist aus diesem Problem entstanden.

## 301.10 *Boolsche Algebra*

Wir werden sehen, daß viele Eigenschaften der Graphen mit Hilfe gewisser Vektorräume beschreibbar und charakterisierbar sind. Dazu müssen wir aber noch einige Begriffe vorausschicken.

In vielen Zweigen der Mathematik und ihrer Anwendungen erweist sich der Gebrauch einer Arithmetik vorteilhaft, in der nicht 10, sondern nur zwei Ziffern, 0 und 1, zur Verfügung stehen. Wir werden zwei Operationen, die Addition (+) und die Multiplikation (·) durch folgende Vorschriften (Rechenregeln) definieren:

$$\begin{array}{ll} 0+0=0 & 0\cdot 0=0 \\ 0+1=1 & 0\cdot 1=0 \\ 1+0=1 & 1\cdot 0=0 \\ 1+1=0 & 1\cdot 1=1 \end{array}$$

Dabei sollen die Assoziativ- und Distributivgesetze wie in der üblichen Arithmetik gelten.

Wir sehen, daß die oben definierten Operationen aus dem Bereich der Symbole 0 und 1 nicht herausführen.

Die obigen Vorschriften bilden einen Sonderfall einer Algebra, eine sogenannte Boolsche Algebra. Der Kürze halber wollen wir die Menge $\{0, 1\}$, in welcher die Addition und Multiplikation wie oben eingeführt wurde, als *Boolsche Algebra* bezeichnen. In dieser Algebra können Matrizen definiert werden, die nur aus den Elementen 0 und 1 bestehen. Die Rechenregeln der Matrizenrechnung sind in der Boolschen Algebra die gleichen wie in der üblichen Algebra. Auch Vektoren können in der Boolschen Algebra erklärt werden, jedoch können diese als Komponenten nur 0 oder 1 besitzen. Die lineare Unabhängigkeit und Abhängigkeit werden wie üblich definiert, die Koeffizienten können jedoch diesmal nur die Werte 0 und 1 annehmen.

Bevor wir eine Beschreibung gewisser Eigenschaften von Graphen mit Hilfe von Vektorräumen unternehmen, müssen wir einige zu Graphen gehörende Matrizen kennenlernen.

### 301.101 *Inzidenzmatrizen*

Wir werden dem Graphen $\mathfrak{G}=[A,B]$ eine gewisse Matrix, die *Inzidenzmatrix*, zuordnen. Dazu wollen wir die Elemente der Menge $A$ mit den ganzen Zahlen 1, 2, ..., $|A|$ bezeichnen, die Menge $B$ besteht aus gewissen Paaren der Form $(i, j)$. Die Inzidenzmatrix bestehe aus $|A|$ Zeilen und $|B|$ Spalten, jedem Eckpunkt von $\mathfrak{G}$ soll eine Zeile, jeder Kante eine Spalte entsprechen. Wenn $(i, j)$ eine Kante von $\mathfrak{G}$ ist, die keine Schlinge ist, d.h. $i \neq j$, dann soll in der der Kante $(i, j)$ zugeordneten Spalte, an der $i$-ten und $j$-ten Stelle eine 1, sonst lauter Nullen stehen. Ist aber $(i, j)$ eine Schlinge $(i=j)$, dann sollen in der ihr entsprechenden Spalte nur Nullen stehen. Wir können dabei die Kanten z.B. in lexikographischer Reihenfolge, mit $i \leqq j$, also in der Folge (1, 1), (1, 2), ..., (2, 2), (2, 3), ... ordnen. Dem z.B. in Fig. 65 dargestellten Graphen entspricht

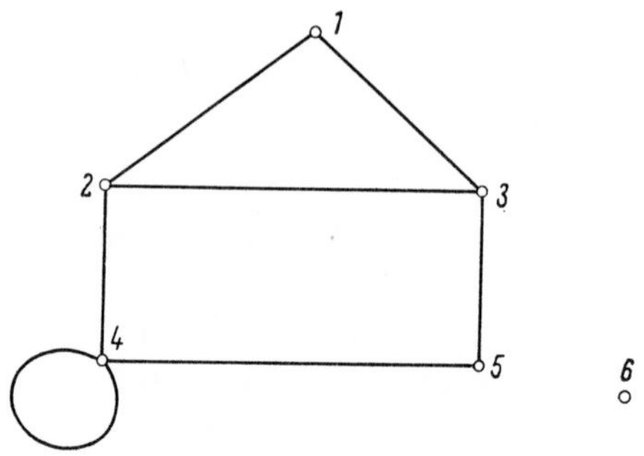


Fig. 65

folgende Matrix:

$$P = \begin{pmatrix} 1 & 1 & 0 & 0 & 0 & 0 & 0 \\ 1 & 0 & 1 & 1 & 0 & 0 & 0 \\ 0 & 1 & 1 & 0 & 1 & 0 & 0 \\ 0 & 0 & 0 & 1 & 0 & 1 & 0 \\ 0 & 0 & 0 & 0 & 1 & 1 & 0 \\ 0 & 0 & 0 & 0 & 0 & 0 & 0 \end{pmatrix}.$$

Diese Matrix hat 6 Zeilen (es gibt sechs Eckpunkte) und 7 Spalten (sieben Kanten). Daß ein isolierter Punkt (der Eckpunt 6) vorhanden ist, kommt in der Zeilenzahl zum Ausdruck.

Aus der Definition der Inzidenzmatrix geht unmittelbar hervor, *daß für zwei schlingefreie Graphen* $\mathfrak{G}_1$ *und* $\mathfrak{G}_2$ *die Inzidenzmatrizen, von der Reihenfolge der Zeilen und Spalten abgesehen, genau dann einander gleich sind, wenn* $\mathfrak{G}_1 \approx \mathfrak{G}_2$ *gilt.*

Laut Definition besteht die Inzidenzmatrix eines Graphen aus den zwei Elementen 0 und 1. Deshalb ist es zweckmäßig, in Zukunft in der Boolschen Algebra zu rechnen. So sollen auch die folgenden Sätze verstanden werden.

**Satz 3.27:** *Die Zeilenvektoren der Inzidenzmatrix eines beliebigen Graphen sind linear abhängig.*

*Beweis.* Wir bezeichnen die Zeilenvektoren der Inzidenzmatrix mit $\boldsymbol{u}_1^*$, ..., $\boldsymbol{u}_k^*$, dann ist aber

$$\boldsymbol{u}_1^* + \boldsymbol{u}_2^* + \cdots + \boldsymbol{u}_k^* = \boldsymbol{0}.$$

Jede Spalte in der Inzidenzmatrix besteht nämlich entweder aus lauter Nullen oder enthält genau zwei Einsen. Somit ist jede Komponente obiger Summe entweder 0 oder $1+1$, was aber auch 0 ist in der Boolschen Algebra.

**Satz 3.28:** *Sei* $\mathfrak{G} = [A, B]$ *zusammenhängend und* $|A| \geqq 2$. *Dann sind in der Inzidenzmatrix von* $\mathfrak{G}$ $|A|-1$ *Zeilenvektoren linear unabhängig.*

*Beweis.* Wir werden ihn indirekt führen. Dazu nehmen wir an, daß es Zeilenvektoren von der Anzahl $|A|-1$ gibt, die linear abhängig sind. Diese seien $\boldsymbol{u}_1^*$, $\boldsymbol{u}_2^*$, ..., $\boldsymbol{u}_m^*$, wobei $m = |A|-1$ ist. Laut Voraussetzung gilt

$$\lambda_1 \boldsymbol{u}_1^* + \cdots + \lambda_m \boldsymbol{u}_m^* = \boldsymbol{0}.$$

Die Koeffizienten $\lambda_1$, ..., $\lambda_m$ sind nicht alle 0, können aber außer 0 nur den Wert 1 annehmen. Das besagt, daß die obige Summe die Gestalt $\boldsymbol{u}_{i_1}^* + \cdots + \boldsymbol{u}_{i_r}^*$ hat, d.h.

$$\boldsymbol{u}_{i_1}^* + \boldsymbol{u}_{i_2}^* + \cdots + \boldsymbol{u}_{i_r}^* = \boldsymbol{0}, \tag{3.011}$$

wobei $i_1$, $i_2$, ..., $i_r$ eine Kombination der Zahlen 1, 2, ..., $m$ ist. Den Zeilenvektoren $\boldsymbol{u}_{i_1}^*$, $\boldsymbol{u}_{i_2}^*$, ..., $\boldsymbol{u}_{i_r}^*$ entsprechen die Eckpunkte $i_1$, $i_2$, ..., $i_r$ (wenn wir die Eckpunkte wie oben, mit ganzen Zahlen bezeichnen). Da $\mathfrak{G}$ zusammenhängend ist, gibt es eine Kante $e$, deren einer Eckpunkt $i_s$ ist, der andere aber gehört nicht zur Eckpunktmenge $i = (i_1, i_2, ..., i_r)$. Wäre nämlich diese Behauptung falsch, d.h. wenn von jeder Kante, deren einer Endpunkt in $i$ ist, auch der andere in $i$ liegt, so würde eben, da $\mathfrak{G}$ zusammenhängend ist, dieses zur Folge haben, daß $r=|A|$ ist, obwohl $r \leqq m = |A|-1<|A|$ ist. Wir betrachten nun die $t$-te Spalte der Inzidenzmatrix, die zu $e$ gehört. Sie enthält eine 1 an der Stelle $i_s$, die zweite 1 ist an einer Stelle, die nicht zur Indexmenge $i$ gehört. Dann aber ist die $t$-te Komponente in der Summe $\boldsymbol{u}_{i_1}^* + \cdots + \boldsymbol{u}_{i_r}^*$ gleich 1 im Gegensatz zu (3.011). Damit ist der Satz bewiesen.

Den Rang einer Matrix $\boldsymbol{M}$ wollen wir wie bisher mit $\rho(\boldsymbol{M})$ bezeichnen. (Die Definition ist in 101.10.)

**Satz 3.29:** $\mathfrak{G}=[A,B]$ *sei ein zusammenhängender Graph, dessen Inzidenzmatrix* $\boldsymbol{P}$ *ist, dann ist*

$$\rho(\boldsymbol{P}) = r(\mathfrak{G}) = |A| - 1 .$$

Der *Beweis* ist sehr einfach. Denn für $|A|=1$ ist die Behauptung klar, für $|A| \geqq 2$ hat nach dem Satz 3.28 $\boldsymbol{P}$ $|A|-1$ unabhängige Zeilenvektoren, aber die $|A|$ Zeilenvektoren sind schon, nach Satz 3.27, linear abhängig, somit ist $\rho(\boldsymbol{P}) = |A|-1$. Nach der Definition ist aber auch $r(\mathfrak{G}) = |A|-1$.

Sei noch immer $\mathfrak{G}$ zusammenhängend. Wenn wir von der Inzidenzmatrix $\boldsymbol{P}$ eine beliebige Zeile streichen, ergibt sich eine Matrix $\boldsymbol{P}_0$, für die auch

$$\rho(\boldsymbol{P}_0) = r(\mathfrak{G}) = |A| - 1 \tag{3.012}$$

gilt. Eine solche Matrix $\boldsymbol{P}_0$ nennen wir eine *reduzierte Inzidenzmatrix.*

Gehen wir jetzt zu nichtzusammenhängenden Graphen über. Sei $\mathfrak{G}$ ein Graph, bestehend aus $k$ Komponenten: $\mathfrak{G}_1, \mathfrak{G}_2, \ldots, \mathfrak{G}_k$ mit $\mathfrak{G}_i = [A_i, B_i]$. $\mathfrak{G}_i$ ist zusammenhängend, ihre Inzidenzmatrix sei $\boldsymbol{P}_i$. Wir bilden folgende Hypermatrix

$$\boldsymbol{P} = \begin{pmatrix} \boldsymbol{P}_1 & \boldsymbol{0} & \ldots & \boldsymbol{0} \\ \boldsymbol{0} & \boldsymbol{P}_2 & \ldots & \boldsymbol{0} \\ & & & \\ \boldsymbol{0} & \boldsymbol{0} & \ldots & \boldsymbol{P}_k \end{pmatrix} = \begin{pmatrix} \boldsymbol{Q}_1^* \\ \boldsymbol{Q}_2^* \\ \vdots \\ \boldsymbol{Q}_k^* \end{pmatrix} \tag{3.013}$$

wobei $\boldsymbol{0}$ die Nullmatrix und

$$\boldsymbol{Q}_i = \begin{pmatrix} \boldsymbol{0} \\ \vdots \\ \boldsymbol{0} \\ \boldsymbol{P}_i \\ \boldsymbol{0} \\ \vdots \\ \boldsymbol{0} \end{pmatrix}$$

ist. Es ist klar, daß $\rho(\boldsymbol{Q}_i) = \rho(\boldsymbol{P}_i) = r(\mathfrak{G}_i) = |A_i|-1$ ist, d.h. daß die für maximale Anzahl $s$ der linear unabhängigen Zeilenvektoren in $\boldsymbol{P}$ die Abschätzung

$$s \leqq \sum_{i=1}^{k} (|A_i| - 1) = |A| - k$$

gilt. Daraus folgt, daß

$$\rho(\boldsymbol{P}) \leqq |A| - k \tag{3.014}$$

ist.

Wegen (3.012) kann man aus jeder reduzierten Inzidenzmatrix von $\mathfrak{G}_i$ eine reguläre quadratische Matrix $\boldsymbol{P}_{i_0}$ herausgreifen, so daß also

$$|\boldsymbol{P}_{i_0}| \neq 0 \qquad (i = 1, 2, \ldots, k)$$

(Die Determinante $|\boldsymbol{P}_{i_0}|$ muß natürlich nach den Rechenregeln der zu Grunde gelegten Boolschen Algebra berechnet werden.) Durch geeignete Umordnung der Zeilen und Spalten kann man aus $\boldsymbol{P}$ folgende Matrix gewinnen:

$$\tilde{\boldsymbol{P}} = \begin{pmatrix} \boldsymbol{P}_{10} & \boldsymbol{0} & \ldots & \boldsymbol{0} & * \\ \boldsymbol{0} & \boldsymbol{P}_{20} & \ldots & \boldsymbol{0} & * \\ & & & & \vdots \\ \boldsymbol{0} & \boldsymbol{0} & \ldots & \boldsymbol{P}_{k0} & * \end{pmatrix}$$

An den mit $*$ bezeichneten Stellen stehen gewisse Teilmatrizen, die für uns im Augenblick uninteressant sind. $\tilde{\boldsymbol{P}}$ enthält allerdings die Minormatrix

$$\approx\!\!\boldsymbol{P} = \begin{pmatrix} \boldsymbol{P}_{10} & \boldsymbol{0} & \ldots & \boldsymbol{0} \\ \boldsymbol{0} & \boldsymbol{P}_{20} & \ldots & \boldsymbol{0} \\ \boldsymbol{0} & \boldsymbol{0} & \ldots & \boldsymbol{P}_{k0} \end{pmatrix}$$

sie ist quadratisch, hat $|A|-k$ Zeilen (und Spalten), ist nichtsingulär, und nach dem Laplace-schen Entwicklungssatz (der auch in unserer Algebra gilt) ist

$$|\overset{\approx}{\boldsymbol{P}}| = |\boldsymbol{P}_{10}| + \cdots + |\boldsymbol{P}_{k0}| \neq 0 .$$

Daraus folgt

$$\rho(\boldsymbol{P}) = \rho(\tilde{\boldsymbol{P}}) \geqq |A| - k ,$$

und ein Vergleich mit (3.014) ergibt:

$$\rho(\boldsymbol{P}) = |A| - k.$$

Dieses Endergebnis wollen wir wegen seiner Wichtigkeit auch in einem Satz formulieren:

**Satz 3.30:** *Der Graph $\mathfrak{G} = [A, B]$ habe $k$ Komponenten, dann gilt für den Rang seiner Inzidenzmatrix $\boldsymbol{P}$:*

$$\rho(\boldsymbol{P}) = r(\mathfrak{G}) = |A| - k .$$

Mit anderen Worten: Es existiert in $\boldsymbol{P}$ eine nichtsinguläre quadratische Teilmatrix mit $|A|-k$ Zeilen (und Spalten) aber jede quadratische Teilmatrix mit einer höheren Zeilenzahl ist singulär.

Nach dem Muster von (3.013) kann man auch eine Matrix mit Hilfe der reduzierten Inzidenzmatrizen der Teilgraphen $\mathfrak{G}_i$ herstellen. Sie sei mit $\boldsymbol{P}_0$ bezeichnet und heißt die *reduzierte Inzidenzmatrix* von $\mathfrak{G}$. Über Kreise in $\mathfrak{G}$ kann man im Zusammenhang mit $\boldsymbol{P}_0$ folgende Aussage beweisen:

**Satz 3.31:** *Diejenigen Spalten der reduzierten Inzidenzmatrix eines Graphen $\mathfrak{G}$, denen Kanten eines Kreises aus $\mathfrak{G}$ entsprechen, sind linear abhängig.*

*Beweis.* Aus der reduzierten Inzidenzmatrix $\boldsymbol{P}_0$ werden wir die Spaltenvektoren $\mathfrak{v}_1, \mathfrak{v}_2, \ldots, \mathfrak{v}_m$ auswählen. Ihnen sollen die Kanten $k_1, k_2, \ldots, k_m$ entsprechen, die einen Kreis $\mathfrak{K}$ in $\mathfrak{G}$ bilden. Sei $a_i$ ein beliebiger Eckpunkt von $\mathfrak{G}$. Wenn $a_i$ kein Eckpunkt von $\mathfrak{K}$ ist, dann gibt es keine, durch $a_i$ gehende Kante, die zu $\mathfrak{K}$ gehört. Daraus folgt, daß die $i$-ten Komponenten der Vektoren $\mathfrak{v}_r$ $(r=1, 2, \ldots, m)$ gleich 0 sind. Ist aber $a_i$ auch ein Eckpunkt von $\mathfrak{K}$, dann gibt es eine Kante $k_r$, die durch $a_i$ geht und deren anderer Endpunkt $a_j$ auch ein Eckpunkt des Kreises ist. Dann sind aber nach der Definition der Inzidenzmatrix genau zwei der Komponenten 1, daher ist $\mathfrak{v}_1 + \cdots + \mathfrak{v}_m = \mathbf{0}$ (mod 2, oder was dasselbe ist, in unserer Algebra).

Auch einen ähnlichen Satz über Gerüste kann man behaupten.

**Satz 3.32:** *Eine quadratische Teilmatrix der Inzidenzmatrix von der Ordnung $|A|-1$ eines zusammenhängenden Graphen $\mathfrak{G}=[A,B]$ $(|A|>1)$ ist genau dann nicht singulär, wenn die den Spalten zugeordneten Kanten ein Gerüst des Graphen bilden.*

*Beweis.* Eine quadratische Minormatrix der Inzidenzmatrix von der Ordnung $|A|-1$ sei $\boldsymbol{P}_1$. Nun zeigen wir, daß die Bedingung hinreichend ist. Deswegen setzen wir voraus, daß den Spalten von $\boldsymbol{P}_1$ entsprechende Kanten ein Gerüst $\mathfrak{F}$ von $\mathfrak{G}$ Bilden. Dann aber ist $\boldsymbol{P}_1$ zugleich die Inzidenzmatrix von $\mathfrak{F}$. Da $r(\mathfrak{F})=|A|-1$ ist, folgt nach Satz 3.29

$$\rho(\boldsymbol{P}_1) = r(\mathfrak{F}) = |A| - 1\,,$$

das kann aber nur so sein, wenn $|\boldsymbol{P}_1| \neq 0$ ist.

Die Bedingung ist auch notwendig. Dazu nehmen wir an, daß $\boldsymbol{P}_1$ nichtsingulär ist. Daraus folgt, daß die Spaltenvektoren von $\boldsymbol{P}_1$ linear unabhängig sind, in diesem Fall aber können den Spaltenvektoren von $\boldsymbol{P}_1$ entsprechende Kanten keinen Kreis bilden (nach Satz 3.31), d.h., da die Anzahl der Eckpunkte dieses Teilgraphen $|A|$ ist und er zusammenhängend ist, ist er ein Gerüst.

### 301.102 *Kreismatrizen*

In der Untersuchung der Stromkreise spielt der folgende Begriff eine Rolle. Es soll $\mathfrak{F}$ ein Gerüst von $\mathfrak{G}=[A,B]$ sein (oder, wenn $\mathfrak{G}$ nicht zusammenhängend ist, dann bezeichne $\mathfrak{F}$ ein Gebüsch von $\mathfrak{G}$). Die bezüglich $\mathfrak{F}$ verbindenden Kanten sollen von 1 bis $|B|-|A|+k=s$ numeriert werden ($k$ ist die Anzahl der Komponenten). Jede verbindende Kante bestimmt einen Kreis des Fundamental-Kreissystems. Jeder dieser Kreise sei durch die gleiche Nummer wie die sie erzeugende verbindende Kante bezeichnet. Es gibt aber noch weitere Kreise, die nicht zum $\mathfrak{F}$-Kreissystem gehören. Um auch diese in einer gebräuchlichen Weise numerieren zu können, wollen wir zuerst die Kanten des Gerüstes $\mathfrak{F}$ mit $s+1$ bis $n=|B|$ bezeichnen, und dann numerieren wir in irgendeiner Reihenfolge diejenigen Kreise des Graphen, die mehr als eine verbindende Kante enthalten. Ein Beispiel für dieses Numerierungsverfahren wollen wir für den Graphen in Fig. 66 durchführen.

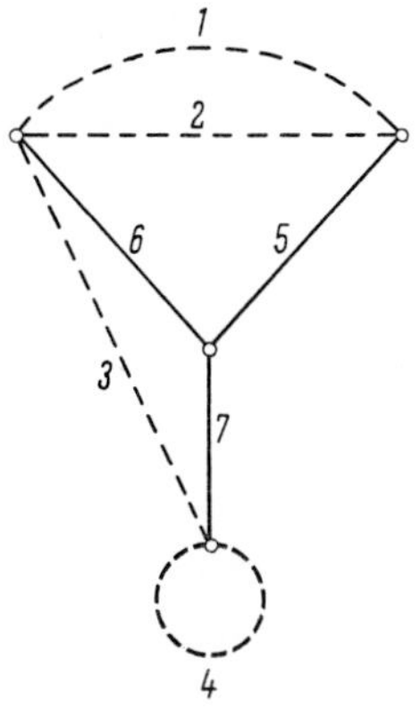


Fig. 66

Die Kanten des Gerüstes $\mathfrak{F}$ sind mit kontinuierlichen, die verbindenden Kanten dabei mit punktierten Linien dargestellt. Es sollen also zuerst die punktierten Linien von 1 bis $7-4+1=4$ in irgendeiner Reihenfolge numeriert werden, danach wollen wir die Kanten des Gerüstes mit 5 bis 7 bezeichnen. (Eine solche Numerierung findet der Leser in Fig. 66.) Die Reihenfolge der Kreise sei nun

$$\mathfrak{K}_1=(1,5,6), \quad \mathfrak{K}_2=(2,5,6), \quad \mathfrak{K}_3=(3,6,7), \quad \mathfrak{K}_4=(4);$$
$$\mathfrak{K}_5=(1,2), \quad \mathfrak{K}_6=(1,3,5,7), \quad \mathfrak{K}_7=(2,3,5,7).$$

Es ist zweckmäßig, die Kreise von $s+1$ bis $n$ so wie in unserem Beispiel nach lexikographischer Reihenfolge bezüglich der Kanten zu numerieren.

Wir wollen in Zukunft alle Kanten und Kreise eines Graphen so wie es beschrieben wurde numerieren. Und jetzt werden wir eine Matrix $\boldsymbol{K}=(a_{ij})$ durch folgende Vorschrift definieren:

$$a_{ij}=\begin{cases}1, & \text{wenn die } i\text{-te Kante dem Kreis } \mathfrak{K}_j \text{ angehört}\\ 0, & \text{wenn die } i\text{-te Kante dem Kreis } \mathfrak{K}_j \text{ nicht angehört}.\end{cases}$$

Die so entstehende Matrix heißt die *Kreismatrix* des Graphen.

Die Kreismatrix besteht aus lauter 0 und 1; jeder Zeile entspricht ein Kreis und jeder Spalte eine Kante. Die Kreismatrix des Graphen von Fig. 66 ist z.B. die folgende:

$$\boldsymbol{K} = \begin{pmatrix} 1 & 0 & 0 & 0 & 1 & 1 & 0 \\ 0 & 1 & 0 & 0 & 1 & 1 & 0 \\ 0 & 0 & 1 & 0 & 0 & 1 & 1 \\ 0 & 0 & 0 & 1 & 0 & 0 & 0 \\ 1 & 1 & 0 & 0 & 0 & 0 & 0 \\ 1 & 0 & 1 & 0 & 1 & 0 & 1 \\ 0 & 1 & 1 & 0 & 1 & 0 & 1 \end{pmatrix}.$$

Aus der Bildungsregel geht unmittelbar hervor, daß die quadratische Eckteilmatrix von der Ordnung $s=|B|-|A|+k$ in der linken oberen Ecke genau die Einheitsmatrix ist, daraus schließen wir, daß

$$\rho(\boldsymbol{K}) \geqq |B| - |A| + k = \mu(\mathfrak{G}) \tag{3.015}$$

ist.

In der Inzidenzmatrix von $\mathfrak{G}$ seien die Spalten (von denen jede einer Kante entspricht) nach der obigen Kantenreihenfolge geordnet. Die in dieser Weise umgeordnete Inzidenzmatrix sei mit $\boldsymbol{P}$ bezeichnet. Es gilt der

**Satz 3.33:** *Die Kreis- und Inzidenzmatrizen sind zueinander orthogonal:*

$$\boldsymbol{P}\boldsymbol{K}^* = \boldsymbol{0}, \qquad \boldsymbol{K}\boldsymbol{P}^* = \boldsymbol{0}$$

*Beweis.* Der $i$-te Zeilenvektor in $\boldsymbol{P}$ sei $\boldsymbol{u}_i^*$ und der $j$-te Spaltenvektor in $\boldsymbol{K}$ $\boldsymbol{v}_j$. $\boldsymbol{u}_i^*$ entspreche der Eckpunkt $a_i$ und $\boldsymbol{v}_j$ der Kreis $\mathfrak{K}_j$. Falls $a_i$ kein Eckpunkt des Kreises $\mathfrak{K}_j$ ist, dann ist keine der durch $a_i$ gehenden Kanten im Kreis $\mathfrak{K}_j$ enthalten. Daraus ergibt sich, daß, wenn eine der Koordinanten von $\boldsymbol{u}_i^*$ nicht 0 ist, die entsprechende Koordinate in $\boldsymbol{v}_j$ gewiß gleich Null ist, daher

$$\boldsymbol{u}_i^* \boldsymbol{v}_j = 0 .$$

Dagegen, falls $a_i$ ein Eckpunkt von $\mathfrak{K}_j$ ist und die Länge von $\mathfrak{K}_j$ mindestens zwei ist, dann hat der Kreis $\mathfrak{K}_j$ genau zwei Kanten, die durch $a_i$ gehen. Unter den Koordinaten von $\boldsymbol{u}_i^*$ gibt es genau zwei Einsen, so daß an den entsprechenden Stellen von $\boldsymbol{v}_j$ auch 1 stehen. Dann aber ist das Skalarprodukt (in unserer Algebra) $\boldsymbol{u}_i^*\boldsymbol{v}_j=1+1=0$.

Wenn die Länge von $\mathfrak{K}_j$ gleich 1 ist, dann ist $\mathfrak{K}_j$ eine Schlinge, deswegen ist nur eine Koordinate von $\boldsymbol{v}_j$ gleich 1. An der entsprechenden Stelle aber (nach der Definition der Inzidenzmatrix) steht in $\boldsymbol{u}_i^*$ eine Null, somit ist wiederum $\boldsymbol{u}_i^* \boldsymbol{v}_j=0$. Es gilt also in jedem Fall, daß $\boldsymbol{u}_i^* \boldsymbol{v}_j=0$ ist und daher

$$\boldsymbol{P}\boldsymbol{K}^* = (\boldsymbol{u}_i^* \boldsymbol{v}_j) = 0 .$$

Da $(\boldsymbol{P}\,\boldsymbol{K}^*)^* = \boldsymbol{K}\boldsymbol{P}^*$ ist, ist unser Satz vollkommen bewiesen.

Wir wollen jetzt einen Graphen $\mathfrak{G}=[A,B]$, bestehend aus $k$ Komponenten, betrachten. Die Spalten seiner Inzidenzmatrix $\boldsymbol{P}$ seien in derselben Reihenfolge geordnet wie die der Kreismatrix $\boldsymbol{K}$. Die Spaltenzahl der Matrix $\boldsymbol{P}$ ist gleich $|B|$. Da nach dem Satz 3.33 $\boldsymbol{P}$ auf $\boldsymbol{K}^*$ orthogonal ist, folgt nach Satz 1.23 a

$$\rho(\boldsymbol{P}) + \rho(\boldsymbol{K}^*) \leqq |B|, \quad \text{oder} \quad \rho(\boldsymbol{K}^*) = |B| - \rho(\boldsymbol{P}).$$

Andererseits ist nach dem Satz 3.30 $\rho(\boldsymbol{P}) = |A| - k$, somit ist

$$\rho(\boldsymbol{K}^*) = \rho(\boldsymbol{K}) \leqq |B| - |A| + k = \mu(\mathfrak{G}).$$

Wenn wir dieses Resultat mit (3.015) vergleichen, ergibt sich der

**Satz 3.34:** *Für die Kreismatrix $\boldsymbol{K}$ eines Graphen $\mathfrak{G}$, bestehend aus $k$ Komponenten, gilt*

$$\rho(\boldsymbol{K}) = \mu(\mathfrak{G}) = |B| - |A| + k.$$

Aus dem eben formulierten Satz folt, daß die maximale Anzahl der linear unabhängigen Zeilenvektoren in der Kreismatrix $\boldsymbol{K}$ $|B| - |A| + k$ ist. Aus diesen Zeilenvektoren wollen wir eine Teilmatrix $\boldsymbol{K}_0$ von $\boldsymbol{K}$ bilden, die wir *reduzierte Kreismatrix* nennen.

Am Anfang dieses Abschnittes haben wir festgestellt, daß die oben links stehende quadratische Minormatrix von $\boldsymbol{K}$ von der Ordnung $|B| - |A| + k$ die Einheitsmatrix ist. Wenn wir in $\boldsymbol{K}$ die ersten $|B| - |A| + k$ Zeilen behalten und die übrigen von $\boldsymbol{K}$ weglassen, ergibt sich eine Matrix $\boldsymbol{K}_f$, die offenbar in folgender Gestalt geschrieben werden kann:

$$\boldsymbol{K}_f = (\boldsymbol{E}, \boldsymbol{Z})$$

wobei $\boldsymbol{E}$ die Einheitsmatrix von der Ordnung $|B| - |A| + k$ ist. $\boldsymbol{K}_f$ heißt die *Fundamentalkreismatrix* von $\mathfrak{G}$. Offensichtlich gilt

$$\rho(\boldsymbol{K}_f) = \rho(\boldsymbol{K}) = \rho(\boldsymbol{K}_0) = \mu(\mathfrak{G}) = |B| - |A| + k \tag{3.016}$$

### 301.103 *Kantenschnittmatrizen*

Diese Matrizen werden wir ähnlich wie die Inzidenz- und Kreismatrizen definieren. Dazu haben wir zuerst ein Numerierungsverfahren für die Kantenschnitte festzulegen.

Sei $\mathfrak{G}$ ein zusammenhängender Graph, einer seinen Gerüste $\mathfrak{F}$. Zuerst wollen wir die verbindenden Kanten bezüglich $\mathfrak{F}$ numerieren, nachher die Kanten des Gerüstes $\mathfrak{F}$. Wir werden jetzt das Fundamentalkantenschnittsystem (bezüglich $\mathfrak{F}$) betrachten. Wie wir wissen, jeder solche Kantenschnitt enthält genau eine Kante des Gerüstes $\mathfrak{F}$. Der Reihe nach nehmen wir die Kanten von $\mathfrak{F}$; zu jeder solchen gehört genau ein Kantenschnitt, und zuerst numerieren wir diese Kantenschnitte. Nachher werden die übrigen Kantenschnitte aufgezählt, indem man die Paare, Tripel, ... von Kanten des Gerüstes zusammen mit den entsprechenden verbindenden Kanten betrachtet. Als Beispiel wollen wir die Bezeichnung der Kantenschnitte des Graphen wie in Fig. 67 durchführen.

Die Kanten des Gerüstes sind mit kontinuierlichen Linien, die verbindenden Kanten durch punktierte Kurven dargestellt. Wir numerieren zuerst, laut Vereinbarung, die verbindenden Kanten von 1 bis 4, nachher die Kanten des Gerüstes von 5 bis 8.

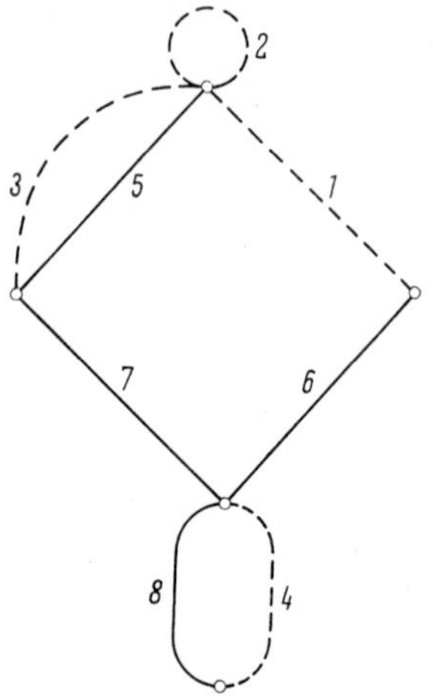


Fig. 67

Die erste Kante des Gerüstes ist 5, sie definiert den Kantenschnitt

$$B_1 = (1, 3, \underline{5})$$

Die Kante 6 bestimmt den Kantenschnitt

$$B_2 = (1, \underline{6}),$$

der nächste Kantenschnitt ist durch 7 bestimmt:

$$B_3 = (1, \underline{7}),$$

und schließlich der vierte Fundamentalkantenschnitt:

$$B_4 = (4, \underline{8}).$$

$B_1$, $B_2$, $B_3$, $B_4$ geben das Fundamentalkantenschnittsystem an. In der Aufzählung der Kanten, die die Kantenschnitte erzeugen, haben wir die Reihennummer der Kanten des Gerüstes unterstrichen.

Und nun folgen die nicht fundamentalen Kantenschnitte. Dazu nehmen wir folgende Paare der Kanten unseres Gerüstes: (5,6), (5,7), (6,7). Diese bestimmen folgende Kantenschnitte

$$B_5 = (3, \underline{5}, \underline{6})$$

$$B_6 = (3, \underline{5}, \underline{7})$$

$$B_7 = (\underline{6}, \underline{7}).$$

Damit haben wir alle Kantenschnitte aufgezählt. Wir kehren zum allgemeinen Fall zurück.

Nachdem wir die Vereinbarung zur Aufzählung der Kantenschnitte festgelegt haben, wollen wir durch folgende Vorschrift eine Matrix $\boldsymbol{S}$, die *Kantenschnittmatrix*, definieren:

$$a_{ij} = \begin{cases} 1 & \text{wenn der } i\text{-te Kantenschnitt die } j\text{-te Kante enthält} \\ 0 & \text{wenn der } i\text{-te Kantenschnitt die } j\text{-te Kante nicht enthält}. \end{cases}$$

Die Kantenschnittmatrix des Graphen von Fig. 67 ist somit

$$\boldsymbol{S} = \begin{pmatrix} 1 & 0 & 1 & 0 & 1 & 0 & 0 & 0 \\ 1 & 0 & 0 & 0 & 0 & 1 & 0 & 0 \\ 1 & 0 & 0 & 0 & 0 & 0 & 1 & 0 \\ 0 & 0 & 0 & 1 & 0 & 0 & 0 & 1 \\ 0 & 0 & 1 & 0 & 1 & 1 & 0 & 0 \\ 0 & 0 & 1 & 0 & 1 & 0 & 1 & 0 \\ 0 & 0 & 0 & 0 & 0 & 1 & 1 & 0 \end{pmatrix}$$

Aus der Definition geht unmittelbar hervor, daß jeder Zeile ein Kantenschnitt und jeder Spalte eine Kante des Graphen entspricht. Es folgt auch aus der Definition, daß die quadratische Minormatrix von der Ordnung $|A|-1$ recht oben die Einheitsmatrix ist. Deswegen gilt

$$\rho(\boldsymbol{S}) = |A| - 1 = r(\mathfrak{G}). \qquad (3.017)$$

Wir wollen jetzt die Kreismatrix $\boldsymbol{K}$ von $\mathfrak{G}$ anfertigen, indem wir in beiden Matrizen die Spalten in der Ordnung der gleichen Numerierung der Kanten aufschreiben. Wenn wir das Produkt $\boldsymbol{S}\boldsymbol{K}^*$ bilden, erhalten wir in jedem Zeilen-Spalten-Skalarprodukt, auf Grund des Satzes 3.21, eine gerade Anzahl von Einsen. Ihre Summe ist 0 (mod 2), deshalb ist $\boldsymbol{S}\boldsymbol{K}^* = \boldsymbol{0}$. Somit haben wir den

**Satz 3.35:** *Für einen zusammenhängenden Graphen gilt*

$$\boldsymbol{S}\boldsymbol{K}^* = \boldsymbol{0} \quad \text{und} \quad \boldsymbol{K}\boldsymbol{S}^* = \boldsymbol{0},$$

*wobei* $\boldsymbol{S}$ *die Kantenschnitt- und* $\boldsymbol{K}$ *die Kreismatrix ist.*

**Satz 3.36:** *Für einen zusammenhängenden Graphen* $\mathfrak{G} = [A, B]$ *gilt für den Rang der Kantenschnittmatrix* $\boldsymbol{S}$:

$$\rho(\boldsymbol{S}) = r(\mathfrak{G}) = |A| - 1.$$

Der *Beweis* ist der gleiche wie der des Satzes 3.34. Aus den Sätzen 1.23a, 3.35 und 3.34 ergibt sich unmittelbar, daß

$$\rho(\boldsymbol{S}) = |A| - 1$$

ist. Der Vergleich mit (3.017) liefert die Behauptung.

Auch die *reduzierte Kantenschnittmatrix* wird definiert. Nach Satz 336 ist. die Maximalzahl der linear unabhängigen Zeilenvektoren von $\boldsymbol{S}$ gleich $|A|-1$. Wenn wir aus solchen eine Matrix $\boldsymbol{S}_0$ bilden, so heißt diese eine reduzierte Kantenschnittmatrix.

In den Anwendungen spielt folgender Satz eine Rolle:

**Satz 3.37:** *$\mathfrak{G}$ sei ein zusammenhängender Graph. In ihrer Inzidenzmatrix $\boldsymbol{P}$ und Kantenschnittmatrix $\boldsymbol{S}$ seien die Spalten nach der gleichen Numerierung der Kanten geordnet. Dann lassen sich die Zeilenvektoren von $\boldsymbol{P}$ als Linearkombinationen der Zeilenvektoren von $\boldsymbol{S}$ darstellen.*

Der Leser überlege sich, daß unsere Behauptung aus den Sätzen 3.18 und 3.19 unmittelbar hervorgeht.

## 301.104 *Durch Graphen erzeugte Vektorräume*

Wir betrachten einen Graphen $\mathfrak{G}=[A,B]$ und werden seine Kanten mit den Zahlen 0 und 1 bewerten (ähnlich wie in 301.061). Jeder Kante werden wir eine der zwei Ziffern 0 und 1 zuordnen. Wenn wir die Kanten von $\mathfrak{G}$ in irgendeiner Weise numerieren, so entspricht der obigen Bewertung ein $|B|$-dimensionaler Vektor (mit den Komponenten 0 und 1). Wenn wir diejenigen Kanten, denen 0 zugeordnet wurde, entfernen, bleibt uns ein Teilgraph von $\mathfrak{G}$, der durch obigen Vektor charakterisiert ist. Aber auch umgekehrt: Jeder Vektor, dessen Komponenten 0 und 1 sind, bestimmt einen Teilgraphen von $\mathfrak{G}$. Wir werden wieder die Boolsche Algebra zugrunde legen und alle Berechnungen in dieser Algebra durchführen.

Wir betracten zwei Vektoren $\boldsymbol{v}_1$ und $\boldsymbol{v}_2$, ihnen entsprechen zwei Teilgraphen $\mathfrak{G}_1$ und $\mathfrak{G}_2$. Der Summe $\boldsymbol{v}_1+\boldsymbol{v}_2$ entspricht ein Teilgraph $U$, der alle nichtgemeinsamen Kanten von $\mathfrak{G}_1$ und $\mathfrak{G}_2$ und nur diese enthält.

Der Graph $\mathfrak{G}$ erzeugt somit einen $|B|$-dimensionalen Vektorraum, den wir mit $R_K(\mathfrak{G})$ bezeichnen werden. Den Einheitsvektoren $\boldsymbol{e}_1^*=(1, 0, 0, \ldots)$; $\boldsymbol{e}_2^*=(0, 1, 0, \ldots)$ … entsprechen diejenigen Teilgraphen aus $\mathfrak{G}$, die nur aus der ersten, zweiten, … Kante von $\mathfrak{G}$ bestehen.

Sei nun $\mathfrak{G}=[A,B]$ ein *zusammenhängender* Graph, eine ihrer reduzierten Inzidenz-, Kreis- und Kantenschnittmatrix soll durch $\boldsymbol{P}_0$, $\boldsymbol{K}_0$ und $\boldsymbol{S}_0$ bezeichnet werden. Wir wissen, daß

$$\rho(\boldsymbol{P}_0)=\rho(\boldsymbol{S}_0)=|A|-1\,; \qquad \rho(\boldsymbol{K}_0)=|B|-|A|+1$$

ist. Daraus ergibt sich, daß sämtliche Linearkombinationen der Zeilenvaktoren von $\boldsymbol{P}_0$ einen $(|A|-1)$-dimensionalen Teilraum von $R_K(\mathfrak{G})$ bilden. Diesen werden wir mit $R_{P_0}$ bezeichnen. Ebenfalls gibt auch die Menge aller Linearkombinationen der Zeilenvektoren von $\boldsymbol{S}_0$ einen durch $R_{S_0}$ bezeichneten $(|A|-1)$-dimensionalen Teilraum an. Das gleiche kann man über die Linearkombinationen der Zeilenvektoren von $\boldsymbol{K}_0$ behaupten. Der Teilraum, der dadurch erzeugt wird, soll mit $R_{K_0}$ bezeichnet werden. Er hat allerdings die Dimensionszahl $|B|-|A|+1$.*)

Aus dem Satz 3.37 folgt unmittelbar, daß

$$R_{P_0} = R_{S_0} \tag{3.018}$$

ist. Denn nach dem zitierten Satz kann jeder Vektor aus $R_{P_0}$ als eine Linearkombination von Vektoren aus $R_{S_0}$ ausgedrückt werden und umgekehrt.

Es ist leicht einzusezen, daß

$$|R_{S_0}| = 2^{|A|-1}$$

ist. Die Vektoren von $R_{S_0}$ sind alle $(|A|-1)$-dimensionale, aus 0 und 1 bestehende Vektoren. Es muß festgestellt werden, auf wieviele Weisen man die 0 und 1 auf $|A|-1$ Plätze verteilen kann. Sei $|A|-1=E$. Eine 1 kann auf $E$ Plätzen stehen, zwei 1 können wir auf $\binom{E}{2}$ Weisen unter $E$ Plätzen verteilen; drei 1 auf $\binom{E}{3}$ Weisen usw. Die Gesamtzahl der Möglichkeiten beträgt somit

$$1 + E + \binom{E}{2} + \cdots + \binom{E}{E} = (1+1)^E = 2^E = 2^{|A|-1}.$$

(Am Anfang der linken Seite steht deswegen 1, weil es genau einen Vektor – den Nullvektor – gibt, der keine 1 als Komponente enthält.

Genau wie oben läßt sich beweisen, daß

$$|R_{K_0}| = 2^{|B|-|A|+1}$$

gilt.

Sehr interessant ist zu bemerken, daß *jedem Vektor des Raumes $R_{K_0}$ (ausgenommen dem Nullvektor) entweder ein Kreis in $\mathfrak{G}$ oder die Vereinigung bezüglich der Kanten disjunkter Kreise entspricht.*

Jeder Zeile von $\boldsymbol{K}_0$ entspricht ein Kreis von $\mathfrak{G}$, und die Zeilenvektoren dieser Matrix sind auch Elemente von $R_{K_0}$. Alle übrigen Elemente dieses Raumes sind Linearkombinationen dieser Vektoren, wobei aber die Koeffizienten entweder 0 oder 1 sind. Das besagt, daß ein beliebiger Vektor von $R_{K_0}$ die Summe gewisser Zeilenvektoren von $\boldsymbol{K}_0$ ist. Jedem dieser Zeilenvektoren entspricht ein Kreis, der Summe entspricht somit die Vereinigung dieser Kreise mit Ausnahme der gemeinsamen Kanten. Eine solche Vereinigung ist aber ein Teilgraph, der als Vereinigung kantendisjunkter Kreise darstellbar ist.

Analog zu der eben bewiesenen Aussage ist folgende Behauptung: *Jedem Vektor des Raumes $R_{S_0}$ mit Ausnahme des Nullvektors entspricht entweder ein Kantenschnitt von $\mathfrak{G}$ oder Vereinigung gewisser, disjunkter Kantenschnitte.*

Der Beweis verläuft ähnlich wie der der vorangehenden Aussage.

---

*) Wir möchten den Leser erinnern, daß $R_P$ ein Teilraum von $R_K(\mathfrak{G})$ ist, wenn $R_P \subset R_K(\mathfrak{G})$, und alle Linearkombinationen von beliebigen Elementen aus $R_P$ auch in $R_K$ sind.

### 301.11 *Gerichtete Graphen*

In den bisherigen Betrachtungen haben wir ungerichtete Graphen untersucht. In den praktischen Anwendungen der Graphentheorie treten häufig auch gerichtete Graphen auf. Das Studium dieser ist sowohl von theoretischem als auch von praktischem Interesse.

Wir werden wieder von einer endlichen, nichtleeren Menge $A$ ausgehen und jedem Paar $(a, b)$ $(a, b \in A)$ eine ganze Zahl (die Multiplizität) zuordnen, wobei die Reihenfolge der Elemente $a$, $b$ in der Definition des Paares eine Rolle spielt. Deswegen werden wir die Paare $(a, b)$ und $(b, a)$ voneinander unterscheiden. Den Paaren $(a, b)$ und $(b, a)$ sind i.A. andere Multiplizitäten zugeordnet. Aus der Menge aller gerichteten Paare, die wir durch $\overrightarrow{A \times A}$ bezeichnen wollen, nehmen wir diejenigen heraus, denen eine positive ganze Zahl zugeordnet ist. Diese Teilmenge von $\overrightarrow{A \times A}$ wollen wir durch $\vec{B}$ bezeichnen. Das Paar von Mengen $[A, \vec{B}]$ heißt ein *gerichteter Graph*, und zur Unterscheidung von einem ungerichteten Graphen werden wir das Symbol

$$\vec{\mathfrak{G}} = [A, \vec{B}]$$

anwenden.

**Definition:** *Sei $A$ eine nichtleere, endliche Menge und $\vec{B}$ eine (eventuell auch leere) Teilmenge von $\overrightarrow{A \times A}$. Jedem Element aus $\vec{B}$ sei eine natürliche Zahl (die Multiplizität) zugeordnet. Das Paar*

$$\vec{\mathfrak{G}} = [A, \vec{B}]$$

*heißt ein (endlicher) gerichteter Graph.*

Die Richtung jeder Kante ist mit unserer Vorschrift eindeutig bestimmt, bis auf die Elemente aus $\vec{B}$ von der Gestalt $(a, a)$, d.h. bis auf die Schlingen des Graphen. Die Richtungen der Schlingen werden wir in jedem Fall einzeln bestimmen müssen. Sei $(a, b) \in \vec{B}$, dann werden wir $a$ den *Anfangs-* und $b$ den *Endpunkt* der Kante $(a, b)$ nennen.

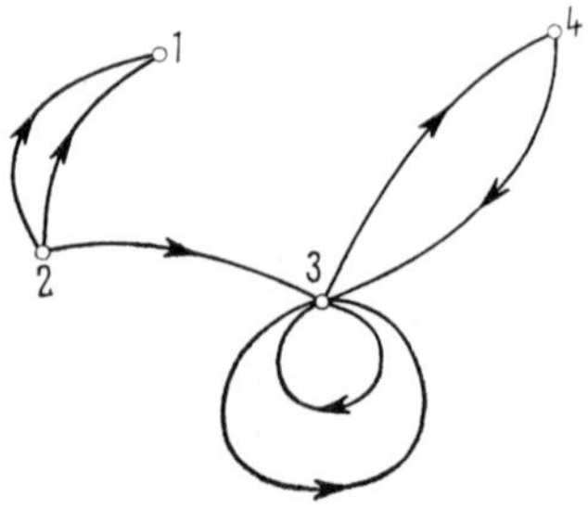


Fig. 68

Einen gerichteten Graphen werden wir ähnlich wie einen nichtgerichteten Graphen veranschaulichen: Jedem Eckpunkt lassen wir einen Punkt (in der Ebene oder an einer Fläche oder im Raum) entsprechen, zwei Punkte $a$ und $b$ werden genau dann mit Linien verbunden, wenn $(a, b) \in \vec{B}$ ist, und zwar mit so vielen, wie die Multiplizität von $(a, b)$ ist. Dabei wird diese Linie mit einer Richtung, mit einem Pfeil versehen, der von $a$ nach $b$ zeigt. Eine graphische Darstellung eines gerichteten Graphen sehen wir in der Fig. 68.

In unserem Beispiel gehen durch den Eckpunkt 3 zwei Schlingen, die eine entgegengesetzte Richtung haben. Das Paar (2, 1) ist in $\vec{B}$ mit der Multiplizität 2 enthalten, dagegen aber ist $(1, 2) \notin \vec{B}$.

Es gibt viele Aufgaben, deren mathematisches Modell gerichtete Graphen sind. Obwohl die Untersuchung von vielen dieser Graphen bedeutsam, lehrreich und interessant ist, müssen wir uns, wegen des Rahmens dieses Buches, doch nur auf einige beschränken.

Als erstes Beispiel wollen wir eine Permutation der Zahlen 1, 2, ..., 6 betrachten:

$$\begin{pmatrix} 1 & 2 & 3 & 4 & 5 & 6 \\ 2 & 3 & 6 & 1 & 5 & 4 \end{pmatrix}.$$

Man kann die Bildung dieser Permulation mit Hilfe eines gerichteten Graphens wie folgt veranschaulichen: Man betrachtet 6 verschiedene Punkte und numeriert sie von 1 bis 6. Dann werden wir voriger Permutation den Graphen

$$\mathfrak{G} = [(1, 2, 3, 4, 5, 6), ((1, 2), (2, 3), (3, 6), (4, 1), (5, 5), (6, 4))]$$

zuordnen. Das Resultat, zu dem wir bei dieser graphischen Veranschaulichung gelangt sind, ist in Fig. 69 zu sehen.

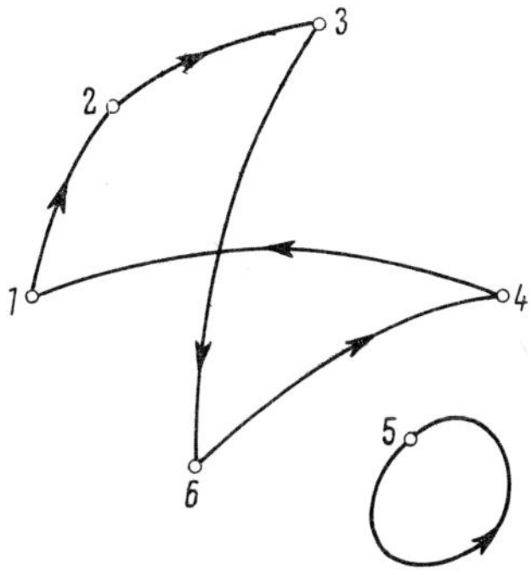


Fig. 69

Als zweites Beispiel soll folgende Aufgabe, die in zahlreicher Form in der mathematischen Literatur auftritt, in die Ausdrucksweise der gerichteten Graphen übersetzt werden. Wir werden hier eine besonders einfache Variante der Aufgabe besprechen.

11 Streichhölzer liegen auf einem Haufen, zwei Spieler *A* und *B* ziehen abwechselnd aus dem Haufen Streichhölzer. Jeder von ihnen darf ein, zwei oder drei Streichhölzer nehmen, den gleichen Zug aber nicht zweimal unmittelbar hintereinander wiederholen. Das Spiel soll von *A* begonnen werden. Es gewinnt derjenige Spieler, der das letzte Streichholz vom Haufen nimmt. Es wird gezeigt, daß durch geeignetes Vorgehen der Spieler *A* immer den Gewinn des Spieles gegenüber *B* sichern kann.

Aus diesem Grund beschreiben wir das Vorgehen von *A*. Beim ersten Zug nimmt *A* drei Streichhölzer vom Haufen. Auf diesen Zug kann *B* auf folgende Arten reagieren:

a) *B* nimmt ein Streichholz. Dann aber soll *A* (das ist für ihn der zweite Zug) auch ein Streichholz nehmen. Jetzt bleiben für *B* zwei Alternativen:

aa) *B* nimmt zwei Streichhölzer, dann aber nimmt auch *A* zwei Streichhölzer. Es bleiben also im Haufen nur noch zwei Streichhölzer, die kann *B* nich ziehen, *B* kann sich nur ein Streichholz nehmen, und das letzte bleibt für *A* übrig.

Das Spiel läuft nach folgendem Schema ab

| *A* | *B* |
|---|---|
| 3 | 1 |
| 1 | 2 |
| 2 | 1 |
| 1 | |

Die übrigen Möglichkeiten wollen wir nur durch eine ähnliche Tabelle beschreiben.

ab)

| *A* | *B* |
|---|---|
| 3 | 1 |
| 1 | 3 |
| 3 | |

b) *B* nimmt 2 Streichhölzer:

| *A* | *B* |
|---|---|
| 3 | 2 |
| 2 | |

ba)

| *A* | *B* |
|---|---|
| 3 | 2 |
| 2 | 1 |
| 3 | |

bb)

| *A* | *B* |
|---|---|
| 3 | 2 |
| 2 | 3 |
| 1 | |

c) *B* nimmt im ersten Zug 3 Streichhölzer

| *A* | *B* |
|---|---|
| 3 | 3 |
| 1 | |

ca)

| A | B |
|---|---|
| 3 | 3 |
| 1 | 1 |
| 3 | |

cb)

| A | B |
|---|---|
| 3 | 3 |
| 1 | 2 |
| 2 | |

Jeder Möglichkeit können wir einen gerichteten Graphen entsprechen lassen, der den Ablauf des Spieles veranschaulicht. Dazu ist es zweckmäßig, jeder vorkommenden Anzahl von Streichhölzern, die im Haufen liegen, einen Punkt zuzuordnen, und zwei Punkte werden mit einer gerichteten Linie ver-

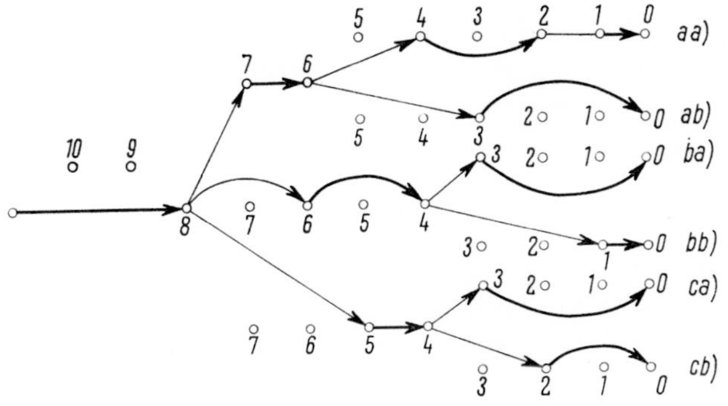


Fig. 70

bunden, wenn man von einer Streichhölzerzahl zur anderen durch einen Zug übergeht. Dabei sind die Linien so gerichtet, daß sie von dem mit größerer Zahl versehenen Punkt zu einem mit kleinerer Zahl bezeichneten Punkt zeigen. Die so entstehenden Kanten werden in zwei Klassen aufgeteilt, der einen ent-

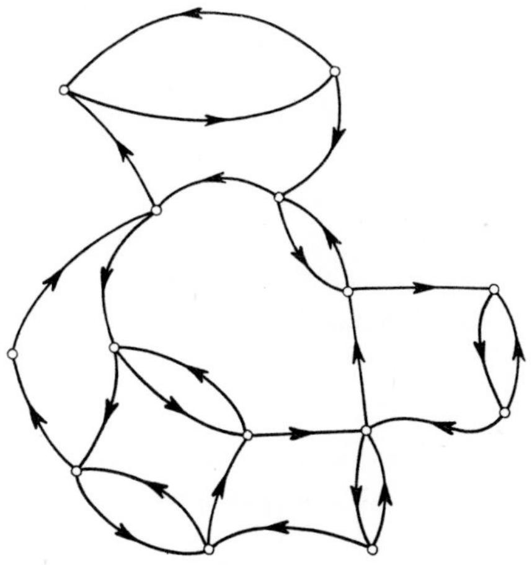

Fig. 71

sprechen die Züge des Spielers $A$, der anderen die des Mitspielers $B$. Die Kanten der ersten Gruppe sind stärker gezeichnet als die der zweiten Gruppe; die den einzelnen Fällen entsprechenden Graphen sind „zusammengeschoben", um zu sehen, wie sich die Möglichkeiten verzweigen (Fig. 70).

Als drittes Beispiel sei ein elektrisches Netzwerk erwähnt. Die Verzweigungspunkte sind die Eckpunkte. Die Richtung des Stromes gibt die Richtung der Kanten an. Aus gleichem Grund hätten wir auch ein Rohrnetz, in welchem eine Flüssigkeit immer nur in einer Richtung fließt, oder das Straßennetz einer Stadt, falls alle Straßen nur Einbahnstraßen sind, erwähnen können. In dem zuletzt erwähnten Beispiel können wir eine in beiden Richtungen befahrbare Straße mit zwei, die gleichen Eckpunkte verbindenden Kanten veranschaulichen, indem diese in entgegengesetzter Art gerichtet sind. Somit läßt sich das Straßennetz einer beliebigen Stadt durch einen gerichteten Graphen repräsentieren (Fig. 71).

### 301.111 *Gerichteten Graphen zugeordnete Matrizen*

Ähnlich wie in den Abschnitten 301.101–301.103 werden wir hier gewisse Matrizen gerichteten Graphen zuordnen. Diesmal werden wir aber mit einer Algebra von zwei Zeichen (0 und 1) nicht auskommen. Bis jetzt hatten wir nämlich bloß festzustellen, ob eine Kante einen Punkt enthält oder nicht oder ob eine Kante einem Kreis angehört oder nicht usw. Diese Feststellungen konnten mit zwei Zeichen, von denen das eine dem „ja", das andere dem „nein" entspricht, beschrieben werden. Bei gerichteten Graphen wird das schon nicht möglich sein, denn man hat auch die Richtung der Kanten durch ein Symbol zu bezeichnen. Diesmal kommen wir jedoch mit drei Zeichen: 1, $-1$, 0 aus. Den Matrizenkalkül werden wir, diesmal, wie üblich, im reellen Zahlenkörper durchführen.

Zuerst definieren wir die *Inzidenzmatrix* für gerichtete Graphen.

**Definition:** *Sei $\vec{\mathfrak{G}}=[A, \vec{B}]$ ein gerichteter Graph. Unter der Inzidenzmatrix von $\vec{\mathfrak{G}}$ verstehen wir die durch folgende Vorschrift gebildete Matrix:*

*Es werden die Kanten irgendwie numeriert. $k_1, k_2, \ldots, k_s$ ($s=|\vec{B}|$) und*

$$a_{ij}=\begin{cases} 1\,, & \text{wenn } k_j \text{ den Anfangspunkt } i \text{ hat, und } k_j \text{ ist keine Schlinge} \\ -1\,, & \text{wenn } k_j \text{ den Endpunkt } i \text{ hat, und } k_j \text{ ist keine Schlinge} \\ 0\,, & \text{wenn } k_j \text{ eine Schlinge ist, oder } k_j \text{ geht nicht durch} \\ & \text{den } i\text{-ten Eckpunkt}. \end{cases}$$

$$\begin{pmatrix} i=1,2,\ldots,|A| \\ j=1,2,\ldots,|\vec{B}| \end{pmatrix}$$

Jedem Eckpunkt entspricht eine Zeile und jeder Kante eine Spalte der Inzidenzmatrix.

Betrachten wir beispielshalber den in Fig. 72 dargestellten Graphen.

Die zu ihm gehörende Inzidenzmatrix ist:

$$P = \begin{pmatrix} 0 & 1 & -1 & 0 & 0 & -1 \\ 1 & 0 & 1 & 1 & 0 & 0 \\ -1 & -1 & 0 & 0 & 1 & 0 \\ 0 & 0 & 0 & -1 & -1 & 1 \end{pmatrix}.$$

Eine Spalte, die einer Schlinge entspricht, enthält lauter Nullen. Sonst enthält jede Spalte genau eine 1 und eine $-1$, denn jede Kante hat einen Anfangs- und einen Endpunkt. Daher folgt, daß *die Summe der Zeilenvektoren einer Inzidenzmatrix 0 ist*. Dagegen aber *sind beliebige Zeilenvektoren von der Anzahl $|A|-1$ voneinander linear unabhängig*. Die vorige Aussage ist das Analogon des Satzes 3.27 und kann genau so wie der Satz 3.28 bewiesen werden. Aus den obigen Aussagen folgt

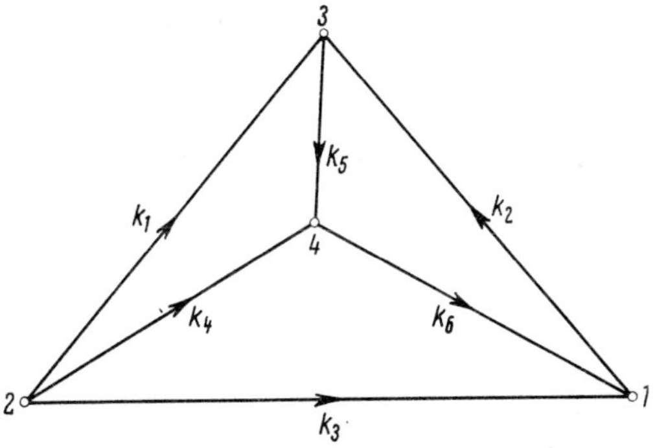


Fig. 72

**Satz 3.38:** *Für die Inzidenzmatrix **P** eines gerichteten zusammenhängenden Graphen $\vec{\mathfrak{G}}=[A, \vec{B}]$ gilt*

$$\rho(\boldsymbol{P}) = r(\vec{\mathfrak{G}}) = |A| - 1$$

Der *Beweis* läuft genau so wie beim Satz 3.29.

Für nichtzusammenhängende Graphen kann man folgendes behaupten:

**Satz 3.39:** *Hat der gerichtete Graph $\vec{\mathfrak{G}}=[A, \vec{B}]$ $k$ Komponenten, dann ist der Rang der Inzidenzmatrix **P**:*

$$\rho(\boldsymbol{P}) = r(\vec{\mathfrak{G}}) = |A| - k.$$

Da der *Beweis* des Satzes 3.30 auch für gerichtete Graphen unverändert bleibt, ist seine Wiederholung überflüssig.

Wenn wir eine (beliebige) Zeile von $\boldsymbol{P}$ weglassen, ergibt sich genau wie bei ungerichteten Graphen eine Matrix $\boldsymbol{P}_0$, für welche

$$\rho(\boldsymbol{P}_0) = r(\vec{\mathfrak{G}})$$

gilt. Eine solche Matrix heißt eine *reduzierte Inzidenzmatrix* von $\vec{\mathfrak{G}}$.

Auch der Satz 3.31 gilt für gerichtete Graphen. Dazu muß man aber bemerken, daß bei gerichteten Graphen die Kreise genauso definiert sind wie bei ungerichteten Graphen, unabhängig also von der Richtung seiner Kanten. Der Beweis verläuft auch ähnlich, doch mit einer leichten Veränderung. Beim Durchlaufen eines der Kreise erhalten wir

$$\lambda_1 \boldsymbol{v}_1 + \lambda_2 \boldsymbol{v}_2 + \cdots + \lambda_m \boldsymbol{v}_m = \boldsymbol{0}$$

wobei $\lambda_i = \pm 1$ ist ($i=1, 2, \ldots, m$), je nachdem man die Kante in der Kantenrichtung oder in der entgegengesetzten Richtung durchläuft. Mit diesem Hinweis, daß also auch die Richtung in dieser Weise beachtet werden muß, kann der Leser den Beweis auch selbst durchführen.

Auch der Satz 3.32 gilt für gerichtete Graphen, und sein Beweis verläuft wörtlich wie der für ungerichtete Graphen ausgesprochene.

Bemerkenswert ist folgender Satz:

**Satz 3.40:** *Ist $\boldsymbol{U}$ eine quadratische, nichtsinguläre Teilmatrix der Inzidenzmatrix eines gerichteten Graphen, dann ist*

$$|\boldsymbol{U}| = \pm 1 .$$

Wenn wir die Matrizen in der Boolschen Algebra betrachten, dann ist die Determinante jeder nichtsingulären Teilmatrix selbstverständlich gleich 1. Jetzt aber werden die Matrizen im reellen Zahlenkörper betrachtet und die Determinante einer Teilmatrix in üblicher Weise berechnet. Daher ist bemerkenswert, daß der Absolutbetrag der Determinante einer nichtsingulären Minormatrix der Inzidenzmatrix immer 1 ist.

*Beweis.* Wir haben gesehen, daß in jeder Spalte der Inzidenzmatrix eines gerichteten Graphen eine 1, eine $-1$ ist, alle übrigen Komponenten sind gleich 0. Daraus folgt, daß jeder Spaltenvektor einer Minormatrix höchstens zwei von 0 verschiedene Komponenten hat (diese sind $+1$ und/oder $-1$). Nicht alle Spaltenvektoren in der Minormatrix können zwei von 0 verschiedene Komponenten haben. Wenn wir nämlich eine solche Minormatrix betrachten, in welcher jeder Spaltenvektor eine 1 und eine $-1$ enthält, dann wäre die summe der Zeilenvektoren 0, daher würde die betreffende Teilmatrix singulär sein. Aber aus demselben Grund kann kein Spaltenvektor in $\boldsymbol{U}$ lauter Nullen als Komponenten besitzen. $\boldsymbol{U}$ hat also einen Spaltenvektor, in welchem nur eine Komponente von 0 verschieden ist, und diese ist 1 oder $-1$. Entwickeln wir die Determinante $|\boldsymbol{U}|$ nach dieser Spalte. Die Entwicklung besteht genau aus einem Glied; 1 oder $-1$ wird mit der Determinante einer Teilmatrix von $\boldsymbol{U}$ multipliziert. Diese Teilmatrix ist aber auch nichtsingulär, ihre Determinante verschwindet nicht. Deshalb hat sie – auf Grund der obigen Überlegungen – eine Spalte, in welcher genau eine 1 oder $-1$ ist, die übrigen Elemente sind gleich 0. Wenn wir die Determinante dieser Matrix berechnen, indem wir sie nach den Elementen dieser Spalte entwickeln, ergibt sich $+1$ oder $-1$, multipliziert mit der Determinante einer Minormatrix, usw. Wir sehen also, daß $|U|$ das Produkt von endlich vielen $+1$ und $-1$ ist. Damit ist alles bewiesen.

Wir wollen jetzt den Begriff der *Kreismatrix* auf gerichtete Graphen überführen.

**Definition:** *Wir wollen die Kanten und die Kreise eines gerichteten Graphen* $\vec{\mathfrak{G}}$ *irgendwie* (z.B. wie in 301.102) *numerieren.* $e_1, e_2, \ldots$ *sind die Kanten,* $\mathfrak{K}_1, \mathfrak{K}_2, \ldots$ *die Kreise. Bei dem Durchlaufen der Kreise von* $\vec{\mathfrak{G}}$ *wollen wir eine Durchlaufrichtung festlegen. Wir definieren folgende Matrix:*

$$a_{ij} = \begin{cases} +1, & \text{wenn } e_j \in \mathfrak{K}_i \text{ und die Richtung von } e_i \text{ mit der Durchlaufrichtung} \\ & \text{von } \mathfrak{K}_i \text{ übereinstimmen} \\ -1, & \text{wenn } e_j \in \mathfrak{K}_i \text{ und die Richtung von } e_i \text{ mit der Durchlaufrichtung} \\ & \text{von } \mathfrak{K}_i \text{ nicht übereinstimmen} \\ 0, & \text{wenn } e_j \notin \mathfrak{K}_i . \end{cases}$$

*Die Matrix* $(a_{ij})$ *heißt die Kreismatrix von* $\vec{\mathfrak{G}}$.

Jede Zeile der Kreismatrix entspricht einem Kreis, jede Spalte einer Kante. Wenn wir den in Fig. 72 abgebildeten Graphen betrachten und die Kreise so numerieren wie in 301.102 beschrieben wurde, bezüglich des aus den Kanten $k_4, k_5, k_6$ bestehenden Gerüstes, dann ist ihre Kreismatrix:

$$\boldsymbol{K} = \begin{pmatrix} 1 & 0 & 0 & -1 & 1 & 0 \\ 0 & 1 & 0 & 0 & 1 & 1 \\ 0 & 0 & 1 & -1 & 0 & -1 \\ 0 & -1 & -1 & 1 & -1 & 0 \\ 1 & 0 & -1 & 0 & 1 & 1 \\ -1 & 1 & 0 & 1 & 0 & 1 \\ -1 & 1 & 1 & 0 & 0 & 0 \end{pmatrix}.$$

Dazu muß noch gesagt werden, daß wir die Durchlaufrichtung der einzelnen Kreise nach der Richtung ihrer verbindenden Kanten gewählt haben.

Es gelten folgende Sätze:

**Satz 3.41:** *Wenn in der Inzidenz- und Kreismatrix* $\boldsymbol{P}$ *und* $\boldsymbol{K}$ *eines gerichteten Graphen die Spalten nach der gleichen Kantennumerierung angeordnet werden, dann ist*

$$\boldsymbol{P}\boldsymbol{K}^* = \boldsymbol{0}, \qquad \boldsymbol{K}\boldsymbol{P}^* = \boldsymbol{0}.$$

Aus diesem Satz und aus der Ungleichung (3.015) folgt

**Satz 3.42:** $\boldsymbol{K}$ *sei die Kreismatrix von* $\vec{\mathfrak{G}} = [A, \vec{B}]$, *der aus* $k$ *Komponenten besteht, dann ist*

$$\rho(\boldsymbol{K}) = \mu(\vec{\mathfrak{G}}) = |\vec{B}| - |A| + k.$$

Die *Beweise* der Sätze 3.41, 3.42 sowie den der Ungleichung (3.15) für gerichtete Graphen überlassen wir dem Leser. Er kann diese nach dem Muster der Beweise der Sätze 3.33, 3.34 leicht durchführen.

Die reduzierte Kreismatrix $\boldsymbol{K}_0$ für gerichtete Graphen wird ähnlich wie für ungerichtete Graphen definiert. Auch die Fundamentalkreismatrixen $\boldsymbol{K}_f$ werden genau so wie bei den ungerichteten Graphen definiert mit dem einzigen Zusatz, daß die Durchlaufrichtungen der Fundamentalkreise nach den in ihr liegenden verbinden Kanten bestimmt werden. Die Zerlegung

$$\boldsymbol{K}_f = (\boldsymbol{E}, \boldsymbol{Z})$$

gilt auch bei gerichteten Graphen genau wie bei ungerichteten Graphen.

Wir wollen jetzt auf die Übertragung der *Kantenschnittmatrizen* auf gerichtete Graphen eingehen. Dazu werden wir folgende Definition einführen:

**Definition:** *Wir bezeichnen die Kanten und Kantenschnitte mit* 1, 2, ...; $B_1$, $B_2$, ... *eines gerichteten Graphen* $\vec{\mathfrak{G}}$ *wie im Abschnitt* 301.103. *Dabei werden wir eine Richtung für Kantenschnitte einführen. Die mit folgenden Elementen gebildete Matrix heißt eine Kantenschnittmatrix von* $\vec{\mathfrak{G}}$*:*

$$a_{ij} = \begin{cases} 1, & \text{wenn } B_i \text{ die } j\text{-te Kante enthält und ihre Richtungen miteinander übereinstimmen} \\ -1, & \text{wenn } B_i \text{ die } j\text{-te Kante enthält und ihre Richtungen miteinander nicht übereinstimmen} \\ 0, & \text{wenn } B_i \text{ die } j\text{-te Kante nicht enthält.} \end{cases}$$

Die Fundamentalkantenschnitte werden nach den in ihnen liegenden Gerüstkanten gerichtet. Jede Zeile einer Kantenschnittmatrix entspricht einem Kantenschnitt und jede Spalte einer Kante. Für den in Fig. 72 dargestellten Graphen z.B. ist die Kantenschittmatrix

$$\boldsymbol{S} = \begin{pmatrix} 1 & 0 & 1 & 1 & 0 & 0 \\ -1 & -1 & 0 & 0 & 1 & 0 \\ 0 & -1 & 1 & 0 & 0 & 1 \\ -1 & 0 & -1 & 0 & 1 & -1 \\ -1 & -1 & 0 & -1 & 0 & 1 \\ 0 & 1 & -1 & -1 & -1 & 0 \\ 0 & 0 & 0 & 1 & 1 & -1 \end{pmatrix}.$$

Wir werden einige Sätze bezüglich der Kantenschittmatrizen ohne Beweis aufzählen. Die Beweise laufen analog zu denjenigen, die wir in 301.103 schon bewiesen haben.

**Satz 3.43a:** *Bezüglich eines zusammenhängenden gerichteten Graphen* $\vec{\mathfrak{G}}$ *werden wir die Kantenschnittmatrix* $\boldsymbol{S}$ *und die Kreismatrix* $\boldsymbol{K}$ *nach der gleichen Numerierung der Kanten bilden. Dann gilt*

$$\boldsymbol{S}\boldsymbol{K}^* = \boldsymbol{0}; \quad \boldsymbol{K}\boldsymbol{S}^* = \boldsymbol{0}$$

**Satz 3.44b:** *Bezeihne* $S$ *die Kantenschnittmatrix eines zusammenhängenden Graphen* $\vec{\mathfrak{G}} = [A, \vec{B}]$. *Dann gilt*

$$\rho(S) = r(\vec{\mathfrak{G}}) = |A| - 1.$$

Die reduzierte Kantenschnittmatrix wird genauso definiert wie bei ungerichteten Graphen. Auch der Satz 3.37 gilt ohne Abänderung für gerichtete Graphen.

Sei $\vec{\mathfrak{G}} = [A, \vec{B}]$ ein zusammenhängender gerichteter Graph. Den Vektorraum $R_K(\vec{\mathfrak{G}})$ werden wir ähnlich wie bei ungerichteten Graphen definieren, jetzt aber kann die Bewertung jeder Kante beliebige nichtnegative Zahlen annehmen. Wir wollen eine reduzierte Kreismatrix $K_0$ und eine reduzierte Kantenschnittmatrix $S_0$ betrachten. Den linearen Raum aller Linearkombinationen des Zeilenvektoren von $K_0$ bzw. $S_0$ werden wir durch $R_{K_0}$ bzw. $R_{S_0}$ bezeichnen. Bei der Bildung der Linearkombinationen können die Koeffizienten diesmal beliebige Zahlenwerte (also nicht nur 0 und 1 wie bei den ungerichteten Graphen) annehmen.

Um eine wichtige Eigenschaft der gerichteten Graphen formulieren zu können, müssen wir eine Bezeichnung, die auch in anderen Zweigen der Mathematik vorkommt, einführen.

Sei $L$ eine lineare Menge, d.h. in $L$ sei eine Verknüpfungsoperation, mit $+$ bezeichnet, mit den üblichen Additionseigenschaften erklärt. $M$ und $N$ seien zwei Teilmengen von $L$. Dann verstehen wir unter $M+N$ folgende Menge:

$$M + N = \{z : z = x + y, x \in M, y \in N\}$$

(was nicht mit der Vereinigung von zwei Mengen zu verwechseln ist!)

Es gilt folgender Satz:

**Satz 3.44:** *Für den zusammenhängenden Graphen* $\mathfrak{G} = [A, \vec{B}]$ *besteht die Relation*

$$R_K(\vec{\mathfrak{G}}) = R_{S_0} + R_{K_0}$$

*und die Räume* $R_{S_0}$ *und* $R_{K_0}$ *sind zueinander orthogonal.*

Zwei Vektorräume sind zueinander orthogonal, wenn jeder Vektor des einen Raumes zu jedem Vektor des anderen Raumes orthogonal ist.

*Beweis.* Die Orthogonalität von $R_{S_0}$ und $R_{K_0}$ ist eine unmittelbare Folge des Satzes 3.43a. Daß $R_{S_0} + R_{K_0}$ genau $R_K(\vec{\mathfrak{G}})$ liefert, folgt daraus, daß einerseits jeder Vektor aus $R_{S_0} + R_{K_0}$ offensichtlich zu $R_K(\vec{\mathfrak{G}})$ gehört, andererseits aber ist

$$|R_{S_0} + R_{K_0}| = 2^{|A|-1} \cdot 2^{|\vec{B}|-|A|+1} = 2^{|\vec{B}|} = R_K(\vec{\mathfrak{G}}).$$

## 301.12 *Anwendung der Graphentheorie auf die Theorie der elektrischen Kreisnetze*

Wir werden jedem elektrischen Netz einen Graphen zuordnen: Einer jeden

Leitung im Netz lassen wir eine Kante entsprechen, gleichgültig, ob diese Leitung einen Ohmschen Widerstand, eine Kapazität, Selbstinduktion, Spannungs- oder Stromerzeuger enthält. Den Knotenpunkten des Netzes werden wir Eckpunkte entsprechen lassen. Ein mathematisches Modell eines Stromnetzes ist somit ein Graph.

Dabei werden wir unseren Graphen bewerten: Jede Kante soll mit der Stromstärke und jeder Eckpunkt mit der in ihm auftretenden Spannung bewertet werden. Diese Bewertungen sind i.A. von der Zeit abhängig, sind also Funktionen der Zeit $t$.

Wir haben weiterhin unseren Graphen zu richten, um ein treues Modell des Stromkreises erhalten zu können. Die Richtung einer jeden Kante soll nach der ihr entsprechenden Stromrichtung festgelegt werden.

Um mit Hilfe dieser Vereinbarungen die Eigenschaften der Stromnetze möglichst handbar beschreiben zu können, müssen wir den allgemeinen Begriff des Stromnetzes in mathematischer Form zugrunde legen. Das kann durch eine Abstraktion und Verallgemeinerung geschehen.

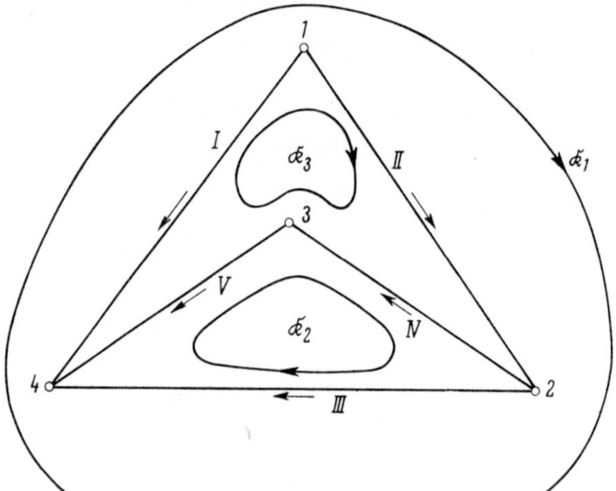


Fig. 73

Der allgemeinen Begriffsbildung wollen wir ein einfaches und konkretes Beispiel vorausschicken, um an diesem gewonnene Erfahrungen verallgemeinern zu können.

Wir wollen ein Stromnetz betrachten, dessen Schaltbild in Fig. 73 zu sehen ist. Dieses dient gleichzeitig als die geometrische Darstellung des dem Netz entsprechenden Graphen.

Die in den Eckpunkten 1, 2, 3, 4 auftretenden Spannungen sollen mit $V_1(t)$, $V_2(t)$, $V_3(t)$, $V_4(t)$, die den Kanten zugeordneten Stromstärken mit

$i_1(t)$, $i_2(t)$, $i_3(t)$, $i_4(t)$, $i_5(t)$ bezeichnet werden. (Die Numerierungen der Kanten sind in der Figur mit römischen Ziffern bezeichnet.) Es sollen schließlich noch die Kreise numeriert werden:

$$\mathfrak{K}_1 = (\mathrm{I}, \underline{\mathrm{II}}, \mathrm{III}); \quad \mathfrak{K}_2 = (\underline{\mathrm{III}}, \mathrm{IV}, \mathrm{V}); \quad \mathfrak{K}_3 = (\mathrm{I}, \underline{\mathrm{II}}, \mathrm{IV}, \mathrm{V}).$$

Auch die Kreise werden gerichtet, die Richtung soll den Richtungen der unterstrichenen Kanten entsprechen.

Wenden wir das I. Kirchoffsche Gesetz auf die Eckpunkte (Knotenpunkte) des Stromnetzes an, so ergibt sich folgendes Gleichungssystem:

$$\begin{aligned} i_1(t) + i_2(t) \qquad\qquad\qquad\qquad &= 0 \\ - i_2(t) + i_3(t) + i_4(t) \qquad\quad &= 0 \\ - i_4(t) + i_5(t) &= 0 \\ - i_1(t) \qquad - i_3(t) \qquad - i_5(t) &= 0 \end{aligned} \tag{3.019}$$

(Die Vorzeichen haben wir nach den Richtungen der Kanten festgelegt: Aus den Knotenpunkten ausfließende Ströme haben wir mit $+$, die Einströmungen mit $-$ Zeichen versehen.) Die Koeffizientenmatrix dieses Gleichungssystems ist:

$$\boldsymbol{P} = \begin{pmatrix} 1 & 1 & 0 & 0 & 0 \\ 0 & -1 & 1 & 1 & 0 \\ 0 & 0 & 0 & -1 & 1 \\ -1 & 0 & -1 & 0 & -1 \end{pmatrix}.$$

Man erkennt in dieser, daß sie die zu der gegebenen Kantennumerierung gehörende Inzidenzmatrix des gerichteten Graphen wie in Fig. 73 ist. Sei

$$\boldsymbol{i} = \boldsymbol{i}(t) = \begin{pmatrix} i_1(t) \\ i_2(t) \\ i_3(t) \\ i_4(t) \\ i_5(t) \end{pmatrix},$$

dann kann man das Kirchoffsche Gleichungssystem (3.019) abgekürzt wie folgt schreiben

$$\boldsymbol{P}\,\boldsymbol{i}(t) = \boldsymbol{0}. \tag{3.020}$$

Die Anwendung des II. Kirchoffschen Gesetzes auf die Stromkreise $\mathfrak{K}_1$, $\mathfrak{K}_2$, $\mathfrak{K}_3$ liefert folgende Gleichungen:

$$\begin{aligned} - v_1(t) + v_2(t) + v_3(t) \qquad\qquad\qquad\qquad &= 0 \\ v_3(t) - v_4(t) - v_5(t) &= 0 \\ - v_1(t) + v_2(t) \qquad\qquad + v_4(t) + v_5(t) &= 0 \end{aligned} \tag{3.021}$$

Die Matrix der Koeffizienten:

$$\boldsymbol{K}=\begin{pmatrix} -1 & 1 & 1 & 0 & 0 \\ 0 & 0 & 1 & -1 & -1 \\ -1 & 1 & 0 & 1 & 1 \end{pmatrix}.$$

Man erkennt in ihr die zur festgelegten Kreisnumerierung gehörende Kreismatrix des in Frage stehenden Graphen. Somit läßt sich das Gleichungssystem (3.021) in der Form

$$\boldsymbol{K}\,\boldsymbol{v}(t)=\boldsymbol{0} \tag{3.022}$$

aufschreiben, wobei

$$\boldsymbol{v}=\boldsymbol{v}(t)=\begin{pmatrix} v_1(t) \\ v_2(t) \\ v_3(t) \\ v_4(t) \\ v_5(t) \end{pmatrix}$$

ist.

Jedem elektrischen Schaltbild können wir in beschriebener Weise einen bewerteten und gerichteten Graphen zuordnen, und man sieht leicht ein, daß die Kirchoffschen Gesetze immer in die Form (3.020) bzw. (3.022) gebracht werden können. Diese Feststellung gibt Anlaß zur allgemeinen Definition eines elektrischen Netzwerkes.

Sei nun $\vec{\mathfrak{G}}$ ein gerichteter Graph, dessen Kanten von 1 bis $s$ numeriert sind. Jeder Kante seien die Funktionen $i_\alpha(t)$, $v_\alpha(t)$, $g_\alpha(t)$, $\gamma_\alpha(t)$ ($\alpha=1, 2, \ldots, s$) zugeordnet, die für $t>0$ definiert sind, alle $i_\alpha(t)$ seien differenzierbar. Es sei ferner vorausgesetzt, daß $\gamma_\alpha(+0)$ existiert ($\alpha=1, 2, \ldots, s$) und endlich ist. Diese Funktionen werden der Reihe nach die Stromstärke, die Spannung (genauer: der Spannungsunterschied zwischen den Spannungen in den Endpunkten der $\alpha$-ten Kante), die Generatorstärke im $\alpha$-ten Zweig und die Spannung des sich im $\alpha$-ten Zweig befindenden Kondensators genannt. $\boldsymbol{P}$ bzw. $\boldsymbol{K}$ sei die Inzidenz- bzw. Kreismatrix von $\vec{\mathfrak{G}}$. Es werden ferner quadratische Matrizen $s$-ter Ordnung $\boldsymbol{L}$, $\boldsymbol{R}$, $\boldsymbol{C}$ betrachtet, $\boldsymbol{C}$ sei nichtsingulär. Wir werden von folgenden Bezeichnungen Gebrauch machen:

$$\boldsymbol{i}(t)=\begin{pmatrix} i_1(t) \\ \vdots \\ i_s(t) \end{pmatrix}, \quad \boldsymbol{v}(t)=\begin{pmatrix} v_1(t) \\ \vdots \\ v_s(t) \end{pmatrix}, \quad \boldsymbol{g}(t)=\begin{pmatrix} g_1(t) \\ \vdots \\ g_s(t) \end{pmatrix}, \quad \boldsymbol{\gamma}(t)=\begin{pmatrix} \gamma_1(t) \\ \vdots \\ \gamma_s(t) \end{pmatrix}.$$

**Definition:** *Unter einem elektrischen Netzwerk verstehen wir einen gerichteten Graphen $\vec{\mathfrak{G}}$, für den* (mit den obigen Bezeichnungen) *folgende Bedingungen gelten:*

a) $$\boldsymbol{P}\,\boldsymbol{i}(t)=\boldsymbol{0} \tag{3.023}$$

(Das I. Kirchoffsche Gesetz)

b) $$\boldsymbol{K}\,\boldsymbol{v}(t) = \boldsymbol{0} \qquad (3.024)$$

(Das II. Kirchoffsche Gesetz)

c) $$\boldsymbol{v}(t) = \boldsymbol{g}(t) + \boldsymbol{L}\frac{d\boldsymbol{i}}{dt} + \boldsymbol{R}\,\boldsymbol{i} + \boldsymbol{C}^{-1}\int_0^t \boldsymbol{i}(x)\,dx + \gamma(+0). \qquad (3.025)$$

Die Elemente der Koeffizientenmatrizen $\boldsymbol{L}$, $\boldsymbol{R}$, $\boldsymbol{C}$ müssen *nicht* unbedingt von $t$ unabhängige Konstanten sein. Wenn diese Matrizen von den Vektoren $\boldsymbol{i}(t)$ und $\boldsymbol{v}(t)$ unabhängig sind, dann heißt das Stromnetz *linear*. Wenn diese überhaupt von $t$ unabhängig sind, dann wird das Stromnetz als *linear und zeitunabhängig* bezeichnet. Ein lineares, aber nicht zeitunabhängiges Netz heißt ein *zeitabhängiges elektrisches Netz.*

Ein weiterer Typus der elektrischen Stromnetze ergibt sich, wenn wir voraussetzen, daß $\boldsymbol{L}$, $\boldsymbol{R}$ und $\boldsymbol{C}$ symmetrische Matrizen sind. Ein solches Stromnetz heißt *bilateral* oder *reziprok*.

Wenn die Matrizen $\boldsymbol{L}$, $\boldsymbol{R}$ und $\boldsymbol{C}^{-1}$ positiv definit oder semidefinit sind und $\boldsymbol{g}(t)=\boldsymbol{0}$, dann nennen wir das Netz *passiv*. Im entgegengesetzten Fall heißt es *aktives Netz.*

In dem, was folgt, werden wir lineare, zeitunabhängige und bilaterale elektrische Netze betrachten.

Die Elemente der Matrix $\boldsymbol{L}$ enthalten die gegenseitigen Induktivitäten, deshalb ist es zweckmäßig, die Symmetrie von $\boldsymbol{L}$ und daß durch Streichen der Zeilen und Spalten, die nur Nullen enthalten, eine positiv definite Matrix zurückbleibt, voraussetzen. $\boldsymbol{R}$ enthält die Widerstände der einzelnen Zweige, deswegen nehmen wir an, daß $\boldsymbol{R}$ eine Diagonalmatrix ist mit positiven Gliedern in der Hauptdiagonale. Wir wollen auch über $\boldsymbol{C}$ voraussetzen, daß sie eine Diagonalmatrix mit in der Diagonale positiven Elementen ist, diese sind die Kapazitäten der einzelnen Zweige.

Wir werden über die Netzwerke einige wichtige Sätze behaupten.

**Satz 3.45:** *Der Graph $\vec{\mathfrak{G}}=[A,\vec{B}]$, der einem elektrischen Netz entspricht, habe k Komponenten. Die maximale Anzahl der unabhängigen Gleichungen im Kirchoffschen Gleichungssystem* (3.023) *über die Ströme ist* $|A|-k$ $(=r(\vec{\mathfrak{G}}))$.

Der *Beweis* folgt unmittelbar aus dem Satz 3.39. Analog ist der

**Satz 3.46:** *Einem elektrischen Netz soll der Graph $\vec{\mathfrak{G}}=[A,\vec{B}]$ entsprechen, der aus k Komponenten besteht. Die maximale Anzahl der unabhängigen Gleichungen im Kirchoffschen Gleichungssystem* (3.24) *über die Spannungen ist* $|\vec{B}|-|A|+k$ $(=\mu(\vec{\mathfrak{G}}))$.

Dieser Satz ist wiederum eine unmittelbare Folge des Satzes 3.42.

Wir wollen jetzt notwendige und hinreichende Kriterien für das Bestehen der Kirchoffschen Gleichungssysteme (3.023) und (3.024) aufstellen. Die Aufstellung eines solchen Kriteriums genügt für das Gleichungssystem (3.023), der gleiche Gedankengang kann auch auf das andere System angewendet werden. Dabei werden wir uns auf den Fall, daß der dem Stromnetz entsprechende Graph $\vec{\mathfrak{G}}$ zusammenhängend ist, beschränken.

Wir setzen nun voraus, daß das Gleichungssystem (3.023) durch einen nicht identisch verschwindenden Vektor $\boldsymbol{i}(t)$ befriedigt wird. Nach der Definition der reduzierten Inzidenzmatrix ist (3.023) mit

$$\boldsymbol{P}_0\,\boldsymbol{i}(t)=\boldsymbol{0} \tag{3.026}$$

gleichwertig, wobei $\boldsymbol{P}_0$ eine reduzierte Inzidenzmatrix von $\vec{\mathfrak{G}}$ ist. Eine zur gleichen Numerierung der Kanten gehörende reduzierte Kantenschnittmatrix werden wir mit $\boldsymbol{S}_0$ bezeichnen. Aus (3.018) folgt, daß es eine quadratische, nichtsinguläre Matrix $\boldsymbol{M}$ gibt, für die $\boldsymbol{P}_0=\boldsymbol{M}\boldsymbol{S}_0$ gilt. Diese Beziehung in (3.026) eingesetzt gibt

$$\boldsymbol{M}\boldsymbol{S}_0\,\boldsymbol{i}(t)=\boldsymbol{0}\,,$$

und daraus folgt, durch Multiplizieren beider Seiten mit $\boldsymbol{M}^{-1}$

$$\boldsymbol{S}_0\,\boldsymbol{i}(t)=\boldsymbol{0}\,. \tag{3.027}$$

Wenn wir (3.027) mit $\boldsymbol{M}$ multiplizieren, erhalten wir (3.026), woraus die Äquivalenz von (3.027) mit (3.026) bzw. mit (3.023) folgt.

Eine zur gleichen Spaltenreihenfolge wie in $\boldsymbol{P}_0$ gehörende reduzierte Kreismatrix sei $\boldsymbol{K}_0$. Es ist klar, daß für jeden festen Wert von $t$, $\boldsymbol{i}(t)\in R_K(\vec{\mathfrak{G}})$ und nach (3.027) $\boldsymbol{i}(t)$ zu jedem Zeilenvektor von $\boldsymbol{S}_0$ orthogonal ist. Deswegen ist $\boldsymbol{i}(t)$ zugleich orthogonal zu jeder Linearkombination der vorigen Zeilenvektoren. Mit anderen Worten: $\boldsymbol{i}(t)$ ist auf den Vektorraum $R_{S_0}$ orthogonal. Dann aber ergibt sich, auf Grund des Satzes 3.44, daß $\boldsymbol{i}(t)$ ein Element von $R_{K_0}$ ist. Das hat zur Folge, daß $\boldsymbol{i}(t)$ als Linearkombination gewisser Vektoren dieses Raumes darstellbar ist. Nun sind aber die Elemente der Kreismatrix $\boldsymbol{K}_0$ Konstanten, obwohl $\boldsymbol{i}(t)$ eine Funktion von $t$ ist, deswegen sind die Koeffizienten, die in voriger Linearkombination auftreten, auch Funktionen von $t$. Wir werden die Zeilenvektoren von $\boldsymbol{K}_0$ mit $\boldsymbol{u}_1^*$, $\boldsymbol{u}_2^*$, ..., $\boldsymbol{u}_\mu^*$ bezeichnen, wobei $\mu=\mu(\vec{\mathfrak{G}})=|\vec{B}|-|A|+1$ ist (vgl. Satz 3.42 mit $k=1$). Wir wissen, daß das Vektorsystem $\{\boldsymbol{u}_1^*\}$ $(i=1, 2, \ldots, u)$ eine Basis für den Raum $R_{K_0}$ ist, somit existieren Koeffizientenfunktionen $\lambda_1(t), \lambda_2(t), \ldots, \lambda_\mu(t)$, so daß

$$\boldsymbol{i}(t)=\lambda_1(t)\,\boldsymbol{\mu}_1+\cdots+\lambda_\mu(t)\,\boldsymbol{\mu}_\mu \tag{3 028}$$

gilt. Wenn wir die Bezeichnung

$$\boldsymbol{\lambda}(t)=\begin{pmatrix}\lambda_1(t)\\ \vdots\\ \lambda_\mu(t)\end{pmatrix}$$

einführen, läßt sich (3.028) auch in der Gestalt

$$\boldsymbol{i}(t) = \boldsymbol{K}_0^* \boldsymbol{\lambda}(t) \tag{3.029}$$

schreiben. (3.029) ist somit eine notwendige Bedingung für das Bestehen von (3.023).

Wir zeigen, daß (3.029) auch hinreichend für (3.023) ist. Wir setzen jetzt voraus, daß es ein $\boldsymbol{\lambda}(t)$ gibt, für welches (3.029) gilt. Durch Berücksichtigung von Satz 3.41 ergibt sich

$$\boldsymbol{P}_0 \boldsymbol{i}(t) = \boldsymbol{P}_0 (\boldsymbol{K}_0^* \boldsymbol{\lambda}(t)) = \boldsymbol{P}_0 \boldsymbol{K}_0^* \boldsymbol{\lambda}(t) = \boldsymbol{0} \boldsymbol{\lambda}(t) = \boldsymbol{0}.$$

Aus (3.029) folgt die Beziehung (3.026), und aus dieser (3.023). Damit ist unsere Behauptung bewiesen.

Das Ergebnis vorige Überlegungen werden wir im folgenden Satz zusammenfassen:

**Satz 3.47a:** *Einem elektrischen Netz entspreche der zusammenhängende Graph $\vec{\mathfrak{G}}$, eine seiner reduzierten Kreismatrizen sei $\boldsymbol{K}_0$, seine zyklomatische Zahl soll mit $\mu$ bezeichnet werden. Der Vektor*

$$\boldsymbol{i}(t) = \begin{pmatrix} i_1(t) \\ \vdots \\ i_s(t) \end{pmatrix}$$

*(s ist die Anzahl der Kanten) genügt genau dann dem* I. *Kirchoffschen Gleichungssystem, falls ein Vektor*

$$\boldsymbol{\lambda}(t) = \begin{pmatrix} \lambda_1(t) \\ \vdots \\ \lambda_\mu(t) \end{pmatrix}$$

*existiert mit*

$$\boldsymbol{i}(t) = \boldsymbol{K}_0^* \boldsymbol{\lambda}(t).$$

Analog verläuft der Beweis eines Satzes über die II. Kirchoffschen Gleichungen. Er lautet wie folgt:

**Satz 3.47b:** *Einem elektrischen Netz entspreche der zusammenhängende Graph $\vec{\mathfrak{G}}$, eine seiner reduzierten Inzidenzmatrizen sei $\boldsymbol{P}_0$, sein Rang r. Der Spannungsvektor $\boldsymbol{v}(t)$ befriedigt genau dann das* II. *Kirchoffsche Gleichungssystem, wenn ein Vektor*

$$\boldsymbol{\kappa}(t) = \begin{pmatrix} \kappa_1(t) \\ \vdots \\ \kappa_r(t) \end{pmatrix}$$

*existiert, für welchen*

$$\boldsymbol{v}(t) = \boldsymbol{P}_0^* \boldsymbol{\kappa}(t)$$

*gilt.*

Sehr interessant ist die folgende Feststellung. Es wird angenommen, daß der

Graph $\mathfrak{G}$ des Stromnetzes zusammenhängend ist, $\vec{\mathfrak{F}}$ sei ein Gerüst*) von $\mathfrak{G}$. *Dann kann die Stromfunktion einer jeden Kante des Gerüstes als Linearkombination der Stromfunktionen der verbindenden Kanten* (bezüglich des Gerüstest) *ausgedrückt werden.*

Die entsprechende Aussage über die Spannungsfunktionen lautet wie folgt: *Die Spannungsfunktion einer jeden verbindenden Kante kann als Linearkombination der Spannungsfunktionen der Kanten des Gerüstes dargestellt werden.*

Wir bringen die Beweise dieser Sätze nicht, dazu benötigen wir einen Hilfssatz, dessen Beweis zu umfangreich ist.

Leicht zu beweisen ist folgendes: Wir führen für jede Kante (jeden Zweig des Schaltbildes) die Leistungsfunktion

$$w_k(t) = v_k(t)\, i_k(t) \qquad (k = 1, 2, \dots, |\vec{B}|)$$

ein. Es gilt

**Satz 3.48:** *Wenn die Spannungs- und Stromstärkefunktionen den Kirchoffschen Gesetzen genügen, dann ist*

$$w_1(t) + w_2(t) + \cdots + w_{|\vec{B}|}(t) = 0 \tag{3.030}$$

*Beweis.* Wenn $i_k(t)$, $v_k(t)$ den Kirchoffschen Gesetzen genügen, dann gelten die Darstellungen der Sätze 3.47a und 3.47b. Auf Grund dieser ist

$$\begin{aligned}\sum_{k=1}^{p} w_k(t) &= \sum_{k=1}^{p} i_k(t)\, v_k(t) = \boldsymbol{i}^*(t)\, \boldsymbol{v}(t)\\ &= (\boldsymbol{\lambda}^*(t)\, \boldsymbol{K}_0)\,(\boldsymbol{P}_0\, \boldsymbol{\kappa}(t)) = \boldsymbol{\lambda}^*(t)\, \boldsymbol{K}_0\, \boldsymbol{P}_0^*\, \boldsymbol{\kappa}(t) = \boldsymbol{0}\end{aligned}$$

wegen der Orthogonalität von $\boldsymbol{K}_0$ und $\boldsymbol{P}_0$ ($p = |\vec{B}|$.)

Damit haben wir den Satz bewiesen.

Wenn $w_k(t)$ in jedem Punkt stetig sind ($k = 1, 2, \dots, s$), dann ergibt (3.030)

$$\int w_1(t)\, dt + \int w_2(t)\, dt + \cdots + \int w_s(t)\, dt = c \tag{3.031}$$

($c$ = Konstante), und das drückt das *Gesetz der Erhaltung der Energie* aus.

Wir wollen zur allgemeinen Gleichung (3.025) zurückkehren und werden voraussetzen, daß $\boldsymbol{i}(+0) = \boldsymbol{0}$, $\gamma(+0) = \boldsymbol{0}$ (d.h. unser Stromnetz besitzt im Zeitpunkt $t = 0$ die Energie 0) und daß $\boldsymbol{g}(t)$ für $t = 0$ definierte und überall stetige Funktion ist. Es wird ferner angenommen, daß $\boldsymbol{R}$, $\boldsymbol{L}$, $\boldsymbol{C}$ konstante Matrizen sind. Alle Komponenten der Vektoren $\boldsymbol{v}$, $\boldsymbol{g}$, $\boldsymbol{i}$ werden als Elemente des Mikusińs-

*) Obwohl der Begriff des Gerüstes in 301.06 nur für ungerichtete Graphen definiert wurde, ist es klar, was unter einem Gerüst eines gerichteten Graphen zu verstehen ist: Man nimmt ein Gerüst des entsprechenden ungerichteten Graphen, und nachträglich versieht man jede seiner Kanten mit der ursprünglichen Richtung des gerichteten Graphen.

kischen Operatorenkörpers $M$ betrachtet werden.*) Wir schreiben die Gleichung (3.025) mit Hilfe von Mikusińskischen Operatoren in der Form

$$\boldsymbol{v}(t) = \boldsymbol{g}(t) + \boldsymbol{L}s * \boldsymbol{i} + \boldsymbol{R}\boldsymbol{i} + \boldsymbol{C}^{-1} l * \boldsymbol{i} = \boldsymbol{g}(t) + \boldsymbol{Z} * \boldsymbol{i} \qquad (3.032)$$

auf, wobei $s$ der Mikusińskische Differential- und $l$ der Integraloperator ist. Dazu müssen wir noch bemerken, daß, wenn $\omega$ ein Operator und $\boldsymbol{f}$ ein Vektor ist, deren Elemente ebenfalls Operatoren sind, unter $\omega * \boldsymbol{f}$ folgendes verstanden wird:

$$\omega * \boldsymbol{f} = \begin{pmatrix} \omega * f_1 \\ \omega * f_2 \\ \vdots \\ \omega * f_n \end{pmatrix}.$$

Wenn ferner $\boldsymbol{A}$ eine Matrix ist, deren Elemente Operatoren sind, dann ist $\boldsymbol{A} * \boldsymbol{f}$ formal genau so zu bilden wie das Produkt einer Matrix mit einem Vektor, nur anstatt des Produktzeichens soll das Faltungszeichen stehen.

In (3.032) haben wir

$$\boldsymbol{Z} = \boldsymbol{L}s + \boldsymbol{R} + \boldsymbol{C}^{-1} l$$

gesetzt. Jedes element dieser Matrix ist ein Operator. $\boldsymbol{Z}$ heißt die *Impedanzmatrix* des Stromkreises. Falls $\boldsymbol{Z}$ eine Inverse hat (darunter verstehen wir eine Matrix $\boldsymbol{Z}^{-1}$, für die $\boldsymbol{Z} * \boldsymbol{Z}^{-1} = \boldsymbol{E}$ ist), so heißt diese die *Admittanzmatrix* des Stromkreises.

Die Berechnung der Ströme bzw. der Spannungen in einem Schaltnetz kann somit durch folgendes Verfahren geschehen:

Wir setzen den Wert von $\boldsymbol{i}$ aus der Gleichung (3.029) in (3.032) ein, somit ergibt sich

$$\boldsymbol{v} = \boldsymbol{g} + \boldsymbol{Z} * \boldsymbol{K}_0^* \boldsymbol{\lambda},$$

und dieser Ausdruck soll in (3.024), oder in dem dazu gleichwertigen $\boldsymbol{K}_0 \boldsymbol{v}(t) = \boldsymbol{0}$ eingesetzt werden:

$$\boldsymbol{K}_0 \boldsymbol{g} + \boldsymbol{K}_0 \boldsymbol{Z} * \boldsymbol{K}_0^* \boldsymbol{\lambda} = \boldsymbol{0}. \qquad (3.033)$$

Aus diesem Gleichungssystem kann man die Komponenten von $\boldsymbol{\lambda}$ berechnen (es ist ein inhomogenes lineares Gleichungssystem mit genau so vielen Gleichungen, wie Komponenten $\boldsymbol{\lambda}$ besitzt, und man kann zeigen, falls die Admittanzmatrix vorhanden ist, ist unser Gleichungssystem eindeutig lösbar). Der aus (3.033) berechnete Vektor $\boldsymbol{\lambda}$ soll in (3.029) wieder eingesetzt werden, damit können die Ströme berechnet werden.

In ähnlicher Weise lassen sich auch die Spannungen berechnen, vorausgesetzt, daß $\boldsymbol{Z}^{-1}$ existiert. In diesem Fall ergibt sich aus (3.032) nämlich

$$\boldsymbol{i} = \boldsymbol{Z}^{-1} * \boldsymbol{v} - \boldsymbol{Z}^{-1} * \boldsymbol{g}$$

*) S. Kapitel 203 des Bd. I, S. 103.

und das ergibt in (3.026) eingesetzt:

$$\boldsymbol{P}_0 \boldsymbol{Z}^{-1} * \boldsymbol{v} - \boldsymbol{P}_0 \boldsymbol{Z}^{-1} * \boldsymbol{g} = \boldsymbol{0}.$$

Wenn wir die Darstellung von $\boldsymbol{v}$ nach dem Satz 3.47b berücksichtigen, ergibt sich

$$\boldsymbol{P}_0 \boldsymbol{Z}^{-1} * \boldsymbol{P}_0 \boldsymbol{\kappa} - \boldsymbol{P}_0 \boldsymbol{Z}^{-1} * \boldsymbol{g} = \boldsymbol{0}. \tag{3.034}$$

Das ist wiederum ein inhomogenes lineares Gleichungssystem für die Komponenten von $\boldsymbol{\kappa}$, welches auflösbar ist. Wenn wir den so gewonnenen Vektor $\boldsymbol{\kappa}$ in die Darstellungsformel vom Satz 3.47b einsetzen, ergibt sich der Spannungsvektor.

Es soll zusätzlich zu dem Gesagten bemerkt werden, daß die Voraussetzung der Stetigkeit von $\boldsymbol{g}(t)$ eigentlich überflüssig ist. Es genügt, daß die Komponenten von $\boldsymbol{g}$ Funktionen sind, die dem Mikusińskischen Operatorenkörper $M$ angehören, die also z.B. in jedem endlichen Intervall endlich viele Sprungstellen haben, im Nullpunkt z.B. überhaupt nicht beschränkt zu sein brauchen, sie müssen jedoch in der Umgebung des Ursprunges absolut integrierbar sein (vgl. Bd. I, S. 125).

Man kann sogar unter Umständen voraussetzen, daß die Komponenten überhaupt keine Funktionen, sondern echte Operatoren sind (d.h. solche, denen keine Funktionen entsprechen), das kommt z.B. dann vor, wenn einige Zweige der Schlatung Generatoren, die Impulse erzeugen, enthalten. In diesem Fall kann man jedoch damit rechnen, daß einige Komponenten von $\boldsymbol{i}$ bzw. $\boldsymbol{v}$ auch Operatoren sind, denen keine Funktionen entsprechen.

Für denjenigen Leser, der mit der Mikusińskische Operatorenrechnung nicht, aber mit der in der Elektrotechnik gebräuchlichen Laplace-Transformation vertraut ist, möchten wir darauf hinweisen, daß das vorige Rechenverfahren auch mit Hilfe der Laplace-Transformation durchführbar ist, jedoch unter strengeren Voraussetzungen.

Seien $\boldsymbol{V}=\boldsymbol{V}(s)$, $\boldsymbol{I}=\boldsymbol{I}(s)$, $\boldsymbol{G}=\boldsymbol{G}(s)$, $\boldsymbol{T}=\boldsymbol{T}(s)$, $\boldsymbol{Q}=\boldsymbol{Q}(s)$ die Laplace-Transformierten von $\boldsymbol{v}(t)$, $\boldsymbol{i}(t)$, $\boldsymbol{g}(t)$, $\boldsymbol{\lambda}(t)$ und $\boldsymbol{\kappa}(t)$ (diese sollen vorhanden sein!), dann wird die Laplace-Transformierte von (3.025) unter den gleichen Anfangsbedingungen wie oben wie folgt lauten:

$$\boldsymbol{V}(s) = \boldsymbol{G}(s) + \boldsymbol{L}s\boldsymbol{I}(s) + \boldsymbol{R}\boldsymbol{I}(s) + \boldsymbol{C}^{-1}\frac{1}{s}\boldsymbol{I}(s) = \boldsymbol{G}(s) + \boldsymbol{Z}(s)\boldsymbol{I}(s) \tag{3.032'}$$

wobei $\boldsymbol{Z}(\mathrm{s}) = \boldsymbol{L}\,\mathrm{s} + \boldsymbol{R} + \frac{1}{s}\boldsymbol{C}^{-1}$ wiederum die Impedanzmatrix ist (ihre Elemente hängen von der komplexen Variablen $s$ ab). Es wird wieder vorausgesetzt, daß die Admittanzmatrix, $\boldsymbol{Z}^{-1} = \boldsymbol{Z}^{-1}(s)$, vorhanden ist. Man sieht, daß (3.032′) analog zu (3.032) ist. Die Laplace-Transformierte von (3.029) ist:

$$\boldsymbol{I}(s) = \boldsymbol{K}_0\boldsymbol{T}(s). \tag{3.029'}$$

Es wird (3.029′) in (3.032′) eingesetzt, und der so gewonnene Wert von $\boldsymbol{V}$ in $\boldsymbol{K}_0 \boldsymbol{V}=\boldsymbol{0}$ substituiert (die letzte ist die Laplace-Transformierte von $\boldsymbol{K}_0 \boldsymbol{v}(t)=\boldsymbol{0}$). In dieser Weise ergibt sich für $\boldsymbol{T}(s)$ folgendes inhomogenes, lineares Gleichungssystem

$$\boldsymbol{K}_0 \boldsymbol{G} + \boldsymbol{K}_0 \boldsymbol{Z} \boldsymbol{K}_0^* \boldsymbol{T} = \boldsymbol{0}, \qquad (3.033')$$

welches formal mit dem Gleichungssystem (3.033) identisch ist. Aus diesem kann $\boldsymbol{T}$ berechnet werden, und durch Einsetzen von (3.029′) gewinnen wir $\boldsymbol{I}(s)$. In diesem Fall ist aber die Aufgabe noch nicht gelöst, denn $\boldsymbol{i}(t)$ muß noch durch die inverse Laplace-Transformation berechnet werden.

Wenn aus (3.032′) $\boldsymbol{I}(s)$ berechnet und, genau wie oben, in $\boldsymbol{P}_0 \boldsymbol{I}=\boldsymbol{0}$ eingesetzt wird (in die Laplace-Transformierte von (3.026)), ergibt sich ein Ausdruck, welcher $\boldsymbol{V}$ enthält. In diesen soll $\boldsymbol{V}=\boldsymbol{P}_0 \boldsymbol{Q}$ eingesetzt werden, so erhalten wir das folgende Gleichungssystem für $\boldsymbol{Q}$:

$$\boldsymbol{P}_0 \boldsymbol{Z}^{-1} \boldsymbol{P}_0 \boldsymbol{Q} - \boldsymbol{P}_0 \boldsymbol{Z}^{-1} \boldsymbol{G} = \boldsymbol{0}.$$

Diese Gleichung ist in voller Analogie mit (3.034). Wenn wir aus dieser $\boldsymbol{Q}$ berechnen und in $\boldsymbol{V}=\boldsymbol{P}_0 \boldsymbol{Q}$ substituieren, erhalten wir die Laplace-Transformierten der Spannungen, aus denen durch Invertieren der Laplace-Transformierten sich die Spannungen ergeben.

Die beschriebene Berechnungsart (ganz gleichgültig, ob wir die erste oder zweite Form anwenden) kann bei verwickelten Schaltungen mit sehr großem rechnerischen Aufwand verbunden sein. Jeder Schritt ist jedoch gut übersichtbar, und im Wesen hat man nur Gleichungssysteme aufzulösen, Matrizen zu investieren und Substitutionen durchzuführen. Alle diese Schritte sind für einen Rechenautomaten leicht zu programmieren.

### 301.13 *Der Ford-Fulkersonsche Satz*

In Zahlreichen Anwendungen der Graphentheorie spielt der im Titel erwähnte Satz eine entscheidende Rolle. In dem Entwurf von Straßen- und Röhrennetzen, in der Lösung des schon erwähnten Transportproblems, in der Nachrichtentechnik sind die jetzt folgenden Überlegungen von Wichtigkeit.

Es soll ein gerichteter zusammenhängender Graph $\vec{\mathfrak{G}}$ betrachtet werden. Jeder Kante entspricht, je nach dem Anwendungsgebiet, z.B. eine Röhrenleitung oder ein Nachrichtenübertragungskanal oder eine Straße usw. Die Kanten des Graphen werden wir wie auch früher bewerten: Jeder Kante soll eine nichtnegative Zahl, die sogenannte *Kapizität der Kante*, zugeordnet werden. Bei einer Röhrenleitung ist diese z.B. in $cm^3$/sec, bei einem Nachrichtenübertragungskanal in bit/sec, bei einer Straße in der Anzahl der Wagen/Stunde usw. ausgedrückt.

Wir werden die Menge derjenigen Kanten, deren Anfangspunkt der Eckpunkt $u$ ist, mit $A_u$ und die Menge derjenigen Kanten, deren Endpunkt der Eckpunkt $v$ ist, mit $E_v$ bezeichnen. (Man beachte, daß die Kanten gerichtet sind!)

Es sollen in $\vec{\mathfrak{G}}$ zwei verschiedene ausgezeichnete Eckpunkte $q$, die sogenannte *Quelle*, und ein Punkt $s$, die *Senke*, betrachtet werden. Wir werden die Kapazitäten der Kanten mit $c_1, c_2, \ldots$, die Kanten selbst mit $k_1, k_2, \ldots$ und die Eckpunkte nur kurz mit 1, 2, ... bezeichnen. (Eine Ausnahme bilden die Punkte $q$ und $s$, die wir mit dem Buchstaben $q$ und $s$ bezeichnen.) Es sollen die Kanten von $\vec{\mathfrak{G}}$ durch eine weitere nichtnegative Funktion $p(k_i)$ $(i=1, 2, \ldots)$ bewertet werden, und über die bisher eingeführten Begriffe werden wir folgende Voraussetzungen machen:

I.
$$p(k_i) \leqq c_i \quad (i=1, 2, \ldots) \tag{3.035}$$

II. Für jeden Eckpunkt $j$ $(j=1, 2, \ldots)$ (also für die Eckpunkte $q$ und $s$ nicht!) gelte
$$\sum_{k_i \in A_j} p(k_i) = \sum_{k_i \in E_j} p(k_i) \tag{3.036}$$
(das I. Kirchoffsche Gesetz!)

III.
$$\sum_{k_i \in E_q} p(k_i) = 0, \qquad \sum_{k_i \in A_s} p(k_i) = 0 \tag{3.037}$$
(In die Quelle strömt nichts, und aus der Senke kommt nichts heraus!)

IV.
$$\sum_{k_i \in A_q} p(k_i) = \sum_{k_i \in E_s} p(k_i) = Q(p)$$

$Q(p)$ heißt die *Zielfunktion* der Bewertung $p$. In diesem Kapitel geht es darum, diejenige(n) Bewertungsfunktion(en) zu bestimmen, für welche die Zielfunktion einen maximalen Wert annimmt.

Wir wollen im Graphen $\vec{\mathfrak{G}} = [A, \vec{B}]$ die Menge $A$ in zwei disjunkte Klassen $A'$ und $A''$ zerlegen, wobei $A' \cup A'' = A$ und $q \in A'$, $s \in A''$ erfüllt ist. Eine solche Zerlegung wollen wir einen *Schnitt* nennen. Jetzt soll diejenige Teilmenge der Kantenmenge $\vec{B}$ betrachtet werden, deren Kanten ihren Anfangspunkt in $A'$ und Endpunkt in $A''$ haben. Die Summe der Kapazitäten dieser Kanten wird die *Kapazität des Schnittes* genannt.

Als Beispiel werden wir den Graphen in Fig. 74 betrachten. In die Klasse $A'$

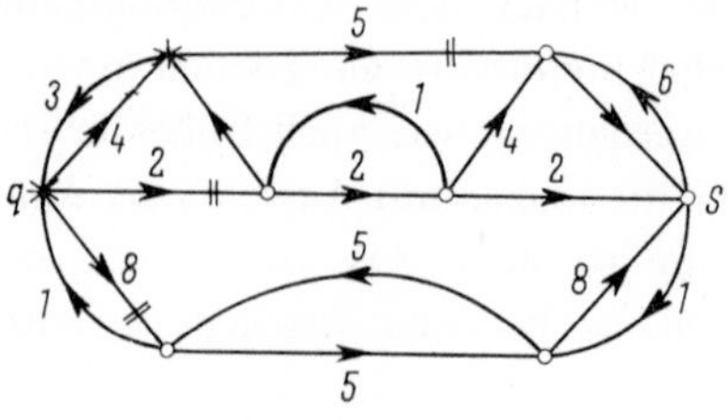


Fig. 74

eingeordnete Eckpunkte haben wir mit $*$, in die Klasse $A''$ gehörende Eckpunkte mit $\circ$ bezeichnet. Die Kapazitätswerte der Kanten sind an die Kanten angeschrieben. Die Kanten, deren Kapazität addiert wird, haben wir zweimal durchgestrichen. Die Schittkapazität ist somit 15.

Ein Schnitt sei durch $w$, seine Kapazität durch $c(w)$ bezeichnet.
Es ist klar, daß

$$Q(p) \leqq c(w)$$

ist, somit gilt auch

$$\operatorname{Max} Q(p) \leqq \operatorname{Min} c(w), \tag{3.038}$$

wobei das Maximum an der linken Seite so zu verstehen ist, daß $p$ alle möglichen Bewertungsfunktionen, die den Bedingungen (3.035), (3.036), (3.037) genügen, durchläuft. An der rechten Seite von (3.038) ist das Minimum so zu verstehen, daß $w$ alle möglichen Schnitte (ihre Anzahl ist endlich) durchläuft.

**Satz 3.49:** (*Ford-Fulkerson*):

$$\operatorname{Max} Q(p) = \operatorname{Min} c(w). \tag{3.039}$$

Dem Beweis müssen wir einige Definitionen und Hilfssätze vorausschicken.

Seien $u$ und $v$ zwei verschiedene Eckpunkte des (ungerichteten) Graphen $\mathfrak{G} = [A, B]$. Die Menge aller Wege in $\mathfrak{G}$, deren Endpunkte $u$ und $v$ sind, soll betrachtet werden (abgekürzt: Wir werden die Menge aller $(u, v)$-Wege betrachten). Wir wählen an jedem Weg mindestens einen inneren Eckpunkt (also einen, der von $u$ und $v$ verschieden ist). Eine solche Teilmenge der Eckpunktmenge $A$ soll mit $H(u, v)$ bezeichnet werden. Es kann natürlich vorkommen,

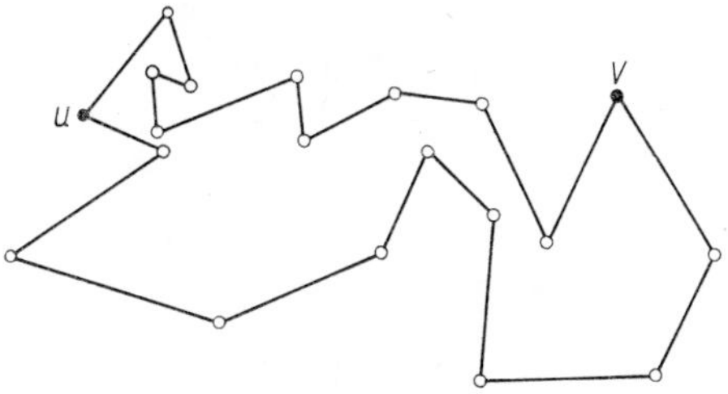


Fig. 75

daß ein $(u, v)$-Weg keinen inneren Eckpunkt hat, wenn nämlich $u$ und $v$ durch eine Kante verbunden sind ($(u, v) \in B$). Diesen Fall wollen wir bei unseren nachkommenden Betrachtungen ausschließen.

Wir nennen zwei $(u, v)$-Wege *punktunabhängig*, wenn sie keine gemeinsamen inneren Punkte besitzen. (Fig. 75)

Ein *System* von Wegen $F(u, v)$ mit Anfangs- und Endpunkten $u, v$ wird als *punktunabhängig* bezeichnet, wenn je zwei ihrer Wege – im vorigen Sinn – punktunabhängig sind.

Aus diesen Definitionen sieht man unmittelbar, daß

$$\mathrm{Max}\,|F(u, v)| \leqq \mathrm{Min}\,|H(u, v)| \tag{3.040}$$

gilt, wobei das Maximum und Minimum sich darauf beziehen, daß wir alle möglichen Wegsysteme zwischen $u$ und $v$ betrachten. Dabei wird an der rechten Seite von (3.040) ferner auch das Minimum der inneren Punkte an den Wegen berücksichtigt.

Dem Begriff der Punktunabhängigkeit der Wege analog ist der Begriff der *Kantenunabhängigkeit.* Zwei $(u, v)$-Wege werden als *kantenunabhängig* bezeichnet, wenn sie keine gemeinsamen Kanten enthalten (gemeinsame Eckpunkte sind jedoch zugelassen). Ein *System* von $(uv)$-Wegen heißt *kantenunabhängig,* wenn je zwei seiner Wege im vorigen Sinn kantenunabhängig sind.

Ein weiterer, in den nachfolgenden Überlegungen eine Rolle spielender Begriff ist der der *umgehenden Kantenfolge bezüglich eines punktunabhängigen Wegsystems.*

Seien $u$ und $v$ zwei voneinander verschiedene festgehaltene Eckpunkte des Graphen. Sei ein System von punktunabhängigen Wegen zwischen $u$ und $v$ betrachtet. Die Kanten eines jeden dieser Wege werden wir so richten, daß ein Gang von $u$ nach $v$ führt. Diese gerichteten Wege möchten wir mit $\vec{\mathfrak{W}}_1$, $\vec{\mathfrak{W}}_2, \ldots, \vec{\mathfrak{W}}_k$ bezeichnen. Eine von $u$ ausgehende, gerichtete, offene Kantenfolge $\vec{\mathfrak{V}}$ heißt eine *umgehende Kantenfolge bezüglich des punktunabhängigen Systems* $\vec{\mathfrak{W}}_1, \vec{\mathfrak{W}}_2, \ldots, \vec{\mathfrak{W}}_k$ *von Wegen,* falls folgende Bedingungen erfüllt sind:

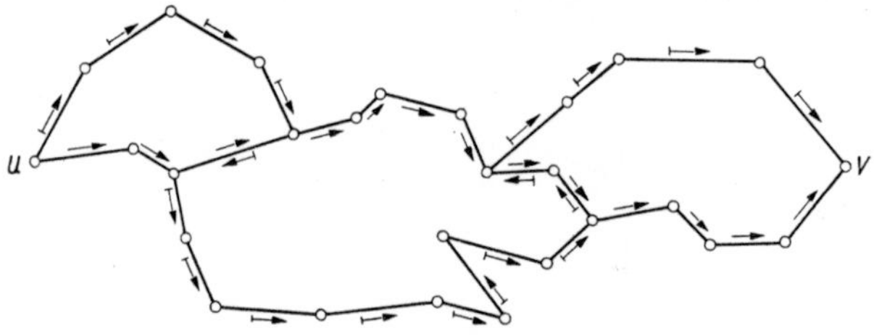


Fig. 76

1°. Die mit einem $\vec{\mathfrak{W}}_i$ $(i=1, 2, \ldots, k)$ gemeinsamen Kanten von $\vec{\mathfrak{V}}$ sind entgegengesetzt gerichtet (in $\vec{\mathfrak{V}}$) wie dieselben in $\vec{\mathfrak{W}}_i$;

2°. Jeder Eckpunkt von $\vec{\mathfrak{V}}$, der nicht auf einem der $\vec{\mathfrak{W}}_i$ Wege liegt, wird nur einmal durchfahren (hat die Ordnung 2 in $\vec{\mathfrak{V}}$)

3°. Wenn $\vec{\mathfrak{V}}$ in einem Eckpunkt einen der Wege $\vec{\mathfrak{W}}_i$ erreicht, dann schließt sich in diesem Eckpunkt eine mit $\vec{\mathfrak{W}}_i$ gemeinsame Kante an.

4°. $\vec{\mathfrak{V}}$ erreicht einen Weg $\vec{\mathfrak{W}}_i$ in einem Eckpunkt $x$ nur dann, wenn vorher kein Eckpunkt von $\vec{\mathfrak{W}}_i$ zwischen $x$ und $v$ schon erreicht wurde.

Diese Definition gilt natürlich auch dann, wenn $k=1$, d.h. zwischen $u$ und $v$

nur ein gerichteter Weg $\mathfrak{W}$ zugrunde gelegt wird. In diesem Fall sagen wir: $\mathfrak{W}$ ist eine umgehende Kantenfolge bezüglich $\mathfrak{W}$.

Eine umgehende Kantenfolge bezüglich eines Weges ist in Fig. 76 zu sehen. Die Richtung der Kantenfolge $\mathfrak{W}$ ist mit $\rightarrow$, die der von $\mathfrak{B}$ mit $\mapsto$ bezeichnet.

Die umgehende Kantenfolge $\mathfrak{B}$ muß nicht unbedingt in $v$ münden.

Analog zur umgehenden Kantenfolge werden wir den Begriff der *ausweichenden Kantenfolge* einführen.

Eine *ausweichende Kantenfolge bezüglich eines Systems von kantenunabhängigen Wegen* $\mathfrak{W}_1, \mathfrak{W}_2, \ldots, \mathfrak{W}_k$ ist eine von $u$ ausgehende, offene, gerichtete Kantenfolge $\mathfrak{B}$, wenn folgende Bedingungen erfüllt sind:

1°. Die mit einem Weg $\mathfrak{W}_i$ gemeinsamen Kanten von $\mathfrak{B}$ sind (in $\mathfrak{W}$) entgegengesetzt gerichtet wie in $\mathfrak{W}_i$.

2°. Eine Kante aus $\mathfrak{W}_i$ kann nur dan zu $\mathfrak{B}$ gehören, wenn wir vorher eine Kante aus $\mathfrak{W}_i$ zwischen der in Frage stehenden Kante und $v$ auf $\mathfrak{B}$ noch nicht befahren haben.

Die vorherigen Kriterien sollen für $i=1, 2, \ldots, k$ gelten. Der Begriff der ausweichenden Kantenfolge hat natürlich auch dann einen Sinn, wenn $k=1$ ist. Ein Beispiel für eine ausweichende Kantenfolge bezüglich eines Weges $\mathfrak{W}$ sehen wir in Fig. 77. Die Richtung van $\mathfrak{W}$ ist wieder mit $\rightarrow$, die der Kanten von $\mathfrak{B}$ mit $\mapsto$ bezeichnet

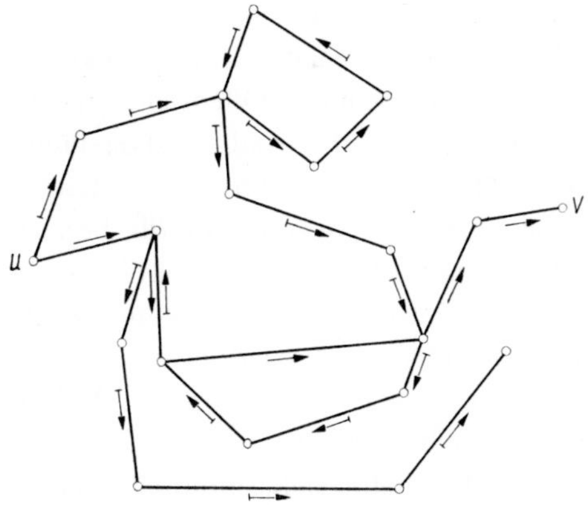


Fig 77

**Hilfssatz 1:** *Wenn in einem Graphen $\mathfrak{G}$ u und v zwei verschiedene Eckpunkte sind, und je zwei Wege, die u und v verbinden, einen gemeinsamen inneren Eckpunkt haben, dann gibt es in $\mathfrak{G}$ einen Eckpunkt, der innerer Punkt von jedem u und v verbindenden Weg ist.*

*Beweis.* Es wird also vorausgesetzt, daß je zwei Wege zwischen $u$ und $v$ einen gemeinsamen inneren Punkt haben. Das kann man auch so formulieren, daß

$$|F(u, v)| = 1 \tag{3.041}$$

ist. Es wird die Existenz eines Eckpunktes $a$ bewiesen, der *innerer* Punkt eines jeden Weges, der $u$ mit $v$ verbindet, ist.

Wir betrachten einen Weg zwischen $u$ und $v$ und wollen ihn festhalten. Dieser Weg soll so gerichtet werden, daß wir entlang der Richtungen seiner Kanten, ausgehend von $u$ nach $v$ gelangen. Diesen gerichteten Weg werden wir mit $\vec{\mathfrak{W}}$ bezeichnen. Wenn alle $(u, v)$-Wege, die von $u$ ausgehen, eine Kante gemeinsam haben, dann ist der Endpunkt dieser gemeinsamen Kante der gesuchte Punkt $a$.

Es kann also vorausgesetzt werden, daß mindestens ein $(u, v)$-Weg existiert, dessen von $u$ ausgehende Kante von der ersten Kante von $\vec{\mathfrak{W}}$ verschieden ist. Ein solcher Weg muß $\vec{\mathfrak{W}}$ wenigstens einmal berühren, denn sonst hätten wir zwei unabhängige $(u, v)$-Wege im Gegenteil zu (3.041). Eine umgehende Kantenfolge $\vec{\mathfrak{B}}$ zwischen $u$ und $v$ bezüglich $\vec{\mathfrak{W}}$ kann aber auch nicht existieren, denn wäre eine solche, wie z.B. in Fig. 76, dann würden wir nach Streichen der gemeinsamen Kanten (die somit zugleich mit den Pfeilen $\rightarrow$ und $\mapsto$ versehen sind) zwei unabhängige Wege zwischen $u$ und $v$ haben.

Wir werden jetzt alle umgehenden Kantenfolgen bezüglich $\vec{\mathfrak{W}}$ betrachten. Ein Eckpunkt von $\mathfrak{G}$ wird durch eine umgehende Kantenfolge *erreichbar* bezeichnet, wenn es eine umgehende Kantenfolge bezüglich $\mathfrak{W}$ gibt, die im betreffenden Punkt endet. Die vorige Feststellung bedeutet, daß unter unseren Voraussetzungen $v$ nicht erreichbar ist.

Wir wollen die Menge aller erreichbaren Eckpunkte mit $E$, die der nichterreichbaren Punkte mit $N$ bezeichnen. Offensichtlich gilt $E \neq \emptyset$, $N \neq \emptyset$, denn $u \in E$ und $v \in N$. Die Mengen $E$ und $N$ sind selbstverständlich disjunkt.

Ist ein Eckpunkt $c \in \vec{\mathfrak{W}}$ erreichbar (d.h. $e \in E$), dann zeigen wir, daß der unmittelbar vorangehende Eckpunkt von $c$ auf $\vec{\mathfrak{W}}$, bezeichnen wir ihn mit $r$, auch erreichbar ist. Wenn nämlich $c \in E$, dann gibt es eine umgehende Kantenfolge $\vec{\mathfrak{B}}_1$, die in $c$ endet. Wenn wir zu $\vec{\mathfrak{B}}_1$ die gerichtete Kante $(c, r)$ hinzufügen, erhalten wir (laut 1° in der Definition) wieder eine umgehende Kantenfolge.

Wir bezeichnen mit $a$ denjenigen Eckpunkt von $\vec{\mathfrak{W}}$, für welchen 1) $a \in E$; 2) der sich zwischen $a$ und $v$ befindende Teilweg von $\vec{\mathfrak{W}}$ keinen von $a$ verschiedenen Eckpunkt aus $E$ enthält. Man sieht unmittelbar ein, daß jeder Eckpunkt von $\vec{\mathfrak{W}}$, der zwischen $u$ und $a$ liegt, zur Menge $E$ gehört.

Nun zeigen wir, daß der soeben definierte Eckpunkt $a$ der gesuchte Punkt ist, d.h. $a$ ist ein innerer Punkt von jedem $(u, v)$-Weg.

Ein beliebiger Weg zwischen $u$ und $v$ sei betrachtet, und wir haben nachzuweisen, daß er durch $a$ läuft. Zu diesem Zweck gehen wir vom Endpunkt $v$ $(\in N)$ entlang der Kanten dieses Weges aus, bis wir dem ersten Eckpunkt begegnen, der zu $E$ gehört (so einen werden wir ganz gewiß finden, denn $u$ gehört auch zu $E$). Dann ist die zum letztenmal befahrene Kante so beschaffen, daß ein Endpunkt von dieser zu $N$, der andere aber zu $E$ gehört. Der folgende Gedankengang beweist, daß dieser letztere Punkt genau $a$ ist.

Den Beweis werden wir indirekt führen, indem wir das Gegenteil voraussetzen.

Von $v$ ausgehend werden wir den ersten zu $E$ gehörenden Eckpunkt auf unserem Wege mit $b$, den vorangehenden mit $d$ bezeichnen.

Es gibt zwei Möglichkeiten. Die *erste* besteht darin, daß $b \notin \vec{\mathfrak{W}}$ ist. Dann aber (da $b \in E$) gibt es eine umgehende Kantenfolge $\vec{\mathfrak{V}}_1$, die in $b$ endet. Wenn wir zu $\vec{\mathfrak{V}}_1$ die Kante $(b,d)$ hinzunehmen, erhalten wir noch immer eine umgehende Kantenfolge, die aber in $d$ endet. Daraus folgt $d \in E$, im Gegensatz zur Voraussetzung $d \notin E$. Dieser Fall kann also nicht eintreten. Es bleibt also nur noch die *zweite* Möglichkeit übrig, daß nämlich $b$ auf $\vec{\mathfrak{W}}$ liegt. Dann aber ist der Punkt $c$, der unmittelbar auf $\vec{\mathfrak{W}}$ $b$ folgt, auch ein Punkt der Menge $E$ (denn $a$ folgt auch dem Punkt $b$; es kann unter Umständen auch der Fall $c=a$ eintreten). Somit muß eine umgehende Kantenfolge $\vec{\mathfrak{V}}_2$ existieren, die in $c$ endet. Man kann voraussetzen, daß $\vec{\mathfrak{V}}_2$ die Kante $(c, b)$ nicht enthält. Würde nämlich $\vec{\mathfrak{V}}_2$ diese Kante enthalten, dann müßte diese sich an $\vec{\mathfrak{V}}_2$ im Punkt $c$ anknüpfen (auf Grund der Definition der umgehenden Kantenfolge), man könnte somit diese und die nachher folgenden weglassen. Wenn wir $\vec{\mathfrak{V}}_2$ mit den Kanten $(b, c)$ und $(c, d)$ erweitern, müßten wir eine neue umgehende Kantenfolge gewinnen, was die Beziehung $d \in E$ zur Folge hat. Damit ist alles bewiesen.

**Hilfssatz 2:**

$$\operatorname{Max}|F(u, v)| = \operatorname{Min}|H(u, v)|\,.$$

*Beweis.* Für den Fall, daß (3.041) erfüllt ist, ist unser Satz schon bewiesen. Wir betrachten den im Hilfssatz 1 definierten Eckpunkt $a$, schon dieser einzige Punkt genügt allen Bedingungen, die $H(u,v)$ erfüllen muß, wir können somit $H(u,v)=\{a\}$ setzen, somit ist $|H(u,v)|=1$. Es bleibt nur noch, den Hilfssatz für den Fall zu beweisen, wenn (3.041) nicht erfüllt ist.

Zwischen $u$ und $v$ sei wiederum, wie oben, ein von $u$ nach $v$ gerichteter Weg $\vec{\mathfrak{W}}_1$. Wir werden jetzt die Menge $E_1$ der durch umgehende Kantenfolgen bezüglich $\vec{\mathfrak{W}}_1$ erreichbaren Eckpunkte betrachten. Ist $v \notin E_1$, dann gilt (3.041), daher ist unser Satz schon bewiesen. Wenn aber $v \in E_1$ ist, gibt es zwischen $u$ und $v$ zwei punktunabhängige, gerichtete Wege $\vec{\mathfrak{W}}_1$ und $\vec{\mathfrak{W}}_2$. Mit Hilfe der umgehenden Kantenfolgen bezüglich $\vec{\mathfrak{W}}_1$, $\vec{\mathfrak{W}}_2$ werden wir die Menge $E_2$ der durch diese umgehenden Kantenfolgen erreichbaren Eckpunkte bilden. Wenn $v \in E_2$, so gibt es einen dritten von $\vec{\mathfrak{W}}_1$ und $\vec{\mathfrak{W}}_2$ punktunabhängigen Weg $\vec{\mathfrak{W}}_3$, und wir betrachten nun alle bezüglich dieser drei Wege umgehenden Kantenfolgen. Alle Eckpunkte, die durch solche umgehenden Kantenfolgen erreichbar sind, sollen die Menge $E_3$ bilden usw. Da der betrachtete Graph endlich ist, wird unser Verfahren nach endlich vielen Schritten abbrechen, d.h. wir werden punktunabhängige Wege $\vec{\mathfrak{W}}_1, \vec{\mathfrak{W}}_2, \ldots, \vec{\mathfrak{W}}_k$ finden, so daß der Eckpunkt $v$ mit Hilfe von umgehenden Kantenfolgen bezüglich $\vec{\mathfrak{W}}_1, \ldots, \vec{\mathfrak{W}}_k$ nicht mehr erreichbar ist. Wenn wir ausgehend von $u$ auf den vorigen Wegen $v$ erreichen wollen, gibt es am Weg $\vec{\mathfrak{W}}_i$ einen letzteren Eckpunkt $a_i$, der zu $E_i$ gehört, und alle vorangehenden Eckpunkte gehören zu $E_i$ $(i=1, 2, \ldots, k)$. Daß $a_i$ innerer Punkt von $\vec{\mathfrak{W}}_i$ ist, sieht man genauso ein wie im Beweis von Hilfssatz 1. Dann aber ist Max $|F(u, v)|=m$, aber auch Min $|H(u, v)|=m$ gilt. Damit ist die Behauptung bewiesen.

Analog zur Menge $H(u, v)$ werden wir eine Teilmenge $K(u, v)$ der Kantenmenge $B$ wie folgt definieren: Es sollen alle $(u, v)$-Wege betrachtet werden. Aus jedem dieser werden wir mindestens eine Kante herausgreifen und diese zu einer Menge $K(u, v)$ vereinigen.

Wir werden zunächst mit $\Phi(u, v)$ eine Menge von kantenunabhängigen $(u, v)$-Wegen bezeichnen. Die zur Ungleichung (3.040) analoge Beziehung, daß nämlich

$$\text{Max}\,|\Phi(u, v)| \leqq \text{Min}\,|K(u, v)|$$

gilt, ist klar. Es gilt aber weiterhin der

**Hilfssatz 3:**

$$\text{Max}\,|\Phi(u, v)| = \text{Min}\,|K(u, v)|\,.$$

Dieser Satz ist völlig analog zu dem Hilfssatz 2. Den *Beweis* bringen wir deswegen nicht, denn er ist die wörtliche Wiederholung des Beweises des Hilfssatzes 2, wenn wir anstatt der umgehenden Kantenfolgen den Begriff der ausweichenden Kantenfolgen in Kauf nehmen.

Der Hilfssatz 3 ist auch für gerichtete Graphen $\vec{\mathfrak{G}}$ gültig, wenn wir folgendes beachten: Unter einem Weg, der $u$ mit $v$ verbindet $(u \neq v)$, verstehen wir eine Kantenfolge, die ein Weg ist, falls man die Kantenrichtungen außer acht läßt,

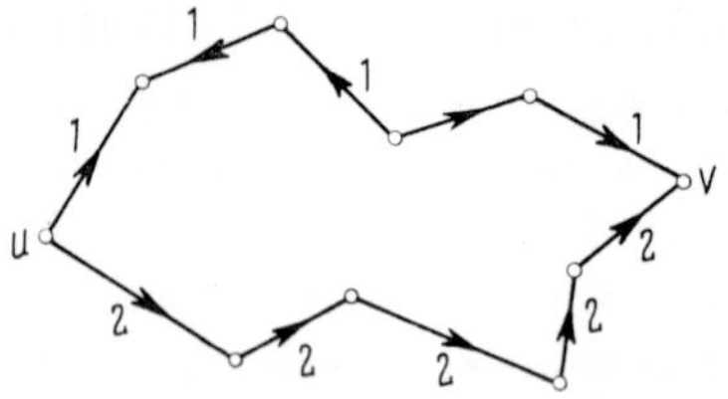


Fig. 78

und wenn wir die in $\vec{\mathfrak{G}}$ gültigen Kantenrichtungen beachten, konnen wir entlang der Kantenfolge von $u$ ausgehend in $v$ ankommen. Im Beweis haben wir uns nur auf solche Wege zu beschränken, die den Kantenrichtungen in $\vec{\mathfrak{G}}$ entsprachen. In Fig. 78 sehen wir zwei Verbindungen zwischen $u$ und $v$, die mit 1 bezeichnete ist kein, die mit 2 bezeichnete ist jedoch ein Weg.

Bei der Bildung der ausweichenden Kantenfolgen haben wir immer der dem Graphen entsprechenden Richtung zu folgen, wenn es sich um Kanten handelt, die nicht zu dem Weg gehören, bezüglich dessen man die ausweichende Kantenfolge bildet. Kanten, die an solchen Wegen liegen, müssen laut der Definition als Kanten einer ausweichenden Kantenfolge der Graphenrichtung entgegengesetzt gerichtet werden.

*Beweis* des Satzes 3.49. Wir werden uns auf den Fall beschränken, daß die Kapazitäten ganze Zahlen sind.

Wie vorher, habe die Kante $k_i$ die Kapazität $c_i$. Die Kante $k_i$ soll durch $c_i$ Kanten ersetzt werden, die im gleichen Sinne wie $k_i$ gerichtet seien, und jede dieser Kanten soll mit der Kapazität 1 versehen werden (Fig. 79)

So entsteht aus dem Graphen $\vec{\mathfrak{G}}$ ein neuer Graph $\vec{\mathfrak{H}}$. Die Quelle sei mit $q$,

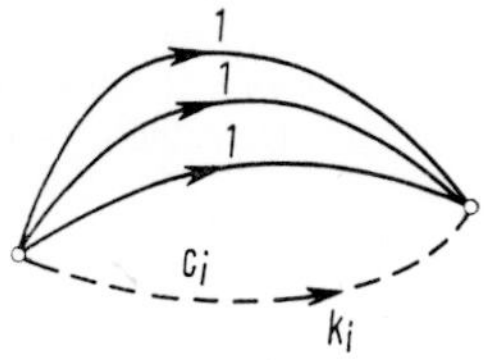


Fig. 79

die Senke mit $s$ bezeichnet ($q \neq s$). Wenn wir eine ganzwertige Bewertungsfunktion $p(k_i)$, die den Bedingungen (3.035), (3.036), (3.037) genügt, betrachten, dan entspricht in $\mathfrak{H}$ ein System von $Q(p)$ kantenunabhängigen Wegen, die $q$ mit $s$ verbinden. Einem Schnitt $w$ entspricht eine Kantenmenge $K(q, s)$, die mindestens eine Kante aus jedem Weg des vorigen Wegsystems enthält. Auch umgekehrt: Jedem unabhängigen $(q, s)$-Wegsystem entspricht eine ganzwertige Kantenbewertungsfunktion und jeder Menge $\mathrm{K}(q,s)$ ein Schnitt. Wenn wir auf den Graphen $\vec{\mathfrak{H}}$ den Hilfssatz 3 anwenden, ergibt sich genau der Ford-Fulkersonsche Satz.

Auf den Fall, daß die Kapazitäten beliebige nichtnegative Zahlen sind, werden wir nicht eingehen. Wir möchten aber bemerken, daß in der Praxis die Kapazitäten immer durch rationale Zahlen ausgedrückt sind, wenn wir also die Einheit (mit welcher wir die Kapazitäten ausdrücken) hinreichend klein wählen, können wir immer erreichen, daß die Kapazitäten ganze Zahlen sind.

# Literaturverzeichnis


*Abschnitt 1*

E. Bodewig: *Matrix Calculus*, 2. Aufl. (Amsterdam 1959).
J. Dieudonné: *Algèbre linéaire et géometrie élémentaire*, 2. Aufl. (Paris 1964).
F. R. Gantmacher: *Matrizenrechnung* (Berlin 1959).
W. Graeub: *Lineare Algebra* (Berlin–Göttingen–Heidelberg 1958).
R. Kochendörffer: *Determinanten und Matrizen* (Leipzig 1957).
W. Nef: *Lehrbuch der linearen Algebra* (Basel 1966).
W. Schmeidler: *Vorträge über Determinanten und Matrizen* (Berlin 1949).
R. Zurmühl: *Matrizen* (Berlin–Göttingen–Heidelberg 1950).

*Abschnitt 2*

L. Collatz und W. Wetterling: *Optimierungsaufgaben* (Berlin–Heidelberg–New-York 1966).
S. Danø: *Linear Programming in Idustry, Theory and Applications* (Wien 1960).
G. B. Danzig: *Lineare Programmierung und Erweiterungen* (Berlin–Heidelberg–New-York 1966).
D. Gale: *The Theory of Linear Economic Models* (New-York 1960).
S. I. Gass: *Linear Programming*, 2. Aufl. (New-York 1964).
H. P. Künzi, H. Tzschach und C. A. Zehnder: *Numerische Methoden der mathematischen Optimierung* (Stuttgart 1966).
B. Krekó: *Lehrbuch der linearen Optimierung*, 4. Aufl. (Berlin).

*Abschnitt 3*

C. Berge: *The Theory of Graphs and Its Applications* (London 1962).
L. R. Ford und D. R. Fulkerson: *Flows in Networks* (Princeton 1962).
D. König: *Theorie der endlichen und unendlichen Graphen* (Leipzig 1936).
H. Götzke: *Netzplantechnik* (Leipzig 1969).
F. Harary: *Graph Theory* (London 1969).
O. Ore: *Theory of Graphs* (Providence 1962).
H. Sachs: *Einführung in die Theorie der enlichen Graphen*, Teil 1 (Leipzig 1970).
J. Sedlaček: *Einführung in die Graphentheorie* (Leipzig 1968).
S. Seshu und M. B. Reed: *Linear Graphs and Electrical Networks* (Massachusetts 1961).
P. Slepian: *Mathematical Foundations of Networks* (Berlin–Heidelberg–New-York 1968).

# Sachverzeichnis


Abbildung 11
lineare – 11
topoligische – 253
Abhängigkeit, linear – von Vektoren 31
Admittanzmatrix 180, 323
Affin linear Funktion 228
Ähnlichkeit von Matrizen 51
analytische Matrixfunktion 108
annulierendes Polynom 92
Artikulationspunkt 269
ausgearteter Kern 139

Basis eines Eckpunktes 202
Baum 270
Bézoutscher Satz 90
Boolsche Algebra 294
Brücke 267

charekteristische Determinante 74
– Zahlen 144
chromatische Zahl 285

Decklinie 220
Defekt einer Matrix 78
Differenz von Graphen 287
Dualität von Graphen 287
Durchmesser von Graphen 266
dyadische Zerlegung 51

Ecke, Eckvektor 191
entartete – 193
normale – 193
Eckenaustausch 202
Eigenvektor 72
Eigenwert 72
Eufer-Linie 261

Faktor 256
Fundamentalkantenschnittsystem 282
Fundamentalkreismatrix 301
Fundamentalkreissystem 279

Gebüsch 274
Gerüst 272
Glied eines Graphen 267
Grad eines Eckpunktes 254
Graph 249
bewerteter – 275
ebener – 283
Eckpunkt von einem – 249
geordneter – 253
gerichteter – 306
isolierter Punkt eines – 250
Kante von einem – 249
Komplementär – 256
Teil – 256
topologisch aequivalenter – 254
ungerichterer – 252
zusammenhängender – 263
zyklisch zusammenhängender – 268
Gleichungssystem, homogenes – 131
inhomogenes – 131

Impedanzmatrix 323
Integralgleichung, erster Art 139
homogene – 139
zweiter Art 141
Inzidenzmatrix 294
reduzierte – 296
Isomorphismus von Graphen 253

Kante 249
unabhängige – 259
verbindende – 273
Kantenfolge 260
Kantenschnitt 280
kantenschnittmatrix 303
reduzierte – 304
Kaskadenmatrix 180
Kapazität einer Kante 325
Kegel 210
Kernfunktion 139
ausgeartete – 139
lösende – 143
Komponente eines Graphen 260
konvexe Funktion 229
streng – 230
konvexe Kombination 291
streng – 291
Konvergenz von Folgen von Matrizen 97
Konvergenz von Reihen von Matrizen 28
konvexe Mengen 291

Lagrange-Funktion 240
Länge eines Kantenschnittes 260
Ljapunoffsche Stabilität 165
Lösender Kern 143

Matrix 17
adjungierte – 45
Admittanz– 180, 323
Diagonal – 18
Dreieck – 62
Einheits – 18
elementarpolynomiale – 114
Feld – 172
Fundamental – 81
-funktion 98
Gleichheit von –17
hermiesche – 70
Hyper – 27
inverse – 42
Inzidenz – 294
Iterierte – 24
Kaskaden – 180
konjugiert komplexe – 20
Kreis – 299
Minor – 27
Null – 18
parahemitesche – 116
parakonjugierte – 116
polynomiale – 113
Projektions – 69
quadratische – 17
rationale – 113
reguläre – 47
singuläre – 47
symmetrische – 71
transponierte – 19
Trapez – 61
unabhängige –n 41
unabhängige Elemente einer – 220
Unter – 27
verallgemeinerte Trapez – 20
Matrizenpolynom 86
Minimalplolynom einer Matrix 92
Minimalzerlegung einer Matrix 61
Multiplikator 240

Netzwerk, elektrisches 318
Norm eines Vektors 37

Optimallösung 208
Optimierungsaufgabe 197
duale – 208
Ordnung einer quadratischen Matrix 17
Orthogonalität von Vektoren 37

Polyeder 195
positiv definit 85
positiv semidefinit 85
Potenzreihen von Matrizen 102
Produkt von Matrizen 20
Projektion 12

Quelle 326

Rang eines Graphen 274
einer Matrix 61
eines Vektorsystems 56
reduzierte Kreismatrix 301

Sattelpunkt 240
Schlinge 250
Schnitt 326
Stromnetz, bilaterales 319
lineares – 319
reziprokes – 319
zeitabhängiges – 319
Senke 326
Siplex 230
– verfahren 205
Skalarprodukt 26
Spiegelung 12
Spur einer Matrix 150
Störungsfunktion 139
Summe von Matrizen 20

triviale Lösung 131

Unabhängigkeit von Kanten 259
– von Matrizen 41
ungarische Methode 219

Vektor
Minimal – 197
Spalten – 14
Zeilen – 20
zusässiger – 190
Verbindung 260

Weg 262

Zielfunktion einer Bewertung 326
Zuordnungsproblem 219, 227
zyklomatische Zahl 279